海洋国策研究文集

(2017)

贾　宇　　高之国　主编

海洋出版社

2017年·北京

图书在版编目(CIP)数据

海洋国策研究文集. 2017 / 贾宇，高之国主编. —北京：海洋出版社，2017.9
(海洋发展战略研究系列丛书)
ISBN 978-7-5027-9916-8

Ⅰ.①海… Ⅱ.①贾… ②高… Ⅲ.①海洋开发-中国-文集 Ⅳ.①P741-53

中国版本图书馆CIP数据核字(2017)第213399号

海洋国策研究文集(2017)
Haiyang Guoce Yanjiu Wenji(2017)

责任编辑：阎 安 肖 炜
责任印制：赵麟苏

海洋出版社 **出版发行**
http://www.oceanpress.com.cn
北京市海淀区大慧寺路8号 邮编：100081
北京朝阳印刷厂有限责任公司印刷
2017年9月第1版 2017年9月北京第1次印刷
开本：787 mm×1092 mm 1/16 印张：46.5
字数：712千字 定价：188.00元
发行部：62132549 邮购部：68038093
总编室：62114335 编辑室：62100038
海洋版图书印、装错误可随时退换

庆祝国家海洋局海洋发展战略研究所

成立30周年(1987—2017)

《海洋国策研究文集》
编审委员会

出版说明

为庆祝国家海洋局海洋发展战略研究所成立30周年(1987—2017)，我们将近10年来战略所定期刊物《海洋发展战略研究动态》的大部分文章集录成册，定名为《海洋国策研究文集(2017)》，以回顾与总结过去10年海洋发展战略研究的历程和成果，为未来我国海洋战略研究与政策制定提供参考。

《海洋国策研究文集(2017)》收录了《海洋发展战略研究动态》(2007—2017)的76篇文章，按照相关内容分为五个部分：海洋战略与规划、海洋法律与权益、海洋政策与管理、海洋经济与科技和海洋环境与资源。为了保持原文的风格和内容，编辑过程中仅对少量文字作了必要的修改和调整。本文集作者除特殊标明外，均为海洋发展战略研究所科研人员，在此向所有对我国海洋发展战略研究倾注心血和做出贡献的作者表示衷心的感谢。

《海洋国策研究文集(2017)》可供政府有关管理部门、研究机构、大专院校以及关心我国海洋事业发展的人士阅读参考和收藏。

2017年8月

目 次

海洋战略与规划

海洋法律与权益

海洋政策与管理

海洋经济与科技

海洋环境与资源

海洋战略与规划

对我国基本海情和走海洋强国之路的初步认识*

国家行政学院　方克定

一、21世纪中国的基本海情

自1980年邓小平同志提出我国“底子薄”和“人口多、耕地少”两个重要的国情特点以来，作为邓小平理论重要组成部分的“国情论”空前普及，全民的基本国情意识大大提高。在改革开放新时期，这两个国情特点分别呈正、反向演变，作为基本对策的“一要吃饭，二要建设”都取得显著成绩，而又交汇影响了资源、环境不可持续的刚性基础。海洋经济增长相对于海洋生态系统退化也是如此。

国情包括海情。蓝色文明从物质到精神底子都薄，人口多、海域面积小，海洋产业从业人员多、海洋资源少。我们在感悟基本国情的同时也要把基本海情的研究向前推进一步。

（一）理解中国海情不能忽视的事实

一是东南向、半封闭的大陆边缘海（即渤海、黄海、东海、南海），外受两条岛链封锁，濒北太平洋、中太平洋，邻东印度洋的战略地位重要，但受十多个重要海峡和水道的钳制。

二是海岸线虽长，总的曲折率也高，主张的300万平方千米管辖海域绝对数量不小，但管辖海域与陆地面积之比（0.312 5）很低，不到世界沿海

* 作者方克定工作于国家行政学院，是我国国土资源领域有关战略和政策研究的资深专家。对我国基本海情进行了深刻、精辟的分析判断，是关于21世纪中国海洋事业发展方向的观点和建议，极具启发和参考价值。本文根据作者在两次中国海洋战略和政策研讨会上的发言整理而成（2007年7月13日在“中国21世纪海洋政策研究”研讨会上发言；2007年7月26日在“国家海洋局海洋发展战略研究所20周年庆典暨高级研讨会”上发言）。

国平均比值的一半，只有日本的1/12，人均拥有管辖海域面积2300平方米，低于除印度以外的世界海洋大国，只有日本人均拥有量的6.94%，这受制于大陆型(或“陆中海型”)的陆海组合关系，与独处一隅、岛屿型的日本和新西兰(海陆比分别达到10.216 9和17.841 3)不可同日而语。

三是西太平洋、东印度洋正处于海气相互作用强烈的“亚洲—印度洋—太平洋交汇区”(即所谓“大暖池”)，是影响我国气候异常的关键洋区。

四是2006年海洋生产总值对全国国内生产总值(GDP)的贡献超过10%，成为新的经济增长点，三次产业配比刚转上“三二”相近的“三二一”序列，但海洋经济总量排在世界第十多位，与我国作为世界第四大经济体的地位不相称，全国海洋产业的科技贡献率平均只有30%多(低于整个经济的科技贡献率40%，远低于农业的科技贡献率50%、化学工业的科技贡献率60%)，海洋科技投入严重不足，与陆地国土相比，海洋底子更薄。

五是我国大陆沿海诸省的面积与欧洲沿海国家的面积相仿，每平方千米海岸带的资源量与欧美国家处于同一水平，但人口密集度高而经济密集度低，资源开发和保护的差距很大，海洋高技术产业发展较慢，海洋资源、环境受损程度更重。

六是全民海洋意识不高，只说“五湖四海”、不说“四海一洋”，就是一种模糊观念，海洋管理，特别是基于海洋生态系统监测和评估的海洋综合管理滞后。在空间上，中国作为濒海大国，面临的是多层次的海洋：近岸的38万平方千米领海，在高强度开发和高污染胁迫下，是一片拥挤、待修复的陆缘海；中、远岸近300万平方千米主张管辖海域，开发程度不等，但外部海障环生，是“十面埋伏”的半开放海洋；再走出去，进入浩瀚的公海大洋，才一望无际，海阔天空。而我国远洋渔业产量只占海洋渔业总产量的11%(2005年)，低于40%的世界平均水平甚远，比日本(67%)、俄罗斯(63%)差得更多。总体来看海洋优势与劣势并存，海洋经济发展快、总量大与结构水平低并存，面临发展机遇与挑战并存。就无比宏大的海洋事业而言，我们“方兴未艾”。

在现阶段，以真正意义上的海洋大国来衡量，我们有名无实，还不合格。实现从临海大国到海洋大国的转变，要以海洋经济为基础，调整结构为桥梁，富而后强，强而后大，即有富乃强，有强乃大。什么时候建成像日本北陆经济圈那样的海洋产业基地，对外各向航线畅通无阻，能到公海上充分享受“六大自由”，国家海洋利益得以全面体现，名实相符的海洋大国就真正到位了。面对复杂多变、险象交错的海洋形势，我们不能妄自尊大，要变通得宜，沉着应对。

（二）从认识上将“以海强国”提升到“以海富国”

现在对“以海强国”无大争议，对“以海富国”还想法不一。应该考虑到：①我国陆地资源瓶颈还将延续相当长时期，需要海洋资源弥补和接替；②海洋开发耗资巨大，需要“以海养海”；③多功能的海洋产业兼容经济效益、社会效益、生态效益，推进产业结构升级，提高附加值的空间很大；④关注民生，对“以海富民”问题也应重视和深入研究。

（三）解读“21 世纪是海洋世纪”

“21 世纪是海洋世纪”，我们身处海洋世纪之初，应该从以下几方面来理解、解读。

一是海洋经济占世界经济的比重。有报道称，2010 年世界海洋经济总产值为 15 000 亿美元，预计到 2020 年可达到 30 000 亿美元。预计分别占同年世界经济总量的 3.5% 和 4.5% 左右，以后可望继续增长。

二是全球“最后的资源”。在太平洋和印度洋的不同海区，某些鱼类、头足类资源尚未充分开发或有很大潜力，尚未动用的南极磷虾资源量约与全球海洋鱼类资源量相当；北冰洋石油天然气资源前景可观，深海油气储量可能占世界油气总储量的 45%；海底锰、钴、镍等矿产资源丰富，还有再生性热液硫化物矿床；天然气水合物作为第三代化石能源、海洋能作为可再生新型能源、海水作为淡水的巨大储备源、深海生物基因作为新型资源，具有无与伦比的重要性。值得注意的是，日本政府 2003 年设立大陆架调查对策室，投入 9 亿多美元于外岛（其中包括我国的钓鱼岛）周边共 65 万平方千米的 9 个海域，乐观估计如能将现有大陆架向外延伸到 350 海里处，就有希望解决困扰日本长远发展的资源问题。倘若如此，就足以说明海洋资源的丰度可观，但也暴露出日本向海洋扩张的野心。

三是全球生态系统价值。R. Constanza 等 1997 年计算全球生态系统每年的平均服务价值为 33 万亿美元，其中，海岸和海洋生态系统近 63%，超过陆地生态价值（占 37%）的 58% 以上。

四是应对全球气候变化的超级“地球工程”。自18世纪晚期以来，地球大气圈的二氧化碳浓度增加了36%，2006年为381.2毫克/升，达到历史新高。针对全球气候变化及可能的严峻后果，当代科学家提出的六大技术设想中，有3项(海水泵、造云盾、施铁肥)以海洋为依托，此外还有重新冻结北冰洋以固化二氧化碳的奇思妙想等，都离不开全球“海洋工程”。

五是以人为本。除了防治海洋灾害、保护稠密人口外，发达国家的滨海城市注重人居的亲海空间，或通过反思，还海于民。我国秦皇岛、青岛、深圳等沿海城市也在这样做。

由此可见，新世纪的海洋强国应是树立与海洋亲和的理念，具备海洋经济、社会、科技、文化等综合实力，并以海上威力为保障的海洋文明国家。这是中国从潜在海洋强国走向后发海洋强国的全面、综合发展之路。

二、维护海洋权益，统筹陆海关系

在《联合国海洋法公约》的普遍性增强的背景下，一是维护“四权”：享有主权、管辖权、分享公海使用权、共同继承财产权。二是依法“四保”：一保“四海一洋”的濒海空间，这要以完成祖国统一大业为依托；二保300万平方千米主张管辖海域(专属经济区和大陆架)，面对错综复杂的国际形势，要克服的困难还很多；三保国际河流图们江的出海航行权和日本海、鄂霍次克海等海域的鱼源国捕捞权(恢复图们江出海航行权有国际法论证和多方案的可行性分析，在环日本海诸国的协力推动下，待时机成熟，终将找到一个适应东北亚市场发展需求的解决办法)；四保“两洋”通道安全，除西太平洋的朝鲜海峡、大隅海峡、巴士海峡外，也包括连通两洋的马六甲海峡、新加坡海峡、巽他海峡，还有东印度洋的格雷特海峡等。

中国陆海兼备互为发展依托。综观古今，凡倚陆舍海，重陆轻海，都谈不上综合国力，达不到国家的富强，反之也如此。本着陆海联动、因地(海)制宜的原则，应取多种形式统筹陆海关系。

1. 以海带陆、以陆带海

以海带陆，如上海港之于长江经济带(海港-腹地一体化)；以陆带海，如“两头对外”的第二亚欧大陆桥始点连云港(铁路-海港一条龙)。

2. 放大区域，跨省协调

辽宁省扼辽东湾和北黄海的“五点一线”布局，河北省强化沿海经济隆起带建设，都有新意，将加大海洋经济比重，但也加重了渤海环境污染的压力。持续扩大的渤海污染水域面积，已占整个内海的1/3以上；渤海湾盆地油气资源量超出松辽盆地，资源喜讯与环境忧思并存。若从更大区域着眼，吉林省是与日本海相隔咫尺的近海边疆省，黑龙江省距日本海也不过100千米，放大到东北三省全方位考虑"三海(渤海、黄海和日本海)统筹"，立意于我国北方内海、管辖海域和外海"海陆一盘棋"的全局谋划，会更有利于整个东北地区面对东北亚区域的外向型发展。另如，在"中国－东盟"关系上，中越两国已达成建设局域性陆海统筹的"两廊一圈"的共识，在中方兼顾了广西和云南的双边睦邻关系。广西壮族自治区提出中国与东盟"一轴两翼、海陆并进"的战略，仍限于太平洋一侧；云南省酝酿与东盟、南盟交往的"三五战略"：实施"五个延伸"，培育"五大集群"，重点推进"五个领域"的合作，具有捭阖两洋的视野，都覆盖了更广的区域，也都要有从国家层面的通盘部署。由此可见，海洋战略作为大战略或国家战略，既要充分发挥各省的积极性，又不宜单纯以省为战，要有跨省的区域统筹。

3. 水陆并进，开边拓海

云南省西距孟加拉湾、南距安达曼海几百千米，通过泛亚铁路和澜沧江—湄公河航运正形成我国面向东南亚和南亚、开拓印度洋市场的现代客流、物流的大通道。昆明交易会已开过15届，中印缅孟(CIBM)地区经济合作论坛已开了7届，并提出依托"昆明合作组织"发展流量经济的战略设想。20世纪后20年，我国以东向太平洋的沿海开放带动了内陆开放；21世纪初，云南省以南、西向印度洋的沿边开放带动越洋开放，可以说是一个"邻海边疆省"的重要创举。这说明海洋事业发展不仅是东部沿海省(市)的事，也要"走西口"。

4. 以陆制海，海陆互济

通过新疆向西的大通道战略，建立"封不死、打不烂的马六甲海峡"，有利于国家能源安全，但转运中东石油要以瓜德尔港为支点；设想通过缅甸北部的输油管线，要以其西海岸港口为支点，实际上都是海陆联运。在常态或非常态下，采用(或备用)海路或陆路长距离运输，都受比较利益因素制约。

5. 规模调水，引海济陆

如拟议中的引渤济锡(林郭勒)、引渤济鄂(尔多斯)、引渤济吐(鲁番)等宏大工程设想，涉及跨流域，远距离，多高程的水、盐、沙、草之间的交互作用，动态平衡及其生态演变问题，科学、技术和经济论证均不充分，可行性尚难定论。

综上所述，在全国城市化规划布局中，建议单列“沿边近海、邻海门户城市(群)”类，包括云南昆明市(或滇中城市群)、广西南宁市(或扩大到“南北钦防”即北部湾城市群)、吉林珲春市、黑龙江绥芬河市，鼓励它们与邻国交流、合作，向海洋发展。

放大到国际背景上，还有一个把握纵横关系的问题。美国的全球战略依托两条岛链，从阿留申群岛到印度尼西亚群岛的“太平洋锁链”是“合纵”，从南翼的东南亚海、空军基地群到印度海、空军基地群的“印度洋锁链”是“连横”。在封锁与反封锁，突围与反突围和“远交近和”的博弈中，我们在太平洋要以横制纵，即以“连横”反制“合纵”；在印度洋以纵制横，即以“合纵”(路、港一条龙)反制“连横”。

三、推动海洋产业跨越式发展，壮大海洋知识经济

我国正处于海洋经济成长期，《全国海洋经济发展规划纲要》(2003)的出台是海洋经济发展史上的一件大事。海洋产业是我国需要重点发展的八大高技术产业之一，但国家“十一五”规划重点组织实施九大专项工程未纳入海洋产业，又显得不足。

2006年以来，国家海洋局和国家统计局按照《海洋生产总值核算制度》(2005)、国标GB/T 20794—2006《海洋及相关产业分类》核算了2006年全国海洋生产总值为20 958亿元(约2500亿美元)，占国内生产总值的10.01%，与国际水平相比属中等偏上。“十一五”末期，我国海洋生产总值将有可能占到世界海洋生产总值的1/5，但仍是以传统产业为主的海洋产业大国，提高海洋产业结构水平的任务很重。

从《中国海洋统计年鉴2006》(以下简称《统计年鉴》)各类数据分析显示，以下问题似需继续研究：

一是海洋核心产业与相关产业的关系，海洋电力业剔除沿海地区火电、核电很对，而依托沿海地区的滨海旅游业可能还有水分；

二是从海洋三次产业比例(14∶42∶44)来看，第二、第三产业没有拉开，第三产业中生产性服务业与生活服务业也没有拉开；

三是第三产业含信息传输、计算机服务及软件业、科研和技术服务业等高新技术产业，而国标“GB/T 20794—2006”中的“13. 海洋信息服务业”“14. 海洋环境监测预报服务”“16. 海洋科学研究”“17. 海洋技术服务业”“19. 海洋环境保护业”等尚未进入2006年海洋统计科目范围。第一产业的远洋渔业，第二产业的海洋药品和保健品加工业、海洋船舶工业和海洋设备制造业、海洋工程建筑业也有很多的高新技术产业成分，但从《统计年鉴》中难以把握海洋高新技术产业的概念，也看不出科技进步对海洋产业发展的贡献率。对于主要海洋产业之间的关联度及其“上下游”之间的连锁效应也值得深入研究，如进口原油奉行的“国油国运”原则在铁矿石海运中尚未明确。

现在，作为我国战略性支柱产业的高技术产业发展很快，其规模和出口总额均跃居世界第二位，全行业产值约占GDP总值的25%，其中海洋高技术产业的份额及其占全国海洋生产总值的份额令人关注。国内市场对海洋高技术产品提出了许多、也是高质量的需求，同时全国高技术产业产值(6.3万亿元)的80%聚集在环渤海、长三角、珠三角三大沿海都市圈，这是推进海洋高技术产业发展的有利环境。把三大都市圈以及青岛、厦门等市的海洋高技术产业规划、引导好，把“建设世界一流科技园区”的北京中关村、上海张江和深圳科技园区①的海洋研发项目推介、培育好，并催生出青岛、厦门等突出海洋主题的特色高新技术产业园区，培育涉海创新集群，使海洋高技术产业以快于全国高技术产业平均增加值的速度发展，优化海洋产业结构、提升海洋产业的核心竞争力就有希望，这也是转变海洋经济发展方式的根本要求②。今后调整《全国海洋经济发展规划纲要》，既要有长远谋划，又要解决当前的突出问题，推想到2020年，海洋生产总值有可能达到6.5万亿~7万亿元，约占同年全国GDP的11%~12%，占同年世界海洋生产总值的1/4左右，并把海洋产业发展的科技贡献率提高到50%~60%，使海洋高技术产业占到海洋生产总值的30%~40%，外向型海洋经济拓展到海洋生产总值的10%~20%，才能跟上全国经济持续、

① 从深圳高新区已形成的六大特色看，体现海洋产业的内容还不够多。

② 对天津塘沽名不符实的“海洋科技园”等要加强监督。

快速发展的步伐。集聚力量解决海洋产业“高技术短腿”这个发展中的突出问题，将是从海洋产业大国走向海洋产业强国，从濒海大国走向海洋大国的重要一步。从国家海洋局40多年前隶属于原国家科委的历史渊源看，下大力气提高海洋产业的科技含量和知识基础，把海洋高技术产业搞上去，要有紧迫感，也具备有利条件。

做大做强海洋产业，要靠有实力、上规模的海洋产业集团。中国百家大型企业中，海洋大型企业不足10家。发展海洋高技术产业，也靠一批高成长性的海洋高技术企业，如深圳的海王药业、山东海化等，要培育良好的市场环境，扶持这些企业加速发展壮大。

以2010年预计地方海洋生产总值为经济指标，可尝试把沿海省(区、市)分为三个集团。第一集团是超(近)5000亿元省(市)，包括广东、上海、浙江、山东，在既有优势基础上要大幅度提高海洋高技术产业份额；第二集团是1500亿~2000亿元省(市)，包括辽宁、福建、天津、江苏，也要在海洋高技术产业上发力；第三集团是1000亿元省(区)，包括河北、广西、海南，各有发展潜力。在第二与第三集团中，江苏、河北、辽宁是“万亿GDP”大省，福建相距不远，都有因海制宜地扩展海洋产业的经济基础和增长空间。海洋发展战略不仅是沿海省(自治区、直辖市)的事，如果政策得当、工作得力，还可能促成第四(后备)集团，包括近海或邻海边疆省的吉林、黑龙江、云南，可分别向日本海和印度洋开拓进取。

四、建设“绿色海洋”，走向“蓝色海洋”

我国海洋经济领域的外海开发不足与近海过度开发并存，资源闲置与浪费并存，生态持续与退化并存。海洋开发“三无”(无度、无序、无偿)初见好转，但仍待进一步解决，陆源污染物排海“无控”、海洋生态破坏“无遏”的现象普遍存在，海洋健康状况堪忧。《全国海洋经济发展规划纲要》规定的“到2005年，主要污染物排海量比2000年减少10%”的目标是否达到？瞄准“绿色海洋”，建设海洋生态文明大国，已经提上我国海洋议事日程。

中国海受地理区位所限，海洋自然条件先天不足。打破“空间瓶颈”制约，走向“蓝色海洋”，既是建设“繁荣海洋”“安全海洋”，以海富国、以海强国需要，也是我国海洋产业、事业发展的必由之路。

海洋世纪是开放的世纪，海洋的开放度大于陆地。提高国家的开放型经济水平，开放型海洋经济处于前沿地位。美国以“海洋国家”自诩，其专属经济区面积居世界第一位，大于50个州的陆地面积；海岸线长度居世界第二位。日本的专属经济区水域面积大于我国，从定位于“海岛国家”转向“海洋国家”，在海陆关系上赋予海洋以优先地位；印度把印度洋看作国脉攸关的“命运之洋”，在东、西向控制5个重要通道，有的远在3000千米之外。在新海权时代，中国作为濒临太平洋、紧邻印度洋的国家和潜在的海洋强国，应摒弃狭隘的“护城河”观念，培育“两洋国家”和“海洋公土”意识。

历史上从公元6世纪开始，中国与南亚、西亚诸国就有连通西太平洋和印度洋的“海上丝绸之路”。15世纪上半叶郑和船队七下西洋，南下再由东而西，主要航线都通到了印度洋。中国与印度洋江(河)海相连，作为印度洋的水源国、鱼源国和航道的高频使用国，在印度洋有自己的切身利益，可以说印度洋是中国石油供应的“命运之洋”；东盟已成为继欧盟之后世界上第二个最成功的地区合作组织，东盟10国除老挝外都是沿海国家，因而也被称为“海上东盟”，通过“中国－东盟”10＋1合作，包括《中华人民共和国政府和东南亚国家联盟成员国政府海运协定》等，中国日渐频繁地进入印度洋水域，与印度洋国家(缅甸)和跨两洋国家(新加坡、马来西亚、印度尼西亚)之间的海洋合作和海洋产业合作愈益宽广；待到全面建立中国－东盟自由贸易区，可拥有18.5亿消费者、3万亿美元GDP、2.5万亿美元贸易总额，并强化成员国之间的政治、外交关系，形成各种利益共同体，将更加深我国与印度洋不可分割的紧密联系。“十五”以来，中国港湾建设(集团)总公司援建巴基斯坦的瓜德尔深水港，既显示中国在印度洋的存在，也拉近了与波斯湾的距离。而对缅甸西海岸实兑深水港的合作开发，多年议而未决，虽被印度投资1亿美元改造该港抢占了先机，但仍不能坐视。

“海洋公土”指公海大洋。如果说海洋是人类“最后的资源”，预计我国这块“最后的资源”大部分穿插在公海大洋。除了实现航行、飞越、铺设海底电缆和管道、捕鱼、建设人工岛屿、科研“六大自由”，还将分享包括深海区域的海底采矿权益。面对海洋这个庞大的立体空间，我们刚刚起步，要走的路还很长。前述“两洋大国”的印度洋大国地位若从法理上的依据不足，也要在印度洋公海领域合理布局，多做工作。

在发展的路径选择上，一靠二十多个海洋产业，特别是外向型海洋产业(海洋航运、远洋渔业、船舶工业)的跨越发展；二靠遴选于我有利的境外关键海区合作建港，在规划部署“大洋战略利用关键洋区”的同时，优选几处“亚洲大陆边缘海战略利用关键海区”，结合区域经济发展战略统筹部署，以此建议立项“中国边际海港建设可行性研究”；三与太平洋上的帕劳、瑙鲁等岛国合作，走向热带太平洋。

我国“建设海洋强国”的战略目标首见于《全国海洋经济发展规划纲要》(2003)，是适时和合乎逻辑的。发展海洋经济、壮大海洋产业，是建设海洋强国不可逾越和替代的必要基础。把海洋产业做大、做富、做强了，海洋经济后来居上了，才有海洋国家的富、强、大可言。依此设想，当我国实现全面建设小康社会目标、进入创新型国家行列、经济总量接近世界第二大经济体后，在我国海洋经济发展的全盛期，以日本为比照标准，建成区域性的太平洋海洋强国；当我国人口总量越过峰值、其中2/3以上居住在东部沿海省(市、区)，经济总量上升为世界第二大经济体后，在海洋经济发展的成熟期，以日本、印度为比照标准，建成跨区域性的太平洋、印度洋海洋强国；当我国基本实现现代化，达到中等发达国家水平后，“国家海上威力”显著增强，在21世纪下半叶，以美国为比照标准，努力建成世界海洋强国。

五、中国海洋事业发展方向：逐步实现科学、持续发展的历史性转变

预计2035年前后，我国总人口达到15.5亿峰值。这将成为全国人口、资源、环境演变中的重要拐点，对海洋事业来说也是如此。在今后20多年的发展机遇期，要加快以下几个重大转变的进程。

一是海洋空间领域，从近岸政策向统筹近、远岸政策转变，从浅海作业为主向统筹浅、深海作业转变，形成“疏内、实边、拓外”的空间布局。二是海洋经济发展方式，从粗放、单一、低技术为主向集约、综合、高技术为主转变。三是海洋产业结构，从低端、内向型为主向中高端、内外向并重型为主转变，三次产业从“三二”靠近的“三二一”序列向“三二”拉开的“三二一”序列转变。四是海洋资源和生态环境保护，从重开发、轻保护

向以海洋生态系统为基础的保护与开发并重至保护重于开发(绿色海洋政策)转变。五是维护海洋权益，从固守管辖海域向保住管辖海域并走向外海深海、分享公海大洋权益转变。六是海岸带和海洋管理，从条块分割式为主向宏观调控式为主的基于海洋生态系统的海洋综合管理转变。七是海洋国际合作，从相对封闭、退缩、墨守成规向扩大开放、积极进取、互利多赢转变。

2004 年下半年，美国相继推出了《21 世纪海洋蓝图》即国家海洋政策报告(包括 9 个部分，提出 212 条建议)以及《美国海洋行动计划》(分 6 个部分)。以“十一五”为期，不失时机地出台具有基本国策意义的《中国海洋政策》，是推动国家海洋事业又好又快地持续发展的重要保证。

(2008 年 8 月)

推进海洋治理体系现代化的思考和建议

刘　岩

党的十八届三中全会将完善和发展中国特色社会主义制度，推进国家治理体系和治理能力现代化作为全面深化改革的总目标，对于中国社会主义现代化事业来说，具有重大而深远的理论意义和现实意义。

“十三五”时期是全面落实国家治理体系和治理能力现代化改革任务的关键时期。在建设国家治理体系的同时，把治理体系框架应用到海洋领域，构建现代化海洋治理体系，是推动实现全面深化改革总目标和海洋强国建设的一项重要任务。

一、治理、国家治理和海洋治理

(一)治理

“治理(Governance)”一词在西方由来已久，原意是控制、引导和操纵。1992 年，世界银行发布的年度报告以“治理与发展”为主题并对其赋予新的内涵，使“治理”一词涵盖的范围远远超出了政治学和行政管理学的传统涵义。20 世纪 90 年代以来，治理理论研究在全球范围逐步兴起并成为热点。全球治理委员会于 1995 年对“治理”定义：治理是或公或私的个人和机构经营管理相同事务的诸多方式的总和。它是使相互冲突或不同的利益得以调和并且采取联合行动的持续的过程。通常具有以下基本特征：治理是一个过程，有赖于持续的相互作用，并且是在一定规则制度下进行的；治理的建立不以单方支配为基础，而以调和为基础；治理同时涉及公、私部门等多主体。

(二)国家治理

进入 21 世纪，“治理”成为中国学界的重要概念，特别是十八届三中全会后，治理体系和治理能力成为学界和政府部门的热点话题。目前国内学者大多认为，国家治理体系就是规范社会权力运行和维护公共秩序的一系列制度和程序，包括国家的行政体制、经济体制和社会体制。有效的国家治理体系涉及三个基本问题：谁治理、如何治理、治理得如何？即治理主体、治理机制和治理效果。

推进国家治理体系和治理能力现代化，是一种全新的政治理念，是中国社会政治经济现代化的必然要求。2013 年 12 月，习近平总书记在有关讲话中提出："国家治理体系是在党领导下管理国家的制度体系，包括经济、政治、文化、社会、生态文明和党的建设等各领域体制机制、法律法规安排，也就是一整套紧密相连、相互协调的国家制度。"与传统国家统治和管理不同，现代化的国家治理体系是政府、市场和社会等多方利益主体共同参与，合理配置政治、经济、社会权利管理公共事务过程，是一个有机、协调、动态和整体的制度运行系统。具体表现在：一是公共权力运行的制度化和规范化，它要求政府治理、企业治理和社会治理有完善的制度安排和规范的公共秩序；二是民主化，所有公共政策要从根本上体现人民的意志和人民的主体地位；三是法治，即宪法和法律成为公共治理的最高权威；四是效率，应当有效维护社会稳定和社会秩序，有利于提高行政效率和经济效益；五是协调，要求从中央到地方、从政府治理到社会治理，各种制度安排作为一个统一的整体相互协调，密不可分。①

(三)海洋治理

海洋治理(Ocean Governance)与海洋管理(Ocean Management)具有明显区别。海洋治理用来表示那些用于管理海洋区域内公共和私人的行为，以及管理资源和活动的各种制度的结构和构成。海洋管理则是指为了达到人们所希望的某一目标而对某一特定资源或者某一特定海域进行管理的过程。公共治理理论出现后，全球范围内，海洋管理朝着海洋治理的方向转变，具体特征体现为：治理主体的多元化、治理客体的扩展、管理过程具有互动性、方式和手段多样化等。基于生态系统方法，综合管理方法和预防性原则成为海洋治理的主要技术方法和原则。

---

① 俞可平：《推进国家治理体系和治理能力现代化》，载《前线》，2014 年 1 月 14 日。

基于海洋问题的区域性特征和《联合国海洋法公约》(以下简称《公约》),广义海洋治理应该包括全球海洋治理和国家海洋治理两个层面。全球海洋治理是指在全球化的大背景下,国际社会包括各国政府、政府间组织、国际间非政府组织、跨国企业和个人等主体,通过具有约束力的国际规制①和广泛的协商合作,共同解决所面临的全球海洋问题,应对海洋领域的共同危机和追求共同的利益,进而实现全球范围内的人海和谐以及海洋的可持续开发和利用。②③ 它是以全球海洋治理结构的建立、完善为前提。现行的全球海洋治理体系包括全球规则和制度性安排、治理的重点领域、利益相关方、治理机制和手段等,以多边机制为基础。自 20 世纪末,良治(Good Governance)正在成为现代全球海洋治理的重要原则,并逐步被一些主权国家接受和运用。

国家海洋治理体系是一个主权国家内的各利益主体为解决海洋开发利用中的相关问题所建立的制度体系和运行程序。根据国家治理体系建设总体要求以及党的十八大提出的建设海洋强国的战略部署,现代化海洋治理体系至少应该涵盖海洋资源、海洋经济、海洋生态环境、海洋权益、海洋文化等方面。通常而言,一个运转良好的、现代化国家海洋治理体系应该具有以下特征:在治理主体上,形成政府、企业、社会多利益方共担责任、共同参与的格局;在治理手段上,以法制为基础,采用多元手段,形成一整套相互协调、相互配合的政策工具;在治理机制上,基于协商民主,实现多方互动,从冲突走向合作,从管制走向协调;在治理功能上,实现和平利用海洋,保护海洋生态环境系统及其服务功能的整体性和生物多样性,保障生态公共产品和服务的有效供给,实现海洋经济持续健康发展,维护国家海洋权益。

二、推进海洋治理体系现代化面临的形势和任务

构建现代化的国家海洋治理体系是一个系统工程和长期的过程。在当前国际海洋形势不断变化、国内生态文明体制改革不断深化和海洋强国建

① 规制在此是指用以规范各国涉海行为和维持正常的国际海洋秩序的一系列条约、公约、协议、宣言、原则、程序、规范、标准、措施和行动。

② 王琪:《将全球治理引入海洋领域》,载《太平洋学报》,2015 年第 6 期。

③ 黄任望:《全球海洋治理的问题初探》,载《海洋开发与管理》,2014 年第 3 期。

设不断推进的大背景下，海洋治理体系正处于一个关键的转轨阶段，机遇与挑战并存。

首先，从国际环境看，世界正处于全球可持续发展进程的关键时期。2015 年 9 月联合国大会通过 2030 全球可持续发展目标，海洋和海洋资源的保护和可持续发展利用是重要组成部分。2015 年世界气候变化大会达成巴黎协议，强调以“自主贡献”的方式参与全球应对气候变化行动。中国作为世界第二大经济体、最大温室气体排放国和能源资源需求国，国际社会及中国自身的发展都对中国的期望发生根本性转变，中国将在全球公共治理事务中承担更多的责任和义务，发挥更大作用。聚焦到海洋领域，以《公约》为核心的国际海洋新秩序的建立，使各国可以通过和平协商的方式解决利益冲突和矛盾，为和平开发和利用海洋提供了制度保证。同时，海上溢油、跨界污染、新型污染物、海洋酸化和海平面上升等问题成为影响国家秩序和发展的新问题，国家管辖外海域生物多样性养护和可持续利用问题的国际规则已进入调整和改革关键时期。海洋生态环境保护等成为世界各利益集团和国家在全球海洋治理体系内发挥政治影响力的主要途径，国际海洋公约与全球海洋治理机制趋于机制化、刚性化。为此，推进国家海洋治理体系和治理能力现代化，在权则相匹配的原则下融入和塑造全球海洋治理议程则是新时期中国的重大战略选择。

其次，从国内宏观环境看，中国正处于深化改革和可持续发展进程转折时期，经济结构正由规模扩张向质量优化转型，由要素驱动转向创新驱动。国家治理体系和治理能力现代化成为宪法规定的国家第五个现代化目标。国家治理从过去的以目标指标管理为主向更注重国家治理结构的整体性改善，生态文明建设全面融入经济社会发展过程。沿海地区是中国经济社会较发达地区，其正处于工业化、城镇化后期，海洋经济社会发展面临转型与结构性调整，正进入创新发展、绿色发展深化阶段。海洋经济增长下行压力加大，资源能源约束强化，生态环境保护、海洋科技革命、海洋权益维护、公民权利意识觉醒等，为构建现代化海洋治理体系提供了重要的机遇。特别是中央关于制定国民经济和社会发展第十三个五年规划的建议明确提出“拓展蓝色经济空间。坚持陆海统筹，壮大海洋经济，科学开发海洋资源，保护海洋生态环境，维护我国海洋权益，建设海洋强国”，为构建海洋治理现代化体系指明了方向。

再次，中国现行的海洋治理体系，是在传统计划体制向社会主义市场经济体制过渡、海洋事务不断纳入国家经济社会发展政策的过程中逐步形成的。初步形成了以相关海洋法律为核心，政府为主，企业和社会组织有所参与的海洋治理格局，现代意义上的海洋治理体系开始逐渐形成。但应看到还存在一些问题：一是中国现行的海洋治理领域侧重于海洋生态环境保护、海洋资源开发利用、海域使用管理和海上交通运输等领域，海洋政治、海洋经济、海洋文化等领域涉猎较少。海洋管理体制是陆地各种资源开发与管理部门职能向海洋的延伸，部门间职能存在交叉冲突，缺乏有效地协调与合作机制，反映在法律制度上则是较为突出的部门化和碎片化。2013 年，第十二届全国人大常委会批准设立国家海洋委员会，这将有利于加强海洋事务的统筹规划与综合协调。二是长期受计划经济惯性思维的影响，在早期的海洋管理中，一般倾向于使用和依赖政府而非市场力量。海洋治理的公共领域与市场运营机制界限模糊，行政管制的手段和措施使用多，市场调节、社会管理的手段和措施应用少，没有形成良好的公共管理或者治理结构所需要的制度体系。三是现有的相关海洋法律大都是针对单项海洋资源的开发利用、保护和管理而制定的，还不能完全适应基于生态系统的综合海洋治理的需要，缺乏海洋基本法和海洋区域管理立法。四是治理主体能力不足，政府、企业、社会等主体能力有待全面提高，社会参与海洋治理制度不完善，其参与决策监督的作用没能很好地发挥。五是缺乏全面参与和主导全球海洋治理的能力。

全球海洋治理究其本质是国际合作与利益博弈相互作用的过程与结果。以经济总量和人口规模衡量，中国应该是全球海洋治理体系的最关键利益相关方。近年来中国在全球海洋治理中的地位和作用日益提高，但参与全球海洋治理基本上是由政府主导，社会组织基本缺位；参与的方式依然是按照传统的外交谈判模式，基本上是在目前西方设定的框架下，填充一些有利于我们的具体主张，没有形成统摄这些主张和策略的整体国家发展战略，以及为实施国家战略奠定正当性基础的话语体系；当前全球海洋治理议题包括海洋酸化与气候变化、海洋垃圾与海洋污染、海洋保护区及海洋生态保护、海洋渔业资源利用等；在国际层面涉及《公约》、CBD 公约以及与其他国际公约、政府间组织与非政府组织、全球机构与区域层面等之间的协调与配合，衍生延伸到国内则涉及多个涉海部门，包括外交部、发展改革委、环保部、农业部、交通部和国家海洋局等。目前这些部门之间就相关国际海洋问题协商交流应予以加强。政出多门、各自发声，尚未形成对外合力。要承担大国角色和责任，完成向全球海洋治理主导方向的转变，中国还面临巨大挑战。

三、推进海洋治理体系现代化的对策建议

推进现代化海洋治理体系建设是一项在完善现代市场体系、转变政府职能、推进法治建设、强化治理的大背景下，参考国际海洋治理的实践经验，在海洋法学、生态学、经济学、管理和制度学等理论的指导下，通过系列改革措施和政策组合，在海洋领域形成政府、企业和社会多方参与，共管共治，协调合作的创新性工作，处理好人与海洋之间的关系，建设和平、合作、和谐之海。对内满足全面建成小康社会目标和建设海洋强国的战略需求，实现海洋经济社会持续健康发展；对外不断提升我国在全球海洋治理体系的制度性话语权，维护海洋权益，拓展蓝色发展空间。

“十三五”期间应优先做好以下几方面工作。

(一)搞好顶层设计，从战略上谋划现代海洋治理体系

碎片化、政出多门以及部门主义和地方主义，是中国现行海洋治理体制和公共政策的薄弱环节，严重削弱了国家的海洋治理能力。顶层的制度设计和宏观指导，对国家海洋治理体系现代化建设尤其重要。正如《中共中央关于深化改革的重大问题决定》(以下简称《决定》)指出的，我们既要摸着石头过河，在实践中探索；又要加强顶层设计，加强宏观指导。与国家的治理体系相对应，海洋治理体系也是一个制度系统，除包括政治、经济、社会、文化、生态等各个领域外，还包括海洋权益维护的问题。必须从总体上考虑和规划各个领域的改革方案和治理体系，从宏观层面加强对海洋治理体制改革和治理体系建设的领导和指导。应当加强对国家治理体系现代化的战略研究，按照《决定》的总体目标，结合海洋管理的实际，分阶段制定国家海洋治理体系现代化建设路线图和任务表。一要站在维护国家海洋利益的战略高度，进行全局性的统筹规划，兼顾管辖海域海洋权益的维护和国家管辖外海域海洋利益的拓展；二要以海洋生态保护为前提，注重海洋经济发展与生态环境保护的平衡发展；三要坚持现实问题导向，

充分考虑我国海洋经济结构转型升级以及维护海洋权益的阶段性特征，开展顶层设计和研究具体的改革方案和实施步骤；四要基于海洋生态系统特征和生态服务的公共属性及其时空属性，改革海洋治理体制机制和构建海洋治理体系；五要充分考虑治理主体能力，以政府企业和社会责任共担为基础，统筹协调和有序、整体推进海洋治理体系构建。

当前，构建国家现代化海洋治理体系需要研究和解决的关键问题主要包括：健全海洋法制保障、改革管理体制机制、明确治理主体权责、创新重大制度安排以及处理好与全球海洋治理体系之间的关系等。

（二）健全海洋法律法规体系，强化海洋治理法制保障

十八届四中全会《中共中央关于全面推进依法治国若干重大问题的决定》强调全面推进依法治国，进一步明确国家治理体系建设与推进相应法律制度建设密切关系。构建现代化的海洋治理体系，有赖于强有力的法制保障。

经过多年的发展，中国逐步建立了包括基本海洋法律制度和部门海洋事务制度的海洋法律框架，有效地维护海洋秩序。但是现行的海洋法律制度，在立法模式上，采用部门或行业分散立法模式，没有关于海洋事务管理和海洋政策的综合性立法；在立法层级上包括法律、法规和规章，而宪法中并没有关于海洋问题的表述，海洋法律体系结构不完整，缺乏国家根本法层次的规定；在立法内容上，以海洋事务管理等实体内容较多，缺乏对于执法程序的法律规定，特别是对于海洋权益维护问题法律规定较少①；在空间范围上，主要是规范国家管辖范围内的活动权益义务关系，而对国家管辖外海域涉及很少。应理顺现有海洋法律关系，弥补重要制度的缺失，健全和完善与现代化海洋治理体系建设相适应的配套法律体系。

一要推动“海洋入宪”和制定海洋基本法。在宪法中纳入海洋、海洋国土和海洋资源等内容。在海洋基本法中把海洋战略基本原则、海洋事务发展的指导方针和政策、维护海洋权益和安全的立场等以法律方式固化。二要根据生态文明改革总体方案，加快制定和修改海洋治理的综合法和单行法，包括制定以改革海洋管理体制机制为关键的海岸带立法，强调污染防治精细化，强化刚性约束的海洋环境保护法，以健全所有权、使用权和相

① 国家海洋局海洋发展战略研究所课题组：《中国海洋发展报告(2015)》，北京：海洋出版社，2015 年，第 271 页。

关民事权利的规定为核心的海洋资源和生态保护，以促进绿色转型和国土空间优化的海域法和海岛法等。三要建立健全海洋维权执法法律法规体系，推动制定“中国海警法”及维权执法配套法规，为中国海警维护国家海洋权益和海洋管理秩序提供法律依据和支持。四要开展《中华人民共和国领海及毗连区法》和《中华人民共和国专属经济区和大陆架法》等的配套立法，有效维护海洋权益；研究制定维护和拓展我国在公海、大洋和极地利益的相关立法，尽早制定和实施大洋资源勘探开发立法，履行国际义务。

（三）改革海洋治理体制机制，全面提升治理主体能力

政府、企业和公众是现代海洋治理体系的三个基本主体，政府调控、市场配置和社会参与是现代海洋治理体系的三种基本调节机制。目前从三大主体能力看，尽管都有所欠缺，但企业和社会方面更是短板。

政府的职能包括制度供给、组织执行、监督执法、协调合作及公共产品供给，是目前中国海洋治理最重要的主体和力量。为此，要在国家整体行政体制推进下，全面深化改革海洋行政管理机制，增强政府行政管理能力。一要建立基于生态系统的海洋综合管理的行政管理机构，建立职能有机统一、基于生态系统的海洋大部门制的综合管理模式，进一步提升海洋行政管理部门的工作地位和统筹协调能力；二要健全完善海上统一执法机制，不断提升海上执法能力，建设一支统一高效的海上执法力量；三要在中央和国务院的统一领导和国家海洋委员会的统筹协调下，各涉海部门根据职责，结合实际，制定财政投入、税收激励、金融支持等方面的配套措施，避免重复建设和投入，为海洋治理体系建设提供强有力的政策保障和物质支持。

在企业和社会方面，根据治理理念的要求，发展壮大企业、社会组织和公民的力量，利用界定产权、征税、补贴、特许经营等市场机制，激励和引导企业和公众行为参与海洋治理。采用综合手段，引导企业遵守海洋事务相关法律法规和标准，切实承担企业的社会责任，同时积极探索 PPP 模式（即政府和社会资本合作）和海洋第三方治理等特许经营模式，引导企业提供生态环境公共产品和服务，促进企业绿色转型和发展绿色企业。

在管理体制机制方面，从海洋生态系统的完整性出发，按照所有者与管理者分开，陆海统筹、河海一体的原则，坚持从分部门管理转向统一协

调管理和多主体参与的良治模式，逐步形成以海洋资源和生态保护管理体制、基于生态系统的海洋综合管理体制为核心的海洋生态文明管理体制，健全完善区域性海洋综合管理的协调机制，促进海洋治理体系和治理能力现代化。

（四）以生态文明制度为核心，创设海洋治理重大制度

现行的海洋治理制度是以相关海洋法律为载体而确立的①，如《中华人民共和国领海及毗连区法》和《中华人民共和国专属经济区和大陆架法》明确了不同海域的权利和主张、专属经济区和大陆架划界原则等，为维护我国领土和海洋权益提供了有力保障；《中华人民共和国海洋环境保护法》是海洋环境保护制度集中体现，确立了重点海域污染物总量控制、海洋保护区和陆源污染防治等具体制度；此外，我国的环境保护理念相对超前，海洋生态红线、生态补偿等制度正在试点实践中。《中华人民共和国海域使用管理法》确立了海域确权、有偿使用和海洋功能区划等三项制度等；《中华人民共和国海岛保护法》确立了海岛保护与规划制度。但是海洋经济和产业发展、海洋文化发展、海洋政治等方面缺乏具体的法律制度安排。

生态文明建设是中国特色社会主义的重要内容，其制度体系建设是推进国家治理现代化的重要任务。为此，推进海洋治理体系现代化的核心任务是构建海洋生态文明制度体系。十八届三中全会确立了生态文明制度体系，2015 年 9 月，中央和国务院发布了《生态文明体制改革总体方案》，提出生态文明体制改革的目标，到 2020 年，构建起由自然资源资产产权制度、国土空间开发保护制度、空间规划体系、资源总量管理和全面节约制度、资源有偿使用和生态补偿制度、环境治理体系、环境治理和生态保护市场体系、生态文明绩效评价考核和责任追究制度八项制度构成的产权清晰、多元参与、激励约束并重、系统完整的生态文明制度体系，推进生态文明领域国家治理体系和治理能力现代化。未来海洋治理体系的重大制度安排上，要从海洋事务特征及海洋问题导向出发，以海洋生态文明制度体

---

① 中国现有涉海法律主要包括《中华人民共和国领海和毗连区法》《中华人民共和国专属经济区和大陆架法》《中华人民共和国海域管理法》《中华人民共和国海洋环境保护法》《中华人民共和国海岛保护法》《中华人民共和国渔业法》《中华人民共和国矿产资源法》《中华人民共和国可再生能源法》《中华人民共和国测绘法》《中华人民共和国海洋交通安全法》《中华人民共和国港口法》《中华人民共和国航道法》等。

系建设为核心，兼顾海洋经济、海洋文化、海洋权益维护等领域，综合运用政府有形之手、市场无形之手和社会自治之手，形成系统联系、运行有效的制度框架。

根据《生态文明体制改革总体方案》，现代化海洋生态环境治理制度体系构成如表1。

表1　海洋生态环境治理体系重大制度

海洋生态环境保护领域	不同主体制度安排		
	政府	市场	社会
海洋污染治理	环境保护制度 排污许可证和总量控制制度 环境标准体系 环境损害赔偿和责任追究制度 有害化学品登记制度 环境监测和信息发布制度 流域－海域一体化防治制度	环境税费制度 排污权交易制度 环境特许经营 PPP 模式 污染第三方治理	环境信息公开 环境举报责任 环境公益诉讼
海洋生态保护	自然保护区制度 生态空间规划制度 生态保护红线制度 重点保护名录 保护许可证制度	生态补偿制度 生态服务付费制度 特许保护制度	同上
海洋资源管理（包括自然岸线、海域等）	海洋资源产权制度 海洋资源用途管制制度 海洋资源保护制度 空间规划和用途管制制 自然岸线保护制度	资源价格形成机制 资源税费制度 资源有偿使用制度 资源产权交易制度	同上
海洋经济绿色化－蓝色经济	绿色制度设计 绿色低碳产品标准 海洋可再生能源政策 海水综合利用政策 海洋科技创新政策	海域使用市场和二次使用市场 绿色金融和投资政策 清洁生产机制 环境产权交易制度 政府绿色采购制度	绿色海产品认证和标示制度 企业社会责任制度 公众参与机制

从海洋生态环境保护角度，海洋生态文明制度体系建设优先方向为：一是基于海岸/海洋国土和准国土空间安全和环境风险管理，确定不同尺度上的生态空间、自然资源和环境容量，从而划定生态红线和空间规划；二是按照公共产品属性，对这些生态空间、自然资源和环境容量进行有效分类，并确立产权制度；三是针对具有竞争性的排他性自然资源，通过市场制度完善，对于那些难以用市场机制解决的环境资源和生态服务，鼓励利益相关方参与，达成集体行动共识，防治“公地悲剧”；四是建立自然资源资产核算和环境审计等一系列考核、问责制度等。

（五）多维创设话语平台，塑造全球海洋治理体系议程

经济全球化的扩展与全球性海洋问题的频发等推动了全球海洋治理的产生与发展，国际规制约束力大大增强。全球海洋治理的主体有三类：主权国家、国际政府间组织、全球公民社会组织。因各种国际涉海政策和行动需要主权国家加以落实，当前主权国家是国际政治体系的基本行为主体，在全球海洋治理中扮演着核心主体的角色。

我国是海陆兼备的海洋大国，国家利益遍布全球海洋，已经形成高度依赖海洋和海上通道的外向型经济大国。随着改革开放进程的不断深入，海洋在国民经济社会发展格局中的地位必将更加重要和突出。为此，随着我国综合国力的增长，如何“管好海洋”，维护海洋权益，参与各问题领域的全球治理成为摆在面前的一个重大课题。积极参与全球海洋治理和公共产品供给，引导全球议程，提升我国在全球海洋治理中制度性话语权，也是中国作为世界第二大经济体和负责任大国的必然担当和责任。

自1996年批准加入《公约》以来，中国积极参与全球海洋治理体系。目前在海洋治理体系谈判中，已不再是简单的、被动的回应者，在一些议题中已成为议程的设置者和推动者，以及未来合作框架的塑造者，是推进全球海洋治理的重要主体之一。习近平总书记在关于建设海洋强国的论述中明确提出，“要拓展和确保在公海、国际海底的合法权益”“要在国际海洋规则和制度领域拥有与我国综合国力相称的影响力”。随着中国利用和维护战略机遇期的经济社会成本和国际责任的不断增大，正由过去的国际跟随机遇向国际引领机遇转变，“十三五”规划建议对新时期中国参与全球海洋治理提出了新要求：积极参与全球经济治理；同时提出：积极参与网

络、深海、极地、空天等新领域国际规则制定。但与发达国家相比，由于语言、知识和能力不足，中国在国际海洋话语体系总体上处于弱势地位，话语权有限，以大国角色主导和引导全球海洋治理规则的话语权任重道远。

面对新的形势和新的需求，必须制定参与和主导全球海洋治理体系的整体国家战略，创新性谋划中国参与和主导全球海洋治理体系的路径。

一要以海洋生态文明为抓手，构建中国对外话语体系，塑造自己的全球海洋治理议程。近年来，中国的海洋保护和管理实践，如海洋功能区划、海洋保护区网络等已经被国际社会认可和接受，成为能够“输出”的国际经验。中国依据自己的实践提出的生态文明建设，从发展的阶段性特征深层次地审视、发展和平衡人与自然关系，不仅是实现自身可持续发展的内在需求，也是新时期对全球可持续发展的深化和具化，具有全球尺度的意义，引起世界的广泛关注。未来要以海洋生态文明为海洋治理体系重点领域，在与自身能力相适应的范围内，积极创设新的海洋话语平台，构建对外话语体系，向国际社会传播海洋生态文明重要理念，从生态红线、生态补偿等制度阐述海洋生态文明实践对全球海洋可持续发展目标的贡献，以新兴大国领袖的姿态发出中国声音，讲好中国海洋的故事，塑造中国的全球海洋治理议程，争取取得海洋生态政治的领导权。

二要充分利用已有的国际海洋话语平台，积极主动参与全球议程。对于已有的国际海洋话语平台，如联合国大会、大陆架界限委员会、国际海洋法法庭、国际海底管理局、北极理事会等，中国应注重提升参与质量，强化国际海洋议程的设置能力，实质性参与到其中的相关工作中，运用制度规则维护自身海洋权益的能力。对于当前事关国家利益的热点重点问题，如应对气候变化、国家管辖外海域生物多样性养护和可持续利用等，要及早做好谋划，构建科学、环境、规制三位一体话语体系，借助西方人熟悉的“普适话语”，将国家利益和国家战略涵盖在普适话语之下，并对这些普适话语进行重构。

三是坚持“两条腿”走路，双边、多边结合，持续开展海洋外交。在参与全球海洋治理的过程中，应继续坚持睦邻友好、和平崛起的外交方针，妥善处理好与周边国家、欧美传统海洋强国和新兴海洋国家的关系，争取其认可与支持。充分利用传统的区域和全球机制，定义和建立新的全球伙伴关系，寻求共识，努力建设长期性制度，提升自身参与全球海洋治理能力，实现区域良治和全球合作。

四要在国家海洋委员会的协调下，建立国内协调和工作机制，加强国内参与全球海洋治理体系和议题所涉及的相关部门的组织协调，形成对外合力，维护我国在全球海洋治理体系的权益。同时要加强中国的社会组织参与全球海洋治理能力建设。

（2015 年 12 月）

中国退出《联合国海洋法公约》的利弊分析

贾　宇

《联合国海洋法公约》(以下简称《公约》)是当今国际社会规范海上活动秩序的最重要的国际条约。制定《公约》的第三次联合国海洋法会议经过了近十年的谈判过程，中国代表团积极参与了《公约》的制定，维护了中国权益，支持了第三世界国家的合理要求，反对了海洋霸权主义。《公约》不仅是国际海洋法发展的重要里程碑，也是国际政治外交斗争和妥协的产物。近年来，国内外出现了关于中国是否应退出《公约》的声音。本文简单介绍《公约》与中国的渊源，结合菲律宾南海仲裁案的有关情况，分析中国退出《公约》的利弊，结论是：退出《公约》不是解决南海问题的最优选择，中国不应退出《公约》。

一、中国与《公约》的渊源

1971 年 1 月 25 日，第二十六届联合国大会以压倒性多数，通过了阿尔巴尼亚等 23 个国家提出的“恢复中华人民共和国在联合国的一切合法权利和立即把国民党集团的代表从联合国及其所属的一切机构中驱逐出去”的提案。著名的 2785 号决议认为，“恢复中华人民共和国的合法权利对于维护《联合国宪章》和联合国组织根据宪章所必须从事的事业都是必不可少的”。中华人民共和国恢复在联合国的合法席位之后和作为联合国安全理事会的五个常任理事国之一，在最重要的多边外交场合的首次登台亮相，就是参加第二十六届联合国大会和《公约》的制定。

1982 年，当《公约》开放签署时，中国率先在《公约》上签字。1996 年 5 月，第八届全国人民代表大会常委会第十九次会议批准了《公约》。1996 年 7 月，《公约》开始对中国生效。

《公约》包括十七个部分，连同九个附件共 446 条，内容涉及海洋法的各个方面，包括领海、毗连区、专属经济区、大陆架、公海、国际海底区域、国际海峡、群岛国，以及海洋争端的解决等各项法律制度，被誉为“海洋宪章”。《公约》附件七设立了仲裁程序，以解决缔约国的海洋争端。缔约国诉诸《公约》附件七规定的仲裁，至少应满足以下要件：一是提起的事项是关于《公约》的“解释或适用”的争端；二是争端国用尽谈判等方法，以及履行了《公约》第十五部分第一节关于和平解决争端的一般规定和义务，但仍未能解决争端；三是提起仲裁的事项不属于争端国根据《公约》第二九八条做出排除管辖声明的范围。依据《公约》第二九八条，缔约国可以提交书面声明的方式，对关于海洋划界、涉及历史性海湾或所有权的争端，以及关于军事活动、执法活动等的争端，排除导致有拘束力裁判的争端解决程序的适用。

作为一个海岸线漫长的沿海国家，中国也是《公约》所建立的法律制度的受益者。例如：领海宽度、直线基线制度、专属经济区和大陆架制度及沿海国对其中自然资源的主权权利、海洋科学研究、公海自由等。在国际海底区域制度方面，中国已经对包括多金属结核、富钴结壳和热液硫化物在内的三种“区域”资源，取得了三块具有专属勘探权和优先商业开采权的合同，即将取得第四块合同区。根据《公约》设立的海洋法法庭、国际海底管理局和大陆架界限委员会等国际组织和机构，都有中国籍的法官、委员和成员。

比较《公约》与中国的海洋权益和利益，应该说，《公约》是当时历史条件下所能取得的最好成果。批准和执行《公约》对中国而言利大于弊。时至今日，中国依然受惠于《公约》。

二、《公约》对菲律宾南海仲裁案的影响

毋庸讳言，《公约》的很多方面并不完美，存在着诸多模糊之处和灰色地带，成为美国等海洋大国搞全球海洋霸权的借口，客观上加剧了中国周边的海洋权益争端。

《公约》第十五部分“争端的解决”和附件七“仲裁”，成为美国导演、菲律宾登台的南海仲裁案的法律抓手。菲律宾将中菲之间在南海的岛礁领土主权和海洋划界问题，包装成《公约》的解释和适用问题，采用突然袭击的方式，于2013年1月22日，通过一纸通知和声明，启动《公约》附件七

的"强制仲裁程序"。2013 年 2 月 19 日，中国拒绝接受并将菲律宾的有关文件退回，重申中方一贯坚持南海争议应由有关当事方通过协商谈判解决的立场，表示不接受、不参与菲律宾单方提起的所谓仲裁。

2014 年 12 月，中国政府发表《中华人民共和国政府关于菲律宾共和国所提南海仲裁案管辖权问题的立场文件》(以下简称《立场文件》)，详细阐述了仲裁庭对菲律宾共和国所提南海仲裁案没有管辖权。

《立场文件》指出，菲律宾提请仲裁事项的实质是南海部分岛礁的领土主权问题，不涉及《公约》的解释或适用。通过谈判方式解决在南海的争端是中菲两国之间的协议，菲律宾无权单方面提起强制仲裁。2006 年 8 月，中国根据《公约》的规定提交声明："关于《公约》第二九八条第 1 款(a)、(b)和(c)项所述的任何争端，中华人民共和国政府不接受《公约》第十五部分第二节规定的任何程序。"也就是说，对于涉及海域划界、历史性海湾或所有权、军事和执法活动以及安理会执行《联合国宪章》所赋予的职务等争端，中国政府不接受《公约》第十五部分第二节下的任何强制争端解决程序，包括强制仲裁。即使菲律宾提出的仲裁事项涉及有关《公约》解释或适用的问题，也构成海域划界不可分割的组成部分，已被中国 2006 年的声明排除适用有关强制争端解决程序，不得提交《公约》附件七的仲裁。中国自主选择争端解决方式的权利应得到充分尊重，中国不接受、不参与菲律宾提起的仲裁具有充分的国际法依据。菲律宾单方面提起仲裁的做法，不会改变中国对南海诸岛及其附近海域拥有主权的历史和事实，不会影响中国通过直接谈判解决有关争议以及与本地区国家共同维护南海和平稳定的政策和立场。

2015 年 10 月 29 日，仲裁庭在中国不接受、不参与的情况下，就菲律宾南海仲裁案的管辖权和可受理性问题作出了裁决——对菲律宾南海仲裁案具有管辖权。2015 年 11 月 25 日，仲裁庭开始审理实体问题，于 2016 年上半年作出最终裁决。

三、退出《公约》的利弊之辩

《公约》的某些规定和内容对中国关于解决南海问题的立场不利。《公约》和附件七设计的仲裁程序，使一国可以单方面启动争端的强制解决机制。菲律宾正是利用了这一点，提起南海仲裁案。即便中国不接受、不参与，仲裁程序也不会终止。

根据《公约》及仲裁庭的程序规则，争端一方向他方发出书面通知，即可启动仲裁程序；对案件是否有管辖权，由仲裁庭裁定；一方不到庭也不妨碍仲裁程序的进行；仲裁庭的裁决具有确定性，不得上诉，而争端各方(不论到庭参加仲裁与否)均应遵守。尽管中国多次明确表示不接受、不参与菲律宾提起的仲裁，美菲等国已经在鼓噪中国有义务遵守最终裁决。

退出《公约》的有利之处主要是，可使中国免受海洋争端强制解决程序的束缚。既可回避当前的仲裁案及仲裁庭作出的实体裁决可能对中国的伤害，也可一劳永逸地关闭在《公约》体系下通过司法或准司法手段解决争端的大门。这包括两个方面：一是其他国家不能再通过《公约》设定的争端解决机制，对中国提起争端强制解决程序；二是中国也不能对他国采取同样的手段，司法或准司法的大门对中国也关上了。中国国内也有个别学者提出，《公约》关于争端解决的规定于我国不利，可以预见，中国也不会执行裁决。既然如此，中国退出《公约》或许更好。也有美国学者提出，如果中国退出《公约》，南海周边国家也无可奈何。

然而，如果中国退出《公约》，可能失去的更多，主要包括以下几个方面：

第一，退出《公约》将严重损害中国的国际话语权和国际形象。《公约》是当年中国带领第三世界发展中国家与海洋霸权斗争的成果。今天，在《公约》框架下，中国与广大发展中国家的立场和利益依然具有较大的一致性。在《公约》缔约国大会、海洋和海洋法问题磋商、大陆架界限委员会审议沿海国的200海里外大陆架划界案，以及国际海底区域矿区申请、公海保护区等诸多场合，中国与广大第三世界国家协调立场，互相支持。当此亚太地区的海洋秩序酝酿深刻调整的变革时期，作为联合国的常任理事国，作为有全球影响力的第二大经济体，作为一个正在快速发展的负责任大国，中国退出最具普遍性的《公约》，自外于国际海洋法律秩序，是难以想象的。迄今未有任何国家，特别是大国退出《公约》。

第二，退出《公约》不利于拓展广泛的海洋战略利益。中国是陆海兼备的人口大国，在海洋上有广泛的战略利益，丰富的海洋自然资源和巨大的生态系统服务价值是中国经济社会发展的重要基础和保障，公海、国际海底区域和南北两极是建设海洋强国重点关注的战略方向。“国家安全法”强调坚持和平探索和利用国际海底区域和极地，增强安全进出、科学考察、开发利用的能力，加强国际合作，维护相关利益和安全。十八届五中全会关于“十三五”规划的建议提出，中国要积极参与深海、极地等新领域国际规则的制定。海洋开发利用能为解决国家21世纪的粮食问题、水资源问题和能源安全等问题做出重要贡献。中国已经具备了大规模开发利用海洋、向海洋寻求发展空间的经济技术能力。随着中国参与经济全球化和区域经济一体化程度的不断加深，海洋越来越多地涉及中国的战略利益，牵动着中国的经济命脉，影响着中国的安全和社会稳定。当前遇到的问题，固然与《公约》有关，既是国际法问题，也是各种因素交织、各种力量博弈的结果，更是新兴大国发展过程中避不开、绕不过的问题，但都不是退出《公约》所能回避或解决的问题。

第三，退出《公约》也不能避免一些国家的指责与遏制。即使中国退出《公约》，美国的亚太再平衡战略、遏制中国发展的举措不会因此而改变，菲律宾、日本等国对美国的追随不会停止，南海问题也不会迎刃而解。矛盾仍在，指责依旧。比如，可以指称《公约》或《公约》的部分内容已经是习惯国际法，非缔约国也要遵守，等等。

综上，中国在制定和执行《公约》的过程中一直是发挥作用的重要一方，未来还将发挥更大的作用。中国退出《公约》，一不能从根本上解决南海问题，二将损及大国形象，三将涉及诸多具体的利益和现实问题，牵一发而动全身，代价过大，得不偿失。总体而言，退出《公约》不是解决问题的良策，中国不应退出《公约》。

（2015年12月）

关于陆海统筹的战略思考与建议及对我国的启示

刘　岩

中国是陆海兼备的大国，主张管辖的海域面积约300万平方千米，接近陆地国土面积的1/3，蕴藏着丰富的资源，在接替和补充陆地空间和资源不足等方面潜力巨大。党中央、国务院高瞻远瞩，党的十七届五中全会、国民社会和经济发展“十二五”规划纲要，都做出了“坚持陆海统筹，制定和实施海洋发展战略，提高海洋开发、控制、综合管理能力，推进海洋经济发展”的战略部署。贯彻落实五中全会指示精神和“十二五”规划纲要，必须深入理解陆海统筹的内涵，充分认识实施陆海统筹的重大意义，推进海洋事业跨越发展，为实现全面建设小康社会和中华民族的伟大复兴做出更大贡献。

一、陆海统筹的概念和内涵

在中国五千年的历史长河中，陆地农业文明一直是中国发展的基础。直到近代，西方列强用坚船利炮打开了中国的海上大门，国人才开始考虑如何正确处理陆海关系、面对这一特殊的地缘环境。在晚清时期有左宗棠、李鸿章的“塞防”“海防”之争；在毛泽东时期有建设大三线的部署；改革开放以来则有“沿海开放”和“西部大开发”的战略。① 实施陆海统筹是在党和国家重要纲领性文件中首次提出的一个全新发展理念，这是新中国成立后乃至有史以来中华民族对国家物质基础和发展方向进行实践和认识的进一步升华。

从地理学视角看，陆海统筹是对陆地和海洋的统一筹划。“陆地”是指陆地国土，包括沿海地区和内陆区域；而“海洋”是政治地理空间。按照《联合国海洋法公约》，领海是沿海国领土，是“蓝色国土”；沿海国对专属

① 王湘穗：《倚陆向海：中国战略重心的再平衡》，载《现代国际关系》，2010年特刊，第54页。

经济区和大陆架拥有勘探开发和利用自然资源和海洋能的主权权利及对一些事项管辖权，是“准国土”；公海和国际海底区域是属于各国共有“公土”。因此，陆海统筹概念具有多维空间尺度特征，而且不同尺度上关注的问题和重点也不同，内涵丰富。

（一）全球尺度下的陆海统筹

全球尺度下的陆海统筹是基于地缘战略理论的思考。在全球尺度上，陆海统筹是国家大战略①问题，陆海统筹原则是国家大战略在空间上的体现。从国家大战略内涵出发，陆海统筹是一种基于中国地缘特征的战略观，其实质是立足于全球战略的高度，统筹国家的发展和安全，统筹国家利益和公共利益，形成超越陆地文明和海洋文明的包容、和谐和安全的发展模式，获得地缘战略综合效益最大化。目前全球尺度下的陆海统筹战略应立足国家战略需求，进行海洋战略预置，维护和拓展国家海洋利益，维护国家海陆安全和应对全球性挑战，以保障在当前国际体系不断变革和西方强国对中国遏制不断强化态势下，中国能有效置于全球体系框架内。

（二）国家尺度下的陆海统筹

国家尺度下的陆海统筹是基于重塑中国经济地理格局的思考，是区域发展战略问题。

在过去30年里，中国经济地理的重大变化特征之一就是经济重心沿海化。国家尺度下的陆海统筹实质是在当前经济重心过于沿海化的情况下，统筹国内东、西部经济社会发展，统筹陆地和海洋综合开发和布局，保障国家东西部地区和谐发展。它不但涉及海陆经济的协调发展，还包括海洋意识的培育、海陆文化的融合、海陆交通的衔接、海陆管理的统一与协调等。通过陆海统筹大经济区划，以沿海地区为中心，加快资本和生产要素向陆地西部和海洋流动，促进海洋开发不断向深远海拓展，支撑国家整体发展。沿海地区的发展和海洋经济的壮大是陆海统筹的初级阶段；在陆海统筹的高级阶段，通过政策导向和市场配置，要素和产品在内陆与沿海、沿海与海洋之间流动，促进经济技术的梯度转移，辐射带动整个陆海区域

① 国家的大战略包含发展和安全两个战略，并综合考虑内外形势、可动用资源、国家的公共利益和国家安全利益的大战略框架。

经济的大发展，实现以海撑陆。

在国家层面上实施“陆海统筹”，需要实现“三个转变”，即从重陆轻海思想转变为海陆一体的国土空间思想；从传统的海洋产业思想转变为陆海兼顾的大海洋产业思想；从大陆经济思想转变为多层次、大空间、海陆资源综合开发的现代陆海兼顾的经济思想。

(三)区域和地方尺度下的陆海统筹

从自然属性上，河口和海岸带是连接陆地和海洋的生态地理区域。区域和地方尺度的陆海统筹是基于生态系统的海岸带综合管理以及从流域—河口—海洋的区域管理的思考。

在区域尺度上，陆海统筹实质是以生态系统为基础，统筹流域开发、沿岸陆域开发与海洋开发利用，正确处理流域经济、沿海陆域经济与海洋经济发展之间的关系，坚持海陆联动、江海联结、山海协作，从战略规划、空间布局、产业结构、交通运输、环境保护、基础设施、政策机制等方面实现从流域到海岸再到海域的有效对接、双向辐射带动和联动管理，推进区域经济社会一体化建设和发展。在沿海市县地方尺度上，陆海统筹的重点是海岸带国土资源环境层面，强化陆域和海域生态环境综合管理，注重土地规划与海洋功能区划的衔接，形成陆域和海域融合的新优势，实现海岸带资源环境的可持续利用。

在区域和地方尺度下的陆海统筹，要做好“五个衔接”，即沿海陆域资源条件要与海洋资源禀赋相衔接，沿海陆域发展定位要与海域功能定位相衔接，沿海陆域发展规划要与海洋经济发展规划相衔接，沿海陆域污染防治要与海洋环境质量相衔接，沿海陆域灾害防治与城市布局要与海洋环境灾害风险相衔接；构建海陆统筹的港口集疏运、能源供给、水资源保障、信息通信、防灾减灾等网络，实现海陆产业联动发展、基础设施联动建设、资源要素联动配置、生态环境联动保护。

二、实施陆海统筹的重大意义

(一)保障国家安全与和平发展的战略选择

2011年9月国务院新闻办公室发表了《中国的和平发展》白皮书。明确提出：中国坚决维护国家核心利益。中国的核心利益包括国家主权、国家安全、领土完整、国家统一、中国宪法确定的国家政治制度和社会大局的稳定，经济社会可持续发展的基本保障等。

中国地缘政治环境是背陆面海，台湾孤悬海上，周边强国林立，战略力量集中，这从根本上决定了维护国家主权、领土完整、国家安全、国家统一需要兼顾海陆两个方向，全面发展国家武装力量，实现维护国家安全和国家利益的陆海统筹。但目前我国西部和北部陆疆渐趋稳定，国家安全和国家利益的主要威胁来自海上。世界大国之间的战略博弈在海洋上表现充分，中国海上威胁明显增长并呈现多元化趋势。① 同时，中国正处于与世界同步转型的进程中②，已经成为深度融入经济全球化、亚太区域经济一体化、高度依赖海洋的开放型经济体系。新的地缘经济形势，使海洋在国家发展和经济建设中占有举足轻重的地位，海洋是中国经济社会可持续发展的重要财富和保障。但中国海域是一个南北跨越38个纬度的狭长海域，主张管辖海域面积仅占大陆面积的31%，相对当今的经济规模和战略需求而言，战略纵深太窄，难以发挥与国力发展相匹配的海洋功能。

在世界多极化、经济全球化深入发展，国际体系变革要求突出的今天，必须基于中国地缘政治环境和地缘经济形势，立足全球战略高度，综合统筹考虑陆海关系；必须制定国家大战略，进行陆海统筹整合，融入和对接全球政治和经济体系，为中国和平发展创造和谐、稳定和安全的外部环境；并加大海上力量建设，在高效开发利用管辖海域的同时，加快走向公海大洋，不断拓展新的发展空间，获得地缘战略综合效益最大化，捍卫国家核心利益。

（二）促进区域协调发展的必然之路

目前，中国的经济中心在东部沿海地区，东西部区域发展的不均衡、不平衡趋势明显；而且东部沿海地区的发展主要局限在海岸带，其扩张式发展已近饱和，专属经济区和大陆架开发利用不足，公海大洋开发利用较

---

① 杨金森：《海洋强国兴衰史略》，北京：海洋出版社，2001年，第400页。

② 转型是认识21世纪国际关系和世界政治最重要的关键词。21世纪，全球经济、政治发展模式及生产、生活以至国际格局和国家关系模式、人们有关战争与政治、战争与和平的观念，都将发生转型式的新变化。引自林利民：《试评析21世纪"世界转型"与中国的新机遇》，载《现代国际关系》，2010年特刊，第89页。

少。由此带来的一个问题是，在经济重心过于沿海化和经济增长不平衡的情况下，如何实现国家的和谐发展、社会稳定?《2009 年世界发展报告：重塑世界经济地理》专门论述了解决全球和各国地区发展失衡的问题和建议。① 根据该报告，中国区域经济安全和均衡发展需要实施陆海统筹大经济区划和区域经济一体化发展②战略，减少分割和距离，重塑经济地理格局。

早在改革开放初期，邓小平同志提出，国内经济建设和发展要兼顾东部和西部③，这是两个带有根本性质的大局。一是中西部内陆地区的发展有着不容置疑的重要性，虽然它带有后发性特点，但会在国家整体经济中占据更大的分量；只有内陆与东部共同发展，才能实现中国完整意义上的崛起。二是中国西向的地缘政治比东向更带有后"冷战"的特征，中国的高经济成长地带离东向风险区近，而离西向缓冲区远。实施东西部协调、梯度跟进发展的均衡战略，在国内可以解决区域发展不平衡问题，在国际上可以海陆关系的整合来考虑经济发展布局和地缘政治布局的关联，促进地缘政治和地缘经济的利益兼容。

此外，国家长远发展必须实施陆海大经济区划，统筹布局。经济区划是确定中国经济地理格局的重要基础，但目前中国国土区划的四大经济区域并没有包括海洋。实施陆海统筹大经济区划，将管辖海域纳入国家总体经济区划中，同时兼顾公海大洋，可以把相对孤立的海陆系统整合为一个新的统一整体，以海岸带地区为中心进行东西两个方向整体布局。一方面通过点、轴、面等空间要素的有效组合，将沿海地区的产业优势，特别是海洋经济优势向内陆地区扩散和转移；另一方面将加大国家资本向海洋投入，从国家管辖海域不断向国家管辖外海域辐射，逐步促进中国陆、海和陆域东、西部区域的一体化发展，并在经济全球化和世界重塑经济地理格

① 世界银行：《2009 年世界发展报告：重塑世界经济地理格局》(胡鞍钢序)，北京：清华大学出版社，2009 年。报告将密度、距离和分割视为经济地理的三个基本特征，将聚集效应、迁移、专业化和贸易作为重塑世界经济地理的主要驱动力。

② 区域经济一体化是指两个或两个以上的国家或地区通过政策协调，破除种种壁垒或障碍，逐步减少以致消除市场摩擦力及行政分割，是地区经济实现有机结合的过程。

③ 西部的地理概念如果仅指所谓"大西北"，就包括约 300 万平方千米的"海洋国土"，相当于 5 个半法国；有 9000 多万人口和近 20 个民族。西部的发展并不仅是摆脱落后面貌的问题，更是国家经济发展中的一个战略安排问题。在政治意义上，它关系到国家安全、地缘政治、边疆稳定和民族团结。

局进程中占据主动、安全发展地位。

(三)维护国家经济安全的重要保障

资源能源安全和战略通道安全是国家经济安全的重要保障。改革开放30年来，中国经济快速发展，在21世纪初的10年里，世界排序连进4位，2010年成为世界第二大经济体。利用两种市场、两种资源，实施“大进大出”是我国经济的基本格局，而且随着经济社会的深入发展，这种格局还将进一步深化。中国是陆大海小，非均衡国土。陆地资源的高效开发利用无疑是中国经济发展重要的基础和载体。但960万平方千米陆地中高效国土面积不多，西部12省区有685万平方千米，约占陆地国土面积的70%，以高原为主，生态系统脆弱，目前的陆域国土开发强度已经很大，逐步显现出对经济发展支撑的乏力和后劲不足①。海洋是水资源、能源、生物资源、空间资源和金属矿产资源基地，海洋是经济全球化和区域经济一体化背景下的中国经济安全的生命线。在当前中国全面建设小康社会、转变经济发展方式的关键时刻，面对陆地和近岸海域资源环境约束不断强化，经济对外依存度不断提高的严峻形势，中国应倚陆向海、陆海统筹、全面部署国土开发战略，实施“空间拓展战略”和“资源替代补充战略”，在高效开发利用陆地国土资源的同时，加大加快海洋开发利用。海洋开发要本着海洋“国土”与“公土”开发并举的方针，合理开发保护海洋“国土”资源、多方位利用国外海洋资源、积极利用全球“海洋公土”资源，维护海洋战略通道安全。

(四)保护海洋生态环境的根本要求

海洋是中国经济社会可持续发展的宝贵财富，推进海洋经济发展是国家“十二五”战略重点。但是，过去30年，中国沿海区域经济和海洋经济基本上沿袭了以规模扩张为主的外延式增长模式，使得近海海洋生态系统受到严重威胁，生态环境承载力持续下降，呈现出异于发达国家传统的海

① 国土资源消耗和空间占用相随剧增，水、土、石油、铁矿石资源危机四伏。中国人口“未富(人均国内生产总值)先老”，国土经济(地均国内生产总值)“未密先满”(国土超强度开发)、“未密先衰”(资源、环境承载力下降)。预计今后20~25年将是国土资源承压、负重的最严峻时期(引自方克定先生2011年9月2日在温家宝总理视察国土资源部时召开座谈会上的讲话)。

洋生态环境问题特征，具有明显的系统性、区域性和复合性。中国的海洋可持续发展面临多种生态环境问题的挑战：近海环境呈复合污染态势，危害加重，防控难度加大；近海生态系统大面积退化，且正处在剧烈演变阶段；海洋生态环境灾害频发，海洋开发潜在环境风险高；沿海一级经济区环境债务沉重，次级沿海新兴经济区发展可能面临新的危机和挑战等。

生态环境问题究其实质是社会经济问题，上述海洋生态环境问题产生的根本原因之一是由于陆域过度和不合理的开发造成的。如近海海洋污染物80%来自于陆源，造成近海富营养化加剧，引发严重海洋生态灾害；沿海地区大规模围填海失控，使海洋生态服务功能受损；流域大型水利工程过热，河口生态环境负面效应凸显等。以行业和部门为主的海洋管理体制缺乏综合协调和联合执法的机制和手段、海洋环境保护与沿海区域经济发展综合决策缺乏实质性融合等是造成海洋生态环境问题的另一重要原因。

国民经济社会发展“十二五”规划建议中以发展海洋经济、保护海洋生态环境作为海洋战略的重点，强调“加强海洋综合管理，加强统筹协调，完善海洋管理体制”，把握了时代需求，是解决目前海洋生态环境问题、提高海洋综合管理能力的根本要求。

三、促进陆海统筹的战略思考和建议

陆海统筹是大战略问题。依据大战略理论，陆海统筹目标的实现需要特别重视国家战略能力建设。综合分析中国陆地和海洋开发现状、存在问题和国家战略需求，实施陆海统筹，提升国家战略能力，近期必须将海洋置于国家优先战略位置，大力发展海洋事业，弥补海洋短板，尽快实现海陆并举，促进陆海统筹协调发展。

（一）加强战略研究，尽早做出政治决策和部署

陆海统筹还停留在战略思想形成和提出阶段，需要从国家大战略视角加强陆海统筹和海洋战略研究，做好战略谋划，尽早做出政治决策，并进行战略部署。陆海统筹、建设海洋强国是一个全局性战略问题，涉及政治、经济、军事等领域，建议中央设立海洋政策协调领导机构，并对陆海统筹和海洋战略研究进行指导；国家海洋行政主管部门作为承担海洋战略研究的国务院机构，在研究层次建立咨询机制，组织开展陆海统筹和海洋

战略研究；具体由海洋发展战略研究机构与国内外军事战略、国际关系、国土资源、环境保护、科技战略等领域的研究机构，建立合作交流研究制度。这样由中央政策研究机构、国家有关部门、重要科技咨询机构组成合作研究班子，进行理论研究、规划制定、方案设计，制定战略规划，并由党中央做出政治决策和战略部署。

（二）建立高层管理机构，构建陆海统筹协调机制

陆海统筹涉及外交、军事、海洋、国土、经济、科技、环境、林业、海事、交通、水利等许多方面和部门。中国目前的涉海部门有十余个，国务院设立了国家海洋局作为专职海洋工作部门，具有协调职能。在今后的很长时期，中国多部门共同承担涉海事务的体制将长期存在，难以解决跨海陆、跨区域和部门的综合问题。实施陆海统筹，一是要完善与稳定现行涉海行政管理体制；二是在把这种体制稳定下来的同时，建立一个相对集中的、效力层次较高的海洋综合管理机构和高层次的协调管理体制，以协调涉海各地区和各部门的利益，协调解决各种重大海洋问题。建议成立国务院海洋事务领导小组，协调解决跨部门、跨陆海区域的重大海洋问题，建立涉海事务联席会机制和涉海部门协商协作机制，促进海洋事业全面可持续发展。

（三）积极发展海上综合力量，构建陆海一体的国家武装力量

海陆安全平衡是一个动态的过程。世界上海陆兼备的大国都存在资源、力量分配的两难选择问题。这些国家绝大多数都建立了多兵种合成的武装力量，同时根据特定时期国家最大的利益方向和最直接、最大威胁的来源，确定、调整优先发展的武装力量。中国也存在着面对陆权与海权分配资源和力量的两难选择问题。中国所处的地理位置以及战略地位决定了维护国家安全需要兼顾海陆两个方向，要依据发展与安全相统一的安全战略思想，统筹海洋与陆地、发展与安全的关系，维护国家主权、统一和领土完整，维护国家发展利益。在保障陆上安全的同时，必须加强海上综合力量建设，构建陆海一体的国家武装力量。海军要着眼于建设一支多兵种合成的、具有核常双重作战手段的现代化海上作战力量，增大近海防御的战略纵深，全面提高近海综合作战能力、战略威慑与反击能力，逐步发展

远海合作与应对非传统安全威胁能力。同时要建设宏大的海洋运输船队、渔业船队、科研船队，提高海洋科研、调查、开发和管理能力，重点要发展海运业。

(四)建立大国土规划体系，形成陆域和海域融合的新优势

实施“陆海统筹”，就是要加强海与陆之间的联系和相互支援，海洋开发既要以陆地为后方，又要积极的与内陆服务相互促进，努力做到海陆并举。“陆海统筹”将起到两方面作用：一方面是通过临海产业这个载体，把海洋资源的利用及海洋优势的发挥由海上向陆域转移和扩展；另一方面，促使陆域资源的开发利用及内陆的经济和技术力量向沿海集中。建立全国国土大规划体系，一要以陆海统筹为原则，做好全国大国土经济区划，将海洋纳入国家总体经济区划中，在原有的西部、中部、东部的经济布局中增加一个“新东部”，即沿海地带与海洋统筹发展的新区域；同时流域开发规划、水利资源规划、环境保护规划要与海洋功能区划相衔接。二是沿海省市和地区，在海陆国土一体化原则下，做好海洋主体功能区划，优化开发布局，规范开发秩序。要注重培育增长极，依托沿海地缘优势，继续构建和壮大沿海经济增长核心区域。建立海岸带综合开发区，增强海陆产业的紧密链接，构建海陆生态协调、海陆产业结构优化升级的支撑体系。三要树立海洋国土与公土思想，按照海洋区域的不同法律地位，开展海洋资源空间综合规划，实现海洋资源的高效开发利用，以海撑陆。

(五)大力发展海洋科技工程，增强海洋能力拓展

海洋领域竞争的核心是科技竞争。世界海洋强国历来十分重视发展海洋科学，发展军事探测、攻击和救助技术装备，海底铺设管道、电缆、输送石油的技术装备，深海矿产资源、生物基因资源开发技术装备，形成了系统的海洋工程和产业。中国要成为新时代的世界强国，应该像发展航天工程一样，大力发展海洋工程。把海洋工程列入国家计划，整合科研、教育、企业、国防等方面的资源和力量，发展系列海洋科学和技术装备，全面增强海洋能力拓展，提升我国深远海海洋开发能力。一是要开展深远海调查研究，为气候预测、应对全球变化和战略利用服务；二是要大力发展深海开发技术装备，加快推进深海资源的勘探开发。三是海洋、国防和科

技等部门应该形成联合推动机制，加快发展环境监测技术装备，服务于军地。四是发展陆海联动工程。陆海联动工程是海陆两大系统实现综合开发的纽带，主要包括海洋空间开发利用工程、海洋资源开发利用与保护工程、海上交通运输工程、海洋防灾减灾工程。

（六）建立综合支撑体系，全面推进陆海统筹实施

陆海统筹战略实施是个系统问题，必须加强支撑保障体系建设，包括文化意识、法律法规、经济政策、科技人才和国际合作等，全面推进陆海统筹战略实施。

第一，普及宣传教育，提升全民海洋意识。海洋文化意识是陆海统筹战略思想形成的基础。一要在各级领导和决策人群中，进行海洋意识宣传，使走向海洋的意识转变为国家战略和政策；二要在从事涉海事业的人群中开展海洋意识教育，使其更深入了解走向海洋的战略意义，为建设海洋强国而奋斗；三要在全国民众中开展海洋意识培育工程，形成支持走向海洋、建设海洋强国的民族意识和民众基础。第二，健全和完善海洋法律体系。要尽快研究起草《中华人民共和国海洋基本法》和《中华人民共和国渤海区域环境管理法》以及其他配套法规，形成以海洋基本法为核心的海洋法律法规支撑体系。第三，建立海洋开发的投融资体系，设置海洋资源开发领域的国家重大专项；培育和发展具有国际竞争力的现代海洋产业及领军企业，支持国内企业在国家管辖海域以外的涉海经济活动。第四，建设面向海洋资源开发与保护的国家海洋创新体系，在关键技术领域力争实现自主创新；建立、健全海洋学科教育和人才培育体系。第五，积极推进全方位国际涉海合作，建立与邻国、世界海洋强国的战略伙伴关系，积极与区域国际组织合作交流，建设和谐海洋国际环境。

（2009 年 6 月）

2015—2030年我国海洋经济增长前景

刘　明

回顾过去十五年，我国海洋经济取得长足进步，各主要海洋产业保持较快增长速度，沿海地区海洋经济发展各具特色。进入“十二五”时期，国家高度重视海洋经济发展。“十二五”规划中提出了海洋经济发展的百字方针。各涉海产业部门陆续制定了本行业的十二五及中长期发展规划。未来五年乃至更长时期将是中国海洋经济实现可持续发展的关键时期和重要的战略机遇期。较为全面地预测未来20年我国海洋经济发展，对于制定和实施海洋经济发展战略，加强各级海洋经济发展规划及产业专项规划的监督管理具有重要意义。

一、2015—2030年我国海洋经济发展预测

海洋经济是开发利用海洋的各类海洋产业及相关经济活动的总和。目前，我国海洋经济包括海洋渔业、海洋石油天然气业、海洋交通运输业、海洋矿业、海洋盐业、海洋化工业、海洋生物医药业、海洋电力业、海水利用业、海洋船舶工业、海洋工程建筑业、海洋交通运输业、滨海旅游业等。对于各类海洋产业可采用不同的预测方法。海洋渔业预测主要采用《全国渔业发展第十二个五年计划(2011—2015年)》中设立的目标进行估算。海水利用业和海洋船舶制造业预测采用相应产业规划目标设定。其他海洋产业以及海洋生产总值的预测，采用作者研究的模型进行预测，获得预测范围，并产生最佳预测值。①

(一)海洋渔业预测

海洋渔业包括海水养殖、海洋捕捞、海洋水产品加工、海洋渔业服务

① 刘明：《中国海洋经济预测研究》，载《统计研究》，2011年第5期。

业及相关产业，是我国大农业中的重要组成部分。

1. 近海海洋捕捞

我国于2015年将渔船总捕捞能力控制到与资源相协调的水平。① 我国近海渔业资源可持续捕捞量为591万吨。② 但自2000年以来，我国海洋捕捞产量一直在1400万~1500万吨，超捕量达800万~900万吨。

根据《全国渔业发展第十一个五年规划(2006—2010年)》③，到2010年，我国国内捕捞产量减少到1200万吨，年均减幅3.8%。根据《全国渔业发展第十二个五年计划(2011—2015年)》④：海洋捕捞机动渔船总数和功率数控制在“十一五”末水平。

假设我国海洋捕捞产量在2010—2020年期间年均减幅为3.8%，2020—2030年年均减幅稍小，为3.5%，则到2015年，我国海洋捕捞产量将减少到1 022.37万吨，到2020年将减少到842.34万吨，到2025年将减少到704.89万吨，到2030年将减少到589.87万吨。

预测到2015年，我国海洋捕捞产值为1278亿元，海洋捕捞业增加值为716亿元；到2020年，海洋捕捞业产值为1053亿元，海洋捕捞业增加值为590亿元；到2025年，海洋捕捞业产值为880亿元，海洋捕捞业增加值为494亿元；到2030年，海洋捕捞业产值为738亿元，海洋捕捞业增加值为413亿元。⑤

2. 海水养殖业

根据《全国渔业发展第十二个五年规划(2011—2015)》，到2015年，水产品产量超过6000万吨，其中，养殖产品比重达到75%以上。2010年，我国水产品总产量为5373万吨，其中养殖产品比重占71%。到2015年，我国养殖产品将达到4500万吨。2010年，我国水产品产量为5373万吨，养殖产品所占比重为71%，我国养殖产品产量为3814万吨。2010—2015年预计养殖产品产量年均增长3.36%。

---

① 农业部：《2003—2010年海洋捕捞渔船控制制度实施意见》，2003年11月12日颁布实施。
② 《我国专属经济区和大陆架勘测专项综合报告》，北京：海洋出版社，2002年，第393-395页。
③ 农业部：《全国渔业发展第十一个五年规划(2006—2010年)》，2006年12月颁布实施。
④ 农业部：《全国渔业发展第十二个五年规划(2011—2015年)》，2011年10月18日颁布实施。
⑤ 根据《全国渔业发展第十二个五年规划(2011—2015年)》，2010年我国渔业产值6 751.8亿元，渔业增加值3790亿元，水产品总产量5373万吨，每万吨水产品创造渔业产值1.25亿元，创造渔业增加值0.7亿元。

以2009年海水养殖产量1 536.5万吨为基数，若未来年均增幅为3.4%，则到2015年，我国海水养殖产量为1877万吨，到2020年达到2220万吨，2025年达到2623万吨，2030年达到3100万吨。

按照平均每万吨水产品创造渔业产值1.25亿元，预测到2015年、2020年、2025年以及2030年我国海水养殖产值及增加值分别为2347亿元和1314亿元、2774亿元和1554亿元、3280亿元和1836亿元以及3876亿元和2170亿元。

3. 远洋渔业

根据《全国渔业发展第十二个五年规划(2011—2015年)》，到2015年，我国远洋渔业产量达到130万吨，年均增幅3.4%。假设2015—2030年期间，我国远洋渔业产量年均增幅仍为3.4%，则到2020年将达到154万吨，到2025年将达到180万吨，到2030年将达到215万吨。

按照平均每万吨水产品创造渔业产值1.25亿元，创造渔业增加值0.7亿元估算，2015年我国远洋渔业产值为162.5亿元，增加值为91亿元。2020年远洋渔业产值为192.5亿元，增加值为108亿元。2025年远洋渔业产值为225亿元，增加值为126亿元。2030年远洋渔业产值为268亿元，增加值为150亿元。

4. 海洋渔业服务业和海洋水产加工业

海洋渔业服务业和海洋水产加工业属于海洋渔业的附属产业。假设海洋渔业服务业、海洋水产加工业与海洋渔业的产值存在较为稳定的比例关系。根据可获得的数据，2005年，我国海洋渔业服务业总产值占海洋渔业总产值比重为8.4%，相应的增加值比重为7.88%。海洋水产加工业总产值占海洋渔业总产值比重为33%，相应的增加值比重为17.65%。根据此比重关系，可获得2015—2030年我国海洋渔业服务业和水产加工业的预测值(表1)。

表1　我国海洋渔业服务业和水产加工业预测值(亿元)

年份	2015	2020	2025	2030
海洋渔业服务业总产值	318.85	338	368	410
海洋渔业服务业增加值	167	177	194	215
海洋水产加工业总产值	1 250	1 326	1 447	1 611
海洋水产加工业增加值	374	397	433	482

（二）海水利用业预测

根据《海水利用专项规划》①，到2020年，我国海水淡化能力将达到250万～300万米^3/日，海水直接利用能力达到1000亿米^3/年。海水利用对解决沿海地区缺水问题的贡献率将达到26%～37%。海水利用（特别是海水淡化）设备国产化率达到90%以上，建设若干个20万～50万米^3/日能力的大规模海水淡化工程，沿海地区的高用水企业的工业冷却水基本上由海水替代，可实现海水利用产业的跨越式发展。

表2　2001—2009年我国海水利用业增加值（亿元）

年份	海水利用业增加值	年份	海水利用业增加值
2001	1.1	2006	3.5
2002	1.3	2007	4.2
2003	1.7	2008	7.4
2004	2.4	2009	7.8
2005	3.0	2010	10

注：根据《中国海洋统计年鉴》（2002—2010）。

另据预测，2021—2030年，海水淡化能力达到450万吨/日，海水直接利用达到2000亿米^3/年，海水提钾溴镁达到100万吨/年，并形成与之相配套的装备制造能力。② 根据我国海水利用业增加值历史数据（表2），采用组合预测的方法估算，预测结果显示，未来我国海水利用业增加值占国内生产总值（以下简称GDP）比重将不断上升，海水利用业增加值占GDP比重在2015年、2020年、2025年和2030年最佳预测值将分别达到0.003 55%、0.005 44%、0.008 36%和0.012 87%（表3）。

表3　我国海水利用业增加值占GDP比重预测值

年份	2015	2020	2025	2030
最佳预测值（%）	0.003 55	0.005 44	0.008 36	0.012 87

① 国家发展和改革委员会、国家海洋局、财政部2005年7月发布。

② 中国科学院海洋领域战略研究组：《中国至2050年海洋科技发展路线图》，北京：科学出版社，第170页。

(三)海洋船舶制造业预测

根据《船舶工业中长期发展规划(2006—2015)》，到2015年，我国形成开发、建造高技术、高附加值船舶的能力，年造船能力达到2800万载重吨，年产量2200万载重吨，年销售收入1800亿元(其中出口1500万载重吨，出口值160亿美元)，我国成为世界造船强国。2015年以前将重点建设以大连、青岛为主的环渤海湾地区，以上海、南通为主的长江口地区和以广州为主的珠江口地区的大型造船基地。规划新增造船生产能力500万载重吨。

对于海洋船舶制造业的产值和产业增加值的预测可根据历史数据(表4)，采用组合预测方法，预测结果显示，海洋船舶制造业增加值占GDP比重在2015年、2020年、2025年和2030年最佳预测值将分别达到0.62%、1.20%、2.32%和4.50%(表5)。

表4　2001—2009年我国海洋船舶制造业增加值(亿元)

年份	海洋船舶制造业增加值	年份	海洋船舶制造业增加值
2001	109.3	2006	380.6
2002	117.4	2007	550.0
2003	152.8	2008	742.6
2004	204.1	2009	986.5
2005	275.5	2010	1 182

注：根据《中国海洋统计年鉴》(1998—2007)。

表5　我国海洋船舶制造业增加值占GDP比重预测值

年份	2015	2020	2025	2030
最佳预测值(%)	0.62	1.20	2.32	4.5

(四)其他海洋产业预测

海洋油气业、海洋交通运输业、滨海旅游业、海洋矿业、海洋盐业、海洋化工业、海洋生物医药业、海洋电力业、海洋工程建筑业等的预测，可根据产业的历史数据(表6)，采用组合预测的方法进行估算(表7)。

表 6　2001—2009 年我国部分海洋产业增加值(亿元)

年份	海洋油气	海洋交通运输	滨海旅游	海洋矿产	海洋盐业	海洋化工	海洋生物医药	海洋电力	海洋工程建筑
2001	176. 8	1 316. 4	1 072. 0	1. 0	32. 6	64. 7	5. 7	1. 8	109. 2
2002	181. 8	1 507. 4	1 523. 7	1. 9	34. 2	77. 1	13. 2	2. 2	145. 4
2003	257. 0	1 752. 5	1 105. 8	3. 1	28. 4	96. 3	16. 5	2. 8	192. 6
2004	345. 1	2 030. 7	1 522. 0	7. 9	39. 0	151. 5	19. 0	3. 1	231. 8
2005	528. 2	2 373. 3	2 010. 6	8. 3	39. 1	153. 3	28. 6	3. 5	257. 2
2006	668. 9	2 842. 1	2 619. 6	6. 6	40. 9	187. 2	28. 3	4. 4	327. 2
2007	691. 6	3 353. 1	3 225. 8	7. 2	47. 5	234. 7	43. 7	5. 1	392. 5
2008	874. 1	3 499. 3	3 766. 4	35. 2	43. 6	416. 8	56. 6	11. 3	411. 2
2009	1 020. 5	3 146. 6	4 352. 3	41. 6	43. 6	465. 3	52. 1	20. 8	672. 3
2010	1 302	3 816	4 838	49	53	565	67	28	808

注：根据《中国海洋统计年鉴》(1998—2010)。

表 7　我国主要海洋产业增加值占 GDP 比重最佳预测值(%)

年份	2015	2020	2025	2030
海洋油气	0. 479	0. 698	1. 03	1. 53
海洋交通运输	0. 87	0. 76	0. 67	0. 6
滨海旅游	1. 16	1. 17	1. 18	1. 2
海洋矿产	0. 036	0. 141	0. 567	2. 3
海洋盐业	0. 679	0. 74	0. 811	0. 887
海洋化工	0. 16	0. 229	0. 328	0. 475
海洋生物制药	0. 025 8	0. 040 5	0. 066 6	0. 113
海洋电力	0. 013 2	0. 027 9	0. 059 7	0. 128 8
海洋工程建筑	0. 251	0. 34	0. 46	0. 626

(五)海洋产业增加值及海洋生产总值预测

1. 海洋产业增加值

根据以上对各海洋产业的预测，加总可以得到我国 2015—2030 年海洋产业增加值的预测值。

海水利用业、海洋船舶制造业、海洋油气、海洋交通运输、滨海旅游、海洋矿产、海洋盐业、海洋化工、海洋生物制药、海洋电力和海洋工程建筑11个产业的增加值总和占GDP比重，到2015年、2020年、2025年和2030年将达到4.3%、5.35%、7.50%和12.37%。

运用CGE模型对我国"'十二五'至2030年经济增长前景的预测分析"①，对未来我国宏观经济增长假设三种情景，即基准情景、发展方式转变较快模式和风险情景(见附录)。参考这三种情景下全国GDP预测值，估算我国2015年、2020年、2025年和2030年海洋产业增加值的预测值(表8)。

表8　三种不同情景下我国GDP和海洋产业增加值预测(2015—2030年)

情景	预测指标	预测值			
		2015	2020	2025	2030
基准情景	GDP(万亿元)	51.86	72.84	100.21	133.69
	海洋产业增加值(亿元)	24 961.80	41 795.40	78 240.50	168 804.53
发展方式转变较快	GDP(万亿元)	59.57	84.33	116.08	153.89
	海洋产业增加值(亿元)	28 276.11	47 942.84	90 145.70	193 787.03
风险情景	GDP(万亿元)	55.82	73.65	94.44	116.57
	海洋产业增加值(亿元)	26 664.25	42 227.44	73 915.60	147 629.31

2. 海洋生产总值

根据历史数据(表9)，采用组合预测方法，预测结果为：海洋生产总值占GDP比重在2015年、2020年、2025年和2030年最佳预测值将分别达到11.13%、12.44%、13.89%和15.49%(表10)。

表9　2001—2009年我国海洋生产总值占GDP比重(%)

年份	海洋生产总值占GDP比重	年份	海洋生产总值占GDP比重
2001	8.68	2006	10.03
2002	9.37	2007	10.05
2003	8.80	2008	9.87
2004	9.17	2009	9.53
2005	9.64	2010	9.70

注：根据《中国海洋统计公报》(1998—2007)。

① "中国2007年投入产出表分析应用"课题组：《"十二五"至2030年我国经济增长前景展望》，载《统计研究》，2011年第1期。

表 10 我国海洋生产总值占 GDP 比重预测值(%)

年份	2015	2020	2025	2030
最佳预测值	11.13	12.44	13.89	15.49

参照上述三种情景对我国海洋生产总值进行预测，结果见表 11。

表 11 三种不同情景下我国海洋生产总值预测(2015—2030 年)

情景	海洋生产总值预测值(亿元)			
	2015	2020	2025	2030
基准情景	57 720.18	90 612.96	139 191.69	207 085.81
发展方式转变较快	66 298.87	104 907.19	161 240.13	238 369.47
风险情景	62 127.66	91 620.60	131 177.16	180 566.90

二、2015—2030 年我国沿海地区海洋经济发展前景预测与展望

对于我国沿海地区海洋产业增加值的预测可根据历史数据(表 12)，采用组合预测的方法估算，预测结果见表 13。

表 12 我国沿海地区海洋产业增加值占地方生产总值比重(%)

年份	天津	河北	辽宁	上海	江苏	浙江	福建	山东	广东	广西	海南
2001	4.23	0.681	3.498	6.607	0.851	3.313	5.346	4.318	5.862	2.713	6.773
2002	7.35	1.038	3.600	6.311	0.904	4.502	8.032	4.262	7.307	2.715	9.037
2003	10.29	1.048	4.208	6.674	1.041	7.058	11.075	4.713	7.254	3.088	8.777
2004	11.90	1.286	4.527	6.766	1.821	6.401	12.829	5.944	7.197	1.055	10.449
2005	17.93	1.580	6.782	13.131	1.812	8.565	14.357	6.257	9.276	1.831	13.952
2006	19.75	1.604	6.495	12.557	2.024	8.600	11.462	6.547	9.881	1.811	13.882
2007	31.56	9.404	15.976	38.732	5.973	11.863	23.236	16.841	15.842	6.262	29.608
2008	31.90	8.887	15.959	36.008	7.330	12.042	25.003	17.297	14.777	5.836	30.181
2009	29.72	8.627	15.410	34.986	7.048	12.459	24.838	17.206	16.320	5.555	29.440

数据来源：根据沿海 11 地区 2001—2009 年统计公报以及 2002—2010 年《中国海洋统计年鉴》整理。

表 13　我国沿海地区海洋产业增加值占地方生产总值比重最佳预测值(%)

年份	2015	2020	2025	2030
天津	13.36	13.79	14.55	15.2
河北	4.91	6.92	9.84	14.10
辽宁	13.53	13.53	26.7	37.88
上海	18.38	20.3	22.59	24.84
江苏	6.87	10.96	17.44	25.67
浙江	9.03	10.06	11.35	12.81
福建	18.79	23.18	28.23	33.80
山东	12.79	16.78	22.34	29.81
广东	13.97	17.03	17.03	25.00
广西	4.03	5.30	7.20	10.00
海南	28.48	36.33	44.01	50.60

预测结果显示，2015—2030 年，我国沿海地区海洋经济增长速度预期高于同期地区经济增长速度。到 2030 年，我国沿海地区海洋产业增加值占地方生产总值比重全部超过 10%，尤其是海南省海洋产业增加值占地方生产总值的 50% 以上。未来海洋经济将成为沿海地区经济的支柱。

三、结论与建议

(一) 未来 20 年我国海洋经济总体发展仍将处于成长期

预测结果显示，2015—2030 年，我国海洋经济仍将处于成长期，将由不成熟逐步走向成熟，增长方式将由粗放型向集约型过渡，海洋资源利用效率将大幅度提高。海洋经济对国民经济的贡献率仍将稳步上升，到 2020 年海洋生产总值占 GDP 比重超过 12%，到 2030 年这一比重将超过 15%。2015—2030 年，我国 11 个沿海省(自治区、直辖市)海洋产业增加值占地方总产值比重仍将稳步上升，沿海地区海洋经济增长速度预期高于同期地区经济增长速度。2030 年之后，我国海洋经济将进入成熟期。

(二) 逐步建立并有序推进海洋“绿色”核算体系

遍布全国沿海地区的围填海开发利用以及沿海临港工业的发展，在缓解土地资源短缺、实现区域经济跨越式发展的同时，对水利、渔业、港口、航道以及生态环境带来巨大的压力及一系列深远影响。推进海洋“绿色GDP”核算体系，对海洋经济进行科学的综合核算，正确认识海洋开发对国民经济的贡献，是保持海洋经济增长与海洋资源及环境协调发展，推进海洋经济可持续发展的一项重要措施。一是应统计海洋资源实物量的增减情况，逐步建立和完善海洋资源价值评估体制和价格体系。在目前尚未完全建立起海洋“绿色GDP”统计指标体系之前，可先对海洋资源实物量的增减情况进行统计。例如对海洋渔业、矿产、海域等自然资源“实物量”的增减情况进行统计，直接进行经济增长与资源损失比较。待海洋资源价值评估体制和价格体系完善，再对海洋“绿色GDP”进行相关核算。二是加快海洋“绿色GDP”的指标体系设计和计算方法研究。三是进行海洋“绿色GDP”核算体系的试点工作。北京市2012年将重点推进“绿色GDP”的试行工作。为了体现经济增长与自然保护的和谐统一，北京市将开展环境污染经济损失调查工作。未来“绿色GDP”将是从现行统计中GDP中，扣除由于环境污染、自然资源退化等因素引起的经济损失成本。2012年开始建立起对水、矿产资源环境因素调整的“绿色GDP”的试算，此后如物种消失、资源消耗对人类的影响也将逐步在GDP核算中体现。我国海洋“绿色GDP”可借鉴北京市“绿色GDP”试点工作，选择有条件的海洋产业和地区进行海洋“绿色GDP”核算体系的试点工作。如在海洋渔业、海洋矿产等产业以及海洋产业比较单一的地区进行试点，取得经验后再逐步推广。

（三）加强海洋经济发展战略研究、规划制定及海洋经济运行监测工作

加强海洋经济发展战略研究，制定和实施国家层面的中长期海洋经济发展战略是促进海洋经济发展的重要步骤，符合“十二五”规划中关于“发展海洋经济，制定和实施海洋发展战略”的要求。在加强海洋经济发展战略研究的基础上，制定海洋产业发展方面的专项规划，尤其需要重视战略性海洋新兴产业发展专项规划的制定和实施。专项规划应包括产业发展目标、指导原则、发展重点、投资需求、区域布局、重点工程以及政策扶持措施等内容。加强各级海洋经济规划及产业专项规划的监督管理工作，加强海洋经济运行监测、评估和公布制度。

附　我国2015—2030年经济增长预测的情景设定

“中国2007年投入产出表分析应用”课题组在对我国经济增长预测时，对未来影响经济发展的一些主要因素做了三类假设，即：基准情景、发展方式转变较快模式和风险情景。

所有情景共同的基本设定：

1. 人口总量的变化趋势外生，直接利用联合国的预测数据；

2. 劳动力总量的增长外生，农业土地的供给变化外生；

3. 除未特别指出，各种已有的税率和转移支付保持不变；

4. 2010—2030年国际收支将逐步达到收支平衡。

基准情景设定为：(1)城市化水平及城乡人口外生，2007—2020年城市化率年均提高0.9个百分点。2021—2030年城市化率年均提高0.7个百分点。(2)政府消费增长率外生。(3)全要素生产率(TFP)外生，假设2005—2020年的全要素生产率的增长率仍然保持过去25年的平均水平，即整体保持在2%左右的水平。(4)技术进步的偏向性及中间投入率的变化外生。

发展方式转变较快模式设定为：(1)征收能源税/碳税、提高能源利用效率，2010—2015年资源税税率在基准情景的基础上逐步提高10%，2010年开始征收碳税，税率从10元每吨二氧化碳提高至50元每吨二氧化碳。2010—2030年间能源利用效率平均比基准情景高1个百分点。碳税收入主要用于企业能源效率改进，高技术行业创新的税收激励。(2)加大政府对于教育、医疗及科研及社会福利的投入。调整政府公共支出的结构，增加教育、医疗、科研及社会福利的支出比重。(3)加快城市化进程，逐步消除劳动力转移的壁垒。2010—2030年城市化率比基准情景每年提高0.25个百分点，加快城乡劳动力的转移。(4)调整国有企业、垄断企业的分配体系，提高国有企业回报上缴比重，2010—2030年间逐步提高三至四成，增加政府公共支出；提高政府对于贫困地区和贫困人群的转移支付，2010—2030年比基准情景提高10%～15%。(5)完善服务业规制改革，降低服务业税负。2010—2030年服务业全要素生产率比基准情景高0.9个百分点，逐步使服务业的税负降低10%。

风险情景设定为：(1)城市化进程缓慢，劳动力转移变缓，2010—2030 年间城市化率比基准情景每年低 0.2 个百分点，城乡劳动力的转移速度也比基准情景缓慢。(2)世界经济缓慢恢复，贸易保护日趋严重与基准情景中出口需求短期即可恢复正常增长不同，国际市场对中国出口的需求“十二五”时期以后方可恢复正常，2015—2030 年间受贸易保护主义增强等因素的影响，出口增速低于基准情景。(3)国际能源价格攀升，能源进口受到限制，国际原油价格回归 100 美元每桶以上。(4)体制改革进展缓慢、技术创新和效率改进不快等，导致全要素生产率比基准情景低 0.4 个百分点左右。

（2012 年 1 月）

世界海洋经济发展的认识与思考*

张 平 李 军

海洋经济对一国的重大意义已经毋庸置疑。放眼全球，沿海国家和地区将开发海洋、利用海洋放至前所未有的高度。海洋作为全球21世纪资源新基地，其经济意义、现实意义和长远战略意义突出，发展海洋经济成为包括中国在内沿海经济体解决资源和环境瓶颈问题的重要途径。本文在跟踪世界主要国家海洋经济发展形势、发展政策、发展路径等相关信息的基础上，尝试找出未来海洋经济发展的趋势和脉络，以期从国际的、发展的视角审视我国的海洋经济发展，并提出相关建议。

一、关于世界海洋经济发展的认识和判断

(一)各国对海洋经济内涵的认定不尽相同

海洋经济内涵差异的核心是海洋经济相关概念的不同。这种不同直接引致出分类方法、产业界定范围以及最终统计量化的不同。纵观业界学者和各国官方报告中关于海洋经济相关概念的阐述，均可归为狭义、广义和泛义三个范畴。狭义上，系指通过开发利用海洋资源、海洋水体和海洋空间而形成的经济；广义上，包括所有开发利用海洋资源和空间形成的各类海洋产业，以及依赖海洋而形成的临港重化工业等海岸带经济；泛义上，主要指与海洋经济难以分割的海岛上的陆域产业、海岸带的陆域产业以及河海体系中的内河经济等，实际上涵盖了海岛经济和沿海经济。临港工业、滨海旅游业、滨海城市建设等都要依托海洋，也属于泛义海洋经济的范畴。

* 本文为中国海洋发展研究中心青年项目“世界海洋经济发展差异化研究”(AOCQN201212)部分成果。

造成“海洋经济”一个术语而多重定义和解释的原因大致如下：一是地理范围上，所覆盖的海陆范围、宽窄、基质各不相同；二是观察视角上，不同的身份和专业决定了人们从各自层面、角度对海洋经济活动展开观察与研究。这些理解和解释形成了海洋经济研究在主体上的广泛性和开放性；三是研究对象上，地理范围的不确定性和探讨视角的多面性，以及海洋新资源的不断发现，新的海洋开发利用方式和手段不断创新，海洋新兴产业活动不断出现等情况，使得海洋经济研究对象边界不断扩张、动态不断演变；四是统计口径上，作为国民经济中的一个新经济领域，海洋经济处于不断发展、成熟的过程之中，新的成规模的产业逐渐加入进来，海洋产业成为不断增殖扩大的群落体系，因其在国民经济中的地位和作用不同，而纳入国民经济统计范围的早晚不同，使得其显现的数量大小差异水平极大，特别是在区域层面上，这一点更为显著。

（二）各国对海洋经济的重要地位形成共识

无论是发达国家还是发展中国家，西方国家还是东方国家，都纷纷制定海洋发展战略，以彰显其在海洋开发方面的雄心。美国自 20 世纪 60 年代起，就把海洋开发作为国家长期发展的战略重点，并成立“美国海洋资源和工程发展委员会”，负责协助总统对全国海洋事业实施领导。2004 年颁布实施《美国海洋行动计划》中提出“支持海上交通运输和国际海洋科学和政策领先”。欧盟和中国不但出台了海洋发展总体政策，还围绕海洋交通运输业、海洋渔业、旅游业等发布专门的政策指南。英国、韩国、越南对本国重点扶持产业进行规划。

值得注意的是，进入 2000 年以后，各国对海洋产业发展方面的政策制定更加频繁和详细，甚至成立了专门的政策制定机构、政策咨询机构或组织，体现了对海洋开发、保护的重视程度的升级。如澳大利亚成立了国家海洋部长委员会和海洋政策科学顾问组。前者主要由澳大利亚联邦政府涉海部门的首脑组成，就国家海洋管理问题进行建设性探讨；后者是由政府和非政府两方面海洋科学专家组成，围绕旅游、保护、港口、海洋运输、商业捕捞和休闲渔业、油气、矿产、科学和地方社区等进行研究。

（三）发达经济体普遍注重海洋科技的全球领导地位

美国自 20 世纪 60 年代起，就把海洋开发作为国家长期发展的战略重点；《90年代海洋学：确定科技界与联邦政府新型伙伴关系》中明确提出以海洋技术来满足经济不断增长的需求。

日本同样非常重视海洋科技研究与资源开发。1990年在《海洋开发基本构想及推进海洋开发方针政策的长期展望》中提出以海洋技术为先导，着重开发深海资源开发和海洋农牧化等高新科技，加强日本的海洋开发能力和提高国际竞争地位的方针；2006年年初，日本在《21世纪海洋政策建议》中提出了海洋立国的目标，重点之一就是强化海洋科学调查、海洋环境、海洋资源等海洋科学技术的研究。

英国为鼓励海洋科技发展和成果孵化专门制定海洋技术和创新的路线图。同时，减少海洋技术创新的障碍，鼓励为海洋基础研究投资，设定英国海洋技术创新的基准，并与其他技术部门进行对比，以此来促进行业间技术的相互转换，为未来的技术创新设定具有前瞻性的目标。

（四）海洋新兴产业成为新时期海洋经济发展的重点

加拿大在2002年制定的《加拿大海洋战略》中提出促进私营/公营部门伙伴关系的发展及有关准则的制定，以支持已有和新兴的海洋产业。澳大利亚在1997年颁布的《澳大利亚海洋产业发展战略》中明确提出培育海洋生物技术和化学品业、海底矿产业、海洋再生能源业和海水淡化业。欧盟于2012年通过了“利马索尔宣言”，正式批准了欧盟委员会提出的关于实现“蓝色增长——海洋可持续增长的机遇”的海洋发展计划。该计划提出了五个发展领域：海洋可再生能源、海水养殖、蓝色生物技术、滨海旅游和海床矿产。之所以对五个领域重点扶植，主要原因是这些领域能够为欧盟提供更多的就业机会，同时对欧盟的经济发展具有较大的贡献率。

二、对中国海洋经济发展的思考和建议

（一）更加重视海洋政策制定的科学性

首先，产业发展战略的制定由政府、企业、投资者、消费者共同参与，战略规划内容受到市场参与各方的检验、评估，使产业选择、市场地位、目标制定凝聚最大共识，更为科学合理。

其次，找准市场定位，没有盲目求全，仅对自身比较优势明显、市场

前景广阔、经济和就业带动能力较强的产业进行详细规划，并且细化发展目标并分别制订行动计划，使战略不再高高在上、虚无缥缈，具较高的执行性预期。

最后，设定了一系列指标，以此来监督海洋产业发展战略实施进度和评价海洋产业战略的发展是否符合预期目标。这些标准包括海洋产业总产值增长率、海洋产业劳动生产率、产业成本与产品质量、政府服务情况等，领导理事会秘书处将每隔两年半依据上述指标对海洋产业战略的实施情况与战略目标进行评估对比，对外发布相应的评估结果。

（二）在多方参与的框架下制定和实施海洋高技术产业专项规划

在由政府、企业、投资者、消费者共同参与的情况下，制定包括海洋生物制药业、海洋能源、海洋装备制造业等海洋高技术产业领域的专项规划，统筹海洋高技术产业发展。加强政府对海洋高技术产业发展规划协调和服务，根据产业发展的需求和基础，进行分类指导。沿海地区根据国家级海洋高技术产业发展专项规划制定本地区的海洋高技术产业发展规划。

（三）从全球竞争视角制定和实施海洋科技发展战略规划

根据世界海洋科技发展潮流，结合自身特色，按照国家自主创新战略的要求，把增强海洋高技术自主创新能力作为调整产业结构、转变增长方式的中心环节，以创新带动海洋高技术产业基地的跨越式发展。促进海洋高新技术研发与成果转化紧密结合，突破一批具有重大支撑和引领作用的前沿技术，加快实现产业化，形成具有自主核心技术的特色产业和产品，抢占国际竞争的制高点，不断培育、带动新的海洋高技术产业的规模化，形成可持续发展的海洋高技术产业体系。

（四）多管齐下加大对海洋新兴产业的资金投入

针对不同产业门类、发展状况、战略地位，有选择地使用财政税收、投融资政策，帮助海洋企业发展壮大。国家在科技专项中增加对海洋领域的投入，并鼓励各级地方政府设立“海洋新兴产业专项资金”，通过政府投资引导支持市场资金向海洋产业集中，促进龙头企业加速成长。对关系国计民生、国家战略、经济安全以及节能减排的海水淡化、海洋风电等高技术产业进行税收优惠、财政补贴；对那些市场潜力大、经济带动强的海水健康养殖和海洋监测仪器设备等产业实施优惠贷款，同时鼓励和引导各级政府、企业加大投入力度，实现政府资金和市场资金的互补。此外还可设立“海洋新兴产业创业风险投资基金”，引导基金对中小企业重点扶持，鼓励和引导企业自主创新、做大做强。

（五）加强海洋科技和海洋管理人才队伍建设

加强海洋人才和团队培养，加速海洋科技成果转化和产业化人才队伍建设；采用多种方式，支持企业培养和吸引创新人才；营造宽松环境，鼓励人才流动；鼓励科技人才采取技术入股等方式与企业进行长期合作；建立有利于激励海洋科技成果转化及产业化的人才评价体系。采取特殊政策加速培养多层次海洋高技术人才，缓解当前海洋技术人才短缺的突出矛盾。进一步加大引进海洋技术人才的规模和范围。同时，进一步增强全民的海洋意识，强化海洋文化建设，营建有利于海洋高技术产业发展的社会环境。

（六）积极参与海洋经济领域国际合作

从中国海洋经济发展需要和亟待突破的关键点，广泛参与国际合作，包括海洋经济科学研究、海洋经济政策制定、海洋科技交流、海洋资源开发与保护。

海洋经济领域是一个新的、交叉学科领域，需要世界各国相关专家广泛参与，特别是互相借鉴以解决人类社会不断向海洋进发过程中的发展问题。目前这些合作还很不充分，互相学习和交流显得非常迫切。

中国海洋产业正处于从资源主导向资本、技术主导的过渡转型阶段。而现实是，经过多年发展，中国海洋科技水平在某些领域取得突破，但整体水平还相对落后。通过海洋科学合作，弥补差距是进行快速赶超的必由之路。

世界各国日益重视海洋资源开发与保护问题。中国海洋经济在快速发展阶段已经出现了环境资源超载情况。在此背景下更应未雨绸缪，积极参与全球相关领域合作，开展保护海洋资源和环境、完善海洋资源和环境保护规章制度的相关工作，参与全球性和区域性海洋资源开发和保护的国际合作，开展海洋生态环境保护领域的国际合作，以及国际海底区域资源勘探开发与环境保护的国际合作。

围绕海洋经济发展的需要，加快实施“走出去”步伐，鼓励和支持有条件的海洋新兴产业企业以独资或合资的形式在国外建立生产基地、营销中心、研发机构和经贸合作区，开展境外海洋资源合作开发、国际劳务合作、国际工程承包，发展海洋高技术服务业外包等，利用世界资源为我所用。为鼓励和引导“走出去”开发利用世界海洋资源，建议设立部委间协调机制，统一规划管理，简化审批。对于开发利用世界海洋资源的项目，在出口信贷计划中予以扶持，增加出口信贷额度，放宽信贷条件。对在国外开发海洋资源所取得的份额产品，在进口配额、进口许可方面给予特殊安排，并实行优惠的关税政策。最后，除了广泛参与国际性的上述合作外，还应充分重视到区域海洋合作的独特作用。中国与周边国家在海洋资源开发利用等方面竞争与合作并存，如何减少之间不必要摩擦，实现合作共赢是摆在各方的重大课题。毫无疑问，开展区域性的海洋经济合作可以充分发挥各国比较优势，取得互信，增进地区整体发展水平与潜力。

（2014 年 12 月）

影响海洋经济可持续发展的重大问题分析*

刘　明

进入新世纪，沿海国家把发展海洋经济作为国家战略加以实施，海洋经济已经成为当今世界经济的新领域，到1990年世界海洋产业总产值为6700亿美元，2005年世界海洋产业总产值达到1.7万亿美元，增长了1.53倍多。20世纪90年代以来，我国海洋经济迅猛发展。到2008年海洋经济发展已经提前超额完成《全国海洋经济发展规划纲要》确定的2010年发展目标。海洋经济总体水平在世界海洋国家中已处于中上水平，一些海洋产业在国际上具有举足轻重的地位。但也应看到，海洋经济在快速发展的同时，与海洋经济发达国家相比，总体规模仍明显偏小，对整个国民经济的拉动作用仍不够显著。因此，积极探讨研究我国海洋经济可持续发展的影响因素对于正确制定未来我国海洋经济可持续发展的战略和对策具有重要意义。目前影响我国海洋经济发展的主要因素包括以下几个方面。

一、海洋资源退化削弱海洋经济可持续发展基础

海洋资源状况是海洋经济发展的基础保障，对海洋经济的可持续发展具有直接影响。我国拥有丰富的海洋资源，但长期以来由于片面追求经济利益，使部分海洋资源过度开发利用，造成资源衰退，从而使海洋经济可持续发展的物质基础遭到破坏。我国海洋资源衰退主要表现在海洋生物资源、海洋矿产资源以及海洋空间资源三个方面。

(一)海洋生物资源破坏浪费严重

在目前我国沿海地区所面临的海洋生物资源问题中，以海洋渔业资源

---

* 本文为908－ZC－I－18成果之一。

退化问题最为突出。由于海洋渔业资源过度捕捞、海洋环境污染、海洋灾害、海洋渔业管理体制不完善、海滩围垦破坏、水利和海洋工程对生境的破坏等因素，致使我国近海渔业捕捞资源衰退。其主要表现在以下方面：一是传统优质鱼类相继衰竭，处于食物链较高层次的优质鱼类越来越少，经济价值较低的鱼类、虾蟹类上升为主要渔获种类。二是由于传统经济鱼类的小型化、低龄化，加上进一步开发利用中、上层小型鱼类，致使经济种类种群补充不足，最大渔获量急剧下降。四大海区渔业资源相继衰退，传统经济鱼类数量锐减，有的已经处于衰竭状态。传统优质鱼类在渔获物中所占比例不足 20%，已不能形成渔汛。三是近海和江河入海处鱼、虾、蟹类洄游、栖息和产卵繁育幼体的天然场所遭到破坏。

（二）海岸和海域空间资源不合理利用严重

沿海地区的不合理开发利用活动，造成海岸和海域空间资源的浪费、破坏甚至丧失。主要表现在以下几个方面：一是围填海造地造成滨海湿地丧失。沿海地区社会经济发展需要大量土地，填海造地在满足沿海地区土地需求的同时，也使得滨海湿地面积大大缩减，局部海湾面积缩小，岸线缩短。据初步统计，1949 年以来我国累计丧失滨海湿地面积约 219 万公顷，占滨海湿地总面积的 50%。二是海洋空间资源开发的广度和深度不够，造成资源浪费。与发达国家相比，我国海洋资源开发利用程度并不高，特别是海域空间资源开发的广度和深度不够。我国滨海旅游资源利用率不足 1/3，且开发深度不够，可养殖滩涂利用率不足 60%。宜盐土地和滩涂利用率仅 45%；15 米水深以内浅海利用率不到 2%；海水直接利用规模较小；沿海地区一些深水港址未开发，海水和海洋能的开发程度和利用水平仍很低。以滨海旅游资源为例，目前我国滨海旅游资源的开发大多数仅限于对海水、阳光和沙滩等资源的直接利用，缺乏水上和水底娱乐活动，空间布局上也仅局限于对近岸海域和沙滩的利用，而忽视了海洋岛屿与陆域腹地的开发。由于对滨海旅游资源开发利用不充分，使得夏季游客过于集中于海滩而形成人满为患的局面，对海滨旅游环境造成极大的压力，也给海洋旅游管理工作带来相当大的难度。

（三）海洋矿产资源开发利用不当

自 20 世纪 80 年代，由于我国基本建设加快，使得滨海砂矿资源成为基建原材料的重要来源。根据测算，1990—2006 年，我国从近海挖砂约 4.5 亿吨，平均每千米海岸线取砂 2.5 万吨。大量的海砂开采，破坏了海岸环境，带来了海水入侵、海岸侵蚀等严重后果。此外，我国滨海砂矿仍限于水上露天开采，水下采矿较少，机械化程度不高。并且选矿技术落后造成生产效率不高，有用矿产物回收能力差，综合利用程度低，不同程度地造成了滨海砂矿资源浪费和环境破坏。

二、海洋生态环境恶化成为海洋经济可持续发展的制约和障碍

伴随着我国沿海地区经济的高速增长，海洋生态环境恶化逐步成为制约海洋经济可持续发展的重要因素之一。目前，我国海洋生态环境恶化主要表现在近海环境质量恶化、海洋灾害频繁等方面。

（一）近海海洋环境恶化

根据国家海洋局发布的《中国海洋环境质量公报》，近年来我国海洋环境污染恶化尽管已有所缓和，但污染形势并未得到根本好转。主要表现在海域污染仍很严重，近岸海域部分贝类受到污染，陆地污染物排海严重，赤潮多发，近岸海域海洋生态系统恶化趋势未得到根本缓解。2008 年，我国全海域未达到清洁海域水质标准的面积约为 13.7 万平方千米(图 1)。污染海域主要分布在渤海湾、江苏近岸、长江口、杭州湾、珠江口等局部海域，渤海污染程度最重。近岸部分海域沉积物受到铜、砷、镉、石油类和多氯联苯等的污染。

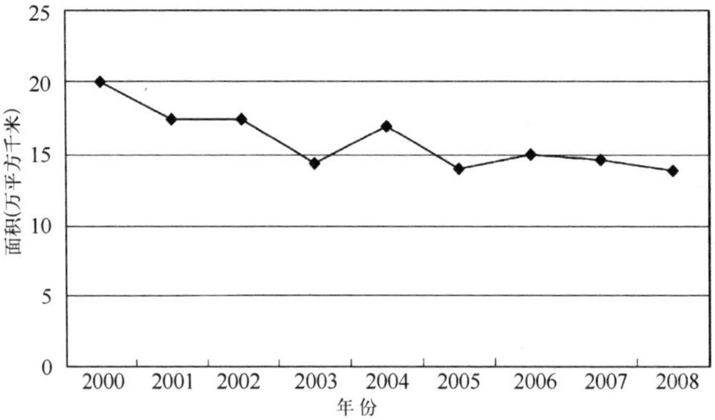

图 1　2000—2008 年我国全海域未达到清洁海域水质标准的面积

海洋环境污染对海洋经济的可持续发展造成重要影响。海洋水体的污染破坏海洋生物生长环境，使得海产品产量和质量大幅度下降，直接影响海洋渔业的发展。海洋水体的污染不仅污染岸线资源，而且影响人类的岸线活动，对沿海地区滨海旅游业的发展产生重大影响。

(二)海洋灾害频繁

我国是世界上海洋灾害最为严重的少数国家之一。每年海洋灾害频繁发生，造成的经济损失和人员伤亡相当严重，已成为制约我国海洋持续稳定发展的重要因素。目前我国主要海洋灾害包括：风暴潮、海浪、赤潮、海冰、海平面上升等。

在我国所有主要海洋灾害中，风暴潮灾害所带来的损失最为严重，21世纪以来，风暴潮造成的直接经济损失占灾害总损失的比重在95%以上(表1)。风暴潮灾害除了造成沿海地区公路、通信、水利等基础设施直接受损，同时对海洋渔业发展具有严重威胁。2008年，我国风暴潮灾害受灾人口1 762.18人，海水养殖受灾面积70 830公顷，房屋损害5.4万公顷，受损海岸工程1 178.24千米，船只损毁4969只，直接经济损失192.24元。

海洋赤潮对海洋渔业、海产品加工业的影响较为直接。大面积爆发海洋赤潮时，养殖的生物因为不能迅速适应海洋生态环境的急剧变化，而出现生长缓慢或者停滞，甚至大量死亡的现象。这种状况发生直接影响海洋渔业的可持续发展。此外，海洋赤潮爆发时，海洋环境发生灾害性变化，海水具有毒性，海洋生物大量死亡，毁坏了滨海旅游资源，削弱了滨海旅游业可持续发展的资源基础。

灾害性海浪在近海往往能掀翻船舶，摧毁海上工程和海岸工程，给海上航行、海上施工、海上军事活动、渔业捕捞等带来危害。2008年，我国海浪灾害使海水养殖面积受损55公顷，海岸工程受损长度3.45千米，船只沉损138只，直接经济损失5 547.65万元。

我国的海冰灾害主要发生在渤海、黄海北部和辽东半岛沿岸海域，以及山东半岛部分海湾。各海域的盛冰期一般为1月下旬至2月上旬。海冰造成的损害主要包括推倒海上平台、破坏海洋工程设施和船舶，阻碍航行，影响海洋渔业和航运。1969年，我国渤海发生了一次罕见的特大冰封，是20世纪以来最严重的一次海冰灾害。据不完全统计，从1969年2

月5日至3月6日，进出天津塘沽港的123艘客货轮中，有58艘被海冰围困不能航行。“海一井”平台支座的拉筋全部被海冰割断，“海二井”的生活设备和钻井平台均被海冰推倒，损失巨大。2010年1月，受寒潮影响，渤黄海海区海上冰情发展迅速，为近30年来同期最严重冰情。目前，大范围的海面结冰，已对当地的海上石油生产、交通运输、渔业养殖等活动造成了一定影响。

表1　1990年以来我国主要海洋灾害频次变化

年份	A	B	C	年份	A	B	C
1990	34.09	41	83.15	1999	40	52	76.92
1991	15.8	23	68.70	2000	115.4	121	95.37
1992	92.55	102	90.74	2001	87.0	100	87.00
1993	70.49	84	83.92	2002	63.1	66	95.61
1994	191.7	193	99.33	2003	78.77	80	98.46
1995	80.26	100	80.26	2004	52.15	54	96.57
1996	246	290	84.83	2005	329.8	332	99.34
1997	267	308	86.69	2006	217.11	218	99.59
1998	12	20	60.00	2007	87.15	88	99.03

注：1. 数据来源于《中国海洋灾害公报》(1990—2007年)。2. A表示“风暴潮造成的直接经济损失(亿元)”；B表示“灾害总损失(亿元)”；C表示“风暴潮造成的直接经济损失占灾害总损失的比重(%)”。

三、海洋权益形势严峻阻碍海洋经济可持续发展的空间和领域拓展

管辖海域是海洋经济可持续发展的物质载体。目前，我国部分沿海海域与周边国家存在的复杂的海洋权益争议，如海域划界纷争、岛屿被侵占、海洋资源被掠夺、海上航道安全受到威胁等对我国海洋开发活动造成严重影响。

(一)海域划界的纷争

在海域划界的纷争方面，我国四大海区除渤海是内海没有与邻国纷争外，其他三个海区都与邻国存在划界争端。在南海海域，我国同菲律宾、越南、印度尼西亚和马来西亚所划的管辖海域有大面积重叠区。在东海海

域，我国与日本、韩国也有较大面积的重叠海域。在黄海海域，中朝、中韩之间也存在海洋划界问题。

（二）资源被掠夺

南沙海域有八个大中型盆地石油资源总量235亿吨，天然气资源量10万亿立方米，总面积为37.9平方千米，其中在我国“断续疆界线”以内的面积有26.9万平方千米。而越南、印度尼西亚、马来西亚、文莱、菲律宾自20世纪70年代，就在南沙海域积极进行勘探开发活动。目前，在南海断续线内的海域，有10多个国家的100多个公司从事油气开采，每年开采的石油和天然气约有3000万吨。南海周边国家争夺、蚕食我国海上石油资源事件时有发生，严重阻碍了我国向这些海域的勘探开发工作。

（三）海上航道安全面临严峻挑战

国际海域时有发生的不安全因素，也直接影响我国海上航道的安全畅通。我国在国际海域的主要海上航线有：中东地区：波斯湾—霍尔木兹海峡—马六甲海峡—台湾海峡—我国沿海港口；非洲（西非）：好望角—马六甲海峡—我国沿海港口；非洲（东非）：马六甲海峡—我国沿海港口；非洲（北非）：地中海—直布罗陀海峡—好望角—马六甲海峡—我国沿海港口；东南亚地区：马六甲海峡—台湾海峡—我国沿海港口。这些海上航线都集中在阿拉伯海、印度洋、马六甲海峡、南海和台湾海峡一线。阿拉伯海和印度洋主要控制在美国海军手中；印度海军也对印度洋加大了控制力度，军事力量逐渐向阿拉伯海和马六甲海峡两翼渗透；南海和堪称“咽喉水道”的马六甲海峡一直是美国第七舰队的重点监控地区；台湾海峡的运输通道安全也由于受到美国的影响而增添了很多不确定因素。环顾我国周边，海上运输线沿途几乎都在他国的控制范围。一旦在这些海域爆发国际冲突，不仅会对我国石油等战略物资的安全造成威胁，同时会影响我国海洋经济（主要是海洋交通运输业）的发展。

四、分散式海洋管理体制制约管理职能的有效到位

我国目前海洋管理体制实行的是以分部门、分行业为主要特点的分散管理体制，涉及的部门包括农业、交通、环保、能源、土地、外交等。分

散式海洋管理体制在行政和执法上没有统一协调的机制和机构，而健全的海洋管理部门则需要高效的海洋管理职能部门，统一的海上执法队伍，完善的海洋综合性法律法规体系，完整系统的海洋发展战略规划、区划、政策和方针。因此，目前我国实行的分散型海洋管理体制难以解决海洋资源可持续利用的问题，难以适应加强海洋经济宏观调控的需要。

(一)海洋综合管理部门薄弱

实施综合管理需要有与之相适应的海洋综合管理体制，其中最主要的是要增强海洋综合管理部门的管理力度，提高其综合协调能力。尽管根据《国务院关于部委管理的国家局设置的通知》(国发〔2008〕12 号)，国家海洋局被赋予“对海洋事务的综合协调”职能，但其海洋综合管理职能仍不明确，行政级别层次不够高，因此其宏观调控职能难以充分发挥。

(二)管理主体之间权限不明确

管理主体的权限明确，是海洋管理体制发挥作用的基本前提。但目前我国海洋管理体制中，涉及的管理主体多，在管理权限上仍存在权限不明确、职责不清等问题。首先，是中央和地方的管理权限不清，直接导致了管理上的混乱，引发了生产中的诸多矛盾，地区之间争滩涂、争渔场，行业之间争空间、争资源的现象时有发生。其次，涉海有关部门的职能分工仍不明确，存在职能交叉的问题。例如：国家环保部具有组织建设和管理国家环境监测网、组织对全国环境质量监测和污染源监督性监测的职能，而国家海洋局也有“监督陆源污染物排海”的职能。

(三)海上执法队伍力量分散

目前，我国海上执法体制属于分散型，海监、港监、渔政、公安、缉私等海上执法队伍分属于国家海洋局、交通部、农业部、公安部、海关、海军等诸多部门。由于海上执法力量分属不同部门，力量分散，形不成合力，难以对海上违法事件做出及时有效的处理。如农业部的渔政渔港系统是一支重要的海上执法力量。近几年来随着渔业生产的发展，海上渔场治安秩序比较混乱。尽管渔政部门有管理能力，但因其无海上治安权而不能管。而有海上治安权的公安边防部门因海上管理力量薄弱，加之海上作案现场不易保护、取证困难等原因，致使许多治安案件得不到及时有效处理。

五、海洋科技成果转化不畅等问题制约新兴产业成长

改革开放以来，科技推动我国海洋开发和利用取得了巨大进展，尤其是国家科技方面重大计划如“863”“973”等在海洋领域的实施，推动了我国海洋科技和海洋经济的发展。尽管我国海洋科技取得了长足进步，但海洋科技发展和产业化进程仍受到诸多主客观因素的制约。主要表现在以下几个方面。

（一）海洋科技成果仍主要应用于四大传统海洋产业

我国海洋科技主要投入在海洋渔业、海洋油气业、滨海旅游业和海洋交通运输业四大传统海洋产业，而在新兴海洋产业领域应用较少，导致海洋产业结构性矛盾突出，海洋产业结构的调整缺乏新兴产业的带动。根据国家海洋局 2008 年组织的海洋科技创新和成果转化调研显示，分别有 45%、48%、38.7%、38.7%的被调查者认为科技成果应用的主要海洋产业是海洋渔业、海洋油气业、滨海旅游业和海洋交通运输业。

（二）海洋科技投资渠道单一，资金投入不足

长期以来，由于对海洋科技投入不足，致使海洋基础研究、应用研究以及海洋科技成果转化相对滞后。造成这种情况的根本性原因是国家对海洋科技的投入仍然不足，投资的渠道仍然比较单一。与美国、日本等海洋经济大国相比，我国海洋科技经费的投入无论是绝对量还是相对量均具有很大差距。2005 年我国中央及地方政府共投入海洋科研经费 17.7 亿元，占 GDP 比重的 0.009 7%。而早在 1998 年，美国的海洋科研经费投入已达到 21 亿美元，折合人民币 173.9 亿元；日本投入 776.07 亿日元，折合人民币 55.2 亿元。就海洋科研经费占 GDP 比重而言，我国也有较大差距，美国、日本多年来一直在 2.6%左右，韩国为 1.8%左右。另据国家海洋局 2008 年组织的海洋科技创新与成果转化调查显示，科技成果转化投入不足是海洋科技成果转化难的主要原因之一。根据调查，有 64.5%的被调查者认为海洋科技成果转化难的主要原因在于投入不足。正是由于海洋科技经费投入不足，

导致了科研装备落后、人才缺乏和流失、科研成果转化困难等问题。

(三)海洋科技成果转化过程中面临诸多制约因素

海洋科技成果转化是一个复杂的过程，一般需要经过研究和实验室阶段，中试、产品化阶段，产业化阶段。

目前，在海洋科技成果转化的各阶段资金投入的比例仍不合理，产业化阶段开发投资缺乏。在美国、日本等发达国家，海洋科技成果转化的三个阶段的投入资金比例大致为1∶10∶100，而我国海洋科技成果转化中资金投入的比例约为1∶1∶10，用于产业化开发的资金明显不足。在产业化阶段存在两个突出问题：一是海洋科技成果转让的中介机构、科技成果评估体系以及知识产权政策等仍不完善；二是涉海企业对海洋科技成果的吸纳能力不足，主要是由于技术推广体系相对薄弱，成果应用者科技素质偏低。

在中试环节力量仍较为薄弱，投入资金占海洋科技投入的比重较低，产、学、研力量分散，严重制约海洋科技成果转化的效率。

在研究和实验室阶段，目前存在的主要问题仍是政府财政资金投入不足，而涉海企业往往没有能力在海洋科研开发方面进行投入。此外，由于我国风险投资机制仍不健全，也直接限制了海洋科技成果的转化。

六、海洋产业布局缺乏系统性引发用海行业冲突加剧及海域资源利用效率较低

海洋产业布局又称为海洋产业的空间结构，是指海洋产业各部门在海洋空间内的分布和组合形态。海洋产业布局与海洋产业结构有着密切关系。海洋产业布局是海洋产业结构在海洋空间上的反映，一定的海洋产业结构在地域上必然有其特定的空间分布和组合形态。海洋产业结构与海洋产业布局之间相互作用，共同影响着海洋经济的增长。

目前，我国海洋第一产业主要集中在辽东半岛、胶东半岛以及浙江至广东岸段；海洋第二产业80%以上集中于大连—锦州、天津、东营—烟台—青岛、长江三角洲、珠江三角洲等岸段，而且主要集中在特大城市和大城市的市区，市区以外的滨海工业则比较薄弱，这种空间布局结构不利于海洋经济的全面均衡发展。主要体现在以下几个方面。

(一)不同行业用海矛盾突出

从行业用海角度来看，旅游、海水养殖、盐业、港口、临海工业、自然保护区等用海类型均具有排他性。由于目前我国沿海地区海洋开发活动主要在近岸海域，不同行业在分配使用岸线、滩涂和浅海方面的矛盾日益加剧，如渔业、盐业、农垦、苇田争占滩涂的矛盾一直存在，盐业、渔业、石油勘探开发、海港和航道建设相互影响的问题仍很突出，这些矛盾如不能有效地加以解决，将直接影响我国海洋经济的持续、健康发展。以青岛市为例，随着市政府提出挺进西海岸战略的深入实施，大港口、大造船、大旅游等涉海产业用海规模逐步扩大，到2006年，已累计围海填海和占用浅海面积超过6700公顷，占传统养殖海域的60%以上，项目建设用海与渔业用海矛盾日益突出。

(二)海洋资源过度开发与开发不足并存

由于我国海洋资源基础、地区经济实力、开发管理力度等差异，沿海地区海洋经济发展省际差异明显，产业地理集中度高。[①] 海洋经济和海洋产业的地理集中，导致部分地区海洋资源开发利用过度，而部分地区海洋资源却处于闲置状态。以环渤海为例，秦皇岛市浅海筏式养殖已发展到12海里附近，而唐山近岸浅海宜养海域尚处于闲置状态；唐山近岸宜养滩涂开发利用较为充分，而沧州宜养滩涂资源大部分尚未开发利用。

(三)海洋产业体系的空间布局趋同，缺乏系统性

目前，我国海洋经济区域布局基本形成，由广西北部湾经济区、深圳经济特区、海峡西岸经济区、上海浦东新区、天津滨海新区和辽宁沿海经济带构成的沿海经济区域布局已经基本形成，区域海洋经济发展规模不断扩大。我国海洋经济区域布局尽管已取得了重要进展，但区域分工体系仍不完善，协调配合仍不够，仍存在无序竞争等问题。以渤黄海地区为例，青岛港、大连港和天津港争夺北方国际航运中心的地位已有多年，为此，各港口均加大了对新型集装箱码头、大型原油码头和矿石码头的建设力

① 国家海洋局海洋发展战略研究所：《中国海洋发展报告(2009)》，北京：海洋出版社，第184－186页。

度，促使竞争不断升级；营口港对大连港、烟台港对青岛港等也提出了严峻挑战。

同类竞争在滨海旅游业发展中也同样存在。以山东省为例，山东省海岸带地区已建成10多处省级以上滨海旅游度假区，由于所依托的滨海旅游资源类似，滨海旅游产品雷同，导致旅游企业恶性竞争，旅游产品质量下降，旅游形象受到损害，旅游资源与环境遭到破坏。

七、小结

目前，影响海洋经济可持续发展的重大问题主要包括海洋资源退化、海洋生态环境恶化、维护海洋权益形势严峻，以及海洋管理体制、科技、产业布局等方面存在的诸多问题。其中，海洋资源、生态环境、权益等问题属于外部性问题，而海洋管理体制、科技、产业布局等问题则属于内部性问题。尽管我国多年来针对这些问题采取了诸多政策措施，但这些问题仍将伴随着海洋开发的逐步深入而长期存在，并直接影响我国海洋经济可持续发展。

（2009 年 12 月）

英国海洋产业增长战略及对我国的启示*

李　军　刘容子

2011年9月19日，英国商业、创新和技能部发布《英国海洋产业增长战略》(the Marine Industries growth strategy)。该战略是在对政府、企业和学术界意见不断整合基础上形成的第一个海洋产业增长战略，提出了海洋休闲产业、装备产业、商贸产业和海洋可再生能源四个重点产业，设立了2020年海洋产业战略远景目标，并为战略的实施提供了组织保障。英国海洋增长战略对于发展中国海洋经济有重要的参考和借鉴意义。

《英国海洋产业增长战略》是英国2010年3月发布《英国海洋产业战略框架》①的延续，是在对政府、企业和学术界意见不断整合基础上形成的第一个海洋产业增长战略，该战略的实施，有望带动英国海洋产业的快速发展，使海洋产业增加值到2020年达到250亿英镑②。为制定和执行海洋产业增长战略，英国成立了由各利益相关方(包括政府、公司、海洋产品用户等)共同组成的海洋产业领导理事会。为保证战略的顺利执行，海洋产业领导理事会将战略执行分为六个发展主题，制订了相应的实施计划，并提出了衡量主题是否成功达到目的的标准。在组织保障上，海洋产业领导理事会设置了六个工作组并确立各自的职能范围，分别从不同的方面来保障战略的实施。

---

* 本文主要依据"UK Marine industries strategic framework""A strategy for growth for the UK Marine Industries""Annex：Structure for delivery"翻译整理。"A strategy for growth for the UK Marine Industries"见 http：//www. bis. gov. uk/assets/biscore/business - sectors/docs/s/11 - 1310 - strategy - for - growth - uk - marine - industries. pdf。

① "UK Marine Industries Strategic Framework", http：//www. bis. gov. uk/assets/biscore/business - sectors/docs/10 - 647 - marine - industries - strategic - framework.

② 《英国出台海洋产业增长战略》，中华人民共和国科学技术部网站，http：//www. most. gov. cn/gnwkjdt/201110/t20111011_90227. htm。

《英国海洋产业增长战略》文本包括两大部分：一是英国海洋产业发展现状，二是未来发展战略。在第一部分，一方面评述了各主要海洋产业发展现状及其面临的机遇与挑战，另一方面针对未来具有重大发展潜力的主要海洋产业所面临的市场分别进行了描述。在第二部分提出了战略原则、发展目标、重点产业方向，以及“海洋产业领导理事会”的职责作用等。提出的六个发展主题是：①建立海洋产业品牌形象；②促进海洋产业的出口贸易；③制定路线图，为政府和产业部门提出海洋产业技术和创新的投资重点；④制定技能发展路线图，聚焦海洋产业长期发展需求需要的技能；⑤发掘近岸可再生能源产业的潜力；⑥研究现有和新出台的有关政策，识别风险和机遇。

一、英国海洋产业发展现状

(一)英国海洋产业的定义、范围及其重要性

1. 定义、范围

英国的海洋经济活动是指包括海上活动、海底活动、并包括在为海洋活动提供产品生产和服务的经济活动。英国广义的海洋产业是指和海洋经济活动相关的 18 个产业(表 1)①。

表 1　英国的海洋产业分类

序号	海洋产业	序号	海洋产业
1	渔业	10	航海与安全
2	油气业	11	海底电缆
3	滨海砂石开采业	12	商业服务
4	船舶修造业	13	许可和租赁业
5	海洋设备	14	研究与开发
6	海洋可再生能源	15	海洋环境
7	海洋建筑业	16	海洋国防
8	航运业	17	休闲娱乐业
9	港口业	18	海洋教育

① David Pugh：《英国海洋经济活动的社会－经济指标》，国家海洋信息中心经济部译，载《经济资料译丛》，2010 年第 2 期。

2010年3月发布的《英国海洋产业战略框架》以及2011年9月发布的《英国海洋产业增长战略》所指的海洋产业并不是广义概念范畴，而是部分海洋产业的狭义概念，系指包括海洋装备产业（军舰、海上平台、集成系统等）、海洋商贸产业、海洋休闲产业和海洋可再生能源产业等四大类。不包括海洋油气、海洋船舶、海洋港口和运输等传统海洋产业。[①] 以下文中所述“海洋产业”，如不作特殊说明，均指狭义概念的范畴。

2. 发展海洋产业对英国的重要意义

发展海洋产业对英国经济和社会发展意义重大，主要体现在以下几方面。

一是有利于发挥英国海洋制造和创新能力优势。英国拥有世界一流的海洋机械的设计和制造能力，海洋科学和相关基础理论研究扎实。英国的海洋产业在应对气候变化中发挥了关键性的作用，将引领世界海洋的可再生能源技术发展。

二是将保持英国在全球市场的竞争力和市场份额。随着海洋国家不断推动海洋产业的发展，海洋产业在全球范围内竞争的日益加剧。挪威、加拿大、德国和法国已经联合起来并采取了相应的战略来增加这些国家在全球海洋产业中的竞争力。新兴经济体中，如巴西、印度、中国和越南也已经认识到海洋产业在战略上的重要性，并进行了大量实质性的投资。如果英国海洋产业不制定相应的发展政策或战略，则很可能在全球市场中丧失竞争力和市场份额。

三是英国政府部门和产业部门对发展海洋产业有巨大的利益诉求。对于政府部门来说，发展海洋产业有利于增加就业，促进中小企业的增长，鼓励科技发展和创新；有利于船舶设计和运行能力的提高；保障能源的多元化供应和安全，减少二氧化碳排放；有利于提高海军装备的研究和供应能力；有利于加强海洋的环保，为民众提供干净、安全的海洋环境。对于整个产业体系而言，海洋产业的发展加强了产业部门和政府部门间的联系，使海洋产业发展的方向和目标更加明确；有利于海洋产业的公共和私人投资。此外，相关公司将在政府部门获得更大的知名度和认可度。

---

① “UK Marine Industries Strategic Framework”，http：//www. bis. gov. uk/assets/biscore/business – sectors/docs/10 – 647 – marine – industries – strategic – framework，p1.

因此，英国海洋产业领导理事会认为：政府、各利益相关方必须联合起来并制定长远的海洋产业发展战略，只有这样才能使得英国的海洋产业在全球范围内具有竞争力，发挥海洋产业在英国经济增长中的重要作用，有效地应对环境和气候变化。

（二）英国的主要海洋产业

英国绝大部分的贸易通过海洋完成，近90%的货物和50%的能源需求是通过全球范围内的海洋运输完成。Crown Estate① 测算的广义海洋产业及相关产业总值约为460亿英镑，约占全球海洋及相关市场总量（约2万亿英镑）的3%左右②，提供就业岗位约89万个，海洋经济对国民经济的贡献率约为6.0%～6.8%。②由此可见，海洋经济对英国意义重大。

英国海洋产业领导理事会测算结果显示，海洋装备产业、海洋商贸产业、海洋休闲产业和海洋可再生能源产业四个产业的总产值约为76亿英镑，其中包括40亿英镑的出口额，提供了约10.5万个就业岗位。这四大海洋产业对其国内生产总值（GDP）的贡献约为35亿英镑。

1. 海洋装备产业

海洋装备产业是在英国2005年国防工业战略的基础上逐步发展成型的，由少量的大型公司和为其提供战略供应的众多中小型公司和企业组成。该产业为英国提供了大约2.4万个就业岗位，每年创造约30亿英镑的产值。该产业提供的产品包括各类军舰、潜水艇和高附加值的集成系统和设备，其中，约一半的产值来自集成系统和设备，并大量出口。该产业目前面临的关键问题是：如何处理好维系整个产业的能力与不断减少的皇家海军舰队之间的矛盾；需要不断开拓国际市场；必须在整个产品的生产周期中大幅削减成本。

2. 海洋商贸产业

海洋商贸产业由众多公司构成，覆盖了造船、船舶维护、维修和改造、船用设备、系统和服务、船舶回收、船舶设计、生产和研发，等等。

---

① 为英国皇家所有的资产管理公司，详细见 http：//www.thecrownestate.co.uk/。

② David Pugh：《英国海洋经济活动的社会－经济指标》，国家海洋信息中心经济部译，载《经济资料译丛》，2010年第2期。

该产业年创造产值约16亿英镑，提供就业岗位约3.6万个。英国该产业相关公司在远东市场上的份额不断扩大，并紧盯造船市场中进一步扩大市场份额的潜在机遇。

3. 海洋休闲产业

海洋休闲产业主要由4200家左右的公司或机构组成，主要为中小型公司和企业。该产业为英国提供了约3.43万个就业岗位，年创造产值约31.6亿英镑，其中12.5亿英镑源于出口。该产业包括全球范围内认可的发动机和帆船游艇制造商以及相关供应网络，也包括一些设备制造商、码头公司和旅游公司等。在过去四年中，该产业年均速度增长达到14%。2008—2009年度，英国的国际海洋活动和豪华游艇活动分别比上年度增长13.6%和15.3%。①

4. 海洋可再生能源产业

海洋可再生能源产业是新兴产业，主要指将海上风能、海洋波浪能和海洋潮汐能等转换为电能的产业。目前该产业的规模尚不大，但是，预计在今后20年或更长的时间，其发展潜力和机遇都是巨大的。2020年之前，英国将投资750亿英镑建设近岸风电场。至2050年，波浪能和潮汐能产业的不断增长也将吸引每年约40亿英镑的投资。该产业的发展还将为其他相关海洋产业提供商业机会，如：与海洋能源开发相关的技术转化、现有造船和海上油气产业等。②

（三）英国海洋产业发展的机遇

经过多年发展，英国在海洋产业主要领域已经具备了国际竞争优势。一是海洋产业相关领域学术研究处于世界领先地位；二是积累了大量相关的知识、技术和技能，如：海洋工程、装备制造工艺、造船和复杂系统的集成等；三是海洋类产品质量在世界上享受很高声誉，特别是海洋装备和设备、海洋休闲和新兴的海洋可再生能源设备等。

全球市场为英国海洋产业发展提供了广泛机遇。一是海洋可再生能源开发，全球贸易量不断增长，推动船舶市场的发展，有利于英国设备和服

① 来源：British Marine Federation。

② British Wind Energy Association/Department for Business innovation & Skills/the Carbon Trust.

务提供公司；二是全球中产阶级的持续增长，有利于英国海洋休闲产业和海洋装备和设备需求的增加；三是新兴经济体(如“金砖四国”)快速增长导致资本、人才和相关技术需求不断增长。

气候变化挑战和自然资源开发不断推升原材料和能源价格，如：钢铁、稀有金属、合成材料等，以及政府的多元化能源供应政策，为海洋可再生能源的发展提供了机会。今后政府在能源结构调整中的角色将发生重大变化，政府将越来越多地支持经济发展，这也将为海洋产业发展带来机会。

全球贸易市场扩张将催生海洋货物和服务(包括环太平洋区域、南非、中东和俄罗斯)新市场，为英国海洋产业发展提供机遇。英国海洋产业领导理事会对不同国家的市场进行了评价(表2)，将成为其拓展海洋商务和装备产品的目标市场。

此外，未来英国和国际市场规则的改变也将带来机遇，如：重视安全、减少排放、电力市场的改革。遵守这些规则并引领海洋产业发展的方向也成为英国海洋产业增长战略目标之一。

表2　主要目标国家市场分级表

国家	海洋装备产业	海洋商贸	海洋休闲产业	海洋可再生能源产业
韩国	H	H	H	H
西班牙	H	M	H	H
巴西	H	H	H	M
法国	M	M	H	H
加拿大	H		H	H
土耳其	H	H	H	
美国	H		H	H
澳大利亚	H		H	M
中国		H	H	M
俄罗斯		H	H	
印度	H			
爱尔兰			H	H

注：H表示高等级别；M表示中等级别。

二、《英国海洋产业增长战略》的主要内容

（一）英国海洋产业增长的战略原则

英国海洋产业增长战略主要包括三个方面：①必须能够帮助英国海洋产业有效地应对全球市场变化；②必须能够使海洋产业相关公司扩大其市场份额；③必须能够帮助英国经济发展的平稳增长和再平衡。

（二）总体战略目标

至2020年，英国海洋产业将在高科技产品、集成系统、全球范围内的服务和高附加值等方面引领全球，将为英国的经济、环境和社会福祉做出全面、重大的贡献。海洋装备产业将出口高技术的集成系统和一流的海洋装备；海洋商贸产业将引领全球市场；海洋休闲产业将为全球快速增长的中产阶级提供质量和信誉俱佳的休闲服务；近岸海洋可再生能源产业将保障英国的能源供应，减少二氧化碳排放。

（三）六个子目标及其行动计划

为保证总体战略目标的实现，英国海洋产业增长战略设置了六个子目标及其行动计划。

1. 海洋产业增长

海洋产业增长目标必须置于英国经济长期增长的总体战略下，发现全球市场的主要机会，增加全球市场份额。为实现上述目标，主要行动计划包括：必须全面广泛地分析全球市场机会，评估英国的海洋产业，制定发展的长期战略；必须明确海洋产业面临的主要市场、产品、服务、知识和技术，有计划的促进公共部门和私人部门的合作和投资；战略实施必须与各利益相关方广泛交流，争取共识。

2. 海洋产业形象

必须加强英国海洋产业在全球认可度，提高各利益相关方对海洋产业价值和其在英国经济增长中的贡献的认知水平。为实现上述目标，主要行动计划包括：国家层面制订各方面的交流计划，让各利益相关方与公众意识到海洋产业的价值；高度重视海洋产业的可持续发展，促进环境友好型

产品的设计和制造。

3. 海洋产业人才

必须增加投资，吸引、教育、培训、发展和保留合适的人才，使其拥有满足海洋产业发展需要的合适的技能。为实现上述目标，主要行动计划包括：实施“海洋产业技能实施计划”，推动相关海洋技能的发展，优化人才和技能在海洋产业的配置，在各类教育和培训部门推广海洋产业领域的长期职业机会，吸引更多的优秀毕业生和实习生进入海洋产业。

4. 海洋产业技术和创新

要引导英国和欧洲技术发展和创新的方向，增加技术创新的开发投资。为实现上述目标，主要行动计划包括：制定国家海洋技术和创新路线图，发现关键点，设定英国海洋技术创新的基准，促进产、学、研的协调发展，并与其他技术部门(如航天技术和汽车技术)进行对接，以此来促进行业间技术的相互转换，为未来的技术创新设定具有前瞻性的目标。

5. 海洋产业的法律制度

要创造有利于海洋产业快速发展的法律环境和制度规范，积极促进相关法律法规的发展，满足利益相关方的需求，发布有关政策、法律法规的变化给英国海洋产业带来的挑战和机遇的相关信息。

6. 国际贸易

要协调海洋产业发展的国际贸易活动，显著提高英国海洋产业在国际市场的份额。为此，要积极推动海洋产业在海外的发展，积极推广海洋产业品牌形象，协调海洋产业在有关国家和地区间的推广工作，并确保这些能得到英国贸易和投资部的支持。

(四)六个发展主题的具体内容

主题1：统一认识，为海洋产业建立品牌形象。

统一的认识和品牌形象能增加公众对海洋产业发展的理解和支持。英国对海洋产业认识的统一将有助于提高海洋产业在全球市场中的地位，并增加新的机会。主题1的执行主席由海洋形象工作组理事会主席担任。主要任务包括：①以海洋产业联盟为品牌，统一认识，发挥规模效应，为海洋产业创造一个合作的大环境；②负责通过各种媒体推广海洋产业形象，制订短期和长期的推广计划；③每年对海洋产业相关数据进行统计；④每年举办海洋产业论坛，发现海洋产业的机遇和挑战，协助对海洋产业战略实施成功与否进行评估。

主题2：促进海洋产业产品出口贸易，为英国经济可持续增长做出贡献。

为海洋产业建立产业形象后，英国的海洋产业将主要依据客户需求在全球范围内提供海洋产品和相关服务。主题2的主席由英国贸易和投资部所属的海洋产业咨询小组担任。主要任务包括：①至2015年，在英国海洋贸易和投资部指导的出口活动中，中小企业参与数量增加25%；②引导海洋产业向高附加值产业机会发展，确定英国海洋贸易和投资部优先支持的高附加值海洋企业；③制定每年的出口计划，提高政府与海洋贸易和投资部的认识，使英国驻外人员发掘海洋休闲娱乐、海洋商贸和国防产业产品的主要出口国等。

主题3：制定路线图，为政府和产业部门遴选出海洋技术和创新的投资重点。

制定技术和创新路线图有助于分析技术和创新的投资重点，有利于英国海洋产业发现技术和创新的需求。主题3的主席由海洋技术和创新工作组的主席担任。主要任务包括：在海洋技术和创新工作组和英国技术战略委员会的共同领导下，制定海洋技术和创新的路线图，评估关键领域对海洋产业的支持。关键领域包括：英国开发海洋技术的能力、路线图的潜在影响、全球市场机会的大小及英国技术战略理事会在价值创造中的作用等。

主题4：制定技能发展路线图，聚焦海洋产业长期发展需要的技能。

随着海洋产业的发展，海洋产业所需的就业量会增加。技能发展路线图将提供一个精确的人才扩张计划，确定海洋产业所需要的真正技能，聚焦海洋产业发展所需要的学术理论。主题4的主席由英国科学、工程和制造技术行业技能委员会担任，主要任务包括：①制定2011—2016年的海洋技能发展路线图；②为2011—2013年增长和创新基金进行招标，支持高等教育、高技能框架和技能路线图等；③利用投资基金培养和支持技术人才由国防部门转向科学、工程与制造部门；④根据区域发展的需求，为中小企业提供灵活的资质和信用系统框架；⑤在企业培养员工的同时，政府出资为企业培养相同数量的员工。

主题5：发掘近岸可再生能源产业的潜力，加强知识共享。

海洋可再生能源是英国重要的新兴产业之一。海洋可再生能源产业将与其他发展主题形成互补，将为英国的其他战略提供支持，尤其是英国能源和气候变化部所出台的有关战略和政策。主题5的主席由船舶制造和维修协会担任。主要任务包括：①促进包括海洋风能和潮汐能在内的可再生能源发展的资本化；②保障海洋可再生能源开发和部署的宏观环境，努力实现其对英国经济贡献的最大化；③尽可能发挥英国政府和利益相关方的正面作用，更好地使用现有海洋基础设施，为海洋可再生能源开发服务；④通过能力建设和政府需求发布，积极介入海洋可再生能源供应链的开发。

主题6：研究现有和新出台的有关政策，识别政策风险和机遇。

深入分析与海洋产业发展相关的政策，并加以宣传和引导，有利于缓和新政策的冲击，刺激创新，从而促进海洋产业的增长。与海洋产业发展相关的政策变化主要来自三个方面：一是英国国内政策的变化，二是欧盟政策的变化，三是国际相关政策的变化。英国所期望的海洋是一个干净、健康、富饶和具有生物多样性的海洋，这就需要海洋产业部门在发展过程中要承担相应的社会责任，遵守环境等各方面政策。主题6的主席由可持续发展、环境和管理工作组主席担任。主要任务包括：①为海洋可再生能源的发展创造新的机制，分析新的政策或现有政策变化对利益相关方的影响，抓住政策变化所带来的机遇；②研究并向政府和产业部门提示政策变化所带来的是机遇或是风险；③加强与英国海洋科学界的联系，在实施海洋战略的同时遵守英国海洋环境所法律法规。

（五）组织保障

英国海洋产业战略的实施由“海洋产业领导理事会”领导并负责监督。成立了六个工作组，负责监督协调“六个发展主题”的实施，并开展评估工作。

海洋产业领导理事会是由英国海洋产业的利益相关方共同组成，包括公司或企业(通过其各自的贸易协会)、海洋产品的用户、贸易组织和政府部门(技术战略董事会、区域发展机构和相关部委)组成。海洋产业领导理事会的主要职能是领导海洋产业战略的实施，两年一次对总体目标进行监督检查，使之与发展目标保持一致，持续关注海洋产业发展的外部驱动因素及其影响，必要时对海洋产业战略提出修正。

理事会下设六个工作组，分别是战略发展工作组、海洋产业品牌形象工作组、国际贸易和出口工作组、技术和创新工作组、知识和技能工作组及可持续发展、环境和管理工作组（表3）。六个工作组分别负责实施所负责的战略目标，并就实施进度、遇到的问题向海洋产业领导理事会报告。

表3　海洋产业战略实施结构

序号	理事会下设工作组	工作组主席或主席单位	负责的分领域目标
1	战略发展工作组	海洋产业领导理事会	海洋产业战略
2	产业形象工作组	英国商业、创新和技能部	海洋产业形象
3	国际贸易和出口工作组	英国贸易和投资部	国际贸易
4	技术和创新工作组	海事行业协会以及船舶制造和维修协会	技术和创新
5	知识和技能工作组	英国科学、工程和制造技术行业技能委员会	海洋产业人才
6	可持续发展、环境和管理工作组	英国海事联合会以及海事和海岸警备局	环境和制度

三、《英国海洋产业增长战略》对我国的启示

英国海洋产业战略的提出以及近年来有关海洋国家在海洋领域的行动反映出海洋经济将成为全球经济发展的重要方向之一，海洋经济的发展需要各部门共同推动，而海洋经济发展的重点将会是低碳、环保、高技术含量的新兴海洋产业。

1. 海洋经济将成为全球经济发展的重要方向之一

英国海洋产业战略的提出有其特殊的经济背景，即是在发达国家受主权债务危机困扰、全球金融动荡、经济增长放缓的背景下提出的。在2007年全球金融危机爆发之后，发达国家如挪威、加拿大、德国、法国等和新兴经济体国家如巴西、印度和越南都已经认识到海洋产业在战略上的重要性并采取了实质性的行动。英国及其他海洋国家先后提出发展海洋经济的战略构想，反映出在今后一段历史时期内，海洋经济将成为全球经济发展的重要方向之一。

2. 海洋经济的发展需要各部门共同推动

海洋经济是新兴经济，涉及面广，与传统的产业经济联系密切，是传

统产业与高新技术在海洋领域的结合和延伸。在英国海洋产业发展战略的实施保障中可以看出，英国几乎动员了政府各部门、各行业协会、各类研究机构和高校等部门来推动海洋产业的发展。英国海洋产业发展战略的实施机构——海洋产业领导理事会就是由政府各部门和各行业协会共同组成。在各领域目标和发展主题中，也设置了主要由政府各部门负责的执行机构。这样的组织保障确保了海洋产业发展战略在执行过程中能落到实处并能保证根据现实需求随时对战略进行合适的调整。

3. 新兴海洋产业将成为海洋经济发展的重点

英国海洋产业发展战略对海洋产业的范围作了限定，即仅包括海洋装备产业、海洋商贸产业、海洋休闲产业以及海洋可再生能源产业，而不包括传统的产业如海洋油气业、海洋航运和海洋港口等产业。这四个海洋产业均具有低碳排放量、高技术含量和大的市场需求前景。英国对海洋产业的定义是在对英国经济和各行业数据以及产业发展对英国社会、环境的影响进行深入分析的基础上得出来的，反映了在未来海洋经济的发展中，这些产业是政府重点扶持和推动发展的产业。因此，在政策上也将有别于其他传统海洋产业。

4. 英国海洋产业增长战略为我国发展海洋经济提供了有益参考和借鉴

我国《国民经济和社会发展第十二个五年规划》确定了“推进海洋经济发展”的战略部署。与英国相比，我国有其特殊的发展阶段和社会环境。我国如何发展海洋经济需要对一系列问题做出深入的研究。例如：要研究国内外发展新环境下我国海洋经济的定义、范畴与内涵；要深入研究并确定海洋经济发展目标，要研究提出重点海洋产业发展方向；要从更广泛的角度研究海洋经济对国民经济的重要性和具体体现；要研究海洋经济发展的机遇和风险；要找准政府在海洋经济发展中的职责，发挥积极作用，正确处理好政府、产业和各利益相关方的关系，促进合作、和谐发展。海洋经济的发展，必须陆海统筹、全盘规划，抢占发展先机，在深入研究上述问题基础上，有关部门应尽快制订出台“全国海洋经济发展战略与推进计划”。

（2011 年 12 月）

日本海洋立国战略及其海洋基本法述评

全国人大外事委员会法案室　周卫国

日本是我国最重要的海上邻国，自古中日两国通过海洋发展了政治、经济和文化交流。近代日本由于赢得制海权走上侵略我国和争霸的道路，而我国由于丧失制海权蒙受百年耻辱。今天两国在东海海域存在海洋划界、海洋资源、岛屿主权归属等诸多争端，成为继历史问题、台湾问题后新出现的影响双边关系的重大难题。问题之源与日本新推出的海洋立国战略及《日本海洋基本法》(以下简称《海基法》)有密切关系，因此有必要认真加以剖析。

一、日本传统的海洋战略及借机推出新的海洋立国战略

(一)日本传统海洋战略的兴衰及演变

日本是个四面环海的列岛国家，陆上资源极度匮乏，海洋资源、环境与海洋安全攸关国运。为此，近代以来日本一直寻求确保海上力量和海上安全的大国战略。18世纪中后期，在“西力东渐”的冲击下，日本开始接受西方的海洋观念。1868年明治维新后，日本提出“开拓万里波涛，布国威于四方”的强国目标，全力发展海军，并接受和崇奉马汉的“海权论”，最终形成了日本传统的海权观及海洋战略。即：日本及世界的未来取决于海洋，海洋的关键是制海权，制海权的关键在于海军的强大，海军战略的关键是通过舰队决战击溃敌方。这种以海军扩张为依托、追求海权强国的传统海权观及海洋战略又与殖民主义、法西斯主义相结合，助推着近代日本，使其走完从岛国扩张为东亚海上及“陆上”强国，而后又回归岛国的历程。

第二次世界大战惨败，日本的海洋强国情结并未泯灭，只是被迫在美

国占领保护下以贸易立国、出口扩张等经济手段实现国家的复兴。为解决国土狭小、工业资源匮乏的问题，日本比其他国家更早更有系统地开发海洋资源，并把海洋经济作为国民经济发展的重要支撑点。同时，日本积极介入国际性海洋法文件形成过程，力争借助国际法规则扩大日本的国家利益。1996 年《联合国海洋法公约》(以下简称《公约》)对日生效以来，日本遂着手建立综合性海洋政策和法律体系。随着经济腾飞、政治大国欲望的膨胀，为最大限度维护海洋权益和海上通道安全，日本加强海上力量建设，传统的海洋军事战略悄然回归。1964 年，日本著名政治学者高坂正尧率先提出“海洋国家的构想”，最终在 21 世纪初得到正式确认。2005 年(战后整整 60 年)，日本推出了新的扩张性海洋立国战略。

(二)日本借机发力推出新的海洋立国战略

20 世纪 90 年代后，日本的内外环境发生重大变化。从内部看，日本经历了从高速增长到“泡沫经济”崩溃的痛苦历程，在“十年不振”的彷徨中，日本各界开始审视其发展道路，海洋战略则是其中极重要的组成部分。

从外部看，以下大事件对其推出海洋立国战略产生重大影响。

首先是苏联解体、“冷战”结束。世界格局的重大变化，为日本提升国家地位提供了契机，但“面向亚洲”的外交难以取得亚洲各国的信任。不甘心只作世界经济强国的日本，提出了成为“普通国家”、具有世界影响的政治大国、安理会常任理事国的要求；与之相呼应，日本提出了从“岛国”转变为“海洋国家”的战略目标，要以新版“脱亚入欧”的日本“海洋文明”引领东亚的发展。1996 年，日本政府正式确定每年 7 月 20 日为法定节日——“海之日”(第二次世界大战中 1941 年这一天被确定为“海洋纪念日”)，以此强化海洋国家的意识。1998 年，在日本财团的支持下组成了以原防卫厅防卫局长秋山昌广为首，包括官、产、学、研代表的“海洋国家研讨小组”，4 年后推出了《21 世纪日本的大战略：从岛国到海洋国家》《21 世纪海洋国家日本的构想：世界秩序与地区秩序》等著作。经过广泛传播，旧的海洋强国情结最终转化为新的海洋国家意识。

其次是《公约》于 1994 年 11 月生效。《公约》使沿海国家可在不依靠军事力量、不受强国干涉的情况下获得大面积海洋管辖权，它也为法制和海洋科技领先的日本创造了扩大“国土”的大好良机。《公约》明确规定了沿海国享有从领海基线向外延伸至12海里的领海、至24海里的毗连区、至200海里的专属经济区，以及陆地领土自然延伸的大陆架等，《公约》将3.61亿平方千米海洋中的1.09亿平方千米海域划归沿海国管辖。《公约》生效使世界海洋格局发生了重大变化——引发了世界范围的“海洋土地革命”“蓝色圈地运动”，并在一些国家间引发激烈的争端。一方面是岛屿之争，由于领海、毗连区及专属经济区均以领土归属为基准，拥有岛礁就可以此为基点“圈海”，岛礁之争既关系领土主权，也关系海域管辖范围和海洋权益。另一方面是海域划界之争，由于《公约》规定了多种海洋划界规则，许多规定比较笼统和含糊，海岸相向和相邻国家以提出不同的划界主张，同时“重新划定”管辖海域也会与相关国家的历史管辖发生矛盾。此外《公约》对海洋管辖权的重新调整、对海洋资源和权益的再分配，也掀起了世界性的海洋开发高潮。《公约》生效刺激了日本“扩疆争利”“争岛圈海”的行动。日本认为《公约》生效使其管辖海域面积显著扩大，由世界第59位一跃成为世界第6位；新“国土”带来的丰富宝藏将使日本未来成为资源大国；外海岛屿是日本重要的海上据点，对海洋划界有重大影响。日本海洋政策研究财团(日本海洋政策智囊机构)认为，“现在比以往任何时候都需要从立体的海洋空间的角度，综合地看待我国已经扩大的‘海洋国土’，一体化地综合管理这些海域和陆地，并思考新的海洋立国方略”。

再次是中国的“崛起”。近代日本傲视中国为“衰落的象征”，但随着中国综合国力大幅提升，海军由近海进入远洋，东亚有史以来第一次形成两强鼎立的格局，日本朝野心态失衡，认为“这个邻国的崛起和军事威胁成为日本无法发泄的苦恼之源”。秉承马汉“海权论”的日本政治精英认为，日本是个“海洋国家”，中国是个“大陆国家”，一旦中国向海洋方向扩张，控制了台湾海峡和南海，势必威胁日本赖以生存的资源和海上生命线，这等于扼住了日本的咽喉。因此，日本必须遏制中国向海洋发展的势头。2004年5月中日东海油气争端后，自民党政务调查会的“海洋权益工作组”立即提出《维护海洋权益的9项提案》，称“对于中国侵犯日本海洋权益的现状不能继续熟视无睹，必须尽早制定综合性的海洋战略”。

此外，日本在与韩国、俄罗斯岛屿归属争端上处境不利，加之“冷战”

及“9·11事件”后美国安全战略作出重大调整，日本认识到美国不会、也无力为日本的海洋利益履行日美安保条约义务，“日本只能依靠自己的力量，建立一种能够维护日本自身利益的新的国家体制”。因此，自民党海洋政策特别委员长武见敬三称，日本正面临关于海洋的历史性的“国难”，要解决这个问题，必须有计划地制定国家海洋政策，完备行政体制，实施短中长期的海洋战略。

鉴于以上情况，日本借机发力推出了新的海洋立国战略。2005年11月，海洋政策研究财团向日本政府提出海洋战略的代表性文件——《海洋与日本：21世纪海洋政策建议书》。据此，自民党政府于2006年4月成立由10名议员、15名专家学者和10名有关省厅官员组成的海洋基本法研究会，并于12月同步制定出《海洋政策大纲——寻求新的海洋立国》和《海洋基本法草案概要》。《21世纪海洋政策建议书》和《海洋政策大纲》都强调日本实现海洋立国的基本理念，强调当务之急是制定《海洋基本法》及建立并完善海洋综合管理体制。

2007年4月，日本议会通过《海基法》的同时作出《推动新的海洋立国相关决议》，要求政府“全面保护我国正当拥有的领土，同时为保护作为海洋国家日本的利益而构建海洋新秩序”。

综上所述，日本海洋立国战略是基于对海洋资源和环境、海上通道和安全的依赖，基于经济可持续发展的需要，基于强烈的海洋意识、海洋大国传统、未彻底反省的民族主义和“海洋文明”优越论，基于国际环境变化、世界海洋秩序大调整和“国土”扩大的机遇，基于与中国等邻国“零和博弈”的思维模式，强调通过加强海洋立法，建立海洋综合管理体制以及科技进步等手段，强化对海洋资源开发、环境保护、海洋“国土”和外海孤岛及周边海域的综合管理，实现向海洋要资源、要国土、要安全、要国际地位、要未来的战略，其核心是“圈海”。

二、海洋立国战略催生的《海洋基本法》

日本海洋基本法研究会经过8个月、10次讨论审议，提出了《海洋基本法》。此后，由日本议员提交国会审议。2007年4月，《海洋基本法》经参众两院高票通过，并于翌年7月20日(海洋日)正式实施。该法从立案到颁布只经历短短一年，完全是日本长期孕育的海洋立国战略的产物。

（一）该法的法律定位

该法是“宪章”性法律——规范海洋问题的综合性基本法、其他海洋法律的母法，不是集合现有涉海法律的法典性法律。

之前，日本在《公约》的框架下，已建立了较为完善的海洋法律体系，颁布了《专属经济区和大陆架法》《专属经济区渔业管辖权法》《养护及管理海洋生物资源法》，修改和完善了《海上保安厅法》《核废料污染法》《水产资源保护法》《防止海洋污染和损害法》《海岸带管理暂行规定》以及《无人海洋岛的利用与保护管理规定》等法律法规。但上述法律多是针对某一领域或方面的法律，不适应海洋管理日趋综合性的需要，特别是多头执法难以保障“圈海”的国策。加强政府统筹管理海洋“国土”的责任和力度，必须由宪法性法律作出规定。

该法之所以为基本法，从调整的内容看，主要是解决日本海洋问题的基本理念、基本政策和国家层面的海洋管理体制问题，重点规范日本政府维护和管理海洋“国土”的行为；从对国家社会生活的影响看，该法对国家、地方公共团体、企业及国民的义务都作了规定；从对国家发展的作用看，该法意在为日本拓展发展空间，使其在竞争激烈的海洋世纪占领先机。

（二）该法的结构、特点和规范的重点问题

1. 结构

该法共四章，三十八条。分别为第一章总则，规定了六项海洋基本理念（即海洋开发利用和海洋环境保护的协调、确保海洋安全、增进对海洋的科学认识、海洋产业的健康发展、海洋综合管理、海洋的国际协调），国家、地方公共团体、企业和国民的职责以及海洋节日等；第二章海洋基本计划；第三章基本政策，规定了十二项，将六大基本理念具体化；第四章综合海洋政策本部。

2. 特点

（1）整体性强。总则和基本政策涉及海洋的各宏观方面，但均为宣言式规定，其操作性和法律效力通过配套法律法规实现。

（2）虚实相间。除两章宣言性规定外，规范政府行为的“海洋基本计

划”和“综合海洋政策本部”都规定得很实。

(3)重点突出。关于“确保海洋安全”和“圈海”，该法规定了四项政策，即保障专属经济区开发、确保海上运输安全、确保国家周边海上安全、保护孤岛等，在海洋的综合管理和海洋的国际协调问题中也有所涉及，两章对政府行为的规定更是为实现“圈海”国策而加强政府责任和统筹协调力度。

(4)包装巧妙。该法主旨虽为争夺海洋管控空间，但没有主权宣誓的条文，经过隐蔽和婉曲的法律包装，海上邻国很难对该法及其具体规定提出质疑。

3. 规范的重点问题

(1)专章授权政府制定“海洋基本计划”。其具体内容为：实施海洋政策的基本方针；为实施海洋政策而采取的全面措施；其他为综合推进海洋政策的相应措施。制订、修改海洋基本计划须经内阁会议通过。政府根据海洋形势变化和对海洋政策效果评估，应五年修订一次海洋基本计划。这样既可保证《海基法》的稳定性，又可保证海洋政策的调整需要和权威性。

(2)专章规定设立综合海洋政策本部。为改变海洋事务政出多门，各省厅联系有限，缺乏专门部门制定和推行海洋“整体战略”的问题，日本曾尝试以内阁官房长官牵头的“海洋开发关系省厅联席会”、由首相牵头的“海洋权益相关阁僚会议”，共同制定政策实现对海洋的管理。以上协调机制足以应付平时事态，但为有效管控新扩大的、存在诸多争端和突发情况的海洋“国土”，日本决定通过法律确立强有力的高层统筹协调体制——设立由首相为本部长、官房长官及负责海洋政策的大臣为副本部长的综合海洋政策本部。2007 年 7 月 20 日(《海基法》正式实施的当天)，以时任首相安倍晋三为本部长的“综合海洋政策本部”宣告成立。该部由 8 个省厅的工作人员组成，负责制订和实施海洋基本计划，统一调整相关行政机构实施的政策以及拟定涉海的重要政策。

(三)《海基法》对我国的影响

《海基法》是日本“扩疆圈海”的海洋战略的产物，该战略将中国视为主要战略对手。因此，《海基法》对我国岛屿主权诉求、海洋资源开发、海洋权益维护以及海洋安全保障形成多方面冲击。

(1)日本依据该法对孤岛保护的规定对钓鱼岛实施更严格的实际控制。“撞船事件”充分证明了这一点。之后，日本政要表示，将考虑制定新法，以加强警备防止外国船只侵犯日本“领海”。

(2)日本以该法抢占中日专属经济区和大陆架划界谈判的先机，使我国处于不利地位。《海基法》中有关专属经济区、孤岛保护等规定都是基于日本所主张的中日间东海中间线原则，这为日本进行日中谈判埋下了伏笔。

(3)该法及其配套的《海洋建筑物安全地带设置法》为日本企业在“中间线”，及其附近海域实施资源开发提供了法律依据和保障，制约我国在东海水域的石油开采；同时日政府还拟制定“专属经济区内的资源探查法”，要把尚存争议的海域纳入国内法，为解决主要同我国的资源争端提供依据。

(4)《海基法》强化专属经济区制度，将存在争议的重叠水域定义为“拥有自主权”的水域，将挤压我国海上战略发展空间；在我国没有完全属于自己的出洋通道的情况下，日本立法加强孤岛保护，将紧固遏制我国出洋的第一岛链的环节，并可能威胁我国海上运输通道安全。

三、日本海洋立国战略和《海基法》的评析

推出海洋立国战略和《海基法》，并确立政府统一综合管理海洋的体制，是日本战后60年的重大动作。它不仅是日本顺应国际潮流、全面提升海洋在国家发展中地位的举措，更反映了日本借“冷战”后世界格局变动和《公约》提供的机会，扩张海洋国土、控制海洋资源、加强海洋安全、遏制我国走向大洋、引领国际海洋秩序等的总体战略需求。日本由虚到实的举措，对日本的发展、地区政治格局的演化都有深层影响。可以说日本在战术上有许多成功之处，值得我国在建设海洋强国中借鉴，但在战略上也有致命缺陷，值得我国在战略博弈中利用。

(一)战术上值得借鉴之处

1. 必须强化国民的海洋意识

日本高度重视海洋关乎民族兴亡和经济可持续发展意识的培养，以

“岛国”向“海洋国家”认知的转变为进军世界打造思想根基。对海洋“国土”扩大的宣传和走向“海洋国家”的呼吁，加之固有的民族意识、国家意识，成为海洋立国战略得以确立的重要基础。《海基法》的出台得到日本各政党一致支持以及全体国民的肯定，这与日本国海洋意识的强化和民族利益优先的认同感分不开。与日本相比，我国更应强化海洋关乎民族复兴及强盛的意识，使国民铭记“重陆轻海”的历史教训，增强海洋国土和维护海洋权益的观念，提高国民对海洋的关注和认知水平，普及海洋法相关知识，形成追求海洋强国的民意。

2. 必须制定国家总体海洋战略

日本决策层在国家未来发展战略问题上，经过处心积虑谋划，打出海洋战略牌，依据海洋给日本带来的巨大国防、经济、交通、生态价值以及“国土”空间，明确通过海洋向世界进军的战略。在制定国家海洋战略问题上，日本已“走在前面”。近 20 年，我国的海洋事业取得长足进步，但由于缺少统一协调和目标明确的国家海洋战略，发展的速度和力度远不适应形势的需要。为充分开发利用海洋、保护海洋环境、维护海洋权益，把我国管控的海洋作为国家安全和生存的重要空间，使之为中华民族的伟大复兴发挥战略作用，应抓紧研究和制定我国综合性海洋发展战略。

3. 必须建立高层统筹、综合管理海洋的体制

海洋的立体性、流动性、国际性和管理海洋事务的多元性决定了海洋问题决策需要高层统筹，海洋行政管理需要综合协调。日本进行“床上架屋”式的改革，将分权式海洋管理模式转变为统筹管理格局，将海洋问题多头决策统一至单一机构；由最高行政级别领导担纲，提升了日本海洋行政管理的级别。这种高层集中统筹协调体制(图 1)加强了日本管控海洋的力量，提高了综合管海的效率和维权执法力度。这方面我国应特别借鉴日本的一些成功做法，尽快改变海洋分权决策和管理模式，建立国家层面的海洋决策协调机制，建立海洋综合管理体制，整合执法力量，提高管理效率和应变能力。

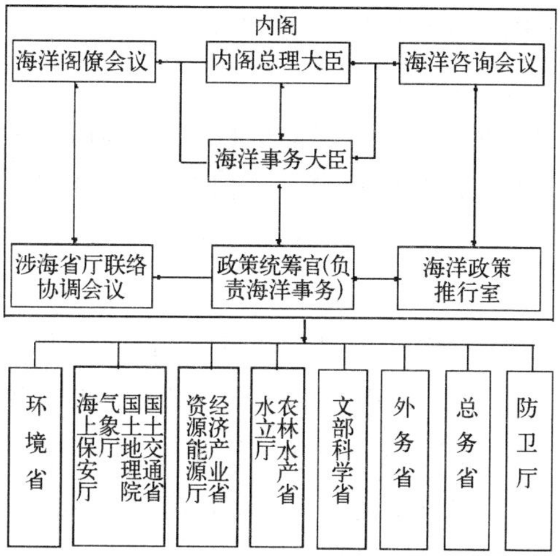

图1　日本海洋决策和行政管理体制图示说明

4. 必须完善涉海的法律法规

日本利用国际海洋秩序大变动的契机，努力介入国际海洋法制的形成；对《公约》尚未明确和细化的模糊地带，抢先国内立法争取法律的正当性，最大限度地保障其生存需求和扩大生存空间；以海洋立国战略指引海洋立法，以基本法保障该战略的确立和实施。日本积极利用国际先进的海洋管理理念、抢占海洋立法制高点以及海洋立法的计划性与系统性等，值得我国借鉴。尽管我国已初步形成海洋法律体系，但以国内法细化《公约》赋予的权利、提高现有法律的可操作性和制定配套法规、为处理海洋争端提供法律后盾等方面仍有许多亟待解决的问题，是否制定海洋基本法也需要充分研究论证。

此外，日本国上下高度重视海洋问题的研究和政策的制定，实行官、产、学、研紧密结合的研究及立法机制也值得借鉴。

(二)日本海洋立国战略的致命缺陷

日本自我定位为海洋国家无可厚非，但日本海洋立国战略指导思想的致命缺陷及对日本自身的负面影响却值得分析。

1. 海洋立国战略指导思想的致命缺陷

(1)日本以近代资本主义文明与海洋国家崛起息息相关为由，强调日本海洋文明优越，贬低亚洲大陆文明，不仅带有强烈的民族主义导向，还虚幻地认为只有日本能够成为未来海洋东亚的领导国家，海洋立国战略则明确提出要引领国际海洋新秩序。

(2)所谓“岛国根性”的烙印。“岛国根性”是指海岛国家因缺乏与别国交流易视野狭窄，形成小家子气的闭锁性格。今天在日本的表现，即诸多不适应世界早已融为一体的心理特征和思维方式，在海洋战略上则是强烈的“圈海”欲望。

(3)未彻底反省的民族主义。战后，日本未彻底反省，随着苏联解体、日本从战败岛国跃升为“发达国家俱乐部”的重要成员，民族主义的大国意识故态复萌。与美国协调构建海洋国家联盟，既可遏制中国向海洋的发展，又可通过海洋国家的领袖地位成为有影响的世界大国。

受以上高傲的优越感、狭隘的岛国意识、未彻底反省的民族主义影响制定的海洋立国战略，具有明显的扩张性特征，其表现就是“寸海必争”的立场和态度。但受害最大的还是日本自己。

2. 扩张性海洋战略对日本的负面影响

(1)加大地区紧张，恶化周边环境。由于历史原因，日本分别与中国、俄罗斯、韩国在钓鱼岛、北方四岛、独岛归属问题上存在错综复杂的主权争端，日本与三国的专属经济区大面积重合。海洋立国战略和《海基法》出台，使日本在岛屿归属和海域划界问题上进一步采取强硬立场，以致恶化了与邻国的关系和自身生存环境。

(2)“圈海”国策绑架了政府和民意，加剧国内政治斗争。日本前首相鸠山由纪夫曾提出使“东海为和平之海”，但受制于自民党时期既定的“圈海”国策，中日政治关系无法突破。扩张性海洋战略及其法制化似乎对外抢占了先机，使日本政府失去外交回旋的余地。由于日本未控制北方四岛和独岛，日本希望搭乘中国经济发展的快车，在岛屿主权和海域划界问题上却一味强硬，不仅难以制胜，还反受其辱，执政党和内阁被批“无能”，徒增党派内斗。

(3)争取“普通国家”不成，只能继续向美国称臣。日本希望走上国家转型、政治独立之路，民主党政府以“建立对等的日美关系”为旗帜，但由于“圈海”国策的束缚，因岛屿主权争端罕见地自陷对中、俄“两线作战”的困境，民主党被迫从“对等日美同盟”的主张退向“美主日从”的战略。

我国是陆海兼备的大国和历史上的航海强国，但由于受农耕文化影响"重陆轻海"，明清实行海禁，近代彻底丧失制海权，以致遭受列强百年欺凌，特别是日本半个世纪的宰割，多次失去发展的机遇。今天，我国在诸多不利和两岸未统一的情况下走向海洋，究竟如何抓住战略机遇期，在和平发展总战略下制定我国的海洋强国战略、完善涉海法律和管理体制，这是历史性课题。日本海洋立国战略和《海基法》为我国提供了一面镜子，其战术层面的一些成功之处和战略上的致命缺陷都值得深入研究和利用。

（2010 年 3 月）

北极形势评析与对策

国家海洋局极地考察办公室　徐世杰

2007 年 8 月 2 日，俄罗斯北极科学考察队的小型潜水艇将一面金属制作的俄罗斯国旗插在北冰洋海底，以此再次正式向全世界宣示俄罗斯对北极地区的权利主张。一石激起千层浪，美国、加拿大、丹麦等环北极国家纷纷表示不满，并调整本国的北极政策与行动，使北极地区骤然成为全球关注的热点。因此，国际上有评论称“北极冷战”开始了。

一、俄罗斯北极战略意图分析

俄罗斯是北极地区大国，早在 20 世纪 20 年代，苏联地图就曾将北冰洋相关地区标注为本国领土。1997 年俄罗斯批准《联合国海洋法公约》后，其版图才失去了这一大片“领土”。北极在俄罗斯扮演着重要角色，俄罗斯 20% 的财政收入和 60% 的外汇来源于北极地区石油开发。莫尔曼斯克(Murmansk)是俄罗斯重要的北极石油输出港口，俄计划在这里建造一条通往西西伯利亚的年输油能力 8000 万吨输油管线。

针对俄罗斯对北极地区的一贯主张和近期行动态势，笔者认为其战略意图在于以下几个方面。

第一，元气日渐恢复的俄罗斯不愿意做二流国家。特别是美国近年来在俄罗斯的周边动作频频，使俄罗斯十分不满。俄罗斯的北极行动既可彰显其实力，又可在北极地区向美国示威。俄罗斯正在同挪威谈判双方在巴伦支海大陆架划界问题，如这一问题得到解决，就可以使俄罗斯集中力量处理其北极东部与美国的问题。

第二，显示俄罗斯在北极的存在和科技强国地位。俄罗斯一直视北极为其后院，苏联曾在北极考察方面投入了大量资金，获得了许多北极的第一手科研调查资料。苏联解体后，俄罗斯继承了这些科研财富，并继续加强对北极的考察以巩固其北极科研强国地位。

第三，为争取北极利益夯实基础。俄罗斯一直认为北极与西伯利亚海床属同一个大陆架。本次俄罗斯的科研考察就是为搜寻证据，以证明北极水下的罗蒙诺索夫海岭是俄罗斯西伯利亚北部地区大陆架的自然延伸，从而根据《联合国海洋法公约》谋求对约120万平方千米的北极海底行使大陆架主权权利。据称这一海底地区蕴藏着丰富的石油和天然气资源，如能得手，将大大增加俄罗斯的财富。

俄罗斯的这一行动极大地刺激了其他环北极国家，使北极之争再次暴露出来。

二、北极争端与解决途径分析

事实上，对北极的争夺由来已久。早在19世纪末，加拿大就曾宣布对北极拥有主权。20世纪“冷战”年代，北极又是东西两大阵营的对抗前沿，成为前苏联和美国争夺的军事战略要点。“冷战”结束后，北极形势虽然趋于缓和，但纷争却一直不断。加拿大北部与丹麦的格陵兰岛相邻，双方对约1.3平方千米的汉斯岛的主权归属存有争议，两国部长曾多次登上该岛插上本国国旗以宣示对该岛拥有主权。加拿大坚称西北航道是其传统内水航道，但美国反对加拿大的主张，认为这一航道属于国际航道。俄罗斯与挪威不仅在巴伦支海的划界存有争议，在斯瓦尔巴群岛的煤矿开发上也常发生口角，俄罗斯认为挪威制定的该地区环境保护法是对其利益的侵犯。在俄罗斯北极东部，苏联和美国在1990年曾就白令海峡和楚科奇海边界的划分达成了协议，但该协议至今未得到俄方的最后批准，这使美国十分不满。

几个国家在北极海底的争夺上更加激烈。根据《联合国海洋法公约》，沿海国可以拥有宽度为200海里的大陆架，并对大陆架具有资源勘探开发的专属主权权力；并且还规定，在海底洋脊上的大陆架可以延长到350海里；但上述规定并不适用于作为大陆边自然构成部分的海台、海隆、海峰、暗滩和坡尖等海底高地。如果大陆架宽度超出200海里，则多出部分须向联合国设立的“大陆架界限委员会”提出申请，该委员会将专门处理沿海国提出的200海里以外大陆架请求。

2001年，俄罗斯向联合国“大陆架界限委员会”递交了申请，认为罗蒙诺索夫海岭是其西伯利亚大陆架的自然延伸，因而主张其对北极海底的

120 万平方千米具有大陆架专属管辖权，但联合国在 2002 年以证据不足为由拒绝了俄罗斯的请求。尽管如此，俄罗斯还可以在 2009 年以前再次提出申请。

俄罗斯的这一举动促使丹麦和加拿大两国进一步加紧了对北极海底的调查，并试图提出格陵兰岛及埃尔斯米尔岛(Ellesmere Island)大陆架也延伸到北极点，以便向联合国提出有利于自己关于北极大陆架主张的证据。挪威不甘落后，也在加紧海洋调查以确定其北极领土大陆架向北最远的延伸距离。

美国一方面不承认其他国家对北极的主权，另一方面也不时派出北极科学考察队，显示其在北极的实力。但美国至今没有批准《联合国海洋法公约》，使其难于引用该公约条款对北极海底提出主张，在北极海底争夺战中处于被动。

就整体形势看，相关国家对北极的争夺并非零和博弈。目前，各国的行动主要集中于对北极海底的争夺，且都是在国际法的框架范围内进行的，是依照《联合国海洋法公约》的规定和程序寻求自己的合法利益。事实上，在北极争夺中，环北极国家既有斗争又有妥协，并且已经认识到妥协与合作所获的利益要大于对抗。

1990 年，环北极八个国家成立了“国际北极科学委员会”，以加强各国间北极科学研究合作，促进北极科学研究的共同开展。尽管该组织为非政府间国际组织，但毕竟是在北极合作方面迈出了一步。

1993 年 11 月，一些欧洲国家签署了“巴伦支海欧洲 - 北极地区合作声明”，成立了“巴伦支海 - 欧洲北极理事会”。该理事会是政府间组织，目标是加强和协调成员国之间在北极科学、环境、渔业和经济发展方面的合作。成员包括丹麦、芬兰、冰岛、挪威、俄罗斯、瑞典和欧洲共同体；观察员国家包括加拿大、法国、德国、意大利、日本、荷兰、波兰、英国和美国。虽然该理事会是北极区域性组织，但其合作与协调范围涉及北极事务的多个方面，表明了这些国家愿意通过区域合作解决在北极所面临的共同问题。

1996 年，环北极八国在加拿大渥太华发表声明，成立了“北极理事会”作为环北极国家的高层政府论坛，进一步加强环北极国家在社会、环境、经济方面的合作，促进北极地区的可持续发展。该组织是政府间组织，并吸收了北极土著居民组织作为“常任参加者”，非北极国家可以作为观察员参与该组织的活动。这一组织的成立进一步表明各国意识到其在北极有共同的利益，需要相互合作与协调。

这些行动显示了北极国家妥协与合作的意愿，也搭建起了一个北极事务的沟通与协调平台，有助于用对话而非对抗的形式解决北极争端。

笔者认为南极的“和平利用”这一精神适用于北极争端的解决。与南极相比，解决北极争端有较多的有利条件：其一，北冰洋由大陆环绕而成，而南极大陆是由大洋环绕而成，北冰洋中部不存在无主大陆，因而也就不存在陆地主权的争议；其二，北极的争端主要集中在北冰洋，而北冰洋的主要构成是海水、海冰与海底，《联合国海洋法公约》完全适用于该地区并被该地区绝大多数国家所接受，因而也就确立了解决争端的机制和途径；其三，环北极国家在社会制度和价值观等方面基本接近，相互间便于妥协。因而，尽管对北极的争夺激烈，但尚不足使这一地区再次滑向“冷战”。

三、北极资源与未来开发前景分析

(一)北极资源

众所周知，北极拥有丰富的自然资源，主要包括：海底石油和天然气、渔业资源、矿产资源以及沟通大西洋和太平洋的西北航道。据估计，全世界 1/4 未开发的石油和天然气蕴藏在北极地区海底；那里还蕴藏着丰富的锡、锰、金、镍、铅和白金。连接大西洋和太平洋的北极西北航道将使欧洲到东亚的航程缩短 4000 千米，具有巨大的经济效益。

(二)影响北极开发的主要因素

北极开发将与两个“全球化”密切相关，即全球气候变化和全球化市场。

全球性气候变暖将使北极地区气温上升，对该地区的气候、环境产生重要影响，从而更适合于人类生活与开发活动。特别是北极地区气温升高将加速北冰洋海冰的融化，更加有利于海洋航行和海洋开发。因此，北极地区气候的变化，是影响北极开发进程的一个重要环境因素。

由于北极地区地广人稀，这就决定其产品将主要面向外部市场，所以全球化经济状况将确定北极开发的走势。由于北极地区的主要开发产品将是石油和天然气，因而全球市场原油价格的持续上涨将刺激这一地区的开发。

(三)北极开发的区域划分

如按东西半球划分的话，大体可以将北极看成主要由东西两大区域组成。东北极区域包括巴伦支海和格陵兰海，周边环北极国家有挪威、丹麦、芬兰、瑞典和俄罗斯；西北极区域包括楚科奇海、东西伯利亚海和波福特海，涉及美国、加拿大和俄罗斯；其中，俄罗斯横跨东西两大区域。东北极区域外围主要面对欧洲，而西北极区域外围主要面对亚太地区。

东北极区域是欧洲的传统原料供应地，已处于初步开发阶段。巴伦支海是欧洲重要的海洋水产品来源地，并向欧洲提供能源、林业和矿产。这一地区90%的产品供应到欧洲和世界各地，对全球市场具有重要影响。挪威在巴伦支海大陆架大约有50个油田，每天生产300万桶原油和850亿立方米天然气，是世界第三大石油输出国和第八大生产国。俄罗斯什多可曼(Shtokman)海上油田计划在2012年开发，将使这一地区成为世界重要石油输出地。

但这看起来仍赶不上能源消耗的速度。根据BP公司2005年的调查分析，按目前状况，美国石油储量仅供10年开采，英国北海油田也仅可再延续5年，挪威油田也将在7年内告罄，而俄罗斯油田产量将在2010年出现下滑并在2030年用尽。因此，北极石油和天然气的开发将为欧洲寻求新的石油天然气来源提供出路。

如果东北极区域开发将对欧洲产生重要影响的话，那么西北极区域开发主要涉及美国、加拿大和俄罗斯，并将波及东亚地区。东亚地区人口密集又是经济高速增长的地区，对能源需求十分强烈，这为西北极区域能源开发提供了充足的市场。可以预见，这里的原油将主要供应北美地区，但原油也可能通过管道或航道流向欧洲市场。西北航道是这一区域的另一个重要资源。目前该航道只在北极夏季较短的时间内适合破冰船航行，尚难成为一条经济航道。但据美国国家海洋与大气管理局(NOAA)研究报告显示，西北航道将在2010年夏季有一个月的适航期；在2040年夏季将完全适用于船舶航行；这将给亚欧之间提供一条更加便利和安全的海上运输通道。但这一区域目前由于自然环境和冷战后效应影响，开放程度不高，开发进程远不如东北极区域。

东西北极两个区域并非隔绝，通过未来海上航道和俄罗斯陆地油管，可以方便地将两个地区联成一个整体，使石油“自由”流动。流动的石油不仅会影响北极地区的经济，也将对这一地区国家间关系产生深远影响。在此，东亚地区如何使输油管朝向自己，将是未来面临的严重挑战。

(四)其他问题

值得注意的是环北极国家民众对环境质量要求相当高，如何处理好北极开发与环境保护问题十分重要，如果处理不好，可能会演变成这一地区的政治问题，成为阻碍北极的开发进程的障碍。由于各国状况的不同，能否形成一个统一协调的开发与环境保护政策将考验环北极国家。

可以预见，由于环北极地区国家科技高度发达，因而这一地区的开发也将是高科技的集成，将会成为科技创新的重要源泉。

由以上分析可以看出，北极开发不仅涉及环北极国家的利益，也涉及欧洲和亚太地区国家乃至更多国际利益集团的多方利益。环北极国家决不会对此坐视不理，所有有能力、有意图的非环北极国家和利益集团，也不会袖手旁观。可以说，北极争夺关联广泛，态势势必加剧。

四、关于我国应对北极形势的对策和建议

(一)北极开发对我国的影响

目前，我国在中国特色社会主义理论、“三个代表”重要思想和科学发展观的指导下，正在进一步改革开放，全面进行小康社会建设，北极的丰富资源和开发前景将为我国的可持续发展提供极为有利的条件。

我国紧邻北极地区，未来北极地区开发，特别是东北极区域的开发将为我国的发展提供新的机遇，有利于我国利用“两种资源、两个市场”的国际战略。如能利用这一地区未来开发的果实，既可缓解我国能源问题；又可以利用太平洋和大西洋西北航道进一步加强同欧洲的联系。此外，这一地区的开发还可向我国提供高新技术及开发模式参考，并可为我国的产品提供市场。

北极地区开发将是全球战略资源的开发，也是大国博弈，涉及众多因

素，我国对此应给予足够的重视，设定长远目标和应对之策。

(二)目前我国在北极的主要活动

1996年，我国成为北极科学研究委员会成员；1999和2003年，我国组织开展了两次大规模的北极科学考察活动，主要集中在美国阿拉斯加和加拿大北部地区；2004年我国在斯匹次卑尔根巴群岛的新奥尔松岛建立了常年北极考察站；2007年我国成为国际北极理事会的特别观察员。

由此可以看到，我国是20世纪90年代后期才介入北极事务，对北极的了解只是刚刚起步，面对当前北极竞争形势加剧和未来的发展趋势，应有积极的对策。

(三)对策与建议

1. 我国应坚持北极和平利用的方针，密切注视北极事态的发展

我国是北极近邻，维护周边安定关系到我国的建设与发展。因此，我国在国际事务中应坚持北极和平利用的方针；同时，密切注视和跟踪北极事态发展，一旦发生突发事件，可以从容应对。

2. 制定国家长期北极战略，积极介入北极事务

环北极国家多为世界上有影响的重要国家。因此，处理北极事务，必须从国家战略角度综合考量。应制定我国长期的北极策略和目标，以指导在北极事务中应采取的行动。

3. 以北极科学考察和研究为先导，加强同环北极国家的交往与合作

科学研究和考察是北极开发的先行，是了解北极的基础，更是同环北极国家开展合作的契机。通过北极科学考察，可以更好地了解全球气候变化对北极的影响、北极资源状况及西北航道情况，为国家北极战略决策提供科学依据。

4. 积极参与北极相关国际组织的活动，与北极地区非政府组织开展友好往来

国际北极组织是北极事务的沟通与协调平台。通过参与国际组织的活动，可以更多地了解北极情况，获取更多信息。此外，北极地区的非政府组织机构活动也日渐活跃，在北极开发中也将扮演一定的角色，应积极同

这些非政府组织接触，开展友好往来，增进了解与沟通。

5. 寻求同其他非北极国家的合作，争取多赢局面

由于北极开发涉及北极外围国家，特别是东北极区域周边涉及我国、日本和韩国。因而寻求多方合作，谋求共同利益，争取多赢局面将十分重要。

五、结语

北极争夺错综复杂，而北极未来开发前景诱人。我国应把握先机，制定长远战略，为获取北极开发利益打下坚实基础。

（2007 年 9 月）

从“北极圈论坛大会”看北极地区形势的发展

密晨曦

2016 年 10 月 6—9 日，第四届北极圈论坛大会在冰岛首都雷克雅未克举行，冰岛前总统格里姆松担任大会主席，来自世界 50 多个国家的政界、商界、学界、国际组织和民间团体代表约 2000 人出席会议，共同探讨北极地区的保护、发展和合作。会议规模之大，参会人员之多，反映了北极圈论坛大会的开放性和影响力，也反映了国际社会对北极事务的关注。本期动态结合“北极圈论坛大会”的相关议题，分析总结了北极地区形势发展、中国在北极的政策和实践以及对我国的启示。

一、大会基本情况

北极圈论坛大会始于 2013 年，是一个致力于促进北极问题国际交流与合作的开放性论坛，不仅对北极事务政府间机制起着补充和拓展作用，还是北极国家与北极各利益攸关方相互交流的有益平台。大会开幕式由冰岛前总统格里姆松主持，中国外交部气候变化谈判特别代表高风、芬兰外交部长、冰岛外交部长、法国极地区域副大使等在开幕式上发言，美国国务卿克里特发视频致辞。联合国秘书长潘基文出席会议并发言，呼吁各方将承诺化为行动，积极推进相关协议的落实，为了共同利益和共同家园缔结伙伴关系、采取保护行动。

论坛大会分别设主会场和分会场，共组织了 25 场全会和 83 场分会，涉及气候变化、北极环保、科学研究、航运、资源、社会和人文等60 多个议题。会议期间每天上午为全会，主要是由国家、国际组织和实体就关切的事项设置议题并予以讨论。每天下午则同时设有多个分会，分会采取相对开放的形式予以组织召开。中国、英国、瑞典、冰岛、俄罗斯、丹麦、法国、加拿大、挪威、韩国等国家以及欧盟、北极经济委员会、世界自然基金会等分别通过主会或分会阐述北极政策、关切以及相关领域事务的进展以及北极合作愿景。

大会认识到，北极独特的地理位置和生态环境，决定了它的重要且特殊的地位。北极地区正经历着大气、海洋、陆地、生态变化的过程。这将对全球变化产生互动和影响。气候变化为北极带来一系列的机遇和挑战，涉及航运、资源、环境、经济和人文等各个领域。北极治理不仅是区域问题，同时也成为各方参与的全球性问题。

二、热点问题分析

（一）气候变化和环境保护

潘基文指出，北极地区正处于关键时期。这一地区在旅游增加、航运发展、渔业管理以及包括石油和天然气在内的资源争夺方面正在经历深刻思考。在人们解决不同需求、协调地区不同愿景时，应以《巴黎协定》的要求、《2030 可持续发展议程》所订立的 17 项发展目标和《联合国宪章》所规定的原则来指导在北极地区的行动，共同保护地球家园。

苏格兰首席大臣尼古拉·斯特金出席大会并以“苏格兰和北极”为议题做大会报告。她指出北极面临诸多挑战，但突出的是气候变化，气候变化是全球面临的最重要的挑战之一。苏格兰将通过与周边国家合作，共同应对气候变化带来的问题。她宣布投入 100 万英镑的资金支持发展中国家追踪和测量气候变化的影响。苏格兰是第一个建立“气候公正基金”(Climate Justice Fund)的政府。美国是现任北极理事会的轮值主席国，在为期两年的主席国任期内，关注重点是气候变化问题，同时，美国对海上航行自由的关注在其北极政策中亦有体现。瑞士联邦外交部在大会上组织了瑞士专题，强调北极正处于快速变化中，表达了在北极进行科学研究合作的迫切愿望。

气候变暖、冰雪消融，一方面为北极航运、资源开发、旅游探险等活动提供了机遇，同时对北极地区的生态环境保护提出挑战。如何应对气候变化带来的系列问题，有效保护北极的生态环境，是北极国家与北极各利益攸关方需共同面对的课题。

(二)气候变化下的北极航运

欧盟北极网(EU－PolarNet)和冰气候和经济学－北极变化研究(ICE－ARC)项目以“IPCC 气候情境下北极航运的未来”为题组织分会，就气候变暖、海冰变化对未来北极航运的影响、航运可能带来的环境压力以及国际海事组织(IMO)极地规则和未来北极海洋作业等问题作了讨论。欧盟委员会负责气候行动和地球观测的主管以“在北极的可持续发展——新北极政策”为题做了发言。参加此分会的还有来自世界气象组织全球天气科研项目的首席保罗·鲁蒂(Paolo Ruti)，瑞典极地科研秘书处总主管以及来自研究机构和高校的科学家、物理学家以及学者等。

政府间气候变化专门委员会(IPCC)是附属于联合国的跨政府组织，在1988 年由世界气象组织、联合国环境署合作成立，专门负责研究由人类活动所造成的气候变迁。该会会员限于世界气象组织及联合国环境规划署的会员国。早在 2007 年第四次评估报告中，IPCC 既已认识到全球变暖所诱发极区出现的快速变化正在经历由量到质的转变，表明两极变化对全球气候变化起着一种指示和调控作用。

近年来，欧盟发布了一系列有关北极的政策、战略决议和方案等，并于 2015 年 3 月发布《欧盟与格陵兰北极合作新宣言》。欧盟认识到，全球变暖与极地科考技术的快速发展将为北极航道和北极资源的开发利用带来机遇。欧盟同时倡导北极航道利用和资源开发的可持续发展理念，认为航道运输和资源开发将加剧北极的环境压力，需要欧盟积极应对并做出贡献，提议北极航运执行更严格的环境标准，在北极航道规划设计以及建造使用中需做到低污染、低排放和低消耗，通过使用新型环保节能材料和智能控制等降低北极航运可能带来的环境污染。

(三)北极旅游和面临的挑战

大会还专设“北极旅游增长的准备”议题，知名的旅游和探险公司和协会，包括林德布拉德探险(Lindblad Expeditions)公司的执行总裁、阿拉斯加旅游行业协会(Alaska Travel Industry Association)、冰岛航空集团(Icelandair Group)的高级副总裁以及冰岛旅游行业协会(Icelandic Travel Industry Association)主席等参会并做主题发言。

会上了解到，到北极探险和旅游的游客数量正呈快速上升的趋势。北极旅游正在形成产业，相关探险或旅游公司正在完善自身的软硬件设施和装备，以积极的态度吸纳更多的游客。北极周边国家基本上对北极旅游采取开放的态度，特别是冰岛认为开发旅游产业包括北极旅游对本国的经济增长和社会发展有积极的意义。冰岛有意愿通过国际合作保障北极旅游的可持续发展。苏格兰首席大臣尼古拉·斯特金宣称“参观苏格兰”(Visit Scotland)和“冰岛旅游委员会”(Icelandic Tourist Board)签署了一个谅解备忘录，双方将在信息共享和可持续性发展方面提出建议。

然而，面对北极旅游业的发展和游客的增多，北极旅游正面临着安全保障和环境生态等方面的诸多挑战，这要求游客需具有环境生态保护意识和对自然的敬畏之心，并需要有一系列的政策和法律以及其他配套措施对北极旅游活动予以规范。北极相邻国家和周边国家也有必要通过合作共同面对北极旅游增长带来的问题。

(四)北极资源开发利用与可持续发展

北极资源开发利用呈日渐活跃之势。北极地区油气资源丰富，具有巨大的开发潜力，但大部分油气资源位于北极周边国家的管辖海域内，沿海国对位于其专属经济区和大陆架的资源享有管辖权。相关国家已具有一定的极区油气资源开采经验，比如俄罗斯亚马尔—涅涅茨自治区的经济增长和居民发展很大程度得益于这一地区丰富的油气资源。对位于极地周边国家管辖海域的油气资源的开发利用，其他国家可通过合作的方式进行。位于200海里外大陆架的资源则属于人类共同继承财产，由国际海底管理局组织和控制“区域”的活动。

北极生态环境特殊且脆弱，北极特有物种和鱼类面临挑战。北极油气资源开发面临高技术成本和高生态环境成本，对绿色高新技术的研发和人员的操作培训都提出了更高的要求。此外，北冰洋的可持续开发和利用不仅受到开采技术和生态环境保护的制约，还受到北极政治法律的影响。当前北极还有未决的海洋划界争议，相关国家提交的200海里外大陆架划界案尚在审议中。北冰洋“区域”边界的确定需以北冰洋周边国家200海里外大陆架划界为前提。因此，北极周边国家亦有与其他国家开展国际合作的意愿，实现多层面的合作，包括资金、技术引入以及环保技术和措施的研发和应用，促进本国经济发展和地区繁荣。

（五）北极的法律秩序和法律适用

分会有两个涉及法律的专题，分别是由阿库雷里大学组织的“极地法：全球对极地治理的影响”和“极地法：可持续发展”。由于是开放式报名发言，涉及极地法律议题事项的讨论相对广泛和分散，涉及原住民人权、资源开发利用、北极周边国家权益等不同领域，参会代表主要是来自高校的学者和律师等法律工作人员。

从分会讨论看，北极的法律制度呈碎片化状态，从适用范围上看，有在全球范围适用的国际法和公约，比如《联合国海洋法公约》，也有地区性和双边宣言或协议以及极地周边国家的国内法；从调整的领域看，涉及海洋划界、航运、气候、环境、人权等不同领域。《联合国海洋法公约》构建的法律框架确定北极周边国家在北极海域的主权、主权权利和管辖权以及解决海洋划界问题已形成普遍共识。但在解决海洋划界的具体途径和方法的探讨过程中，存在一定的分歧。来自德国柏林工业大学的学者建议以国际仲裁作为解决北极划界争端的办法，争端方对仲裁结果予以遵守。这一观点受到其他参会代表的质疑，讨论的焦点是如何确保国际仲裁的公正性问题。

关于如何调整和协调不同层次的法律或文件间的关系以及如何对北极不同领域的事务进行综合有效治理，尚未得到答案，是一个值得重点跟踪和深入研究的问题。北极航道治理作为北极治理的重要组成部分，也面临着诸多未解难题，有待进一步研究和探讨。在分会讨论阶段，我国参会代表密晨曦指出，《联合国海洋法公约》第二三四条“冰封区域”一方面赋予沿海国权利制定和执行非歧视性的法律和规章的权利，以防止、减少和控制船只在专属经济区范围内冰封区域对海洋的污染，另一方面也规定这种法律和规章应适当顾及航行，如何平衡沿海国在环境保护上的立法权以及北极航道使用国的航行权，是这一北极条款在执行中面临的现实困境。包括航运在内的北极治理需由北极航道沿岸国和使用国共同参与，以共同利益为价值导向，共同探讨解决北极跨区域问题的规则、机制和方法。这一过程的基础是协调而非控制，体现为持续的互动。

此外，北极的海上安全与合作是北极国家，特别是丹麦和挪威的重点关注领域。丹麦海事部门在北极圈大会上就加强在北极水域的海上安全相关问题专设议题，挪威外交部联合在高北地区的海洋准备和国际合作研究网络(MARPART)在大会上组织了关于国际合作保持北极水域安全的专门议题。北极原住民的经济、文化和心理健康也受到大会的关注，并设有专门议题进行讨论。

三、中国北极政策和实践宣示

中国外交部气候变化谈判特别代表高风在大会开幕式上，重申了中国参与北极事务奉行的尊重、合作与共赢三大政策理念和六项政策主张，包括推进探索和认知北极，倡导保护与合理利用北极，尊重北极国家和北极土著人的固有权利，尊重北极域外国家的权利和国际社会的整体利益，构建以共赢为目标的多层次北极合作框架，以及维护以现有国际法为基础的北极治理体系，并对开展北极合作提出以下主张和建议：一是要积极开展包容性合作。认可北极问题不仅是区域内问题，也是跨区域问题和全球问题，需要北极国家与非北极国家及各利益攸关方合作应对。二是要继续深化全方位合作。充分认识到北极问题涉及的各个方面密切联系，统筹分析应对。将北极合作由科学研究拓展至北极事务的各个层面，在生态环境、气候变化、经济开发和人文交流等多个领域中积极互动，共同探索北极变化和发展的客观规律，共同提高人类应对北极变化的适应能力。三是全面拓展多元化合作。不断完善和发展全球、区域和双边的涉北极机制，不仅要推动国家间合作，也要促进国家和非国家实体的合作，共同应对北极的传统和非传统挑战，为北极的可持续发展创造良好的制度环境。

中国在北极科研领域的成绩和贡献受到国际社会的肯定。中国至今已完成七次北极科学考察，并曾在北极地区第五次综合科学考察时，“雪龙”号成功穿行东北航道和高纬航道，获得北极航道航海和海洋环境实测资料，为开发利用北极航道开展了有益的探索。在此届大会上，中国与冰岛以“中冰联合极光观测及科研合作”为主题举办了专场分会，取得圆满成功。中国极地研究中心主任杨惠根和科学家胡红桥作了主题发言。中冰联合极光观测台建设取得重要进展，受到北极圈论坛与会代表的高度关注。中冰联合极光观测台是在两国政府以及部门间海洋与极地合作框架下，由中国极地研究中心与冰岛研究中心于2013年9月开始共同筹建，是非北极国家与北极国家开展长期务实合作的一个新模式。

中国商船在北极航道的探索和航行实践受到关注。大会专设“来自中国 COSCO 的海运合作报告”议题。中国远洋海运集团(COSCO)是由中远和中海集团重组成立的从事航运、物流、码头等综合海运事务的跨国企业。该集团旗下的冰级船永盛轮，曾于 2013 年成功首航东北航道，开启中国商船北极航运的破冰之旅，并于 2015 年成功再航北极东北航道，开辟中国往返欧洲新航线。2016 年夏季，集团采取“永盛轮 +”模式，除永盛轮第三次通过北极东北航道并成功往返外，还增加了天禧轮和祥云口轮等四艘低冰极船舶。COSCO 执行副总裁丁农在大会发言时提出，在拓展北极航道和北极航运商业利用价值的同时，需要社会各界的科学探索和稳妥参与。第一，把北极环境保护作为首要的任务。在开发利用包括北极航道和北极资源在内的各类资源时，各社会团体、企业和个人应规范行为，树立环保和社会责任意识，以负责的态度和可持续发展的理念，为北极的开发利用贡献力量。第二，在开发北极航运时，遵守即将生效的极地规则和法律要求，全面做好船员的各项培训，完善船舶冰区操作手册，改进船舶冰区航行下的航行措施，全面完善应急救援方案和措施，完善相关硬件基础设施，促进对海上人员生命和船舶安全保障。第三，继续深化双边、多边交流与合作。在开展对北极区域的科学研究和资源探索时，对气候监测、水文、冰情研究和观测等相关方面要继续倡导相关国家间的双边、多边交流合作，继续加强包括航道资源在内的航道利用的务实合作，了解和尊重北极居民在环境保护、自然生态和经济利益等各方面的诉求，保障和促进北极人民的福祉和北极地区的可持续发展。

四、几点启示和思考

(一)整合国内力量，统筹发展中国极地事务

北极事务涉及多领域的问题。这需要国内相关部门、研究机构和企业实体各方加强沟通、交流与互动。中国应以极地科学研究为先导，发挥中国在科学考察和研究方面优势的同时，加强北极问题所涉气候、环境、生态、航运、资源、人文等各个部门和领域的联系。多领域、高效能、全方位发展与相关国家和实体的北极合作。占领环境保护这一道德制高点，在

开发利用北极资源和北极航道以及开展其他北极活动时，强调绿色环保理念，将环保置于优先地位，促进中国在北极的海洋环境监测和保护研究；推动相关环境监测网络建设；加强与北极周边国家的环保合作，共同商讨制定环保有效合作机制；鼓励和促进高寒地带资源开发利用的绿色环保高新技术研发。

（二）借助中国商船，积极开展北极航道探索

北极正逐渐显现两条基本能常年通航的连接北太平洋和北大西洋沿岸港口的最佳航线。北极航道可能成为苏伊士运河和巴拿马运河的替代选择，成为一个囊括俄罗斯、北美、欧洲、东亚的环北极经济圈，这将影响世界经济和贸易的格局，对中国的远洋运输和经济发展具有重要的意义。中国商船航行北极航道有助于为我国“一带一路”建设拓展北方航道提供更多的探索机会，促进中国制造和中国装备走出去，以及扩大欧洲市场份额。北方海航道和西北航道法律地位尚存争议，商船航行北极航道敏感性低，航行实践同时有助于在探索和利用北极航道方面取得先机。中国极地主管部门和研究机构可与中远海运集团加强沟通和交流，进一步了解北极商业航运的实际需求和发展，积累并相互分享北极航运实践经验，为日后开发利用北极航道，与航道沿岸国开展航道基础设施等软硬件合作以及航道开发利用的双边、多边谈判提供数据奠定基础。

（三）结合北极形势变化，推进中国北极活动立法进程

中国是《联合国海洋法公约》的缔约国，是国际海事组织的成员国，是北极理事会的正式观察员国，还是《斯瓦尔巴群岛条约》（也称《斯匹次卑尔根群岛条约》）的缔约国。中国在地理上属于近北极国家，同时是北极的利益攸关方，北极气候变化将对中国产生直接影响。北极地区正处于发展变化中，气候变化给北极带来诸多挑战，北极地区的旅游活动正在增多，航道、油气资源开发利用成为国际社会的关注热点。中国企事业单位以及公民进入北极地区探险旅游、经商、合作勘探开发、航运等各类活动将随着自然条件的成熟而逐渐增多。北极作为特殊的地理单元，中国在北极和在南极一样具有通过国内立法规范国民在北极活动的迫切需求。站在保护北极和促进北极地区可持续发展的角度，推动中国在北极的国内立法进程，

强调保护北极环境和生态，倡导北极的可持续发展，对中国公民在北极的活动予以法律上的规范和管束，有利于体现中国在北极的存在和贡献。

（四）加强软科学研究，为制定北极战略和路线图奠定基础

虽然北极地区的领土主权争议除个别地方外已得到解决，北冰洋大片海域也处于沿海国的管辖范围内，但北极周边国家间的海洋划界争议尚存，相关国家200海里外大陆架划界审议尚在进行中，国家管辖海域和“区域”的边界尚不明确。北极的法律制度正在酝酿形成阶段，如何在现有国际法框架下形成和完善北极治理的有效合作机制，用以指导和规范气候、环境、航运、旅游、资源开发利用等各方面的事务，受到各方的关注。欧盟的北极战略核心是维护北极利益，但欧盟的北极战略在字里行间体现出来的是“环境友好”，倡导绿色理念，潜移默化地创造北极治理的欧盟模式。欧盟的做法具有可借鉴之处。中国应进一步加强对北极法律和政策等软科学领域的研究，并以此为基础，一方面以《联合国海洋法公约》、IMO、北极理事会以及《斯瓦尔巴群岛条约》等为桥梁，积极参与北极活动规则和相关法律制度的制定和完善；另一方面制定符合我国自身定位的北极战略和路线图，提升在北极事务中的影响力和话语权。

（2016年7月）

"新海洋圈地运动"态势及我国应对策略建议

丘 君

海洋保护区是保护海洋生物多样性、维护海洋生态系统健康的重要工具，正日益受到国际社会和沿海各国的重视。据统计，至2009年，沿海各国共设立了约5880个各类海洋保护区，覆盖海域总面积约420万平方千米，约占世界海洋总面积的1.17%。海洋保护区的设立一方面有力促进了海洋生态系统健康维护，另一方面也引发了对沿海国借助海洋保护区圈占海洋的担忧。

1982年通过的《联合国海洋法公约》(以下简称《公约》)将海洋空间划分为内水、领海、专属经济区、大陆架、公海、国际海底区域等具有不同法律地位的海域，规定了各国在不同海域的权利和义务。过去几十年来，沿海国依据《公约》主张200海里专属经济区和大陆架、200海里以外大陆架、国际海底区域矿区等海域，开展了一场海洋圈地运动。自21世纪以来，一场通过建设海洋保护区，以海洋生态环境保护名义进行的"新海洋圈地运动"正悄然兴起。

一、"新海洋圈地运动"的主要形式及影响

"新海洋圈地运动"的主要形式包括：①部分沿海国和国际组织推动设立公海保护区，以此限制其他国家在该海域开展科学研究和资源勘探等活动，从而保持本国对该海域的认知优势，保护本国业已获得的利益；②沿海国在其专属经济区内设立大面积的海洋保护区，并采取相应的管制措施，以此限制其他国家在该海域的活动，实质扩大对该海域的管辖权，不同程度损害了其他国家的权利；③沿海国通过区域渔业管理组织在自身关切的公海设立禁渔区，限制在该海域的捕捞活动，在保护该海域的环境和生物多样性的同时，保护切身的资源利益。

（一）设立公海保护区

公海保护区是指为保护和有效管理海洋资源、环境、生物多样性或历史遗迹等而在公海设立的海洋保护区。据《公约》规定，各国在公海均享有航行、飞越、捕鱼、铺设海底电缆和管道、科学研究，以及建造人工岛屿和设施等六大方面的公海自由，而公海保护区的设立将限制各国行使其公海自由权利。从表面上看，公海保护区对公海自由的限制适用于所有国家，各国在此问题上是平等的。进一步分析可以发现，公海保护区对各国的影响并不相同。

以公海科学研究为例。在公海保护区内开展的科研活动必须遵守比其他公海区域更为严格的生态环境保护准则。这相当于对进入公海保护区的科学研究设定门槛。发达国家较早开始了对公海各类海洋生态系统的研究，已完成了大量的调查，获得了大批科学数据和样品；而由于资金不足和技术落后等方面的原因，包括中国在内的发展中国家的相关研究才刚起步。在这种背景下，建立公海保护区将限制发展中国家的科学研究和开发利用活动，并且巩固发达国家所拥有的认知和资源开发优势。也就是说，过早建立公海保护区对已经取得研究优势的发达国家有利，而对尚未开展相关研究的发展中国家不利。

公海保护区建设也将影响对国际海底区域（以下简称“区域”）资源的勘探开发。国际海底区域不属于任何国家管辖，是人类共同继承财产。科学家已陆续在深海底发现了锰结核、富钴结壳、多金属硫化物等海底矿产资源，以及热液喷口生物群、冷渗漏区生物群等深海极端环境下的生物资源。矿产资源归属于“区域”制度管辖，但由于“区域”的上覆水体都属公海，公海保护区一旦建立，勘探开发“区域”的矿产资源活动必然受限制。尽管关于热液喷口和冷渗漏区属于“区域”还是“公海”制度管辖仍存在争论，但无论如何，建立公海保护区后，对此类生物资源的研究和开发利用活动必将受限制。中国在“区域”开展相关科学调查和研究活动正处于快速发展阶段，过早建立公海保护区对我国参与分享“区域”矿产资源和深海生物资源无益。

（二）扩展专属经济区内的海洋保护区

海洋保护区建设呈现从领海向专属经济区扩展的态势，尤其自 2006 年以来，专属经济区内的保护区面积急剧增长，新增面积超过150万平方千米。就面积而论，50%的海洋保护区位于专属经济区。最近几年，有些国家在远岛周围海域设立的大面积海洋保护区尤其受国际社会关注(表1)。为实现《约翰内斯堡执行计划》关于海洋保护区的建设目标，不少沿海国制定了在2020年以前覆盖20%管辖海域的保护区建设目标。预计在2020年以前，将有更大面积的专属经济区被划归为海洋保护区。

表1　世界上面积最大的五个海洋保护区

保护区名称(位置)	国家	建立时间(年)	面积(万平方千米)
大堡礁海洋公园(太平洋)	澳大利亚	1975	35
夏威夷群岛珊瑚礁保护区(太平洋)	美国	2006	36
菲尼克斯群岛保护区(太平洋)	基里巴斯	2008	41
太平洋诸岛保护区(太平洋)	美国	2009	50
查戈斯自然保护区(印度洋)	英国	2010	63

《公约》第五十八条规定“各国在专属经济区内根据本公约行使其权利和履行其义务时，应适当顾及沿海国的权利和义务”。建立海洋保护区是沿海国行使对专属经济区内海洋环境保护和保全的管辖权的合法方式，从而，其他国家应该“顾及”沿海国的权利，其中包括遵守沿海国制定的专属经济区内的海洋保护区管理规定。沿海国把大面积的专属经济区划归为海洋保护区，并制定需要其他国家“顾及”和遵守的保护区管理规定，实际上是扩大了对专属经济区的管辖权，同时削弱了其他沿海国原本享有的权利。例如，美国政府宣布，2009年新建的太平洋保护区内禁止未经许可的船只航行，此规定显然损害了其他沿海国享有的在该区航行自由的权利。虽然《公约》第五十六条规定“沿海国在专属经济区内根据本公约行使其权利和履行其义务时，应适当顾及其他国家的权利和义务”，但是，海洋保护区具有限制开发利用活动特性，沿海国关于海洋保护区管理规定实际上很难“顾及”并不妨害其他沿海国的权利。

(三)禁渔区从范围到措施的扩展与强化

区域渔业管理组织在保护和管理公海渔业资源和生物多样性方面发

挥了重要作用，并且这种作用有进一步加强的趋势。除北冰洋的冰封区域外的其他所有的公海目前都在区域渔业管理组织的管辖范围之内。进入21世纪以来，区域渔业组织纷纷通过设立禁渔区、限制捕捞方式等手段，强化对公海渔业资源和生物多样性的实际管辖。例如，东北大西洋渔业委员会在罗科尔和哈顿浅滩设立了禁渔区，禁止低层拖网捕捞和使用固定渔具捕捞；北大西洋渔业组织禁止在北大西洋海隆进行低层拖网捕捞。

禁渔区既是公海渔业资源保护的重要措施，在一定程度上也是区域渔业组织主导圈占公海资源的手段之一。其最基本的方式是，利用自身捕捞技术和能力的优势，通过禁止或限制特定捕捞方式，从而限制捕鱼技术能力落后的国家获取公海渔业资源。此外，通过在自身关切的公海设立禁渔区，区域渔业管理组织可实现对该区渔业资源和生物多样性资源的实际控制，并从中获得最大的资源利益。例如，若沿海国的专属经济区与禁渔区同属某种洄游鱼类的活动区，沿海国可通过区域渔业组织设立禁渔区，以限制他国在公海捕捞该种鱼类，同时，继续在本国专属经济区内捕捞该种鱼类，并从中获得最大资源利益。

我国是世界上海洋捕捞量最大的国家，也是从公海捕捞渔业资源量最大的国家之一。根据联合国粮食与农业组织的统计，中国海洋捕捞产品约占世界海洋总捕捞量的17.8%左右，其中超过一半的产量是从公海捕获的。我国远洋捕捞业将首当其冲受禁渔措施和公海保护区的影响。

二、我国应对“新海洋圈地运动”的策略建议

“新海洋圈地运动”主要发生在沿海国专属经济区、公海和国际海底区域，我国在这些海域有极其重要的现实利益和战略利益(图1)。“新海洋圈地运动”或限制我国行使应得海洋权利，或蚕食我国应得利益的空间，或遏制我国发展分享利益的能力，对我国分享海洋利益构成严重挑战，应妥善应对。应对“新海洋圈地运动”是一项长期、复杂的工作，综合考虑目前发展态势和我国现有应对能力，建议未来5~10年内应从科学研究、国际相关法律研究及中长期应对战略等方面及早开展工作。

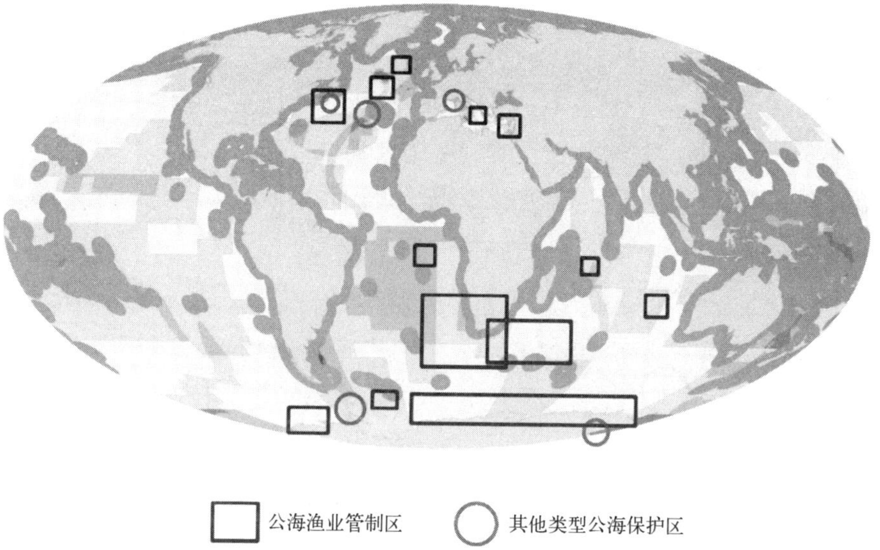

图1 国家管辖范围以外海域的圈地位置示意

(一)加紧在公海和“区域”关键区开展研究

“新海洋圈地运动”是沿海国海洋科学基础调查和研究能力之间的较量。通过先期和基础性的海洋科学研究，可了解关注海域的资源环境状况，有利于找准国家利益所在；可获得对潜在海洋资源的认知优势，有利于未来参与分享资源利益；可增强我国在相关国际领域话语权，有利于我国在“新海洋圈地运动”中争取主动。

总体原则是赶在公海保护区建设之前，完成对我国关注海域的针对性科学调查和取样。进一步考虑到我国大洋科学调查和研究力量有限，宜集中力量，先期选择国际社会重点关注的海域进行调查研究。国际自然保护联盟(IUCN)、联合国环境规划署、绿色和平组织等已经分别提出了公海保护区的优选区域。这些海区大都不是我国目前的关注海域，但可作为未来我国重点调查和研究海域(图2)。

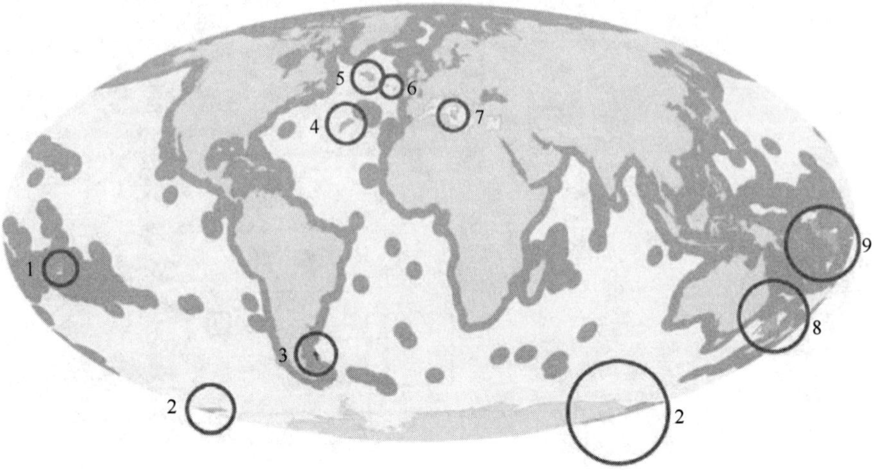

图 2　UNEP 建议的公海保护区优选区域

未来拟重点关注的海域：1. 中西太平洋（法属波利尼西亚、库克群岛和线岛之间的海域）；2. 罗斯海；3. 阿根廷海；4. 阿特兰蒂斯和海洋学家破碎带；5. 北大西洋中部查理吉布斯断裂带；6. 西欧海盆；7. 地中海中部；8. 澳大利亚东部的北塔斯曼海；9. 西太平洋密克罗尼西亚、巴布亚新几内亚、所罗门群岛、瑙鲁、基里巴斯、斐济和马绍尔群岛等所包围的区域。

（二）加强相关国际法律制度跟踪研究

对相关国际法律制度的研究水平是“新海洋圈地运动”的软实力。“新海洋圈地运动”需在国际法律制度的框架内进行。“新海洋圈地运动”相关的制度目前还在制定和完善过程中。由于制度形成的过程也是利益分配的过程，我们必须在深入研究的基础上，结合维护我国的利益需要，积极参与相关法律制度的制定。

在相关法律制度具备后，“圈地”行为本身需要通过多边国际场合商议方能实现。公海涉及世界各国利益，建立公海保护区也必须经过多边场合的商议。在多边国际场合中有效维护自身利益，需具备较高的国际法律制度研究水平，为此，应鼓励和优先支持对相关海洋法律制度的跟踪和深入研究。

(三)加快我主张管辖海域的保护区建设

新建海洋保护区和海洋保护区网络是海洋生物多样性保护的世界趋势。《生物多样性公约》缔约国大会要求各缔约国采取行动，在 2010 年之前实现将 10% 以上的海洋生态区纳入海洋保护区。我国现有的海洋保护区面积仅占主张管辖海域面积的 2% 左右，从国际趋势和我国海洋保护区建设现状看，我国仍需建设更多海洋保护区。我国可以借鉴其他国家的做法，充分发挥海洋保护区建设在维护海洋权益方面的积极作用。

我国现有海洋保护区绝大多数都分布在领海或者内水。从海洋生物多样性保护的角度考虑，应该在领海以外建设适当面积的保护区，形成自然保护区网络；从维护海洋权益的角度，可在领海以外海域建设保护区以加强对该海域的管控。建议：①结合维护南海稳定和维护海洋权益，考虑在南沙群岛及其附近海域建设海洋保护区；②在黄海和东海的领海以外海域选划渔业资源保护区。选划保护区的同时，应制定配套管理规定，并在建立保护区时一并对外公布。

(四)制定应对“新海洋圈地运动”策略

应对“新海洋圈地运动”涉及海洋事务的方方面面，也涉及法律、政治、经济和安全等多个领域，需要外交、海洋、农业、交通、环保、军事等多个部门通力合作。建议尽快开展研究，结合我国从近海走向大洋、建设海洋强国的国家大战略，制定我国应对“新海洋圈地运动”的策略，以统领各方面工作。主要考量因素包括：第一是维护我国分享公海和“区域”资源的战略利益；第二是维护国家经济安全利益，特别是保障航运安全和发展远洋渔业；第三是利用“新海洋圈地运动”的相关规则，完善国内立法，主动“圈地”，以维护我国在主张管辖海域的权益；第四是有重点地发展深海技术，提高深海科学研究水平，促进创新型国家建设；第五是增强相关领域话语权，增强我国的政治和外交地位；第六是防止其他国家的“圈地”行为危害我国海洋安全和国家安全。

三、小结

近10年来，沿海国以海洋生态环境保护名义借助海洋保护区拓展自身管辖权的现象愈发突出。通过设立公海保护区、在专属经济区内设立大面积的海洋保护区，以及设置禁渔区或者强化禁渔措施等方式，一场“新海洋圈地运动”正悄然兴起。“新海洋圈地运动”或限制我国行使应得海洋权利，或蚕食我国应得利益的空间，或遏制我国发展分享利益的能力，对我国分享海洋利益构成严重挑战，应妥善应对。

建议我国应加紧在公海和“区域”的关键区域开展科学调查和研究，尽量减少或避免受公海保护区的限制；加强相关国际法律制度跟踪研究，积极参与制定相关国际法律制度；加快领海以外海域的保护区建设步伐，充分发挥海洋保护区建设在维护海洋权益方面的积极作用；制定应对“新海洋圈地运动”的总体战略。

（2011年11月）

我国海水利用产业规模化发展的战略思考

刘容子　张　平

海水利用产业化发展已经成为世界沿海国家经济社会实现可持续发展的重要途径之一。“十二五”阶段，我国经济社会的可持续发展面临愈发严峻的水资源瓶颈制约。经过多年技术经济的培育与发展，我国海水利用已经具备了规模化产业开发的条件和时机，本文研究加速推进其规模化、产业化发展的战略及其实现途径，并呼吁将海水利用产业作为国家及沿海地区“十二五”战略性新兴产业加以积极培育，在2012年国家经济工作“稳中求进”的部署棋局中，积极推进海水利用产业的规模化发展。

一、国内外海水利用产业发展现状①

海水利用是指通过各种技术手段以海水为原料获取淡水、化学元素等资源或直接利用海水过程的统称。按海水利用方式可划分为两大类：一是直接利用，即以海水为水源，直接替代淡水用于工业冷却、海水脱硫、海水冲厕、海水消防等直接利用活动；二是海水间接利用，即以海水为原料提取淡水、化学品等间接利用活动。按产业类型可划分为三类：一是海水淡化利用，指脱除海水中盐分以获得淡水的工艺过程；二是海水直接利用，指以海水直接替代淡水的工艺过程；三是海水化学资源利用，即从海水中获取多种化学元素、化学品及其深加工产品的工艺过程，主要有海水制盐，海水提钾、提溴、提镁、提锂等。

（一）国外技术日趋成熟，产业化规模迅速提高

在海水淡化利用方面。到2010年年底，全球已建成和在建的海水淡化

① 本部分的写作参考了天津海水淡化和综合利用研究所的有关材料，在此表示感谢。

工厂有15 000多个，合计装机容量达7170万米^3/日，解决2亿多人的生活用水问题，其安全性经过了一定期限的实践。世界上新建的海水淡化工程呈两大态势：一是海水淡化单机规模的大型化、成套化，一般已达到万吨级水平；二是海水淡化厂规模不断升级。目前，最大单机产能分别达到：多级闪蒸7.6万米^3/日、低温多效3.6万米^3/日、反渗透1.5万米^3/日。现阶段，国外淡化水平均售价一般在0.6~0.9美元。美国、日本、意大利、法国、韩国等在海水淡化方面处于领先水平。

在海水直接利用方面。海水直流冷却技术基本成熟，海水循环冷却、烟气海水脱硫等技术发展迅速。全世界海水直流冷却利用超过7000亿米^3/年，其中日本工业冷却利用海水量已达到3000亿米^3/年。世界上已有海水循环冷却塔数十座，最大的单套系统循环量达15万米^3/小时。大生活海水利用主要为冲厕，世界许多沿海城市不同程度的使用海水作为冲厕用水。

在海水化学资源利用方面。全世界每年从海洋中提取海盐6000万吨、镁及氧化镁260多万吨、溴素50万吨。海水提镁、提钾、提锂、提铀等技术不断突破，产业化进程逐步加快。

(二)国内自主创新技术取得多方面突破，产业化进程加速

历经多年的技术培育和产业化推进，国内海水利用技术取得了长足进步，突破了高压反渗透膜、高压循环泵、万吨级低温多效蒸发器等关键设备制造技术，初步形成了包括海水淡化业、海水综合利用装备制造业和海洋化工业等在内的海水利用产业。

通过自主设计、研制，先后制造建成1000吨/日反渗透海水淡化示范工程(山东长岛、浙江嵊泗和大连长海)，3000吨/日低温多效蒸馏海水淡化工程(山东黄岛)，并良好运行。设计制造的3000吨/日、4500吨/日低温多效，6200吨/日反渗透海水淡化成套装置，已出口海外。“十一五”期间，通过自主设计和制造，建成了1.25万吨/日低温多效海水淡化工程(国华沧东)。目前，国内海水淡化每吨水成本约5元左右，在技术、经济两方面，都具备了规模化产业发展的基本条件。

海水直接利用技术的推广应用，使沿海高耗水工业(煤电、钢铁、石化等)的冷却用水得到大面积替代，年工业冷却直接利用海水量达500亿吨。国内自主研发的海水循环冷却技术单机规模达到10万米^3/小时，已经

进入工程示范阶段。

我国在海水提取钾、溴、镁等多个技术领域已居于国际领先地位。采用拥有自主知识产权的“沸石离子筛法海水提钾技术”，开发出海水提钾高效节能新技术装备，实现5万吨/年海水提钾生产能力。我国自主研发的“气态膜法海水卤水提溴技术”，经十吨级中试后，百吨级整套工艺技术正在研发。此外，先后建成万吨级海水提取硝酸钾示范工程、万吨级浓海水制取膏状氢氧化镁示范工程、百吨级气态膜法提溴、硼酸镁晶须中试装置等。

二、我国海水利用产业发展存在的问题

（一）海水利用战略意识尚弱

我国水资源总体短缺是不争事实，而海水作为水资源重要组成部分却未发挥应有作用更是现实问题。在全国水资源综合规划中，没有把海水作为常规水源，海水利用没能进入水资源供需平衡体系；社会对淡化海水的安全性存在疑虑，舆论宣传导向有误，相关知识普及严重缺陷。

近20年来，我国大陆沿海新城雨后春笋般腾空出世，临海工业区更是如林般全线铺开，然而，面对水资源瓶颈，各地在新区建设的水资源规划方面仍是以引水工程为主要措施。无论是海水淡化利用，还是海水直接利用，都远低于水资源利用增量速度。沿海地区，特别是北方地区的水资源危机进一步加剧。而且，尽管新一轮得到国家批复的沿海区域或地区发展规划都不同程度地提到了海水利用，但是落实力度小，特别是海水淡化利用仍处于示范工程阶段，相关政策不配套，入管网难，企业难以为继。

（二）国外技术竞争挤压形势严峻

尽管我国海水利用技术研发经过了近30年的历程，但与同期国外发展情形相比，总体上自主创新能力不足，主要表现在核心技术水平和关键设备制造等方面。如在大型海水利用工程关键核心技术方面，国内已建成的万吨级海水淡化工程大多采用国外技术，缺乏领军型海水利用企业，难以应对国内市场需求和与国外公司竞争，在一定程度上阻碍了自主海水利用产业的发展。

(三)海水利用相关政策不配套

目前，海水淡化推广面临进入市政管网和价格体系的双重制约。海水淡化工程以企业自用为建设目的，入市政管网民用供水极少。造成海水淡化规模小、成本相对高，且全部由企业承担，形成成本与价格相互制约的难解棋局。与跨流域调水相比，海水淡化在一些沿海地区作为开源增量水源在用水成本上是可比的；与其他水源相比，海水淡化水在水质上是有保证的，存在海水淡化水直接制作瓶装饮用水可行而进入市政管网却不可行的现象。形成这种局面的关键是海水淡化进入市政管网的管理体制尚未形成。淡化水进入市政管网成为区域生产生活淡水重要补充来源需要从政策、税收、立法层面明确海水在城市水资源配置特别是在市政供水中的作用和地位。

三、规模化推进海水产业发展的战略思考

我国水资源缺口较大，特别是沿海地区缺水形势严峻，海水替代是现实的解决途径之一。我国水资源时空变化大、分布不均，且与生产力布局不尽匹配。根据《全国水资源综合规划》对各流域和各地区供需平衡分析，在现状多年平均情况下，全国总缺水量为 404 亿立方米，其中北方地区缺水 337 亿立方米，南方地区缺水 67 亿立方米。特别是我国北方地区，国土面积、人口、耕地面积和国内生产总值分别占全国的 64%、46%、60% 和 45%，但其水资源总量仅占全国的 19%。2008 年全国 655 个设市城市中有 400 多个城市缺水，其中 108 个为严重缺水城市，城市缺水总量约 70 亿立方米。沿海地区，人均水资源量只有 1 816.2 立方米①，2009 年全年实现供水总量只有 496.74 亿立方米，人均日生活用水量 176.6 升②。特别是环渤海地区③现状缺水 135 亿立方米，属于资源型缺水地区。因此，应大规模开发利用海水，以解燃眉之急。

---

① 数据来源于《中国统计年鉴 2010》。

② 数据来源于《中国海洋统计年鉴 2010》。

③ 包括京、津、冀、辽东半岛和山东半岛等地区。

(一)从国家发展战略高度谋划海水利用产业的长期发展

要从国家战略高度和水资源安全层面进行总体规划和区域布局。沿海缺水地区要加强战略统筹，优化水资源结构，海水淡化是水源多元化的组成部分，是保障沿海缺水地区饮水安全的重要途径。确立海水是水资源的战略观念，充分认识区域性海水利用在民众生活、经济发展、国家安全中不可替代的作用。

应将发展海水淡化列入沿海缺水地区“民生工程”。保障饮水是民众生存首要条件，海水淡化将是沿海缺水地区解决水资源短缺的首选之一，是民生工程。要做前瞻性考虑布局，参照其他民生工程形成沿海缺水地区海水淡化相关政策，纳入当地政府民生工程计划以保证海水淡化产业发展。

要将海水利用提升到国家战略性新兴产业的高度，下大力气重点推进。培育我国战略性新兴产业是“十二五”期间经济转型发展的重点，海水利用是朝阳产业，具有较强的产业前后关联性。应从国家发展战略性新兴产业的高度加大培育。

将海水利用管网纳入沿海城镇建设规划。从全国城市总体规划层面重视海水利用。将海水利用管网建设纳入沿海城市建设规划。新建、改建工程，考虑淡、海水双管网铺设建设问题，为海水利用规模化提供基础设施条件。沿海地区用水量大的行业，其工程项目的新建、改建、扩建，须考虑海水利用管网设计和铺设问题，制定相应的强制性规定，将其写入相应的技术、产品、管理标准体系，进行严格的监督和管理。

(二)分阶段确定海水利用产业发展目标与重点

海水利用产业是战略性新兴产业之一，应采取近期突破、分区布局、长期支持的原则，确定近期和中长期发展目标①。

“十二五”期间，海水淡化总装机规模应达到120万～150万米^3/日，建成5个以上十万吨级海水淡化厂，建设2～3个海水淡化装备产业化基地。海水直接利用年均新增3亿立方米，建成10个配套总装机容量1000万千瓦火电机组海水循环冷却工程，在新建滨海城镇区建成若干处住宅小

① 有关数据参考工程院、科学院“战略性新兴产业发展规划研究”课题报告，2011年。

区大生活用海水利用工程，逐步示范推广。海水化学资源利用生产能力和生产现代化水平得到较大提高。

“十三五”阶段，海水淡化总装机规模达到250万~300万米^3/日，建成日产水能力在50万吨级以上的淡化厂，形成完善的水安全保障体系，海水淡化水规模化为市政供水，实现海水淡化水进入北京市政管网。海水直接利用达到年6亿立方米，建成20个配套总装机容量2000万千瓦火电机组海水循环冷却工程，沿海地区的石化、冶金、钢铁等高耗水行业全部实现海水循环利用。海水化学资源利用生产能力和产业规模达到国际先进水平。

（三）布局建设海水利用产业基地

依据我国沿海各地区水资源供需状况、城市发展战略、区域产业结构，以及各地区海水利用的基础和条件，科学规划，政府推进，建设海水利用产业基地。

“十二五”期间，优先在环渤海和长三角地区布局建设海水利用产业基地，大力扶持海水利用高新技术，明确基地建设重点，结合新一轮沿海发展战略和规划，配合水资源调控目标，引导沿海地区发展因地制宜的、以保障经济社会可持续发展为目标的海水利用产业。

一是津冀海水淡化装备制造及内陆用水示范基地。结合天津滨海新区、河北省曹妃甸新区等沿海产业区的大规模海水淡化和综合利用工程实施，聚集研究开发、设计、装备制造和产业配套于一体，形成高技术产业化基地。同时利用淡化海水补充环渤海内陆地区的生产生活用水，建立示范。

二是山东海水化学资源开发利用产业化基地。聚集研究开发、设计、装备制造和产业配套于一体，发挥海水淡化、氯碱、直接利用和综合利用等共性技术和关键设备开发的优势，形成竞争力强的海水利用产业化示范基地和产业群。

三是长三角海水淡化装备制造及海岛用水示范基地。发挥本地区已有的海水淡化共性技术和关键设备开发优势，形成具有国际先进水平的海水利用装备制造基地。结合产业发展和结构调整，大力发展和推广海水在产业中的应用，在浙江等沿海岛屿建设淡化海水及以海水冲厕为主要用途的大生活用海水示范工程。

(四)加强相关政策和管理体制建设

制定海水利用财政税收政策。对海水利用的企业、海水利用的用户，在用地(用海)、用电、水价、税费、信贷和进口关税等方面给予扶持。对从事海水利用设备制造的企业给予技术改造资金的支持，鼓励海水利用设备制造业的国产化。建立促进海水利用的激励和约束机制。海水淡化进入城市供水管网，除在水价上政府给予优惠政策，适当减免税费征收。参照国家对公益性水利工程建设的优惠政策，鼓励有关部门和地方政府依法对海水淡化试点、示范工程和以市政供水为主要目的的工程建设给予资金补助和贷款补贴。鼓励有关部门和地方政府对入市政供水网的海水淡化供水企业给予供水价格一定的财政补助，补助标准主要依据海水淡化水与当地自来水价格的基础差价制定。

建立海水利用技术与管理标准体系。加快制定和实施海水利用标准体系，建立和完善海水淡化、海水直接利用、海水化学资源利用的技术标准、管理标准和产品标准。将海水利用产品(装备)认证纳入节水产品认证范围。加强海水利用产品装备的质量监督检验，促进海水利用产业的可持续发展。

建立海水利用产业管理制度。在管理体制上，应适时设立“开发非常规水源领导小组”，启动“海水淡化开源”示范工程，由点及面推进海水利用产业发展。从国家层面以社会及市场需求为导向，设立由水利部、国家海洋局组成的“开发非常规水源领导小组”，以需求为首，明确职责，领导实施海水淡化产业发展，在体制上将水务运行管理服务与水源供给责权统一，集中力量突破成本价格和入市政管网两大问题。

(2012 年 1 月)

越南海洋战略最新动向及对策建议

王　芳

越南地处中南半岛东部，北部与中国云南、广西接壤，西部和西南部与老挝、柬埔寨为邻，东面和南面临南海。越南地形狭长，呈“S”形，南北长约1600千米，东西宽约600千米，最窄处不足50千米，全国陆地总面积32.9多万平方千米。陆地边界总长3920千米，海岸线总长3260千米。作为一个沿海国家和其所具有的独特战略地位，越南一直比较关注海洋。近年来，根据国际国内形势的变化，越南不断调整和制定适应形势发展需要的海洋战略和规划。

越南是我国海上邻国。在所有周边国家中，越南是与我国涉及的海洋争端内容最多、争议范围最大、关系也最为复杂的国家之一。越南历来制定的海洋战略，都在不同程度上与我国长远战略利益产生冲突，为实施其海洋战略而采取的对策措施，也都将对我国产生或多或少的影响。因此，回顾总结越南的海洋发展战略，关注最新动向，研究分析其对我国的影响并适时采取应对措施具有重要的现实意义。

一、越南海洋战略发展回顾

美国海军战略家艾尔弗雷德·马汉(1840—1914年)在总结了美国及其他国家的海军发展史之后提出，近现代海洋战略，特别是以海洋强国为目标的海洋战略，是一个综合性的战略，亦即能够真正对海洋进行全面综合利用的国家，不能没有强大的海军，强大海军的建立离不开一国海洋经济的发展。这一海军与海洋经济的关系，越南深谙其道。

越南的海洋战略是指以增强海上力量，建设海洋强国为主的海洋战略。正如《越南陆地、海洋、天空》一书中所说：“是兼顾当前和未来的全面的海洋政策。”前越共中央总书记杜梅说：“为捍卫我们的主权、国家利益和海上自然资源，我们必须增强我们的防御能力。与此同时还要建立海洋经济。”另外，越南的海洋战略，用原越共中央委员、中央思想文化部部长何登的话来说就是：“发展海上‘全民国防’‘人民战争’阵式的综合力量，发展经济，捍卫海上领土主权。这些力量包括：用于开拓海洋经济的力量，捕捞海产的力量，运输力量，为石油天然气及航海服务的力量，水文气象、灯塔、码头、科研、民用工程建设等方面的科技力量，保卫和管理海域的力量。最后一种力量包括各人民武装力量即民兵及海上、岛上和沿海的自卫队、海军部队、边防部队、沿海各地方部队、岛上和沿海人民，其中海军部队是核心。”由此可以看出，越南海洋战略的两大重点内容是海洋安全和海洋经济。

(一)保障国家海洋安全

20 世纪 80 年代中期前，越南军事战略的核心是“北防南攻”，在这一战略指引下，陆军得到了极大发展，而海军和空军的建设一直相对落后。从柬埔寨撤军后，越南确立了以经济建设为中心的国家发展战略，并将海洋资源的开发和利用作为国家经济的增长点，军事战略调整为“陆守海进”，并制定了面向 21 世纪的“新全民国防军事战略”。

根据“新全民国防战略”，越南的海洋安全战略方针也作出了重大调整，包括：要保证南沙地区的已占岛礁，并不断在该地区显示军事存在；军民结合和参加海洋经济开发，特别是保证南沙油气资源的开发；立足其战略要冲的有利位置控制海上交通线，在政治上提高国际地位；海军、陆军和空军协同作战，完成各种作战任务等。从其海洋安全战略可以看出，越南力图加强对占领岛屿与侵占海域的实际控制，试图将侵占行为变为既成事实。

显然，新军事战略要求海军的发展必须以捍卫海洋权益为使命，其作战能力要能有效应对来自海上的威胁，进而为越南的海洋经济发展战略的推行“保驾护航”。该战略把“保卫海洋领土和海洋资源”作为新军事战略的重心，将应付海上突发事件和局部战争作为作战重点；强调海洋战场的战略价值，提出依靠海上防御纵深来缓和陆地防御纵深较浅的新安全思想。

20 世纪 90 年代以后，越南推行改革开放政策，由于经济的增长，越南海军发展迅速。随着《联合国海洋法公约》的生效实施，越南与周边国家在南海的冲突日渐增大。因此，2001 年越共九大以后，越南大力推行海洋发展战略。由于越南独特的海上战略地位，海军的发展被放到首要位置，并制定了近期、中期和远期的海军发展规划，企图以海军为先锋不断向海洋扩展，努力成为21世纪东盟乃至世界的海洋大国。海军战略思想包括：立足南沙海区为主要战场，以中国海军为主要作战对象；注重海军装备更新，提出海军发展的阶段性规划；提高从空到海的三层立体作战能力，构建现代化海军；强调“军民结合”，将“新全民国防战略”贯彻到海军建设中。

（二）促进海洋经济发展

建设海洋强国的海洋战略是一个全方位的战略，由于对海洋有全面而深刻的认识，越南能够在困难的条件下坚持开发海洋，较快地摆脱了战后的经济困难。20世纪80年代后期，越南确定了“全面发展国民经济”的国家战略，为了适应国家战略的转变，确立了大力发展海上石油产业的海洋战略，同时，在“以岛制海”的海洋安全战略指导下，以岛屿为基地，控制周围大片海域，配合国家有关部门开发该海域的石油和水产资源，以期在国家经济发展基础上再扩充海军力量。

海洋石油开发是越南对沿海和大陆架开发的最重要部分。开发沿海和大陆架是越南利用海洋摆脱贫困、发展经济的重要开端，也是越南走向远海的基础。在全国改革开放之前，就已将沿海、大陆架的石油勘探开采对外开放。经过10年努力，终于在1986年摆脱了石油不能自给的局面，跨入产油国行列，年产油4.5万吨。此后的越南石油工业大踏步前进，到1994年，年产油700万吨，原油出口收入占全国出口收入的1/4。面对蜂拥而至的外国石油公司，越南开始用招标方式决定石油开发合作伙伴，从而降低了成本，提高了效益。如今，越南的沿海和大陆架，聚集了世界上几乎所有著名的石油公司。沿海大陆架的石油勘探开发已由南向北逐渐形成整体开发态势。据统计，从1981年至2002年，越南已从南沙海域的油田中开采了1亿吨石油、15亿立方米的天然气，获利250亿美元。

海洋渔业对于越南的国家经济发展和保卫国防具有双重功能，是越南海洋战略的发展重点。1990年，越南国家计划委员会在编制2000年规划时就提出：“要使水产经营结构与各种经济成分、社会经济布局结合起来，经济技术目标与社会经济、保卫海防、保卫祖国结合起来。”在这一策略的指导下，沿海地区大力开发海洋渔业资源，提高渔业产量。但近年来，为了保护其近海渔业资源，越南大力削减近海捕鱼船队，计划在2010年以前，大约减少一半近海渔业船队。同时，政府制定各种优惠政策，鼓励添置先进渔具和大功率渔船，大力开发远海区域。由于南沙群岛渔业产量大、海产的价值高，加之领土和海域之争，战后越南政府开发海洋渔业的发展方向之一就是特别鼓励和支持南沙群岛的开发。例如，与国外合作，组织勘探和逐步开发南沙群岛的珍贵特产；鼓励渔民将其船队现代化，以便在南沙群岛扩大渔场；改善南沙群岛居住条件，向岛上移民，有计划地组织渔民长期在南沙群岛海域生产等。

发展远洋运输事业是越南海洋战略的发展目标之一，尽管越南的远洋事业起步很晚，水平较低，但是南北统一后的远洋事业发展还是比较快的。特别是最近几年，随着海洋经济的发展和港口条件的改善，越南的远洋运输业的发展速度加快，未来还将有更大的发展。

(三)越南海洋战略的最新动向

2007年1月，越南共产党十届四中全会除了讨论机构改革等问题之外，还讨论了越共中央政治局《到2020年的海洋战略》提案。据报道，越共中央已经作出“关于2020年越南海洋战略的决议”，强调了“100万平方千米”管辖海域对越重大的“经济、国防和安全意义”，明确了建立“海上强国”的目标。

“2020年海洋战略”是一个综合性的国家海洋大战略，既重视发展海洋经济，又包括海洋防卫战略、海洋政治战略。越南认为未来的威胁主要来自海上，因此特别重视海军建设。

越南海洋战略的主要内容包括四个方面的内容：

一是重点开发具有优势的行业。目前优先发展的行业是石油天然气开发与加工、海上旅游、海运以及海产捕捞养殖等。将来要进一步研究开发地热、潮汐等海洋能源。

二是加强旨在发展海洋经济的基础设施建设。根据海洋战略，越南现在已到了“面向大海求发展”的时候。越共将沿海定位为国内生产总值增长的平台。为此，越南研究人员提出要构建一条沿海高速公路，形成沿海城市带，将各个经济发展中心串起来。

三是按区域划分来发展海洋经济。越南海岸线长达3260多千米。它将把沿海地区划分为四个区域，每个地区都有不同的经济发展重点，并将设立新的开放式经济区、国际中转港等，以进一步扩大对外开放。

四是加强对海洋的管理。越南海洋战略提出要有一个拥有足够权力和实力的国家机关来管理海洋，不仅是海洋水面，而且包括海域上空、水下和海底。

越共会后发布的公报说，在建设和保卫祖国的事业中，海洋具有十分重要的作用和地位，与经济社会的发展，保障国家的国防、安全和环保密切相关，影响巨大。据越南媒体披露，在2020年越南海洋战略中，越南的目标是要力争成为一个海洋强国，能牢固保卫越南在海上的主权，维护国家的稳定与发展；同时力争到2020年使海洋经济约占国内生产总值(GDP)的53%～55%，占全国出口额的55%～60%，较好地解决社会问题，较大程度改善海洋和沿海地区人民生活。

二、越南新战略出台背景及对我国的影响

(一)出台背景

越南海洋新战略的出台有着重要的现实背景，无论从政治、外交、军事还是经济等各方面，越南想走“以海致富"之路、追求“海洋强国”之梦有其必然性。

首先，越南国土狭小，人口密度相当高，总人口已逾8400万，陆地资源有限。越南意识到，海洋将为越南的发展和壮大提供丰富的资源和辽阔空间。在经济方面，越南的总体经济发展水平较低，尤其能源十分缺乏，年国民生产总值约300亿美元，人均约350美元，属于世界上不发达国家之一。近年来，越南加大改革步伐，推进“海洋战略”实施。越共“九大”后，越南更是大力推行海洋发展战略，大力开发海洋资源，特别是加快了海上石油资源的开发步伐，促进了国民经济的发展。同时，越南海上石油的勘探与开发不仅带来了巨大的经济利益，同时提升了国家地位，也使得海上争端国际化、复杂化。

其次，由于越南国土呈南北狭长形，东西最窄处仅48千米，战略纵深极浅。在军事上，越南企图以海军为先锋不断向海洋扩展，增大越南的东

西防御纵深，近年来越海军侵占了中国南沙群岛的20多个岛礁，控制了东西宽约570海里，南北长约380海里的我国南沙群岛周边的宽阔海域，海上防御纵深为其本土宽度的1.7倍，为其最窄处的20多倍，这样可极大改变其陆上国土战略纵深浅这一不利战略态势。

第三，在南海，因东盟的有些国家也占据着中国南沙群岛中的一些岛礁和海域，越南加入东盟后，与东盟有了共同语言。在外交上，越南制定实施“海洋战略”虽与中国的海上利益发生碰撞，但与东盟有了更多的共同语言，正努力争取得到东盟其他国家的支持。今年以来，越南在其控制的南沙部分岛礁上大搞活动，包括所谓的“国会选举”等；同时，也加紧200海里以外大陆架调查工作，加大对争议海域大陆架新的调查力度，最大限度地扩展其在南海的主张。

另外，越南推行海洋战略所控制的广大海域，基本覆盖了南海国际交通线。这一海上交通线是日本、美国、俄罗斯以及我国的重要贸易通道，越南控制这一通道之后，在政治方面，可极大提高自身的国际地位。

（二）对我国影响分析

越南的海洋战略是一个长期的、综合性的战略，关系到越南综合国力的壮大，也关系到越南海军的兴衰。越共中央认为，为有效贯彻实施海洋战略，需提高越南全党、全民对海洋在国家建设事业中地位和作用的认识；推动海洋资源、海洋环境的基本调查和海洋科技的发展；大力有效开展社会经济发展、海洋和沿海地区国防安全保障的总体规划工作；继续完善关于海洋的法理框架和法律基础，建立一支强大的力量来保卫海上主权和安全；建立与鼓励投资、开发海洋和沿海地区相关的各领域的政策、机制体系；保证国家对与海洋有关的一切问题的有效管理；加强与海洋有关的外交工作和国际合作；培育海洋人力资源，建立一些推动海洋经济发展的有实力的经济集团等。

可以看出，越南制定的新海洋战略虽然是一个粗线条的规划和构想，但很明显，它是一个以海上扩张为基础、海洋经济为先导、海洋强国为目标的国家大战略。这一战略的实施，无疑会对他国利益包括中国的利益及安全产生影响。

首先，越南重视海军建设，强调走“军民结合”之路，注重“实际控制”

以造成“既成事实”，从而获取既得利益。

为了适应国际形势新发展及国家安全战略的总要求，越南强调，海军作为维护国家海洋安全的核心力量，不断增加海军力量是实现海洋强国的首要任务。同时，海军也是维护海洋主权的骨干力量，必须建立一支革命化、正规化、精锐化和逐步现代化，具有现代化装备、编制和组织机构合理的海军。为了实现这个奋斗目标，越南正打造强势海军以便监控南海。目前，越南正大力加强装备建设，提高立体作战能力，充分强调“军民结合”，全方位打造精锐海军。据俄罗斯纽带新闻网报道，最近，越南海军正在建造30~40艘400吨级的军舰，并计划投入38亿美元，在越南东北部建造一座占地3000公顷和可停靠4万吨级战舰的大型军港，同时还要更换一批远程对海警戒雷达，用以加强对南海海域的监控力度。

越南在其海洋战略中宣称，越南拥有100万平方千米的专属经济区，实际上绝大部分与中国南海断续线内的水域重叠。越南在新的海洋战略中更加强调“实际控制”。前不久，打着实施海上搜索救助活动的幌子，越南政府在庆和省芽庄市设立了隶属越南交通部越南海上搜索救助协调中心的救援基地，以方便其在中国主张拥有主权的南沙群岛海域开展活动。这个基地已从2007年4月20日起投入使用，配备有装有追踪装置等的9艘船只。近期，越南政府又进一步划定了南沙部分油气招标区块，并在南沙举行国会代表选举，同时，越南还将和英国BP公司合作在南沙修建天然气输送管道。越方这些动作违反了中越双方领导人就海上问题达成的重要共识，完全违背了《南海各方行为宣言》的精神和相关内容。今后，可预见的是，在未划定边界或存在争议的海域，越南可能还会采取较为隐蔽或间接的措施，企图“先下手为强”、造成“既成事实”的局面。这是我们应警醒和关注的。

其次，中越在南海虽潜伏着不可避免的战略性冲突，但也因有共同利益而存在合作的余地。

在南海问题上，由于涉及战略上的军事安全和丰富的海底资源，中越双方都不可能轻易作出退让，争议将长期持续存在，越南不可能放弃对南海争议海域的主权要求。在以往很长一个时期，在处理南海争议问题上，越方曾“以法理斗争为主”，不愿主动破坏基本稳定的南海局势。但目前这种状况已发生了根本性的改变，越南现在海上实际活动越来越多，并非只是“法理斗争”，而是强调“多干少说”，特别是对丰富的海上油气资源，以实际占领、控制和大力勘探开发油气资源为主。对于南海主权的维护和战略性资源的争夺使得中越南海战略性冲突成为不可避免的潜在问题。

尽管如此，双方因有着共同利益也还存在着合作的余地。近年来，中越经贸合作领域不断深化，双边贸易额连创新高。2005 年，中越双边贸易额达到 80 多亿美元。越南要实施其海洋战略，必将进一步扩大对外开放，吸引外国投资。从越共十大通过的纲领性文件来看，越南现阶段的中心任务是深化革新和发展经济，越南大力发展海洋经济在与我国海南以及广西和广东部分沿海地区形成竞争态势的同时，也可能为中越开展双边甚至多边合作提供空间和机遇。中越之间也可能继续推进现有的海上合作项目，谋求共同开发海洋资源，开展海洋科研和海洋环保合作。因此，我们应制定相关应对措施，抓住机遇，迎接挑战。

三、对策与建议

越共十届四中全会会后发布的公报指出，“在‘到 2020 年的海洋战略’中，要为使我国成为一个海洋强国、以海致富、牢牢保卫国家主权和海洋主权权益而奋斗，为保持稳定和国家的发展做贡献；把发展经济社会与保障国防、安全、环保紧密结合起来；制定有吸引力的政策来吸引一切潜力用于海洋经济的发展；建立沿海大经济中心结合海洋经济活动，以此作为全国发展的重要动力”。由此可见越南建设海洋强国、并将海洋作为国家发展新动力的决心。围绕着海洋强国的战略目标，越南新海洋战略强调要重视海洋经济的发展，但同时也明确提出要加强海上力量建设，保护海上安全，并以此保证海洋强国目标的实现。因此，我国应深入研究和分析越南海洋新战略，并制定相应的对策和措施。为此，我们建议：

（一）开展南沙海域的定期维权巡航，密切关注越方动向

从 2006 年 7 月起，我国在东海管辖海域开展了定期维权巡航执法。从近一年的维权实践看，维权效果显著，获取了大量的侵权证据，为我国外交和军事斗争提供了有力依据。因此，可借鉴这个经验，以中央批准军队与中国海监建立海上行动协调机制为契机，在已开展的南海北部定期巡航、南沙海域“一事一报”的基础上，对南沙海域开展定期维权巡航，严格

按照既定的维权巡航方案和应急处置预案，做到既要显示我国主权，又要稳定周边。同时，紧密跟踪南海维权斗争形势，密切关注越方动向，强化维权巡航中的政策和法律问题研究、信息沟通与行动协调，加强维权巡航执法能力建设。

（二）加大外交工作力度，全面推进海洋权益维护和国际海洋事务合作

越南奉行的是全方位、多样化的独立自主外交路线，对外工作重点是“融入国际社会、搞好周边关系、妥善处理大国关系”。作为与其相邻的海洋大国，我们应认真贯彻实施“大国海洋外交与周边海洋外交相结合的海洋外交战略”方针。在外交工作方面加大力度，迫使越南严格遵守《南海各方行为宣言》。针对越方行动，要借助东盟向越南施压。同时以外交工作为基础，配合经济方面合作与斗争手段，全面推进海洋权益维护和国际海洋事务合作。一要以加强同南海周边国家的双边和地区合作为重点，积极推动“周边海洋外交战略”的实施，落实稳定周边的外交政策；二要积极推动与周边国家开展联合科考，特别是要推动中国、菲律宾、越南在南海海域的联合科考活动；三要加强安全领域的对话，消除东南亚各国顾虑及对中国的地区安全政策的不确定感；四要加强与东盟在海洋学研究、防灾减灾、生态环境保护等领域的合作；五要与东盟在经济领域加强对话，促进国家间人才、资金、技术、物资和信息等的自由流动；六要充分利用东盟各国间的不同利益冲突，维护我国的海洋权益。

（三）在海南省设立一级行政机构，加强对“三沙”的实际控制，显示我国在有关海域的实际存在

第七届全国人民代表大会第一次会议通过了“关于设立海南省的决定”，决定中明确规定“海南省管辖海口市、三亚市、通什市、琼山县、琼海县、文昌县……和西沙群岛、南沙群岛、中沙群岛的岛礁及其海域”。这样，海南成为我国拥有海洋管辖面积最大、开放程度最高的经济特区，也是全国人大唯一授权管理如此广阔海域的省份。虽然其拥有的“海域”范围界线未予明确，但根据《联合国海洋法公约》中岛屿效力的有关规定，这四组群岛的管辖权属于海南省，其周围相当范围内的海域也应归海南省管辖。从国家全局看，海南承担着政治、经济、文化、国防、外交等多方面的任务，在国家发展战略中所处的地位和扮演的角色也具有不同于其他省份的特殊性。目前，海南现有的南海行政管理机构太弱，对西沙群岛、南沙群岛、中沙群岛的岛礁及其海域缺乏强有力的控制和管辖。在对越斗争中，急需加强对“三沙”的实际控制，建议增设行政建制，在西沙、南沙、中沙设地级市，并采取各种优惠措施，鼓励我国渔民在此海域入渔，体现我国对南沙的行政管辖，为将来解决争端打下良好基础。

（四）以自主开发促进共同开发，推进中国、越南、菲律宾三方共同勘探开发南海油气资源

根据最新评价计算的结果，我国管辖海域36个沉积盆地共拥有油气资源量为400亿吨左右的油当量。其中，南海中、南部海域25个沉积盆地有近200亿吨，南海中、南部海域几个高丰度油气盆地拥有该海域油气总资源量的70%以上。对于这些有争议海域中的含油气盆地，应大力加强我方勘探力度。应选择有前景的盆地开展综合地球物理调查，对油气资源量作出准确评价，掌握第一手实际资料，并尽快划成区块，对外招标。我方油气开采对外招标要统一口径，以中国海洋石油总公司为牵头，共同开发与自主开发并举，以自主开发来推动共同开发，掌握主动权，迫使各方坐下来谈共同开发。2005年3月14日，中国、菲律宾、越南三家石油公司在马尼拉签署了《在南中国海协议区三方联合海洋地震工作协议》，要在此基础上进一步推进中、越、菲三方共同开发油气资源。

（五）积极推进基础性工作，为维护海洋权益提供决策依据和技术支撑

我国海上形势极其复杂，特别是南海海域，面临的问题更多、解决难度更大，维护我国海洋权益，特别是南海海洋权益的任务日益繁重。我国周边国家制定的海洋战略、实行的海洋政策、采取的相应措施各有不同，对我国的影响以及我国所采取的应对措施也应不同。建议以完善和落实维护海洋权益规划体系为重点，不断强化海洋维权的政策研究和战略规划工作；建立综合性研究机制，及时、有效地调动各界力量，密切跟踪我国周边海上形势，针对日本、越南等周边不同国家出现的各种问题，权衡利

弊，研究提出实用而及时的分析材料和应对措施建议，为决策提供法理和技术支撑服务。

（六）研究制定21世纪海洋经济发展战略，促进海洋经济全面协调发展

发展国家海洋事业的核心问题就是发展海洋经济，越南的新海洋战略就对海洋经济发展问题高度重视。现阶段越南的中心任务是深化革新和发展经济，在海洋新战略中特别强调了要“制定有吸引力的政策来吸引一切潜力用于海洋经济的发展……以此作为全国发展的重要动力”。因此，围绕着海洋经济方面的竞争，我们要适应以经济建设为中心的国家发展战略的需要，研究制定全面、高效、可持续开发利用海洋资源的21世纪海洋经济发展战略，以此促进海洋经济全面协调发展，为国家发展战略目标的实现提供资金支持和物质保障。

（2007年9月）

海洋法律与权益

南海断续线的性质及其国际法依据

贾　宇

2009 年以来，越南、菲律宾等南海周边国家在联合国、东盟、国际研讨会等场合，以外交照会、大会发言等多种方式，反对、攻击、质疑我国南海断续线，部分西方学者也有所呼应，国际舆论环境于我不利。2010 年 7 月 23 日，美国国务卿希拉里·克林顿在东盟地区论坛会议上发表讲话，要求各国以符合国际法的方式明确对南海的主权主张，对南海海域的诉求应该完全出于地形地貌，并应根据 1982 年《联合国海洋法公约》(以下简称《公约》) 阐述。越、菲、美等国相互呼应，意在以《公约》制衡中国，通过否定中国的断续线，全盘否定我国在南海的权利主张。尽快明确南海断续线的法律性质和地位，是当前南海斗争的中心环节之一。

一、断续线的产生和发展

南海断续线至迟于 1914 年就出现在私人出版的地图上。最初是一条自北向南、从中越陆地边界终点起，出北部湾，环绕南海，穿过台湾海峡和东海，直到黄海的中朝陆地边界的长弧形连续线。此后，该线的范围逐步南扩，包括了东沙岛和西沙群岛。1933 年 7 月发生法国侵占南沙九个小岛(太平岛、南威岛、中业岛、南钥岛、安波沙洲、双子礁等)事件之后，中国官方和民间各界强烈抗议。此后出版的地图将该线的南端扩至北纬 9°左右，将九小岛纳入线内，并标注“南海九小岛”或“琼州九岛”。

1935 年 3 月 22 日，中华民国政府水陆地图审查委员会第 29 次会议决议：政区疆域地图必须画明东沙、西沙、南沙和团沙群岛。1935 年 4 月，该委员会出版的《水陆地图审查委员会会刊》第 1 期登载《中国南海各岛屿图》，明确标绘了南海诸岛，将曾姆滩(今曾母暗沙)标在接近北纬4°的位置上，表明中国政府认为其领土最南端至少应在北纬4°。

1947年12月，内政部方域司编绘、国防部测量局代印了《南海诸岛位置图》，以国界线的标绘方式，在南海诸岛周围画出了十一段断续线。该线西起中越边界北仑河口、南至曾母暗沙、东至台湾东北，南海诸岛全部位于线内。线内还标注了东沙、西沙、中沙和南沙四组群岛的整体名称和曾母暗沙及大部分岛礁的个体名称。1948年2月，内政部公开发行了《中华民国行政区域图》(内政部方域司傅角今主编、王锡光等人编绘，商务印书馆印行，1947年12月制版)，这是中国政府第一次在官方公开出版的地图上公开这条线(图1)。

1949年以后，中华人民共和国出版的地图基本沿用1947年的《南海诸岛位置图》。政府在管辖南海的过程中对断续线进行了适当调整，但总体位置和走向没有实质改变。1953年去掉了北部湾内的两段，增加了台湾岛与先岛诸岛之间的一段，逐步形成了南海9段、台湾岛东侧1段的基本格局。大陆学界口语称该线为“九段线”，我国台湾和海外部分学者也呼之“U”形线。

该线问世之初，当时政府并未公布或解释其含意、画法、坐标以及标绘依据等。1959年6月，中华人民共和国地图编纂委员会编印的《中华人民共和国边界地区图集》上标注“曾母暗沙是我国最南的领土”，断续线为“目前我国公开出版地图上的国界线”，这是对该线名称的首次界定。1958年中国政府“关于领海声明”、1992年《中华人民共和国领海及毗连区法》、1998年《中华人民共和国专属经济区和大陆架法》以国内法的方式确认了对南海诸岛的主权和在南海的历史性权利。2009年，中国政府在提交给联合国的照会中附有标注断续线的南海地图，我国在断续线问题上的立场已经以符合国际法的方式昭告国际社会(图2)。

南海断续线的公布是符合当时国际法的理论和实践的，尤其是顺应了扩大国家海洋管辖权的时代潮流。从断续线公布之初到20世纪70年代的几十年间，南海周边国家和国际社会或明示支持，或默示承认，从未提出异议。日本、民主德国、苏联、匈牙利、波兰、法国等国家出版的地图，全部或部分地标绘了断续线，并把线内的南海诸岛全部或部分地标注归属中国。

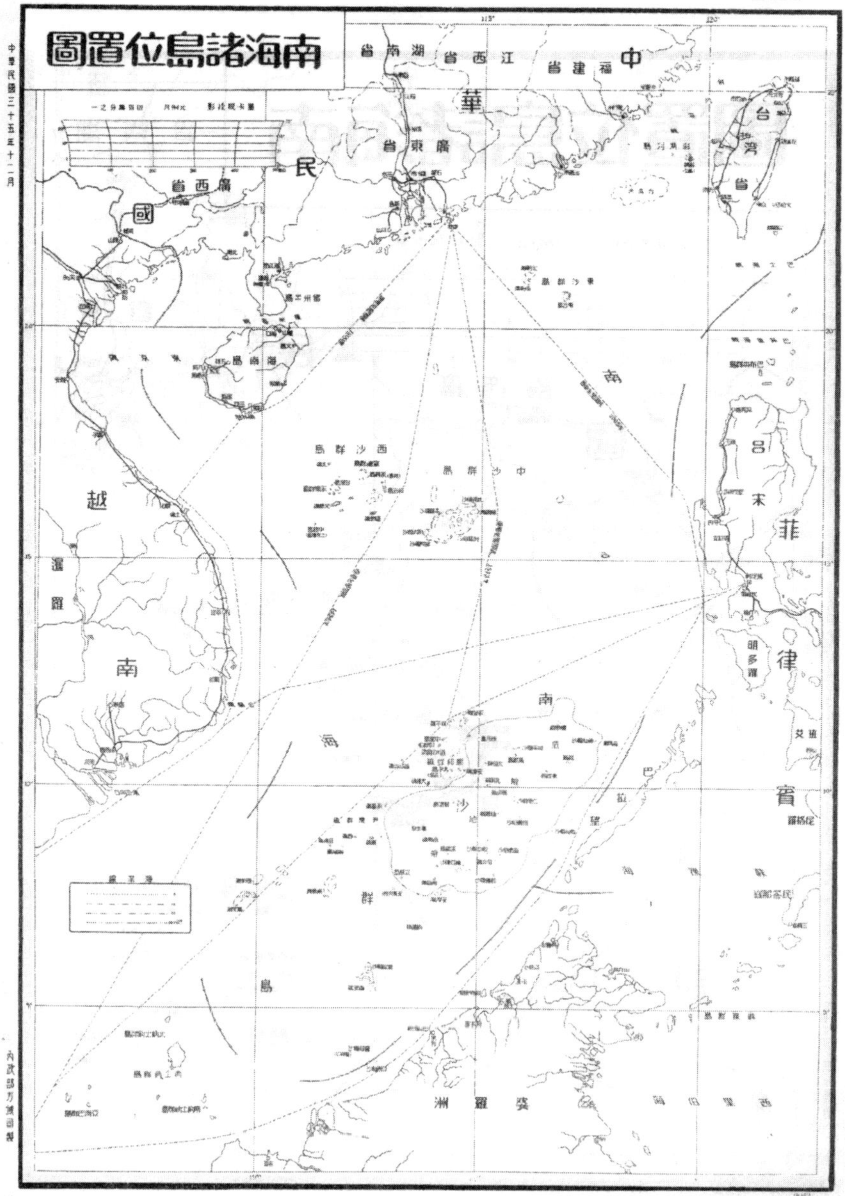

图 1　1947 年中华民国内政部绘制、1948 年内政部出版发行的《中华民国行政区域图》之南海诸岛位置图

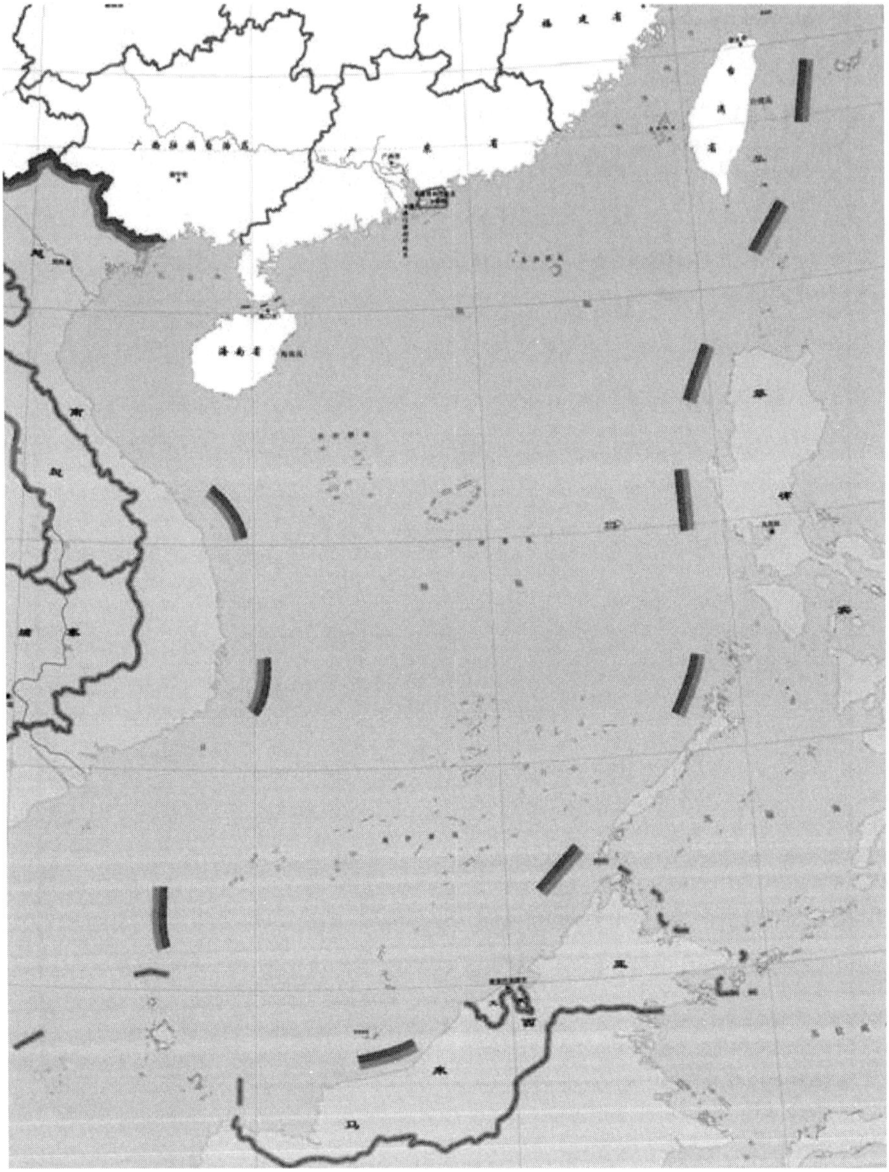

图 2　2006 年国家测绘局网站上的南海断续线

二、断续国界线的性质和内涵

中国政府迄今未明确和公布断续线的法律性质。国内学界和有关部门有几种不同的说法，包括海洋国界线、传统海疆线、历史性水域线、岛屿归属线(或南海诸岛范围线)、断续国界线。

“国界线”和“海疆线”之说的核心是主张该线划定了中国在南海的领土范围，即中国不仅对线内的岛、礁、滩、沙拥有主权，而且线内海域也是中国的内水或领海。这种说法缺乏充分的法理和实践依据。历届中国政府从未确定此线即为“中外之界”，亦未主张和宣布线内海域是中国的内水或领海。1995 年中国政府公布西沙群岛领海基线的行为，排除了将断续线作为国界线的可能，我国的管辖和管理实践也未将该线作为国界线行使国家权力。历史性水域线的说法与现实不符。在国际法上，历史性水域一般是指线内水域等同于内水，其法律地位甚至高于领海，南海的情况并非如此。岛屿归属线符合民国政府在地图上标绘断续线的主要精神，但这种说法对该线内涵的界定不够全面，未能客观反映该线产生的历史背景和半个多世纪以来的发展。

南海断续线的性质应界定为“历史性权利线”①，核心内容包括岛屿归属和历史性权利两个方面。首先，对线内四组群岛及其领海的领土主权。断续线确定了线内所有岛、礁、滩、沙、附近海域及其资源属于中国所有。中国人民世代在此开发生产，中国历代政府都根据当时的实际情况和需要，实施了连续不断的管辖和管理。其次，在线内海域的历史性权利，包括历史性捕鱼权、传统的航行权、对油气资源的开发权，以及对海底文物打捞等相关活动的管辖权。上述权利的有效取得，符合国际法的规定。

与此同时，作为《公约》缔约国，中国同其他沿海国一样，拥有划定专属经济区和大陆架的权利及对上述管辖海域的海洋权益。按照《公约》，根据《中华人民共和国领海及毗连区法》《中华人民共和国专属经济区和大陆架法》，中国有权在南海的主要岛屿建立专属经济区和大陆架制度；在专属经济区和大陆架内享有对自然资源的主权权利、对海洋科学研究、海洋环境保护以及人工岛屿、设施和结构的管辖权等项海洋权益。这种海洋权

① 《中华人民共和国专属经济区和大陆架法》，1998 年 6 月 26 日生效。

益和历史性权利是并行不悖的。

三、南海“历史性权利”的国际法依据

断续线作为历史性权利线是有国际法依据的，而且与以《公约》为代表的现行海洋法制度并不矛盾。

1. 历史性权利主张符合国际法

历史性权利是一般国际法的基本命题，对历史性权利的承认与尊重是国际法的一贯精神。中国最早发现、开发、管辖、管理南海诸岛，取得对南海诸岛的领土主权。中国人民世代在此航行、捕鱼、开发资源，在此海域的权利有久远的历史。中国通过公开发行标有断续线地图的方式，公布和确定对线内岛、礁、滩、沙的领土主权；2009 年中国政府就越南等国南海 200 海里外大陆架划界案提交给联合国的照会中附有标注断续线的南海地图，以符合国际法的方式重申了南海的权利主张。

2.《公约》不是判断领土主权的取得和归属的国际法依据

美国宣称要按照《公约》解决南海领土争端是曲解《公约》的错误说法。事实上，《公约》并不解决领土主权问题，领土主权的归属与《公约》无关。中国政府既未将整个南海主张为中国的领土或领海，也未行使对南海全部海域的主权。美国的主张意在借口《公约》否定中国对南海岛、礁、滩、沙的领土主权，是不能成立的。菲律宾等国所谓一些南沙岛礁离其较近，因而应该属于菲方的“地理邻近”论，根本不是国际法的原则。国家领土的取得并非取决于远近，很多国家都有远离本土的海外领土。英国和阿根廷争议的马尔维纳斯(福克兰)群岛就远在南美洲。如果以所谓“地理邻近”判断领土主权归属的话，世界版图不知要发生怎样的变化。

3. 用《公约》否定历史性权利违反国际法

中国政府正式公布南海断续线已有半个多世纪的历史，早在以《公约》为代表的现代海洋法制度确立之前就已经确定并在一定范围内得到公认。后法不能否定一个国家既有的权利，不能改变南海诸岛自古即属中国的历史和法律事实。菲律宾、马来西亚等国声称部分南沙岛礁位于其主张的专属经济区内或大陆架上，应该归其所有，试图以单方面主张的专属经济区和大陆架权利，对抗和否定中国在南海的历史性权利，是对《公约》的曲

解，违反“陆地统治海洋”的国际法原理。只有拥有对陆地的领土主权，才会产生对其周围海域的海洋权利，而不是相反。

4. 中国在南海的历史性权利与《公约》的原则和内容有一致性

以《公约》为代表的现代国际海洋法律制度承认和尊重历史性权利，《公约》在关于海湾、领海划界、群岛和群岛国、传统捕鱼权，以及争端的解决等部分的条款(第十、第十五、第四十六、第四十七、第五十一、第二九八条等)中都肯定了历史性权利。作为《公约》缔约国，中国同其他南海周边国家一样，享有《公约》赋予缔约国的海洋权益。中国根据《公约》主张专属经济区和大陆架，与来自断续线的历史性权利并不矛盾，这种海洋权益与历史性权利是并行不悖的。

5. 国际司法实践历来尊重和承认历史性权利

1910 年常设国际仲裁院关于北大西洋渔业案的裁决、1917 年中美洲法院关于萨尔瓦多与尼加拉瓜丰塞卡湾地位的判决、1951 年国际法院关于英国和挪威渔业案的判决，以及 1995 年常设国际仲裁院关于厄立特里亚和也门红海岛礁归属和海洋划界的裁决，都尊重和承认历史性权利。

6. 1949 年以后中华人民共和国政府继承并以符合国际法的方式行使了这些权利

断续线作为历史性权利线符合中国政府的一贯主张和实践，中国的国内立法及实践肯定、行使了历史性权利。1958 年“关于领海声明”、1992 年《中华人民共和国领海及毗连区法》、1998 年《中华人民共和国专属经济区和大陆架法》等，以国内法的方式确认了对南海岛礁的主权和历史性权利。这一主张并“不影响外国船舶和飞机按照国际法通过南海国际航道的航行、飞行自由和安全”，最大限度地兼顾了周边国家和国际社会利用南海的实际情况。

7. 依据国际法和依据《公约》的权利叠加早有先例

在南海地区，菲律宾在依照《公约》提出专属经济区和大陆架的海洋权利主张时，并未放弃其宗主国留下的历史性条约线的主张。汤加王国曾以国王敕令的方式决定一定范围内的矩形海域作为该国的历史国界，而其专属经济区则依据《公约》有关规定划定。

南海断续线是先人留给我们的一笔宝贵“遗产”，是坚持南海诸岛领土主权的历史依据，是维护南海海洋权益的法理基础，是在南海开展维权执法、实施海洋开发和管理的前提和条件。南海断续线作为一条历史性权利线，形象地将我国在南海的主权和海洋权益概括化和法律化。传承这条线并发挥其作用，具有重要的现实意义和长远的历史意义。

(2011 年 12 月)

菲律宾南海仲裁案和海洋争端解决强制程序研究文献综述

张小奕

自2013年1月22日菲律宾依据《联合国海洋法公约》(以下简称《公约》)附件七的规定提起强制仲裁程序。随着2015年10月29日仲裁庭管辖权裁决的出台，仲裁庭作出对我国不利终审裁决的趋势日渐明朗。从学术研究的角度，梳理关于菲律宾南海仲裁案和海洋争端解决强制程序的学术发展和研究动态，对于明确未来的研究重点和方向，及时做好应对新形势和新挑战的理论准备，具有现实意义。

一、关于菲律宾南海仲裁案的研究动态

菲律宾南海仲裁案是近年来国内学术研究的热点问题。国内学者对南海仲裁的研究聚焦在三个方面：仲裁庭不具有管辖权、仲裁庭组成有失公允、中国不接受和不参与仲裁具有合法性和正当性。其中，仲裁庭不具有管辖权是国内学者论述的核心问题，主要从三个维度进行论证：一是菲律宾所提仲裁事项的实质是南海部分岛礁的领土主权问题，不涉及《公约》的解释或适用；二是即使所提事项涉及有关《公约》解释或适用的问题，也构成海域划界不可分割的组成部分，已被中国2006年声明所排除；三是通过谈判方式解决在南海的争端是中菲两国之间的协议，菲律宾无权单方面提起强制仲裁。① 这三点也是中国政府在2014年12月7日发布的《关于菲律宾共和国所提南海仲裁案管辖

① See Sienho Yee, The South China Sea Arbitration (The Philippines v. China): Potential Jurisdictional Obstacles or Objections, Chinese Journal of International Law, 2014, 663 - 739; Michael Sheng - ti Gau, The Sino - Philippine Arbitration on South China Sea Disputes: Admissibility and Jurisdiction Issues, China Oceans Law Review, Vol. 2015, No. 1; Bing Bing Jia, The Principle of the Domination of the Land over the Sea: A Historical Perspective on the Adaptability of the Law of the Sea to New Challenges, German Yearbook of International Law, 2014, 63 - 93.

权问题的立场文件》中的核心观点。随着仲裁庭关于管辖权裁决的出台，本案的审理逐步滑向危险的方向，国内学者采用底线思维，研究可能作出的不利裁决及其应对。但这些研究尚在进行，且多限于决策机关的内部报告，并未见系统阐述的公开文献。另一方面，国内对于仲裁庭管辖权的学术讨论仍在继续，只是重点转向寻找管辖权裁决中的漏洞和缺陷。

国外对菲律宾南海仲裁案的研究分为两派，一派以菲律宾、越南等东南亚国家的学者和部分西方学者为代表，他们的研究重点有二：一是逐条反驳中国立场文件中的观点，支持仲裁庭拥有管辖权；二是批判中国在南海断续线和历史性权利的有关主张，提出应将《公约》作为处理海洋争端的唯一依据，美国国务院在2014年12月5日发表的官方文件《海洋界限——中国在南海的主张》就是对这派观点的背书。另一派国外学者则持较为中立和客观的态度，其研究领域可分为四个方面：其一，关于案件的实质，这派学者认为本案并不是单纯的法律争端，而是一个被刻意包装成法律问题但却被高度政治化的复杂案件。对于此类案件，争端双方的合意至关重要。如果国际司法机构不顾争议一方的反对，执意就敏感问题作出裁判，将直接导致败诉一方的不承认和不执行，这不仅无助于解决当事方之间的争端，还会削弱国际司法的权威性。① 其二，关于争端的性质和仲裁庭的管辖权，此派观点承认争端的核心和实质是中菲之间的岛礁主权和海域划界争端，菲律宾的巧妙包装是在利用《公约》争端解决机制的漏洞打擦边球，而中国不应诉也使中国处于更为不利的局面。② 其三，关于管辖权裁决和即将作出的最终裁决，大部分国外学者认可管辖权裁决是一份公正和有说服力的法律文书，并对未来实体裁决的结果作出预测，认为中国在南海断续线问题上尚有回旋的可能，但在涉及黄岩岛的两个事项上面临着败诉的局面；对于其他与实体问题一并审议的事项，仲裁庭则可能

① Kristen E. Boon, International Arbitration in Highly Political Situations: The South China Sea Dispute and International Law, Washington University Global Studies Law Review, 2014, 487 - 513.

② Andeas Zimmermann & Jelena Baumler, Navigating Through Narrow Jurisdictional Straits: The Philippines - PRC South China Sea Dispute and UNCLOS, The Law and Practice of International Courts and Tribunals, 2013, 431 - 461.

会先予承认太平岛具有岛屿地位，从而依据“海洋划界”例外排除对这些事项的管辖权。① 其四，关于菲律宾南海仲裁案的影响，这些国外学者认为，案件无论结果如何，对菲律宾都是有利的，因为此案开辟了国际司法途径解释南海争端的先例，也将会促使中国在某些问题上作出让步，加速中菲之间就争端达成一致；东盟其他国家也能从中渔利，增加与中国谈判的筹码；而中国为避免其他国家再次提起仲裁，一方面会在经济上作出更大让利，换取周边国家的“安分守己”，② 另一方面也会积极探寻排除《公约》争端解决强制程序的方法，甚至不惜退出《公约》。③

二、关于《公约》争端解决强制程序的学术梳理

《公约》关于争端的解决的第十五部分在开篇就阐明了该部分的指导原则：“各缔约国应按照《联合国宪章》第二条第三项以和平方法解决它们之间有关本公约的解释或适用的任何争端，并应为此目的以《宪章》第三十三条第一项所指的方法求得解决。”自由选择和平的争端解决方法是《公约》争端解决机制的基本原则之一，《联合国宪章》第三十三条第 1 项规定的“谈判、调查、调停、和解、公断、司法解决、区域机关或区域办法之利用，或各国自行选择之其他和平方法”同样适用于《公约》下的争端解决。但《公约》争端解决机制最具特色的地方并非其“自由性”，而在于其“强制性”，即第十五部分第二节规定的“导致有拘束力裁判的强制程序”。这也是本文将重点阐述的内容。

以 2013 年菲律宾提起南海仲裁为分水岭，国内学者对《公约》争端解决强制程序的研究分为两个阶段：第一阶段，在菲律宾南海仲裁案提起之前，《公约》争端解决强制程序并没有引起国内学者的足够重视。此阶段国内对该强制程序的研究多为综述性的——通过解读《公约》第十五部分各条款的含义来归纳强制程序启动的流程，通过研究国际法院、国际海洋法法

① Sourabh Gupta, South China Sea Arbitration and the Reach and Limits of International Law, China - US Focus, Nov. 26, 2015, http://www.chinausfocus.com/peace - security/south - china - sea - arbitration - and - the - reach - and - limits - of - international - law/.

② Emma Kingdon, A Case for Arbitration: The Philippines' Solution for the South China Sea Dispute, Boston College International and Comparative Law Review, 2015.

③ See e. g. Stefan Talmon, Denouncing UNCLOS Remains Option for China After Tribunal Ruling, Global Times, 3 Mar., 2016.

庭以及附件七仲裁庭的案例来对比各程序的异同点和优缺点。这一阶段的研究存在如下特点：第一，较为笼统和乐观。这一时期的著述或为对争端解决机制的宏观解读①，或聚焦于国际法院和国际海洋法法庭的案例研究，缺少对附件七仲裁的关注，亦缺少对程序启动起关键作用的“限制”和“例外”条件的细致研究。同时，此时的论著对《公约》争端解决机制的设置多有认可和肯定，甚至对司法途径解决我国海洋争端持积极态度②。第二，缺少针对性和预防性。至少从公开发表的渠道来看，这一时期关于预判《公约》争端解决强制程序对我国的影响的研究并不多见，虽然曾有学者推断中国有进入附件七强制仲裁程序的风险，但却认为只要中国就《公约》第二九八条作出排除性声明，即可避免强制程序的启动③。

第二阶段，菲律宾南海仲裁案提起之后，国内学界对《公约》争端解决强制程序的研究迅速增多。目前的学术研究在既往成果的基础上呈现出两大趋势：一是更多地结合中国在菲律宾南海仲裁案的需要开展针对性研究，研究领域不仅包括附件七仲裁的管辖权要件，还结合南海仲裁过程中可能出现的情形，如第三方介入仲裁④、临时措施⑤等进行可行性论证。二是开始认识到《公约》争端解决强制程序在制度设计方面的问题，以及国际司法机构不断扩大管辖权的趋势。前者如对附件七仲裁对“合意”基础的背离⑥，后者如附件七仲裁庭不断突破先例而扩大权限的倾向⑦，以及国际海洋法法庭全庭咨询管辖权是否具有合法性⑧等。尽管如此，相关研究

---

① 参见傅崐成等：《弗吉尼亚大学海洋法论文三十年精选集(1997—2007)》，厦门：厦门大学出版社，2010年；高健军：《联合国海洋法公约争端解决机制研究》，北京：中国政法大学出版社，2014年；吴慧：《国际海洋法法庭研究》，北京：海洋出版社，2002年。

② 参见管建强：《和平解决东海划界争端之方法探究》，载《法学》，2008年第11期。

③ 参见吴慧：《国际海洋法争端解决机制对钓鱼岛争端的影响》，载《国际关系学院学报》，2007年第4期。

④ Sienho Yee, Intervention in an Arbitral Proceeding under Annex VII to the UNCLOS, Chinese Journal of International Law, 2015, 79 – 98.

⑤ 何田田：《论国际海洋法法庭的临时措施——以〈联合国海洋法公约〉第290条适用为中心》，载《武大国际法评论》，2013年第2期。

⑥ 王吉文：《海洋争端解决中的强制性仲裁制度——兼论中国在南海仲裁事件中的策略选择》，载《东南亚研究》，2015年第4期。

⑦ 刘衡：《〈联合国海洋法公约〉附件七仲裁：定位、表现与问题——兼谈对“南海仲裁案”的启示》，载《国际法研究》，2015年第5期。

⑧ 叶强：《国际海洋法法庭全庭咨询管辖权的法律基础研究》，载《北大国际法与比较法评论》，2013年第10卷。

仍处在起步阶段，高质量的学术成果十分少见。

与国内研究情况相比，国外学者对《公约》争端解决强制程序的研究更为系统和翔实。既有系统阐述《公约》争端解决机制和框架的专著①，又有对单个强制程序进行细致化研究的成果②。早前，国外学者曾对《公约》争端解决强制程序有所质疑，认为这一机制的设立似乎并不必要，因为《公约》新设立的国际海洋法法庭、附件七仲裁等新的强制程序可能与国际法院、常设仲裁法院等已有机构的实践不一致，从而导致国际法的碎片化③。近年来，随着《公约》强制程序受理案件数量的迅速上升，该机制受到国外学者越来越多的关注和肯定。国外学者注重案例研究和程序研究，其中不乏诸如"混合型争端"④、协议排除的效力⑤、交换意见的义务⑥、选择性排除声明的效力⑦、实体和管辖权分开审理的条件⑧等程序问题的学术争论。值得注意的是，一些美国学者早已开展过《公约》强制程序对美国的影响和利弊分析研究，提出《公约》强制程序的发展缺少确定性和可预测性；如果美国批准《公约》，附件七仲裁的强制性会对美国的主权和重大利益造

---

① See e. g. Shabtai Rosenne & Louis B. Sohn (eds), United Nations Convention on the Law of the Sea 1982: A Commentary, Volume V, Martinus Nijhoff Publishers, 1989; David Anderson, Modern Law of the Sea: Selected Essays, Martinus Nijhoff Publishers, 2008; Igor V. Karaman, Dispute Resolution in the Law of the Sea, Martinus Nijhoff Publishers, 2012; Louis B. Sohn, John E. Noyes, etc., Cases and Materials on the Law of the Sea, Martinus Nijhoff Publishers, 2014; Natalie Klein, Dispute Settlement in the UN Convention on the Law of the Sea, Cambridge University Press, 2009.

② See e. g. P. Chandrasekhara Rao & Rahmatullah Khan, The International Tribunal for the Law of the Sea: Law and Practice, Martinus Nijhoff Publishers, 2001; P. Chandrasekhara Rao & Philippe Gautier, The Rule of the International Tribunal for the Law of the Sea: A Commentary, Martinus Nijhoff Publishers, 2006; Andreas Zimmermann etc., The Statute of the International Court of Justice: A Commentary, Oxford University Press, 2012.

③ Rosemary Rayfuse, The Future of Compulsory Dispute Settlement under the Law of the Sea Convention, Victorial University of Wellington Law Review, 2005.

④ Irina Buga, Territorial Sovereignty Issues in Maritime Disputes: A Jurisdictional Dilemma for Law of the Sea Tribunals, The International Journal of Marine and Coastal Law, 2012, 59 - 95.

⑤ Andeas Zimmermann & Jelena Baumler, Navigating Through Narrow Jurisdictional Straits: The Philippines - PRC South China Sea Dispute and UNCLOS, The Law and Practice of International Courts and Tribunals, 2013, 431 - 461.

⑥ Stefan Talmon, The South China Sea Arbitration: Is There a Case to Answer?, in Stefan Talmon& Bing BingJia eds., The South China Sea Arbitration: A Chinese Perspective, Hart Publishing, 2014.

⑦ Robert Beckman, The UN Convention on the Law of the Sea and the Maritime Disputes in the South China Sea, The American Journal of International Law, 2013, 142 - 163.

⑧ Stefan Talmon, Reading Tea Leaves: How the Arbitral Tribunal in the South China Sea Arbitration May Deal with Preliminary Objections, 2015.

成制约和阻碍，美国既难以完全排除其管辖，又无法控制强制程序的走向，因而建议美国不应批准《公约》。

三、关于不执行国际裁决和判决的研究现状

对于当事国不执行国际裁判的情况，国内外的研究并不多。现有的研究主要集中在国际法院已决案件的执行问题，包括如何通过联合国安理会、联合国大会和其他国际组织执行国际法院的判决。研究的案例主要集中在1984年尼加拉瓜诉美国案①，以及一系列有关《维也纳领事关系公约》的案例中美国拒绝履行国际法院判决的情况②。但启动联合国安理会执行国际法院判决的途径并不适用于《公约》附件七仲裁程序。与附件七仲裁裁决的执行有关的案例是2015年审结的两个案件——荷兰诉俄罗斯“北极日出号”案、毛里求斯诉英国查戈斯仲裁案。两案中俄罗斯和英国是否或将在何种程度上执行裁决值得关注，但笔者目前尚未发现与此有关的研究成果。

四、小结

通过以上梳理可以看出，虽然国内外学者对于海洋争端解决强制程序和菲律宾南海仲裁案已有研究成果，但这些研究多聚焦在论证仲裁庭对菲律宾所提事项是否具有管辖权这一前置问题上。如今管辖权阶段已经结束，不利结果日渐明晰，研究如何应对菲律宾南海仲裁案的不利裁决迫在眉睫。但截至目前，对于有关善后措施以及避免未来再度被诉的研究成果却极为少见，这应是未来一段时间国内外学术研究的重点方向。

（2016年2月）

---

① Regina N. Hamilton, Nicaragua v. United States of America: Jurisdiction of the International Court of Justice, George Mason Law Review, 1985.

② Attila Tanzi, Problems of Enforcement of Decisions of the International Court of Justice and the Law of the United Nations, European Journal of International Law, 1995.

查戈斯仲裁案与菲律宾南海仲裁案对比分析及启示

张小奕

近年来，《联合国海洋法公约》(以下简称《公约》)附件七仲裁逐渐成为国际司法界关注的焦点，英国、中国等大国相继成为此类仲裁中的被告国。毛里求斯和英国之间的查戈斯海洋保护区仲裁案是附件七仲裁的最新案例之一，仲裁庭对管辖权、涉主权争议的混合型争端、交换意见的义务等问题进行了详细的阐释，并以3:2形成了两派立场鲜明的观点。上述事项亦属于菲律宾南海仲裁案中的核心问题。考虑到两案在程序、人员组成、争端性质等诸多方面的共同点，研读查戈斯仲裁案的仲裁请求以及裁决和反对意见，对于辨析菲律宾南海仲裁案的管辖权裁决，解析混合型争端在未来司法裁判中的发展趋势有着特殊的重要意义。

一、查戈斯仲裁案的基本情况

2015年3月18日，依据《公约》附件七组成的仲裁庭(以下简称“仲裁庭”)对毛里求斯和英国之间的查戈斯海洋保护区仲裁案(以下简称“查戈斯仲裁案”)作出裁决，结束了两国历时四年的激烈争执。英国和毛里求斯对查戈斯群岛(Chagos Archipelago)存在长达数十年的领土主权争议。2010年4月1日英国在该群岛建立海洋保护区，覆盖约64万平方千米海域。保护区内禁止商业性捕鱼，娱乐性的垂钓活动也受到严格限制。英国此举成为本案的直接导火索。2010年12月20日，依据《公约》第二八七条和附件七的有关规定，毛里求斯对英国提起仲裁，请求仲裁庭裁定英国无权在查戈斯群岛设立海洋保护区，英国的行为违反《公约》规定。

毛里求斯和英国关于查戈斯群岛海洋保护区的争端有着复杂的历史背景，根源在于两国对查戈斯群岛的主权争议。1965年之前，查戈斯群岛作为毛里求斯的附属地(Dependency)，接受英国的行政管辖。1965年9月23

日，两国在伦敦兰卡斯特宫(Lancaster House)达成一致，英国同意毛里求斯独立，毛里求斯也原则上同意了分离查戈斯群岛的方案。两国达成了六点共识，但随后毛里求斯又提出航行、捕鱼、矿产权等几项条件，作为这一共识的补充。最终，两国形成了“兰卡斯特宫承诺”(Lancaster House Undertakings)①，其中与本案密切相关的是关于保留毛里求斯在查戈斯群岛的捕鱼权、矿产和油气权益，以及在无使用需要时将查戈斯群岛交还给毛里求斯这三点承诺。1980年之后，毛里求斯新任政府开始主张对查戈斯群岛的主权，其宪法和其他国内法也将查戈斯群岛纳入领土范围。另一方面，英国始终坚持查戈斯群岛属于英国领土。可见，英国和毛里求斯对查戈斯群岛存在明显的领土主权争端。2010年4月1日英国在该群岛建立海洋保护区，毛里求斯表示强烈抗议，随即在2010年12月20日对英国提起《公约》附件七仲裁。

毛里求斯向仲裁庭提出了四项请求：

(i)英国无权宣布设立海洋保护区或其他海洋区域，因为英国不是《公约》规定的“沿海国”；

(ii)考虑到英国在查戈斯群岛问题上向毛里求斯已经作出的承诺，英国无权单方面宣布设立海洋保护区或其他海洋区域，因为毛里求斯拥有《公约》规定的“沿海国”的权利；

(iii)对于毛里求斯根据《公约》第七十六条可能向大陆架界限委员会提交的查戈斯群岛的完整划界案，英国不应采取任何措施阻碍大陆架界限委员会作出建议；

(iv)英国划设的海洋保护区违反了英国在《公约》以下条款的实体和程序义务；

英国在辩诉状及其后续的答辩状中虽然对毛里求斯的上述诉求所涉及

---

① “兰卡斯特宫承诺”的核心内容是：(i)将就签订两国间防御协议一事开展谈判；(ii)毛里求斯独立之后，两国政府应共同商议毛里求斯国内出现的不利的安全局势；(iii)赔偿金额共计300万英镑，将用于查戈斯群岛上土地所有者的补偿，以及群岛居民迁居所产生的费用；(iv)英国政府应竭力为毛里求斯争取美国方面出口糖，以及供应谷物和其他商品的特许权；(v)英国政府将竭力说服美国在岛屿建设活动中使用毛里求斯的劳力和材料；(vi)英国政府将与美国政府协商，尽可能地确保毛里求斯政府在以下方面对查戈斯群岛的使用：(a)航行和气象设施；(b)捕鱼权；(c)为紧急降落和技术经停使用飞机跑道；(vii)如果岛上设施已无使用需要，则查戈斯群岛应当交还给毛里求斯。(viii)查戈斯群岛上及其附近海域所发现的任何矿产和油气资源产生的获益应属于毛里求斯政府。

的实体问题作出了回应，但反驳的重点仍是仲裁庭缺乏管辖权。英国请求仲裁庭裁决：(i)仲裁庭对毛里求斯的四项请求都没有管辖权；(ii)仲裁庭驳回毛里求斯的请求。

2015 年 3 月 18 日，仲裁庭的五位仲裁员以 3∶2 作出裁决，裁定仲裁庭对毛里求斯的前三项仲裁请求没有管辖权，对第四项请求拥有管辖权。随后，仲裁庭裁定英国划设海洋保护区的行为违反了英国在《公约》中的相关义务。作为少数派的两位仲裁员，卡特克和沃夫罗姆发表了反对和并存意见，提出仲裁庭对第一项和第二项请求应具有管辖权，并应当判定英国 1965 年分割查戈斯群岛的行为违反了反殖民原则和自决权原则。

二、仲裁庭的裁决和反对意见

多数派和少数派仲裁员的分歧主要集中在仲裁庭对毛里求斯的前两项仲裁请求是否具有管辖权。两派都认为《公约》第二八八条第 1 款规定了仲裁庭的管辖权范围，但受到《公约》第十五部分第三节的限制，包括与本案相关的第二九七条和第二九八条。由于双方都没有提出前两项请求适用第二九七条的自动排除条款，也没有依据第二九八条作出任何相关的排除性声明，所以仲裁庭是否有管辖权取决于第二八八条第 1 款中的条件是否满足。换言之，争端是否能定性为《公约》解释或适用的争端是问题的关键所在。对此，多数派与少数派作出了截然相反的解读。

(一)仲裁庭对第一项请求的管辖权

1. 争端的定性问题

多数派与少数派都认为，界定争端的性质属于法院或法庭的职权范围。多数派仲裁员提出，应当将争端中有关《公约》解释或适用的部分与涉及领土主权的部分分解开，衡量二者的主次关系和附属关系。如果领土主权问题是争端的主要部分，《公约》的解释或适用只是主要争端的附属问题或表现形式，那么该争端就不是第二八八条第 1 款中的有关《公约》解释或适用的争端。多数派认为本案显然属于这种情况，认为第一项请求中的主要争端应是查戈斯群岛的主权归属问题，《公约》中“沿海国”一词的解释只是这一主要争端的一个侧面。少数派仲裁员似乎也认同多数派判断管辖权的方法，但却得出了完全相反的结论。在少数派看来，毛里求斯只是请求仲裁庭裁定英国是否具备宣告设立海洋保护区的“沿海国”权限，是《公约》第二、第五十五、第五十六、第七十六条的解释问题，并不要求仲裁庭判定主权归属；主权问题只是毛里求斯论证过程中的一个论据(argument)，不应成为争端的主要部分。

2. 对涉领土主权争议的《公约》解释或适用问题的管辖权

《公约》究竟在多大程度上允许法院或法庭对领土主权问题进行司法干预？对此，多数派虽然没有完全否定对涉领土主权问题的强制管辖权，但倾向于对此类请求的管辖权进行严格限制，至多仅限于极个别的混合性争端(例如涉主权争议的海洋划界争端或历史性所有权争端等)。形成鲜明对比的是，少数派却采用了宽松解释第二八八条第1款、严格解释第二九八条第1款(a)(i)的路径：只要能够证明案件与《公约》存在某种联系，第二八八条第1款的条件就已经满足；而要适用第二九八条对管辖权进行排除和限制却必须符合严格的条件，如海域划界、历史性海湾或所有权的情形，以及缔约方应作出排除性声明；主权争议并不构成《公约》第十五部分下的法院或法庭管辖权的内在限制(inherent restriction)。

(二)仲裁庭对第二项请求的管辖权

多数派仲裁员认为毛里求斯的第二项仲裁请求与第一项请求中的争端是相同的，主要问题都是关于查戈斯群岛的主权归属，故裁定仲裁庭不享有管辖权。少数派不同意将第二项请求中的争端界定为主权问题，他们认为多数派混淆了“争端”和“论据”的概念，主权问题只是毛里求斯用来论证第二项请求的“论据”，真正的“争端”是英国是否在“兰卡斯特宫承诺”中转让给毛里求斯一部分作为“沿海国”的权利。这一请求非但没有质疑英国对查戈斯群岛的主权，反而是以英国享有群岛的领土主权并作为主权国让渡了部分权利为前提的。

(三)仲裁庭对第三项和第四项请求的管辖权

对于毛里求斯的第三项请求，仲裁庭达成了一致意见，认为双方在毛里求斯向大陆架界限委员会提交查戈斯群岛外大陆架划界案的问题上并不存在争端，仲裁庭不具有管辖权。

对于第四项请求中的海洋保护区的合法性问题，仲裁庭也达成了一致的结论，认为英国划设海洋保护区的行为，不应定性为“养护和管理生物资源”的主权权利，而应属于沿海国“保护和保全海洋环境”的行为，因而属于第二九七条第1款(c)的范围，应当适用强制争端解决程序。

(四)关于第二八三条交换意见的义务

仲裁庭一致认为，第二八三条只是要求争端各方就解决争端的方法迅速交换意见，并不要求就争端的实质问题进行谈判，也不要求在交换意见过程中必须明确指出具体的条约和条款。只要各方已经清楚地认识到它们的争议所在，就已经满足了第二八三条中交换意见的义务。依据这个标准，仲裁庭认为两国多次就海洋保护区问题开展双边谈话，显然已经满足了第二八三条的要求。

(五)仲裁庭对实体问题的裁决

仲裁庭驳回了毛里求斯的前三项仲裁请求，对第四项请求进行了实质审理。仲裁庭裁决英国划设海洋保护区的行为违反了“诚意”原则和“适当顾及”义务，违反了《公约》第二条第3款、第五十六条第2款和第一九四条第4款。然而少数派的意见更加激进，他们不仅在多数派认为没有必要考查的第三〇〇条的问题上给出了答案，认定英国违反了诚意原则(good faith)，构成了第三〇〇条中的“滥用权利”，还在多数派认为无权管辖的主权问题上作出了具体意见，认为英国分割查戈斯群岛的行为违反了民族自决原则和联合国大会第1514号决议中的“非殖民地化”(decolonization)原则，毛里求斯“同意”分割查戈斯群岛的意思表示是受到胁迫做出的，不应发生效力。

三、查戈斯仲裁案与菲律宾南海仲裁案的对比分析

查戈斯仲裁案与菲律宾南海仲裁案有许多相似点：

在程序方面，英国和中国均被诉至《公约》附件七下的仲裁庭。查戈斯仲裁案中，毛里求斯没有根据《公约》第二八七条第1款作出选择性声明；英国虽在1998年1月12日作出声明，但选择国际法院为解决其海洋争端的司法机构。菲律宾南海仲裁案中，中国和菲律宾都没有作出第二八七条第1款下的声明。根据第二八七条的第3款和第5款规定，如果争端各方

未接受同一程序，或未作出声明，除各方另有协议外，争端可提交附件七所规定的仲裁。

在仲裁庭人员组成方面，德国籍的法官沃夫罗姆同为两案的仲裁员，他的裁决意见在很大程度上会保持一致性；另外，在毛里求斯和菲律宾的四名法律顾问中，有两名是相同的，分别是菲利普·塞兹(Philippe Sands)和保罗·瑞克勒(Paul Reichler)，这意味着毛里求斯的某些主张及其理由也应该会出现在菲律宾的意见中。

在案件事实和争端方面，两案都涉及岛礁的领土主权问题，并且领土主权争议构成争端的实质性问题。英国与毛里求斯对查戈斯群岛的领土争端是决定英国能否作为查戈斯群岛“沿海国”的前置性问题；同样，判断菲律宾所提的三类仲裁事项——中国在南海的海洋权利主张、南海部分岛礁的性质和海洋权利、中国在南沙群岛和黄岩岛附近海域采取行动的合法性——的基础也是案件所涉岛礁的领土归属。

在管辖权方面，仲裁庭是否具有管辖权是两案共同的关键性问题，两案中的被告国英国和中国均分别主张仲裁庭不具有管辖权。英国曾经请求仲裁庭分开审理管辖权问题和实体问题(bifurcation)，但此请求未被应允。中国在2014年12月7日发表《中国政府关于菲律宾所提南海仲裁案管辖权问题的立场文件》(以下简称《立场文件》)，表明了中国不接受、不参与该仲裁案的立场，并以国际法为据，阐述仲裁庭对案件不具有管辖权的意见和主张。2015年4月21日，仲裁庭发布第四号程序令，将《立场文件》视为对管辖权的有效抗辩，并决定就管辖权问题提前举行听证会。2015年7月7日、8日和13日，关于管辖权和可受理性的听证会在海牙召开；10月29日，仲裁庭公布了对管辖权的裁决，裁定对菲律宾的七项诉求下的事项具有管辖权，其他诉求的管辖权需要与实体问题一并审议。

菲律宾南海仲裁案要比查戈斯仲裁案更加复杂。一方面，此案要处理菲律宾提出的15项诉讼请求，这些请求涵盖了中国的南海断续线以及中国在断续线内水域、海床和底土主张历史性权利的合法性、南海某些岛礁和地物的法律地位及其海洋权利、中国在断续线内行使权利的合法性等问题，触及了领土主权、海域划界、历史性权利等重大国家利益，涉及“陆地决定海洋”原则、历史性权利与《公约》的关系、混合型争端的管辖权、海上执法活动和军事活动的界定等海洋法领域的棘手难题。另一方面，中国在2006年8月25日根据《公约》第二九八条的规定作出了排除性声明，对于涉及海域划界、历史性海湾或所有权、军事和执法活动等争端，不接受《公约》第十五部分第二节下的任何强制争端解决程序。为了绕开中国的以上声明，掩盖中菲的岛礁主权争端和海域划界争端的实质，菲律宾将争端拆分，抽取其中几个事项作为孤立的问题提交仲裁，要求仲裁庭分别进行所谓的"法律解释"。

四、从查戈斯仲裁案看混合型争端的管辖权问题

混合型争端的管辖权问题是国际法中一个争论较大的问题，在以往的国际司法实践中通常是在海域划界案例中提出这类管辖权质疑的。查戈斯仲裁案是在非海域划界背景下出现涉及领土主权纠纷和海洋权利纠纷的混合型争端的管辖权问题的典型案件。该案多数派和少数派仲裁员各自对混合型争端的管辖权问题进行了解析，虽采取了相似的分析路径，却得出截然相反的结论。从2015年10月29日公布的菲律宾南海仲裁案管辖权和可受理性裁决可以看出，菲律宾南海仲裁案基本延续了查戈斯群岛仲裁案中的分析方法，只是少数派的观点占了上风。从查戈斯仲裁案到菲律宾南海仲裁案，附件七仲裁庭将混合型争端逐步推向了"宽进严出"的局面。

(一)混合型争端的可受理性

混合型争端是否属于《公约》第十五部分第二节下的强制争端解决程序的管辖范围，是查戈斯仲裁案和菲律宾南海仲裁案中都需要解释的一个关键问题。领土主权争议是否是仲裁庭管辖权的内在限制(inherent restriction)，是查戈斯仲裁案中多数派和少数派的主要分歧之一。尽管两派都认为，如果当事方没有对第二九八条第1款(a)(i)条作出排除性声明，则仲裁庭可以对涉及领土主权争议的海域划界争端或历史性所有权争端行使管辖权，但多数派止步于此，倾向于认为这是涉主权的混合型争端可置于法庭管辖权之下的唯一情形(除非当事方另有协议)。按照这一思路，对于涉主权的其他类型的请求，如菲律宾南海仲裁案中菲方所提的南海部分岛礁的法律地位问题，仲裁庭则无权管辖。

与多数派形成鲜明对比的是，以沃夫罗姆为代表的少数派仲裁员却倾向于严格解释第二九八条，认为适用第二九八条排除和限制管辖权的情形仅限于海域划界、历史性海湾或所有权等法定情形。同时，少数派对规定仲裁庭管辖权的第二八八条第1款的解释却非常宽松，认为只要能够证明案件与《公约》存在某种联系，例如，争端涉及《公约》中“沿海国”一词的解释，第二八八条第1款的条件就已经满足。在菲律宾南海仲裁案中，沃夫罗姆的上述观点最终影响了其他仲裁员，使得“宽松解释第二八八条第1款，严格解释第二九八条”的思路在此案中得到了延续。菲律宾南海仲裁案的管辖权裁决并没有讨论涉主权的混合型争端是否能够接受仲裁庭管辖，而是直接默认了此类争端的可受理性，并以此为前提展开分析。仲裁庭提出，领土主权争端只是中菲两国之间争端的一个方面，“无论这些方面的(主权)争端多么重要，都没有理由拒绝审理争端的其他方面”。

(二)界定混合型争端性质的方法

在查戈斯仲裁案中，仲裁员的两派意见虽然存在诸多分歧，但都认为判断管辖权的第一步是由仲裁庭界定争端的性质。如何对混合型争端进行定性？多数派和少数派采取了相同的路径：首先将争端中有关《公约》解释或适用的部分与涉及领土主权的部分分解开，接着再衡量二者的主次关系和附属关系。如果领土主权问题是争端的主要部分，而《公约》的解释或适用只是主要争端的附属问题或表现形式，那么该争端就不是第二八八条第1款中的有关《公约》解释或适用的争端，仲裁庭不享有管辖权。反之，仲裁庭的管辖权应当成立。然而即便多数派与少数派仲裁员采用了相同的思路，双方却得出了截然相反的结论。可见，这种界定争端的方法具有极大的主观性。菲律宾在南海仲裁案中所提的三类仲裁事项——中国在断续线内的“历史性权利”、南海部分岛礁地物的法律地位和海洋权利、中国在断续线内行使权利的行为，都与中菲之间的领土主权和海域划界争端息息相关。在10月29日作出的管辖权裁决中，仲裁庭沿用了查戈斯仲裁案中的方法，单列一章阐述争端的定性问题。在界定中菲之间混合型争端的性质时，仲裁庭将主权问题界定为争端的次要部分，理由有两点：一是解决这些争端不需要首先对领土主权归属作出裁判；二是菲律宾诉求的真实目的并不是解决主权争议。可见，菲律宾南海仲裁案在查戈斯仲裁案的基础上，试图提出混合型争端的界定标准，然而这一标准也无法逃离主观性过重的诟病。

仲裁员沃夫罗姆在反对意见中充分采信了毛里求斯所提交的意见，认为第一项请求中的争端不应被定性为主权争端，理由是①毛里求斯所提交的第一项请求无关于英国对查戈斯群岛的领土主权，而只涉及英国主权的一个方面，即设立海洋保护区的权利；②英国与毛里求斯对查戈斯群岛的主权争议在仲裁提起以前早已存在，但当时并没有提请第三方争端解决程序的迹象；③毛里求斯只是在英国划设海洋保护区之后才提起仲裁程序的；④毛里求斯在第一项请求中并没有提出行使主权的论据；⑤毛里求斯在第一项请求中已经明确声明，不要求仲裁庭审理主权问题。值得注意的是，这些理由在很大程度上也适用于菲律宾南海仲裁案的情况，实际上，南海案仲裁庭也确实将上述某些理由作为裁决的论据之一。仲裁庭认为中菲之间混合型争端的性质并不是主权争端，原因之一即菲律宾并没有要求仲裁庭裁判两国之间的主权争议，相反，却反复重申仲裁庭应避免处理主权问题；菲律宾提交仲裁的目的并不是解决主权争端，因而菲方在诉求中缩小了问题的范围，只寻求解决海洋权利的争端。

(三)先决性事项上管辖权的缺失不影响其他事项的审理

即使仲裁庭裁定对涉及主权或海域划界的“先决性”请求不具有管辖权，仍有可能对其他请求进行实质审理。查戈斯仲裁案的裁决虽然驳回了毛里求斯的前两项请求，拒绝回答哪个国家才能称之为查戈斯群岛的“沿海国”，但却对英国作为沿海国划设海洋保护区的行为进行了审理。表面上看，这似乎有些自相矛盾。既然无权认定何方享有“沿海国”之权，又如何能裁定沿海国行使主权权利的行为是否合法？然而，仲裁庭绕开了“不确定沿海国，焉能判断沿海国的权利”这一思维定式，假定英国作为沿海国，考查仲裁庭是否依然能对第四项请求享有管辖权。在裁定第二九七条第3款(a)条的排除性规定不能适用之后，仲裁庭提出，即使英国是查戈斯群岛的沿海国，英国归还群岛的承诺已经使得毛里求斯享有了《公约》下的某些权利，如第五十六条规定的予以“适当顾及”的权利等。因而仲裁庭不仅裁定管辖权成立，还在实体阶段裁定英国设立海洋保护区的行为损害了毛里求斯在《公约》中的上述权利。

查戈斯仲裁案中的做法可谓釜底抽薪。它对管辖权的考量打破了“由陆地到海洋”的思维定式，通过对原告作出不利假设(假设英国是沿海国)，绕开先决性问题的判断，直接将争端推入实体审理。这种回避“先决性”请求的做法也成为菲律宾南海仲裁案中的灵丹妙计。南海部分岛礁的领土主权问题是菲律宾各项诉求的先决性问题。要判断中国在南海的海洋权利主张是否超出《公约》允许的范围、中国基于岛礁的海洋权利主张是否符合《公约》，以及中国在南沙群岛和黄岩岛附近海域采取行动的合法性，必须首先确定中国或菲律宾在南海的领土主权。然而同样的，菲律宾南海仲裁案仲裁庭也采用了不利假设的方法，提出菲律宾所提的所有诉求完全可以在假设中国对黄岩岛和南沙群岛享有主权的前提下进行审理。换言之，虽然先决的主权问题不属于仲裁庭的管辖范围，但这丝毫不影响仲裁庭对菲律宾各项诉求行使管辖权。

(四)仲裁庭扩大解释权限的倾向

以沃夫罗姆为代表的激进派扩大解释仲裁庭权限的倾向值得警惕。在查戈斯群岛案中，以沃夫罗姆为代表的少数派意见不仅认定仲裁庭对涉主权的前两项请求具有管辖权，还适用了一般国际法原则，对查戈斯群岛的主权归属作出判定。出乎意料的是，这种扩大解释法庭权限、染指国家领土主权的激进做法还得到了仲裁庭另一名仲裁员的支持。尽管保守派与激进派的这场博弈以3∶2险胜，但这一结果依然反映出国际争端解决机构扩大自身权限的倾向。国际司法和仲裁机构并不是居于国家之上的国际机构，它们的权限来源于国家之间的明确授权，也必须受制于国家之间的明示同意。对于国家间明确的意思表示之外的事项，法院或法庭无权触及。换言之，在法院和法庭的管辖权问题上，应当遵循“法无明确规定即禁止”的原则。然而，近年来这一原则屡有被打破的危险。查戈斯仲裁案中，少数派仲裁员在缔约国无明确授意、当事国亦无明确要求(甚至强烈反对)的情况下，仍然对岛屿领土主权这一核心问题作出判定。无独有偶，国际海洋法法庭在《公约》无任何授权、众多缔约国明确反对的情况下，于2013年3月28日受理了“次区域渔业委员会”(The Sub - Regional Fisheries Commission)提交的首例咨询意见案(Request for Advisory Opinion)，并在2015年4月2日作出了咨询意见。这种逾越国家授权、擅自扩大法庭管辖权限的做法，是有损国际司法机构的公信力的，应及时得到遏制。

（2015年8月）

“北极日出号”案评介

高之国　张小奕

2013年9月18日发生的“北极日出号”事件以及由此引发的国际诉讼，将俄罗斯推到了国际舆论的风口浪尖上。10月22日，国际海洋法法庭就荷兰提交的“北极日出号”案作出“交保放人”的初步裁定。现将法庭就该案“临时措施”裁定的有关情况简要评介如下。

一、“北极日出号”仲裁案的基本情况

“北极日出号”(又译“极地曙光号”)案起因于绿色和平组织实施的“守护北极”系列抗议行动。绿色和平组织(Greenpeace)创立于1971年，是一个国际性的非政府组织，由分布在世界30个国家的43个分会组成，总部设在荷兰的阿姆斯特丹。40多年来，绿色和平组织已经逐渐发展成为全球最具影响力的环保组织之一。

“北极日出号”是荷兰凤凰公司所有的一艘二手破冰船，为绿色和平组织租用，船籍国为荷兰。2013年9月18日，“北极日出号”前往巴伦支海，进入俄罗斯在其离岸抗冰固定平台周围设立的半径为3海里的安全区，抗议俄罗斯石油勘探作业活动。9月19日，俄罗斯联邦安全局武装特工使用直升机，强行登临、控制了位于俄罗斯专属经济区内的“北极日出号”，并以“海盗罪名”扣押了船上来自美国、英国、法国、俄罗斯、德国、意大利、荷兰、比利时、澳大利亚、日本、韩国等19个国家的30名人员。9月30日，俄罗斯摩尔曼斯克地方法院作出裁决，继续羁押船上所有人员至11月24日。10月7日，摩尔曼斯克地方法院又颁布命令，扣押“北极日出号”。

绿色和平组织抗议俄罗斯当局的海盗指控，要求立即释放“北极日出号”和30名船员。10月4日，荷兰正式对俄罗斯提起《联合国海洋法公约》(以下简称《公约》)附件七下的仲裁。10月21日，荷兰按照《公约》的有关

规定，将此案再诉至国际海洋法法庭（以下简称“法庭”），请求法庭就“北极日出号”作出立即无条件放船放人的“临时措施”的裁定。“北极日出号”形成“一案两诉”的局面，即实体问题的仲裁和权利保全的“临时措施”。

法庭经过紧急审理，于2013年10月22日以19票赞成、2票反对的表决结果，就“北极日出号”案作出交保放船放人的“临时措施”的裁定。

法庭宣判后，荷兰和绿色和平组织立即发表声明，对上述裁决表示欢迎和支持。俄罗斯外交部则发表声明，指出法庭对“北极日出号”一案没有管辖权。国际舆论总体上对法庭的裁决持欢迎态度。

二、“北极日出号”案的审理与评析

就“北极日出号”事件提起诉讼和法庭行使管辖权的依据是，《公约》关于“临时措施”的第二九〇条。该条第5款规定，在争端正向其提交的仲裁法庭组成之前，如争议双方不能就规定临时措施的法院或法庭达成协议，则为国际海洋法法庭。该条第1款还规定，法庭得根据情况规定其认为适当的任何临时措施，以保全争端各方的各自权利或防止对海洋环境的严重损害。

俄罗斯自始反对荷兰将此案提交《公约》下的强制管辖程序。俄罗斯驻德国大使馆在10月22日致荷兰的外交照会中声明，不会参加法庭关于临时措施的诉讼程序，其理由是已于1997年发表声明将“关于行使主权权利或管辖权的法律执法活动的争端”排除在法院或法庭的管辖权之外。

荷、俄两国在该案中争议的焦点是沿海国和船旗国在专属经济区内的管辖权问题，这也是本案的核心问题。俄罗斯认为，沿海国在其专属经济区内的石油平台上及其周围安全区内享有专属管辖权；荷兰则坚持船旗国对位于俄罗斯专属经济区内“北极日出号”享有专属管辖权，俄罗斯对该船及其船员采取的执法行动没有征得船旗国的事先同意。

法庭所作的保全争端方权利的“临时措施”决定的核心内容是：俄罗斯应在荷兰交付360万欧元保证金的基础上，立即释放被扣船舶和所有30名人员，并允许船舶和人员离境。俄罗斯法官格利辛（Golitsyn）和乌克兰法官库里克（Kulyk）对法庭“交保放人放船”的裁定投了反对票。

法庭最后作出的“交保放船放人”的裁定，是一个比较合理衡平的判决，既考虑到了原告荷兰对“北极日出号”及其船上人员的专属管辖权，又保全了被告俄罗斯对海上石油平台及其“安全区”内的主权权利和管辖权，还在一定程度上化解了两国之间的争端。

三、对“北极日出号”案的几点初步看法

中国、俄罗斯两国在菲律宾南海仲裁案和“北极日出号”案中，基本上都采取了“不应诉”的相同立场，共同的原因可能包括以下几个方面：第一，在政治上，由于历史传统和意识形态等原因，中、俄两国对现行国际司法机构和制度仍缺乏信任和信心，担忧在国际诉讼和仲裁中得不到公平合理的判决。第二，在法律上，中、俄两国分别于1996年和1997年批准《公约》时，按照第二九八条规定，以书面声明将海洋划界、军事活动、关于行使主权权利和管辖权的法律执行活动等事项排除在《公约》规定的强制管辖权之外。第三，在国际政治层面上，菲律宾提起南海仲裁案背后有南海域内外有关国家的怂恿和支持。俄罗斯国内媒体则公开指出，“北极日出号”案是西方反对俄罗斯的阴谋。第四，在管辖程序上，中、俄两国在两个仲裁案中采取不应诉立场的共同理由，均为仲裁法庭或法庭对争端所涉事项无管辖权。

从“北极日出号”案中，我们也可以一窥国际司法诉讼的发展趋势，并获得一些有益启示。

第一，国家间海洋方向的争端呈上升趋势。近年来，国际诉讼的大多数案件是海洋争端。中、俄采取不应诉立场的两个仲裁案件，也都涉及海洋方面的问题，其中包括《公约》的解释和适用。这说明，相较历史上的陆地争端而言，海洋在国际关系中的地位在上升，对国家主权、安全和发展的威胁将更多来自于海洋方向。

第二，《公约》规定的强制解决争端程序难以完全规避。首先，1982年《公约》规定的强制解决争端程序的最大特点，就是其附件七规定的争端任何一方可以随时单方面提起仲裁，这就完全突破了传统意义和习惯国际法上仲裁需要双方合意的前提。其次，《公约》的另外一大特点是，除非明示许可，不得对《公约》的任何条款作出保留或例外。再次，《公约》第二八七条第3款特别明确规定，对没有作出强制管辖程序选择的缔约国，应推定为已接受附件七所规定的仲裁。最后，《公约》第二八七条第5款规定，如果争端各方未接受同一争端解决程序，除各方另有协议外，争端也必须提

交附件七所规定的仲裁。因此，尽管俄罗斯已就强制管辖的程序作出选择，中国未对强制管辖程序作出任何选择，但对两国而言，实质后果都是一样的，即中、俄均被推定为受附件七规定的仲裁程序的约束。

第三，“不应诉”不能阻止仲裁程序的进行。关于仲裁程序的《公约》附件七第九条对“不到庭”的情况作出规定，“争端一方缺席或不对案件进行辩护，应不妨碍程序的进行”。这也是国际司法实践确立的诉讼原则之一：不应诉既不影响诉讼程序的正常进行，也不影响有管辖权的法庭对案件作出判决。国际司法实践还指明了不应诉面临的三个直接后果：一是案件审理将依旧进行；二是缺席一方仍被视为案件的当事一方；三是缺席一方应受最终裁决的约束。以上即是我国在《公约》规定的争端解决机制下所面临的困境。无论选择与否，最终《公约》规定的有拘束力的争端解决程序不可避免。

第四，荷兰和俄罗斯的国际诉讼经验丰富。“北极日出号”事件发生后，荷兰先于10月4日外交照会俄罗斯提起《公约》附件七下的仲裁；复于10月21日向法庭提出关于“放船放人”的“临时措施”的请求。俄罗斯采取了多项措施应对荷兰提起的两个诉讼程序。先将对“北极日出号”案的指控由“海盗罪”降为“流氓罪”(Hooliganism)；随后决定暂停进口荷兰郁金香花卉和牛肉；继而在法庭“交保放人”命令作出之前，以保释金的形式释放了绝大多数被扣人员。总之，荷、俄两国在本案中都表现出较高的应对案情发展和国际诉讼水平。

第五，中国在菲律宾单方面提起的南海仲裁案中采取不应诉立场具有合理性。中、俄两个仲裁案所涉及的争端事项不同。菲律宾南海仲裁案争议事项的本质是岛屿领土主权和海域划界，而荷、俄仲裁案的争议核心是专属经济区内管辖权的确定。两案及其性质相比较，菲律宾南海仲裁案更加关乎中国的核心利益，且中国已作出过排除性声明，不予应诉是合情合理的。

第六，重视培养国际诉讼人才和队伍建设。在“北极日出号”案中，原告国荷兰作为一个二流的欧洲国家，表现出了一流的国际法水平；被告俄罗斯作为一个传统大国，应对诉讼的手法也较为灵活。我国应学习和总结国际上先进的诉讼经验，加快我国国际法人才队伍的建设，加大国际诉讼人才的培养和储备。

第七，认真研究和选择《公约》规定的争端解决机制的程序。“北极日出号”案再一次说明，《公约》规定的强制争端解决程序是不可避免的。主动选择《公约》规定的强制管辖程序比被动推定为接受强制仲裁管辖要好一些。这样不仅在一定程度上掌握了选择诉讼程序的主动权，还可占领法律和道义上的制高点。建议有关专家和部门认真研究和权衡《公约》规定的各种争端解决程序的利弊，并在此基础上择机作出选择。

第八，坚定对采取不应诉立场的信念和信心。在国际法历史上和国际司法实践中，至少发生过12起以上不应诉、不到庭或缺席判决的案例。俄罗斯在“北极日出号”一案两诉中，也采取了不应诉和不到庭的做法。我们在菲律宾南海仲裁案中不应诉，是根据我国的历史和现实情况作出的一项正确决定。国际社会和有关法庭对一个国家的主权决定应予尊重。我们对这一正确决定应坚定信心并坦然面对，而不必瞻前顾后、心存疑虑。

总之，在我国对菲律宾提起的南海仲裁案不应诉而面临一些压力之际，“北极日出号”案的发生可以减轻中国在菲律宾南海仲裁案上的国际“迎风面”。荷、俄两国在该案诉讼中的一些经验和做法，对我们有效应对菲律宾南海仲裁案的后续发展具有一定的参考价值和借鉴意义。

（2014年2月）

关于国际性法院和法庭的咨询职能与维护中国海洋权益的思考

贾　宇

一、国际争端及其解决方法和机构

在人类开发利用海洋的过程中，国家之间由于利益的不同，或由于对国际法的解释和适用不同而经常发生冲突，形成国际争端。近几十年来，随着科学技术的发展，人类利用海洋的规模在广度和深度方面迅速扩大，可能引起国际争端的因素越来越多，海洋争端的发生有越来越频繁之势。海洋争端主要涉及以下几个方面：有关海域划界的争端、有关岛屿归属的争端、有关海洋油气资源和渔业的争端、与海洋科学研究有关的争端、因海洋环境污染引起的争端，以及与国际海底区域资源勘探开发有关的争端等。海洋争端一般都属于国际争端的范畴。

按照传统的分类方法，国际争端一般可分为法律性的争端和政治性争端两种。法律性质的争端是指当事国的要求和论据是以国际法所承认的理由为根据的争端，政治性的争端是指起因于利益冲突的争端。传统的国际法把解决国际争端的方法分为强制性的和非强制性的两大类。强制性的方法包括反报、报复、平时封锁、干涉，以至战争。非强制性的方法又可以分为政治的解决方法和法律的解决方法，前者如谈判、斡旋、调停、调解（和解）和调查，后者如仲裁、诉讼等。在这些解决方法中，除战争外，其他所有方法都被认为是和平的方法。

国际上有许多旨在和平解决国际争端的结构或机制。其中，可以作出最终裁决的国际机构约有 125 个。在这 125 个国际机构中，典型的国际司法机构约有 20 个。解决海洋争端的最著名的一般性国际司法机构主要是联合国国际法院（International Court of Justice，ICJ）和国际海洋法法庭（International Tribunal on the Law of the Sea，ITLOS）。

二、国际法院的咨询管辖权和咨询意见

一般而言，国际司法机构的管辖权分为两种：诉讼管辖权和咨询管辖权。国际司法机构行使咨询管辖权的主要方式，是应有请求权的主体的请求①，就其所提出的某一法律问题发表咨询意见。国际法院的咨询意见基本上只是针对请求案中所提出的问题进行解答，不是司法判决。咨询意见对于提出咨询请求者并无确切的法律拘束力，咨询意见的内容更不涉及请求者之外的国家或国际组织。

请求发表咨询意见的主体对于咨询意见是否必须遵守或承担履行的义务？在《联合国宪章》《国际法院规约》和《国际法院规则》中都找不到明确的答案，国际法院也未曾主张其咨询意见应有拘束力。实践中，国际法院在1950年“关于保加利亚、匈牙利和罗马尼亚和约的解释”（Interpretation of Peace Treaties with Bulgaria, Hungary and Romania）的咨询意见中表示，“本院的答复纯属咨询性质。既是咨询便无拘束力可言”。②

对请求发表咨询意见的主体而言，国际法院应其请求所发表的咨询意见的“效力”如何？请求主体是否必然视该意见具有权威性？国际法院的实践中，曾有过认定某咨询程序具有半司法审查的色彩，从而使咨询意见在内容上出现了类似判决的作用的先例③。事实上，咨询意见的权威性来自咨询请求者内部权力机构或单位的认可。也就是说，请求者经过内部的法定程序进行政治性的考量与决定，进而以议案的方式通过对咨询意见接受或不接受。

如果咨询意见是为了特定的国际机构或组织所发表，这些有资格提出咨询意见请求的国际机构或组织是由国家所组成的，对于国际法院所作出的咨询意见是否予以接受，还得经由各国际机构或组织成员国所组成的有关单位或法定会议，按一定程序来投票表决。也就是说，国际法院所作出的咨询意见是具有可选择性的而非绝对接受不可。另一方面，也不能排除

---

① 根据《联合国宪章》及作为宪章组成部分的《国际法院规约》的规定，联合国大会、安全理事会以及经大会授权的联合国其他机关和专门机关，可就其活动范围内所涉及的法律问题请求国际法院发表咨询意见。

② United Nations, Summaries of Judgments, Advisory Opinions and Orders of the International Court of Justice 1948—1991 (New York: UN, 1992), p. 11.

③ 1962年国际法院关于Certain Expenses of the United Nations的咨询意见。

当咨询意见案的事由涉及一国或一国以上之间正存在的法律争端时，各争端当事方明示同意将国际法院所作出的咨询意见视同司法判决，并相互承诺遵行咨询意见所说明的事项。此时，咨询意见和国际法院经诉讼程序所作出的判决一样具备法律拘束力。如此一来，需以相关国家以事前同意并承诺为前提。显然，这种状况并非一般咨询意见所必然产生的结果。

表 1　国际法院发表咨询意见的案件

序号	案件	时间
1	接纳一国为联合国会员国的条件(宪章第 4 条)	1947 年
2	执行联合国职务时所受损害的赔偿	1948 年
3	与保加利亚、匈牙利和罗马尼亚的和约的解释	1949 年
4	西南非的国际地位	1949 年
5	联合国大会关于接纳一国加入联合国的权限	1949 年
6	联合国行政法庭的赔偿裁决的效力	1953 年
7	关于西南非洲领土的报告和请愿书有关的问题的表决程序	1954 年
8	国际劳工组织行政法庭就针对教科文组织的指控所作的判决	1955 年
9	西南非问题委员会可否举行请愿人听证会问题	1955 年
10	政府间海事协商组织海上安全委员会的组成	1959 年
11	联合国的某些经费(宪章第 17 条第 2 项)	1961 年
12	南非不顾安理会第 276(1970)号决议继续留驻纳米比亚(西南非洲)对各国的法律后果	1970 年
13	申请复核联合国行政法庭第 158 号判决	1972 年
14	西撒哈拉问题	1974 年
15	世界卫生组织同埃及之间 1951 年 3 月 25 日协定的解释	1980 年
16	申请复核联合国行政法庭第 273 号判决	1981 年
17	申请复核联合国行政法庭第 333 号判决	1984 年
18	1947 年 6 月 26 日《联合国总部协定》第 21 节规定的仲裁义务的适用	1988 年
19	《联合国特权及豁免公约》第六条第 22 节的适用性	1989 年
20	一国在武装冲突中使用核武器的合法性	1993 年
21	以核武器相威胁或使用核武器的合法性	1995 年
22	关于人权委员会特别报告员诉讼程序豁免权的分歧	1998 年
23	在被占领巴勒斯坦领土构筑围墙的法律后果	2003 年
24	科索沃单方面宣布独立是否符合国际法	2008 年

注：张丹根据联合国(http：//www. un. org/Depts/los)有关资料整理。

虽然一些案例显示咨询意见所发挥的实质效用是有限的，但是，国际司法机构的咨询意见不具备法律拘束力并不等于它全然没有“效力”。作为国际司法机构的法官，或是“品格高尚并在各本国具有最高司法职位之任命资格或公认为国际法之法学家”①；或是“享有公平和正直的最高声誉，在海洋法领域内具有公认资格的人士”②，他们就某一法律问题所发表的意见和看法，其权威性和影响力自不待言。事实上，国际法院的咨询意见的确在若干国际法律议题及争端处理上发挥了积极作用，包括条约的保留、联合国的特权与豁免等问题③。国际司法机构的咨询意见作为重要而有力的“软法”，其影响力和“效力”是不言而喻的。

三、国际海洋法法庭的咨询职能和咨询意见

国际海洋法法庭(以下简称“法庭”)成立于1996年，迄今已受理了18起案件(详见表2)。作为和平解决国际争端的法律手段和平台，法庭日益受到《公约》缔约国和国际社会的重视。但是，法庭是否具有咨询管辖权，应该是一个有待明确的问题。关于法庭的管辖权问题，主要体现在《公约》第十五部分“争端的解决”、《公约》附件六《国际海洋法法庭规约》(以下简称《规约》)和《国际海洋法法庭规则》(以下简称《规则》)的条款之中。

表2 国际海洋法法庭受理的案件

序号	当事国	案件	案由	时间
1	圣文森特和格林那丁斯 v. 几内亚	“塞加号”案	迅速释放	1997年12月
2	圣文森特和格林那丁斯 v. 几内亚	“塞加号”案(2)	临时措施和实质问题	1998年2月
3	新西兰 v. 日本	南方蓝鳍金枪鱼案	临时措施	1999年8月
4	澳大利亚 v. 日本	南方蓝鳍金枪鱼案	临时措施	1999年8月
5	巴拿马 v. 法国	“卡莫科号”案	迅速释放	2000年2月

① 《国际法院规约》第2条。

② 《国际海洋法法庭规约》第2条。

③ 参见国际法院1951年关于Reservations to the Convention on the Prevention and Punishment of the crime of Genocide的咨询意见；1989年关于Applicability of Article VI, Section 22, of the Convention on the Privileges and Immunities of the United Nations的咨询意见。

续表

序号	当事国	案件	案由	时间
6	塞舌尔 v. 法国	“蒙特·卡夫卡号”案	迅速释放	2000 年 12 月
7	智利 v. 欧共体	东南太平洋养护和可持续捕捞箭鱼群案	实质问题	2000 年 12 月至 2005 年 12 月
8	伯利兹 v. 法国	“大王子号”案	迅速释放	2001 年 3 月
9	巴拿马 v. 也门	“契斯雷·雷夫 2 号”案	迅速释放	2001 年 7 月
10	爱尔兰 v. 英国	混合氧化物案	临时措施	2001 年 12 月
11	俄罗斯 v. 澳大利亚	“奥尔加号”案	迅速释放	2002 年 12 月
12	马来西亚 v. 新加坡	新加坡在柔佛海峡围海造地案	临时措施	2003 年 9 月
13	圣文森特和格林那丁斯 v. 几内亚比绍	“朱诺商人号”案	迅速释放	2004 年 12 月
14	日本 v. 俄罗斯	“Hoshinmaru”号渔船案	迅速释放	2007 年 8 月
15	日本 v. 俄罗斯	“Tomimaru”号渔船案	迅速释放	2007 年 8 月
16	孟加拉 v. 缅甸	孟加拉与缅甸孟加拉湾海洋边界划界争端案	划界争端	2009 年 12 月
17	国际海底管理局理事会	国家担保个人和实体参加国际海底区域活动的责任和义务	请求海底争端分庭提供咨询意见	2010 年 5 月
18	圣文森特和格林纳丁斯 v. 西班牙	M/V“Louisa”案	迅速释放临时措施	2010 年 11 月

注：贾宇、张丹根据国际海洋法法庭(http://www.itlos.org)和联合国(http://www.un.org/Depts/los)有关资料整理。

《公约》和《规约》中的相关条款并未明确区分诉讼管辖权或咨询管辖权。而《公约》第二八八条关于管辖权的规定，见诸于《公约》第十五部分“争端的解决”的第二节“导致有拘束力裁判的强制程序”项下，应理解为仅指诉讼管辖权而言，实难扩大解释为将咨询管辖权包含在内。

作为《公约》附件的《规约》亦未区分诉讼管辖权或咨询管辖权。《规约》第二十一条中规定，“法庭的管辖权包括按照本公约向其提交的一切争端和申请(all disputes and all applications)，和将管辖权授予法庭的任何其他协定(any other agreement)中具体规定的一切申请(all matters)”。《规约》第二十二条还规定，“如果同本公约所包括的主题事项(subject - matter)有关的现行有效条约或公约的所有缔约国同意，则有关这种条约或公约的解释或适用的任何争端(any disputes)，可按照这种协定(such agreement)提交法庭”。《规约》第三十三条明确规定“法庭的裁判是有确定性的，争端所有各方均应遵守”。与此形成对比的是，咨询意见(如果有的话)及其效力如何则未着一字。似乎回避就此作答。

第三次联合国海洋法会议期间，筹委会第四特委会准备的《规则草案》中未涉及法庭的咨询管辖权问题。会议期间，就此问题进行过讨论，也有一些国家提出过关于法庭咨询管辖权的提案。但是，《公约》和《规约》未就法庭作为全庭的咨询管辖权作出规定，至少说明会议未就此达成一致。如果说，第三次联合国海洋法会议否定了给予法庭咨询管辖权也不为过。

国际法院的咨询管辖权清楚、明确地规定在《国际法院规约》之中①。《公约》及作为《公约》附件的《规约》对国际海洋法法庭是否有咨询管辖权未作规定。与此形成对照的是，《公约》第一九一条、《规约》第40条等条款，清楚、明确、肯定地规定了国际海洋法法庭海底争端分庭(以下简称“海底争端分庭”或“分庭”)的咨询职能。由此不难得出结论：法庭本身只行使诉讼管辖，只有海底争端分庭才具有诉讼和咨询的双重管辖权。

《规则》“序言”中规定，法庭根据《规约》第16条行事。《规约》第16条授权法庭“制定执行其职务的规则。法庭应特别订立关于其程序的规则”。1997年法庭正式通过、并于2001年3月15日和9月21日修订、2009年3月17日再次修订的《规则》，在H节“咨询程序”中规定了法庭的咨询职能。《规则》第138条对法庭的咨询管辖权作出了规定：“如果与本公约目的有关的国际协定(international agreement)专门规定向法庭提交发表咨询意见的请求，则法庭可以(may)就某一法律问题发表咨询意见。咨询意见的请求应由任何经授权的实体送交法庭或根据协定向法庭提出。”

此外，法庭现任庭长赫苏斯(José Luis Jesus)在多个场合表示，只要两个或两个以上的缔约国签署相关协定，即可向法庭提出申请，请求法

① 参见《国际法院规约》第36条、第65-68条、第96条。

庭发表咨询意见。他并呼吁各缔约国能够以开明和开放的方式和态度理解法庭的性质，对法庭就《公约》的解释和适用问题提供法律意见的咨询职能善加利用。他认为，《公约》是一个新鲜事物，各缔约国对《公约》条款的解释也不同。即使争端当事国出于各种原因不愿将争端提交法庭审理，向法庭提出咨询意见的申请也必将有助于改善对案件的理解，从而在谈判中有所助益。要求法庭提供咨询意见没有使申请国蒙受任何损失，而且咨询意见具有快捷性，2 ~3 个月即可。

然而，从筹委会到第三次海洋法会议的正式讨论，从《公约》到《规约》，找不到法庭享有咨询管辖权的法理依据。《规则》序言所依据的《规约》第 16 条只是授权法庭“制定执行其职务的规则”。这样的规则不应超越《公约》和《规约》赋予法庭的职责，其中并不包括咨询管辖权。显然，《规则》第 138 条关于法庭咨询管辖权的规定，“上位法”的依据不够充分。迄今，也未见到法庭本身的相关解释和论证。

综上，根据《公约》和《规约》，海底争端分庭具有诉讼管辖和咨询管辖的双重职能，而法庭只能行使诉讼管辖权。如果在大概念上说法庭作为全庭具有咨询职能的话，那也是作为法庭组成部分的海底争端分庭的咨询职能，是分庭所特有和专属的，不能直接等同于法庭作为全庭就具有咨询职能。

（2011 年 1 月）

陆地如何统领海洋

——海洋权利的产生与海洋划界

吴继陆

"陆地统领海洋"是现代海洋法的一项基本原则①。中外文献，包括国际法院和法庭的判决很少系统阐述该原则。深入而全面地把握陆地统领海洋原则的基本含义，有助于理解沿海国的海洋权利(如主张领海、专属经济区和大陆架等)的产生、海洋划界的基础和性质。

一、陆地领土主权是海洋权利的基础

本文所言之"陆地"是指在法律上确立了领土主权的陆地，"海洋"是指沿海国对领海、专属经济区和大陆架等海洋区域的权利(主权、主权权利和管辖权)。二者都不是指自然状态的陆地与海洋。

国际法院在北海大陆架案中解释大陆架权利基础时指出，"毗连区和大陆架这两个概念都适用陆地统领海洋这一原则"，因为"陆地是一个国家行使领土向海延伸的权力的法律来源"②。"国际法之所以赋予沿海国大陆架法律上的所有权，是由于这样一种事实，即有关海底区域实际上可以被视为该沿海国已经享有统治权的领土的一部分。"③在1978年的爱琴海大陆架案中，国际法院明确强调"大陆架权利从法律上说，既源自沿海国的领

① 这一格言也可译作"陆地统治海洋"或"陆地支配海洋"。本文认为"陆地统领海洋"更能体现陆地主权和海洋权利的关系。

② North Sea Continental Shelf (Federal Republic of Germany/Denmark; Federal Republic of Germany/Netherlands) cases, Judgment, I. C. J. Reports 1969, p. 51, para. 96.

③ North Sea Continental Shelf (Federal Republic of Germany/Denmark; Federal Republic of Germany/Netherlands) cases, Judgment, I. C. J. Reports 1969, p. 51, para. 43. "title"是海洋划界理论中非常重要的概念，基本含义是指一个国家拥有一定海洋权利(right)或提出海洋主张(claim)的法律事实、条件或资格，有时与"权利"(right)通用，有时也指"所有权"。国内还有将其译为"权源""权原""权利基础"等。本文译为"所有权"或"权利"，并未严格区分。

土主权，又与领土主权具有自动的连接关系。”①大陆架权利是如此，沿海国关于领海、专属经济区的权利主张的基础也源自其对特定陆地的领土主权。

存在主权争端的岛屿只是其主权归属不明，不能说是无主地。所谓确立了领土主权，显然是得到国际社会承认的依据法律确立的主权。在当今世界似乎已没有一块陆地未被发现、未被主张主权。仅有的特例是南极地区。依据“南极条约体系”冻结南极领土主张，相关国家依据其南极领土要求而提出的海洋权利主张，包括200海里外的大陆架权利主张，其处理方式不同于其他已经建立主权的陆地区域。如，澳大利亚2004年提交的200海里外大陆架界限资料涉及南极领土，鉴于上述考虑，澳大利亚特意要求：“澳大利亚作第一项选择，请求委员会根据其规则暂不就本划界案中有关附属于南极洲的大陆架的资料采取任何行动。”②

二、相关海岸是主张海洋权利的关键

确立了主权的陆地领土是沿海国主张海洋权利的基础，但是并非整个陆地领土或陆块都对海洋主张及海洋划界产生影响。也就是说，陆地领土面积的大小与主张海洋权利的多寡无关，最重要的是海岸或海岸线。在突尼斯/利比亚案中，国际法院认为，“海岸与海岸之外的水下区域之间的地理关系是沿海国法律权利的(legal title)的基础”，“对邻接一国海岸的水下区域的权利(title)而言，一国领土的海岸(coast)是决定性的因素”。③ 在1985年的几内亚/几内亚比绍案中，仲裁庭关于陆地面积无关于海洋权利说得更为清楚。“各国可以主张的海洋权利与其海岸后面的领土范围无关，而与海岸本身及其成为领土疆界的方式有关。一个拥有相当小的陆地面积的国家完全有理由要求比一个较大的国家更为广阔的海上领土。一切都取决于其各自的临海面(maritime facades)及其

---

① Aegean Sea Continental Shelf, Judgment, I. C. J. Reports 1978, p. 3. at p. 36, para. 81.

② Note from the permanent Mission of Australia to the Secretary /General of United nations accompanying the lodgement of Australia's Submission, Note No. 89/2004, at: http://www.un.org/Depts/los/clcs_new/submissions_files/aus04/Documents/aus_doc_es_web_delivery.pdf. Visited on 2015/09/01.

③ Continental Shelf (Tunisia/Libyan Arab Jamahiriya) case, Judgment, I. C. J. Reports 1982, p. 61, para. 73.

构成。”①

法院还强调，仅是自然地理上的邻接并不能产生权利。法院认为，沿海国对海洋或海底区域的法律权利总是而且必须是法律运行(legal operation)的结果。海洋边界起因于法律规则，而不是由纯自然因素(physical fact)的内在性质决定的；仅仅是相邻这个自然事实(natural fact)并不产生法律结果。②

这里的海岸兼具地理或自然的海岸以及法律意义上的海岸两种含义。海岸地理等自然事实——包括海岸长短、海岸形态(内凹或外凸)、与相邻或相向国家的远近、有无近岸海洋地物(岛礁滩沙等)、海洋地物的大小等等——一直在海洋划界中起着首要作用。从权利主张的角度看，法律意义上的海岸则更为重要，因为，并非所有高低起伏、蜿蜒曲折的自然海岸都可据以主张管辖海域，也并非所有自然状态的海岸都可被称为海洋划界中的“相关海岸”。

在海洋权利主张和海洋划界理论中，经常将海岸抽象为沿海国的海岸前沿(coastal front, coastal frontage)或临海面(façade)。③ 沿海国以其海岸为基础，主张任何一类海域——领海、专属经济区或大陆架——均是一个立体空间。特别是领海，不但包括底土、水体还包括上空；专属经济区和大陆架也都是立体的海洋空间，而不是一个平面。因此，应当在法律上将海岸也抽象为一个竖立的面临海洋的“面”(临海面)，而不是“平躺”的线，不是像在海图上将测算领海宽度的基线标绘为一条线。

三、陆地通过海岸投射统领海洋

在2009年的黑海案中，国际法院确认，沿海国的权利基于陆地统领海洋的原则，而“统领”的方式是投射。“一国关于大陆架和专属经济区的所有权(title)是建立在陆地统领海洋原则基础上的，(陆地)通过海岸或海岸

① Arbitration Tribunal for the Delimitation of the Maritime Boundary between Guinea and Guinea/Bissau, Award of 14 February 1985, p. 301, para. 119.

② Delimitation of the Maritime Boundary in the Gulf of Maine Area, Judgment, I. C. J. Reports 1984, p. 296, para. 103.

③ 参见，North Sea Continental Shelf, para. 15; Gulf of Maine (Judgment), para. 36; Maritime Delimitation In The Area Between Greenland And Jan Mayen (Denmark V. Norway), 1993, paras. 61/69.

前沿的投射(统领海洋)。”①

“投射”(projection)是一个极为重要又令人困惑的概念。投射是一种形象化的说法，表示沿海国权利自海岸开始向海方向的拓展、扩展、延伸或继续。投射这一概念将沿海国的陆地主权和海洋权利连接起来。这类似于依据“大炮射程规则”主张3海里的领海——沿海国对海洋控制的范围相对于岸炮3海里的射程。海岸(海岸线、临海面、海岸前沿)是沿海国海洋权利向海投射(seaward projection, maritime projection)的起点。

在理论上和实践中，最令人费解的是投射的方向，即沿海国向海方向的权利延伸或向海投射是沿着与海岸垂直的方向行进，还是呈辐射状向所有方向发散？最近的海洋划界案明确认可辐射状投射(radial projection)。2006年的巴巴多斯/特立尼达和多巴哥案中，仲裁庭强调：“在海岸临近主张重叠区时，它必然对划界产生强烈的影响。这种影响不仅产生于海岸的一般方向(general direction)，而且也来自划界区域中的辐射状投射(radial projection)。”②在2012年的孟加拉/缅甸海洋划案中，国际海洋法法庭虽未直接使用辐射状投射这一概念，但在关于孟加拉和缅甸相关海岸的确认、临时等距离线的调整等问题的分析中，多次专门研究了两国海岸的投射，很显然并不仅限于垂直投射，而是包括各个方向的投射，尤其是重叠部分的投射。③ 在2014年的孟加拉/印度案中，海岸投射理论成为确认双方相关海岸、双方海洋权利范围的基本依据。④ 仲裁庭多用示意图形象地显示孟加拉和印度海岸的向海投射及其相互关系(见图1)。

但是，对于沿海国权利主张来说，在辐射状投射中，垂直投射或正面投射部分是测算其管辖海域外部界限的方向。在限定投射距离(如200海

① Black Sea (Maritime Delimitation in the Black Sea (Romania v. Ukraine), Judgment, ICJ Reports 2009, p. 61), para. 77. 原文为：“The title of a State to the continental shelf and to the exclusive economic zone is based on the principle that the land dominates the sea through the projection of the coasts or the coastal fronts.”

② BARBADOS AND THE REPUBLIC OF TRINIDAD AND TOBAGO, AWARD OF THE ARBITRAL TRIBUNAL, 2006, pp. 72/73, p. 239.

③ 参见，Dispute Concerning Delimitation of the Maritime Boundary between Bangladesh and Myanmar in the Bay of Bengal (Bangladesh/Myanmar), Judgment of 14 March 2012, p. 50, paras. 185/203, 318/335.

④ 参见，In the Matter of the Bay of Bengal Maritime Boundary Arbitration between the People's Republic of Bangladesh and the Republic of India, Award, 2014, paras. 279, 287/204, 383, 391, 407/408, 416/419.

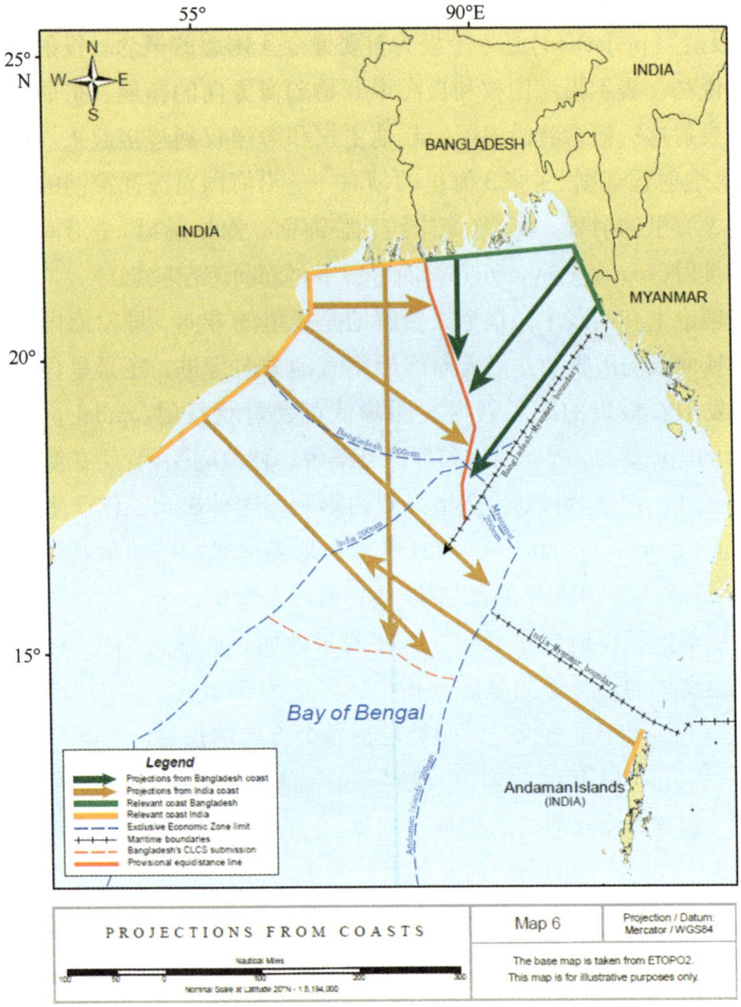

图 1　孟加拉/印度仲裁案中的海岸投射

注：资料来源于 In the Matter of the Bay of Bengal Maritime Boundary Arbitration between the People's Republic of Bangladesh and the Republic of India, Award, 2014, p. 119.

里)的情况下，从海岸上某一点(基点)向海投射的各方向中，垂直投射所能达到的海域距离海岸最远，能达到主张海域面积的最大化。向海投射实际上就是沿海国提出的管辖海域范围；“自测算领海宽度的基线量起”已经暗指投射方向就是垂直于海岸的方向。

四、向海投射的距离标准和自然延伸

向海投射范围的标准是不断在变动的，表现为沿海国海洋主张不断向海扩展的趋势。在《联合国海洋法公约》（以下简称《公约》）成为国际社会普遍遵守的“海洋宪章”后，依据《公约》的规定，沿海国向海方向投射（海洋主张）的最大范围为12海里（领海）和200海里（专属经济区）。但是大陆架的标准有两个，就是《公约》第七十六条规定的自然延伸标准和200海里距离标准。

自然延伸作为海洋投射的标准之一，毫无疑问它可以作为沿海国海洋权利（大陆架）主张的标准，并依据《公约》第七十六条规定的具体要求，确定自然延伸（大陆架、大陆边）的范围。“陆地统领海洋”原则自始就与自然延伸密不可分，甚至可以说自然延伸为“陆地统领海洋”原则提供了最初的例证和说明。在1969年的北海大陆架案中，国际法院非常清楚地指出，仅仅是邻接或邻近（距离）并不能赋予沿海国大陆架权利（title），起决定性作用的是自然延伸。①

自北海大陆架案之后，否认或淡化自然延伸的观点虽然时常出现，但是自然延伸还是明确载入1982年《公约》，成为大陆架制度的重要基础。“事实上，作为权利基础的距离概念逐渐与自然延伸概念连接在一起。这种紧密相联在《公约》第七十六条关于大陆架的定义中达到顶峰，在这一条中，这两个概念被赋予相互补充的作用”。② “现在已经很清楚，专属经济区概念没有吸收（absorb）大陆架概念，二者带有共同的重要因素共存，该因素源于这一事实：在沿海国基线量起的200海里之内，距离是各方权利的基础。”③

在2012年的孟加拉/缅甸案、2014年的孟加拉/印度案均划定了200海里外大陆架边界，自然延伸作为独立的标准均发挥了不可替代的作用。自然延伸是与距离同时存在的投射标准，进而也是大陆架权利主张的标准之一，这是毋庸置疑的，也不需要设定其他附加条件。自然延伸标准

---

① North Sea Continental Shelf, I. C. J. Reports 1969, para. 43.

② BARBADOS AND THE REPUBLIC OF TRINIDAD AND TOBAGO, AWARD OF THE ARBITRAL TRIBUNAL, 2006, p. 69, para. 225.

③ BARBADOS AND THE REPUBLIC OF TRINIDAD AND TOBAGO, AWARD OF THE ARBITRAL TRIBUNAL, 2006, p. 69, para. 226. also, Libyan /Malta, Judgment, I. C. J. Reports 1985, p. 13.

和距离标准对海洋权利主张及海洋划界方法的选择都有着极为重要的意义。

五、海岸投射产生权利重叠及海洋划界

只有在相邻或相向国家之间的海洋投射产生重叠时，才会在法律上确定这些国家之间存在海洋权利重叠(overlapping title)，也只有存在海洋权利重叠才会产生海洋划界。对于大陆架划界而言，“一国海岸的任何部分的水下延展(submarine extension)，因其地理状况，不能与另一国的海岸延展重叠，则该部分海岸不应被纳入下一步考虑”①。同时，那些不能重叠的海域不能构成需要划界的“相关海域”。

“划界基于存在重叠区(area of overlap)的假定，也就是说，两个国家都在这一区域拥有法律上的所有权(legal title)。除非存在所有权重叠，否则无物可划”。② 相邻或相向的沿海国之所以都对该海域拥有法律上的所有权，就是因为自双方海岸的投射(不管是按照自然延伸标准，还是距离标准)均到达、覆盖这一海域。这犹如两杆路灯之间的区域，两盏灯光都能照射到这同一地方。“按照大陆架权利(entitlement)的概念，划界本质上是在已经归属于(appertain to)一个或另一个国家的区域之间划出一条疆界线(boundary line)”。③ 这一论断的基本含义是，待划的大陆架必须处于沿海国的海洋投射范围之内，只是在相互重叠的权利之间划出分界线。在2009年的黑海案中，国际法院再次明确地指出了权利重叠与划界之间的关系。法院认为，“确定罗马尼亚的海岸和乌克兰的相关海岸很重要，这些海岸产生了两国关于大陆架和专属经济区的权利，也就是说这些海岸的投射是重叠的。因为，划界任务就在于画出分开所涉海洋区域的一条线以解决重叠主张。”(画线为本文所加)④法院的任务之一是辨明双方的相关海岸，“为划界之目的的相关海岸产生的投射，必须

---

① Continental Shelf (Tunisia/Libyan Arab Jamahiriya), Judgment, I. C. J. Reports 1982, p. 61, para. 75.

② P. Weil, The Law of Maritime Delimitation - Reflections, Cambridge, 1989, p. 47.

③ North Sea Continental Shelf, Judgment, I. C. J. Reports 1969, p. 3, para. 20.

④ Black Sea (Maritime Delimitation in the Black Sea (Romania v. Ukraine), Judgment, ICJ Reports 2009, p. 61, para. 77.

与另一国的海岸投射相重叠”。①

这里触及海洋划界的本质：海洋划界(maritime delimitation)是在投射重叠的海域同时对双方的权利(title)施加同等的限制(limitation)，以确定各自海洋权利的界限(limit)。从这个角度看，“任何划界都必不可少地包括相关截断和侵占，当事各方必须放弃若不存在他国就可为其所有的部分区域。但这还不是全部：为了达到公平的结果，海洋边界之所以产生的相互截断和侵占必须以一种平衡的和合理的方式由双方承担，不能仅由一方做出牺牲”②。从另一个角度看，划界应确保一方不得侵占另一方的权利，划界的结果应当确保各方的权利(海岸投射)达到国际法所允许的最大范围，而不是所有的范围。

六、结语

“陆地统领海洋”原则的具体内涵在海洋划界判例中不断得到丰富和明确，是关于海洋权利产生和海洋划界方法论的基础理论。深入而全面地把握这一原则，有助于对诸多现实问题理解和讨论。

沿海国海洋权利的产生、发展和确定经过了非常漫长的历史过程，并逐步以习惯国际法或国际条约的形式得到确认和明确。海洋权利的产生是法律运行的结果，并非陆地自动产生。该原则无法作为主张“历史性海湾”“历史性水域”和“历史性权利”的法律基础。同时，该原则也无法解释为何沿海国在各海域享有的权利的性质和范围各不相同，也无法说明诸如“剩余权利”问题。

(2015 年 11 月)

① Maritime Delimitation in the Black Sea (Romania v. Ukraine), Judgment, I. C. J. Reports 2009, pp. 96/97, paras. 99.

② Court of Arbitration for the delimitation of Maritime Areas between Canada and France: Decision in case concerning Delimitation of Maritime Areas (St Pierre and Miquelon) 10 June 1992, Dissenting Opinion of Mr. Prosper Well. para. 17.

南极地区200海里外大陆架及其法律问题

张海文

一、有关国家对南极领土主张和新近的扩展大陆架的权利主张

在1908—1924年，先后有英国、澳大利亚、新西兰、法国、挪威、智利和阿根廷七个国家对南纬60°以南的八块南极领土提出主权要求①，其中英国、阿根廷和智利等国之间的南极领土主权主张范围严重重叠。这些领土主张仅在部分主张国之间得到互相承认，但是，世界其他国家并不承认这些主权要求。南极洲大陆80%以上的面积已被相关国家所主张，仅剩下西经90°至西经150°之间的玛丽伯德地未被纳入任何国家的领土主权范围内。

虽然《南极条约》②冻结了各国对南极地区的领土和主权要求，但是，随着《联合国海洋法公约》的实施③，仍有一些国家不顾《南极条约》的明文规定，对南极地区的部分海床和底土提出了大陆架权利要求（见图1）。

---

① 邹克渊：《南极矿物资源与国际法》，北京：北京大学出版社，1996年，第174－179页。维基百科全书，http：//en. wikipedia. org/wiki/List_of_Antarctic_territorial_claims。

② 《南极条约》签署于1959年12月1日，于1961年6月23日开始生效。截至2009月12月1日，《南极条约》共有47个缔约国（详见《南极条约》常务秘书处网站：http：//www. ats. aq/e/ats_treaty. htm）。中国于1983年6月加入了《南极条约》，1985年10月7日成为协商国。《南极条约》将南纬60°以南的所有大陆和冰架称为南极地区，该地区仅用于为了和平目的而开展科学研究。

③ 依据1982年《联合国海洋法公约》（以下简称《公约》）、《公约》附件二、《公约》缔约国大会第72号决议和第183号决议，《公约》在1999年5月13日以前开始对其生效的缔约国，如果对200海里外大陆架提出权利要求，则应在2009年5月13日以前，向委员会正式递交“划界案”或“初步信息”。

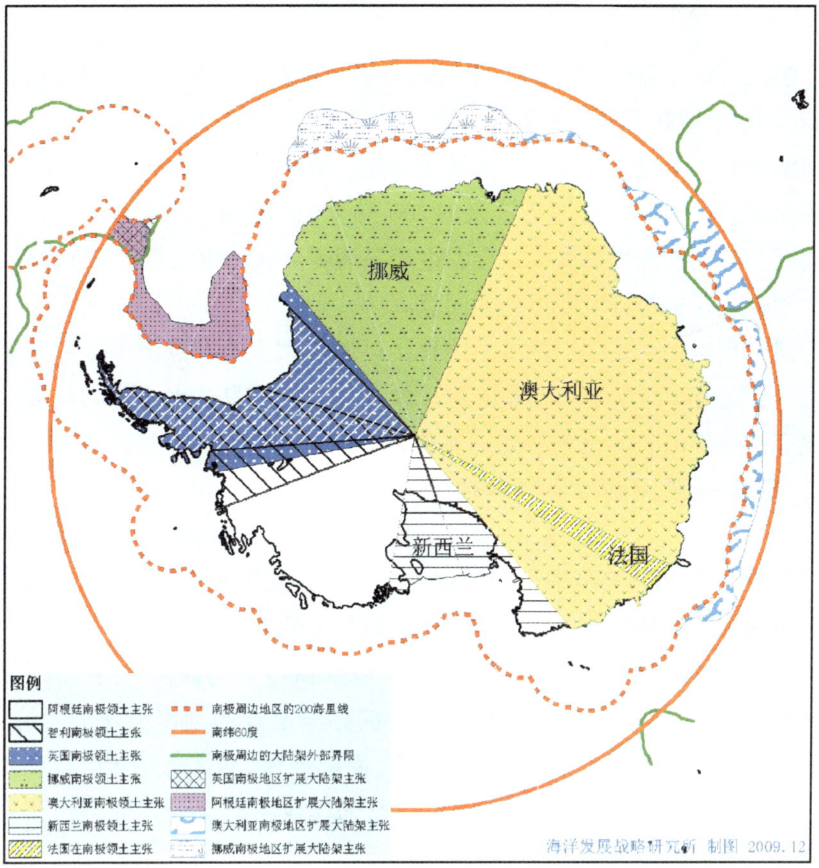

图 1　各国的南极主张

截至 2009 年 11 月 30 日，联合国大陆架外部界限委员会(简称“委员会”)共收到了 51 个划界案和 44 个初步信息，其中有 5 个划界案和 1 个初步信息涉及南极地区 200 海里外大陆架。

二、涉及南极 200 海里外大陆架划界案和初步信息

在对南极领土提出过主权要求的七个国家中，澳大利亚、阿根廷、挪威、英国和新西兰已分别向委员会提交了涉及南极地区的划界案，智利提交了初步信息，法国则表示保留今后提出其南极领土部分划界案的权利。

(一)澳大利亚划界案——涉及南极地区的部分

澳大利亚于2004年11月15日向委员会提交了划界案。在澳大利亚所确定的10个200海里外大陆架区块中，有3个区块涉及南极地区。

澳大利亚南极领地200海里外大陆架。澳大利亚为其所主张的南极领土提出了面积为68 682平方千米的200海里外大陆架①。但在提交划界案的同时，澳大利亚提出外交照会，主动提请委员会不审议②此部分划界案，澳大利亚此要求得到了委员会的同意。

澳大利亚划界案中，除了上述直接以南极领土为基点而主张扩展大陆架之外，还有2个区块虽然是分别以澳大利亚赫德岛和麦克唐纳群岛，以及麦夸里岛等岛屿领土为基点而主张的扩展大陆架③，但是，其中分别有部分200海里外大陆架已经包括了南纬60°以南海底区域的部分海床和底土。

委员会于2008年4月9日对澳大利亚划界案作出审议结果。但是，对于上述澳大利亚所主张的以岛屿为基点而划定的进入南纬60°以南地区的2个扩展大陆架区块，委员会不顾美国、俄罗斯等多国的反对意见④和《南极条约》的明文规定，仅对其中几个外部界限定点的划定方法表示异议，实质上是同意了澳大利亚的主张。对于《南极条约》明文冻结新的权利要求的规定，委员会表明其立场是："委员会的建议不妨碍与其他条约相关的事务。"

---

① 澳大利亚主张的南极领土是包括位于45°E至136°E之间，以及142°E至160°E之间的南极大陆与岸外岛屿。详见《澳大利亚大陆架划界案执行摘要》(AUS－DOC－ES)：http://www.un.org/Depts/los/clcs_new/submissions_files/aus04/Documents/aus_2004_c.pdf。

② 澳大利亚"请求委员会根据其规则暂不就本划界案中有关附属于南极洲的大陆架的资料采取任何行动"。详见《澳大利亚大陆架划界案执行摘要》的附文(AUS－DOC－ES)：http://www.un.org/Depts/los/clcs_new/submissions_files/aus04/Documents/aus_2004_c.pdf。

③ 即凯尔盖朗深海高原和麦夸里海岭的扩展大陆架。详见《澳大利亚大陆架划界案执行摘要》的附文(AUS－DOC－ES)：http://www.un.org/Depts/los/clcs_new/submissions_files/aus04/Documents/aus_2004_c.pdf。

④ 针对澳大利亚划界案涉及南极领土问题，分别有美国、俄罗斯、德国、印度、日本和荷兰等国家提交外交照会，重申《南极条约》的规定，明确表示不承认任何国家对南极地区领土主权要求以及依这类领土主张而对南极地区的海底区域提出新的权利要求。详见：http://www.un.org/Depts/los/clcs_new/submissions_files/submission_aus.htm。

(二)阿根廷划界案——涉及南极地区的部分

2009年4月21日，阿根廷向委员会提交了划界案。根据该划界案执行摘要的介绍，阿根廷划界案中有1个区块是直接以其所主张的南极领土为基点而划定的。

阿根廷主张的南极领土位于西经74°至西经25°之间的大陆和岸外岛屿。阿根廷以这些领土为基点，提出了其南极领土200海里外大陆架的权利主张。①

2009年8月召开的委员会第24次会议上，委员会在综合考虑了美国、俄罗斯、日本、英国、荷兰和印度等国家的反对意见及阿根廷代表团陈述后，决定不审议阿根廷划界案中关于南极地区部分②。

此外，阿根廷桑威奇群岛大陆架主张范围也已经进入南纬60°以南的南极地区。

(三)挪威划界案——涉及南极地区的部分

2009年5月4日，挪威向委员会提交了其第二份部分划界案③。此划界案共提交2个200海里外大陆架区块，其中1个区块是挪威所主张的南极领土(西经15°至西经45°之间的大陆和岸外岛屿)200海里外大陆架④。

与澳大利亚以照会方式提请委员会对其南极领土划界案不予审议的做法略有不同，挪威在其划界案执行摘要中直接要求委员会不审议其南极领土划界案④。尽管如此，仍然有美国、俄罗斯等国家向联合国秘书长提交了外交照会，对挪威涉及南极地区部分的划界案表示不认可，并要求委员会不予审议⑤。

---

① 详见阿根廷划界案执行摘要，http://www.un.org/Depts/los/clcs_new/submissions_files/arg25_09/arg2009e_summary_eng.pdf。

② 详见2009年10月1日大陆架界限委员会第24次会议主席声明(CLCS/64)第77段，http://daccess-dds-ny.un.org/doc/UNDOC/GEN/N09/536/21/PDF/N0953621.pdf?OpenElement。

③ 挪威曾于2006年11月27日提交了其部分划界案——关于东北大西洋及北极地区大陆架划界案。

④ 详见挪威2009年5月4日划界案“执行摘要”第6页，http://www.un.org/Depts/los/clcs_new/submissions_files/nor30_09/nor2009_executivesummary.pdf。

⑤ 详见http://www.un.org/Depts/los/clcs_new/submissions_files/submission_nor_30_2009.htm。

(四)英国划界案——涉及南极地区的部分

2009年5月11日，英国向委员会提交其第4份部分划界案①。此划界案包括了马尔维纳斯(福克兰)群岛及南乔治亚岛和南桑威奇群岛划界案，其中南乔治亚岛和南桑威奇群岛大陆架延伸进入南纬60°以南的南极地区②。

英国此部分划界案所主张的200海里外大陆架完全位于阿根廷所主张的南极领土扩展大陆架和南桑威奇群岛大陆架之间，因此，英国此部分划界案与阿根廷部分划界案几乎是完全重叠的。英国与阿根廷都声称自己对这些岛屿拥有主权及其大陆架的权利。当然，英国此划界案遭到阿根廷的明确反对。

委员会尚未审议英国此部分划界案。

(五)新西兰划界案

尽管新西兰历史上曾对南极大陆有领土主权要求，但是，在新西兰2006年4月19日提交的划界案执行摘要中并未对南极领土提出任何明确的主权要求或大陆架主张，不过，日本和荷兰等国仍然提出外交照会，明确表示不承认任何国家对南极领土的主权要求，也不承认任何对南极大陆相邻接的水体、海床和底土所提出的权利要求；这些照会还指出，新西兰提出的与南极大陆相邻接的200海里外大陆架划界案不得影响《南极条约》所建立起来的权利与义务的平衡③。

委员会于2008年8月22日对新西兰划界案作出审议意见，同意了新西兰所划定的有关200海里外大陆架的外部界限。

(六)智利初步信息——涉及南极地区的部分

智利于2009年5月8日提交初步信息④，其中对南极地区西经90°至

---

① 英国已分别在2006年5月19日与爱尔兰等国家共同提交了联合划界案，于2008年5月9日提交阿森松岛划界案，于2009年3月31日提交哈顿罗科尔划界案。

② 详见英国2009年5月11日划界案“执行摘要”，http://www.un.org/Depts/los/clcs_new/submissions_files/gbr45_09/gbr2009fgs_executive%20summary.pdf。

③ 详见http://www.un.org/Depts/los/clcs_new/submissions_files/submission_nzl.htm#Recommendations_。

④ 详见智利提交的初步信息，http://www.un.org/Depts/los/clcs_new/submissions_files/preliminary/chl2009preliminaryinformation.pdf。

西经53°之间的大陆提出主权要求。但同时，智利表示，考虑到南极地区特殊的法律地位，以及为了维护《南极条约》和《联合国海洋法公约》的完整性，也鉴于该地区海底地形的复杂性，尚未能完成其正式划界案，因此，智利尚未对其所主张的南极领土提出大陆架要求，但保留其提交划界案并提请委员会不予审议的权利。

智利对南极大陆的领土主权要求范围与英国和阿根廷的主张范围有大面积的重叠。

根据缔约国大会第183号决议的规定，委员会不必对初步信息进行审议。

三、条约之间的法律冲突问题

（一）两个国际条约之间的关系

《联合国海洋法公约》作为“海洋宪章”，对人类在海洋的各类行为和活动都作出了原则性规定。该公约所规定的许多制度已经被世界各国广泛接受，成为适用于世界所有海洋的普通法。而《南极条约》则是专门针对南极地区这一特殊的地理空间而制定的一个特殊法律制度，是专门适用于处理特定地区事务的特别法。从国内法的角度看，在一般问题上，普通法的效力应高于特别法；但是，在特定事务上，特别法的效力应高于普通法。因此，处理南极地区事务应适用的是为本地区专门制定的特别法——《南极条约》。

这两个公约也有相同之处，即都不能被用于解决缔约国之间的领土主权纠纷。《联合国海洋法公约》是“在妥为顾及所有国家主权的情形下，为海洋建立一种法律秩序”①，因此，尽管该公约规定了划分海岸相邻或相向沿海国之间的海洋界限的规则，但是，没有规定如何解决缔约国之间的领土主权纠纷问题。《南极条约》第4条明确规定，冻结对南极地区任何形式的领土要求，不承认也不否认已有的对南极大陆的领土主权要求，而且规定任何国家不得对南极地区提出新的领土主权要求或扩大现有的权利要求。因此，可以说，《南极条约》也不处理缔约国之间的领土纠纷问题，旨

① 引自《联合国海洋法公约》前言部分第五自然段。

在鼓励科学研究。

(二)两个条约之间存在着不衔接之处

两个公约规定上的差异。《南极条约》适用于南纬60°以南的所有大陆和冰架，但是，该条约是否也适用于南极地区的海底区域，包括其海床和底土，《南极条约》对此问题没有明确规定。而《联合国海洋法公约》第七十六条明确规定，沿海国对构成其陆地领土向海洋的全部自然延伸的海底区域的海床和底土拥有主权权利。因此，这两个国际条约的缔约国需要认真讨论《联合国海洋法公约》所建立的专属经济区、大陆架和国际海底区域等制度，是否也适用于南极地区的问题。

实践中的冲突。从目前实践可以看出，有两种国家行为正在利用《联合国海洋法公约》赋予缔约国扩展大陆架的权利而侵占和侵蚀南极地区的海床和底土。一是，有些沿海国在重申其南极领土主张的基础上，进而对这些领土提出了200海里外大陆架权利要求。二是，有些沿海国以岛屿为基础而提出的自然延伸到200海里以外的大陆架已经进入到南极地区，实质上是将部分南极地区海床和底土占为己有，最为典型的是澳大利亚划界案。澳大利亚虽然主动提请委员会不要审议其以南极领土部分划界案，但是，澳大利亚仍然对2个自然延伸进入南极地区的岛屿大陆架区块提出了权利要求。委员会不仅没有拒绝审议这些部分的划界案，而且还作出了实际上是同意澳大利亚主张的“建议”。

公约的解释和适用上的漏洞。从目前委员会对澳大利亚划界案的审议结果看，虽然委员会在对澳大利亚涉及南极地区部分划界案的“建议”中提到了其建议“应不妨碍其他条约事务”，但是，从《联合国海洋法公约》第七十六条第8款规定看，“沿海国依据委员会的建议，经过国内程序而划定的大陆架外部界限具有确定性和拘束力”。因此，无论是从一般理论分析，还是从合法的程序角度看，澳大利亚完全可以按照委员会的“建议”，并经过其国内程序划定其“具有确定性和拘束力”的200海里外大陆架外部界限，将原本属于南极地区的部分海床和底土“合法地”划为其岛屿200海里外大陆架，犹如从海底区域“蚕食”了南极大陆向海洋自然延伸的部分海床和底土。

（三）两个条约义务之间的协调性

目前已经对南极地区提出200海里外大陆架权利要求的国家均同时是《南极条约》和《联合国海洋法公约》的缔约国。这些国家提出的涉及南极地区的划界案同时违反了两个条约的义务。一方面，这些权利要求明显地违背了《南极条约》第4条规定的禁止任何新的或扩大原有权利要求的义务和第10条所规定的“各缔约国依据《联合国宪章》尽一切努力阻止违反本条约的行为”的义务，因此，它们所提出的涉及南极地区部分的扩展大陆架权利要求遭到了许多其他国家的明确反对；另一方面，这类扩展大陆架的权利要求也违反了《联合国海洋法公约》的规定。虽然《南极条约》没有明文规定其与其他国际条约之间存在冲突时应如何解决，但是，《联合国海洋法公约》第三一一条对其与其他国际条约或协定之间的关系做了原则性规定。该条第2款规定：“本公约应不改变各缔约国根据与本公约相符合的其他条约而产生的权利和义务，但以不影响其他缔约国根据本公约享有其权利或履行其义务为限。”因此，上述缔约国显然是片面地强调和行使了《联合国海洋法公约》第七十六条赋予缔约国的大陆架权利，而忽视了第三一一条所规定的义务。

在澳大利亚划界案中，委员会对澳大利亚涉及南极地区部分划界案所作出的“建议”，显然是片面地理解《联合国海洋法公约》第六部分和附件二赋予其职责，仅强调维护《联合国海洋法公约》赋予缔约国的大陆架权利，忽视了其审议结果对维护南极地区特殊法律地位及其完整性将可能产生的不利影响。委员会对澳大利亚涉及南极地区划界案的审议及其“建议”对《南极条约》其他缔约国来说是不公平的，对维护委员会的公正性及其工作和结论的权威性也绝无积极意义。鉴于澳大利亚提交划界案后，其涉及南极地区部分划界案就遭到许多国家的明确反对，因此，可以预见的是，即使今后澳大利亚依据《联合国海洋法公约》的规定，在委员会“建议”的基础上，通过其国内程序划定其涉及南极地区部分区域的200海里以外大陆架的外部界限，但是，该主张因明显地违反《南极条约》，因此，恐很难得到国际社会的普遍认同和接受。

四、对策建议

我国是《联合国海洋法公约》和《南极条约》的缔约国，有权利和义务维护南极地区的特殊法律地位。可以明确的是，我国依据“南极条约体系”① 在南极地区所享有的各项权利并不应受到委员会的“建议”或澳大利亚依据此“建议”而划定的200海里外大陆架外部界限的限制。当然，我们也需要进一步深入开展南极法律和科学问题研究，密切跟踪各有关国家在南极地区的权利要求新动向，并分析其对我国南极地区利益的可能影响。

对于已经提交或将要提交的涉及南极地区的其他划界案，我国应适时公开表明立场；同时，还可以通过其他合适的途径和方式，例如联合国大会决议的非正式讨论、《联合国海洋法公约》缔约国大会和《南极条约》协商国大会等各种国际场合，呼吁国际社会共同敦促委员会在履行其职责时应充分顾及和维护包括国际海底区域和南极地区在内的人类共同利益。

（2009年10月）

① 《南极条约》与后来逐步制定的多个协议和议定书等共同构建了南极地区独特的法律制度，统称为“南极条约体系”，主要包括南极条约环境保护议定书(马德里，1991签订，1998年1月14日起生效)，保护南极动植物议定措施(1964年签订，1982年生效)，南极海豹保护公约(伦敦，1972年签订)，南极海洋生物资源保护公约(1980年签订)，南极矿物资源活动管理公约(1988年6月通过最后文件，但由于《南极环境保护议定书》的通过，该公约并未真正生效过。不过议定书中关于南极矿物资源的许多条款直接引自该公约)等。

国际海洋划界方法论简述

吴继陆

依据何种原则、规则和方法划定国际海洋边界一直是相关国家、国际法院或仲裁庭、专家学者等争论不休的问题。海洋划界方法论旨在明确国际海洋划界应当遵循或考虑的原则、规则和方法，理清这些原则、规则和方法之间关系如何，以及在划界程序中如何适用。本文简要介绍海洋划界方法论的发展及主要内容，国际实践及未来发展。

一、《联合国海洋法公约》前后的条约规则及国际实践

随着沿海国管辖海域的不断拓展，海洋划界的范围从最初的内水和领海，发展至渔区，至20世纪40年代后又扩展至大陆架，以及1982年《联合国海洋法公约》(以下简称《公约》)规定的专属经济区。划界海域从领海之内，延伸至200海里，乃至200海里之外。海洋划界的难度不断增加，需要考虑的因素也渐趋复杂、多样。海洋划界方法一直与沿海国关于海洋空间的权利联系在一起。在最初的领海、内水划界中，通常采用等距离线或中间线方法；在狭窄的海峡，主要为了通航的缘故，采用航道中线的方法。1958年的日内瓦公约(领海和毗连区、大陆架)明确规定，在无协定及历史性所有权(historic title)或其他特殊情况下，应采用中间线或等距离方法。从此后至北海案前的实践来看，整体上是中间线/等距离方法处于优先地位①。

1969年的北海大陆架案在国际海洋划界中具有里程碑意义。法院在判决中指出，"陆地统治海洋"，并且确认"陆地是一国领土向海扩展的权利

① 参见高健军：《国际海洋划界论——有关等距离/特殊情况规则的研究》，北京：北京大学出版社，2005年，尤其是该书第一章。

的合法来源”①。沿海国大陆架权利的基础是自然延伸，“任何国家的大陆架必须是其陆地领土的自然延伸，并不得侵占另一个国家的陆地领土的自然延伸”②。若等距离方法产生不公平的结果，就应当进行调整。“自然延伸”原则和“非侵占”原则开始得以确立。北海大陆架案判决的以下这段陈述多次被引用，它明确地否定了等距离(中间线)方法贯穿整个划界过程的优势地位：“事实上，为确保沿海国适用公平划界的程序，国际法从未对沿海国可以考虑的事项(considerations)设定法律界限；通常而言，需要对所有能产生公平结果的考虑事项进行权衡，而不是依赖一个因素而排斥所有其他的因素。需要考虑的不同事项的相对权重在个案情况下自然有所差异③。”

此外，本案对此后的大陆架划界实践以及1982年《公约》确立大陆架制度，均产生了重要影响，迄今无任何其他判例可与之比肩。

1982年《公约》建立了新的专属经济区(EEZ)制度。对专属经济区和大陆架划界规则的规定(第七十四条和第八十三条)采用了相同的用语。“《公约》设定了要达到的目标，但采用何种方法达到这一目标，《公约》对此保持沉默。”④这使既有的争论和分歧更加尖锐、复杂和明显，既给其后的国际实践带来困惑，也给了当事国、法官及仲裁员、专家学者以更自由的空间，得以继续自由地尝试海洋划界的各种方法。

1984年的美加缅因湾案第一次将水体(EEZ)和底土(大陆架)划定单一界线。在该案中，法庭还采用了角平分线这一方法⑤。此前的利比亚-突尼斯案(1982)，以及此后的几内亚-几内亚比绍案(1985)、尼加拉瓜-洪都拉斯案(2007)、孟加拉-缅甸案(2012)和孟加拉-印度(2014)均采取了角平分线的方法。其中，几内亚-几内亚比绍案(1985)中的垂直平分线是角平分线的特例——整个西非海岸做一直线的垂直平分线，尤为令人瞩目。在2007年的洪都拉斯-尼加拉瓜案中，法院以两国海岸一般方向线的夹角平分线为起始线，“现在可被视为因地理状况决定的例外的背离，区

① North Sea Continental Shelf, Judgment, I. C. J. Reports 1969, p. 3, para. 96.

② North Sea Continental Shelf, Judgment, I. C. J. Reports 1969, p. 3, para. 85.

③ North Sea Continental Shelf, Judgment, I. C. J. Reports 1969, p. 50, para. 93.

④ Continental Shelf (Libyan Arab Jarnahiriya/Malta), Judgment, I. C. J. Reports 1985, para. 28.

⑤ 在最近的孟加拉湾的两个划界案中(2012年的孟加拉-缅甸案、2014年的孟加拉-印度案)中使用了角平分线方法，被视作等距离线的一种形式，但招致部分法官和学者的批评。

别于第一阶段建构临时等距离线的常规方式(normal method)"①。从今后的发展看，角平分线方法仍应作为划界的一种方法得以适用。

二、两阶段论的提出及发展

1985 年的利比亚 - 马耳他案是北海大陆架划界案之后的一个转折点：弱化自然延伸原则(地质、地貌的作用)，再次强调"距离标准"的作用。法院甚至提出在 200 海里范围内，自然延伸(地质、地貌)将不再起作用②。但法院同时承认，自然延伸和距离标准在大陆架划界中并不是相互排斥的，而是相互补充的，二者都是大陆架法律概念的基本要素③。该案再次强调距离标准和等距离方法，可视作海洋划界方法发展轨迹的回流。

从海洋划界方法论发展的角度看，海洋划界两阶段方法也发轫于 1985 年的利比亚 - 马耳他案。法院在该判决中多次提及先确定临时划界线，再进行调整。

为适用以上所阐发的公平原则，在上述确定的界限内，法院拟根据相关情况分阶段进行。鉴于此，首先，进行临时划界，采用一种肯定会在产生最终结果中起到重要作用的标准和方法；而后，依据源于其他标准的要求检查这一临时的解决方案，按照这些要求可能需要对该初始结果进行修正(correction)④。

需要注意的是，法院在泛泛提出划界方法时，并未明确该初始线非等距离线或中间线不可，仅仅说是"临时划界"；"采用一种肯定会在产生最终结果中起到重要作用的标准和方法"，当然也不局限于等距离方法。该判决第 79 段分四节总结性地阐述上述理论在利比亚 - 马耳他案中具体的划界原则、规则与方法。A 节提出本案可适用的国际法原则和规则；B 节提出为达到公平的结果需要考虑的情况和因素(circumstances and factors)；C 节提出在该案中如何具体运用该划界方法——"C. 鉴于此，作为划界过程的第一阶段(as a first stage in the process)，划定中间线可能达到公平的结果：该中间线上各点至马耳他相关海岸(不包括 Filfla 岛的海岸)低潮标的

① David H. Anderson, Maritime Delimitation in the Black Sea Case (Romania v. Ukraine), The Law and Practice of International Courts and Tribunals 8 (2009), p. 316.

② Continental Shelf (Libyan Arab Jamahiriya/Malta), Judgment, I. C. J. Reports 1985, p. 13, para. 39.

③ Continental Shelf (Libyan Arab Jamahiriya/Malta), Judgment, I. C. J. Reports 1985, p. 13, para. 34.

④ Continental Shelf (Libyan Arab Jamahiriya/Malta), Judgment, I. C. J. Reports 1985, p. 13, para. 60.

距离与其至利比亚相关海岸低潮标的距离相等；再根据上述情况和因素对该起始线进行调整。"①

这一段内容在本案中先划定中间线，而后根据具体情况和因素进行调整。该案包含了其后直至2009年黑海案前中采用相似方法的核心内容。法院认为，采用两阶段的划界方法，其优点在于，该方法符合划界方法具有"一致性，以及一定程度的可预见性"这样的要求②。

两阶段论在1993年的格陵兰－扬马延案中得到进一步的发展。先始于作为临时的中间线，再考虑特殊情况以作调整或移动。从海洋划界方法论发展的角度看，格陵兰－扬马延案的作用似乎在于比较了"特殊情况"和"相关情况"的异同，并准确地预测了二者将混同使用的趋势。"特殊情况(special circumstances)是指要对无限制地使用等距离原则造成的结果进行修正的情况"；"相关情况"("relevant circumstances")是"一种在划界过程中需要加以考虑的事实"③。1958年《大陆架公约》第六条规定的"特殊情况"和习惯法中的"相关情况"，"二者之间不可避免地存在一种相互同化的趋势"；"二者都旨在可能达到公平结果"；在相向海岸的情况下，"等距离－特殊情况规则(equidistance－special circumstances rule)与公平原则－相关情况规则(equitable principles－relevant circumstances rule)可能产生相同的结果。③正如法院所预测的一样，在此后的案例中，上述两规则不断融合，逐步发展为"等距离－相关情况方法"(equidistance/relevant circumstances method)。此方法在卡塔尔－巴林案(2001)、喀麦隆－尼日利亚案(2002)，以及巴巴多斯－特立尼达和多巴哥案(2006)中得到确认、适用和发展。

三、提出三阶段海洋划界方法论

在2009年的黑海案中，国际法院第一次正式提出并讨论了三阶段方法论的(three－stage methodology)海洋划界方法论(methodology of maritime de-

① Continental Shelf (Libyan Arab Jamahiriya/Malta), Judgment, I. C. J. Reports 1985, para. 79.

② Continental Shelf (Libyan Arab Jamahiriya/Malta), Judgment, I. C. J. Reports 1985, para. 45.

③ Maritime Delimitation in the Area between Greenland and Jan Mayen, Judgment, I. C. J. Reports 1993, p. 38, paras. 55, 56.

limitation)[1]。在安德森(Anderson)看来，法院关于海洋划界方法论的论述“可能是判决中最令人记忆深刻的部分”[2]。判决第七部分以“划界方法论”(DELIMITATION METHODOLOGY)为标题，较为详细地论述了三阶段海洋划界方法论的主要内容。法院认为，这种分阶段的海洋划界理论不是黑海案首创的，法院在该案中仅仅是“按照确定的阶段进行各程序”[3]。自1985年的利比亚－马耳他案泛泛地解释了各独立阶段后，这种分阶段的划界方法论得到了“精确的、详细的说明”[4]。因此，这种分阶段划界论已成为法院“固定的海洋划界规程”。[5] 但在本案中，法院才第一次全面地、完整地阐述三阶段海洋划界论。

在第一阶段，确定临时界线。确定临时界线的方法应当符合以下两个标准和要求：一是“具有几何学上客观性”(geometrically objective)；二是“适合划界区域的地理状况”。按照《公约》关于海岸关系的分类，就相邻海岸而言，“将划出一条等距离线，除非在特定案件中存在强制性的原因(compelling reasons)无法划出一条等距离线”[4]；在相向海岸情况下，临时分界线为海岸之间的中间线。被当作临时界线的“中间线”(median line)和“等距离线”(equidistance line)并无不同的法律意义，因为对二者而言，其划界方法是相同的[4]。很显然，在第一阶段，问题的核心转到如何构建等距离线或中间线的问题上，其中最关键的问题是如何确定划界基点。法院强调，为划定大陆架和专属经济区而确定的基点不同于沿海国为测算领海、大陆架和专属经济区宽度而公布的基点。“法院不能以划界各方中一方选择的基点为基础。法院在划定大陆架和专属经济区界线时，必须依据相关海岸的自然地理选择基点”[6]。法院应“特别要注意距离划界区域最近的海岸上的最凸出点”。因此，在第一阶段，最为技术性、也很关

① 但这并不是说，涉及海洋划界的法院、法庭或法官第一次使用方法论(methodology)一词。早在1984年的美加缅因湾案中，Schwebel法官的个别意见中就使用了该词(Canada/United States Of America，第354页)。

② David H. Anderson, Maritime Delimitation in the Black Sea Case (Romania v. Ukraine), The Law and Practice of International Courts and Tribunals 8 (2009), p. 306.

③ Maritime Delimitation in the Black Sea (Romania v. Ukraine), Judgment, I. C. J. Reports, 2009, para. 115.

④ 同③，para. 116.

⑤ 同③，para. 118.

⑥ 同③，para. 137.

键的问题是，决定临时等距离线或中间线的“自然地理(physical geography)”如何确定，以及如何确定“双方海岸上向海最突出点”①。

在第二阶段，法院将确认是否“存在一些需要调整或移动临时等距离线的因素，以达到公平的结果”②。法院在尼加拉瓜－洪都拉斯案中已经清楚地阐明，“适用所谓的公平原则/有关情况方法(equitable principles/relevant circumstances method)是有助益的，因为在这些海洋区域(maritime zones)同样是适当的，能达到公平的结果”③。但是法院没有说在何种“有关情况”下临时等距离线应当调整或移动，以及如何调整和移动。

在第三阶段，核实是否出现不成比例从而造成不公平的结果。在考虑相关情况后，原来的临时等距离线可能已经进行了调整，也可能没有进行调整。法院要核实划界线是否因为明显的不成比例导致不公平的结果。④这里的不成比例，是指双方海岸长度(coastal length)之比(ratio)与相关海洋区域(relevant maritime area)之比之间存在“明显的(evident)、重大的不成比例(great disproportionality)”④。成比例检验是该判决中非常具有特色的部分。⑤ 法院为了更好地进行成比例检验，还专门研究、确定了双方的相关岸线以及相关海域，以及各自划得的海域面积。⑥值得注意的是，法院再次强调的是没有出现不成比例，而不是说应当按照岸线比例来划界，“这并不意味着所得海域应当与其海岸长度成比例”④。法院曾在扬马延案中明确指出“分配海域是划界的结果，而不是相反”⑦。

---

① Maritime Delimitation in the Black Sea (Romania v. Ukraine), Judgment, I. C. J. Reports, 2009, para. 117.

② 同①, para. 120.

③ Territorial and Maritime Dispute between Nicaragua and Honduras in the Caribbean Sea (Nicaragua v. Honduras), Judgment, I. C. J. Reports 2007, p. 659, para. 271. 又见, Land and Maritime Boundary between Cameroon and Nigeria (Cameroon v. Nigeria: Equatorial Guinea intervening), Judgment, I. C. J. Reports 2002, p. 441, para. 288.

④ Maritime Delimitation in the Black Sea (Romania v. Ukraine), Judgment, I. C. J. Reports 2009, p. 61, para. 122.

⑤ 同④, paras. 210－216.

⑥ 同④, paras. 77－114.

⑦ Maritime Delimitation in the Area between Greenland and Jan Mayen (Denmark v. Norway), Judgment, I. C. J. Reports 1993, p. 67, para. 64.

四、三阶段海洋划界方法论的适用及发展

自国际法院在2009年的黑海划界中完整地阐述三阶段划界论以后，法院又在尼加拉瓜－哥伦比亚案(2012)、智利－秘鲁案(2014)中继续适用。在国际海洋法法庭的第一起海洋划界案(2012年的孟加拉－缅甸案)中，法庭也采用了主要由国际法院发展的这一方法论。在2014年的孟加拉－印度海洋划界仲裁案中，仲裁庭声称将适用与三阶段海洋划界论基本路径相同的"等距离/相关情况方法"。

在2012年的尼加拉瓜－哥伦比亚案中，法院结合该案涉及的自然地理状况及社会历史背景，更加详细地论述了三阶段海洋划界方法论的内涵，重申了该方法的有效性。法院确认，法院在1985年的利比亚－马耳他案、2009年的黑海划界案中，在划定大陆架及专属经济区界线时，"通常采用的方法论包含三个阶段的程序(proceeding in three stages)"①。在该案中，法院关于第一阶段，即确立一条临时的划界线(a provisional delimitation line)的论述基本上是重复黑海划界案的相关部分，并无新意和发展①。法院关于第二阶段的阐释略略往前走了一步。法院若认定存在需要考虑的"相关情况"，可能有两种处理方式：一是调整，即确立不同的边界，通常是在考虑这些情况后对等距离/中间线进行必要的调整；二是排除，即为满足有关情况的需要而采用其他技术(techniques)，如沿孤立的岛屿四周划出飞地(enclave)。也就是说，排除适用等距离/中间线，而不是对其进行调整。关于第三阶段，法院重复其在黑海划界案中的说法，法院要进行不成比例检验(disproportionality test)，法院将评估调整或移动后该线的效果，衡量双方在相关海域所得份额(share)是否与其相关海岸明显不成比例(markedly disproportionate)①。同样需加注意的是，法院强调，"当然不会机械地适用三阶段的步骤(three－stage process)。法院已认识到，并非每个案件都适合于临时等距离/中间线"①。关于海洋划界方法论的论述是否完整清晰是一回事，在该案中是否应当使用其阐述的方法、如何运用，则是另一回事。诸多学者包括该

① Territorial and Maritime Dispute (Nicaragua *v.* Colombia), Judgment, I. C. J. Reports 2012, paras. 190, 191, 193, 194.

案的法官均提出不同的观点。①

在 2014 年的智利 - 秘鲁案中，法院再次确认了这一路径，并沿用“方法论”这一用语，对上述三阶段划界程序作了较为简明的总结。其主要内容，甚至用语几乎是 2009 年黑海案的翻版。②

饶有兴味的是，国际海洋法法庭对上述主要由国际法院和仲裁庭发展出来的海洋划界方法论采取了“弃其名而用其实”的态度。在法庭 2012 年完成的其第一例海洋划界案(孟加拉 - 缅甸孟加拉湾海洋划界案)中，法庭认为，国际海洋划界“法理的发展倾向于等距离/相关情况方法”，国际法院和法庭在大多数海洋划界案中均采用这一方法③。法庭还认为，在本案中可适用的适当的方法就是等距离/相关情况方法”③。法庭对所谓的“海洋划界方法论”只字未提；仅仅在具体适用“等距离/相关情况方法”时，考虑到法院及仲裁庭的上述“法理”和“方法”——“240. 法庭在本案中适用该方法(等距离/相关情况方法)划出分界线、考虑国际法院和法庭关于该事项的法理，遵循最近大多数海洋划界案例发展出来的三阶段方法(three stage - approach)。相应地，法庭将按以下阶段进行审理：在第一阶段，本庭将建构一条临时等距离线，以双方海岸地理和数学计算为基础。一旦划出等距离线，本庭将进行到该进程的第二阶段，决定是否存在需要调整临时等距离线的相关情况；如果需要调整，本庭将作出能够产生公平结果的调整。在第三个阶段，也是最后一个阶段，本庭将进行检查(check)，经过调整的等距离线，是否在各自海岸长度之比和分配给各方的相关海域之比之间，造成了显著的不成比例(significant disproportion)。”④

从以上用语中可看出，虽然法庭在实质的划界阶段采取的方法、标准，甚至术语都重复法院关于“海洋划界方法论”的相关阐述，但法庭仅将

---

① 见，Jianjun Gao，A Note on the Nicaragua v. Colombia Case，Ocean Development & International Law，44：3，219 - 234. 本文仅介绍海洋划界方法论的发展简况，对在各案中适用的妥当性暂不作分析。

② 见，MARITIME DISPUTE (PERU v. CHILE)，27 January 2014，p. 61，para. 180.

③ DISPUTE CONCERNING DELIMITATION OF THE MARITIME BOUNDARY BETWEEN BANGLADESH AND MYANMAR IN THE BAY OF BENGAL (BANGLADESH/MYANMAR)，JUDGMENT，para. 238，239.

④ DISPUTE CONCERNING DELIMITATION OF THE MARITIME BOUNDARY BETWEEN ANGLADESH AND MYANMAR IN THE BAY OF BENGAL (BANGLADESH/MYANMAR)，JUDGMENT，14 March 2012，para. 240.

其作为适用或实现“等距离/相关情况方法”的一种法理或规程（jurisprudence），仅仅是一种路径和方法（approach）而已。似乎并不愿意直接尊奉其为“方法论”（methodology）。

这种情况也多少体现在2014年的孟加拉－印度之间关于孟加拉湾海洋边界仲裁案中。仲裁庭认为该案中的岸线“适合适用等距离/相关情况方法”①。而仲裁庭所理解的“等距离/相关情况方法”和国际法院所阐述的三阶段海洋划界论是一致的。仲裁庭认为，等距离/相关情况方法的第一阶段是“采用具有几何学上的客观性以及适宜于本地区的各方法”辨识出临时等距离线；考虑可能需要对临时等距离线进行调整的相关情况，以便达到公平结果；第三阶段是对第二阶段达成的结果进行事后的不成比例检验（ex post facto check of non－disproportionality）。② 虽然在用语上有轻微的差异，但其基本内容是相同的。同样需加注意的是，该案的仲裁庭似乎对所谓的“海洋划界方法论”持一定的保留态度，没有继续或重复法院的既有论述，仅将三阶段海洋划界论作为适用等距离/相关情况方法的一种途径和程序而已。

五、结语

三阶段海洋划界方法论主要由国际法院的判例法发展而来，期间也包含若干仲裁庭的贡献。从1985年国际法院提出两阶段论，2009年增加成比例检验环节而发展为三阶段海洋划界方法论，经历了二十多年的时间。三阶段海洋划界方法论提出后，经过短短5年的时间，得到国际法院的多次重复、重申和确认，似乎已经成为关于国际海洋划界原则、规则、方法和程序（过程、路径）的经典论述。

但是，五年时间对于一套理论、一项习惯国际法规则的形成而言都似乎太短。三阶段海洋划界方法论的基本框架是清楚的，但在各个环节均留有诸多模糊之处，在划界实践中的解释、适用更是存在诸多矛盾、冲突之处。三阶段海洋划界方法论仍需回答一些前提性的疑问和技术性的问题，

---

① The Bay of Bengal Maritime Boundary Arbitration between the People's republic of Bangladesh and the Republic of India, Award, 7 July 2014, p. 100, para. 346.

② The Bay of Bengal Maritime Boundary Arbitration between the People's republic of Bangladesh and the Republic of India, Award, 7 July 2014, p. 98, para. 341.

例如：存在哪些“强制性的原因”（compelling reasons）而应当排除适用该方法？作为临时划界线（起始线）的等距离线和角平分线的关系如何？岸线比率和海域面积比率之间的“吻合度”需要多大才算“公平”、才能通过不成比例检验？这些问题均需要不断实践，方可总结出比较令人满意的规则和标准，并得到普遍的认可和遵循。只有到那时，三阶段海洋划界方法论或许才能历经实践的检验，并逐渐发展成相关的习惯国际法规则。

（2014 年 7 月）

罗马尼亚和乌克兰黑海划界案评析

密晨曦

黑海大陆架蕴藏有丰富的石油和天然气资源。长期以来，罗马尼亚与乌克兰在黑海海域边界划分问题上一直存在严重分歧。两国于1997年6月2日签署了《罗乌友好互助条约》(Treaty on the Relations of Good Neighborliness and Cooperation between Romania and Ukraine)和一项《补充协议》。根据上述法律文件，两国同意谈判解决其在黑海的大陆架和专属经济区边界。从1998年1月到2004年9月，两国进行了多轮边界谈判，但未能就海上边界达成协议。

随后，罗马尼亚根据此前达成的有关协议，向国际法院提交申请书，就“两国在黑海确定单一海洋边界从而划分各自的大陆架和专属经济区”事由对乌克兰提起诉讼。2009年2月3日，国际法院对罗马尼亚和乌克兰黑海划界案作出判决，两国此前均已同意法院的判决对双方具有约束力。

本文拟从三个方面对本案进行评述，首先介绍诉讼过程中的主要环节，然后对影响本案划界结果的若干关键因素进行分析，最后得出本案审理过程中的几个主要启示。

一、本案诉讼过程中的主要环节

(一)管辖权

在双方提交的书面资料中，各自表达了关于海洋划界的观点。罗马尼亚政府请求国际法院为两国的大陆架和专属经济区划定单一边界，并提出了其关于此边界的看法，即：①从点F(45°05′21″N，30°02′27″E)开始，沿以蛇岛(Serpents' Island)为圆心、半径12海里的圆弧至点X(45°14′20″N，30°29′12″E)；②从点X(45°14′20″N，30°29′12″E)到点Y(45°11′59″N，30°49′16″E)的直线；③从点Y(45°11′59″N，30°49′16″E)到

T 点(45°09′45″N，31°08′40″E)的两国相邻海岸的等距连线；④从 T 点(45°09′45″N，31°08′40″E)到 Z 点(43°26′50″N，31°20′10″E)的两国相对海岸的中间线[①](判决书第 13 段)。

乌克兰政府提出的单一海洋边界与罗马尼亚政府的主张相去甚远，该边界为一折线，即从 F 点(45°05′21″N，30°02′27″E)开始，经点 2(44°54′00″N，30°06′00″E)，至点 3(43°20′37″N，31°05′39″E)的连线(判决书第 13 段)。

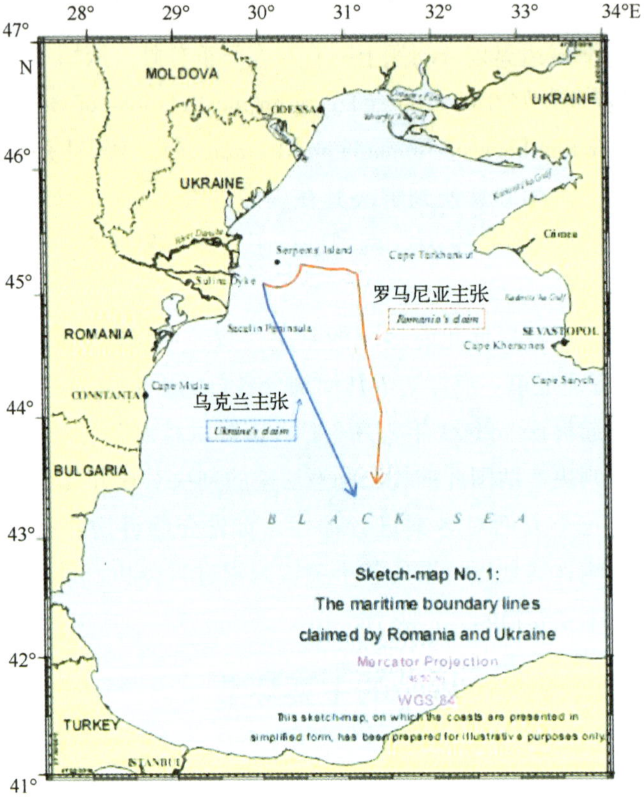

图 1　乌克兰和罗马尼亚各自主张的海洋边界[②]

上述关于划界范围的争执体现了两国就国际法院的管辖范围的观点差

① F 点为乌克兰和罗马尼亚两国于 2003 年签订的《国家边界制度条约》所提及的两国领海外限的分界点。

② 资料来源：CASE CONCERNING MARITIME DELIMITATION IN THE BLACK SEA (ROMANIA v. UKRAINE), INTERNATIONAL COURT OF JUSTICE, 3 February 2009.

异。乌克兰主张法院对前述的蛇岛 12 海里领海线决定的两国海洋边界(即 F 点到 X 点的蛇岛为圆心的 12 海里圆弧)没有管辖权，认为该边界已经由两国双边协定所确定，而且国际法院对两国领海的划分没有管辖权。同时乌克兰辩称国际法院的管辖权限于领海外界线以外的大陆架和专属经济区的划分，即国际法院无权对 FX 线进行裁决，因为若如此划分，该线将成为乌克兰领海与罗马尼亚主张主权的大陆架和专属经济区的分界线(判决书第 24 段)。罗马尼亚主张，国际法院划定两国海上边界的正确途径应该是先确定上述 FX 两点之间的边界，而后确定罗方所申请的其他部分的海洋边界。

国际法院认为，乌克兰的观点是基于以下原则：在国际法框架下，海洋划界不应使一国的领海与他国的专属经济区和大陆架海域直接相邻。而事实上，此类划界在 2007 年尼加拉瓜和洪都拉斯海洋划界案中已有出现(判决书第 26 段)。

最后，国际法院认为，法院对两国领海的划分没有管辖权，其管辖权仅限于双方大陆架海域和专属经济区的划分；但是，本划界案的管辖范围将包括前述的 FX 线，因为该线不仅影响专属经济区和大陆架海域的划分，而且影响领海的外边界(判决书第 30 段)。

(二)法律的适用

两国均为《联合国海洋法公约》(以下简称《公约》)签字国，罗马尼亚于 1996 年 12 月 17 日加入，乌克兰于 1999 年 7 月 26 日加入。因而《公约》对两国具有约束力。

罗马尼亚认为另外两个因素也应予考虑。其一是罗马尼亚与苏联在 1949 年、1963 年和 1974 年达成的若干协议，这些协议中的若干部分与海洋划界有关。其二是两国于 2003 年签订的国家边界制度条约，条约规定两国领海外界限的分界点为蛇岛 12 海里线与罗马尼亚 12 海里领海线的交点。罗马尼亚主张，上述两协议对两国均有约束力，法庭应保证其实施(判决书第 32 段)。

总之，罗马尼亚主张上述协议应对双方有约束力，两国 1997 年《罗乌友好互助条约》和补充协定认可的原则应得到贯彻，法院应对此诉求予以确认。

乌克兰主张，根据国际法院规约第38条，法院对两国争议的判决必须基于国际法。至于本案，应基于法院以往判决中已经得到完善的公约基本条款和特定规则。乌克兰认为1949年、1963年和1974年罗马尼亚与苏联的议事录以及1997年罗马尼亚与乌克兰签订补充协定与本案无关(判决书第38段)。

法院认为，在裁定单一海洋分界线时，将适当考虑当事双方之间已经生效的协定。罗马尼亚和苏联之间在1949年、1963年和1974年作出的议事录是否构成与《公约》第七十四条第4款和第八十三条第4款所指分界线有关的协定①，取决于法院如何裁决罗马尼亚的主张，也即这些议事录已经确立了有待法院确定的海洋边界的最初部分。

罗马尼亚曾提及有关“根据源自《公约》第七十四条和八十三条的公平要求——没有经济生活的无人居住岛不能影响属于沿岸国家的大陆海岸海洋空间划界”的宣告。法院认为，根据《公约》第三一〇条，一国不能在签署、批准或加入该《公约》之时作出宣告和声明，除非该宣告和声明在适用于作出宣告或声明的国家时无意于排除或修改《公约》各项规定的法律效力。因此，法院依据1969年5月23日的《维也纳条约法公约》第31条，适用《公约》有关条款，在判例中予以解释。罗马尼亚作出的这一宣告对法院的解释没有影响(判决书第40~42段)。

(三)已有边界的判定

法院必须对两国现有的海洋边界进行考察。因为若两国存在上述《公约》第七十四条第4款和第八十三条第4款所指的此类协定，则无需国际法院介入划界问题。

两国对蛇岛附近是否存在经双方同意的海洋边界及海洋边界的起始点观点相左。罗马尼亚认为罗马尼亚与苏联之间有大量的协议涉及边界的确定，其中最重要的是1949年协议，该协议框架下成立了“苏罗联合划界委员会”(Joint Soviet - Romanian Commission for Delimitation of the State Border)。罗方称1949年协议与此后的1963年协议、1974年协议确定了蛇岛

① 《公约》第七十四条第4款和第八十三条第4款分别规定，“如果有关国家间存在现行有效的协定，关于划定专属经济区界限的问题，应按照该协定的规定加以决定”，“如果有关国家间存在现行有效的协定，关于划定大陆架界限的问题，应按照该协定的规定加以决定”。

的12海里圆周为苏联与罗马尼亚海洋边界的一部分，并确定了两国海洋边界的起点，而这些协议对乌克兰具备约束力。乌克兰对此表示反对，认为双方海洋边界的起点在2003年边界条约(2003 State Border Regime Treaty)中才得到最后确认，这说明在该点以外的海洋边界并未确定。乌方特别强调1949年苏罗协议并未确定苏联和罗马尼亚的通用海洋边界，包括此后的1963年协议和1974年协议主要是用于陆地边界的划分。

通过对罗马尼亚与苏联、乌克兰之间达成的已有有效协议进行考察，国际法院认为，1949年苏罗议事录不能作为苏联和罗马尼亚之间专属经济区和大陆架划分的依据。因为一方面，大陆架的概念被广为接受是1958年《大陆架公约》通过之后的事情，而专属经济区作为一个国际法概念则出现得更晚；另一方面，协议中提及的苏联领海边界止于蛇岛12海里线并不表示苏联放弃线外的海洋权利。罗马尼亚和乌克兰之间唯一明确表示解决专属经济区和大陆架划界的协议是1997年补充协定(1997 Additional Agreement)，但该协定仅仅是两国海洋划界的开端(判决书第74段)。

国际法院的最后结论认为，1949年苏罗议事录与本案有关的内容是规定了苏联和罗马尼亚在蛇岛附近的边界，即苏联在蛇岛周围的领海限于12海里以内。苏联并未因此丧失蛇岛12海里以外海域及其他相关海域的权利(判决书第75段)。

所以，罗马尼亚与乌克兰之间不存在有效的专属经济区和大陆架划界协议。

(四)划界结果

法院确立的海洋边界线从点1(即前述之F点)开始，点1是罗马尼亚领海的外部界线与乌克兰环蛇岛领海的交汇点，也是《2003年国家边界制度条约》第1条规定的地点。从点1开始，这条边界线沿蛇岛12海里领海的弧线前行，直至该弧线与从罗马尼亚和乌克兰毗邻海岸开始的等距线的交汇处(点2，坐标为北纬45°03′18.5″；东经30°09′24.6″)，这条等距线是参照舒利纳堤防(Sulina dyke)向陆地一端和茨冈卡岛(Tsyganka Island)东南端的各个基点划分的。从点2开始，这条海洋边界线继续沿着等距线向东南方向前行，直到点3(坐标为北纬44°46′38.7″；东经30°58′37.3″)，也即临时等距线的A点，在点3(A点)，这条等距线受到位于萨卡林半岛

(Sacalin Peninsula)上的基点的影响①。

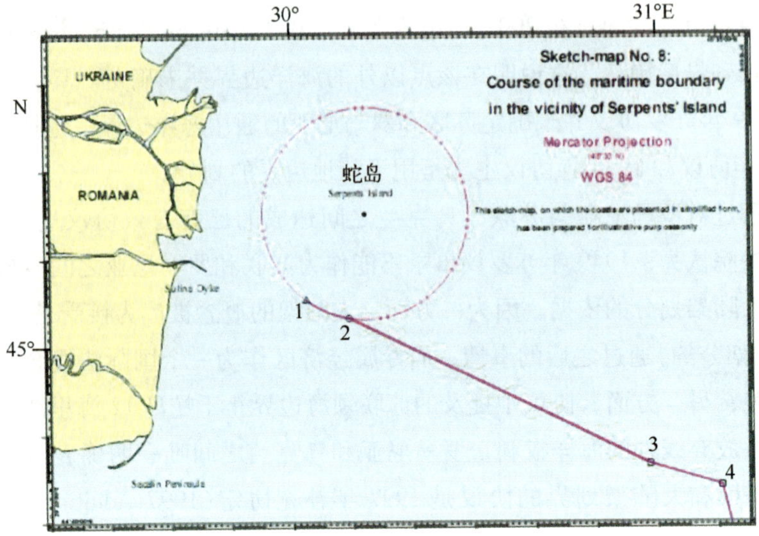

图2　罗马尼亚与乌克兰在蛇岛附近的海洋边界②

从点3开始，这条海洋分界线沿着等距线向东南方向前进直至点4(坐标为北纬44°44′13.4″；东经31°10′27.7″)，也即临时等距线的B点，在点4(B点)，这条等距线受到乌克兰相对海岸的塔克汉库特角(Cape Tarkhankut)上的基点的影响，并转向东－南－南方向。从点4开始，这条边界线沿着罗马尼亚和乌克兰相对海岸的等距线前行，直到点5(坐标为北纬44°02′53.0″；东经31°24′35.0″)，也即临时等距线的C点，受罗马尼亚海岸的萨卡林半岛(Sacalin Peninsula)以及乌克兰海岸的塔克汉库特角(Cape Tarkhankut)和克尔索尼斯角(Cape khersones)上的基点的控制。从点5(C点)开始，这条边界线按照185°23′54.5″的大地方位角继续沿着等距线向

① 有关临时等距线的确定在下文中有专门论述，此部分提及的有关临时等距线的各点，请参见下文中的图4。

② 资料来源：CASE CONCERNING MARITIME DELIMITATION IN THE BLACK SEA (ROMANIA v. UKRAINE), INTERNATIONAL COURT OF JUSTICE, 3 February 2009.

南前行，直至抵达第三国的权利可能受到影响的区域①。

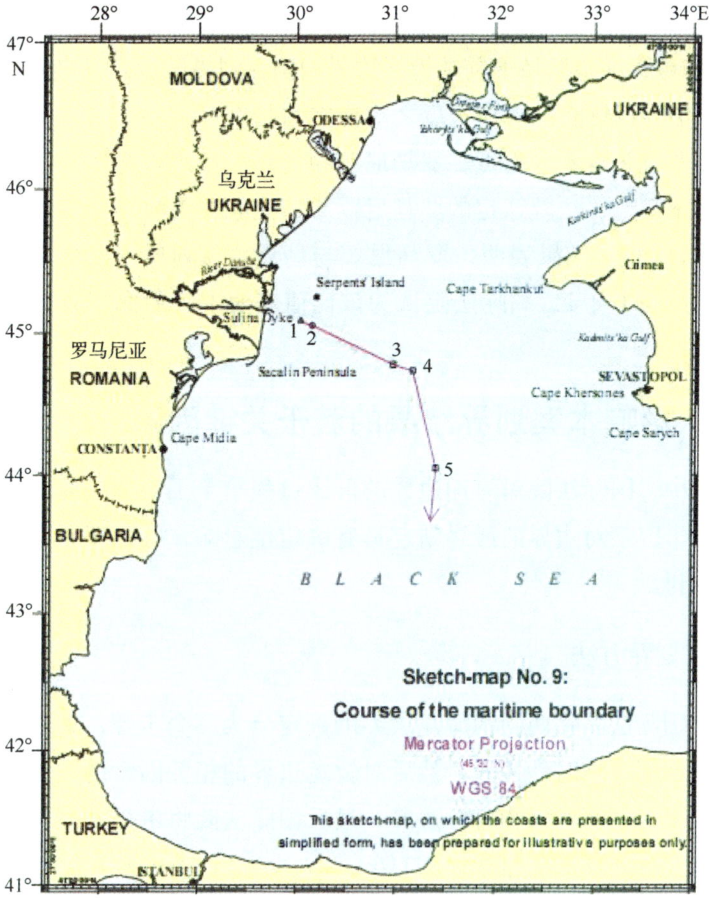

图 3　国际法院判决的罗马尼亚和乌克兰最终单一海洋边界②

① 本部分单一海洋边界的点 2、点 3、点 4 和点 5 的地理坐标是参考《世界大地测量系统 84 基准》给出的。

② 资料来源：CASE CONCERNING MARITIME DELIMITATION IN THE BLACK SEA (ROMANIA v. UKRAINE), INTERNATIONAL COURT OF JUSTICE, 3 February 2009.

(五)公正性检验

国际法院将本案的公正性检验称为“比例性偏差检验”(the disproportionality test),即检验按照前述海洋边界两国在划界区域内各自获得的海域面积之比值与两国相关海岸长度之比值之间是否存在显失公平的偏差。相关海岸问题也是本案的重点,罗马尼亚和乌克兰分别就海岸线长度和划界区域进行了辩论,法院认定的罗马尼亚与乌克兰相关海岸岸线长度的比值约为1:2.8。检验结果表明,罗马尼亚与乌克兰在划界区域内获得的海域面积之比约为1:2.1,国际法院认为该比值表明本案的海域划分符合公平原则。

二、影响本案划界结果的若干关键因素

本案中,国际法院对海洋边界的形成过程给予了很大关注。鉴于此过程中的若干因素对边界的最终划定具有决定性影响,有必要对这些因素进行深入探讨。

(一)划界方法

通常国际法院将两国间海洋边界的确定分为三个步骤,首先根据地质和地理特征划定临时性边界,然后对暂定边界的相关因素的效力进行判断以决定是否因此而调整临时性边界,最后国际法院将考察所划边界是否符合公平和公正的原则(判决书第116~122段)。在本案中,国际法院仍遵循了以上步骤。

上述步骤在“利比亚与马耳他陆架案”表现得尤为典型,此后的案例中进一步得到广泛应用。首先,法院将运用具有几何学上的客观性同时又符合将要划界区域的地理特征的方法,确立一条临时分界线。毗邻海岸之间的临时海洋分界线,将由相关海岸的等距离线(角平分线)构成;相对海岸之间的临时海洋分界线,将由两个海岸之间的中间线构成。

等距离线和中间线将从两国相关海岸最适当的地点开始构建,并特别注意最接近划界区域的海岸线突出地点。法院认为,在构建单一海洋分界线时,法院可能会在一定程度上偏离当事双方为其领海选择的基点。当要求在毗邻国家之间构建一条临时的等距离线时,法院将在为此目的选择自

己的基点时考虑与当事双方的海岸线有关的意见。以这种方式通过的分界线在很大程度上取决于双方海岸的自然地理状况和向海的极远点。

为了与法院已经确立的关于海洋划界问题的裁决保持一致，法院的第一步是确立临时等距离线。在构建临时等距离线的初级阶段，法院不会涉及任何可能获得的相关因素，并将根据客观的数据严格按照几何标准划分这条分界线。

因此在本案中，法院的第一步是在罗马尼亚和乌克兰的毗邻海岸之间划出一条临时等距离线，随后这条分界线将作为两国相对海岸之间的中间线继续延伸。这条分界线最后一部分的路线应带来公正的解决办法。

法院在第二阶段将要考虑的是，是否存在对临时等距线进行调整或改变的必要因素以实现公平结果。

最后，在第三阶段，法院将检验临时性分界线（在考虑相关环境之后可能调整这条临时等距线，也可能不进行调整）的路线不会因两国海岸长度比例和相关海洋区域比例的任何明显失衡而导致不公平的结果。通过与海岸长度比率进行比对，对公平结果的最后核实将确认海洋区域不会出现巨大的比例失衡。

（二）临时性等距离线的确定

作为构建临时性等距离线的基础，国际法院需要先行确定若干基点用于产生划界相关海岸。

罗马尼亚主张用于构建两国相邻海岸临时性等距离线的基点应为①在罗马尼亚海岸上，舒利纳堤防（Sulina dyke）向海一侧的末端；②在乌克兰海岸上，位于库班斯基岛（Kubansky）和伯纳斯角（Cape Burnas）的一点；用于构建两国相对海岸等距离线的基点应为①在罗马尼亚海岸上，舒利纳堤防向海一侧的末端、萨卡林半岛（Sacalin Peninsula）的远端；②在乌克兰海岸上，塔克汉库特角（Cape Tarkhankut）和克尔索尼斯角（Cape khersones）。

罗马尼亚同时认为，蛇岛不能作为构建临时性等距离线的基点，否则将对海岸线造成极大扭曲。而且主张由于蛇岛是一个不能维持人类居住或其本身经济生活的岩礁，根据《公约》第一二一条第3款的规定，蛇岛不能拥有专属经济区和大陆架。

乌克兰主张用于构建临时性等距离线的相关基点应位于各自的领海基线上，主张这些基点应为①在罗马尼亚海岸上，舒利纳堤防、萨卡林半岛，②在乌克兰海岸上，蛇岛和克尔索尼斯角的尖端。

乌克兰认为蛇岛构成了其领海基线，因此可以成为构建临时性等距离线的基点；而且蛇岛是自然地物，比属于人工建筑的舒利纳堤防应更有资格作为基点。

经过综合考虑，国际法院确定的用于构建临时性等距离线的基点如下。

罗马尼亚的基点：萨卡林半岛上的一点(44°05′28″N，29°36′52″E)，舒利纳堤防向陆一侧(45°08′51.9″N，29°43′14.5″E)。

乌克兰的基点：茨冈卡岛(Tsyganka Island)(45°13′23.1″N，29°45′33.1″E)，塔克汉库特角(45°20′50″N，32°29′43″E)，克尔索尼斯角(44°35′04″N，33°22′48″E)。

关于蛇岛，法院给予了一定的关注。法院认为，在已有的案例中，存在过沿海岛屿被视为沿海国家海岸组成部分的情况，特别是沿海岛屿成串状分布且距大陆较近时，1999年，厄立特里亚和也门仲裁案中即出现过这种情况①。但是，蛇岛作为一个孤立岛屿距离大陆超过20海里，因而不能作为近陆岛屿串构成乌克兰的海岸。此外，若将蛇岛视为海岸的相关部分则必将为乌克兰海岸线增加外生变数，国际法院认为蛇岛与乌克兰海岸的构成无关。亦因如此，国际法院认为蛇岛不宜作为构建罗乌两国临时性等距离线的基点。

在确定了基点以后，相关海岸随即产生，国际法院使用等距离方法和中间线方法构建了两国的临时性等距离线。

(三)相关因素考察

国际法院共讨论了六个相关因素：①海岸长度的比例失衡；②黑海的封闭特性及已经对该地区产生影响的划界；③蛇岛在划界区域的存在；④两国的行为；⑤任何剥夺权利的效力(Any cutting off effect)(判决书第

① Award of the Arbitral Tribunal in the Second Stage of the Proceedings between Eritrea and Yemen (Maritime Delimitation), 17 December 1999, RIAA, Vol. XXII (2001), pp. 367 – 368, paras. 139 – 146.

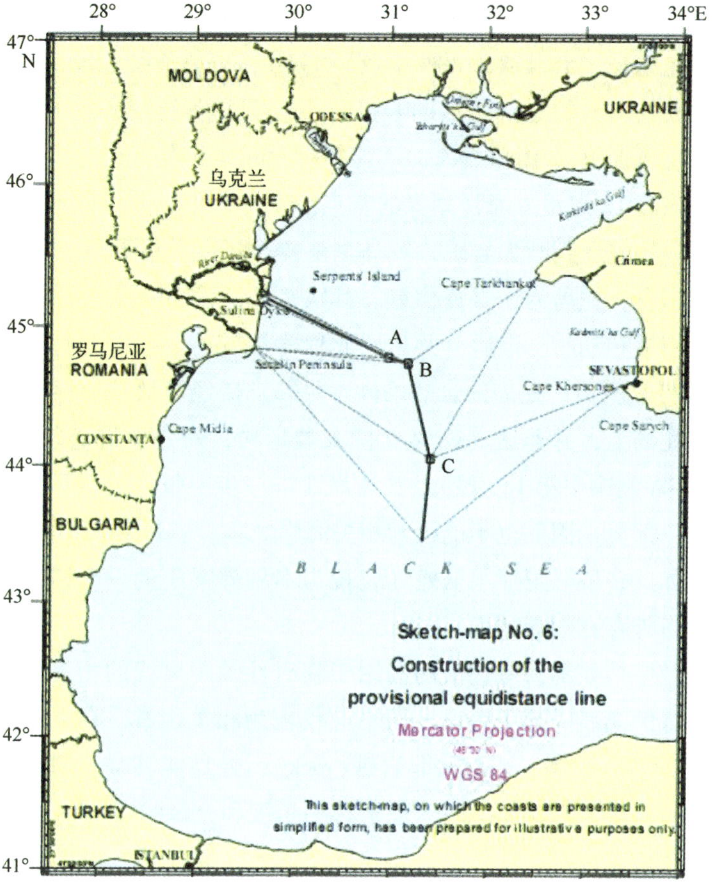

图 4　国际法院确定的临时性等距离线①

199 段)；⑥两国的安全考虑。本文仅就蛇岛对划界的影响进行讨论。

在确定海洋边界线时，因缺乏符合《公约》第七十四条和第八十三条的划界协定，如果相关因素使然，国际法院可能会调整临时等距线，以确保公平的结果。在这一阶段，法院可能必须决定能否因在等距线附近存在小岛屿而对其进行调整。在已有判例中，如果采取这种办法会对考虑中的分界线造成不成比例的影响，有时法院可能会决定不予考虑极小的岛屿，或

① 资料来源：CASE CONCERNING MARITIME DELIMITATION IN THE BLACK SEA (ROMANIA v. UKRAINE), INTERNATIONAL COURT OF JUSTICE, 3 February 2009。

者决定不给予这些岛屿充分的海洋划界效力。

两国对蛇岛在划界区域的地位及在划界中的作用存在不同看法。罗马尼亚认为蛇岛是一个岩礁，而根据《公约》第一二一条第三段："不能维持人类居住或其本身的经济生活的岩礁，不应有专属经济区或大陆架"，故主张蛇岛仅可拥有12海里领海，不能拥有大陆架和专属经济区；而且蛇岛不能作为该岛12海里外海洋划界的基点。

之所以将蛇岛判断为岩礁，罗马尼亚提出了相关的解释。首先，从地貌学角度出发，蛇岛为一岩石构造。其次，岛上没有自然水源，也几乎没有土壤、植被和动物。最后，罗马尼亚称若在该岛生存，人们必须依靠外来补给(尤其是水)，蛇岛的自然条件不足以支持经济活动的存续；至于有人出现在蛇岛上，并非该岛能够支持人类定居，而是他们必须履行公务，如管理灯塔(判决书第180段)。罗马尼亚进一步主张，蛇岛不能构成乌克兰海岸的一部分，因而也不能视为相关海岸。

尽管如此，罗马尼亚承认蛇岛应视为本划界案中的一个相关因素，但不应在领海外存在划界效力。

乌克兰坚持蛇岛海岸构成两国用于临时性等距离线的相关海岸，在确定临时性等距离线时应予考虑，而不应仅视为相关因素。乌克兰认为，根据《公约》第一二一条，蛇岛并非岩礁(rock)，蛇岛能够毫无困难的维持人类生存和自身经济活动，同时，岛上存在植被和充足的淡水。

国际法院认为除了两国已经协议同意的蛇岛拥有12海里领海弧线对本案的影响外，蛇岛不具备其他划界效力，并决定不因蛇岛的存在而对临时性等距离线进行调整(判决书第188段)。

三、启示和思考

罗马尼亚和乌克兰海洋划界案的一个显著特点是大陆产生的权利对海洋划界的影响权重较高，而且在本案中国际法院尤其强调公平原则。本文认为，本案中有三个方面的内容值得进一步思考和研究——公平原则、相关海岸长度和岛礁在海洋划界中分别处于何种地位。

(一)公平原则在海洋划界中的地位

1969年，国际法院审理了其受理的第一个大陆架划界案——北海大陆架案。该案是国际法院对联邦德国、丹麦和荷兰之间关于北海大陆架划界的争端作出判决的案件。

在判决中，国际法院阐述了“自然延伸”这个大陆架划界的基本理论，指出自然延伸原则是“与大陆架有关的所有法律规则中最基本的规则”。国际法院首次提出了调整大陆架划界的公平原则，即在大陆架划界中，无论使用何种划界方法，都须作出公平的解决办法，或产生公平的划界结果和达到公平的目的。在1969年以后的海洋划界的法律实践中，公平原则得到了广泛适用，在多个案例中均有体现，并在《公约》中规定为海洋划界的基本原则。同时，在此过程中，形成了公平的划界原则与一系列海洋划界规则和技术规范(中间线方法、等距离方法等)相结合的有机体系。

具体到罗马尼亚和乌克兰的海洋划界案，法院多次强调海洋划界的公平原则，如“划界的目标是实现公平划界，而不是对海洋区域进行均等划分”；“这条分界线最后一部分的路线应带来公正的解决办法”。在对临时等距离线进行调整时，法院重申，“法院在第二阶段将要考虑的是，是否存在对临时等距线进行调整或改变的必要因素以实现公平结果(喀麦隆和尼日利亚陆地、海洋划界案)”。在第三阶段，法院再次基于公平原则对海洋边界线进行了考察，即“核实这条分界线(在考虑相关环境之后可能调整这条临时等距线，也可能不进行调整)的路线不会因两国海岸长度比例和相关海洋区域比例的任何明显失衡而导致不公平的结果。通过与海岸长度比率进行比对，对公平结果的最后核实将确认海洋区域不会出现巨大的比例失衡”。

由此可见，公平原则是国际法院审理海洋划界案的基本准则。在审理的过程中采用的任何具体划界技术、方法均为实现公平原则的工具，无论采用何种划界方法其最终目的均为保证达到公平结果。

(二)相关海岸长度在海洋划界中的影响

成比例概念在现代海洋划界中是重要的划界方法之一，根据成比例概念，海洋划界将考虑每个当事国的海洋区域获得面积和它们的海岸线长度之间比值的影响。

本案中，双方相关海岸的岸线长度是影响最终划界结果的主要变量之一。两国关于双方相关海岸及岸线长度的争论非常激烈，两国均试图以各种方法增加自身的相关海岸线长度而缩小对方的相关海岸线长度。相关海岸线长度虽然仅仅是海域划分的技术手段，但它是实现公平划界的载体；国际法院在两国海洋边界公平性检验中的主要参考量即为二者的相关海岸线程度之比。

因此，加强相关海岸线测算的研究，是保证在海洋划界中不致产生海洋权利损失的基础性工作之一。

（三）岛礁在海洋划界中的作用

在整个海洋划界中蛇岛仅仅根据两国已有协定获得领海，并未对大陆架和专属经济区边界产生实质性影响。

本案中国际法院将蛇岛的存在作为一个重要的相关因素进行了考察，法院考虑到已经确定蛇岛不能作为构建当事双方海岸之间的临时等距线的基点，且因蛇岛并不构成海岸总轮廓的一部分，故已在划界第一阶段排除了蛇岛的影响。在划界第二阶段，法院将蛇岛作为相关因素予以考察，以确定它的存在是否将导致对临时等距线的调整。

法院指出，在考虑能否因小岛屿存在而调整临时等距线时，如果采取这种办法会对考虑中的分界线造成不成比例的影响，有时法院可能会决定不予考虑极小的岛屿，或者决定不给予这些岛屿充分的划界效力。本案中，诉讼双方就蛇岛本身的属性是岛屿还是礁石进行了辩论。法院最终认为没有必要考虑蛇岛的性质，未就蛇岛是“岛”还是“礁”予以定性，法院的判决主要基于以下因素：其一，任何可能由蛇岛产生的大陆架和专属经济区权利都不能超过因法院确定的划界区域的南部界限而由乌克兰大陆海岸产生的权利；其二，任何可能由蛇岛在向东方向产生的权利都完全属于乌克兰的西部和东部大陆海岸产生的权利。此外，法院还注意到，乌克兰尽管认为蛇岛是“岛”，应具有《公约》第一二一条第2款所赋予的权利，但乌克兰自己并没有因为蛇岛存在于划界区域而将相关区域扩展到其大陆海岸界限之外。鉴于这些因素，法院未因蛇岛的存在而调整临时等距线。

由此，岛礁的地理位置、面积大小、岛上条件、当事国主张和协议等都可能对岛礁在海洋划界中的效力产生影响，应加强此方面的研究。

四、结语

此案与近年其他几个海洋划界案相比，在内容上相对单纯，由于两国既有相关协定已对近岸海洋边界和涉案岛礁给出了明确结论，案件审理中没有牵涉过多的历史因素；但在海洋边界的划分方面，因涉及大陆对海洋的权利则相对复杂，特别是在划界方法和技术方面，国际法院着墨甚多。在划界原则方面，国际法院更进一步明确肯定了以往案例中已经多次实践的公平原则在海洋划界中的地位。

（2009 年 12 月）

对韩国处理独岛问题措施的分析

李明杰　丘　君

独岛，日本称为竹岛，位于朝鲜半岛东部的日本海中，西北距韩国郁陵岛 87.4 千米，东南距日本岛根县 157.5 千米。独岛由东岛、西岛和 89 块岩礁组成，面积 0.187 平方千米，岛礁岸线总长约 5.4 千米。

韩日之间独岛(竹岛)争议由来已久。双方都以历史证据和相关国际法为依据主张该岛主权，近年来争议行动愈演愈烈，甚至一度引发外交和军事对峙。目前韩国实际占据独岛，在韩日争议中处于主动地位。韩国在独岛问题上除主张历史证据和法理依据外，还采取一系列的政策、措施和实际行动来强化韩国对独岛的实际管控。韩国处理独岛问题的措施对于我国维护钓鱼岛主权具有一定的借鉴意义。

一、独岛问题的历史演变

韩国方面对独岛的官方立场是：无论是从历史或国际法看，独岛都是韩国的固有领土；韩日之间关于独岛的主权归属不存在争议，韩国也不同意将独岛问题提交国际司法解决。韩国方面认为，在历史上，韩国、日本许多文献与文书中都明确记载独岛属于韩国；从国际法上看，1900 年大韩帝国颁布了第 41 号敕令，宣布独岛为韩国郁陵岛的管辖区域，日本以“无主地”将独岛编入日本领土是非法和无效的；日本政府在 1696 年、1870 年、1877 年曾官方承认独岛不是日本领土。

日本主张该岛的主要证据是 1905 年在日俄战争以及日本以无主土地的身份公布竹岛是岛根县的岛屿。日本还公布了历史文献等其他证据，但较韩国方面的证据从时间上看要晚一些，证据也不如韩国充分。日本还认为韩国历史文献中涉及的有关“独岛”的记载与目前日韩争议的“独岛/竹岛”不是同一个岛屿，韩国方面也承认有些古代文献记载比较混乱。这一点对论证韩国拥有独岛主权存在一定的影响。

2006 年 4 月 14 日，日本向国际海道测量组织（IHO）通报，将在独岛附近海域进行海洋调查。韩国方面随即向日本提出抗议、召回驻日大使，并派出海上警察厅执法船赴独岛海域巡逻。韩国民众也纷纷采用在日本使馆前游行、示威等方式抗议日本调查。由于韩国态度强硬，日本于 4 月 22 日撤销了调查计划。此后日本再未提出类似的行动计划。

日本一直主张将韩日之间的独岛（竹岛）争议提交国际司法裁决，但韩国对此坚决反对。分析其主要原因有以下几方面，首先，韩国认为独岛自古以来就是韩国领土，领土主权问题不容谈判，韩日之间在这个问题上根本没有争议；其次，韩国目前实际控制独岛，认为没有必要提交国际司法裁决；最后，韩国方面也担心，万一国际司法机构作出对韩国不利的裁决，将无法向国人交代。

二、韩国的政策措施

韩国为了加强对独岛的管理，制空和颁布了一系列的关于独岛的政策措施，主要有：

发行“独岛邮票”。1953 年 9 月 15 日，韩国第一次发行独岛邮票，其后韩国也曾三度发行其他新款式的独岛邮票：一次在 2002 年，另外两次在 2004 年。

设立“独岛月”。2005 年 3 月，日本岛根县议会将每年 2 月 22 日定为“竹岛日”的议案，在韩国国内引起了强烈的反应。时任韩国外交通商部长官的潘基文发表声明重申“独岛是韩国领土”。韩国民众在日本驻韩大使馆前焚烧日本国国旗，甚至有民众以自焚的方式表示强烈抗议。2005 年 6 月，独岛所在的韩国庆尚北道议会通过“独岛月”的议案，将每年 10 月定为“独岛月”，韩国政府也解除了先前对独岛的旅游禁令，允许国民赴独岛参观游览。

制定“独岛开发方案”。韩国议会于 2005 年制定了《可持续利用独岛法案》。根据这一法案，于 2006 年编制了《独岛可持续利用基本计划》，主要包括在独岛设立研究基地、建设独岛纪念馆、鼓励国民赴独岛旅游等方面的内容。目前每年赴独岛旅游的人数约 13 万人。

三、韩国独岛问题的研究机构和研究情况

目前在韩国国内从事独岛问题研究的官方机构主要有 8 个，分别是东

北亚财团独岛研究所、国立海洋调查院、海外文化弘报院、韩国海洋研究院、海洋警察厅、水产开发院独岛与海洋领土研究所、庆尚北道独岛对策室和郁陵郡独岛博物馆。韩国还有许多民间机构也研究独岛问题，例如独岛本部、独岛学会、独岛调查研究学会和独岛守护队等。在韩国大学中也设立了6个独岛研究机构，包括庆州大学、大邱大学、大邱汉医大学、大邱庆北研究院、灵山大学和仁荷大学。

韩国官方和民间都非常重视维护其独岛主权，并通过不断的深入研究，寻找更多的历史和法理方面依据来加强其对独岛的主权要求。韩国对独岛的研究早在1948年就开始进行，并公开发表了大量研究报告和论著。具体包括以下几个方面：

历史学方面的研究。主要研究朝鲜王朝时期对郁陵岛和独岛的管理、独岛名称研究、美国及国际上关于独岛的文献、日本方面编入独岛的过程和有关独岛的文献等。

国际法方面的研究。1905年日本编入独岛过程的国际法分析、联合国军司令部677号文件分析、《旧金山和约》与独岛关系研究、国际岛屿争端的判例研究等。

地理学方面的研究。主要研究朝鲜和日本的古代地图中有关独岛的情况以及当前独岛周边海域的地质、地球物理和海洋环境现状。

四、韩国处理独岛问题的相关政策措施所达到的效果

韩国通过制定和颁布独岛特别措施和政策、加强独岛问题基础研究、强硬处理韩日独岛冲突、广泛宣传独岛主权等行动取得了良好的实际效果，主要表现在以下几个方面。

(一)制定并实施一系列政策巩固了韩国对独岛的实际管辖

韩国特别为独岛制定和实施了多项特别的政策措施，这些措施层次分明、环环相扣。在法律层面，制定了《可持续利用独岛法案》，根据这一法案，又编制了《独岛可持续利用基本计划》。在执行层面，实施了移居常住人口、设立独岛月、发行独岛邮票、开放国民赴独岛旅游等更进一步的实际措施，巩固了对独岛的实际管辖。

（二）系统全面的研究为维护韩国对独岛的主权奠定了良好基础

韩国对独岛的研究非常全面和系统。在研究机构方面，不仅有国家设立的研究所，还有大量的民间研究机构。在研究内容方面，从历史、法律和地理等各方面对独岛进行了系统研究，为政府制定独岛政策打下了良好基础，同时也注意研究国际和日本方面的最新情况，并及时对日本观点进行反驳，做到了知己知彼。

（三）大力宣传教育并引导增强韩国国民维护独岛主权的意识

韩国非常重视对独岛主权的宣传，包括对国民的宣传教育以及在国际上的宣传。从韩国民众在日本使馆前示威的激烈程度和韩国民众每年13万人赴独岛旅游可以看出其民众维护独岛主权的强烈意识。韩国还特别注意在国际上宣传韩国独岛的主权，韩国外交通商部组织编印了大量的独岛宣传材料，从历史、国际法等方面论证独岛是韩国领土，并译成中、英、日、阿拉伯等文字在国际会议散发并在网络上提供下载。韩国政府在宣传独岛主权的同时，也注意对国民的爱国热情加以疏导，既培养了国民的领土主权意识，又达到了对日强硬警告的目的。

（四）强硬处理海上冲突为韩国与日独岛争夺赢得了先机

韩国方面在独岛问题上对日态度非常强硬。2005年日本岛根县通过"竹岛日"后，时任韩国外交通商部长官的潘基文代表政府向日本抗议，民众也以非常激烈的方式表示抗议。2006年获悉日本将派调查船赴独岛附近海域调查后，除发表外交声明、撤回驻日大使表示强烈抗议外，还派出海上警察厅舰艇赴独岛24小时巡逻，韩国海军也随时做好准备，最终日本被迫取消调查计划，以后再也没有派船只赴独岛海域活动。

（2010年3月）

中日“东海共识”的法律和现实意义

贾　宇

中日两国围绕东海油气田的开发问题，在进行了为时四年的11轮谈判之后，终于在两国构筑新型外交关系的意愿下，达成了“东海共识”。2008年6月18日，两国外交部门发布了“中日关于东海共同开发的谅解”和“关于日本法人依照中国法律参加春晓油气田开发的谅解”。两国达成的“东海共识”，同意在实现有关海域划界前的过渡期间，在不损害双方各自法律立场的情况下，在东海选定适当的区域迈出共同开发的第一步。关于此前一直争论不休的春晓油气田问题，双方一致确认，日本企业将按照中国的有关法律，参加春晓油气田的有关合作。“东海共识”既涉及国际法，也涉及国内法，既有法律意义，也有现实意义。

一、共同开发的法律制度

1958年巴林与沙特阿拉伯关于共同开发波斯湾大陆架的协定，首开世界上海洋油气资源共同开发的先河。至今，共同开发的理论和实践已经走过了近50年的发展历程，逐步形成了一套比较完整的法律制度。

(一)共同开发的法律概念

共同开发作为一个国际法上的概念，其产生和发展促进了国际法的理论和国家实践的不断丰富和完善。加拿大国际法学者高尔特(Ian Townsend－Gault)和斯道蒙特(William G Stormont)认为，近海石油的共同开发安排是共同开发的一种形式。在这类安排中，两个或两个以上的国家决定共享他们的主权权利，为合作开发近海特定区域的石油和天然气并分享由此获得的收益达成正式协议。这个概念强调共同开发协定的法律性质。世界银行的能源专家史哈塔(Ibrahim Shihata)与美国的石油法律专家奥诺拉托(William T Onorato)认为，共同开发是搁置整个边界争端问题，因而从开始就营造政治合作的发展氛围。这是对共同开发活动的描述性解释。

德国学者拉各尼(Rainer Lagoni)认为，共同开发是建立在协议的基础上，对一块有争议海域的非生物资源进行以开发为目的的国家间经济合作的方式。日本学者三友(Masahiro Miyoshi)则强调，共同开发是临时性质的政府间安排，是一种以功利为目的共同勘探或开发的设计。中国学者高之国认为，共同开发是两个或两个以上的国家达成政府间的协议，其目的是为开发和分配尚未划界的争议重叠区潜在的自然资源而共同行使在此区域内的主权、主权权利和管辖权。他强调指出，共同开发在原则上是一个政治基础之上的法律概念，这是许多法律专家所忽视的问题。这些概念描述的都是有关国家在海域划界相持不下的情况下，搁置其划界主张的争议，对争议海域的油气资源进行共同开发。

一些国家的划界条约中还定有“共同开发条款”，规定对已经发现或将来可能发现的跨越边界线的油气资源，设定跨越边界线的共同开发区进行共同开发，这是一种广义上的共同开发。

本文拟就划界前的共同开发进行探讨。笔者认为，共同开发作为国家间完成海洋划界前的一种临时性安排，是主权国家在海上边界未定的情况下，在不影响各自划界立场的前提下，搁置争议，对争议区的自然资源合作进行勘探和开发的临时性安排。共同开发不影响最终界线的划定。

(二)共同开发的国际法依据

共同开发产生于国家实践之中，其后多有专家学者进行研究论述。继而，《联合国海洋法公约》(以下简称《公约》)作出一般性规定。

共同开发的国际法依据首先表现为国家间的实践和经验。海洋油气资源共同开发的国家实践已经走过了近半个世纪的历程，迄今已达成二十多个共同开发协议，成功地化解和缓和了争议地区的紧张和对立。共同开发的国家实践和经验促进了国际法理论的丰富和发展，为有关国家提供了可资借鉴的先例。

国际法学者的研究和著述也是国家间作出共同开发安排的重要参考。1968 年奥诺拉托发表的《国际共同石油储藏的分配》，对共同开发问题进行了较为全面的理论探索，并对 1969 年国际法院关于北海大陆架案的判决产生了重要影响。其后，英国国际法和比较法学院专门就共同开发问题进行了研究，起草了共同开发协定的范本，出版了《近海油气的共同开发》专著，为有关国家共同开发协定的达成提供了重要的参考。

《公约》的有关条款是国家间进行共同开发的最直接的国际法依据。《公约》第八十三条要求有关国家在达成划界协议前，“应基于谅解和合作的精神，尽一切努力作出实际性的临时安排，并在此过渡期间内，不危害或阻碍最后协议的达成。这种安排应不妨害最后界限的划定。”这是《公约》关于共同开发的框架性规定，也是指导有关国家作出共同开发安排的法律原则。

(三)共同开发的国家实践

相关国家实践表明，影响共同开发的因素很多。其中，有关国家的政治意愿对共同开发的有效开展起着决定性的作用。作为极具政治色彩的临时性安排，国家的政治意愿是决定共同开发能否实现的关键因素。在挪威和冰岛的共同开发协议中，冰岛对扬马延岛主权归属挪威没有异议。尽管双方都认为扬马延周围陆架不是冰岛大陆架的自然延伸，但是挪威还是同意冰岛将其大陆架扩展到距扬马延岛仅 92 海里的地方，共同开发区 70% 的面积都位于挪威一侧，共同开发协议中关于经营和开发等内容也明显有利于冰岛。这个协议的达成显然深受“冷战”后期国际政治和国家安全政策等的影响——挪威作出较大让步，换取冰岛继续留在北约，使北约得以继续使用冰岛境内的军事基地，以抗衡苏联强大的北方舰队，从而使直接面对苏联而又严禁外国驻军的挪威得到北约的保护(见图 1)。

设立共同开发区是进行共同开发的关键问题之一。国际法的理论和国家实践一般把各方划界主张的重叠区设定为共同开发区，或在重叠区内选划共同开发区。澳大利亚和印度尼西亚在帝汶海的共同开发实践，为共同开发区的确定提供了有意义的示范。两国隔海相望，关于大陆架划界主张的差异形成了约 6.1 万平方千米的重叠区。1989 年 12 月，两国签订《关于印度尼西亚东帝汶省和北澳大利亚之间区域的合作条约》，把双方权利主张的重叠区作为合作范围。其中，位于两国中间线和 1500 米等深线之间的区域是实质意义上的共同开发区(图 2 阴影部分)。2001 年 7 月，独立后的东帝汶与澳大利亚签署《关于帝汶海油气资源开发的谅解备忘录》，对上述共同开发区予以确认和保留(见图 2)。

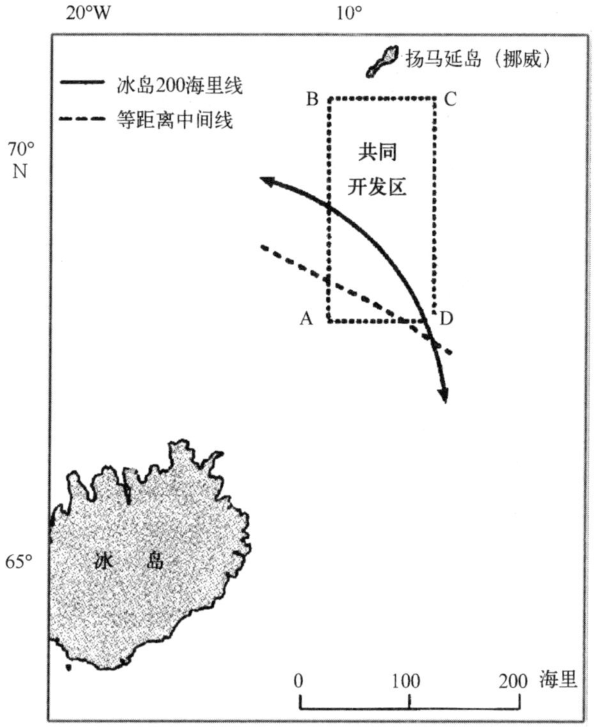

图1　冰岛与挪威关于扬马延岛的共同开发示意图

(四)共同开发与海洋划界的关系

共同开发和海洋划界是两种性质不同的国家行为。海洋划界是海岸相邻或相向国家明确地划定其间领海、专属经济区和大陆架等管辖海域界限的政治和法律行为。而共同开发则是当划界达不成协议时，双方寻求的一种临时性安排。通过此种务实互谅的安排，有关国家既可坚持其划界立场和主张，同时又可实现对主张重叠区资源开发的目的。

共同开发作为一种临时安排，可以缓解划界主张的冲突，求得资源开发的共同目的和利益。共同开发既不影响有关国家关于划界的主张和立场，也不妨害最后界限的划定。《公约》第八十三条作出了同样的规定，现有的共同开发协议中也多有类似的“不损害条款”。

从这个角度来说，共同开发与海洋划界之间并无直接的必然联系。有关国家在达成海域划界之前作出共同开发的临时安排，可以在保留各自划

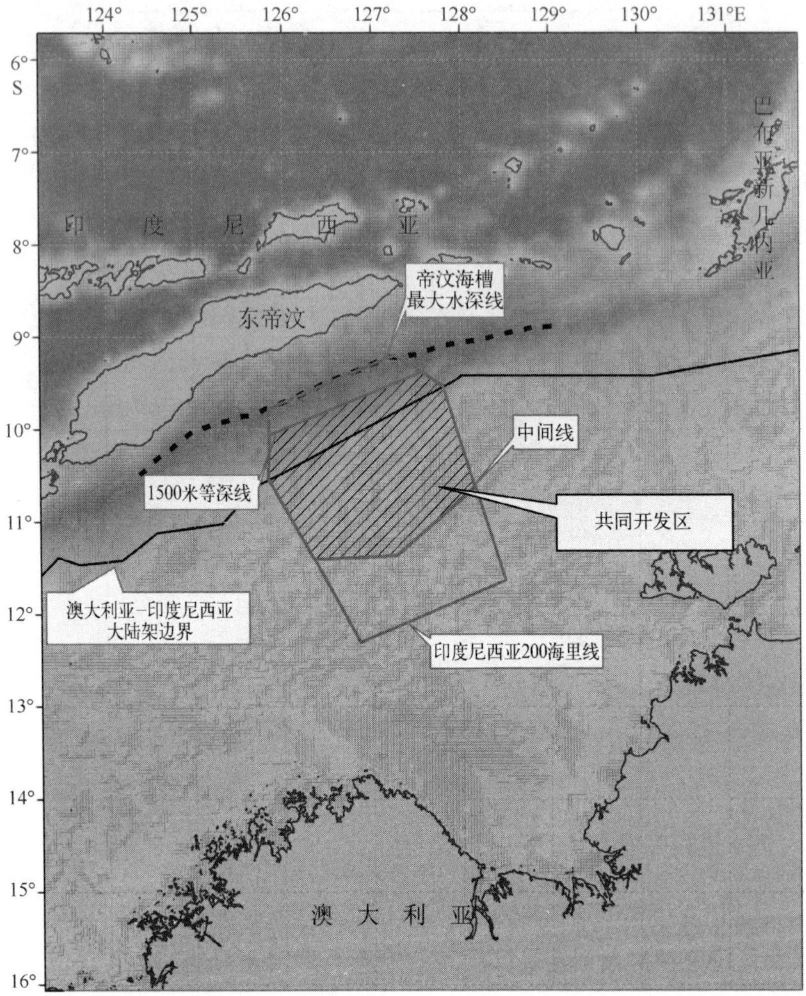

海洋局战略所制图 2007年3月

图 2 澳大利亚 - 印度尼西亚/澳大利亚 - 东帝汶共同开发区示意

界主张和立场情况下，促进争议海域紧张局势的缓解和稳定，实现共同开发资源的双赢，并为最终确定相互间的海洋边界创造良好的外部条件。

二、东海共同开发的历史发展

自 1969 年“亚洲近海矿物资源联合勘测协调委员会”发表报告，称东海大陆架可能是世界上最有远景的油气储藏地区之后，东海的平静顷刻之间成为历史。日本和韩国于1974年1月签订了《关于共同开发邻近两国南部大陆架协定》(以下简称《日韩共同开发协定》)，设立了8万多平方千米的共同开发区，并于1978年开始进行实地作业，但迄今尚无商业性油气流发现。东海大陆架是中国陆地领土的自然延伸，所谓《日韩共同开发协定》设立的共同开发区，同中国根据自然延伸原则主张的大陆架范围有较大重叠，侵犯了中国的海洋权益。中国政府提出了强烈抗议，指出中华人民共和国对东海大陆架拥有不容侵犯的主权，日韩背着中国片面签订的协定是非法和无效的。

20世纪70年代，中国和日本曾就东海共同开发问题数次交换意见，双方关于共同开发的立场逐渐清晰。1979年6月，中方正式向日本提出共同开发钓鱼岛附近海域油气资源的设想。这是中国首次公开表明愿以“搁置争议、共同开发”的方式，解决同周边邻国间领土和海洋权益争端。此后，双方就东海共同开发问题数次交换意见。中方多次重申大陆架自然延伸原则，并提出了搁置领土主权争议、共同开发钓鱼岛附近海域的初步设想。但日本既不承认中日就钓鱼岛的主权归属存在争议，更不同意在其附近海域进行共同开发，反而极力主张在东海跨越其单方主张的所谓“中间线”进行开发。

1985年双方石油界开始以民间形式探讨共同开发问题。中国海洋石油总公司与日本石油公司等先后进行了多轮会议，双方石油界对共同开发的具体问题和内容形成广泛共识。而且在程序上也同意以民间形式为先导，取得共识并达成协议后，分别由双方向本国政府提出请求，经两国政府认可后实施，或两国政府在此基础上直接签订政府间共同开发协定。但是，由于国际和地区形势的风云变幻，民间的共识一直未能上升为政府层面的共识。从技术上说，东海的地质条件比较复杂，开发风险较大。一些日本石油公司在其近海进行的油气开发和日韩的“共同开发”，都没有取得令人满意的成效。长期以来，日本对东海油气资源的共同开发问题，基本上处于一种观望状态。

2004年10月至2007年11月，中日两国举行了十一轮关于东海油气资源勘探开发问题的磋商。期间，中方率先提出了“搁置争议、共同开发”的建议，并提出了在两国实际划界主张所形成的争议海域内进行共同开发的建议，充分显示了中国的诚意和务实。日方则坚持要求中国停止在“春晓”油气田的合法开发活动，并向其提供油气田的地质资料及相关数据等无理要求，被中方明确拒绝。其后，日方同意中日在东海进行共同开发，并提出“共同开发方案”，把中国近海大陆架上的“春晓”等区块作为中日的共同开发区。日方的这种不合理主张，中方当然是不会接受的。

2006年10月以来，中日两国领导人接连进行“破冰”“融冰”“迎春”和“暖春”之旅，建立并全面推进战略互惠关系，进而就东海问题多次达成共识。2008年6月，两国外交部门同时发表了“东海共识”。

三、“东海共识”的法律和现实意义

中日“东海共识”将双方在东海的合作与开发分成两个方面：一方面，两国政府达成在东海进行共同开发的共识，并选定了共同开发区块；另一方面，中方欢迎日方企业参加“春晓”的合作开发。

(一)体现中日双方的政治意愿

共同开发在本质上是极具政治色彩的临时性安排，有关国家的政治意愿对共同开发的有效开展有着决定性的影响，是达成共同开发协议的关键因素。“中日关于东海共同开发的谅解”是两国政府达成的政治磋商文件，表明两国愿意搁置海洋划界的争议，先就东海油气资源的开发进行合作的政治意愿，是一种政治意向或安排。

这一共识是政治概念上的共同开发，是进行实质意义上的共同开发的先决条件。在此基础上，双方通过谈判协商，就共同开发的具体事项签订国际法上的条约或协定，经过两国最高权力机关的批准，赋予其法律效力，则构成法律意义上的共同开发。

(二)不影响各自的划界立场

中日两国划界主张的巨大差异使东海划界问题久拖不决。日方一直回避大陆架划界问题，主张以“中间线”进行海域划界，并单方面提出了一条所谓的“中间线”。中方则认为，双方应当根据《公约》的有关规定，以公平原则进行海域划界。其中，大陆架划界应适用自然延伸原则，中国陆地领土在东海的自然延伸可及冲绳海槽最大水深线。在东海划界问题上，中方不承认日方所谓的“中间线”，中日之间也不存在划定“中间线”的问题。

双方在“东海共识”中一致同意，“在实现划界前的过渡期间，在不损害双方法律立场的情况下进行合作”。“东海共识”不损害中方对东海大陆架及其自然资源的主权权利和管辖权，不影响中方在东海有关问题上的法律立场和主张。中方主张按自然延伸原则实现东海大陆架的公平划界，过去没有承认、今后也不会承认日方所谓的“中间线”。双方就共同开发问题达成的原则共识，不涉及各自既往的权利诉求，也不影响未来的海洋划界。东海的最终划界问题，应由中日双方通过谈判加以解决。

（三）共同开发区块的特点

“中日关于东海共同开发的谅解”规定了中日在东海的共同开发区块，使中日双方共同开发东海油气资源的政治意愿更加具体化，为7点坐标连线组成的大体呈方形的海域，面积约2 700平方千米，各点坐标见表1。

表1　中日东海共同开发区块坐标

序号	北纬	东经
1	29°31′	125°53′30″
2	29°49′	125°53′30″
3	30°04′	126°03′45″
4	30°00′	126°10′23″
5	30°00′	126°20′00″
6	29°55′	126°26′00″
7	29°31′	126°26′00″

关于共同开发区块的位置，2008年6月18日，日本《朝日新闻》刊登了一幅东海共同开发区块的图片，显示共同开发区块跨越日方主张的所谓“中间线”，进入该线以西海域。

中日共同开发区块在东北部（坐标5至6点）不涉及1974年《日韩共同开发协定》非法划定的日韩“共同开发区”。

“中日关于东海共同开发的谅解”划定共同开发区块，是向现实的共同开发迈出的第一步。实现共同开发的具体事宜，包括上述区块内具体开发位置的选择和确定、合作的模式、开发的形式、作业者的确定、费用的分担和收益的分享、管理机构的设立、共同开发协议的执行等内容，还需双方协商确定，最终达成双边协议，才能实现法律意义上的共同开发。

(四)日企参股“春晓”不是共同开发

“春晓”是中国近海大陆架上的油气田，位于日本单方面主张的所谓“中间线”以西，与双方的海域划界争议无关。根据《公约》关于大陆架的有关规定，春晓油气田的主权权利完全属于中国。中国的海洋石油企业开发春晓油气田，是中方对没有争议的中国大陆架上的自然资源行使主权权利，属于中国主权范围内的事，是《公约》赋予缔约国的权利。

“关于日本法人依照中国法律参加春晓油气田开发的谅解”表示，中国企业欢迎日本法人按照中国对外合作开采海洋石油资源的有关法律，参加对春晓现有油气田的开发。这里所说的中国法律，指的是 1982 年颁布、2001 年修订的《中华人民共和国对外合作开采海洋石油资源条例》(以下简称《条例》)。《条例》第 1 条规定：“在维护国家主权和经济利益的前提条件下，允许外国企业参与合作开采中华人民共和国海洋石油资源。”中国内海、领海、大陆架以及其他管辖海域的石油资源，都属于中华人民共和国国家所有(第 2 条)。《条例》要求合作开采海洋石油资源的一切活动都应当遵守中国的法律、法令和有关规定；参与实施石油作业的企业和个人都应当受中国法律的约束，接受中国政府有关主管部门的检查和监督(第 3 条)。

依据上述中国法律进行的中外合作，是中国企业依法吸收外资的合作。这种合作开发不是共同开发，其法律性质与共同开发完全不同。日方企业参加春晓油气田的合作开发，不是国际法意义上的共同开发，而是基于日本企业参加春晓油气田开发的谅解，依照中国法律作出的商业性安排，与“中日关于东海共同开发的谅解”没有关系。

日本企业参加春晓油气田的合作开发，应遵守《条例》等中国法律法规，接受中国政府有关主管部门的检查和监督。这一“共识”充分体现了中国对春晓油气田的主权权利和日方对此客观事实的确认。

日本企业应通过签订商业合同的方式，投资入股，获得参加春晓油气田合作开发的资格，这是中国企业依法吸收外资的一种合作方式，与其他吸引外资的中外合作无异。此前，包括美国尤尼科公司在内的外国石油公司，依照中国法律，与中国的海洋石油企业进行过此类合作。此次日本企业依照中国法律参与春晓油气田的合作开发，其性质与上述中外合作并无不同。

四、结语

中日“东海共识”的达成，标志着两国关系在东海问题上的一次突破。中日关于共同开发的谅解，向实质上的共同开发迈出了重要的一步，为实现法律意义上的共同开发奠定了政治基础。同时，中国在东海的主权权利和管辖权不受影响。而关于日企依照中国法律参加春晓油气田开发的谅解，则清楚地体现了中国对春晓油气田的主权权利和管辖权。日企参股“春晓”开发只是一种商业安排，与国际法上的共同开发无关。

中日两国都已签署和批准了《公约》。作为《公约》的缔约国，根据《公约》关于共同开发的原则性规定，中日两国在“东海共识”的基础上作出共同开发的临时性安排，是对《公约》义务的积极履行。“东海共识”不但是中日在东海问题上的一个突破，也为在东亚海域通过合作解决海上问题树立了一个范例。我们有理由期望，在“东海共识”的基础上，中日两国能够迈出共同开发的实质步伐，使东海真正成为“和平、合作、友好之海”。

（2008 年 8 月）

《"区域"内多金属硫化物探矿和勘探规章》解析

贾　宇　张　丹

2010年5月7日，国际海底管理局(以下简称"管理局")大会全体一致地通过了《"区域"内多金属硫化物探矿和勘探规章》①(以下简称《硫化物规章》)。《硫化物规章》是管理局继《"区域"内多金属结核探矿和勘探规章》(以下简称《锰结核规章》)后制定的第二部深海"采矿法典"，对于规范和促进国际海底区域(以下称"区域")资源的探矿、勘探以及开采具有重要意义。

一、规章的制定过程

1998年8月，在管理局第4届会议期间，俄罗斯代表团提出，除多金属结核(以下简称"锰结核")以外，"区域"内还存在着海底热液硫化物(以下简称"硫化物")和富钴铁锰结壳(以下简称"钴结壳")资源，要求就这两种新资源的勘探制定规章。俄罗斯还公布了其调查过的位于西北太平洋的钴结壳矿区坐标，并声称对这一区域内钴结壳资源的矿区申请享有优先权。根据《联合国海洋法公约》(以下简称《公约》)规定，有关锰结核以外任何资源的勘探和开发的规则、规章和程序，应于管理局任何成员向其要求制定之日起三年内予以制定②。因此，管理局把制定"区域"内硫化物和钴结壳资源的勘探规章问题纳入议事日程。

2004年管理局第10届会议期间，法律和技术委员会(以下简称"法技委")完成了《"区域"内多金属硫化物和富钴铁锰结壳探矿和勘探规章草案》的制定。鉴于硫化物和钴结壳两种资源的不同属性，2006年管理局第12届会议期间，理事会就对硫化物和钴结壳分别制定规章达成一致，并建

---

① ISBA/16/C/L.5。

② 《公约》第一六二条第2(O)(2)款。

议法技委优先处理有关硫化物的规章。

在2007—2009年的历届会议期间，理事会对《“区域”内多金属硫化物探矿和勘探规章草案》进行了审议，对勘探区面积、管理局参与方式、申请费、环境要求等关键问题逐步达成一致。在2010年的管理局第16届会议上，理事会就“反垄断”和“重叠主张”这两个核心问题达成共识。在反垄断问题上采纳了加拿大、澳大利亚和新西兰的建议，在规章中以“建设性模糊”的方式对反垄断问题进行了原则性规定。理事会还决定，通过一项决议对重叠主张问题进行规定。这两个核心问题的解决，最终使《硫化物规章》在本届会议上获得通过。

二、规章的主要内容

《硫化物规章》由十个部分和四个附件组成。第一部分“导言”对所涉及的重要术语进行了定义；第二部分“探矿”规定了探矿者的权利和义务；第三部分“请求核准合同形式的勘探工作计划的申请书”是规章草案的重点，对申请者申请具有专属权利的勘探区所需提交的勘探申请进行了详细的规定；第四部分“勘探合同”规定了勘探合同的形式和内容；第五部分涉及海洋环境的保护和保全；第六部分涉及资料的机密性问题；第七部分载有执行规章的一般程序；第八部分涉及争端的解决；第九部分规定了探矿者或承包者在发现两种新资源以外的资源时应采用的程序；第十部分“审查”规定理事会对规章的实际运作情况进行审查，缔约国、法技委或承包者通过其担保国可在一定情况下要求理事会对规章进行修订。四个附件分别规定了“探矿通知”需要载明的事项、勘探申请书需要包括的事项、勘探合同的主要内容以及勘探合同的标准条款。

（一）探矿与勘探

“探矿”是指在不享有任何专属权利的情况下，在“区域”内探寻硫化物矿床，包括估计矿床的成分、大小和分布情况及其经济价值；而“勘探”则是指以专属权利在“区域”内探寻硫化物矿床，分析这些矿床，测试采集系统和设备、加工设施及运输系统，以及对开发时必须考虑的环境、技术、经济、商业和其他有关因素进行研究。

探矿与勘探不仅是两种不同的“探寻矿床”阶段，而且二者的法律地位各异。探矿没有时间限制，管理局和探矿者之间也不需要合同，探矿者向管理局秘书长提交探矿通知，通知经管理局记录在案后即可开始探矿活动。而勘探则需要申请者向管理局提交申请并同管理局签订为期15年的勘探合同，成为承包者。探矿者不享有专属权和资源权，一旦某一区域为其他承包者所承包，探矿者则应停止在该区域的探矿活动。探矿者对探寻的硫化物资源无任何权利，虽可回收试验所需的合理数量的矿物，但不得用于商业用途。而承包者对其勘探区的硫化物资源享有“专属勘探权”，其他国家在该区域内不得从事硫化物的探矿和勘探活动，从事其他资源作业时，其作业方式不得干扰承包者的作业。承包者就其勘探区的硫化物享有未来商业开采的优先权。

(二)勘探区面积

申请者可获取的勘探区面积最大不超过1万平方千米。勘探区由不超过100个硫化物区块①组成，申请者应将这些区块排列为至少5个组群，每个组群至少包含5个毗连区块②。组群不一定毗连但须邻近，且应局限在一个最长不超过30万平方千米的长方形区域内，该矩形区域一边的边长不能超过1000千米。

承包者在勘探期间需要履行区域放弃的义务。在勘探合同15年到期之日，承包者可保留用于未来商业开发的硫化物矿址面积最大为2500平方千米。

(三)管理局的参与方式

按照《公约》和《执行协定》，除企业部外，任何一个实体就“区域”部分(除保留区外)提出勘探申请，须向管理局提出两块估计商业价值相等的矿址③。管理局选择其中一块作为保留区，另一块分配给申请者。《锰结核规章》采用了这种矿址保留方式作为管理局的参与方式。《硫化物规章》在沿用矿址保留方式的同时，规定了备选的变通方法。即：申请者可以选择

① 根据《硫化物规章》第12条第1款，区块是指管理局规定的一个网格单元，面积约10千米×10千米，但不超过100平方千米。

② 《硫化物规章》第12条第3款，在任何一点相接触的两个区块应视为毗连区块。

③ 《联合国海洋法公约》附件三第八条。

同企业部成立“联合企业”并为其提供相应股份，作为管理局的参与方式。

联合企业的安排在申请者签订开采合同之时生效。企业部在联合企业中应获得至少20%的股份参与：其中10%为无偿获得，并在一切方面同申请者所持股份享有平等待遇；另10%的股份在一切方面同申请者所持股份享有平等待遇，但在申请者收回其对联合企业安排投入的全部股本之前，企业部不得就这部分分享任何利润。申请者还应向企业部提供机会，使其可以在同申请者在一切方面享有平等待遇的基础上增加股份参与，增购30%联合企业安排的股份，或企业部可能选择的较小份额。

（四）申请费

申请者在提交申请书时，可选择一次性缴纳50万美元或等值可自由兑换货币的固定收费，也可以选择采用“累进规费制”缴费。

“累进规费制”即：提交申请书时缴付5万美元或等值可自由兑换货币的固定收费，再按年度、额度和面积系数的计算方法缴付年费。“面积系数”是指在有关定期支付款项到期日勘探区的平方千米数。

（五）环境要求

鉴于硫化物所处的海洋环境与相关的生态系统关系较为复杂，加之当前国际社会对深海生物多样性的特别关注，《硫化物规章》对海洋环境保护问题作了更为严格的规定，要求承包者、担保国和其他有关国家或实体应同管理局合作，制定并实施方案，监测和评价深海底采矿对海洋环境的影响。如理事会提出要求，此种方案应包括拨出地区专门用作影响参照区①和保全参照区②的提议。承包者在按照合同开始勘探活动之前即应提交环境评估报告、监测方案建议和环境基线数据。《硫化物规章》还规定应“对海洋环境构成严重损害威胁”的事件采取预防行动。

《硫化物规章》还特别强调了对热液喷口的保护，规定如果确定某些拟议的勘探活动将对脆弱海洋生态系统造成严重有害影响，则管理局可对这些活动加以管理以防出现此类影响或不核准从事这些活动。

---

① “影响参照区”是指反映“区域”环境特性，用作评估“区域”内活动对海洋环境的影响的区域。

② “保全参照区”是指不应进行采矿以确保海底的生物群具有代表性和保持稳定，以便评估海洋环境生物多样性的任何变化的区域。

三、反垄断和重叠主张问题

(一)反垄断问题

管理局认为,《公约》附件三所规定的关于锰结核的反垄断规定①,即防止单一国家获得对海底某个局部区域或"区域"某一百分比的控制,只限于锰结核的合同,不能有效适用于硫化物。为取代这一条款,法技委提出了"关联申请者"的概念,并试图对关联申请者提出超过规章规定总面积限制的多次申请进行限定。秘书处在管理局第15届会议前编写的《"区域"内多金属硫化物探矿和勘探规章草案》(ISBA/15/C/WP.2)中曾规定,申请者与另一申请者有"关联关系",系指申请者直接或间接控制或受控于另一申请者,或与另一申请者受相同的控制。

在管理局第15届会议上,中国代表团指出,不能仅因某些企业的全部或大部分股权属于某一国家即认为他们是"关联企业",进而限制其总申请面积。在管理局第16届会议上,理事会采纳了加拿大等国的建议,在规章中对反垄断问题进行了原则性规定,即"法律和技术委员会可建议核准某一工作计划,如果委员会确定核准该计划不会使缔约国或缔约国支持的实体垄断'区域'内有关多金属硫化物的活动或排除其他缔约国在'区域'内开展有关多金属硫化物的活动"②。《硫化物规章》最终没有采纳"关联申请者"这一模糊的概念。

(二)重叠主张问题

在锰结核矿区申请过程中,主要申请者之间曾存在严重的矿区重叠问题,但《锰结核规章》没有涉及重叠冲突的处理。这是因为,重叠冲突问题已经在第三次联合国海洋法会议"决议二"中作了规定,并在联合国海底筹

---

① 《联合国海洋法公约》附件三第六条"工作计划的核准"第3款(c)项规定,法律和技术委员会不应建议核准该勘探工作计划,如果提出或担保提议的勘探工作计划的国家已经拥有:㈠在非保留区域中进行勘探和开发或仅进行开发的工作计划,而且这些区域连同所申请的区域两部分中任何一部分,面积超过在提议的工作计划所包括的区域两个部分中任何一部分的中心周围40万平方千米圆形面积的30%;㈡在非保留区域中进行勘探和开发或仅进行开发的工作计划,而且这些区域合并计算占"区域"内按照公约第一六二条第2款(X)项未予保留供开发用或不许可开发的部分的2%。

② 《"区域"内多金属硫化物探矿和勘探规章》(ISBA/16/C/L.5)第23条第7款。

备委员会会议期间所达成的有关协议中得到解决。根据“决议二”，提出锰结核矿区申请的证明国须确保申请区不与他国的申请区或与已划定的开辟区重叠。如存在重叠冲突，解决程序为：有关各方应在合理期间内以谈判解决冲突；如未解决，则提交有关仲裁法庭仲裁。仲裁考虑的因素包括：申请者对申请矿区进行活动的连续性与程度；在申请区开始进行海上活动的日期；在申请区进行活动的花费；活动的时间与质量等。

在《硫化物规章》的制定过程中，管理局力图对解决重叠主张问题作出明确规定，并提出过多种解决方法，包括：由理事会来确定分配给每一申请者的区域、采用“决议二”中关于重叠主张的解决办法、由法技委按收件先后次序审议等。但有关各方始终未能就这一问题达成共识。

在管理局第15届会议上，南非、德国等国坚持根据“先来先得”的原则处理有关重叠主张问题。中国代表团指出，应在分析有关申请者探矿质量的基础上适用“公平与公正”的原则，特别要考虑在有关区域发现硫化物矿的时间、地点和数量等因素，不应简单根据“先来先得”原则仅批准首先提出的申请，否则将会鼓励申请者过早提出低质量的申请，甚至恶意抢先申请，对于在同一区域已开展探矿工作的其他申请者是不公平的。在程序方面，应让有关当事方通过协商、秘书长调停以及自愿仲裁等方式解决重叠主张纠纷。遗憾的是，这一问题在本届会议上未能得到解决。

管理局第16届会议通过的《理事会关于“区域”内多金属硫化物探矿和勘探规章的决定》的附件，对重叠主张解决程序作出了规定。

根据该决定，重叠解决程序的有效期为一年。申请者及其担保国和潜在的申请者及其担保国应在提出硫化物勘探工作计划申请书前，尽力确保所涉区域不相互重叠。在决定通过之日起180天内，秘书长如果在收到申请书后30天内，又收到一份或多份与相同区域重叠的申请书，应立即通知所有有关申请者。

有关申请者及其担保国应争取尽快解决与重叠申请有关的任何冲突。秘书长可进行斡旋、调和，并在适当情况下提议解决办法。有关申请者可在秘书长发出通知90天内修正其申请书，以解决申请相互重叠的问题。若重叠申请在秘书长发出通知之日起90日内未得到解决，秘书长则须就重叠申请及其为解决这些申请而进行的努力，向理事会及法技委提出报告。

法技委应在收到报告后90天内提出适当的建议，供理事会审议重叠申请时参考，其中要考虑到所有相关因素包括：重叠申请所涉区域内已发现的硫化物地点的位置和数目，以及每次发现的日期；重叠申请所涉区域内已进行的硫化物勘探活动的工作量、连续性和范围；按定值美元计算的，在重叠申请所涉区域内已进行的此类项勘探活动的财务费用；秘书长收到每项申请的日期。上述重叠解决程序虽是各方妥协的结果，但基本反映了中方一贯的立场。

四、几点评析

硫化物等新资源的发现，丰富了人们对"区域"矿物资源的认识。《硫化物规章》的制定对整个"区域"资源法律制度的发展将产生深远影响。

(一)发展了"区域"法律制度

锰结核资源对"区域"资源法律制度的建立有较大影响，《公约》和《执行协定》的很多规定更是直接针对锰结核资源而制定的。《硫化物规章》的制定过程中，管理局充分地考虑到了这种新资源的特点，采用了"区块""组群""毗连""累进规费制"等新概念，为在"区域"内进行硫化物资源的探矿和勘探活动制定了详细的规则和程序，丰富和发展了《公约》和《执行协定》建立的"区域"法律制度。

(二)管理局的参与方式变革了"平行开发制"

《硫化物规章》关于管理局参与方式的变革，对勘探和开发"区域"资源的"平行开发制"产生重要影响。硫化物资源的特征决定了未来承包者必须先期进行大量而昂贵的勘探工作，才能确定两个估计商业价值相等的矿址，这使得像《锰结核规章》那样提供保留区的义务对申请者而言负担过大。《硫化物规章》在沿用矿址保留方式的同时，参照陆上采矿和近海石油开采作业中的参股方式，确定了申请者可选择同企业部成立联合企业并为其提供股份安排的方案，作为管理局参与方式的变通之策。这种规定与《公约》和《执行协定》所规定的企业部直接参与"区域"资源的勘探和开发的制度设计存在一定差距，是对"平行开发制"的一种变革。

(三)保留区的减少影响发展中国家的参与

保留区与管理局企业部及广大发展中国家有效参与"区域"资源的开发

活动直接相关。《硫化物规章》提出的申请者既可选择提供保留区，也可以选择与企业部成立联合企业的规定，可能会促使一些申请者选择为企业部提供股份安排而不选择提供保留区。保留区的减少甚至取消会给矿址保留制度带来冲击，对企业部和广大发展中国家直接参与“区域”资源勘探和开发活动带来负面影响。

（2010 年 10 月）

浅议国际海底区域的反垄断问题

张　丹

国际海底区域(简称"区域")的反垄断问题一直是国际海底管理局(简称"管理局")和管理局成员国所关注的热点问题。在《"区域"内多金属硫化物探矿和勘探规章》和《"区域"内富钴铁锰结壳探矿和勘探规章》制定过程中，管理局认为《联合国海洋法公约》(以下简称《公约》)附件三所规定的关于多金属结核的反垄断规定，只限于多金属结核的合同，不能有效适用于多金属硫化物和富钴结壳，因此致力于在两个新规章中载明具体的反垄断条款。由于各方存在较大分歧，管理局最终通过的规章中对反垄断问题进行了模糊处理，仅原则性地规定管理局法律和技术委员会(以下简称"法技委")在审议多金属硫化物和富钴结壳勘探申请时应考虑防止国家或实体垄断有关资源开发活动。管理局在其通过的相关决定中，要求法技委及时拟订可能用来防止对"区域"内多金属硫化物和富钴结壳勘探开发实行垄断的适当标准，并向管理局理事会报告其审议情况。

2013 年 7 月管理局第 19 届会议期间，法技委在审议《"区域"内多金属结核探矿和勘探规章》修正草案过程中，就"区域"的垄断问题进行了一般性讨论，认为应将有关反垄断问题作为其今后工作的一个优先事项。中国对"区域"的反垄断问题一直予以关注，在管理局第 19 届会议上，中国代表发言强调，管理局反垄断工作应考虑不同国家的经济制度特点、不同公司制度和商业安排模式的特点等。本文拟通过对《公约》以及管理局相关规章制定过程中有关反垄断问题讨论的回顾，阐明"区域"反垄断问题的含义，结合"区域"特殊的法律地位，对管理局今后可能出台的反垄断标准进行分析，提出相应的对策建议。

一、"区域"反垄断问题概述

"垄断"一词所指称的含义非常丰富，并没有一个统一的法律上的定义。有学者对垄断的含义进行梳理，认为垄断可以作垄断者论、垄断状态论、市场势力论和垄断行为论①。一般来说，反垄断所禁止的主要是滥用垄断地位的行为。反垄断立法可分为反垄断国内立法和反垄断国际立法。反垄断国内法有着丰富的实践，规制的垄断行为主要包括：限制竞争的行为，经济力量过度集中的行为，滥用市场优势的行为②。我国的反垄断法列举的垄断行为包括：经营者达成垄断协议，经营者滥用市场支配地位，具有或者可能具有排除、限制竞争效果的经营者集中③。在国际层面，缺乏统一的反垄断国际立法，主要是依靠国内反垄断法的域外适用和国家间的双边条约来规制垄断行为。在国际领域规制的垄断行为主要包括：跨国兼并，出口卡特尔，制定不合理的转移价格，在技术转让中附加限制条款④。

《公约》将"区域"及其资源确定为人类的共同继承财产，由管理局代表全人类来行使对"区域"内资源的权利。根据《公约》，管理局的企业部，可独立或和其他国家或实体合作勘探开发"区域"资源；缔约国或国有企业，或在缔约国担保下的具有缔约国国籍或由这类国家或其国民有效控制的自然人、法人或符合《公约》规定的上述各方的组合，可与管理局以协作方式勘探开发"区域"资源⑤。换言之，企业部、国家（缔约国）、实体（包括自然人、法人或其他组织）都可以从事"区域"资源的勘探开发活动⑥。《公约》在有关"区域"制度的规定中有多处提及了"垄断"一词，并规定了关于多金属结核的反垄断标准，但并未对"垄断"给出明确的定义。

---

① 赵杰：《论垄断》，中共中央党校博士学位论文，2006 年，第 8－11 页。

② 王传丽：《国际贸易法》（第五版），北京：法律出版社，2012 年，第 365 页。

③ 《中华人民共和国反垄断法》第 3 条。

④ 跨国兼并是指慑于各国国内法的反垄断性兼并的限制，某些垄断企业尤其是跨国公司转向兼并国外企业，以规避国内法。出口卡特尔是指一国出口商在出口产品时组成统一销售机构，或达成一致协议，排除相互间竞争，从而使进口国失去选择余地而获得高额利润。制定不合理的转移价格是指一国跨国公司在向国外子公司提供产品和劳务时，根据垄断市场和追逐高额利润的需要而不是根据国际市场水平，制定价格的行为。在技术转让中附加限制条款是指技术转让方对受让方在使用范围、期限、生产规模、研究开发和技术产品销售区域、价格、数量等方面制定不合理条款，以此垄断技术和市场，获得高额利润。参见易继明：《国际领域的反垄断立法》，载《科技与法律》，1997 年第 1－3 期合刊，第 222 页。

⑤ 《联合国海洋法公约》第一五三条。

⑥ 严格意义上，自然人不应算作"实体"。管理局规章，如《"区域"内多金属结核探矿和勘探规章》第十条"申请书的格式"，将提交申请书的主体分为缔约国、实体和企业部。因此，本文借鉴管理局的分类方法，将自然人列为"实体"。

(1)《公约》第一五〇条“关于‘区域’内活动的政策”(g)项规定，“增进所有缔约国，不论其经济社会制度或地理位置如何，参加开发‘区域’内资源的机会，并防止垄断‘区域’内活动”。

(2)《公约》第一五五条“审查会议”第1款(d)项规定，(审查会议应……详细审查)“是否防止了对‘区域’内活动的垄断”。第2款规定，“……(审查)会议还应确保继续维持本部分规定的关于下列各方面的各项原则：排除对‘区域’的任何部分主张或行使主权，各国的权利及其对于‘区域’的一般行为，和各国依照本公约参与勘探和开发‘区域’资源，防止对‘区域’内活动的垄断……”①。

(3)《公约》附件三第六条“工作计划的核准”第4款规定，“……如果管理局确定第3款(c)项所述工作计划的核准不致使一个缔约国或由其担保的实体垄断‘区域’内活动的进行，或者排除其他缔约国进行‘区域’内活动，管理局可核准这种计划”。

(4)《公约》附件三第七条“生产许可的申请者的选择”第5款规定，“申请者的选择应考虑到有必要使所有缔约国，不论其社会经济制度或地理位置如何，都有更多的机会参加‘区域’内活动，以避免对任何国家或制度有所歧视，并防止垄断这种活动”②。除在上述条款明确提及“垄断”一词外，《公约》附件三第六条“工作计划的核准”第3款(c)项中，对多金属结核的反垄断标准进行了具体的规定，即“提议的工作计划已经由一个缔约国提出或担保，而且该缔约国已持有：(1)在非保留区域进行勘探和开发多金属结核的工作计划，而这些区域连同工作计划申请书所包括的区域的两个部分之一，其总面积将超过围绕提议的工作计划所包括的区域任一部分之中心的40万平方千米圆形面积的30%；或(2)在非保留区域进行勘探和开发多金属结核的工作计划，而这些区域合并计算构成海底区域中未予保留或未依据第一六二条第2款(x)项不准开发的部分的总面积的2%”。在上述情况下，管理局将不予核准申请者提出的矿区申请。

从上述《公约》有关“垄断”的条款文本来看，《公约》强调反垄断的宗旨有二，一是保障和增进缔约国参与勘探和开发“区域”内资源的机会；二

① 根据《关于执行1982年12月10日〈联合国海洋法公约〉第十一部分的协定》，《公约》第一五五条第1款有关审查会议的规定已不适用。

② 根据《执行协定》，《公约》附件三第七条已不适用。

是防止少数国家或实体垄断“区域”资源的勘探开发。从规制“垄断”的手段上看，《公约》主要是对国家可申请的多金属结核勘探和开发的矿区面积进行限制，以防止单一国家获得对“区域”某个局部区域或“区域”某一百分比的控制。

需要指出的是，《公约》虽仅对几种申请主体中的“国家”提出的多金属结核申请进行了直接的限制，但并不意味着对实体的申请没有限制。如果一国(直接以国家为主体进行申请)已经申请并获得对“区域”某个局部地区或“区域”某一百分比的合同矿区，那么该国不可以再提出新的申请(直接以国家为主体提出)或者进行担保。由于实体的申请需要国家进行担保，而一个国家如果因上述规定失去了担保的资格，那么该国的实体也将无法进行新的申请。此外，第三次联合国海洋法会议最后文件附件决议二“关于对多金属结核开辟活动的预备性投资”对先驱投资者的申请进行了限制，该决议第4段规定，“先驱投资者不得登记一个以上的开辟区”。由于决议中所指的先驱投资者既包括国家也包括实体，因此，该规定也表明了《公约》缔约国试图对实体的申请进行限制的意图。

笔者认为“区域”的反垄断问题与国际法或国内法意义上的反垄断并不相同。首先，对“区域”矿区的“圈占”，需要按照管理局有关规章提出申请，管理局规章中规定了申请者需具备的资格和条件，管理局对申请的审议实行“先到先得”的原则，因此，即使某些申请者具有经济、科技等方面的“垄断”优势，也不会对其他申请者参与“区域”资源勘探开发的竞争构成限制。其次，对“区域”资源的勘探开发需要按照管理局制定的勘探和开发规章进行，并与管理局签订相应的合同，根据《公约》和《执行协定》，管理局核准的开发工作计划，应指明预计的生产进程，其中包括按该工作计划估计每年生产的矿物最高产量等。上述制度安排使得承包者无法滥用其市场优势来控制产量、价格，影响贸易。

因此，与其说“区域”反垄断问题是法律问题，不如说是一种政治上的安排。由于“区域”已知的几种类型的优质矿物资源分布有限，且在地理上的分布相对集中，因此，在有关条约、规章的制定过程中，有关各方试图对某一国家或实体就某种资源在“区域”某一地理范围内的申请面积以及在整个“区域”范围内可申请的矿区总面积进行限制，防止“区域”的优质资源或大部分资源被少数国家或实体所圈占，进而使得本国或本国的实体能够有地可圈，这才是“区域”反垄断问题的实质。

二、《公约》制定过程中有关反垄断问题的讨论

在《公约》协商的早期阶段，有关各方就认识到有必要限制个别国家或实体在“区域”开发活动中占据支配地位。苏联在《公约》有关“区域”内活动的政策、审查会议相关条款讨论中，提出增加专门的一款，以防止某一国家或私人公司集团垄断区域资源的勘探和开发。挪威在《公约》有关审查会议条款的讨论中提出，审查会议应审查是否有效地“防止对‘区域’内活动的垄断，使之成为任何审查必须遵循的指导原则之一”①。上述建议最终都为《公约》所采纳。

在反垄断标准问题上，各国提出了很多具体的建议。1974 年由欧洲八国提交的提案建议给每个申请者设置每类资源六个合同的上限②。1975 年的非正式单一协商案文附件一第 8 款(f)项规定，缔约国或由缔约国担保的自然人或法人所获得的合同所包括的面积应被限于不超过开放供勘探和开发的区域的总面积的一个百分比③。1978 年在第七期会议续会上，苏联提出，一项反垄断条款应包含三个要素：对可给予一个缔约国及其国有企业和私人公司的合同总数的限制；在同一期间内有多项合同提交的情况下，与已经持有或先前曾取得过一定数量合同的申请者相比，应优先选择从未取得过任何合同的申请者；限制可在“区域”的某一部分给予一个缔约国的合同的数量，以防止开采前景最好的矿址的集中④。

1979 年第一协商小组主席编写的修订的折中方案提出了针对多金属结核的具体的反垄断标准，为《公约》相关规定的出台奠定了基础。该建议案文为：“(v)提交或担保该拟议的工作计划的缔约国已被核准：(i)40 万平方千米圆形面积内的三项对未依据以下第 5 款之三划为保留区的地点的勘探和开发工作计划。(ii)对未按照以下第 5 款之三划为保留区，其合计面积达到未依据该款划为保留区或由管理局依据第一六三条

---

① [斐济]撒切雅·南丹：《1982 年〈联合国海洋法公约〉评注》，毛彬主编，北京：海洋出版社，2009 年，第 285 页。

② Belgium, Denmark, France, Germany (Federal Republic of), Italy, Luxembourg, Netherlands, United Kingdom of Great Britain and Northern Ireland: working paper, A/CONF. 62/C. 1/L. 8.

③ Informal single negotiating text, part I, A/CONF. 62/WP. 8/PartI.

④ 同①，第 606 页。

第2款第(xii)项取消资格的总海底区域面积的3%的地点的勘探和开发工作计划。"①

1980年非正式综合协商案文第二次修订稿对上述多金属结核的反垄断标准进行了修改，最终形成了《公约》附件三第六条第3款(c)项。其修改包括以下几点：第一，与附件三其他规定不同，该项规定只限适用于关于多金属结核的合同，不包括其他资源。第二，(i)目中的限制由面积40万平方千米的圆形区域中的三处矿址改为超过这样一个区域的面积的30%。第三，(ii)目中的限制由非保留海底区域的3%降低到该区域的2%①。

通过对《公约》反垄断问题讨论的简要回顾，可以得出以下结论：第一，虽然反垄断问题在《公约》制定过程中即已得到高度关注，但是谈判各方存在较大分歧，《公约》最终对反垄断问题的处理是十分模糊的；第二，在反垄断的主体方面，《公约》试图限制的是以国家和实体为申请主体而提出的申请，并未触及是否限制一个国家可担保的申请数目或矿区总面积的问题；第三，在具体的反垄断标准上，《公约》仅对几种申请主体中的"国家"提出的多金属结核的申请进行了直接的限制，而这种限制对"实体"的申请也可能产生影响；第四，从有关讨论情况来看，反垄断只是针对"区域"同一种资源的申请进行限制，而非对各种资源的申请总数进行限制。

三、新资源规章制定过程中反垄断问题的讨论情况

综观两个资源规章制定过程中有关反垄断问题的讨论，有两个问题最值得关注：一是对每份申请书所包括的区块组群进行地理范围上的限制，即"同一地理范围"问题，二是关联申请者(affiliated applicants)概念的提出以及对关联申请者矿区申请的限制。上述两个问题反映了管理局对于多金属硫化物和富钴结壳反垄断立法的考虑，有助于研判管理局今后可能出台的反垄断标准。

(一)同一地理范围问题

《"区域"内多金属硫化物探矿和勘探规章》和《"区域"内富钴铁锰结壳

① [斐济]撒切雅·南丹：《1982年〈联合国海洋法公约〉评注》，毛彬主编，北京：海洋出版社，2009年，第606-607页。

探矿和勘探规章》规定，每份矿区申请书所包括的区域由区块组成，区块需要按照规章要求排列为区块组群，区块组群不一定毗连但须邻近，且应局限在同一地理范围内：多金属硫化物的区块组群应局限在一个不超过30万平方千米的长方形区域内；富钴结壳的区块组群应局限在一个不超过550千米×550千米的地理区域内。

管理局的相关文件说明了上述规定的意图①。管理局认为，多金属硫化物与富钴结壳资源的矿床与分布特征，与多金属结核相比，单个矿床的面积相当小，就目前知识而言，没有一个已发现的单个矿床能够满足经济上有利可图的开采规模。因此可以假定，将来的承包者势必要同时经营几个不同的矿点。但如果允许承包者任意选择非毗连区块，则可能造成“挑肥拣瘦”的现象，进而将其他可能的承包者排除在外。管理局认为，从技术角度出发，需要将勘探区分隔成由互不毗连的区块组成的组群，以确保最后确定的组群分布在面积广大的地区，以便找到这些资源 。设定“同一地理范围”这一条件，可以防止某些国家将最有潜力的矿区占为己有，形成垄断。

综上，可以看出，管理局设置“同一地理范围”的目的，是为了防止申请者提出的区块组群分布过于分散，防止申请者“挑肥拣瘦”，将有潜力的矿区据为己有，并限制其他申请者的申请。这意味着，管理局今后出台的反垄断标准很可能会对申请者在“区域”某一地理范围内的申请数目或申请矿区总面积进行限制，以防止申请者垄断“区域”内最好的矿址。否则，如果申请者可以不受限制的申请，那么，管理局设置“同一地理范围”将毫无意义。

(二)关联申请者问题

关联申请者的规定最早出现在2001年管理局秘书处编写的“关于多金属硫化物和富钴结壳的示范条款草案”②中，该示范条款规定“关联申请者的申请书所包括的总区域不得超过本条第2和3款规定的限制。就本条而

---

① 参见：《应用于富钴铁锰结壳与多金属硫化物区块选择适用的勘探和矿址模型第一部分：富钴铁锰结壳》ISBA/12/C/3(Part I)和《应用于富钴铁锰结壳和多金属硫化物区块选择的勘探和矿址模型第二部分：多金属硫化物》(ISBA/12/C/3 (Part II))。

② “Considerations relating to the regulations for prospecting and exploration for hydrothermal polymetallic sulphides and cobalt – rich ferromanganese crusts in the Area”(ISBA/7/C/2)，第3条第4款。

言，申请者与另一申请者有关联关系系指申请者直接或间接控制或受控于另一申请者，或与另一申请者受相同的控制”。

在2009年管理局第15届会议上，印度提出，在任何时候，同一国家担保的所有勘探工作计划以及根据勘探合同分配给关联实体（即使这些实体由不同国家担保）的总面积都不应超过规章的规定。加拿大认为，法技委的建议不能解决理事会的主要关切，即避免同一实体的分支机构提出过度或者不适当的数量的申请。加拿大认为，印度建议增加“在任何时候”是有帮助的，可以减少一个实体另行进行担保申请或开展新的活动的可能性。美国支持加拿大观点，要求制定防止任何实体垄断区域活动的条款①。印度的建议后来获得了德国的支持②。

由于关联申请者的概念过于模糊，加之各方存在较大分歧，管理局最终放弃了这一建议案文。其实，关联申请者的提议主要是借鉴了第三次联合国海洋法会议最后文件附件决议二第4段，即“先驱投资者不得登记一个以上的开辟区”的规定。管理局一份题为《“区域”内多金属硫化物与富钴铁锰结壳探矿和勘探规章草案分析——第一部分：与探矿有关的规定、重叠主张和反垄断规定》的文件对此进行了说明③。该文件指出，“根据决议二，在多金属结核的情况中，每个先驱投资者限有一个勘探地点。因此，在2001年秘书处编写的关于多金属硫化物和富钴结壳的示范条款草案中，列有一项防止关联申请者提出多个申请的规定……”

因此，且不论关联申请者的含义为何，从管理局的立法意图和有关讨论情况来看，反垄断的目的似乎是要限定一个申请者（无论是以国家为申请主体还是以实体为申请主体）可以申请的矿区总面积（无论是仅提出一份申请还是提出多份申请）。

四、对“区域”反垄断问题的思考和建议

（一）今后可能出台的反垄断标准

综合《公约》和管理局新资源规章制定过程中有关反垄断问题的讨论，

---

① SB/15/11。

② 在2010年管理局第16届会议上，德国建议使用印度上年会议上提出的建议，参见SB/16/5。

③ 参见ISBA/12/C/2(Part I)，第16段。

笔者认为管理局今后可能出台的反垄断标准如下：

第一，只是针对同一种资源进行限制，而非对各种资源的总数进行限制；

第二，在反垄断的主体方面，既可能对以国家为申请主体也可能对以实体为申请主体提出申请进行限制(国有企业待遇似乎应同于其他实体)。对担保国可担保的申请数目或可担保的矿区总面积进行限制的可能性不大；

第三，对同一申请者，无论是以国家为申请主体还是以实体为申请主体，可以申请的总矿区面积进行限制的可能性较大，而非限制其可提交申请的数目；

第四，为防止申请者垄断“区域”内最好的矿址，对申请者在“区域”某一地理范围内的申请数目或申请矿区总面积进行限制的可能性较大。

(二)反垄断标准不宜过于严格

如前所述，“区域”反垄断问题主要是基于政治上的考虑而非经济或法律上的实际需要。制定严格的反垄断标准将损害“‘区域’及其资源是人类的共同继承财产”这一原则。

根据《公约》，对“区域”内资源的一切权利属于全人类，由管理局代表全人类行使，管理局应在无歧视的基础上公平分配从“区域”内活动取得的财政及其他经济利益。管理局从“区域”内活动取得的财政及其他经济利益的方式有两种，一是企业部通过开发保留区获得利益，或者是企业部通过承包者提供的联合企业安排中的股份获得收益；二是管理局按照开发规章和开发合同，对其他承包者开发“区域”资源收取“特许权使用费”而获得收益。出于政治安排，限制有能力的申请者从事“区域”资源的勘探开发活动，无疑会迟滞“区域”资源的勘探开发，管理局也无法获得相应的“资源经济收益”，分配给国际社会，造福全人类。

概言之，笔者认为，在“区域”反垄断问题上，不应为保障少数国家或实体参与“区域”资源勘探开发的利益，而牺牲整个国际社会的利益。

(三)对发展中国家和发展中国家实体应给予优惠待遇

按照《公约》，除企业部外，任何国家或实体向管理局提出勘探申请

（就保留区提出的申请除外）时，需提出两块具有同等估计商业价值的矿区，管理局指定其中一个矿区作为管理局的保留区，另一块矿区则作为合同区，分配给申请者。保留区对于企业部以及发展中国家及其实体参与“区域”的勘探开发尤为重要。《公约》附件三第九条赋予了企业部和发展中国家及其实体在保留区活动的优先权。企业部有在保留区进行活动的取舍权，可决定自行或成立联合企业勘探开发保留区的资源。在考虑成立联合企业时，企业部应提供发展中国家及其国民有效参加的机会。如果企业部无意在保留区进行活动，则发展中国家或其实体有权申请勘探开发保留区的资源。

《“区域”内多金属硫化物探矿和勘探规章》和《“区域”内富钴铁锰结壳探矿和勘探规章》在形式上保留保留区制度的同时，提出了联合企业股份安排作为备选方式①。由于多金属硫化物和富钴铁锰结壳具有三维性质，申请者如果选择提交保留区，需要确定两个估计商业价值相等的矿址，而这需要进行大量而昂贵的勘探工作，因此，备选方式的提出，将促使申请者更多地选择联合企业股份安排的方式，而放弃选择提出保留区的方式。事实上，自管理局通过上述两个规章后，管理局共收到了 5 项多金属硫化物申请和 3 项富钴结壳申请②，其中仅俄罗斯政府在 2013 年 2 月提出的富钴结壳申请中，提供了保留区，其他申请者均采用了联合企业股份安排的方式。保留区的这种负增长，无疑会减少发展中国家及其实体参与“区域”勘探开发的机会。因此，笔者认为，在“区域”反垄断问题上，应该给予发展中国家及其实体以优惠待遇，对发展中国家或其实体提出的申请不作反垄断限制，或者设置更为宽松的限制。

---

① 根据《“区域”内多金属硫化物探矿和勘探规章》和《“区域”内富钴铁锰结壳探矿和勘探规章》第 19 条，联合企业安排在申请者签订开发合同之时生效，企业部在联合企业安排中应获得至少 20% 的股份参与：其中 10% 应为无偿获得，无须向申请者作出任何直接或间接支付，并在一切方面同申请者所持股份享有平等待遇；另 10% 的股份应在一切方面同申请者所持股份享有平等待遇，但在申请者收回其对联合企业安排投入的全部股本之前，企业部不得就这部分分享任何利润。申请者还应向企业部提供机会，使其可以在同申请者在一切方面享有平等待遇的基础上增加股份参与，增购 30% 联合企业安排的股份，或企业部可能选择的较小份额。

② 5 个多金属硫化物矿区申请者分别是：中国大洋矿产资源研究开发协会、俄罗斯政府、韩国政府、法国海洋开发研究所、印度政府。3 个富钴铁锰结壳矿区申请分别是：中国大洋矿产资源研究开发协会、日本石油天然气金属矿产资源公司、俄罗斯政府。

(四)鼓励国内更多的实体参与“区域”资源的勘探开发

目前，中国大洋矿产资源研究开发协会是我国从事“区域”资源勘探开发的唯一主体，在“区域”已经获得了多金属结核、多金属硫化物、富钴结壳各一块勘探区。在反垄断问题上，由于管理局今后对于同一申请者就同一种资源可申请的总矿区面积进行限制存在较大的可能性，主体单一化问题将对我国今后深入开展“区域”活动带来负面影响。为降低反垄断风险，建议国家出台政策，鼓励国内更多的实体参与“区域”资源的勘探开发，实现“区域”勘探开发主体的多元化，以更好地维护我国在“区域”的利益。

(2013 年 9 月)

国际海底电缆管理和保护面临的问题分析

贾　宇　密晨曦

国际海底电缆是各国与世界交流和沟通的重要桥梁。海底供电和通信电缆在和平时期和战时均发挥着重要的作用，但也容易遭受各种人为和自然因素的破坏，给社会经济发展带来负面的影响。我国周边海底电缆的发展速度和规模，在世界处于领先地位。国家海洋局作为全国海底电缆管道管理的主管机关，多年来在管理和保护海底电缆、建立和促进实施海底电缆管道的法规制度等方面做了大量的工作。

伴随全球经济一体化的进程，海底电缆的发展进入新阶段，为海洋综合管理带来新的机遇和挑战。海底电缆的铺设、修复、保护和管理，关系到沿海国主权权利和管辖权在各个海域的行使，涉及国际交流与合作、环境、政策、法律和技术等多方面的问题。2009 年 5 月，国家海洋局海洋发展战略研究所和美国弗吉尼亚大学海洋政策与法律中心在北京合作举办了第一届“国际海底电缆研讨会”。来自美国、新加坡、韩国、日本、国际电缆保护委员会（ICPC）等多个国家和国际组织的官员、学者和研究人员，以及我国管理、科研和企业界约 50 人参加了会议。2011 年 4 月，新加坡国立大学（NUS）国际法研究中心（CIL）和 ICPC 在新加坡联合举办了“海底电缆保护研讨会”，继续就海底电缆保护相关问题进行了探讨。本文主要结合上述研讨会的内容，简要介绍国际海底电缆管理和保护法律制度的基本情况、热点问题和新动向，对新形势下中国海底电缆管理和保护，提供参考的应对措施和建议。

一、关于海底电缆管理和保护的国际法律制度

涉及海底电缆保护的国际公约或协定主要有 1884 年《保护海底电缆公约》、1958 年《大陆架公约》、1958 年《公海公约》、1982 年《联合国海洋法

公约》(以下简称《公约》)和1972年《国际海上避碰规则公约》。

1884年《保护海底电缆公约》是专门规定各国领海外铺设、维修和保护海底电缆的公约，也是专门规定海底电缆保护的第一部公约。该公约有40个缔约国(方)，中华人民共和国不是该公约的缔约国①。

1958年《大陆架公约》和1958年《公海公约》纳入了1884年《保护海底电缆公约》的部分条款，对铺设和保护海底电缆作出了规定。《公约》是许多国家管理海底电缆的主要依据。其关于海底电缆的条款部分的沿袭了1958年《大陆架公约》和1958年《公海公约》中的相关规定。新加坡海底电缆研讨会建议各国应制定或修改现有的法律或规定，确保《公约》第一一三条的执行②。《公约》第一一四条"海底电缆或管道的所有人对另一海底电缆或管道的破坏或损害"和第一一五条"因避免损害海底电缆或管道而遭受的损失的赔偿"也规定了国家制定相关法律和规章的义务。

1972年《国际海上避碰规则公约》是适用于在公海和连接于公海可供海船航行的一切水域中的一切船舶的规则。中国是缔约国。该公约并非专门适用于海底电缆的保护和铺设，但在其规则中规定了铺设和维护海底电缆或管道的船舶的优先地位，即属于"不能给他船让路……"③，而他船应该避让的船舶。

二、国际海底电缆管理和保护面临的问题

北京和新加坡海底电缆研讨会对当前海底电缆管理、维修和保护方面存在的法律问题进行了学术交流，对目前海底电缆保护实践中存在的问题进行了讨论，主要有以下方面问题。

(1)有些国家的国内立法和管理措施，不能适应保护海底电缆利益的需要。有的国家尚未制定海底电缆保护措施，未设立海底电缆主管部门，也未制定相关政策和国内立法，以保护海底电缆免受恐怖袭击或避免其他

① 香港于1996年制定《海底电报条例》，旨在使1884年《保护海底电缆公约》在香港施行。

② 《公约》第一一三条规定，每个国家均应制定必要的法律和规章，规定悬挂该国旗帜的船舶或受其管辖的人故意或因重大疏忽而破坏或损害公海海底电缆，致使电报或电话通信停顿或受阻的行为，以及类似的破坏或损害海底管道或高压电缆的行为，均为应予处罚的罪行。此项规定也应适用于故意或可能造成这种破坏或损害的行为。但对于仅为了保全自己的生命或船舶的正当目的而行事的人，在采取避免破坏或损害的一切必要预防措施后，仍然发生的任何破坏或损害，此项规定不应适用。

③ 1972年《国际海上避碰规则公约》第3条第7款。

用海船舶造成损害。《公约》第一一三条要求缔约国将其本国国民或悬挂其国旗的船只故意或因重大疏忽而破坏或损害领海以外的海底电缆的行为，规定为应予处罚的罪行。但是，只有极少数的《公约》缔约国通过立法实施了这一规定。

(2)《公约》下的国际海底电缆现行法律制度，不能解决国际恐怖主义对海底电缆的威胁问题。海底电缆对基础设施的恐怖袭击，即使对世界金融市场和交通物流系统造成片刻的中断，也将导致巨大的经济损失。诸如恐怖分子切断任一国领海以外的海底电缆的犯罪活动，可能因无法可依而逃脱法律制裁。

(3)各国需调整和采取法律和行政措施，把海底电缆视为重要的通信基础设施进行保护。有些国家尚未建立负责海底电缆保护和管理的“牵头部门”，也未制定相应的法律政策，难以招架和避免来自捕鱼或抛锚等其他用海活动对海底电缆的破坏。

(4)有些国家对在领海进行的电缆维修活动施行了繁琐的许可要求和程序，这可能导致电缆维修活动的拖延。有的国家对其领海范围以外水域的电缆维修，设置了不合理的要求，致使维修活动的延误。因在某些国家缺乏具有统一协调职能的“牵头部门”，电缆公司需向多个机构提出维修申请，致使许可程序繁琐复杂，影响了维修海底电缆的进度和效力。

三、值得跟踪和研究的热点问题

北京和新加坡海底电缆研讨会倡议通过完善立法和开展不同层次的合作，促进国际海底电缆的管理和保护。以下几个热点问题，值得关注、跟踪和研究。

(1)各国设立牵头部门，统筹海底电缆的管理、铺设、维修和保护。所有国家需指定牵头部门协调海底电缆管理工作，并协调所有与海底电缆事务有关的政府机构的活动。该牵头部门应当采取必要的措施，使所有的政府机构足以认识到海底电缆对于经济及国家安全的重要性。牵头部门应是处理海底电缆所有政策问题的核心部门，使电缆的铺设和维修等许可程序得以顺畅进行。

(2)政府与业界开展合作，寻求维修海底电缆的最佳途径。对一国领海内的维修作业活动，各国政府应与业界合作，制定颁发电缆维修许可的

“最佳做法”，以确保电缆的快速修复。对专属经济区和大陆架等领海外的管辖海域的维修作业活动，各国政府和业界也应当讨论出“最佳做法”，共同履行《公约》中专属经济区制度下的“适当顾及”义务。

(3)考虑建立区域性机构或网络以及区域性的委员会，加强不同层面的合作。区域内各国政府可以考虑建立一个区域机构或网络，解决有关海底电缆的共同问题；或考虑在现有的区域论坛，如东盟电信高级官员会议(ASEAN TEL SOM)或东盟电信监管理事会(ATRC)上讨论这些问题。区域内有商业利益的电缆公司，可考虑成立ICPC下属的区域小组委员会或者成立新的区域电缆保护委员会，负责与各国政府及由政府建立的各个地区机构或网络接触。

(4)各国政府通过举办研讨会等措施，加强与相关国际机构或组织的合作。各国政府可考虑请ICPC举办国家层级的“双轨”研讨会，就政府和业界在海底电缆领域如何合作交换意见。电缆行业可以考虑建立“区域电缆保护委员会”的方式促进这种对话和构想。对于在管辖海域内使用破坏性的捕鱼器具过度捕鱼的现象，可以考虑邀请ICPC以及联合国粮农组织(FAO)和国际海事组织(IMO)的专家，探讨渔业活动对电缆的损害以及电缆船在作业时被渔船干扰的问题，研究解决这些问题的途径。通过各国政府间合作以及与ICPC的合作，呼吁IMO采取以下措施：①要求所有的船舶与作业中的电缆船和电缆修复浮标保持确定的距离，并制定相关规则；②防止船舶航行前不当抛锚对电缆造成损害。区域内各国政府和ICPC也应考虑提请FAO注意到底部拖网捕鱼等捕鱼方式对海底电缆的威胁。

(5)提出海底电缆法律制度上的空白问题，引起国际社会对海底电缆保护的重视。新加坡海底电缆研讨会提出，区域内各国政府应考虑率先提出有关电缆保护的法律制度上的空白，引起联合国秘书处和国际电信联盟(ITU)的关注，以增强保护海底电缆的意识，争取对海底电缆保护工作的支持。各国政府还应当相互合作并与国际电缆保护委员会一起，向联合国提出法律制度的空白问题，提议在联合国大会关于海洋和海洋法的决议(洛杉矶综合决议)中列入相关条款。临时报告呼吁区域内各国政府应提议，在洛杉矶综合决议中明文敦促所有国家颁布新的立法或更新现有的立法，以确保履行《公约》第一一三条项下的义务。新加坡海底电缆研讨会呼吁，故意破坏或损害国际海底电缆或海底电缆基础设施的行为应规定为国际犯罪。

(6) 开展技术层面的研究，以技术促进海底电缆的保护和相关规则的制定。马六甲海峡和新加坡海峡的三方技术专家组(Tripartite Technical Experts Groups)可就船舶对海底电缆造成的损害，以及与从事电缆铺设或维修作业的船舶间应保持的最小距离等相关事宜进行研究。如果可行的话，三方技术专家组可考虑向IMO建议，通过有关防止此类损害的规定。三方技术专家组也可考虑在航海图上清晰标出所有海底电缆的位置，包括在马六甲海峡和新加坡海峡的电子海图数据信息系统中予以标注。

四、新形势下的对策建议

国际海底电缆的铺设和保护关系到沿海国的主权、专属经济区和大陆架的主权权利和管辖权的行使，涉及国际交流与合作的诸多领域，是国际海洋领域的前沿问题。海底电缆的信息安全也需予以重视，如果对水下通信电缆安装窃听设备或采用相关技术手段，将严重影响一国的信息安全和利益。如何在维护国家利益和有效保护海底电缆方面寻求平衡，是中国面临的迫切问题。结合本次参会情况，对今后的海底电缆管理和保护工作，主要提以下几点建议。

(一) 积极参与国际交流，宣传我国海底电缆保护工作

为管理和保护海底电缆，中国在国际海洋法的基础上，结合本国海洋管理的实际情况，制定了一系列的法律法规，涉及海底电缆的铺设管理、电缆保护、环境保护和海上交通安全等诸多方面。其中，《铺设海底电缆管道管理规定》《海底电缆管道保护规定》和《铺设海底电缆管道管理规定实施办法》是开展海底电缆管理和保护工作的最直接的依据。上述法律和规定基本与《公约》保持了一致。中国政府十分重视国际海底电缆的管理和保护，采取了一切可能的措施方便海底电缆的铺设和维修改造。建议通过参加或举办国际研讨会等方式，宣传我国相关法律和政策以及在国际海底电缆管理和保护方面的努力和成绩，增进国外学者、企业对我国的海底电缆法律、政策以及措施的了解。

(二) 适时推动区域合作，在亚洲地区海底电缆管理事务中发挥作用

如何更好地保护海底电缆，是否有必要成立区域性电缆保护委员会

等，是当前国际海底电缆管理和保护面临的热点问题。建议开展相关研究，跟踪事态发展，分析建立区域电缆保护委员会以及政府间海底电缆保护网络的利弊，争取在亚洲地区海底电缆事务中发挥主导作用。

(三)深入开展法律问题研究，为维护海洋权益、有效管理和保护海底电缆提供法理支撑

《公约》规定了各国在沿海国专属经济区(大陆架)铺设海底电缆管道的权利，但《公约》同时也赋予了沿海国在专属经济区和大陆架的主权权利和管辖权。一国在沿海国专属经济区或大陆架铺设或维修海底电缆，应遵守沿海国的法律和相关规定，且不能影响沿海国在专属经济区和大陆架的主权权利和管辖权的行使。新加坡海底电缆研讨会强调了维修受损的海底电缆不应受到阻碍。这涉及维护沿海国海洋权益和维修海底电缆不受阻碍间的平衡问题。

根据当前的形势，建议就《公约》相关条款进行深入研究，明确我国在海底电缆管道铺设和保护方面的权利和义务；开展海底电缆法律和政策问题研究；研究制定我国管理海底电缆管道的专门规范，明确中国海监的巡航执法主体地位；在管理制度层面协调海底电缆管道保护与渔业生产和其他用海间的关系，探索中国同相邻或相向国家间的主张重叠海域的海底电缆管理、保护和巡航执法问题的解决途径，以更好地维护中国的相关权益。

(四)继续完善海底电缆立法，为管理和保护海底电缆提供有力的法律保障

海底电缆涉及的法律问题已受到国际社会的关注。我国虽然已有相关海底电缆管道管理和保护规定，但随着形势的发展，我国的海底电缆管理和保护也暴露出一些不足，如现有的海底电缆管理和保护规定法律位阶较低，涉及海底电缆铺设和保护的规定分散，有些新的问题有待规范等。建议推动相关立法工作，关于海底电缆管道管理相关规定的修订尽快列入国家立法计划，推动出台相关条例，更好地维护中国的海洋权益和通信安全。

澳大利亚[1]和新西兰[2]的国内立法中，关于建立“电缆保护区”的规定，以及对违法行为实施具有威慑作用的处罚的规定等，可供研究和参考。建议对有关国家的海底电缆制度开展深入地研究，在完善我国相关立法时，予以借鉴。

（2011 年 11 月）

① 参阅《1963 年海底电缆和管道保护法案》，见 http：//www. comlaw. gov. au/Details/C2004C00635 以及《1997 年电信法案》附表 3A，见 http：//www. austlii. edu. au/au/legis/cth/consol_ act/ta1997214/sch3a. html。

② 参阅《1996 年海底电缆和管道保护法》，见 http：//www. legislation. govt. nz/act/public/1996/0022/latest/ DLM375803. html。

中西太平洋渔业委员会对于冲之鸟礁专属经济区的立场及影响研究

付　玉

中西太平洋渔业委员会(West and Central Pacific Fisheries Commission;以下简称"WCPFC")是中西太平洋海域的国际渔业组织,具有众多参与方。冲之鸟礁所在海域位于该委员会的管理范围内。在WCPFC的正式文件中,将冲之鸟礁周围200海里水域标注为日本专属经济区的区域图已出现数次,此举恐造成国际法上的长期影响,值得我们关注。

一、中西太平洋渔业委员会基本情况

中西太平洋渔业委员会是根据《中西太平洋高度洄游性鱼类资源养护和管理公约》(以下简称《中西太养护公约》),于2004年12月成立的国际渔业管理组织,其管辖水域是北半球的西经150°以西(包括日本周边水域),南半球的西经140°以西的中部和西部太平洋大面积海域(图1)。WCPFC管理鱼种包括除秋刀鱼之外的所有高度洄游性鱼种,具有广泛的影响力。中国、韩国和日本均为WCPFC的正式成员。

《中西太养护公约》的许多规定源自1995年《执行1982年12月10日〈联合国海洋法公约〉有关养护和管理跨界鱼类种群和高度洄游鱼类种群的规定的协定》。同时,《中西太养护公约》也反映了中西太平洋海域独特的政治、社会经济、地理和环境特点。在公海渔业管理方面,WCPFC关注不受约束的渔业行为、过度资本化、捕捞能力过剩、渔具选择性差、数据不可靠、多边合作不足等问题。

WCPFC的首要职责是,在不损害沿海国开发、养护和管理国家管辖区域内高度洄游鱼类种群的主权权利下,在《中西太养护公约》适用区内确定高度洄游鱼类种群的总可捕量或捕捞努力量;必要时确立《中西太养护公约》区内高度洄游鱼类种群总可捕量或捕捞努力量的分配标准。为实现上述目标，委员会可以采取与下列因素相关的措施——可捕捞的种类或种群的数量；捕捞努力量水平；控制捕捞强度，如船数、类型和大小等；规定捕捞活动的地点和时间；可捕获的种类规格；可使用的渔具渔法等。WCPFC 下设三个附属机构：科学委员会；技术与遵约委员会以及北部区域委员会。下设委员会每年召开一次会议。委员会的执行机构为财务和行政委员会。

WCPFC 在中西太平洋区域具有较大影响力。该机构的参与方已达 42 个，参与资格共有三种类型，包括正式会员、领土参与者(7 个)及非会员合作方(9 个)。截至 2014 年 3 月，WCPFC 的正式会员有 26 个：澳大利亚、中国、加拿大、库克群岛、欧盟、密克罗尼西亚联邦、斐济、法国、印度尼西亚、日本、基里巴斯、韩国、马绍尔群岛共和国、瑙鲁、新西兰、纽埃、帕劳、巴布亚新几内亚、菲律宾、萨摩亚、所罗门群岛、中国台北、汤加、图瓦卢、美国和瓦努阿图。

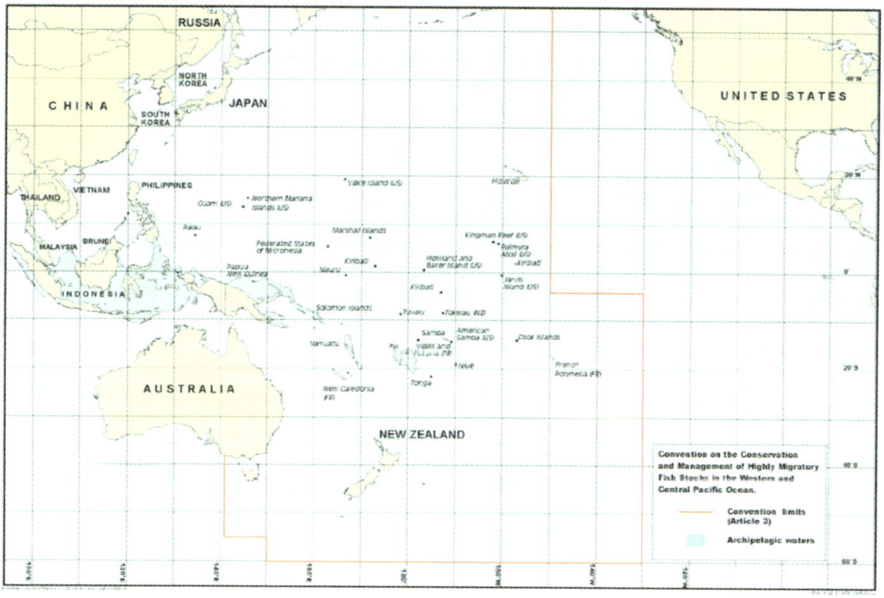

图 1 《中西太养护公约》区域图

注：图片来源于 WCPFC 网站，http：//www.wcpfc.int/system/files/Map.pdf，2014 - 03 - 14。

我国在中西太平洋的金枪鱼渔业始于1988年，目前在该海域的主要作业水域为密克罗尼西亚、帕劳、斐济、瓦努阿图和马绍尔等太平洋岛国的专属经济区和公海水域。我国参与了《中西太养护公约》谈判阶段的多边高层会议，并且是WCPFC的首批会员国。台湾地区以“中国台北”名义于2004年作为捕鱼实体获得正式成员资格。

二、中西太平洋渔业委员会对冲之鸟礁专属经济区的态度

冲之鸟礁位于日本最南端的西太平洋上，由两个天然形成的岩礁(东小岛和北小岛)和一个人工岛礁(南小岛)组成。冲之鸟礁的法律地位在国际社会存在很大争议，突出表现在中国和韩国在联合国大陆架界限委员会审理日本外大陆架划界案过程中与日本的交锋。日本于2008年11月向委员会提出包括冲之鸟礁外大陆架的划界申请案后，中国和韩国多次照会联合国秘书长，强调根据国际法，不适合人类居住的冲之鸟礁不应有专属经济区和大陆架，要求委员会不认可日本依据冲之鸟礁主张的外大陆架。2012年5月16日，联合国大陆架界限委员会作出决定，认可了日本冲之鸟礁以北31万平方千米的外大陆架主张，但是并未认可依据冲之鸟礁所主张的外大陆架①，意即并未认可冲之鸟礁应拥有专属经济区和大陆架。

除主张冲之鸟礁具有大陆架外，日本还在该礁石周围宣布200海里专属经济区，侵蚀该区域的公海面积。冲之鸟礁不具备根据1982年《联合国海洋法公约》建立专属经济区的法律地位，日本在冲之鸟礁周围建立200海里专属经济区同样存在争议。

冲之鸟礁(20°25′N，136°05′E)位于WCPFC管理海域。在WCPFC文件中，有一幅会员国专属经济区以及公海的地图。该图将冲之鸟礁周围200海里的区域标注为日本的专属经济区，而非公海。

① 《外交部发言人洪磊就大陆架界限委员会公布涉冲之鸟礁问题处理结果答记者问》，外交部网站：http://www.fmprc.gov.cn/mfa_chn/wjdt_611265/fyrbt_611275/t932273.shtml，2014-05-15。

该图第一次出现在 WCPFC 的技术与遵约委员会(Technical and Compliance Committee)在 2005 年 12 月 5—9 日召开的第一次会议上。会上讨论建立船舶监控系统(简称 VMS)事宜。WCPFC 秘书处提出编号 WCPFC/TCC1/13 Rev. 1 的背景文件①。文件第66 段称,《联合国海洋法公约》要求所有沿岸国将海域外界线的坐标提交联合国,以建立各国海域主张的数据库,包括有争议海域的数据。该背景文件的附件 3 罗列截至 2005 年 8 月 6 日之前《中西太养护公约》区域内的各国主张,以彩色地图强调。图上可见日本将冲之鸟礁周围200 海里划归为该国的专属经济区,且未将此海域列为“涉及争端的海域”②。在 2005 年 8 月之前,似乎没有任何国家在 WCPFC 的场合针对日本冲之鸟礁周围的专属经济区表示抗议,因而 WCPFC 认定冲之鸟礁周围 200 海里为日本的专属经济区。

前述彩色地图在 2006 年 12 月 11—15 日 WCPFC 第三届会议中再次出现,引起韩国及中国台北捕鱼实体等会员代表的关注。两方代表在会上针对“非正式的公约海域地图”(Informal Convention Area Map)发言。韩国表示该图未正确表明会员国于公约海域中的海域疆界,要求委员会不要散发该图,并要求委员会今后在使用地图时谨慎为之。中国台北代表表示相同关切,建议将来地图加注:“个别会员国的专属经济区外界线不必然代表真

① 该文件的题目为 Review of VMS Standards and Specifications and a Summary of Options for the Establishment of a VMS by the Commission under Article 24 of the WCPFC Convention. WCPFC - TCC1 - 2005 - 13 - Rev1, issued on 23rd November 2005. 根据台湾学者高圣惕的论文,该文来源为 www. wcpfc. int/doc/wcpfc - tcc1 - 2005 - 13 - rev1/vms - standardsspecifications - and - procedures - 535k visited on 20 June 2012。

② 该文件的题目为 Review of VMS Standards and Specifications and a Summary of Options for the Establishment of a VMS by the Commission under Article 24 of the WCPFC Convention. WCPFC - TCC1 - 2005 - 13 - Rev1, issued on 23rd November 2005, p. 16. “66. UNCLOS requires all coastal States to provide the United Nations with charts or lists of coordinates defining the outer limits of their maritime jurisdiction. The United Nations maintains a list of all the maritime boundary claims that are currently held, including disputed areas. A summary of these for the Convention Area of the WCPFC coastal States is provided in Annex 3. From the map shown in Figure A3 - 1, only four areas that bound the Convention Area are currently disputed. (该文件脚注 11 列举:These are: the archipelagic status claimed by the Philippines and the territorial sea claimed around the archipelago; the status of the zone around the southernmost of the Kuril Islands; the Matthew and Hunter islands to the east of New Caledonia and the maritime boundary between Fiji and Tonga.)”

实的海疆”，以免误会①。对于此发言，会议主席建议 WCPFC 将来在准备类似文件时提前与各成员协商。

中国台湾地区学者高圣惕教授认为，韩国和中国台北代表如此发言，并不能显示“冲之鸟礁周围的公海被日本划归该国专属经济区一事，系涉及争端”，因此不能产生更正前述错误的效果。如此发言，也不能算是国际法意义下的抗议(抗议日本将冲之鸟礁周围 200 海里划归日本专属经济区)②。从后续发展看，韩国和中国台北代表的上述发言确实没有促使 WCPFC 对此进行更正。

上述地图在 WCPFC 第五届(2008 年 12 月)、第九届(2012 年 12 月)和第十届常规会议(2013 年 12 月)的公开资料中重复出现(图 2)，冲之鸟礁周围 200 海里仍显示为日本的专属经济区。从 2008 年起，WCPFC 在此图下专门注明：“此图仅展示象征性的海上边界。此图不损害任何国家的任何过去、现在和将来的主张。它不适用支持位于太平洋西部和中部或东亚地区的任何国家或领土的任何过去、现在或未来的主张。各国有责任为其各自的海洋主张维护坐标。确保各自的船舶知晓公约区域内的海洋界限坐标是船旗国的责任。邀请沿海国在委员会秘书处登记其谈判和议定的海洋

① The Commission for the Conservation and Management of Highly Migratory Fish Stocks in the Western and Central Pacific Ocean. Scientific Committee, Summary Report of the third regular session, 11 – 15 December 2006, Apia, Samoa, p. 27. 韩国和中国台北代表就此问题发言的会议文件原文如下：15. 2 Informal Convention Area map 194. Korea expressed concerns regarding a map depicting the Convention Area, which was distributed during WCPFC3. Korea noted that the map does not accurately illustrate maritime boundaries in the Convention Area. Korea requested that this map not be further distributed. Korea also stated that since maps or any other illustrations reflecting the WCPFC Area of Application may be critical in the future stages of the Commission' s work, the Commission, its subsidiary bodies, and the Secretariat should exercise caution in producing and distributing maps or other illustrations. Chinese Taipei expressed the same concern suggesting that a footnote indicating that the maritime boundaries of the EEZs of individual members may not represent their actual delimitation be included in future maps to clear any misunderstanding. 195. The Executive Director advised that the map, and as identified in the footnote, was intended to display approximate boundaries only. He advised that CCMs will be consulted prior to the preparation of similar material in future.

② 高圣惕：《论联合国大陆礁层界限委员会对日本提案之决定》，第 48 段。

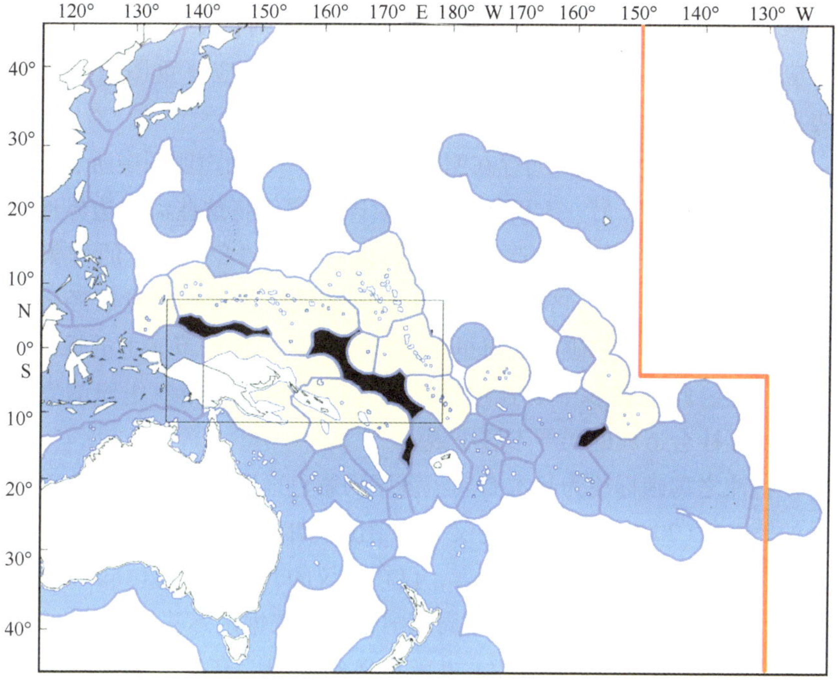

图 2　WCPFC 第五届会议采用的《中西太养护公约》区域图

注：图片来源于 WCPFC5 Summary Report – Final 4 May 2009. p. 152。

区域坐标。"①

由以上声明可见，WCPFC 此图的意图是显示《中西太养护公约》区域内不同海域的性质，是出于实用和方便的目的。该声明至少表示了几层含义：①明确了 WCPFC 对于《中西太养护公约》区域内各国海洋主张的立场，图中所示的海洋边界仅是象征性的，不代表 WCPFC 或其他机构承认这些边界的合法性。②限定了图的用途，不得用于支持公约区域内

① 声明原文：This map displays indicative maritime boundaries only. It is presented without prejudice to any past, current or future claims by any state. It is not intended for use to support any past, current or future claims by any state or territory in the western and central Pacific or east Asian region. Individual states are responsible for maintaining the coordinates for their maritime claims. It is the responsibility of flag states to ensure their vessels are informed of the coordinates of maritime limits within the Convention Area. Coastal states are invited to register the coordinates for their negotiated and agreed maritime areas with the Commission secretariat. 参见 WCPFC5 Summary Report – Final 4 May 2009. p. 152, http://wcpfc.int/meetings/5th – regular – session – commission, 2014 – 05 – 15。

任何国家任何时间段内的海洋主张。③暗示此图中坐标来源为各国提供，WCPFC 尊重各国所登记的坐标。如果哪个国家对图中所示的界限有异议，应与所涉及的国家进行协商。④强调各船旗国应尊重图中所示的海洋边界。

WCPFC 对于此图的声明存在明显的矛盾：一方面声明图中所示的海洋边界仅是象征性的，另一方面却强调船旗国有责任将这些海洋边界通知悬挂其旗帜的船舶。如此就造成该声明也存在是“象征性”的嫌疑，因 WCPFC 在实践中将冲之鸟礁周围 200 海里水域作为日本的专属经济区处理，造成对日本冲之鸟礁 200 海里专属经济区这一主张事实上的承认。更为严重的是，此图在多个场合重复出现，包括联合国粮农组织的官方网站，对国际社会造成的误导不容小觑。

在将冲之鸟礁标注为日本专属经济区的彩色地图第三次出现在 WCPFC 场合的第五届(2008 年 12 月)会议上，中国及韩国代表均未置一词。中国台北代表则完全没有针对地图发言，仅在会议的开场发言稿(Opening Statement)中，提及“WCPFC 公约海域周边国家应该依据国际法以及《联合国海洋法公约》来主张权利、管辖权、并承担义务等”①，仍不能算是正式抗议。

三、国际社会对于冲之鸟礁专属经济区的态度

与 WCPFC 将冲之鸟礁周围 200 海里海域标注为日本专属经济区类似的区域图出现在多个场合，包括美国、国际组织和非政府组织。在查询到的有代表性的区域图中，美国国家海洋与大气管理局、美国政府联邦注册网、美国国家科学院的文集在所采用的《中西太养护公约》区域图中，均明确将冲之鸟礁周围 200 海里标注为日本专属经济区。国际组织包括联合国粮农组织和太平洋共同体秘书处(SPC)，非政府组织为海洋渔业管理网络。在这些图中，只有加拿大海洋与渔业部的官方网站和新西兰一家在《中西太养护公约》水域作业的水产公司所用的图未显示专属经济区海域。可见，WCPFC 的区域图已在国际社会获得广泛的影响力。

---

① “Chinese Taipei would like to stress that the states in the Convention area shall claim the rights, jurisdiction, and duties in the manner consistent with international law and the UN Law of the Sea Convention.” 引自 WCPFC5 Summary Report – Final 4 May 2009. pp. 105 – 106. Opening Statement of Chinese Taipei (WCPFC5 – 2008/DP16, 9 December 2008).

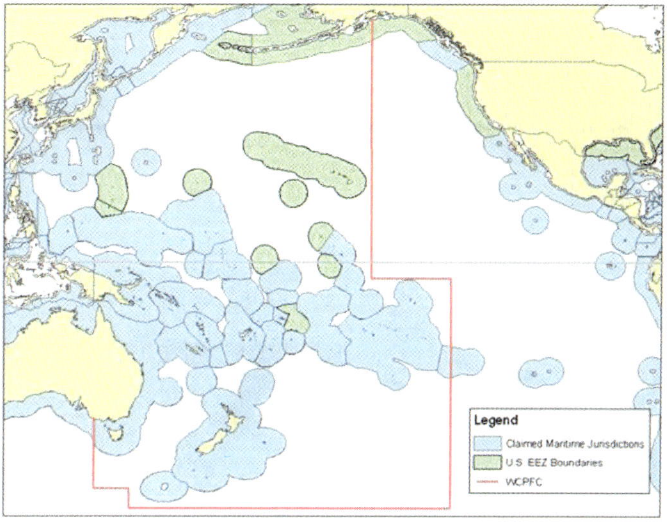

图 3 《中西太养护公约》区域图

注：图片来源于 U. S. Longline Bigeye Tuna Catch in the Western and Central Pacific Ocean，美国国家海洋与大气管理局网站，http：//www. fpir. noaa. gov/SFD/SFD_ regs_ 6. html，2014 - 05 - 15。

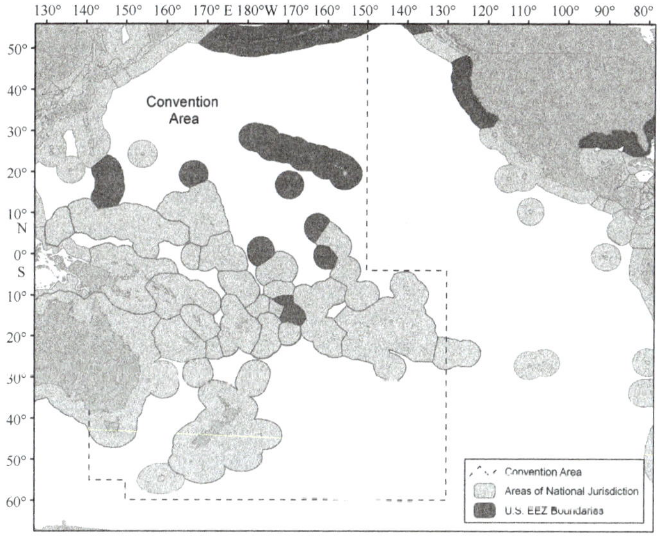

图 4 《中西太养护公约》区域图(美国联邦注册网)

注：图片来源于 Fisheries in the Eastern Pacific Ocean；Pelagic Fisheries；Vessel Identification Requirements，美国政府联邦注册网，https：//www. federalregister. gov/articles/2011/11/29/2011 - 30730/fisheries - in - the - eastern - pacific - ocean - pelagic - fisheries - vessel - identification - requirements，2014 - 03 - 12。

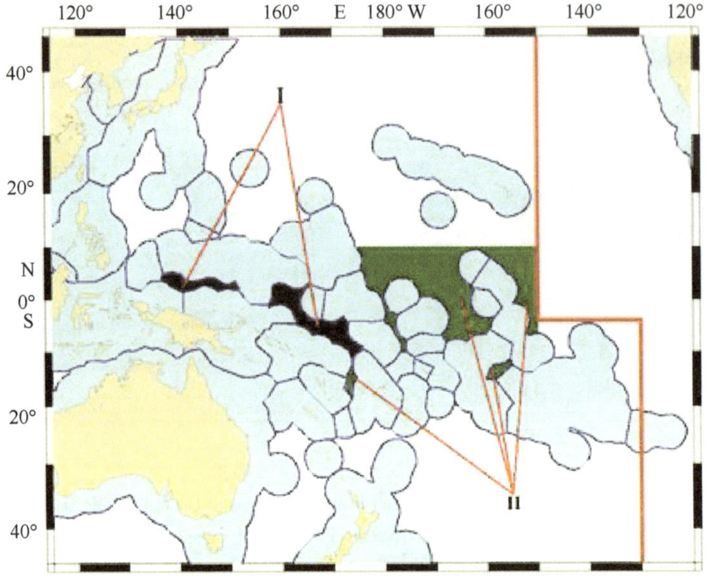

图 5 《中西太养护公约》区域图(美国国家科学院)

注：该图片名称为“显示大致专属经济区及渔业关闭区域的中西太平洋渔业委员会公约区域地图”(Map of the WCPO showing the WCPFC Convention Area (red) with approximate EEZs and areas closed to PS fishing)。该图片的原始标注为 Map of the WCPO showing the WCPFC Convention Area (red) with approximate EEZs and areas closed to PS fishing. The high - seas pockets, area I wholly enclosed by EEZs between 10°N and 10°S and closed from January 2010, are shown in black. The eastern high - seas closure, area II, is shown in green and includes all high - seas areas between 10°N - 20°S and 170°E - 150°W. 图片来源于《美国国家科学院文集》,《养护太平洋大眼金枪鱼之从海洋保护区到海洋区域的转变》[Shifting from marine reserves to maritime zoning for conservation of Pacific bigeye tuna (Thunnus obesus)], http://www.pnas.org/content/109/44/18221/F1.expansion.html, 2014 - 03 - 12. Sibert J et al. PNAS 2012; 109: 18221 - 18225。

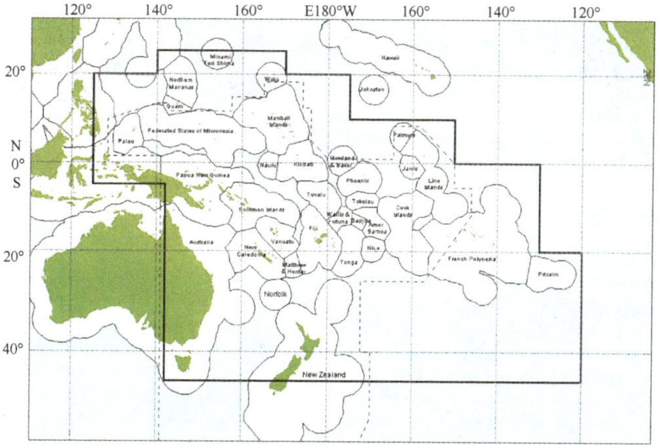

图 6 《中西太养护公约》区域图

注：图片来源于 I. Cartwright and A. Willock，“大洋洲与生俱来的权利：中西太平洋金枪鱼渔业渔权管理的作用”（Oceania's Birthright：the Role of rights－based Management in Tuna Fisheries of the Western and Central Pacific），联合国粮农组织官方网站：http：//www. fao. org/docrep/003/x7579e/x7579e08. htm，2014－03－20。

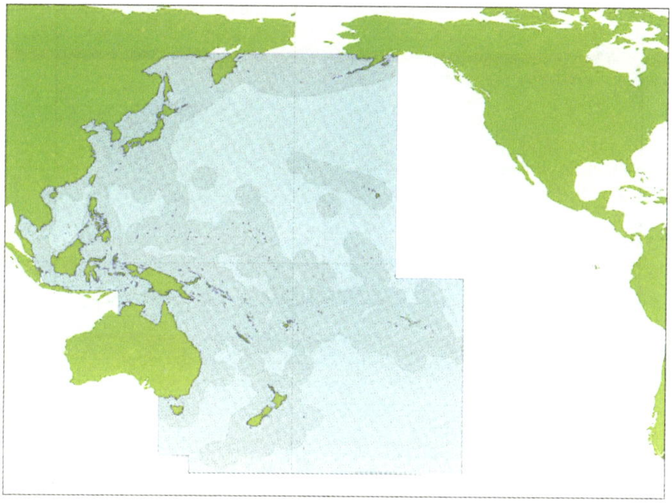

图 7 《中西太养护公约》区域图

注：图片来源于太平洋共同体秘书处（Secretariat of the Pacific Community；SPC），https：//www. spc. int/oceanfish/en/tuna－fisheries/overview－tuna－fisheries，2014－05－15. 太平洋共同体秘书处是地区性专事技术援助和研究的政府间组织，向其成员提供技术咨询、培训及研究，总部设在法属新喀里多尼亚首府努美阿（NOUMEA）。该组织现有库克群岛、密克罗尼西亚联邦、基里巴斯、斐济、马绍尔群岛、瑙鲁、纽埃、帕劳、美属萨摩亚、法属波利尼西亚、法属新喀里多尼亚、巴布亚新几内亚、萨摩亚、所罗门群岛、汤加、托克劳（TOKELAO）、关岛、北马里亚纳群岛、皮卡恩群岛（PITCAIRNISLANDS）、图瓦卢、瓦努阿图 21 个成员，主要资助国为澳大利亚、新西兰、法国、英国和美国。该组织的海洋资源项目包括以养殖为主的沿海渔业、金枪鱼养护与可持续利用的远洋渔业、对区域内（含单个成员）的渔业资源进行评估等。

图 8 《中西太养护公约》区域图

注：图片来源于 Pasifika Fish (Oceanic Fisheries Management Network) http：//pasifikafish. org/wcpo－region/，2014－03－12。

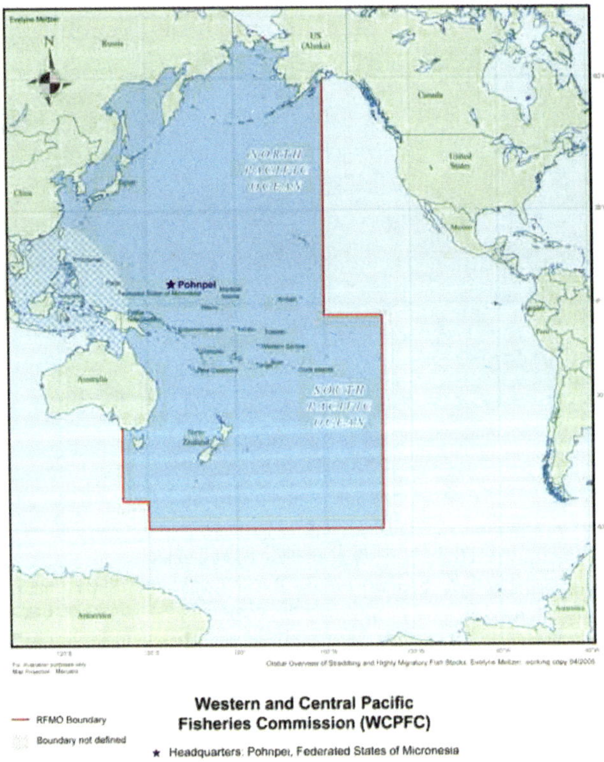

图 9 《中西太养护公约》区域图

注：图片来源于加拿大渔业与海洋部官网，http：//www. dfo－mpo. gc. ca/international/dip－wcpcf－cppoc－eng. htm，2014－05－10。

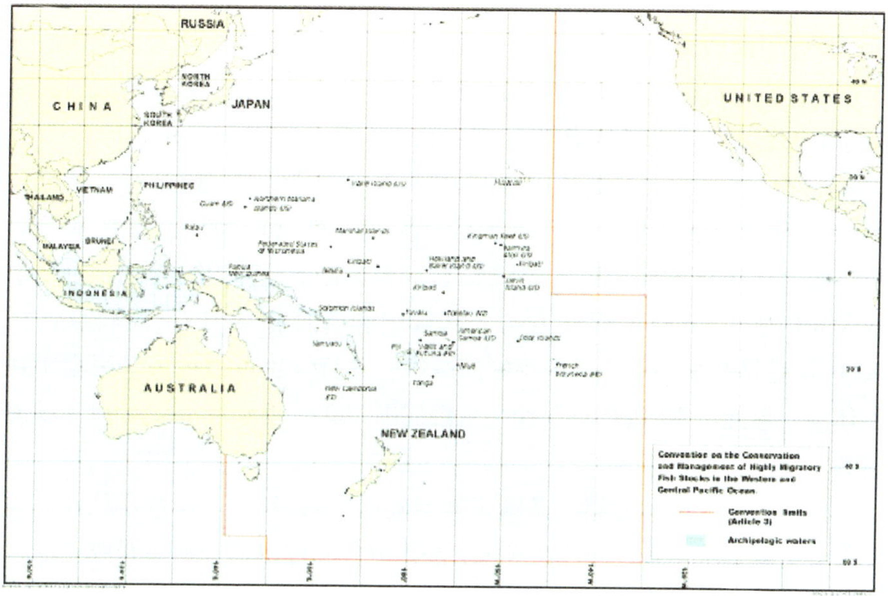

图 10 《中西太养护公约》地区图

注：图片来源于新西兰桑福德有限公司网站，http：//www. sanford. co. nz/sanfordfisheries/sustainability/cn/industry - responsibilities. cfm，2014 - 03 - 12。自 2001 年 4 月始，桑福德有限公司（Sanford Limited）作为新西兰政府代表团的一个成员，积极参加了保护和管理西部和中部太平洋高度洄游委员会的建立筹备会议，直到委员会成立。作为新西兰政府代表团的成员，桑福德（Sanford）继续积极参与委员会相关的活动。该公司在西部和中部太平洋操作围网捕鱼船，捕捞金枪鱼品种。

四、WCPFC 的国际法地位

随着国际法的不断发展，国家与国际组织之间以及国际组织彼此之间的关系开始进入国际法的调整范围。近代国际法以国家间体制为基础，只承认国家是国际法上唯一的法律人格者，关心的主要是国家间的管辖权划分与和平共存，通过作为国家间关系产物的习惯、条约和仲裁裁决等，形成调整国家之间权利义务关系的法律规范。因此，国际法在相当长一段时期内被简单地界定为“国家间法”。但是，自 20 世纪下半叶开始，尤其是 21 世纪以来，各种全球性与区域性国际组织迅速发展，并在实践中作为权利义务主体参与各种法律关系，成为与其成员国相区别的国际法律人格者①。

国际组织的决定或决议往往是成员国国家实践的集中体现，这些国际组织的行为也可促进习惯国际法的形成，因此一些西方学者认为，国家间国际组织的有关行为也可作为国家实践，尤其是涉及国际关系的行为②。国际海洋法法庭意大利籍法官 Tullio Treves 就认为，在《联合国海洋法公约》框架下，在推动国家合作方面、充实实质性规则和使这些规则适应形势的发展变化方面，国际组织具有重要权限③。WCPFC 所依据的《中西太养护公约》具有国际法效力，其规定和管理措施具有强制执行力。WCPFC 是具有重要影响力的国家间组织，其行为也可被视为是国家实践的体现。鉴此，WCPFC 对于冲之鸟礁周围 200 海里水域的态度和立场值得关注。

《中西太养护公约》第三条第 2 款明确："本公约不应构成承认任何委员会会员就其所主张之海域及水区的法律地位和范围的任何主张或立场。" WCPFC 对于涉及冲之鸟礁周围 200 海里水域的图示，亦做出了不支持任何国家有关主张的声明。但与事实相比，该声明存在着"象征性"的嫌疑，WCPFC 在实践中将冲之鸟礁周围 200 海里水域作为日本的专属经济区处理，造成对日本冲之鸟礁 200 海里专属经济区主张事实上的承认，而且对国际社会构成误导。

五、结语

根据《中西太养护公约》，冲之鸟礁位于 WCPFC 的管理海域内。对于存在争议的冲之鸟礁法律地位问题，WCPFC 在其采用的地图中，数次将冲之鸟礁周围 200 海里的区域标注为日本的专属经济区，而非公海。该图第一次出现在 WCPFC 的技术与遵约委员会在 2005 年 12 月 5—9 日召开的第一次会议上，作为会上讨论建立船舶监控系统(简称 VMS)事宜的背景文件。此后，该图又陆续出现在第三届会议(2006 年 12 月)、第五届会议

---

① 古祖雪：《现代国际法的多样化、碎片化与有序化》，载《法学研究》，2007 年第 1 期，第 135 页。

② Sir M Wood, 'State Practice', in R Wolfrum (ed), The Max Planck Encyclopedia of Public International Law (Oxford University Press Oxford 2012), para. 1 - 2, pp. 509 - 515. Ibid.

③ Tullio Treves, 'Law of the Sea', in R Wolfrum (ed), The Max Planck Encyclopedia of Public International Law (Oxford University Press Oxford 2012), para. 39, pp. 708 - 731.

(2008 年 12 月)、第九届会议(2012 年 12 月)和第十届会议(2013 年 12 月)的公开文件中。

WCPFC 在 2008 年之后对此图作了象征性的说明，声称此图不适用支持位于太平洋西部和中部或东亚地区的任何国家或领土的任何过去、现在或未来的主张。但是，此声明完全不足以抵消其所产生的范围较大的、长期的负面影响。WCPFC 在实践中将冲之鸟礁周围 200 海里水域作为日本的专属经济区处理，造成对日本冲之鸟礁 200 海里专属经济区主张事实上的承认。而且，更为严重的是，类似的地图在多个场合重复出现，包括美国政府网站和联合国粮农组织的官方网站等。就长期影响看，西方国际法学者倾向于认为国际组织的行为也可影响习惯国际法的形成，因而 WCPFC 的行为恐造成国际法上的长期影响，此问题值得关注和研究。

(2014 年 5 月)

“北方海航道”相关法律问题分析

密晨曦

东北航道(Northeast Passage)通常是指绕过斯堪的纳维亚半岛北端，穿越巴伦支海、喀拉海、拉普捷夫海、东西伯利亚海和楚科奇海，直到白令海峡的航路。它是连接大西洋和太平洋的海上捷径，也是联系欧亚两地海上的最短航线。东北航道的大部分航段位于俄罗斯北部沿海的北冰洋离岸海域，即俄罗斯立法中所称的“北方海航道”。2013 年 1 月 17 日俄罗斯联邦交通部批准了《北方海航线水域航行规则》(2013 年，以下简称《规则》)，1 月 28 日，《关于北方海航线水域商业航运政府规章的俄罗斯联邦特别法修正案》(以下简称《修正案》)生效，对北方海航道的法律地位和利用作了进一步的更新、补充和规范。俄罗斯和美国关于该航道的法律地位问题的争议长期以来相持不下。丹麦等国家也纷纷表达立场，北方海航道究竟应适用何种法律制度和管理举措受到国际社会的关注。

一、俄罗斯对“北方海航道”的权利主张

“东北航道”是对穿越俄罗斯北部、贯穿北大西洋和北太平洋的航线的一个历史的、抽象的称谓，没有确切的范围和终点。“东北航道”这一称谓在欧洲已有数百年的历史，一直以来是欧洲人眼中的缩短欧洲和东亚海运的冒险捷径①。苏联称其北部的海上航道为“北方海航道”(Northern Sea Route)，将其定义为西起新地岛海峡的西部入口、东到白令海峡的航线，长约 2551 海里②。东北航道中的水域及海峡法律地位的争议主要集中在“北方海航道”的航段。俄罗斯主张北方海航道的部分海域是俄的内水。其权利主张的法理基础主要是“历史性权利”和“直线基线”。

---

① Claes Lykke Ragner, Northern Sea Route Cargo Flows and Infrastructure – Present State and Future Potential, FNI Report 13/2000, p. 2.

② 夏立平：《北极环境变化对全球安全和中国国家安全的影响》，载《世界政治》，2011 年第 1 期，第 125 页，又见苏联 1990 年批准的《北方海航道航行规则》(Regulations for Navigation on the Seaways of the Northern Sea Route)，第 1 条第 2 款。

(一)历史性的权利

1998年《俄罗斯联邦内水、领海以及毗连区法》将北方海航道定义为俄罗斯在北极的历史上既存在的国家运输通道。通过北方海航道，包括维利基茨基海峡、绍卡利斯基海峡、德米特里·拉普捷夫海峡以及桑尼科夫海峡，应该遵守俄罗斯的上述联邦法律和其他法律法规，及其国际协定和穿越北方海的各种航海规则。① 该法强调了北方海航道的历史性存在。在2013年1月28日生效的《修正案》中，第2条重申了北方海航道是历史上形成的俄罗斯国家运输航线。②

俄罗斯对“北方海航道”法律地位的主张主要脉络可归纳如下：1926年4月15日，苏联中心执行委员会(Central Executive Committee)通过法令，主张北冰洋北部的扇形区域内一切陆地和岛屿，包括已发现的或将来可能发现的，均属苏联的领土，该法令公布时苏联政府已承认的他国领土除外。③ 从该法令的用语看，仅是提及了陆地和岛屿，未提及相关海域的法律地位。1960年苏联《国家边界法》第4条规定：“苏联的内海水域包括：……(c)历史上属于苏联的海湾、水湾、峡谷、河口、海和海峡的水域。”但未明确提及这些海峡的名称或坐标。1964年7月21日苏联向美国提交备忘录，宣称根据历史性权利拉普捷夫海峡和桑尼科夫海峡是苏联内水，禁止无害通过；北方海航道毗邻苏联北极洋沿岸，长期由苏联和苏联租赁的船只使用，是一条重要的苏联国内交通运输通道。④ 1965年水手通告要求穿行维利基茨基海峡和绍卡利斯基海峡的船舶接受强制引水。1972年穿行于拉普捷夫海峡和桑尼科夫海峡的船舶也被要求强制引水。1986年水手通告附件设了“苏联国家机关在航行问题上的法律和规则”一章，该章

---

① 《俄罗斯联邦内水、领海以及毗连区法》(Internal sea waters, territorial sea and adjacent zone of the Russian Federation)，1998年7月31日。

② 《关于北方海航线水域商业航运政府规章的俄罗斯联邦特别法修正案》第2条规定：“1998年7月31日《俄罗斯联邦内水、领海和毗连区法》第14条制定如下：“北方海航线是历史上形成的俄罗斯国家运输航线，在北方海航线水域的航行应该遵守：一般接受的国际法原则和规范、俄罗斯参加的国际协定、本联邦法律以及颁布的与上述有关的其他联邦法律和法规文件。”

③ Leonid Timtchenko, the Russian Arctic Sectoral Concept: Past and Present, Arctic, Vol. 50, No. 1 (March 1997), p. 30.

④ 管清蕾，郭培清：《北方海航道上的冲突事件[上]》，载《海洋世界》，2010年第2期，第66页。

包含了上述1926年法令。有学者认为，此种规定是为了保护苏联在北极的岛屿的领海利益。① 苏联于1990年批准《北方海航道航行规则》，规定了北方海航道的范围。②

从历史脉络看，苏联的主张在早期比较模糊，随着气候变暖，东北航道通航成为可能，“北方海航道”这一概念和具体范围才纳入苏联/俄罗斯的国内立法。

(二)直线基线问题

俄罗斯主张北方海航道的部分海域是内水的另一个法理基础是直线基线。1984年2月，苏联部长会议颁布的第4604号法令宣布在太平洋、日本海、鄂霍次克海及白令海实施直线基线。1985年1月，苏联部长会议批准了确定北冰洋地区领海基线的坐标点，在北冰洋海岸确定了391个坐标点。在北冰洋大部分海岸使用的是直线基线。此外，还专门确定了科尔古耶夫岛、法兰士约瑟夫地群岛、霍尔岛、新西伯利亚岛和弗兰格尔岛的基线。③ 苏联第4450号法令宣布了在北冰洋、波罗的海以及黑海实施直线基线。

俄罗斯公布的领海基线，将大片的北冰洋海域纳入该国内水。俄罗斯的直线基线包括了新地岛、北地群岛和新西伯利亚群岛，这三组群岛间的众多海峡是东北航道的必由之路。在新地岛的直线基线封闭的诸多海峡中，最大的是喀拉门海峡。在1964年苏联和美国的换文中，苏联曾主张喀拉门海峡是领海。北地群岛和新西伯利亚群岛的直线基线也封闭了一些海峡。总体上讲，俄罗斯大部分海岸的领海基线是符合一般国际法和《联合国海洋法公约》(以下简称《公约》)的标准的，但在北冰洋的基线亦存在一

---

① Leonid Timtchenko, the Russian Arctic Sectoral Concept: Past and Present, Arctic, Vol. 50, No. 1 (March 1997), pp. 30 – 33。

② 《北方海航道航行规则》(Regulations for Navigation on the Seaways of the Northern Sea Route), 第1条第2款规定:“北方海是位于苏联内水、领海(领水)或毗连苏联北方沿海的专属经济区的国内运输航线，包括适合船只引航的冰区航道。其最西边的点为新地岛海峡(Novaya Zemlya straits)的西部入口，与梅斯热拉尼亚海角(Mys Zhelaniya)的北部经线相交，其东边的点则位于白令海峡，与北纬66°线齐平，与西经168°58′37″相交。”

③ Brubaker R. D., the Legal Status of the Russian Baselines in the Arctic, Ocean Development and International Law, July 1999, Vol. 30 – 3, pp. 191 – 233.

些问题，例如，部分基点的选择、直线基线在相对平滑海岸的适用等。① 经初步统计，在位于海湾、干礁上的基点所封闭的诸多水曲中，只有 5 个符合《公约》规定的湾口不超过 24 海里的封闭标准。② 但就俄罗斯北冰洋直线基线而言，除美国外，鲜有国家明确地提出抗议。

二、俄罗斯的具体控制措施

1982 年《公约》对领海、专属经济区、大陆架和公海等不同法律地位的海域适用相应的船舶航行制度。俄罗斯、加拿大、美国、丹麦、挪威、瑞典、芬兰和冰岛八个环北极国家，除了美国外，均是《公约》的缔约国。与《公约》的有关条款对照，俄罗斯的国内立法对通行北方海航道的船舶规定了申请、强制破冰引航等制度，采取较为严格的管理措施。俄罗斯也未就北方海航道涉及内水、领海和专属经济区的航行制度做区别对待，而是笼统地适用关于“北方海航道”的相关规定。

（一）未对不同法律地位海域适用的航行制度做区分

根据俄罗斯的国内法，北方海航道不仅覆盖到俄罗斯的内水，还覆盖到领海和专属经济区。1996 年，俄罗斯政府先后出台了“北方海航道航行指南”“关于北方海航道破冰和领航指南规则”以及“北方海航道航行船舶设计、装备和保障方面的要求”。2013 年 1 月 28 日生效的《修正案》，将北方海航线水域定义为：“毗连俄罗斯北方海岸的水域，包括内海水、领海、毗连区和专属经济区，东起俄罗斯与美国的海上边界和杰日尼奥夫角到白令海峡中的纬线，西至新地群岛热拉尼亚角的经线以及新地群岛东部的海岸线和马托奇金海峡、喀拉海峡与尤戈尔海峡的西部边界。”纵观俄罗斯的国内立法，均笼统地对船舶在北方海的航行作出规定，而未对他国船舶在内水、领海和专属经济区航行适用的不同法律制度作出专门区分。2013 年 1 月 17 日俄罗斯联邦交通部批准的 2013 年《规则》，对北方海航道的通行

① 《联合国海洋法公约》第七条第 1 款规定，在海岸线极为曲折的地方，或者如果紧接海岸有一系列岛屿，测算领海宽度的基线的划定可采用连接各适当点的直线基线法。

② 《联合国海洋法公约》第十条第 4 款规定，如果海湾天然入口两端的低潮标之间的距离不超过 24 海里，则可在这两个低潮标之间划出一条封口线，该线所包围的水域应视为内水。第十条第 5 款规定，如果海湾天然入口两端的低潮标之间的距离超过 24 海里，24 海里的直线基线应划在海湾内，以划入该长度的线所可能划入的最大水域。

和利用作了进一步的详细规范。

(二)设立了专门的管理机构

1999 年《俄罗斯联邦商业航运法》设立了联邦机构北方海航道管理局，负责北方海航道水域的航行安排。《修正案》还列举了该管理局的其他职责，包括评估申请书和颁发航行许可证、批准船舶的导航设备安装和水道测量作业的区域，授权并给负责冰区引航的人员颁发证书等。

(三)规定了申请程序和相关措施

一是通过国内立法明确规定航行许可程序。2013 年《规则》规定了在北方海航道水域航行安排的程序、破冰船援助、引航和导航、水文和水文气象援助、航行期间无线电通信、有关航行安全和海洋环境保护防止船舶污染的规则，和其他有关航行安排的规则。该规则具体规定了北方海航道的航行许可程序。第 3 条规定，在北方海航道航行的船舶，需由船舶所有人、船舶所有人的代表或者船长提交申请书，北方海航道管理局基于申请书决定是否准许提出申请的船舶通行并颁发许可证。申请书须包含船舶所有人将保证船舶在进入北方海航道之前遵守本规则的说明。

二是破冰船援助和冰区引航带有垄断性。在北方海航道水域的破冰船援助和冰区引航所需的费用总额依据《俄罗斯联邦自然垄断法》，通盘考虑船舶吨位、船舶冰级、引航距离和通航期确定。2013 年《规则》第 19 条规定，破冰船援助业务由悬挂俄罗斯国旗并经授权在该水域航行的破冰船执行。第 35 条还规定，冰区引航员必须是俄罗斯公民，并且是在北方海航线水域提供冰区引航服务组织的雇员，必须拥有北方海航道管理局颁发的冰区引航证书。

三是提交符合俄罗斯国内法的保险或经济担保文件。《修正案》第 3 条新增规定，船舶不仅要遵守与北方海航道水域相关的航行安全、保护海洋环境防止船舶污染的标准，遵守相关国际协定和俄罗斯的航行规则，还要提交俄罗斯联邦参加的国际协定和俄罗斯联邦法律要求的确认保险的文件，或者提交因为船舶污染造成的损害或造成的其他损害而承担民事责任的经济担保文件。

（四）规定了详细的报告制度

2013年《规则》还规定了较为严格的报告制度。如第15条规定，船舶驶向北方海航线水域的航程中，在抵达东经33°（“西部边界”）之前72个小时；或者向西航行，在抵达北纬66°和（或）西经169°（“东部边界”）之前72个小时；或者从海港刚刚离开之时（若离开海港到“西部边界”或“东部边界”的时间不超过72小时），船长应向北方海航道管理局报告船舶预期抵达“西部边界”或“东部边界”的时间，并提供关于船舶的相关信息。第47条规定，船舶在进入“西部边界”和“东部边界”之后直至离开北方海航线水域之前的航程中，每天莫斯科时间12点，船长须向北方海航道管理局提供船舶名称和国际海事组织编号、地理坐标以及离开北方海航线或抵达其中一个海港的预估时间等17项信息。

（五）未对政府或从事公务的船舶和商船作明确的区分

1990年《北方海航道航行规则》中关于船舶一词仅使用了“ Vessel”一词，定义为任何国籍的任何船只或其他艇筏。此后，俄罗斯关于北方海航道的立法和规定似乎也未对在北方海航道航行的政府或从事公务的船舶和商船作出区分，未规定对从事公务的船舶的豁免权问题。

三、法律地位争议及相关国家立场

北方海航道的法律地位仍处于争议和不确定状态。一方面，随着气候变化和技术水平的提高，通行于“北方海航道”的船只日渐增多，不排除北方海航道的争议海峡成为“用于国际航行的海峡”的可能性。另一方面，桑尼科夫海峡、德米特里·拉普捷夫海峡、绍卡利斯基海峡以及维利基茨基海峡是东北航道上主要的、通航条件较好的海峡，目前通行于此的相当多数外国船只在事实上遵守了俄罗斯国内法的规定，包括接受引航和缴纳费用等，这是否在一定程度上构成了对俄罗斯关于北方海航道“管辖”的默认？事实上，北方海航道法律地位的最终确定不仅取决于法律因素，还受到相关利益国间的政治角力、破冰技术发展、航道实际通航情况和北极气候环境变化等诸因素的影响。

(一)美俄不同主张

“北方海航道”法律地位争议的焦点问题之一是海峡的法律地位。俄罗斯主张东北航道通过的相关水域为俄罗斯内水，要求通过桑尼科夫海峡、德米特里·拉普捷夫海峡、绍卡利斯基海峡以及维利基茨基海峡的船只必须接受领航和破冰服务。美国则主张东北航道上的海峡是“用于国际航行的海峡”，船只享有过境通行权。美国国务院曾多次发表声明，称相关海峡的地位应由国际法决定，而非沿岸国的国内法。①

(二)其他国家立场

除了美国和俄罗斯对北方海航道的法律地位所持立场存异以外，丹麦、挪威、冰岛、欧盟也纷纷对包括北方海航道在内的北极航道应适用的法律制度表达了关切。综合分析丹麦等国家的立场，具有一个共同的特点，即应在《公约》的法律框架下进行。

这意味着，一方面《公约》中的航行制度应该得到遵守，包括在沿岸国12海里领海的无害通过权、在专属经济区内的顾及沿海国利益的航行自由，以及用于国际航行的海峡的“过境通行”或“无害通过”等权利应得到尊重。2012年6月，欧盟委员会和欧盟外交与安全政策高级代表向欧洲议会和欧盟理事会提交的一份联合报告，强调“遵守国际法和《公约》规定的原则，包括航行自由原则和无害通过的权利”。② 至于何种海峡是“用于国际航行的海峡”，目前的国际公约和司法实践尚未形成明确的标准。冰岛外交部网站2007年11月9日公布的“北冰洋的法律地位”一文，指出“《联合国海洋法公约》也规定了用于国际航行的海峡过境通行权，位于俄罗斯与阿拉斯加之间的白令海峡就是其中的一个海峡。相关沿岸国需要制定一致的规则防止海洋污染，特别是在冰封区域。但至关重要的是，《联合国海

---

① 如1992年和1994年，美国均曾发表此类声明。2009年1月9日，美国颁布《国家安全总统指令与国土安全总统指令》中，重申了北方海航线上的海峡的法律地位。

② JOINT COMMUNICATION TO THE EUROPEAN PARLIAMENT AND THE COUNCIL Developing a European Union Policy towards the Arctic Region: progress since 2008 and next steps, p. 17, http://ec.europa.eu/maritimeaffairs/policy/sea_basins/arctic_ocean/documents/join_2012_19_en.pdf.

洋法公约》的相关规定受到尊重和不对航行设置不必要的障碍。"①

另一方面，应确保北极特殊的生态环境不因航行等人类活动而遭到破坏。《公约》第二三四条"冰封区域"，是为保护冰封区域特殊的生态环境而制定的，旨在防止、减少和控制船只在专属经济区内冰封区域对海洋的污染，赋予沿海国制定和执行非歧视性的法律和规章的权利。该条还规定，"这种法律和规章应适当顾及航行和以现有最可靠的科学证据为基础对海洋环境的保护和保全"。换言之，此类法律和规章的制定应适当顾及航行，需有科学依据，实现航行和海洋环境保护间的平衡。

笔者认为，《公约》关于冰封区域生态环境保护的特殊规定，并不意味着赋予沿海国可制定超出一般接受的国际规则和标准。在环境保护和航行权利间寻求平衡更符合国际社会的整体利益。这要求在维护北极生态环境的同时，还应遵守《公约》法律框架下的航行制度，以及包括国际海事组织等制定的国际规则和标准。根据《公约》第二一一条，"各国应通过主管国际组织或一般外交会议采取行动，制定国际规则和标准，以防止、减少和控制船只对海洋环境的污染，并于适当情形下，以同样方式促进对划定航线制度的适用……这种规则和标准应根据需要以同样方式重新审查"。欧盟等国在提到《公约》的同时，也提到其他相关的国际文件。如欧盟理事会在 2009 年 12 月 8 日通过"理事会关于北极问题的决定"，明确提出欧盟的北极政策应建立在《公约》和相关法律文件的基础上②，强调船旗国、港口国和沿岸国应推进和监督完全执行并进一步促进来自可在北极适用的国际公约的现有航行规则、海事安全、船舶路线体系和环境标准，特别是在国际海事组织的框架之内。③

---

① Iceland Ministry for Foreign Affairs. Legal Status of the Arctic Ocean, Opening Address at the Symposium of the Law of the Sea Institute of Iceland on the Legal Status of the Arctic Ocean, the Culture House, Reykjavík, 9 November 2007, para. 18, http://www.mfa.is/news-and-publications/nr/3983.

② Council of European Union. Council conclusions on Arctic issues. 2985th FOREIGN AFFAIRS Council meeting Brussels, 8 December 2009, p. 1, http://ec.europa.eu/maritimeaffairs/policy/sea_basins/arctic_ocean/documents/arctic_council_conclusions_09_en.pdf.

③ Council of European Union. Council conclusions on Arctic issues. 2985th FOREIGN AFFAIRS Council meeting Brussels, 8 December 2009, p. 4, http://ec.europa.eu/maritimeaffairs/policy/sea_basins/arctic_ocean/documents/arctic_council_conclusions_09_en.pdf.

四、结语

中国是北半球国家，又是航运大国，东北航道通航对中国的货贸运输和经济发展有着重要的意义。俄罗斯和美国等在北方海航道的法律地位问题上长期以来存在争议，在短期内难有定论。从《公约》的角度分析，俄罗斯对“北方海航道”的相关规定和管理措施确与《公约》存在不协调之处，有些要求和管理措施远远超出国际标准。中国是《公约》的缔约国，也是国际海事组织的成员国，且于2013年成为北极理事会的正式观察员国。如何在促进东北航道和平、合理利用的过程中发挥积极的作用，是中国当前面临的重要课题。在新形势下，中国需积极探索促进有关海峡和平利用的有效途径，适时参与相关国际制度、规则和标准的制定，使未来的机制安排在切实保护极地海洋环境的同时，尽可能地体现域外国家的利益和全球利益。

（2013年11月）

"鹿特丹规则"在东北航道适用的法律问题探析

密晨曦

随着北极海冰逐渐消融，东北航道的商业价值日益显现。东北航道一旦大规模商业通航，将对当今的世界海运格局，甚至是国际贸易结构产生重要的影响。当前尚无专门适用于东北航道的国际海上货物运输规则。《全部或部分海上国际货物运输合同公约》①(以下简称"鹿特丹规则")是在全球经济一体化背景下，为最大限度地实现国际货物运输的法律统一而产生的，是继1978年《联合国海上货物运输公约》②(以下简称"汉堡规则")之后的第四个关于统一国际海上货物运输合同法律规则的国际公约。③"鹿特丹规则"以符合一定的地理因素为条件，采用"合同方法"确定公约的一般适用。本文对"鹿特丹规则"在东北航道适用可能面临的法律问题进行了前瞻性研究。

一、东北航道的航运价值

东北航道(Northeast Passage)是北极航道中的一条，通常是指绕过斯堪的纳维亚半岛北端，穿越巴伦支海、喀拉海、拉普捷夫海、东西伯利亚海和楚科奇海，直到白令海峡的航路。"东北航道"这一称谓在欧洲已有数百年的历史，是对穿越俄罗斯北部贯穿北大西洋和北太平洋海上通道的一个历史的、抽象的称谓，一直以来被视为缩短欧洲和东亚海运的冒险捷径。④

① 英文名称为：United Nations Convention on Contracts for the International Carriage of Goods Wholly or Partly by Sea。

② 英文名称为 United Nations Convention on the Carriage of Goods by Sea，1978。

③ "鹿特丹规则"于2008年12月11日，由第63届联合国大会第67次会议审议通过，并于2009年9月23日在荷兰鹿特丹举行签字仪式，现正处与开放签字阶段。法国、美国、刚果(金)、加蓬、马里、波兰等国已签字。

④ Claes Lykke Ragner, Northern Sea Route Cargo Flows and Infrastructure - Present State and Future Potential, FNI Report 13/2000, p. 2.

东北航道不是传统意义上的"线性"的航道。它由若干不同的航道组成，船只需根据冰情调整线路。[①] 东北航道的大部分航段位于俄罗斯北部沿海的北冰洋离岸海域。俄罗斯称其北部的海上航道为"北方海航道"(Northern Sea Route)。苏联曾出台了一系列的法律法规，加强对此部分的严格控制。苏联解体后，俄罗斯继承了苏联时代的政策与法律，并在原有基础上予以发展和完善。

东北航道有着重要的航运价值和战略意义。首先，东北航道是连接大西洋和太平洋的海上捷径，也是联系欧亚两地海上的潜在的最短航线。北方海航道是东北航道的重要组成部分，构成了绝大部分路程。以汉堡到香港为例，从汉堡穿过北方海航道到香港是8370海里，穿过苏伊士运河、好望角和巴拿马运河则分别是9360海里，13 109海里和12 920海里。从汉堡穿过北方海航道到温哥华的距离与穿过苏伊士运河相比，可缩短大半的路程，而与穿过好望角相比，则可缩短2/3的路程。[②] 第二，船只通行东北航道可以缓解传统航道的压力，解决拥塞问题。一些传统通道的通行量已基本达到了最大限度，通行不畅问题直接影响着航运效率，增加航运成本。作为连接欧亚的传统航道，苏伊士运河平均每年有16 000到18 000艘船次的通行量，船只通行这条长198千米的运河平均需要四至五个小时。该运河的通行能力已渐趋饱和，严重拥塞时，船只需要近30个小时才能通过。第三，船只通行东北航道可减少海盗及恐怖袭击事件和受海盗侵扰的几率。近年来，通往亚丁湾附近的索马里以及马六甲海峡的船只面临海盗猖獗的严重威胁。很多船只为避开海盗，不得不改走南非好望角航道，使航程和航期大大延长。而且苏伊士运河所处的中东政治形势复杂，时受恐怖主义活动侵扰，不确定因素较多。东北航道所经海域政治局势则相对稳定。它独特的自然地理特征、严寒的天气也减少了海盗出没的可能性。

但东北航道实现大规模的商业通航，还面临诸多问题。从自然条件看，东北航道有着独特的自然地理和政治环境。北冰洋海面一年中有9个月被巨大的冰层覆盖，海面上的坚实冰层足有3~4米[③]。此种特殊的气候

---

① 周洪钧，钱月娇：《俄罗斯对"东北航道"水域和海峡的权利主张及争议》，载《国际展望》，2012年第1期，第98页。

② Claes Lykke Ragner, Northern Sea Route Cargo Flows and Infrastructure - Present State and Future Potential, FNI Report 13/2000, p. 1.

③ 《聚焦北极航道之一：北极航道改写海运格局》，载《中国海事》，2010年第11期，第12页。

条件决定了在东北航道航行的船只在技术、装备和面临的风险等方面都与传统航道有所不同。从法律地位看，东北航道大部分航段的法律地位始终存有争议。俄罗斯称其北部的海上航道为“北方海航道”。俄官方将其定义为西起新地岛海峡的西部入口、东到白令海峡的航线。俄主张东北航道通过的相关水域为俄罗斯内水，要求通过桑尼科夫海峡、德米特里·拉普捷夫海峡、绍卡利斯基海峡以及维利基茨基海峡等重要海峡的船只必须接受领航和破冰服务。① 美国等则主张东北航道上的海峡是“用于国际航行的海峡”，船只享有过境通行权。1992 年和 1994 年，美国国务院两度发表声明，称相关海峡的地位应由国际法决定，而非沿岸国的国内法。② 从地理位置看，“北方海航道”对俄罗斯有着特殊的战略意义，是俄罗斯将其在北极地区油气和矿藏等自然资源运往各国的便捷通道，也是推动俄罗斯北方开发和经济发展的重要途径。“北方海航道”特殊的地理位置决定了俄方不会轻易放弃该航道将带来的潜在巨大利益。随着东北航道实现大规模的商业通航，国际海上货物运输法律在东北航道的适用问题也将纳入人们的视野。

二、“鹿特丹规则”的主要特点

“鹿特丹规则”诞生以前，国际上已存在着三个生效的调整海上货物运输的公约，分别是 1924 年《统一提单若干法律规则的国际公约》③（以下简称“海牙规则”）、1968 年《修改统一提单若干法律规定的国际公约议定书》（以下简称“海牙－维斯比规则”）④及 1978 年“汉堡规则”，再加上各国的国内法，使得国际海上货物运输法律制度极不统一。在全球经济一体化的背景下，“门到门”运输方式的兴起使传统的运输方式受到挑战。为最大限度地实现国际货物运输的法律统一，“鹿特丹规则”应运而生。联合国国际贸易法律委员会大会于 2008 年 7 月 3 日通过该草案。同年 12 月 11 日，联

① 见苏联 1990 年批准的《北方海航道航行规则》（Regulations for Navigation on the Seaways of the Northern Sea Route），第 1 条第 2 款。

② J. Ashley Roach and Robert W. Smith, Excessive Maritime Claims, International Law Studies, Vol. 66, Newport, RI: Naval War College, 1994, pp. 200－207.

③ 英文名称为 International Convention for the Unification of Certain Rules of Law Relating to Bills of Lading, 1924。

④ 《修改统一提单若干法律规定的国际公约议定书》于 1968 年 6 月 23 日在布鲁塞尔外交会议上通过，自 1977 年 6 月 23 日生效。该议定书对海牙规则进行了修订。

合国大会通过了该公约，并于2009年9月23日在荷兰鹿特丹举行了签字仪式。“鹿特丹规则”如果获得主要航运国家的认可并生效，预示着调整国际货物运输的国际立法将开启一个新的时代。

(一)调整和重构船货双方利益

相比“海牙规则”向承运人倾斜的特点，“鹿特丹规则”在新形势下加重了承运人的责任，对船货各方利益进行了平衡。“鹿特丹规则”采用承运人完全过错责任，高于我国《海商法》和“海牙规则”“海牙－维斯比规则”的不完全过错责任，与“汉堡规则”采用的承运人责任原则相同；“鹿特丹规则”取消航海过失免责(简称“火灾免责”)和承运人的受雇人或代理人过失致火灾的免责；承运人的适航义务贯穿航次始终；承运人对货物的灭失或损坏的赔偿限额较我国《海商法》“海牙－维斯比规则”和“汉堡规则”有不同程度的提高；“鹿特丹规则”规定承运人的责任期间是“收货—交货”，且不限定接收货物和交付货物的地点。与“海牙规则”“海牙－维斯比规则”规定的“装货—卸货”和“汉堡规则”规定的“装港—卸港”相比，“鹿特丹规则”延展了承运人的责任期间。

但“鹿特丹规则”关于举证责任的规定在体现过错责任制度的同时，平衡了船货双方的利益，在一定程度上平衡和缓解了对承运人责任的加重。“鹿特丹规则”有关承运人责任基础的规定，从性质上说，应当属于“汉堡规则”的完全过错责任制；从举证责任的分配分析，更接近于“海牙规则”；从结构看，“鹿特丹规则”用举证责任的归属贯穿始终，其基本构成包括管货义务、除外风险和适航义务实行不同的举证责任分配。“鹿特丹规则”下关于举证责任的具体规定是由承运人负责举证，证明自己没有管货过失；若其举证不能，将承担赔偿责任。但在规定的免责范围内，则由索赔方负责举证，证明承运人有过失；若其举证不能，便推定承运人无过失，承运人可援引免责条款免除赔偿责任。①

(二)统一国际货物运输法律

长期以来，国际货物运输立法存在不统一的现象，表现为：海运、航

① 司玉琢:《〈鹿特丹规则〉的评价与展望》，载《中国海商法年刊》，2009年第20卷第1－2期，第3－4页。

空和铁路等多种运输方式有各自的国际规则；国际条约和国内立法并存；即使同一种运输方式，可能同时存在多个生效的国际公约。

“鹿特丹规则”在一定程度上对国际货物运输法律进行了规范和统一。首先，该公约调整的是国际海运或包括国际海运在内的国际多式联运货物运输合同。随着国际贸易的发展，特别是集装箱运输业的兴起和多式联运的发展，需要一个调整国际多式联运的公约。“鹿特丹规则”最大限度地扩大了适用范围①，采取“海运＋其他”的模式，“鹿特丹规则”规定运输合同需涵盖海上运输，但不要求是纯粹的海上运输合同，还可以是包括海运在内的多式联运合同。② 第二，公约实行网状责任制。“鹿特丹规则”顺应形势的要求，变“钩到钩”（“海牙规则”）或“港到港”（“汉堡规则”）运输为“门到门”运输，将国际商会推荐的、由国际集装箱运输班轮公司普遍采用的多式联运经营人的网状责任制法定化。第三，公约排除了调整同一事项的多个公约的并存适用。“鹿特丹规则”规定，参加本公约，必须退出已参加的“海牙规则”“海牙－维斯比规则”或“汉堡规则”。

三、“鹿特丹规则”适用于东北航道的几点思考

“鹿特丹规则”是一部至今尚未生效但有一定先进性的调整国际货物运输的公约。而东北航道则是有着巨大经济潜力和广阔前景的重要海上运输通道。笔者就“鹿特丹规则”在东北航道适用将面临的主要法律问题予以初探。

（一）航道法律地位不确定性引起的法律适用冲突

俄罗斯政府有一系列的国内法律规范，对“北方海航道”进行管理，包括苏联时期于1990年批准的《北方海航道航行规则》，1996年先后出台的《北方海航道航行指南》，《关于北方海航道破冰和领航指南规则》以及《北方海航道航行船舶设计、装备和保障方面的要求》等。但鉴于北方海航道的法律地位在国际上尚存有争议，多数国家对适用俄在北方海航道的国内立法存有疑虑。俄罗斯对过往船只收取高额费用，更是一度引起有关国家

① “鹿特丹规则”第5、第7、第82条。

② “鹿特丹规则”第1条规定，“运输合同”是指承运人收取运费，承诺将货物从一地运至另一地的合同。此种合同应对海上运输作出规定，且可以对海上运输以外的其他运输方式作出规定。

的强烈不满。例如，夏季冰情较轻时，抗冰船可以不需护航而通过航道，但仍需支付全额费用。这将严重阻碍在东北航道的国际运输业务的发展。①国际航运业在东北航道需要一个安全、公正和合理的航道管理体系。随着东北航道大规模航运时代的到来，国际社会和俄罗斯政府间也将在相关法律制度方面展开新一轮的角力。

（二）东北航道大规模通航后的船舶适航标准

在适用我国海商法和“海牙规则”“海牙－维斯比规则”的情形下，承运人对船舶的适航义务仅限于在船舶开航前和开航当时。“鹿特丹规则”则将承运人谨慎处理使船舶适航的义务扩展至整个航次期间。对承运人的船舶适航，“鹿特丹规则”规定了三点，即船舶本身适航、船员适任和货舱等载货处所适货。② 在东北航道这样自然地理环境特殊的地方，对船舶设计、装备和船长等方面则有着更高的要求。随着东北航道的大规模通航成为可能，就船只在东北航道航行的相关问题制定和出台统一的国际航行标准势在必行。

（三）“航海过失”免责取消后的责任界定

“海牙规则”“海牙－维斯比规则”及我国海商法规定承运人对由于船长、船员、引航员或者承运人的其他受雇人在驾驶船舶或者管理船舶中的过失（“航海过失”）和火灾中的过失（“火灾过失”）而导致的货物灭失、损坏或迟延交付免责。但“鹿特丹规则”废除了承运人“航海过失”免责和“火灾过失”免责。

东北航道的自然气候条件本身具有特殊性。船只在此航道航行具有较大的风险性和不确定因素。“航海过失”免责的取消在一定程度上增加了承运人的责任。特别是对东北航道的承运人而言，将面临更大的风险。以下问题也随之产生，一是取消航海过失免责。实务中承运人由于很难证明何种货损由航海过失造成，何种货损是由于海上意外风险造成，使承运人几乎没有免责的机会。二是多数商船在通过东北航道时需在引航员或引航船

---

① 郭培清，管清蕾：《北方海航道政治与法律问题分析》，载《中国海洋大学学报》，2009 年 4 期，第 4 页。

② 司玉琢，韩立新：《〈鹿特丹规则〉研究》，大连：大连海事大学出版社，2009 年，第 136 页。

的引导下进行。特别是在“北方海航道”部分，俄罗斯不仅提供有偿引航服务，还规定在维利基茨基海峡，绍卡利斯基海峡，德米特里·拉普捷夫海峡以及桑尼科夫海峡实行破冰船强制领航服务。“航海过失”免责的取消在东北航道可能引发承运人和引航人损失责任分担等问题，如“航海过失”造成的损失是由承运人独自承担，还是由承运人和引航人共同分担？如共同分担，应如何分配风险和责任？

（四）承运人责任加重引发的保险问题

“鹿特丹规则”对船货双方利益进行了调整，加重了承运人的责任。“鹿特丹规则”还提高了承运人的赔偿责任限额，致使承运人援引责任限制的机会减少。“鹿特丹规则”按照每件或每个其他货运单位 875 个计算单位，比我国海商法和“海牙－维斯比规则”的 666.67 特别提款权提高 31%，比“汉堡规则”835 特别提款权提高 5%；或按货物毛重每千克 3 个计算单位，比我国海商法和“海牙－维斯比规则”规定的 2 个特别提款权提高了 50%，比“汉堡规则”2.5 个特别提款权提高了 20%。托运人已经申报货物价值并在合同事项中已经载明的，或承运人与托运人另有高于上述赔偿责任限额约定的除外。承运人责任的加重，势必要对承运人和货物的利害关系人之间划分海运风险作出重要调整，对海上保险业务产生重大影响。对选择东北航道的承运人而言，将面临以下保险问题或困难：一方面保险的费用大幅提高，从而增加船舶公司经营船舶的成本；另一方面对于船龄大、装备落后和技术状况差的船舶或管理水平低的公司运营的船舶，保赔协会为了规避过大的责任风险而将不愿承保。这在一定程度上将减少承运人选择东北航道航行的几率。

（五）弱化提单的提货凭证功能在东北航道的隐患

“鹿特丹规则”突破传统，弱化了提单的提货凭证功能，这有利于航运效率的提高。但是对于北极航道通航而言，可能带来一定的隐患。提单具有物权凭证的抵押作用。当提单原有物权凭证的属性被削弱后，其作为提单的价值和被重视程度也将随之降低，将致使北极航道通航过程中的货物贸易产生巨大担保风险。对承运人而言，“鹿特丹规则”并未彻底赋予承运人无单放货的权利，只是要求指示人应该补偿承运人或向承运人提供担保。

在实际操作过程中，承运人在辨别真正的收货人或控制方、充分证明承运人所交付的对象和确认向他发出指示的人是否真正的权利人，确定等待的合理时间以及谨慎接受来自各方的指示等方面担负着重要的责任。就发货人而言，实际操作中实际承运人签发的货运单据中的托运人极有可能是无船承运人而并非是真正的发货人。由于北极航道的航道条件限制，更是只有少数船舶公司可以承担直接运输货物的工作，大量的承运人并非实际承运人。在此种复杂的情况下，各方的权利保障面临挑战。而对银行而言，提单作为物权凭证效力的削弱，将导致银行对于垫付巨额货款产生顾虑，这将给凭借提单进行国际贸易的买卖双方带来新的问题。①

四、结语

东北航道被视为具有巨大经济潜力的海上运输通道，一旦大规模商业通航，必然面临国际货物运输的法律适用问题。由于已加入“海牙规则”“海牙－维斯比规则”和“汉堡规则”的国家或地区在核准加入“鹿特丹规则”时，须声明退出已加入的上述公约，许多国家仍处于观察、评估阶段，并未退出既有公约并在“鹿特丹规则”上签字。“鹿特丹规则”的生效和广泛应用，取决于主要航运国家的认可。但无论该公约的前景如何，它的诞生都将对国际航运立法产生深远的影响。在评估东北航道的商业前景时，“鹿特丹规则”如果生效对东北航道的航运布局、法律适用等潜在影响也不可忽视。

（2014 年 6 月）

① 阎铁毅：《〈鹿特丹规则〉在北极航道的适用》，载《法学杂志》，2010 年第 11 期，第 69 页。

俄罗斯基本海洋立法介评

吴继陆

近年来，我国专家学者就制定我国的“海洋基本法”问题，研究和介绍了世界其他海洋大国的立法情况。相关研究大多集中于美国、加拿大、日本和澳大利亚等国家，对俄罗斯的海洋立法关注不多。俄罗斯(苏联)曾对国际海洋法及世界海洋秩序的形成与发展起着举足轻重的作用。苏联解体后，俄罗斯重新制定颁布了相关法律，形成了具有特色的海洋法律制度。本文主要介绍俄罗斯关于其管辖海域(内水、领海、毗连区、专属经济区和大陆架)的主要法律，并与我国相关立法作简要对比，为研究制定我国海洋基本法提供一点素材，并希望相关部门和学者重视对俄罗斯海洋立法的深入研究，借鉴其海洋立法经验。

一、俄罗斯基本海洋立法概况

本文所说的海洋立法是指关于内水、领海、毗连区、专属经济区和大陆架的基本法律，主要包括在这些海域内进行海洋开发、航行、科研和环境保护等活动的管理制度。苏联在解体前，对大陆架立法较为重视。俄罗斯联邦在苏联解体后，通过3项法律，全面建立起关于内水、领海、毗连区、专属经济区和大陆架的专门制度。1968年2月6日，最高苏维埃主席团颁布大陆架法令(Decree of the Presidium of 6 February 1968 on the Continental Shelf)，该法令较简短，仅9条，规定了苏联大陆架的范围、大陆架划界、大陆架资源开发、人工设施的安全区、大陆架活动的许可制度及相关执法机构。1969年8月13日，最高苏维埃主席团通过了实施该法令的决定①，规定部长会议(Council of Ministers)有权颁发关于大陆架资源勘探、

① 该决定的全称为Decision of the Presidium of the Supreme Soviet of the USSR of 13 August 1969 concerning the Application of the Decree of the Presidium of the Supreme Soviet of the USSR concerning the Continental Shelf of the USSR。

开发的特别许可。1984 年 3 月 1 日生效的经济区法令(Decree of the Presidium of the Supreme Soviet of the USSR on the Economic Zone of the USSR)虽然没有使用“专属经济区”这一术语，但其主要规定是依据 1982 年《联合国海洋法公约》中的专属经济区制度而制定的，其主要内容包括：苏联在其经济区(领海之外自领海基线 200 海里)内的主权权利和管辖权(第 2 条)；溯河产卵鱼种的管理(第 3 条)；外国在其经济区内的渔业权利及管理制度(第 4 ~ 6 条)；人工岛屿、设施与结构及其安全地带的管理(第 7 条)；海洋科学研究的管理(第 8 ~ 11 条)；污染防治(第 12 ~ 14 条)；违法责任(第 15 ~ 20 条)，以及其他相关问题。苏联于 1984 年和 1985 年，分别公布了其领海基点及其坐标，1984 年公布的基点共计 193 个，包括太平洋、日本海、鄂霍次克海和白令海大陆海岸和相关岛屿(包括日俄争议的北方四岛)。1985 年公布的基点共计 503 个，包括北冰洋、波罗的海、黑海大陆海岸和相关岛屿。

苏联解体后，俄罗斯继承了其大部分版图。1993 年 4 月 1 日时任总统叶利钦签署了国家边界法(Act on the State border of the Russian Federation)，建立边界管理制度，对领海边界的管理也作了规定。引人注目的是，俄罗斯更加注重其海洋立法工作，先后通过了 3 部法律，重新建立起其基本的海洋法律制度，包括：1995 年的《俄罗斯联邦大陆架法》(Federal Law on the Continental Shelf of the Russian Federation)；1998 年的《俄罗斯联邦海洋内水、领海和毗连区法》(Federal Act on the internal maritime waters, territorial sea and contiguous zone of the Russian Federation)和 1998 年《俄罗斯联邦专属经济区法》(Federal Act on the exclusive economic zone of the Russian Federation)。以下着重介绍这 3 部法律内容。①

二、俄罗斯基本海洋立法的框架内容

俄罗斯的这 3 部法律并不是对其海洋权益的粗线条的宣示，相关规定极为全面、明确和详尽，是其关于管辖海域范围、海洋权益、海洋开发和管理的基本法律。

① 本文作者尚未见到这 3 部法律的正式中文译本，以下分析介绍主要依据本人的译稿。

(一)《俄罗斯联邦海洋内水、领海和毗连区法》

该法于1998年7月16日国家杜马正式通过，1998年7月17日俄罗斯联邦委员会批准。该法分7章，共43条(译成中文约1.5万字)。该联邦法案规定了俄罗斯海洋内水、领海、毗连区的相关法律制度，包括俄罗斯在其海洋内水、领海、毗连区的各项权利、依据俄罗斯联邦宪法实现以上权利的程序、普遍认可的国际法上的原则和法规，以及俄罗斯参加的相关国际条约。

第一章一般条款规定了俄罗斯海洋内水和领海的定义和范围、领海界限的划定和领海基线。俄罗斯采用混合基线，领海一般不超过12海里。特别提及其内水包括“宽度超过24海里并在历史上归属于俄罗斯的海湾、水湾、海口湾、河口湾、海域和海峡”。(第1条第2款第3项)

第二章共计19条，规定了俄罗斯海港、内水和领海法律制度。海港包括俄罗斯的商业海港、捕鱼港、军港以及其他特殊海港。该节规定的内容包括外国船舶、外国军舰和其他政府船舶进出港制度、在海港、内水停靠制度、领海的无害通过制度、刑事及民事管辖、禁航区以及资源开发等活动的管理等。

第三章规定毗连区制度，包括其范围、俄罗斯在毗连区中的权利。与世界其他国家的立法一样，该制度相对较为简略。

第四章专门对海洋内水、领海内的海洋科学研究作出规定，虽然条文不多(第24~31条)，但管理制度很完备，包括海洋科研的所有过程：海洋科学研究活动的申请、审批、驳回申请的理由、申请人的义务、海洋科学研究成果的送交和出版、海洋科学研究计划的修改、暂停或终止海洋科学研究。该节第25条专门规定了“海洋科学研究”的定义和范围。

第五章对规定内水、领海海洋环境和自然资源的保护和保全，包括环境质量管理、环境评价、环境控制、环境状况监控制度、倒废物和其他有害物质和海洋事故带来的污染等，内容也很丰富、具体。

第六章“本法的执行”明确了具体管理部门及其责任。

第七章附则规定了争议的解决、生效日期以及该法与其他行政管理法律文件的协调。

(二)《俄罗斯联邦大陆架法》

1995 年 10 月 25 日国家杜马通过的《俄罗斯联邦大陆架法》分 8 章，共 49 条(译成中文约 2 万字)，内容丰富，规定详明。该法重新建立了俄罗斯的大陆架制度，以及俄罗斯根据宪法、国际普遍认可的原则和法律、俄罗斯订立的国际条约对大陆架享有的主权和管辖权，包括权利的行使方式。

第一章“一般条款”规定了俄罗斯大陆架范围的定义、大陆架的划界、基本概念、俄罗斯在大陆架上的权利(4 类，与《联合国海洋法公约》基本一致)，并详细列明了联邦权力机关的职责(共 29 项)。

第二章规定了矿产资源的研究、勘探和开发制度，尤其是详细规定了许可证书的内容及申请(第 8 条)。

第三章规定生物资源的研究和利用制度，主要规定了捕捞生物资源的许可制度，包括资源利用形式、许可的条件及程序、许可证持有人的权利和义务以及暂停许可的理由等。

第四章规定“在大陆架上建造人工设备和铺设海底电缆和管道”。相当于我国所说的海上人工构造物和电缆管道制度，虽然仅 7 条，但制度很完备。

第五章“海洋科学研究”部分与专属经济区内海洋科学研究制度的基本框架相同，包括海洋科学研究的申请和申请书的内容、审批申请书的程序、拒绝颁发海洋科学研究许可证的依据、海洋科学研究中的义务、自然资源研究或海洋科学研究结果的公布和递交、修改自然资源研究或海洋科学研究的计划、海洋科学研究的暂停和终止。

第六章“矿产和生物资源的保持和保护，倾倒废物或其他物质”规定了大陆架的国家环境评估、国家环境控制、环境的国家监测、倾倒废物和其他物质以及因海难造成的污染等问题。

第七章“利用大陆架的经济制度”主要规定的大陆架上利用矿产和生物资源的经济制度的基本原则为有偿使用；为研究、恢复和保护海洋环境和生物、非生物资源提供财政支持；如果出现破坏环境的经济行为则应承担相应的赔偿责任。颁发倾倒废物和其他物质许可证应按规定收取费用。

第八章“本法的执行”详细地规定了各管理机关的职责、相关机关的行政人员的权利，并特别规定联邦国防机关、联邦运输事务管理机关、联邦水文和环境监测机关，在履行基本的任务的同时，也应协助保卫机关完成其职责，利用军舰、船舶、海岸哨所和航空器等其他手段监视大陆架上的活动。

(三)《俄罗斯联邦专属经济区法》

该法于1998年11月俄罗斯杜马通过，1998年12月2日俄罗斯联邦委员会批准。该法分7章，共44条(译成中文约2.1万字)。该法规定了俄罗斯专属经济区的法律制度，即俄罗斯在专属经济区内的主权和管辖权范围，以及依据宪法、国际法普遍认可的原则和法律，俄罗斯参加的国际条约等规定行使上述权利的方式。其基本框架与俄罗斯大陆架法相同，但规定的内容重在生物资源的开发与管理。

第一章“一般条款”规定俄罗斯专属经济区的定义和范围、专属经济区的划界、基本概念、俄罗斯在专属经济区的权利、其他国家在专属经济区内的权利和义务、专属经济区内的联邦政府机构的权限(共28项)。

第二章“生物资源的保护有效利用”共8条，规定了俄罗斯本国国民和外国船舶在俄罗斯专属经济区的渔业活动管理制度，包括：利用生物资源的使用权和程序；生物资源使用权的授予；申请商业开发生物资源许可证的程序和条件；终止商业开发生物资源许可证的理由；有效利用和保护区域性和边界性的鱼种；有效利用和保护降河产卵鱼种、溯河产卵种群、高度回迁种群和海洋哺乳动物。

第三章规定非生物资源的勘探和开发，以及潮汐、气流、风力的能量的利用问题。

第四章规定的资源和海洋科学研究是该法的重点内容，其特点是将资源研究和海洋科学研究区分开来，但一同作出规定，主要内容包括：进行自然资源研究和海洋科学研究的计划；进行自然资源研究和海洋科学研究的申请书的递交和内容；审批申请书的程序；拒绝颁发自然资源研究或海洋科学研究许可证的依据；具备法定资格的国际组织获得自然资源研究或海洋科学研究许可证的特别条款；俄罗斯和外国申请人在自然资源研究或海洋科学研究中的义务；自然资源研究或海洋科学研究结果的出版和递交；修改自然资源研究或海洋科学研究的计划；自然资源研究或海洋科学研究的暂停和终止。

第五章专门规定专属经济区内的“海洋环境的保持和保护”，和大陆架环境保护制度基本相同，包括：专属经济区内经济活动和其他活动的国家环境评估、专属经济区内的国家环境控制、专属经济区环境的国家监测、有害物质的排放和海难引起的污染；该法特别规定了冰封区域的保持和保护、特殊区域的保持和保护。专属经济区内利用生物和非生物资源也实行收费制度。该法也同样详细规定了俄罗斯专属经济法的执行问题，详细地列明了相关机关及其职责、对执行机关的协助等。

第六章仅1条（第34条）规定了专属经济区内利用生物和非生物资源的收费制度，包括税费、使用费和其他费用的征收范围、程序和管理。

第七章用了较大的篇幅(第35~44条)详细规定了该法的执行问题。授权国防、环保和海关等机关在其职权范围内管理专属经济区及区内的生物、非生物资源，以确保对生物、非生物资源的管理、保护和利用，同时保护海洋环境和经济利益等其他俄罗斯的合法利益。该法第36条详细规定了执法机关的执法权力和可以采取的相关措施。

三、中俄基本海洋立法对比

我国基本的海洋立法文件主要有4项——1958年的《中华人民共和国政府关于领海的声明》、1992年的《中华人民共和国领海及毗连区法》、1996年的《中华人民共和国领海基线的声明》和1998年的《中华人民共和国专属经济区和大陆架法》。与中国相关立法对比，俄罗斯的基本海洋立法具有以下特点：

第一，对其各海洋区域分别立法。俄罗斯将内水与领海及毗连区一同立法，并较为详细地规定了内水制度，而我国的领海及毗连区法关于内水制度的规定不多，我国内水制度散见于其他的相关法律，如“海上交通安全法”“海域使用管理法”和“港口法”等。此外，我国将专属经济区和大陆架制度在同一部法律中作出规定，而俄罗斯分别制定大陆架法和专属经济区法。

第二，重视大陆架法律制度的建立、完善和实施。俄罗斯(苏联)早在1968年就颁布了大陆架法令，并迅速在1969年通过了实施该法令的决定。在其1998年出台关于内水、领海、毗连区及专属经济区法之前，就单独出台了大陆架法(1995年)。2001年12月20日，俄罗斯又率先提出了世界上第一个200海里以外大陆架划界案。2009年，俄罗斯为促进大陆架开发，以俄罗斯第58号联邦法对其大陆架法和相关法律进行修改。

第三，俄罗斯的基本海洋立法非常详细，可操作性强。这是中俄基本海洋立法的最大区别。俄罗斯的3部法律也是在1982年《联合国海洋法公约》生效后通过的，除了依据《公约》宣示了其基本的主权、主权权利和管辖权外，还根据其国内需要，详细地规定了代表国家行使这些权利(权力)的具体机关、相关程序和法律责任。相关的规定非常具体、明确和详细。从条文的数量来看，我国1992年的《领海及毗连区法》仅17条，约1700字；俄罗斯《海洋内水、领海和毗连区法》43条，译成中文约1.5万字。我国1998年的《专属经济区和大陆架法》16条，约1900字；俄罗斯大陆架法和专属经济区法合计83条，译成中文共计4.1万字。俄罗斯(苏联)在1984年和1985年即公布了领海基点696个，覆盖了其全部领土(包括日俄争议的北方四岛)；中国在1996年仅公布大陆沿岸和西沙群岛的领海基点，共计74个。此外，我国现行宪法未对我管辖海域作出任何规定，而《俄罗斯联邦宪法》(1993年12月12日全民公决通过)做了专门规定，如，俄罗斯联邦领土包括其各主体的领土、内河、领海和领空(第67条第1款)；俄罗斯联邦对大陆架和专属经济区拥有主权权利并根据联邦法律和国际法规范所规定的程序行使管辖权(第67条第2款)；俄罗斯联邦管辖的事项包括“规定俄罗斯联邦国界、领海、领空、专属经济区和大陆架的地位并予以保护”(第71条第13款)。

四、结语

从中俄基本海洋立法的初步对比分析看，俄罗斯的基本海洋法律制度更完备，也更具有可操作性。近年来，俄罗斯还不断调整海洋管理体制、制定海洋政策，努力恢复其海洋强国地位。2001年俄罗斯成立联邦海洋委员会，作为海洋领域跨部门的高层决策协调机构。同年7月，俄罗斯颁布了《俄罗斯联邦至2020年间的海洋政策》，开始实施长期、综合和系统的国家政策。这些都将进一步促进俄罗斯海洋立法的发展与完善，也将对我国的海洋权益产生影响。

中国和俄罗斯都是陆海兼备的大国，所处的发展阶段和面临的海上形势比较相似，俄罗斯的海洋立法和海洋政策值得我们不断深入研究、学习和借鉴。

（2009 年 9 月）

关于我国海洋生态损害索赔权法律主体的分析*

疏震娅

海洋生态损害行为的侵害对象是不属于任何个体所有的海洋生态环境要素。因此，任何个体都无权提起海洋生态损害赔偿的诉求。《中华人民共和国海洋环境保护法》(以下简称《海洋环境保护法》)，第一次在立法上对海洋生态损害的赔偿作出规定。①由于该法的规定比较原则，实践中如何确定索赔主体、索赔范围和赔偿标准等问题，缺乏具体可操作的依据。本文拟从海洋生态损害索赔主体的角度，来探讨我国海洋生态损害赔偿制度的完善。

一、海洋生态损害的概述

海洋生态是指影响人类生存和发展的海洋生态环境、海洋自然资源和海洋生物多样性的总称。②总体而言，造成海洋生态损害的原因包括自然变化和人类活动。自然变化是人类无法预见和控制的，属于不可抗力，也就不存在损害赔偿问题。

目前，理论界对海洋生态损害的基础定义"生态损害"尚难以统一界定。纵观国内外相关立法和学者所使用的措辞，"生态损害"(ecological

---

* 本文系2009年度科技部国家软科学研究计划面上项目——"海洋生态损害的国家求偿法律机制与国际实践研究"(编号2008GXS5B100)项目成果。

① 《海洋环境保护法》第90条规定，"造成海洋环境污染损害的责任者，应当排除危害，并赔偿损失；完全由于第三者的故意或者过失，造成海洋环境污染损害的，由第三者排除危害，并承担赔偿责任。对破坏海洋生态、海洋水产资源、海洋保护区，给国家造成重大损失的，由依照本法规定行使海洋环境监督管理权的部门代表国家对责任者提出损害赔偿要求。"

② 《海洋环境保护法》未对海洋生态用语的含义进行界定，而其中个别条款，将海洋生态与海洋水产资源和海洋保护区或海洋生态系统与海洋水产资源和海洋保护区并列。在此情形下，海洋生态应是指海洋生态环境。华敬炘：《海洋法学教程》，青岛：中国海洋大学出版社，2009年，第637页。

damage)、“纯生态损害”(pure ecological damage)、“环境本身的损害”(damage to the environment per se)、“环境损害”(environmental damage)、“纯环境损害”(pure environmental damage)、“环境损伤”(impairment of the environment)及“自然资源损害”(natural resource damage, NRD)是常被混合使用的术语。因此，如何确切定义海洋生态损害也就相当困难，所能达成的共识仅为“它不同于传统损害”。我国现行法律也未对海洋生态损害给予明确定义。

根据人类活动的直接作用对象，笔者认为可将海洋生态损害分为：直接破坏海洋生态的损害和间接破坏海洋生态的损害。由于造成损害的原因行为不同，两类损害的赔偿责任也有所不同。

直接破坏造成海洋生态损害的行为，是指直接作用于海洋生态本身的行为。行为人具有主观过错，实施了破坏海洋生态的行为。侵害的客体主要是国家的自然资源所有权，构成对国家财产权益的损害。同时还可能对其他民事主体的合法权益造成损害。《海洋环境保护法》第76条规定，“违反本法规定，造成珊瑚礁、红树林等海洋生态系统及海洋水产资源、海洋保护区破坏的，由依照本法规定行使海洋环境监督管理权的部门责令限期改正和采取补救措施，并处一万元以上十万元以下的罚款；有违法所得的，没收其违法所得”。可见，我国环境法对直接破坏造成海洋生态损害的行为，强调行为的违法性。其法律责任分为两种：对国家财产权益的损害，由行政机关代表国家以主权者的身份依法追究行为人的行政责任；对于相关民事主体的权益损害，则由受害人依一般民事侵权赔偿途径进行索赔。因此，直接破坏行为造成的海洋生态损害不属于国家以民事主体身份行使索赔权的范畴。

间接破坏行为造成的海洋生态损害主要是指人类活动造成海洋环境污染从而导致的海洋生态损害。这类可能对海洋生态造成不利影响的人类活动，主要包括陆源污染物排放、海岸工程和海洋工程建设、倾倒废弃物、船舶及有关作业活动等。根据《海洋环境保护法》第95条第1款的规定①，这类行为“直接或者间接把物质或者能量引入海洋环境”，通过“海洋环境”

① 《海洋环境保护法》第95条第1款规定，“海洋环境污染损害是指直接或者间接地把物质或者能量引入海洋环境，产生损害海洋生物资源、危害人体健康、妨害渔业和海上其他合法活动、损害海水使用素质和减损环境质量等有害影响”。

这个介质发生损害后果。此类损害不一定由违法行为造成，行为人即使正常作业，也可能导致损害发生。《海洋环境保护法》第 90 条的规定表明，对海洋生态损害的行为，侧重于行为造成的损害结果。即以行为人从事了致损害的行为为前提，而不要求行为的违法性。《海洋环境保护法》首次以法律的形式明确规定了此类行为的民事赔偿责任和有权代表国家行使索赔权的部门。

二、海洋生态损害索赔的现状

(一)海洋生态损害索赔的立法

我国目前的海洋生态环境保护法律体系是以《中华人民共和国宪法》(以下简称《宪法》)有关环境保护的规定为最高立法依据、《中华人民共和国环境保护法》(以下简称《环境保护法》)为基本法、《海洋环境保护法》为海洋环境保护的基本法、辅以《防治船舶污染海洋环境管理条例》《中华人民共和国防治海岸工程建设项目污染损害海洋环境管理条例》《防治海洋工程建设项目污染损害海洋环境管理条例》《中华人民共和国固体废物污染环境防治法》《中华人民共和国自然保护区条例》《中华人民共和国防治陆源污染物污染损害海洋环境管理条例》《防止拆船污染环境管理条例》《中华人民共和国海洋倾废管理条例》《中华人民共和国海洋石油勘探开发环境保护管理条例》等一系列规范性文件组成。自 20 世纪 80 年代以来，我国已经加入了绝大多数的有关海洋资源开发利用、海洋污染防治和海洋生态保护方面的国际公约。

我国尚未建立系统的海洋环境污染损害赔偿法律制度。散见于各部门法的损害赔偿规定成为处理海洋环境污染损害索赔的基本法律依据。《海洋环境保护法》突破了《环境保护法》无“污染损害”明确定义的局限性，赋予国家海洋环境监督管理部门海洋生态损害的索赔权。我国海洋生态损害索赔权立法的原则性和概括性规定，难以满足具体指导海洋生态损害索赔实践的需求。

(二)海洋生态损害索赔的实践

发生在我国海域的海洋污染事故的解决方式不尽相同。有的是由海事部门在强制清污后，将清污费用和国家污染损害合并向污染责任方提出索赔；有的是由海洋与水产部门代表国家将渔业与水产养殖和清污费用一并提出索赔；更有甚者，除清污费用得到赔偿外，无任何部门再提出国家自然资源损害索赔。①

2004年6月，我国迄今最大的生态损害索赔案——“塔斯曼海”号油污损害赔偿纠纷案②在天津海事法院开庭审理。天津海洋局、渔政渔港监督管理处，以及天津、河北等地渔民协会等诉讼主体，向因原油泄漏造成渤海污染的马耳他籍油轮“塔斯曼海”号索赔共计1.17亿元。天津市海洋局在该案中首次提出了海洋生态索赔，从而使此案成为我国首例海洋行政主管部门代表国家提出海洋生态污损索赔的案例。此案之前的数起海上溢油污染案件，我国均未对海洋生态利益提出索赔要求，导致国家利益未得到赔偿。该案的实践无论在程序上还是在实体上都为海洋生态损害的国家索赔权的确立奠定了案例基础，积累了宝贵经验，具有重大现实意义。

纵观我国海洋生态损害事故的处理实践，关注点多侧重于直接的环境损失，对影响更为深远的海洋生态损害则未给予足够重视。其后果就是仅注重近期环境的局部性损害，忽视远期的整体性生态损害；过多注重地区、部门、单位与个体眼前利益的损害，忽视对长远国家利益的损害。尤其是，各海洋环境监管部门间的争执或推诿极易丧失成功索赔机会，增加索赔成本，降低索赔效率；甚至还可能出现事故发生后，国家资源损失无人提出索赔、国家利益无人保护的情形。

三、海洋生态损害索赔权主体的法理依据

如前所述，有权提出海洋生态损害民事索赔的主体必须是法律上所认可的权利和利益受到损害并因此遭受损失的人。

依照《宪法》《中华人民共和国领海及毗连区法》《中华人民共和国专属

---

① 例如发生在长江口的“大勇”号货轮苯乙烯泄漏事故，原以国家名义提起索赔的上海海事局、环保局、渔业与水产局的联合体，因各种原因瓦解，最终只有渔业与水产局向肇事方提出了渔业与水产资源损失索赔。

② 2002年11月23日凌晨4时8分，一艘满载8万吨原油的马耳他籍油轮“塔斯曼海”号与中国大连“顺凯一号”轮在天津大沽锚地东部海域23海里处发生碰撞，导致该轮右舷第三舱破损，大量原油从破损处溢出流入海中。经确定，此次油污事故造成油污染较严重的海水面积为359.6平方千米，受此次油污影响严重的沉积物面积为82 179平方千米，受影响滩涂范围为290平方千米。这次事故不仅使渤海湾西部的大片海域遭受严重污染和损害，也使津冀1800名渔民成为直接受害者。

经济区和大陆架法》的规定，内水、领海和我国管辖的一切其他海域内的所有生物和非生物自然资源，都属于国家所有，是具有特殊形态的国家财产。《中华人民共和国物权法》第46条规定，矿藏、水流、海域属于国家所有。《中华人民共和国海域使用管理法》第3条规定，海域属于国家所有，国务院代表国家行使海域所有权。因此，在我国海洋生态和其他自然资源一样都属于国家所有。海洋生态作为国家所有权的标的物，国家是其唯一合法所有人，享有完整的所有权。

一般情况，国家是不能作为民事法律关系当事人的。但在特定条件下，国家亦可作为民事权利主体对损害国家财产的行为人提起索赔。①《宪法》规定，禁止任何组织或者个人用任何手段侵占或者破坏自然资源。《中华人民共和国民法通则》规定，国家财产神圣不可侵犯，侵害国家财产的应当承担民事责任，赔偿国家损失。国家作为海洋生态的所有者，当然具有要求造成损害的行为人赔偿损失的主体资格。海洋生态损害就是一种国家财产的损害，是对国家利益的侵害，此时国家就可以处于民事主体的法律地位来要求赔偿。

因此，国家是海洋生态索赔权的适格民事主体，海洋生态损害的国家索赔权具有充分的法理依据。

四、海洋生态损害索赔权主体的确定

国家虽具有海洋生态索赔权的主体资格，但其仅具有抽象人格，无法具体行使权利。正如法人作为组织体需借助自然人实施民事权利和义务一样，海洋生态损害索赔的实践也需要确定能够代表国家行使权利的具体机构。如前所述，《海洋环境保护法》第90条第2款首次在立法上授权对海洋环境负有监督管理职责的部门代表国家行使海洋生态损害国家索赔权。而该法第5条则赋予多个部门对海洋环境的监管权。因此，《海洋环境保护法》的原则规定，且条文之间的非无缝衔接，给海洋生态损害索赔权主

① 相关的国际公约和外国法律对作为海洋环境污染损害受害人的国家有权提出民事索赔予以肯定。例如，《1969年国际油污损害民事责任公约》第1条第2项规定，“人”是指任何个人或合伙企业或任何公营或私营机构（不论是否法人），包括国家或其任何下属单位。美国1990年《油污法》（Oil Pollution Act）定义部分第4项规定，“索赔人”是指依据油污法提出损害赔偿的任何人或者政府。第27项又详细解释，“人”是指个人、法人、合伙企业、协会、国家、市政当局、委员会、国家政府下属部门或者任何洲际组织。

体的确定带来困惑①，易造成海洋生态损害国家索赔权的落空。

鉴于此，笔者认为，要通过深入研究相关法律文件的立法本意，并结合国家对相关部门职能配置的规范性文件的考察，来综合考虑如何确定海洋生态损害索赔主体。

(一)国家环境保护行政主管部门

根据《海洋环境保护法》第5条第1款②和《国务院办公厅关于印发环境保护部主要职责内设机构和人员编制规定的通知》③，国务院环境保护行政主管部门在海洋环境保护工作中的基本职责和地位，是对全国海洋环境保护工作实施指导、协调和监督；并具体承担陆源污染物和海岸工程建设项目对海洋污染损害的环境保护工作。这是在总结我国海洋环境保护工作实践的基础上，具体贯彻环保部门统一监督管理、有关部门分工负责的管理原则，使得环保部的职责更为明确和具体。在海洋环境保护方面，环保部的职责一是指导、协调和监督，二是负责陆源污染物和海岸工程对海洋污染的环保工作。

(二)国家海洋行政主管部门

根据《海洋环境保护法》第5条第2款④和《国务院办公厅关于印发国家

---

① 目前大致有以下几种观点：1. 应当成立一个独立的索赔机构，由该部门代表国家，专门负责因海洋环境污染而造成的生态损害索赔(高霏：《对国家应对油污染事故若干措施的建议》，载《南通航运职业技术学院学报》，2007年第6卷第1期，第32页)。2. 应当由各个行政主管部门分别进行追偿。这种观点实际上认为，各类资源的主管部门享有其管理的国有资源的索赔权。3. 船舶污染造成的国家损失，如果损失的范围是破坏了海洋生态、海洋水产资源、海洋保护区，则一概由船舶的主管部门，即海事主管部门负责索赔(张春昌：《我国船舶污染事故国家损失赔偿机制的探讨》，http：//www.ccmt.org.cn/showexplore.php? id=315，2010年4月12日)。4. 在法定权限内代表国家对破坏海洋生态、海洋水产资源、海洋保护区，给国家造成重大损失的责任者提出损害赔偿要求，这是国家海洋行政主管部门的职责(王灿发：《论修订后的〈海洋环境保护法〉的特点》，载《环境保护》，2000年4月号，第5页)。

② 《海洋环境保护法》第5条第1款规定，“国务院环境保护行政主管部门作为对全国环境保护工作统一监督管理的部门，对全国海洋环境保护工作实施指导、协调和监督，并负责全国防治陆源污染物和海岸工程建设项目对海洋污染损害的环境保护工作”。

③ 国办发〔2008〕73号。

④ 《海洋环境保护法》第5条第2款规定，“国家海洋行政主管部门负责海洋环境的监督管理，组织海洋环境的调查、监测、监视、评价和科学研究，负责全国防治海洋工程建设项目和海洋倾倒废弃物对海洋污染损害的环境保护工作”。

海洋局主要职责内设机构和人员编制规定的通知》的规定①，国家海洋行政主管部门在国家总的环境保护方针、政策的指导下，负责具体的海洋环境监督管理工作，负责组织海洋环境调查、监测、评价和科学研究，负责海上巡航监视及对海洋环境污染事故的调查处理，具体承担海洋工程建设项目和海洋倾倒废弃物对海洋污染损害的环境保护工作。通过这些规定，国家海洋行政主管部门有关海洋环境保护的工作职权得以细化和扩充。国家明确赋予其监督管理海洋环境的职责。在现有法律未指明某种海洋环境污染的特别监管机构时，这种规定具有重要意义。②

（三）国家海事行政主管部门

根据《海洋环境保护法》第5条第3款和《国务院办公厅关于印发交通部直属海事机构设置方案的通知》③的规定，国家海事行政主管部门的职权以监控海上载运工具和海上航行设施，实现交通安全为主。在海洋环境保护方面，具体承担港区水域和港区水域外船舶污染海洋环境的监督管理和事故的调查处理。《防治船舶污染海洋环境管理条例》第4条④明确了适用该条例的国家机构。对比该条例第50条⑤与《海洋环境保护法》第90条可以发现，前者关于船舶污染事故造成海洋环境污染损害赔偿的规定与后者

① 国办发〔2008〕63号。“主要职责：（六）承担保护海洋环境的责任。按国家统一要求，会同有关部门组织拟订海洋环境保护与整治规划、标准、规范，拟订污染物排海标准和总量控制制度。组织、管理全国海洋环境的调查、监测、监视和评价，发布海洋专项环境信息，监督陆源污染物排海、海洋生物多样性和海洋生态环境保护，监督管理海洋自然保护区和特别保护区。”

② 王炳蔚，高蕾：《论海洋环境污染索赔案件中国家行政机关原告地位的判定》，载《中国海洋法学评论》，2009年第2期，香港：（香港）中国评论文化有限公司，第65页。

③ 国办发〔1999〕90号。“直属局的主要职责是，负责辖区内水上安全管理、海上航标管理、水上安全通信管理、防止船舶污染及其他有关管理工作；按照授权，管理船舶和海上设施检验、港口航道测绘工作；负责船舶登记、船舶法定配备的操作性手册与文书审批、船舶所有人安全管理体系审核与监督和船员培训、考试发证、船员证件管理工作；负责辖区内水上搜寻救助、污染事故应急处理和重大水上交通事故的调查、处理工作；承办中华人民共和国海事局交办的其他工作。”

④ 《防治船舶污染海洋环境管理条例》第4条规定，“国务院交通运输主管部门主管所辖港区水域内非军事船舶和港区水域外非渔业、非军事船舶污染海洋环境的防治工作。海事管理机构依照本条例规定具体负责防治船舶及其有关作业活动污染海洋环境的监督管理”。

⑤ 《防治船舶污染海洋环境管理条例》第16条规定，“造成海洋环境污染损害的责任者，应当排除危害，并赔偿损失；完全由于第三者的故意或者过失，造成海洋环境污染损害的，由第三者排除危害，并承担赔偿责任”。

第1款的规定完全一致，即明确了对一般民事主体的损害赔偿责任；而前者并没有像后者第2款那样，对于海洋生态损害的赔偿予以特别规定。因此，笔者认为，这部根据《海洋环境保护法》制定，于2010年3月1日生效的最新条例，并未将相关的海洋生态损害索赔权授予国家海事行政主管部门。

(四)国家渔业行政主管部门

根据《海洋环境保护法》第5条第4款①和《国务院办公厅关于印发农业部职能配置、内设机构和人员编制方案的通知》②的规定，国家渔业行政主管部门的职权集中于对渔船、渔港和海洋捕捞的行政管理。在海洋环境保护方面，国家渔业行政主管部门的职责是：负责渔港水域内非军事船舶和渔港水域外渔业船舶污染海洋环境的监督管理；负责保护渔业水域生态环境工作；调查处理渔业污染事故。

渔业水域是指鱼虾类的产卵场、索饵场、越冬场、洄游通道和鱼虾贝藻类的养殖场，是渔业生产的物质条件。渔业行政主管部门要依法合理划定并管理渔业水域，分别采取禁渔区、保护区和确定养殖使用权等方式，保护经济鱼类和野生动植物的产卵场、越冬场、繁殖场、栖息地以及养殖水域等，并逐步向社会公布。渔业行政主管部门由法律特别授权行使渔业资源所有者的权利，因此其有权行使渔业资源的海洋生态损害索赔权。但是，渔业水域生态环境是海洋生态系统的重要组成部分，难以截然从整体中分出。而且现有立法对"渔业资源""渔业水域"的概念和范围均无明确规定。何为达到渔业资源规模的种群和时空范围，目前都没有明确标准。因此，"渔业水域"在现实中是难于精确界定的。从实际可行性角度而言，平

---

① 《海洋环境保护法》第5条第4款规定，"国家渔业行政主管部门负责渔港水域内非军事船舶和渔港水域外渔业船舶污染海洋环境的监督管理，负责保护渔业水域生态环境工作，并调查处理前款规定的污染事故以外的渔业污染事故"。

② 国办发〔1994〕79号。"（十九）渔业局（中华人民共和国渔政渔港监督管理局）研究制定渔业的发展战略、规划、政策、法规和技术进步措施及主管产品质量标准并监督执行，负责管理国家渔业资源和保护珍贵水生野生动物，维护国家海洋和淡水管辖水域的渔业权益，指导渔业经济体制改革和经营管理工作，负责管理远洋渔业开发，监督执行国际渔业公约和双边、多边渔业协定，协调处理渔事纠纷，管理渔业水域生态环境和渔业电信工作，归口管理全国水产品加工、流通和渔船、渔机、网具的制造和制碘工业，代表国家行使渔政渔港监督管理权"。

时由渔业行政主管部门负责保护渔业水域的生态环境；当发生涉及渔业资源的海洋生态损害时，由国家海洋行政主管部门来统一进行索赔为宜。

（五）军队环境保护部门

根据《海洋环境保护法》第5条第5款①的规定，军队环境保护部门的职权主要是负责军事船舶污染海洋环境的监督管理，并负责对军队船舶造成的海洋环境污染事故进行调查处理。从《宪法》规定而言，中央军事委员会作为国家机构的组成部分，有权行使部分国家权力。从我国法制建设的实际而言，军队自有法制系统。对于军队违法行为，多由军队法制部门单独或以其为主处理。从国家军事秘密的管理制度而言，军队负责军事机密的保护和管理工作。军港和军事船舶在国家安全中具有特殊地位，大多用于军事目的，涉及军事秘密。所以，对于军事船舶的管理和其造成的污染事故的处理，由军队环境保护部门负责为宜。

从自然角度而言，海洋生态作为一个整体系统，难以按时空截然划分。当某一区域内发生海洋环境污染事故时，其对海洋生态产生的影响绝不限于事故区域之内。此时，如果仍然机械地分配海洋生态损害索赔权，恐不利于海洋生态损害索赔的进行。从立法角度而言，国家海洋行政主管部门对海洋环境的综合监管权在法律上是明确的。其他部门对海洋环境的监管无论在区域范围和管辖事项上都是有限的，且法律授权多侧重于对污染事故本身的调查处理。作为海洋的行政管理部门而非具体的行业管理部门，国家海洋行政主管部门具有管理海洋环境的专业技术优势和较强的海上执法力量，法律充分赋予其海洋环境监督管理权，有利于维护国家海洋整体利益。在发生海洋生态损害时，国家海洋行政主管部门来统一协调进行污染控制和环境恢复等工作，同时积累证据代表国家提起索赔。这样既有利于事故的及时处理，国家得到足够的赔偿，也有利于赔偿费用的合理利用。

综上所述，国家海洋行政主管部门具有代表国家进行海洋生态索赔的主体资格，原则上应以其作为提起海洋生态损害索赔的主要部门，涉及军队环境保护范围的除外。

---

① 《海洋环境保护法》第5条第5款规定，“军队环境保护部门负责军事船舶污染海洋环境的监督管理及污染事故的调查处理”。

五、结语

海洋环境污染事故给国家的海洋生态造成严重损害。国家作为海洋生态的所有者，是海洋生态损害的受害人，具备行使海洋生态损害索赔权的主体资格。国家通过立法确定了由负有海洋环境监督管理职责的部门代表国家行使索赔权。针对多部门拥有海洋环境监管权的现状，海洋生态损害索赔主体的确定，需要对比分析海洋环境保护和相关部门职能配置的规范性文件，进行综合考量。国家海洋行政主管部门负有海洋环境综合监管权，拥有海洋生态保护的专业优势。国家海洋行政主管部门代表国家行使海洋生态索赔权，具有合法性、专业性和可操作性，有利于促进我国海洋生态整体利益的保护。

（2010 年 8 月）

试析地方海洋立法工作的重要作用

吴继陆

地方海洋立法是我国海洋法律制度的重要组成部分，地方海洋立法的健全和完善关系到国家相关法律法规能否得到有效的贯彻落实。目前，我国的专家学者和相关部门主要关注于国家层面的海洋法制建设，对地方海洋立法似乎重视不够。本文拟简要介绍我国地方海洋立法基本情况，分析地方海洋立法的某些特点，并就如何做好地方海洋立法工作提出一些建议。

一、地方海洋立法基本情况

（一）地方海洋立法职权

地方海洋立法是指具有立法权的地方国家机关，依据法律的规定或授权，制定、修改和废止在其行政管理区域内适用的关于海洋管理的地方性法规、自治条例、单行条例或规章。依据《中华人民共和国立法法》(以下简称《立法法》)的有关规定，省、自治区、直辖市的人民代表大会及其常务委员会可以制定地方性法规(第六十三条第一款)①。

我国唯一的省级经济特区的海南省和实行民族区域自治的广西壮族自治区，在开展地方立法时还可适用特殊的规定。《立法法》规定："经济特区所在地的省、市的人民代表大会及其常务委员会根据全国人民代表大会的授权决定，制定法规，在经济特区范围内实施"(第六十五条)；"民族自治地方的人民代表大会有权依照当地民族的政治、经济和文化的特点，制定自治条例和单行条例"。海南和广西在进行地方海洋立法时具有比其他

① 应需注意的是，依据《中华人民共和国立法法》的规定，我国较大的市的人民代表大会及其常务委员会根据本市的具体情况和实际需要，在不同宪法、法律、行政法规和本省、自治区的地方性法规相抵触的前提下，也可以制定地方性法规。但相关法规需报省、自治区的人民代表大会常务委员会批准后方可施行。

沿海省市更灵活和广泛的职权。

地方海洋立法中的规章是指沿海省、自治区、直辖市和较大的市的人民政府，根据法律、行政法规和本省、自治区、直辖市的地方性法规制定的规范性文件。地方政府规章主要规定的事项一是为执行法律、行政法规、地方性法规的规定需要制定规章的事项；二是属于本行政区域的具体行政管理事项。

地方海洋立法在地方政府行政管理范围内施行。地方海洋立法的地理适用范围一般是指各沿海地区管理的海域，从其海岸线至领海外部界限，包括在其行政区内的内水、领海、海岛及其周围海域。依据《国务院办公厅关于开展勘定省线两级海域行政区域界线工作有关问题的通知》(国办发〔2002〕12 号)的规定，“海域勘界的范围为我国管辖内海和领海，界线的起点从陆域勘界向海一侧的重点开始，界线的终点止于领海的外部界限。其中，渤海和琼州海峡区域，从起点向海止于 12 海里处；琼州海峡窄于 24 海里的区域，从起点向海至于海峡中间线”。关于沿海省邻接的我国专属经济区和大陆架上相关活动的立法，其权限在国家，适用国家法律或国务院的行政法规。

在特定事务的管理工作中，地方海洋立法的适用范围与地方政府行政管理范围并不完全一致。如关于渔业管理范围，《渔业法实施细则》第三条规定，国家对渔业的监督管理，实行统一领导、分级管理。国务院划定的“机动渔船底拖网禁渔区线”外侧，属于中华人民共和国管辖海域的渔业，由国务院渔业行政主管部门及其所属的海区渔政管理机构监督管理；“机动渔船底拖网禁渔区线”内侧海域的渔业，除国家另有规定者外，由毗邻海域的省、自治区、直辖市人民政府渔业行政主管部门监督管理。

地方海洋立法的内容应当依据法律和行政法规的规定或授权。地方海洋立法的主要任务是具体落实国家法律和行政法规的有关规定，其具体内容由相关上位法规定或授权。如《中华人民共和国海域使用管理法》(以下简称《海域使用管理法》)规定“沿海县级以上地方人民政府海洋行政主管部门会同本级人民政府有关部门，依据上一级海洋功能区划，编制地方海洋功能区划”(第十条)。

(二)地方海洋立法概况

自中华人民共和国成立以来，沿海地方政府依据国家法律和政策出台了海洋管理方面的相关法律和政策，其具体数量尚未进行准确的统计。①这些规范性文件早期大多涉及滩涂使用、盐业管理、渔业管理、船舶及港口管理等。在《中华人民共和国海洋环境保护法》(以下简称《海洋环境保护法》)和《海域使用管理法》出台后，部分地方也制定了相关的管理规定。从整体上看，现行有效的地方立法主要集中在海域使用管理、海洋环境保护和渔业管理三个方面。②

1. 海域使用管理

沿海地方普遍重视海域使用管理立法始于20世纪90年代。在1993年的《国家海域使用管理暂行规定》出台后，广西、天津、河北和海南等沿海地方相继出台有关规范性文件。2002年1月1日，《海域使用管理法》生效后，短短的6年间，各沿海地方均出台了关于海域使用管理的地方立法。除辽宁、上海、浙江和广西出台的是政府规章外，其他7省市均出台了地方性法规(表1)。

表1 沿海地方海域使用管理立法

地方	名称	立法机关	通过时间	生效时间
辽宁	辽宁省海域使用管理办法	省政府	2005年2月28日	2005年4月1日
河北	河北省海域使用管理条例	省人大常委会	2006年11月25日	2007年1月1日
天津	天津市海域使用管理条例	省人大常委会	2007年11月15日	2008年4月1日
山东	山东省海域使用管理条例	省人大常委会	2003年9月26日	2004年1月1日
江苏	江苏省海域使用管理条例	省人大常委会	2005年5月26日	2005年7月1日
上海	上海市海域使用管理办法	市政府	2005年12月5日	2006年3月1日
浙江	浙江省海域使用管理办法	省人民政府	2004年1月16日	2006年9月1日
福建	福建省海域使用管理条例	省人大常委会	2006年5月26日	2006年7月1日
广东	广东省海域使用管理条例	省人大常委会	2007年1月25日	2007年3月1日
广西	广西壮族自治区海域使用管理办法	自治区政府	2008年8月29日	2008年10月1日
海南	海南省实施《中华人民共和国海域使用管理法》办法	省人大常委会	2005年5月27日	2005年7月1日

① 有研究者认为“据不完全统计，沿海省市地方海洋立法和涉海法规已不下1000部”，见王建廷:《我国地方海洋立法技术分析》，载《海洋环境科学》，2009年第28卷第1期。

② 本部分采用的地方海洋立法规范性文件文本来源于国务院法制办网站、国家海洋局网站、农业部网站和沿海地方政府的官方网站，不一一注明。另外，因篇幅所限，本文没有分析现已废止的相关法规或规章，也未注明现行法规或规章的历次修改情况。

2. 海洋生态环境保护

我国海洋生态环境保护工作起步较早，自1982年《海洋环境保护法》生效后，共出台了7个配套法规，国家层面的立法已形成体系。沿海地方专门的海洋环境保护立法始于20世纪90年代中后期，1996年天津市出台我国第一个地方海洋环境保护法律文件《天津市海域环境保护管理办法》。2002—2009年间，除河北、上海和广西外，其余各省区均制定了关于海洋环境保护的综合性的地方性法规或规章(表2)。

表2 沿海地方海洋环境保护立法

地方	名称	立法机关	通过时间	生效时间	备注
辽宁	辽宁省海洋环境保护办法	省政府	2006年6月14日	2006年8月1日	
河北	—				①
天津	天津市海域环境保护管理办法	市政府	1996年1月9日	1996年1月9日	
山东	山东省海洋环境保护条例	省人大常委会	2004年9月23日	2004年12月1日	
江苏	江苏省海洋环境保护条例	省人大常委会	2007年9月27日	2007年12月1日	
上海	—				②
浙江	浙江省海洋环境保护条例	省人大常委会	2004年1月16日	2004年4月1日	
福建	福建省海洋环境保护条例	省人大常委会	2002年9月27日	2002年12月1日	
广东	广东省实施《中华人民共和国海洋环境保护法》办法	省人大常委会	2009年3月31日	2009年7月1日	
广西	—				③
海南	海南省海洋环境保护规定	省人大常委会	2008年7月31日	2008年10月1日	

注：①河北省相关文件有《河北省防治船舶污染水域管理办法》(2005年3月1日)，以及关于渤海环境保护的碧海行动计划等。②上海市相关文件有《上海市环境保护条例》(1994年12月8日通过，1997年5月27日修正，2005年10月28日修订，2006年5月1日起施行)、上海市政府发布的《上海港防止船舶污染水域管理办法》(1996年5月28日发布，1996年9月1日起施行)，以及《上海市金山三岛海洋生态自然保护区管理办法》(1997年3月2日上海市人民政府第38号令发布)。③广西壮族自治区相关文件有《广西壮族自治区环境保护条例》(1999年3月26日广西壮族自治区第九届人民代表大会常务委员会第十次会议通过，根据2004年6月3日广西壮族自治区第十届人民代表大会常务委员会第八次会议《关于修改〈广西壮族自治区环境保护条例〉的决定》修正)。

3. 海洋渔业管理

从整体上看，我国沿海地方的海洋渔业管理立法具有以下两个特点：

一是依据《中华人民共和国渔业法》的规定制定地方渔业条例或实施办法，大多将淡水渔业和海洋渔业规定在同一规范性文件中；二是起步早、修订次数多。20世纪80年代中期，各沿海地方即开展了关于海洋渔业管理的立法，均作了一次以上的修改(表3)。

附表3　沿海地方渔业管理立法

地方	名称	立法机关	通过时间	生效时间
辽宁	辽宁省实施《中华人民共和国渔业法》办法	省人大常委会	1995年7月28日	1995年7月28日
河北	河北省渔业条例	省人大常委会	2007年11月23日	2008年1月1日
天津	天津市渔业管理条例	市人大常委会	2003年10月30日	2004年1月1日
山东	山东省实施《中华人民共和国渔业法》办法	省人大常委会	1987年9月1日	1987年9月1日
江苏	江苏省渔业管理条例	省人大常委会	2002年12月17日	2003年3月1日
上海	上海市水产养殖保护规定	市人大常委会	1985年12月27日	1985年12月27日
浙江	浙江省渔业管理条例	省人大常委会	2005年11月18日	2006年4月1日
福建	福建省实施《中华人民共和国渔业法》办法	省人大常委会	1989年3月1日	1989年3月1日
广东	广东省渔业管理条例	省人大常委会	2003年7月25日	2003年9月1日
广西	广西壮族自治区渔业管理实施办法	自治区人大常委会	2010年3月31日	2010年5月1日
海南	海南省实施《中华人民共和国渔业法》办法	省人大常委会	1993年5月31日	1993年5月31日

4. 滩涂和盐业管理

20世纪80—90年代部分沿海省市还对滩涂开发管理先后出台了相关规定(表4)。河北、天津和山东的相关规定关注于滩涂养殖活动的管理，部分规定因渔业法或土地法的修改、海域使用管理法的出台等原因，已不符合国家相关规定而废止。江苏、上海、浙江、福建和广东的滩涂管理涉及滩涂的围垦或综合利用，相关规定均是在《海域使用管理法》生效之前出台的，需要根据《海域使用管理法》及相关法律法规进行清理、修改。

表4　沿海地方关于滩涂开发管理的相关规定

地方	名称	立法机关	通过时间	生效时间	备注
辽宁	—				
河北	河北省人民政府关于浅海、滩涂开展水产增殖养殖业使用权的试行办法	省政府	1984年5月19日	1984年5月19日	失效
天津	天津市保护淡水及沿海滩涂水产资源的规定(试行)	市人民政府	1984年7月13日	1984年7月13日	失效
山东	山东省浅海滩涂养殖管理规定	省人民政府	1992年11月16日	1992年11月16日	
江苏	江苏省滩涂开发利用管理办法	省人民政府	1998年11月11日	1998年11月30日	
上海	上海市滩涂管理条例	市人大常委会	1996年10月31日	1997年1月1日	
浙江	浙江省滩涂围垦管理条例	省人大常委会	1996年11月2日	1997年1月1日	
福建	福建省沿海滩涂围垦办法	省人大常委会	1996年1月28日	1996年1月28日	
广东	广东省河口滩涂管理条例	省人大常委会	2001年1月17日	2001年3月1日	
广西	—				
海南	—				

海盐业是我国盐业的重要组成部分，1990年2月9日国务院颁布实施《盐业管理条例》，其中关于盐业资源开发和盐场(厂、矿)保护的有关规定涉及海洋管理的相关法律制度。各沿海地方均依据该条例和相关规定，相继出台或修改了适用于本地区的规范性文件。这些文件也对盐业资源开发和盐场保护做了专门规定。地方在海洋盐业资源开发和盐场保护方面，也应当适用《海洋环境保护法》《海域使用管理法》等法律法规的有关规定。

二、地方海洋立法的特点

我国地方海洋立法具有如下几个特点：从启动地方立法的原因上看，一是为实施国家相关法律法规；二是为满足实际管理工作需要探索新的管理方式。这与我国地方海洋立法的主要作用相一致，并且从整体上看，大多属于前一种原因。

从地方立法的具体规定上看，除了规定国家法律规定的主要制度外，大多数沿海地方均对其重视的问题详加规定，并表现出一定的地方特色。以下从地方海域使用管理和海洋环境保护两方面略作分析。

（一）地方海域使用管理立法的特点

地方海域使用管理立法除规定了《海域使用管理法》规定的主要制度外，部分地方相关立法还对《海域使用管理法》未明确的问题作出了具体规定，如海岸线的确定、海域使用金的征收管理、海域使用权的收回补偿和海域的保护等。

关于海岸线，广东、广西和福建三省区明确规定为平均大潮高潮线。① 关于海域使用金的征收管理，沿海地方通过的相关规定有：《海南省海域使用金征收管理办法》（2004 年 4 月 17 日）、《浙江省海域使用金征收管理办法》（2006 年 11 月 30 日发布，2007 年 1 月 1 日起施行）②和《上海市海域使用金征收管理办法》（2008 年 8 月 8 日），这些文件均规定了海域使用金的种类、缴纳方式、管理措施及海域使用金的减免问题。关于海域使用权的收回补偿，辽宁规定通过评估方式，“因公共利益或者国家安全等原因，需要提前收回海域使用权的，原批准用海的人民政府对海域使用权人应当给予相应补偿。补偿标准可以协商或者委托具有评估资格的评估机构，根据海域使用权人使用海域的年限和开发利用等情况评估确定”（第二十二条）。福建省则专门出台了《福建省海域使用补偿办法》（2008 年 5 月 1 日起执行），较为详细地规定了补偿原则、补偿项目和标准、收回与补偿程序，并规定“收回海域使用权所支付的补偿费用，由重新获得海域使用权的单位或者个人承担”（第二十六条）。

部分地方立法重点关注的内容还包括海域的保护、海域使用论证等问题。例如，海域的保护并非《海域使用管理法》重点规定的内容，但江苏、

① 《广东省海域使用管理条例》第二条规定，“本条例所称海域，是指毗邻本省陆地的平均大潮高潮时水陆分界痕迹线向海一侧的内水及领海的水面、水体、海床和底土”；《广西壮族自治区海域使用管理办法》第二条规定：“本办法所称海岸线，是指自治区人民政府按照国家规定和标准确定的平均大潮高潮时水陆分界的痕迹线”；《福建省海域使用管理条例》第二条规定：“本条例所称海域，是指毗邻本省陆地的平均大潮高潮时水陆分界痕迹线向海一侧的内水和领海的水面、水体、海床和底土。”

② 《浙江省人民政府关于印发浙江省海域使用金征收管理暂行办法的通知》（浙政发〔2001〕31 号）和《浙江省海域使用金征收管理暂行办法实施细则》同时废止。

河北和广东的海域使用管理条例对此作了特别规定，尤其是江苏和河北用专章(均为第四章)作了详细的规定。浙江省用专章(第三章)规定了“海域使用论证”相关要求和程序。

(二)地方海洋环境保护立法的特点

在海洋环境保护方面，地方立法大多依据《海洋环境保护法》的原则和规定，主要内容基本相同，包括：海洋环境保护的管理机制、监督管理的主要措施、陆源污染防止、生态保护、海岸工程及海洋工程污染防治、船舶污染防治及法律责任等，规定了要制定本省行政区域海域的污染物排海总量控制指标和主要污染源排放控制计划，制定地方海洋环境质量标准。

地方政府在海洋环境保护工作中具有重要作用，江苏和广东海洋环境保护条例均明确规定海洋环境保护工作情况纳入环境保护责任考核。① 重视海洋生态保护是我国海洋环境保护制度的一个重要发展趋势，2007 年通过的《江苏省海洋环境保护条例》对此较为重视，该《条例》用专章(第三章)特别规定了“生态保护”，除了规定具体的生态保护措施外，还特别规定“对禁止开发和限制开发的区域，应当给予适当的经济补偿”(第十八条第三款)。福建省(第十五条)和辽宁省(第十二条)则详细列明了需要特别加强海洋生态环境保护的区域。

2009 年公布的《广东省实施〈中华人民共和国海洋环境保护法〉办法》对海洋生态环境保护制度中的一项重要制度——海洋环境影响评价给予了高度重视。该《办法》第五章专门规定了对海岸工程或者海洋工程建设项目环境影响报告书(表)的内容、编制、审核、批准、听证和公示等各环节的要求。

在立法形式方面，山东、辽宁和海南三省的相关立法条款相对较少(分别为三十五条、三十七条和四十二条)，没有采用分章规定的形式。②

---

① 《江苏省海洋环境保护条例》第六条规定：“海洋环境保护工作实施情况纳入沿海设区的市、县(市、区)人民政府环境保护任期责任目标，实行责任考核、追究制度。”《广东省实施〈中华人民共和国海洋环境保护法〉办法》第四条规定：“沿海县级以上人民政府应当把海洋环境保护列入本地区国民经济和社会发展规划。海洋环境保护工作纳入沿海各级人民政府环境保护责任考核范围。”

② 天津、江苏、福建、广东和浙江相关规定的条款分别为第四十一条、第四十五条、第四十六条、第四十八条和第四十九条。

三、关于进一步做好地方海洋立法的建议

（一）充分认识地方海洋立法的重要意义

地方海洋立法对我国海洋法律制度的建立、完善和实施具有重要的意义，主要体现在三个方面：一是地方立法可以制定更为具体详细和明确的规定，使国家海洋立法更具有可操作性，因而得到有效的实施。二是地方立法可以探索多样化的管理制度，积累立法经验，待条件成熟时吸收到国家相关立法中，进而促进整个海洋法律制度的发展和完善。在国家尚未出台相关配套法规或规章的具体规定的情况下，地方立法可以在一定程度上弥补这一空白。三是地方海洋立法还会对国家的某项重大制度的建立起到重要作用。我国的海域使用管理制度的建立就直接得益于两个县级的相关规定，即海南省的《澄迈县海域使用管理实施办法》和《文昌县海岸带和浅海海域管理办法》，这两个办法的基本思路与10多年后的海域使用管理制度非常吻合，对促进我国海域使用管理制度的建立起到了重要作用。

（二）做好地方海洋立法的汇编、整理和分析

通过法律汇编可以掌握地方海洋立法的“家底”，掌握地方海洋立法情况。这一工作迄今似乎还没有开展过。在开展相关汇编工作时，建议做好两方面的工作：一是在范围上，除应全面收集地方关于海域使用、海洋环境保护等方面的规范性文件外，也应包括渔业、交通、盐业、滩涂、河口管理等方面的规范性文件；二是在层级上，除省级规范性文件外，还应包括沿海县市的相关文件。在此基础上，组织专门力量进行分类整理和分析。

（三）支持地方做好立法修订和起草工作

在比较全面具体地掌握地方海洋立法情况后，总结地方立法经验，分析地方立法中存在的问题。从地方立法与国家相关立法的衔接、特定事项的立法与相关立法的协调、地方立法技术等方面，以适当形式支持地方做好现行法规规章的修订工作，对今后的相关立法工作提出建议。

（2010年12月）

海洋政策与管理

海洋行政管理及其主要任务初探

吴继陆

随着海洋管理实践以及公共管理学、行政法学理论的发展，人们对海洋行政管理的认识不断深入。为适应形势发展，我国在不同时期出台了相关的海洋管理政策文件。2008 年 2 月，国务院批准的《国家海洋事业发展规划纲要》对海洋行政管理提出了新目标、新要求。为更好地履行国家层面的海洋行政管理职责，需要对海洋管理的基本概念进行重新梳理，并结合我国目前的海洋管理实践，探讨在新形势下海洋行政管理的主要任务。

一、海洋管理与海洋行政管理概念和关系探讨

“海洋管理”和“海洋行政管理”在管理主体、管理对象和管理方式等方面存在诸多不同。无论是在理论研究层面，还是从管理实际操作层面，都有必要理清二者的区别和联系，以便深入地理解海洋行政管理的基本职责、方式方法及其在海洋管理中的地位、作用和局限性。

（一）海洋管理与海洋行政管理概念及其发展

在我国现行的海洋政策法规中，没有严格区分“海洋管理”和“海洋行政管理”，甚至是将海洋管理作为海洋行政管理的简称。实际上，一般所说的海洋管理多为海洋行政管理。杨金森先生在十年前的一篇文章中提到：“目前，海洋管理尚无统一的和被普遍接受的定义。英文文献中有不少讨论海洋管理（Ocean Management）的文章，我国也有一些论述海洋管理的著作和文章，综合起来看，一般认为，海洋管理是国家对海洋区域（海洋权益）、海洋资源、海洋环境的行政管理活动。”①在全能政府之下，

① 杨金森：《海洋管理的基本概念和主要任务》，见高之国，张海文：《海洋国策研究文集》，北京：海洋出版社，2007 年，第 167 页。原为《海洋发展战略研究动态》（内部），1998 年第 6 期。

国家(政府)试图将所有涉海活动均纳入其管理范围，甚至直接参与海洋资源的开发经营活动，表现为政企不分的行业管理。“对社会经济生活实行全面的计划管理，在这样的体制下，人们海洋实践活动中的一切管理都可以称为政府的管理。在这种情况下，区别海洋管理和海洋行政管理的意义不大。”①

从各国的海洋管理实践历程来看，海洋管理活动的出现要远远早于海洋行政管理。无论中外，早期的海洋活动主要是开展海洋捕捞、晒制海盐及海上运输和贸易等生产活动。针对这些活动的管理，民间的自我管理活动要早于国家行政机构的有意识管理行为，更早于现代意义上的海洋行政管理行为。回顾各国的海洋管理历史，“我们发现无论在海洋的开发，还是开发活动的管理抑或是协调上，民间层面总是领先于国家层面的各种开发和管理手段与行为，总是在民间层面对海洋资源开发利用到一定程度后，国家才被动地控制(也可以说就是管理)”。② 海洋行政管理是在理论和实践中将国家权力划分为立法、行政和司法之后出现的。

目前，我国的海洋行政管理，实际上只是海洋管理的一个组成部分，是指国家行政机关(国务院、地方各级人民政府)依据法律规定，对海洋事务进行的管理。从主体上看，管理者为代表国家的国务院及其涉海部门(如国家海洋局、交通部、环保部、农业部渔业局等)、地方人民政府及其相关部门，而参与海洋开发活动的国有企业、私营公司和个人不包括在内。海洋开发者的相关活动属于被管理对象。从执行活动的依据上看，各相关部门必须依据法定的职责，对部分活动进行管理。对某些事项，如海洋环境保护，则由环保、海洋、渔业、海事等部门依据法律规定的权限进行管理。行政管理的方式和手段也是多样的，最常见的是制定规章等规范性文件，发布命令、通知等。从海洋行政管理的对象上看，主要是对海洋开发、保护、研究、服务等活动的规范、协调和引导，而不是直接参与海洋开发等经营活动的管理。以海水养殖为例，海洋行政主管部门主要管理养殖用海的确权发证；渔业行政主管部门审批水产种苗的进出口；而水产

---

① 郑敬高:《海洋管理与海洋行政管理》，载《青岛海洋大学学报》(社会科学版)，2001 年第 4 期，第 46 页。

② 李文睿:《当代海洋管理与中国海洋管理史研究》，载《中国社会经济史研究》，2007 年第 4 期，第 93 页。

养殖和销售的过程等则为养殖企业和渔民的自我管理。

此外，国家立法机关和司法机关也在海洋管理中发挥一定的作用。立法机关制定海洋管理的基本法律，如《中华人民共和国领海及毗连区法》《中华人民共和国专属经济区和大陆架法》《中华人民共和国海域使用管理法》《中华人民共和国渔业法》《中华人民共和国海洋环境保护法》等。行政机关以这些法律为依据制定行政法规、规章等规范性文件。地方人民代表大会也就海洋管理中的部分事项制定地方行法规，如《山东省海域使用管理条例》等。司法机关参与海洋管理主要体现在办理因海域使用、海洋污染等纠纷提起的行政诉讼案件以及特定的民事诉讼案件，如海事法院审理因船舶污染损害渔民养殖等案件。

除以上提及的国家相关部门和机构外，参与海洋管理的还有广大民众，包括渔业公司、海洋矿产资源开发公司等企业，也包括个人。不直接参与海洋开发的个人或组织也正在成为海洋管理的重要参与者，如关于(海洋)环境保护的非政府组织、国际和区域性组织等。

长期以来，我们有意无意地将海洋管理理解为海洋行政管理，或者是国家对海洋事务的管理。包括各类企事业单位、相关组织和个人在内的公众主要被视为规制和管理的对象，而不是海洋管理的主体。“当代海洋管理存在过分强调海洋管理的国家行政主体性，忽视了国家与民间或民间组织层次海洋管理活动的互动”。①

在海洋管理比较完善的国家，都一直重视和发挥一般公众在海洋管理中的作用，这直接体现在其相关的法律中。如加拿大 1996 年《海洋法》(Oceans Act)的前言，在说明了其发展和执行海洋管理的各级政府和相关机构后，还专门强调其他海洋管理主体的作用，该法大量列举了参与管理并起到作用的土著人组织、沿海社区以及其他个人和团体。

在我国现有的相关法律中，一般公众和团体，如果是海洋事务的参与者，也更多地规定其相应的法律义务，如保护海洋环境、维护海上航行安全等。其实，在海洋管理的各个环节，如果缺乏公众参与，海洋管理的实际效果就会很不理想，或者要付出较高的管理成本。“要对广大渔民、涉海企业职工、沿海地区居民进行经常的、有针对性的普及海洋知识特别是

① 李文睿:《当代海洋管理与中国海洋管理史研究》，载《中国社会经济史研究》，2007 年第 4 期，第 93 页。

海洋法规的宣传教育，使广大居民从根本上树立起海洋权益维护、海洋环境保护和依法开发利用海洋资源的强烈意识，并变成广大民众保护海洋环境的自觉行为，以提高海洋管理的效能。”①

公众参与海洋管理，首先要表现在法规的制定阶段。我国目前的许多法律草案都提前公布，征求意见，这是公众参与立法的很好的形式。通过互联网等途径，一般公众可以很便捷地获取草案文本，并提出自己的意见。适时公布相关草案或代拟稿，可以提高相关规定的合理性和可行性，也有助于一般民众及时了解相关制度的发展，利于将来的执法工作。同时，还应进一步健全海洋信息公开制度，如增加《海洋行政执法公报》《海洋环境质量公报》的内容，对重大的违法违纪活动，应当较为详细地公布具体情况及处罚情况。再者，应当进一步健全海洋违法行为的举报制度，依靠广大民众的力量及时发现和查处有关违法行为。

（二）海洋综合管理概念及其发展

海洋综合管理是国家海洋事务发展到一定阶段后的必然要求，是现代海洋管理的发展方向。被称为“海洋宪章”的1982年《联合国海洋法公约》强调：“各海洋区域的种种问题都是彼此密切相关的，有必要作为一个整体来加以考虑，认识到有需要通过本公约，在妥为顾及所有国家主权的情形下，为海洋建立一种法律秩序，以便利国际交通和促进海洋的和平用途，海洋资源的公平而有效的利用，海洋生物资源的养护以及研究、保护和保全海洋环境。”②

我国的海洋管理也考虑了诸多海洋开发和保护活动，统筹兼顾，实施海洋综合管理。《中国海洋21世纪议程》明确了海洋综合管理的概念：“海洋综合管理应从国家的海洋权益、海洋资源、海洋环境的整体利益出发，通过方针、政策、法规、区划、规划的制定和实施，以及组织协调、综合平衡有关产业部门和沿海地区在开发利用海洋中的关系，以达到维护海洋权益，合理开发海洋资源，保护海洋环境，促进海洋经济持续、稳定、协调发展的目的。”实施海洋综合管理的目的是维护国家海洋权益和促进可持续发展，其实质问题是协调和平衡各产业之间、各沿海地区的海洋开发利

---

① 李百齐：《加强海洋管理保护海洋环境》，载《理论界》，2007年12月，第230页。

② 《联合国海洋法公约》，北京：海洋出版社，1996年，第1页。

用关系，其基本的途径和手段是制定与实施有关方针、政策、法规、区划和规划。

从依法行政的角度看，海洋法律法规在管理手段中居于核心的地位：相关法规以法律的形式将有关的政策方针确定为立法宗旨和基本原则，使其具有法律约束力并具有稳定性；制定和实施区划和规划不仅是落实相关法律规定的具体形式，也往往成为基本的法律制度。① 如我国的海域使用管理法明确规定了海洋功能区划制度，使得这一制度具有很强的权威性，便于其贯彻实施。

海洋综合管理的最基本、最重要的要求是“综合”，它有多方面的含义：①各部门综合。主要是指相关产业管理部门之间的综合，包括了不同海岸带和海上部门(如海洋运输、油气生产、渔业、滨海旅游、海洋矿产、环境保护等)的综合以及这些部门之间矛盾和冲突的解决。②政府间综合。不同级别政府(国家级和地方级)的综合。国家和地方政府各有不同的作用，各自重视的角度不同，公众需求不同，这就给国家及其所属部门对政策的协调、发展和实施造成一定的困难。③空间综合。海岸带陆地和海区的综合。陆上活动和海上活动，如水质、渔业生产等之间存在着很强的联系。同样，所有的海上活动均以海岸带陆地为依托，而陆地和海上又有不同的政府管理机制。这就要求要做到陆海统筹。④管理科学综合。即对海洋管理有重要作用的学科，如自然科学、社会科学和工程学等和整个管理实体的综合。② 因此，海洋综合管理首先是一种管理理念和管理方法，它并不一定要求一个部门、一支执法队伍对所有海洋事务的管理，这既无必要也不可能。随着社会经济的发展，产业和人口快速向滨海地区集聚，海洋开发技术不断提高，海洋开发力度不断加大，海上活动日益复杂多样，实施海洋综合管理已成为我国的当务之急。

海洋综合管理的理论和方法仍在不断发展。近几年来，被国际社会广

---

① 关于海洋管理的理论与实践，还可参见以下著作和文章。鹿守本：《海洋管理通论》，北京：海洋出版社，1997 年；张宏声：《海洋行政执法必读》，北京：海洋出版社，2004 年，第一章“海洋与海洋管理”；国家海洋局海洋发展战略研究所课题组：《中国海洋发展报告(2007)》，北京：海洋出版社，2007 年，第一部分第 5 章“世界海洋管理的发展”、第五部分“政策与管理”。

② 杨金森，刘容子，等：《海岸带管理指南——基本概念、分析方法、规划模式》，北京：海洋出版社，1999 年，第 3 -4 页。

泛认可的是基于生态系统的海洋管理。从20世纪90年代末开始，基于生态系统的管理理念迅速地被世界各海洋大国应用于海洋管理领域。相关国际组织、各海洋大国和海洋学术界都一致认为，协调海洋资源开发与保护、解决海洋生态危机必须改进现有海洋管理模式，应用基于生态系统的方法管理海洋。在海洋管理领域，习惯把生态系统途径称为基于生态系统的管理，它有以下三方面的特征：一是在管理活动中综合考虑生态、经济、社会和体制等各方面因素的综合管理；二是管理对象是对海洋生态系统造成影响的人类活动，而不是海洋生态系统本身；三是管理目标是维持海洋生态系统健康和可持续利用。① 2006年3月，在联合国秘书长所作的《2005年度海洋和海洋法》年度报告中，用了大量篇幅描述基于生态系统的管理方式，并呼吁各国尽快创造条件实施基于生态系统的海洋管理。基于生态系统的海洋管理是海洋综合管理的一种方法和形式，其基本理念和方法是与可持续发展理论一脉相传的，强调对海洋资源的保护和永续利用。

我国国务院于2008年2月批准的《国家海洋事业发展规划纲要》将综合管理作为首要原则，提出要"坚持统筹兼顾原则，深化海洋综合管理"，"统筹协调涉海管理活动，实施以生态系统为基础的海洋区域管理。"《国务院关于部委管理的国家局设置的通知》(国发〔2008〕12号)对国家海洋局的职能进行了调整，增加了"加强海洋战略研究和对海洋事务的综合协调"，表明了我国政府对海洋综合管理和协调的重视。随着世界和我国海洋事务的发展，海洋管理的理念也在不断更新，新的管理方式和管理方法也将不断完善，加强海洋综合管理的总体趋势是明显的。

二、我国海洋行政管理主要任务探讨

我国的海洋行政管理还处于从各主管部门的行业管理向综合管理发展的时期。虽然各涉海部门的管理职权之间存在需要衔接和协调甚至交叉和冲突的问题，但对具体的海上活动的管理权限是基本明确的。罗列各涉海部门的职责，或者说将各涉海部门的职责简单相加并不能从整体上把握我国海洋管理的主要任务。自中华人民共和国成立以来，我国政府和相关部门关于我国海洋产业发展、海洋环境保护等问题陆续公布了相关政策文

① 丘君，李明杰：《海洋管理应引入生态系统管理理念》，载《中国海洋报》，2006年8月8日02版。

件。从这些文件中，我们能够基本把握我国海洋政策的发展历程以及各个时期我国海洋管理工作的主要任务。

（一）政策依据

在中华人民共和国成立初期，我国海洋管理致力于海洋传统产业的恢复与发展。海洋渔业、海盐业和海洋交通运输业是当时主要的海洋产业，并成立了相应的部门和机构进行管理。同时，海防安全也是这一时期国家重点考虑的问题。从 20 世纪 70 年代起，海洋生态环境保护开始引起重视。80 年代起，我国海洋开发活动急剧加强，行业矛盾日渐突出，实施海洋综合管理被真正提上日程。1991 年 1 月，第一次全国海洋工作会议召开，讨论通过了《九十年代我国海洋政策和工作纲要》（下文简称《纲要》）。该《纲要》是指导我国 20 世纪 90 年代海洋工作的重要文件，提出了我国海洋工作的指导思想为："以开发海洋资源、发展海洋经济为中心，围绕'权益、资源、环境和减灾'四个方面展开工作，保证海洋事业持续、稳定、协调发展，为繁荣沿海经济和整个国民经济，实现我国第二步战略目标做出贡献"。《纲要》还对海洋资源开发利用等方面①的工作提出了指导性意见。可以看出，这一时期我国海洋工作的主要任务是发展海洋经济，配合了当时以经济建设为中心的大局。

1996 年 4 月，《中国海洋 21 世纪议程》（以下简称《议程》）正式发布。《议程》是在我国可持续发展战略指导下，实施海洋可持续开发利用的政策指南。确定的"基本战略原则是以发展海洋经济为中心，适度快速发展，海陆一体化开发，科教兴海和协调发展"。《议程》提出了"海陆一体化开发"发展海洋经济的基本思路，超越了以海洋论海洋的局限，意识到海洋管理不能局限于海洋本身。

1998 年 5 月，国务院新闻办公室对外发布了《中国海洋事业的发展》政府白皮书，在"1998 国际海洋年"之际，对外全面介绍中国海洋事业的发展

---

① 这些意见主要涉及以下方面：统筹规划，合理利用海岸带资源；因岛制宜，分期分类开发建设海岛；调动各方面的积极性，抓好渤海、台湾海峡和主要海湾、河口的综合开发整治；深化大陆架、专属经济区的基础工作，加强开发和管理；继续开展大洋资源调查、开发研究以及南极科学考察；发展海水综合利用技术，综合利用海水资源；加强海洋监测和防灾减灾系统建设，减轻海洋自然灾害；强化海洋环境执法管理，保护海洋环境；发展海洋科技和教育事业，提高研究、开发和保护海洋的能力。

情况。该白皮书阐述了中国在“海洋可持续发展战略、合理开发利用海洋资源、保护和保全海洋环境、发展海洋科学技术和教育、实施海洋综合管理和海洋事务的国际合作”等六个方面的成绩及管理政策。明确了中国政府赞同并实践“海洋综合管理”①，并首次使用了“科学、有效地进行海洋综合管理”的提法。该白皮书指出：海洋综合管理的基本目的是保证海洋环境的健康和资源的可持续利用。为更好地做好这项工作，中国今后将在以下几个方面继续作出努力：①完善海域使用管理法律制度；②建立和完善海洋综合管理信息系统，深化海洋资源环境调查和评价；③制定大比例尺海洋功能区划和综合性海洋开发保护规划；④建立综合决策机制，促进海洋事业协调发展；⑤逐步完善多职能的海上监察执法队伍，形成空中、海面、岸站一体化海洋监察管理体系；⑥广泛动员社会各界参与海洋资源和环境保护，增强广大民众热爱海洋、保护海洋的意识。

2008 年 2 月，国务院批准了《国家海洋事业发展规划纲要》(以下简称《规划纲要》)，印发沿海各省、自治区、直辖市人民政府。《规划纲要》是我国第一个海洋领域总体规划，是海洋事业发展新的里程碑，对促进海洋事业的全面、协调、可持续发展和加快建设海洋强国具有重要的指导意义。《规划纲要》的规划期限为 2006—2010 年，远景展望到 2020 年。与以上提及的其他文件相比，《规划纲要》考虑的问题更全面，提出的任务更具体。我们可以结合《规划纲要》的有关内容，更好地把握当前和今后一段时间内我国海洋管理的主要任务。

(二)主要任务及其目标要求

近年来，随着我国经济社会的快速发展，海外利益进一步拓展，社会各界更加关注海洋，并对海洋管理工作提出了新的期望的要求。依据《规划纲要》的最新要求，并考虑到国内外海洋形势的发展，本文将新时期我国海洋行政管理的主要任务归纳为“权益、秩序、环境、科教和服务”五个方面。

1. 维护国家海洋权益

维护国家海洋权益和海上安全事关国家的根本利益和长远战略格局。

---

① 1992 年联合国环境与发展大会制定的《21 世纪议程》提出，为了保证海洋的可持续利用和海洋事业的协调发展，沿海国家应建立海洋综合管理制度。

维护国家海洋权益，保障国家安全是我国海洋管理工作的重要任务。《规划纲要》明确提出要“坚持权益优先原则，提高安全应对能力”。

国家海洋权益是国家海洋权利和海洋利益的总称，是一个内容丰富并不断发展的概念。《联合国海洋法公约》建立了新的海洋制度，国家的海洋权利第一次得到系统、全面和明确的规定。国家海洋利益是国家在开发利用海洋方面实际享有的和需要谋求的利益。维护国家海洋权益最基本的内容包括：维护领海及岛礁主权；对国家其他管辖海域有效行使主权权利和管辖权；在公海、国际海底区域和其他国家管辖海域的航行、科学研究和资源开发等权利；保障海上安全，包括应对传统安全(军事安全)和非传统安全。

2. 规范海洋开发秩序

开发利用海洋资源、发展海洋经济是国家海洋事业发展的核心内容。我国在深化行政体制改革及政府职能转变后，行政管理部门及其所属机构不再直接参与经济活动。海洋领域也是如此，在海洋开发活动中，各相关部门的主要任务是执行国家法律法规，制定相应的规章、规划、计划、规程和标准，规范各类海洋开发活动的秩序，引导和监督海洋资源的开发，将海洋开发活动纳入法制化轨道。国家海洋行政主管部门(国家海洋局)尤其要做好综合管理工作，协调相关部门的管理活动。对海洋经济发展进行调控、指导和服务十分重要，《规划纲要》提出“坚持指导服务原则，促进海洋经济发展。以推进政府职能转变为契机，以加强海洋经济运行监测评估为手段，强化对海洋经济发展的指导和调节”。《规划纲要》提出了近期的具体管理任务，如：“将围填海总量控制作为重要手段，纳入国家年度指令性计划管理。严格控制各类园区围填海规模。”“国家总体规划、专项规划、区域规划以及涉海行业规划要加强对相关海洋产业发展的指导。”“制定促进海洋循环经济发展的相关政策和措施，建立海洋循环经济评价指标体系。”

总之，海洋行政管理工作要充分利用政策、法律、经济等手段，对海洋经济发展进行调控和引导，使之稳定有序地运行发展。

3. 保护海洋生态环境

处理好海洋经济发展和环境保护的关系是海洋事业可持续发展的必然要求。我国的海洋资源和环境保护工作起步较早，大致经历了资源养护

(主要是渔业资源)、污染防治(主要是近岸海域)、海洋生态环境保护等阶段。随着我国海洋开发力度的不断加大，我国海洋生态环境保护的压力也不断加大，生态环境恶化的形势依然严峻。陆源污染仍然是近岸海域污染的主要问题，在江河入海口处更为明显。因此，各相关部门、沿海各级政府既需要明确管理权限，也要相互配合和协调。从整体上看，我国涉及海洋生态环境保护的法律法规比较健全，建立的相关制度也不落后于世界发达国家，主要的问题是相关制度得不到很好的落实，尤其是陆源污染得不到有效的防治。对于渔业生产、船舶航运、海上油气开发及其他矿产资源开发等活动带来的污染问题，各主管部门应当加强监测和管理，加大执法力度。

4. 促进海洋科教发展

海洋科技发展对国家海洋事业的全面发展具有重要意义。维护国家海洋权益、发展海洋经济、保护海洋环境、保障海上安全以及提高海洋管理水平都离不开海洋科技的支撑作用。海洋行政管理要做好海洋科技规划和专项计划的制订和组织实施工作，做好国家重大海洋专项的管理工作。同时，不断改进海洋科技管理体制，充分整合企业和有关科研机构的科研力量，推进海洋科技成果转化的投融资体制创新，促进海洋科技服务平台建设。保障海洋前沿技术、海洋关键技术的发展，促进海洋基础科学研究。

海洋教育与科普是培养海洋人才、提高全民海洋意识的重要途径。海洋行政管理工作应当为海洋科研、教学和出版机构提供服务，支持国家海洋博物馆等海洋科普场馆建设。

5. 提供海洋公益服务

提供公益服务是国家和地方政府的重要职责①。完善海洋公益服务体系，扩大海洋公益服务范围，提高海洋公益服务质量和水平，是海洋管理的重要任务，也是从管理型政府向服务型政府转变的必然要求。海洋基础调查与测绘、海洋信息化、海洋防灾减灾和海洋标准计量等基础性工作尚无法通过市场或经济手段来完成。《规划纲要》提出要着力做好七个方面的

① 严格来说，提供海洋公益服务不属于海洋行政管理的内容，因为“服务”和“管理”在性质上、方式方法上均有明显的区别。但考虑到“服务”和“管理”的主要目的均是提供公共产品，本文也将其纳入“管理”范围。

工作，包括：海洋调查与测绘、海洋观测监测、海洋信息化、海洋预报、海上交通安全保证、海洋防灾减灾和海洋标准计量。有关部门必须做好海洋信息的管理和发布工作，为国家经济和社会发展提供准确、全面和及时的信息服务。

三、小结

海洋管理理论和实践仍处于不断发展之中，我国海洋行政管理的工作重点也会随着形势的发展而有所调整。但决定我国海洋管理的基本“海情”在很长一段时期内是不会改变的。我国周边海域均为半闭海，我国属于法律上的“地理不利国”，能够主张的国家管海域面积有限，排不进世界前十位。同时，我国还面临着诸多岛礁主权争端、海洋资源开发争端和海洋划界争端，面临着严峻的海上安全威胁。这是我国的基本“海情”，是我们确定海洋行政管理任务必须考虑的基本形势。本文仅就相关问题进行了初步研究与探讨，如何落实《规划纲要》确定的任务，切实推进我国海洋事业的发展，还需要进行更加全面、细致的研究。

（2008 年 12 月）

我国海洋产业绿色转型的政策建议*

刘容子

2008年以来，为了应对全球气候变化、能源资源短缺和世界性的金融危机，绿色发展的理念从生态经济学的学科中分化出来并在发展中逐渐丰富和完善，成为世界经济体制结构重组和全球资源和环境治理的重要手段。海洋是实现由"褐色经济"向"绿色经济"转型的重要领域。科学开发利用海洋资源，是解决人口增长、资源短缺和环境恶化等问题的必然选择。本文在分析了海洋产业绿色转型面临的国际形势基础上，结合我国的现实国情、海情，提出了推动海洋产业绿色转型的政策建议。

一、海洋产业绿色转型的概念内涵

海洋产业绿色转型是绿色发展理念在海洋经济领域的延伸和具体化，其内涵可以表述为：在促进海洋经济持续较快增长、创造更多福利和就业机会以及提供更多、更好产品和服务满足人们日益增长用海需求的同时，通过绿色化的工艺系统和生产过程、生产绿色低碳产品、发展绿色新兴海洋产业，控制或降低能源资源消耗规模和增长速度，削减主要入海污染物排放量，降低海洋产业发展所带来的资源和环境风险，从而协调海洋经济发展与资源环境容量供给有限性之间的矛盾。

简言之，海洋产业绿色转型是优化现有海洋产业的发展路径，向绿色低碳、资源节约、环境友好的发展模式转变的过程。主要包括发展绿色新兴海洋产业与"绿化"海洋传统产业两条具体实现路径。其中，"绿化"的手段主要是指高新技术通过一定的渠道从技术供给方向潜在使用者(传统海洋产业内的企业)转移，并通过与原有生产技术条件相结合使传统海洋产业技术水平、经济效益与生态效益得到共同提高。具体而言，由于海洋高

* 中国海洋发展研究中心"海洋产业绿色转型问题研究"(项目编号：AOCZD20130)基金资助。

新技术具有强渗透性，可以广泛地融入到海洋传统产业中，不仅极大地提高传统产业的生产效率与产品质量，并且通过与海洋传统产业的融合，促进了原有生产力结构的升级，加速了生产要素的重组与流动。在客观环境（如市场需求、政策导向等）的影响下形成新兴、绿色的产业形态。

二、海洋产业绿色转型面临的国际形势

国外近几年与绿色经济相关的报告与规划的焦点纷纷投向海洋领域，特别关注海洋产业绿色发展问题。海洋产业绿色转型理念发端于第三次绿色浪潮，代表性观点见于2012年1月25日由联合国环境规划署（UNEP）、开发计划署（UNDP）等机构联合发布了《蓝色世界里的绿色经济》报告①。本文综合国际有关报告与指导性文件，梳理了近年来海洋产业绿色转型理念的演进脉络（图1）。

2008年		2009年		2011年		2012年
• 全球绿色新政及绿色经济计划（首提“全球绿色新政”概念）	➡	• 全球绿色新政政策概要（呼吁各国领导人实施绿色新政）	➡	• 绿色经济报告 • 迈向绿色经济的综合报告（绿色经济是实现可持续增长更加有效、公正的经济模式）	➡	• 蓝色世界里的绿色经济（绿化海洋经济，能使海洋的巨大潜力充分发挥）

图1　海洋产业“绿色转型”理念的演进脉络

《蓝色世界里的绿色经济》综合报告通过对渔业和水产养殖业、海洋交通运输业、海洋可再生能源业、滨海旅游业、深海矿业等以海洋为基础的经济活动为实例的分析，阐述并提出了一系列发挥其经济和环境潜能的建议。

报告指出：

海洋产业发展面临严峻的资源环境形势。当今世界上约有40%的人口居住在距离海岸线100千米的范围内。人类活动对海洋和沿海环境造成的影响，已经破坏了20%的红树林，超过60%的热带珊瑚礁面临严峻的直接

① UNEP, FAO, IMO, UNDP, IUCN, World Fish Center, GRID – Arendal, 2012, Green Economy in a Blue World. www. unep. org/greeneconomy and www. unep. org/regionalseas.

威胁。目前，世界上超过30%的渔业资源已被过度开发、需要恢复或面临枯竭，同时在全球范围内还存在着超过400个缺氧“死区”。在全球经济亟待向低碳型和资源有效型绿色经济转变的时期，海洋无疑是转型过程中的重要部分。有必要采取减少海洋环境影响的措施，一方面能够使得传统和新兴产业变得更有效率，在获取更多利润的同时变得更加可持续，同时可以为其他产业的可持续性、生产效率以及依赖海洋和沿海环境谋生计的人们做出直接贡献。

海洋产业绿色转型需要跨区域、多部门协作。海洋的流动性使得渔业管理或污染管理比在陆地上更具有难度，海洋环境管理面临着特殊的挑战。海洋几乎没有资产权和保有权，导致了所谓的“公共物品的悲剧”。产业部门以及其他海洋相关部门，像海洋交通运输业的有关领域，都超出了国家司法权的管辖范围，单个政府保护海洋环境的力量是有限的。区域和全球性的框架才是绝对必要的工具，只有它们变得更有效力，才能担负起保护海洋环境的重任。从全球来看，固化了的“灰色”不可持续经济必须转变为绿色经济，环境外部性也必须反映在海洋商品和服务的定价之中。

海洋产业绿色转型需要建立基于生态系统的管理模式。海洋产业绿色转型要求海洋经济发展目标必须由单纯的以国内生产总值衡量市场价值转变为更为广阔的社会目标，比如，社会公平、安全以及自然资本的维护。在自然资本维护方面，生态系统服务的重要性并没有完全被认知，也没有被纳入到政策规划以及投资决策之中。在推动海洋产业绿色发展过程中，有必要实行并推广基于生态系统的管理方法。该方法不仅要求进行跨部门综合管理，而且以所有人类活动及其与生态系统间相和谐为目标。相关公共和私营部门的参与，以及海洋空间规划的实施能够帮助确保用海人与海洋环境以最佳的方式共存。

三、我国海洋产业绿色转型面临的机遇

立足当前，种种迹象表明，长期积累的资源环境与海洋经济发展之间的矛盾已经凸显，我们应该重新审视二者的关系，再也不能延续传统的粗放型海洋经济增长方式和发展模式。因此，积极推动海洋产业绿色转型势在必行。新形势下，我国海洋产业绿色转型面临一系列重大机遇。

（一）我国处于建设海洋强国的重要时期

党的十八大报告从战略高度对我国海洋事业发展做出了全面部署，明确提出“建设海洋强国”战略部署。习近平总书记在中共中央政治局第八次集体学习时强调：要提高海洋资源开发能力，着力推动海洋经济向质量效益型转变。国家各项涉海政策指向：要加强海洋产业规划和指导，优化海洋产业结构，提高海洋经济增长质量，培育壮大海洋战略性新兴产业，提高海洋产业对经济增长的贡献率，努力使海洋产业成为国民经济的支柱产业。

目前，发达国家的海洋开发已经进入立体、绿色、有序发展的新阶段。作为一个发展中的大国，中国的海洋开发必须是全球的、负责任的，中国的海洋经济也必定要走绿色可持续发展之路。展望未来，在“建设海洋强国”战略部署下，实现海洋开发的高效、低碳、绿色、安全是海洋经济向质量效益型转变的必然要求。

（二）绿色发展理念逐渐得到政府重视

2008 年金融危机之前，作为一个发展中的大国，中国虽然没有直接提出绿色经济或绿色发展的理念或理论，但是所制定和采取的国家战略、政策和行动计划等都体现了绿色经济的发展要求。虽然是初步的、分散的、未形成一个完整的体系，在地方层面的相关实践也是探索性、非自觉的，但是这些蕴含绿色经济的探索和实践对中国粗放的经济增长方式进行了某种程度的矫正和修补，对中国在经济繁荣期内缓解资源环境压力发挥了一定的作用，对未来绿色经济发展提供了宝贵的经验和基础。金融危机之后，国家层面开始高度重视绿色发展，可见诸于近几年出台的一系列规划报告之中。例如，在 2011 年发布的《中华人民共和国国民经济和社会发展第十二个五年规划纲要》（以下简称“‘十二五’规划”）中，“绿色发展，建设资源节约型、环境友好型社会”单独成篇，明确提出要“积极应对全球气候变化，加强资源节约和管理，大力发展循环经济，加大环境保护力度，促进生态保护和修复，加强水利和防灾减灾体系建设”。可以说，“十二五”规划是中国首部绿色发展宏观政策指南，也标志着中国发动和参与世界“绿色革命”的历史起点。

除此之外，党的十八大报告还单篇论述生态文明，首次把“美丽中国”作为未来生态文明建设的宏伟目标，将生态文明建设与经济建设、政治建设、文化建设、社会建设一道，纳入社会主义现代化建设“五位一体”的总体布局，提出“坚持节约资源和保护环境的基本国策，坚持节约优先、保护优先、自然恢复为主的方针，着力推进绿色发展、循环发展、低碳发展”。2013 年 11 月，中共十八届中央委员会第三次全体会议通过的《中共中央关于全面深化改革若干重大问题的决定》明确提出：“对水土资源、环境容量和海洋资源超载区域实行限制性措施……建立和完善陆海统筹的生态系统保护修复和污染防治区域联动机制。”

具体到海洋领域，我国出台了《全国海洋经济发展“十二五”规划》。其中“推进海洋经济绿色发展”单独成章，明确提出今后一段时期的重点任务包括“大力发展循环经济，加强海洋生态环境保护，推进海洋产业节能减排，提高海洋防灾减灾能力”。2014 年 8 月，由我国承办的 APEC 第四届海洋部长会议，通过了《厦门宣言》和《APEC 海洋可持续发展报告》，重申了蓝色经济绿色发展的重要共识。在北京召开的 APEC 第 22 届领导人非正式会议上，会议宣言等相关成果文件中均有单独表述相关内容。为了达到海洋开发高效、低碳和安全的绿色发展目标，海洋资源开发要更加注重集约化、精细化和综合利用，以及开发技术和目标的绿色化。

(三)海洋已成为经济发展方式转变的重要领域

加快经济发展方式转变是我国适应全球需求结构重大变化，提高可持续发展能力的必然要求。当前，海洋已成为经济发展方式转变的重要领域，可见诸于一系列颁布实施政策文件。2013 年 3 月，《国务院关于促进海洋渔业持续健康发展的若干意见》指出，要以加快转变海洋渔业发展方式为主线，坚持生态优先、养捕结合和控制近海、拓展外海、发展远洋的生产方针，着力加强海洋渔业资源和生态环境保护，不断提升海洋渔业可持续发展能力。2013 年 8 月，国务院印发了《船舶工业加快结构调整促进转型升级实施方案(2013—2015 年)》，为我国海洋船舶工业结构调整、转型升级指明了方向。2013 年 11 月，工业和信息化部发布了《船舶行业规范条件》，从生产设施、设备和计量检测、建造技术能力、技术创新和产品等方面提出了化解产能过剩矛盾，加快结构调整，促进转型升级的具体措施与要求细则。2014年以来，多个涉海部门出台行业转型发展政策指导文件，集中指向涉海产业的低碳、绿色、健康发展，如2014年3月交通运输部发布《关于促进我国邮轮运输业持续健康发展的指导意见》，2014年4月国家发展改革委、财政部、工业和信息化部联合发布《海洋工程装备工程实施方案》，2014年8月国务院发布《关于促进海运业健康发展的若干意见》，2014年8月国家能源局发布《全国海上风电开发建设方案(2014—2016)》，等等。

我国主要海洋产业领域顺应国际国内绿色发展趋势，积极探索海洋产业绿色发展模式与路径。如海洋交通运输业，国际航运界大力倡导以节能减排为重点的船舶绿色革命，国际海事组织(IMO)已经提出涉及25个领域的绿色减排技术，并不断扩大污染控制区(ECA)范围，将航运业节能减排技术和营运要求转化为强制性标准，积极推行市场机制，将航运业绿色革命进一步推向深入。2013年，交通运输部办公厅颁布《关于促进航运业转型升级健康发展的若干意见》，对运力调控、转型升级、市场监管、减轻企业负担、提高服务水平五个方面制定了政策措施。加强产能淘汰和升级、维护市场(尤其是国内市场)的稳定和健康发展，配合环保、贸易格局，推动产业升级将是应对当前航运业面临的严峻形势重要突破口。2014年8月，国务院印发《关于促进海运业健康发展的若干意见》，部署促进海运业健康发展，加快推进海运强国建设。这是我国第一次国家层面发布海运业发展战略，也是第一次对海运业长远发展制定的系统性政策意见。该意见对于推进海运企业深化改革，调整运力结构，实现转型升级；对于大力发展现代航运服务业，加快推进国际航运中心的建设具有重要的指导意义，特别是对海运强国建设将具有重要的历史意义。

四、推动我国海洋产业绿色转型的政策建议

绿色经济的本质特征决定海洋产业绿色转型应有自己的运行机制和资源配置方式，转型过程离不开政策扶持与机制保障。今后一段时期是我国大力推进海洋生态文明建设、转变海洋经济发展方式、促进绿色低碳海洋产业发展的重要“战略机遇期”。要把握历史机遇，进一步创新海洋产业绿色转型机制，完善政策导向体系。

(一)建议国家有关部门启动编制“绿色经济发展国家行动计划”大纲，并将“海洋经济绿色发展”独立成篇

加强绿色经济顶层设计，尽快编制“绿色经济发展国家行动计划”大纲。明确我国绿色经济发展的指导思想、目标要求、时间期限、政策导向、重点任务及保障措施等，将适应绿色经济发展要求融入经济社会发展各方面和全过程，加快构建中国特色的绿色低碳发展模式。把积极发展绿色经济作为国家重大战略。统筹海洋与陆域，统筹国内国际两个大局，统筹当前利益和长远发展，明确绿色经济在经济社会发展中的定位、政策框架和制度安排，努力形成全社会积极推动向绿色经济过渡的整体合力，促进发展方式转变和经济结构调整，推动经济社会可持续发展。

海洋在“绿色经济发展国家行动计划”大纲中具有举足轻重的地位，不仅要单独成篇，更要明确海洋经济向绿色转型是建设海洋强国和海洋生态文明建设的中心工作。要在大纲中明确提出：科学开发利用海洋资源，积极发展循环经济，大力推进海洋产业节能减排，加强陆源污染防治，有效保护海洋生态环境，切实增强防灾减灾能力，推进海洋经济绿色发展。

(二)建议在国家自然资源资产核算体系中增加海洋资源资产核算试点

党的十八届三中全会《关于全面深化改革若干重大问题的决定》提出：“健全国家自然资源资产管理体制……探索编制自然资源资产负债表……加快自然资源及其产品价格改革，全面反映市场供求、资源稀缺程度、生态环境损害成本和修复效益。坚持使用资源付费和谁污染环境、谁破坏生态谁付费原则，逐步将资源税扩展到占用各种自然生态空间。”目前，有关部门已经启动在全国多个地区试点开展了“编制自然资源资产负债表”工作，海洋资源资产核算是探索内容之一。

建议尽早部署安排“我国海洋资源资产负债表编制试点”工作，作为推进海洋经济绿色转型进程的综合性、基础性工作。绿色海洋经济核算是海洋经济核算体系的重要组成部分，是对我国现行海洋经济核算体系——“海洋经济生产总值(GOP)核算”的补充与完善。海洋经济核算体系的基本框架由三部分构成，即海洋经济主体核算、海洋经济基本核算和海洋经济附属核算，我国现行海洋经济核算工作主要是主体核算部分，即海洋经济

生产总值(GOP)核算，主要是对海洋经济活动的总量进行全面核算。绿色海洋经济核算是在主体核算与附属核算的基础上，从海洋生产总量中扣除海洋资源环境损耗，是我国海洋经济核算体系研究工作的进一步深入，是对我国海洋经济核算工作的发展与开拓。

(三)建议研究构建海洋产业绿色转型补偿机制

海洋产业绿色转型既是资源配置方式的大变革，也是利益关系的大调整。转型较大程度影响着沿海地区经济社会发展，需要付出大量的资金、劳动力等要素的投入，亟待政府给予一定的补偿和支持。

一是建立区域产业转型补偿机制。在绿色转型的背景下，部分以海洋盐业、海洋化工业为支柱产业的沿海地区，由于日益严格的环境标准和逐年加大的减排要求，转产转业、交通、医疗、教育等民生问题突出，需要国家加大对这些地区的投资和财政转移支付力度。此外，建议国家对于承载重要生态功能的禁止开发或限制开发区的海洋产业绿色转型也要加大倾斜和补偿力度，明确补偿对象、原则和标准，根据补偿对象、补偿内容的不同，采取不同的补偿方式。

二是创新财政投入手段。根据各类财政政策的性质和特点，结合海洋产业绿色发展不同领域的实际需要，综合运用财政预算投入、设立基金、补贴、奖励、贴息、担保等多种形式，最大限度发挥财政投入效益；大力推行以奖代补、先建后补的政策，保证节能减排专项资金、海洋可再生能源专项资金等投入具体产业关键领域和关键环节。

(四)建议研究建立并实施海洋经济绿色发展政策综合评估机制与考评制度

海洋产业绿色转型过程中要高度重视政策实施绩效，确保政府颁布实施一揽子规划的各项政策落地有效，建议建立自上而下的海洋经济绿色发展政策综合评估机制和绩效考评制度。

第一，建立海洋经济绿色发展的目标责任制和绩效考核制度。根据各沿海省份自然资源、区位优势及海洋主导产业的不同，明确各省海洋经济绿色发展责任，建立与之对应的绩效考核制度，将绿色经济发展的目标分解到各实施主体，对绿色发展政策的中期和终期执行情况对照目标进行评估、考核。

第二，研究建立海洋经济绿色发展政策综合评估的指标体系。研究设计符合我国国情、海情的、易于操作的海洋经济绿色发展政策综合评估指标体系。指标体系设置不仅要考虑单一政策的环境影响，也需考虑单一政策对其他领域的关联效应以及不同政策组合的协同效应。同时，出台规范化的评估程序和技术导则，指导评估工作顺利开展。

第三，建立政策综合评估的结果公示制度。通过网络、报纸等媒体，定期公布海洋经济绿色发展政策执行情况。每五年出版全国海洋经济绿色发展政策绩效综合评估报告。同时，设立专门的规章制度，有效保障公民特别是沿海居民对海洋经济绿色发展成效的监督和质询权力。

（2014 年 12 月）

欧盟的北极政策及其对我国的启示

张海文

2009年4月29日召开的第六次北极理事会部长会议未批准欧盟成为北极理事会永久观察员的申请。不过，欧盟是北极理事会的特别观察员，因为它有三个成员国，即芬兰、瑞典和丹麦，同时也是北极理事会的成员国。而且，北冰洋两个沿岸国，冰岛和挪威，虽然不是欧盟的成员国，但也执行着欧盟大多数的规则，因为它们均为《欧洲经济区协定》成员国。但是，由于格陵兰岛（丹麦）和斯瓦尔巴德群岛（挪威）及其邻近海域既非欧盟成员，也未被《欧洲经济区协定》所涵盖，因此，欧盟实际上在北极地区没有任何岸线。

随着北冰洋海冰的加速融化，欧盟意识到开发北冰洋的油气和渔业资源，以及开辟穿越北冰洋新航线的可能性进一步增大，为此，加大了介入北极事务的力度。欧盟委员会专门发布了欧盟北极政策，即题为“欧盟与北极地区”的报告，全面阐述了欧盟对北极事务的政策目标，并提出了相应的行动设想。

一、欧盟北极政策的制定

欧盟将制定北极政策作为其“综合的海洋政策”的一个重要目标。在2007年10月10日通过的欧盟《海洋综合政策蓝皮书》第4.4部分指出：“应注意到气候变化的地缘政治本质。在此层面上，欧盟委员会将于2008年提交一个关于北冰洋战略问题的报告。”①

在制定其应对气候变化政策过程中，欧盟也提出了要讨论可适用于北

① Commission of the European Communities, An Integrated Maritime Policy for the European Union, Communication from the Commission, COM (2007) 575 (Brussels, 10 October 2007), available: http://eur - lex. europa. eu/LexUriServ/LesUriServ. do? uri = COM: 2007: 0575: FIN: EN: PD-Fretrieved 31 December 2010.

冰洋区域的管理框架问题。2008 年 3 月 14 日，欧盟议会向欧盟理事会提交了一个题为《气候变化与国际安全》的报告。[①] 该报告强调了北极地区地缘政治在欧盟政策中的重要性日益增强，并确定了一个政策选择，即除了其他之外，考虑到开发资源和开辟新贸易通道的权利，在发展北极地区地缘战略的基础上，制定欧盟北极政策。

2008 年 11 月 20 日，欧盟委员会公布了关于其北极政策的报告，《致欧盟议会和理事会的欧盟委员会通讯：欧盟与北极地区》[②]（以下简称《欧盟北极政策》）。

二、《欧盟北极政策》的主要内容

欧盟关于其北极政策的报告主要包括五个部分内容，除了第一部分“概述”和最后一个部分“结语”之外，其余三个部分分别阐述了欧盟为其成员国和相关机构所确定的北极利益、政策目标及相应的行动设想，即保护和保全北极与其居民之间的和谐关系，推动资源的可持续利用，努力推进北极地区的多边管理。

（一）概述：欧盟与北极地区的关系

《欧盟北极政策》的第一部分内容是“概述”，通过论述欧盟与北极地区之间存在着密切的关系，阐述了欧盟介入北极事务、制定其北极政策的必要性和迫切性。

欧盟委员会认为，“欧盟与北极地区之间存在着密不可分的关系。通过独特的历史、地理、经济和科学成就等方面的联系，欧盟与北极地区融为一体”。

从地理方面看，欧盟与北极地区有密切联系。《欧盟北极政策》所界定的北极地区“是指北极圈以北、环绕北极点周围的地区，包括北冰洋和八

① Climate Change and International Security: Paper from the High Representative and the European Commission to the European Council (S113/08, 14 March 2008), available: http: //www. consilium. europa. eu/ueDocs/cms_Data/docs/pressData/en/reports/99387. pdf, retrieved 31 December 2010.

② Commission of The European Communities, The European Union and the Arctic Region, Communication from the Commission, COM (2008) 763 (Brussels, 20 November 2008), http: //eur - lex. europa. eu/LexUriServ/LexUriServ. do? uri = CELEX: DKEY = 483680: EN: NOT retrieved 31 December 2010.

个北极国家的领土”；“北极国家是指加拿大、丹麦(包括格陵兰岛)、芬兰、冰岛、挪威、俄罗斯、瑞典和美国”。欧盟认为，这八个北极国家均与其有着重要联系。“欧盟的三个成员国，丹麦(格陵兰)、芬兰和瑞典拥有北极领土；另外两个北极国家，冰岛和挪威是欧洲经济区协定的成员国”，它们虽然不是欧盟成员国，但是也执行着欧盟大多数的政策和规则。而作为北极地区的三个重要沿岸国，“加拿大、俄罗斯和美国则是欧盟的战略伙伴”。

在政治和经济利益方面，欧盟委员会认为，“位于国家管辖区域外的北冰洋构成了公海和国际海底区域。冰盖的融化和新技术的发展将逐渐衍生出对北极的生物和非生物资源，以及新航行通道的权利”。

在政策制定方面，欧盟委员会关注海洋的可持续发展，并认为，“欧盟诸多领域的政策，诸如环境、气候变化、能源、科研、运输和渔业等，均与北极地区有直接关系。欧盟《海洋综合政策蓝皮书》的根本依据就是每个海区都是独特的，均需特别的关切，以便用可持续方式平衡其各方面的开发利用。”

在紧迫性方面，欧盟北极政策报告指出，“气候变化威胁着国际稳定和欧盟安全利益”。这是欧盟议会制定北极政策的重要依据。“应对环境与气候变化”也成为欧盟北极政策的三大主要内容之一。“来自北极地区的挑战和机遇将对欧盟公民及其后代的生活产生重大影响。欧盟急需与北极国家、北极领土和其他利益方一起，采用协调的和系统的方式，共同应对这些挑战和机遇。”

(二)保护和保全北极与其居民之间的和谐关系

此部分对三个方面问题提出了政策目标和行动设想，即北极地区的环境与气候变化，支持北极地区的原住民和当地居民，研究、监测和评估。

1. 环境与气候变化

欧盟认为，“解决北极地区变化的根本问题是需要全球性的响应”。一方面，欧盟成员国和欧共体是绝大多数多边环境条约的缔约方，这些条约对北极地区具有极其的重要意义。另一方面，在发展极端环境下(包括陆地、沿海地区和远海)安全的和可持续生产的技术方面，欧盟工业界一直居于前列。“在与气候变化的战斗中和促进可持续发展方面，欧盟是领导者之一。”“北极地区环境极其脆弱、人口和基础设施密度低，导致应急响应管理极端困难。”因此，欧盟设定了如下的北极地区环境保护和保全的政策目标和行动设想。

政策目标

欧盟设定的北极地区环保政策的主要目标是，预防和减轻气候变化的负面影响，支持因地制宜的必然变化。同时，预防和减轻行动必须考虑到其他全球性的和跨界的对北极地区消极影响的过程。开展对人类活动的整体性和基于生态系统的管理。有必要发展应急响应机制。

行动设想

- 评估欧盟政策和多边环境条约对北极地区环境变化的响应的有效性；
- 加强国际努力以减缓气候变化，识别需要提供帮助以应对气候变化效应的领域，包括生物多样性的适当管理；
- 促进与非政府组织就北极地区环境状况的永久对话；
- 与北极国家、领土和其他利益方共同协调，致力于促进高环境标准。通过与北极国家分享欧盟经验，加强北冰洋基于生态系统的海洋管理；
- 在决策欧盟对北极地区有影响的目标及战略之前，应考虑环境的承载力。倡导对影响北极地区环境的项目、规划和计划进行承载力评估，包括环境战略评估，以及与北极国家分享经验；
- 支持筛选和监测北极地区的化学物。采取措施减轻持久性有机污染物、重金属和其他污染物，包括来自陆源的污染物对北极地区的污染。继续支持消除北极地区的有害化学物的存储，减少放射性物质泄漏的风险；
- 推行预防、预备和灾害响应的合作。欧盟委员会监测和信息中心能够增强欧盟在北极地区的灾害响应能力。委员会将支持在巴伦支海欧洲-北极理事会框架下就紧急预防和响应问题达成一项协议；
- 就北极地区加强主要能源的节约、提高能效和可再生能源的使用等方面问题加强合作；
- 致力于评估人类活动造成的噪音对海洋哺乳动物的影响。

2. 支持原住民和当地居民

居住在北极地区的4000万人口中有1/3是原住民，在全球化和气候变化压力不断增大的情况下，他们尤其脆弱。

政策目标

根据《欧洲共同体法》的特别条款规定，北极地区原住民在欧盟是受到保护的。传统的捕猎海洋哺乳动物对于北极地区居民来说具有极其重要意义。维持他们传统的生活方式无疑是得到许可的。然而，现代人类活动使一些物种处于濒危状态，欧盟正不断加大对动物福利的关切。欧盟政策应继续将所有要素考虑在内，寻求一个开放性对话。

行动设想

- 鼓励北极地区原住民参加一般的对话。
- 提供机遇以发展自我管理，并保护他们的生活方式。
- 除了其他之外，在地区性和跨界计划中，特别支持萨米人和欧盟北极地区其他人民的活动和组织。促进北欧关于驯鹿畜牧业的专有技术。
- 继续努力，特别是在国际鲸鱼委员会的框架下（包括北极地区），保证鲸鱼保护的效果；适当规范捕鲸活动，捕捞量应保持在相关文件所规定的范围内和得到许可的生存需求之内。
- 就传统从事海豹捕猎问题，与原住民和其他当地传统社团开展对话。
- 欧共体目前正在考虑禁止在市场上销售、进口和运输和出口海豹产品，当然，不得有损于原住民社会传统从事海豹捕猎的经济和社会利益。根据欧盟议会和理事会一项关于海豹产品贸易规则的规定，对因纽特人因生存需要而从事的传统捕猎活动所产生的海豹产品不属此禁止之列。同时，在满足一些有关海豹捕杀和剥皮的规定的前提下，海豹产品贸易也是许可的。
- 旨在促进上述各项的实施，欧盟将与相关原住民社团开展对话。

3. 研究、监测和评估

政策响应必须以运用最佳的知识和对影响北极地区过程的理解开展评估为基础。北极理事会已经实施了大量的研究项目，并出版了许多有价值的评估报告。

欧盟成员国和欧洲共同体是北极研究的主要贡献者。欧洲环境局已经做出一系列评估。

不过，对于北极研究来说，长期监测、合作和现有的数据仍显不足。

政策目标

应维持北极地区作为一个优先地区，用于研究缩小知识差距，评估未来人类的影响，特别是气候变化领域。而且，应加强国际合作。

行动设想

• 发展更多的研究项目，研究海平面上升、海冰和永久冻土带的融化，以及导致气温升高和对北极地区生态系统有影响的其他的源自人类的活动。

• 评估北极地区环境状况及其演变，以助于制定合适的欧盟政策。

• 建立新的研究设施，加强监测和观测能力。

• 共同致力于与北极地区相关领域的发展，例如，环境、运输、健康和能源以及北极技术等。

• 保证空间测量的延续性。支持长期测量，通过欧洲海洋观察和数据网络报告海洋数据。致力于建立全球性地球观察系统的的北极地区分系统。

• 开展研究项目信息的强化的、广泛的国际交流，推进国家之间项目的合作。欧盟必须致力于支持可持续的北极观测网络的建立。

• 基于分享环境信息系统的原则，保证开放北极观测和研究所获取的信息。推进和支持向更加广泛的公众开放。

(三)推动资源的可持续利用

1. 碳氢化合物

北极地区蕴藏着大量的未勘探的碳氢化合物。总体上看，北极地区的资源能够有助于加强欧盟的能源和原材料供应安全。不过，由于面临着因极端环境和多重环境风险所带来的巨大挑战和高额成本，资源开发将是缓慢的。

政策目标

支持北极地区油气资源的开发应配套全面考虑到北极地区极度脆弱情况而采取的严格的环境标准。应保有欧盟在极地条件下可持续开发资源的技术优势。

行动设想

• 努力加强长期合作的基础，特别是与挪威和俄罗斯的合作，促进以可持续的和环境友好型的方式勘探、提取和运输北极地区的油气资源。

• 鼓励遵守最高的环境标准。迫切要求推广有拘束力的国际标准，尤其是在理事会的指南和相关国际条约基础上所制定的那些标准。

• 促进深入研究，发展深海技术和基础设施。总结欧洲深海油气勘探工业所积累的经验。促进进一步研究和创新的重点转移向更严酷的气候和更深的水域。

• 鼓励海洋集团的成长，在那里，大学和研究中心能提供训练有素的人员和研究设备给小公司；在地区性集团中，小型和中等规模的企业能激励许多创新。

• 评估签署由北极理事会起草油气开发指南的可能性。

2. 渔业

目前仅有的重要北极渔业位于巴伦支海以及挪威海的东部和南部。不过，气候变化或许带来一些鱼群产量的增长，改变其他鱼类产量的份额。随着海冰规模的减少，捕鱼机会增加，对于渔业来说，新区域将成为有吸引力。北极地区公海尚未有国际条约和管理制度，这可能导致无约束的渔业。

欧盟是北极渔业的最大消费者之一，而这些渔获量中仅有很少的一部分是由共同体船舶捕捞的。欧共体是东北大西洋渔业委员会的成员，它完全在主权或管辖下的北极水域内作业，不仅寻求保证渔业机遇，而且也保障渔业资源的长远保全和最适度的利用。

政策目标

保证北极地区渔业资源的开发位于可持续水平，同时，尊重当地沿海社区的权利。

行动设想

• 在新渔业机遇出现之前，为尚未被一个国际公约和管理制度所覆盖的北极地区公海设立一个规则框架。这将可预防渔业发展处于一个规则真空，将依据负责任渔业的行为准则保证渔业的公平和透明管理。总体上看，扩大现有的管理机构，例如，东北大西洋渔业委员会，比设立一个新的更好些。在为尚未被制度所覆盖的区域制定一个公约和管理制度之前，不应发展新渔业。

3. 运输业

欧盟成员国拥有世界上最大的商船队。这些船队中的许多船舶使用跨洋航线。海冰的融化正逐渐开辟穿行北冰洋水域航线的机遇。这将极大地缩短从欧洲到太平洋的航行距离，节约能源，建少排放，促进贸易，并缓解穿越大陆的主要航行通道的压力。但是，也仍然存在着严重的障碍，包括流冰，基础设施的短缺，环境风险以及不确定的未来贸易模式。因此，发展北极地区商业航行还将需要时间和努力。

政策目标

开发和改善逐渐成熟的北极地区商业航行条件，同时，提高严格的安全和环境标准，避免不利影响，这是符合欧盟利益的。

在新开通的航线和区域，欧盟成员国和欧洲共同体应保卫航行自由的原则和无害通过的权利。

行动设想

- 在北极地区，促进有关航行规则、海事安全、航线系统和环境标准的现有义务的全面履行，尤其是国际海事组织系统的那些规则。

- 强调避免任何北极沿岸国对第三国商业船舶实行歧视性管理(特别是收费、义务性服务和规则等)的必要性。

- 改善极北海域的海事监管能力。欧盟委员会正与欧洲航天局合作开发一套极地－轨道卫星系统。该系统能从地球上任何地方识别信号。如果能成功，将可更好地了解船舶交通状况，更快地对紧急情况做出反应。同时，伽利略卫星航行系统将为在北极地区更好地和更安全地航行、海事监管和应急反应发挥重要作用。

- 在可适用的竞争法律规则内，保持欧洲造船厂在发展北极地区条件所要求的技术方面的领先竞争力。提供特殊设计的、环境友好型的船舶，包括破冰船等的潜在可能是未来一种重要的财富。

- 拥护任何一个北极地区沿海国可能提出的关于指定一些北极地区航行通道作为国际海事组织规则下的特别敏感海域的动议。

- 拥护未来的任何努力，以强化国际海事组织关于环境和安全的标准适用于北极地区海域。

- 在欧盟北极地区的陆地和空中运输领域，主要目的应是东－西陆地和空中运输设施的发展。建立运输和后勤保障的北部区域伙伴关系将进一步支持欧盟和西北俄罗斯之间的更好的陆地联系，这对本地区的未来发展具有重要意义。

4. 旅游业

北极旅游(特别是游船旅游)发展迅速，但是，若干起事故已经证明了所伴随的风险。

政策目标

欧盟应继续支持可持续的北极地区旅游，欢迎致力于最小限度的环境损害的努力。保护环境和有利于当地沿岸社区将是首要考虑。

行动设想

- 拥护增加游船的安全、更好地导航，限制进入高脆弱区域。
- 鼓励环境(包括当地社区)友好型旅游。

(四)努力推进北极地区的多边管理

北极地区尚无特别的条约制度。没有任何国家或国家集团拥有北极点及其附近的北冰洋的主权。尚有若干海洋边界未定，一些北极地区沿海国还未就划定专属经济区达成一致。提交给联合国大陆架界限委员会的划界案或许导致一些重叠主张。而且，对于一些北极海域的船舶通过条件，特别是西北通道，还有不同的解读。

《联合国海洋法公约》适用于北极地区。其条款为解决纠纷(包括划界问题)提供了基础，同时，也包含着生物和非生物资源利用和保护环境的规则。此外，有一系列多边环境协定也适用于北极地区。

2008 年 5 月，五个北冰洋沿海国通过一项声明，重申对于重叠的主张等方面问题保留各自的立场。自那时起，其中的若干国家已经宣布采取措施扩展或重申它们的国家管辖权，并加强它们在北极地区的存在。

北极理事会已经成功地在准备评估、挖掘地区性特征和设立北极地区议程。与巴伦支海经济区域委员会和北欧部长理事会不同，这个是北部地区特有的。

最近，欧盟议会已经强调了北极管理的重要性。北极地区的议会合作极为重要的。在这个问题上，欧盟议会发挥了重要作用。

依据其职权，欧洲投资银行能为北极地区的部分地方投资提供支持，特别是在环境、运输、能源和研究设施等领域。

北极管理存在的主要问题包括：法律框架零散，有效机制不足，完善的政策制定程序缺失，参与、实施与地理范围之间的差距等。

政策目标

欧盟应积极拥护进一步建立一个以《联合国海洋法公约》为基础的、合作的北极地区管理体系。该体系应保证如下内容：

- 安全与稳定。
- 严格的环境管理，包括尊重预防原则。
- 资源的可持续利用，以及开放的和平等的准入权利。
- 欧盟主张，应全面履行现存的义务，而不赞成设立新法律机制的设想，但此主张并不妨碍开展那些旨在进一步建立一些适合新条件或北极地区的特殊情况的制度的努力。
- 欧盟应提倡广泛的对话和协商的结果，不支持将任何的欧盟北极成员国或欧洲自由贸易联盟的成员国排除在外的安排。
- 对北极的关切必须融合到欧盟宽泛的政策和协商中去。

行动设想

- 评定与北极地区相关的多边条约的有效性，以便决策是否需要额外的动议或法案。严密地遵守海洋划界和划定大陆架外部界限的程序，以评估它们对欧盟利益的影响程度。
- 寻求建立新的、多门类结构的生态系统综合管理的可能性；可包括建立海洋保护区网络，制定航行标准和保障矿物资源可持续勘探的规则。
- 依照欧盟的作用和能力，加大对北极理事会的投入。作为第一步，欧盟将申请成为北极理事会的永久观察员。
- 建议北部地区参与方应举行定期协商，讨论北极事务，审查在“北方地区环境伙伴”下的项目覆盖欧盟北极地区辽阔区域的可能性。在新的北部地区伙伴关系之下，能源效能领域将与北极地区合作有极大的关系。
- 对进一步开展与北极地区相关的跨界合作、发展地区性项目以加强与北极国家之间的合作的可能性进行反思。
- 在国际层面，寻求一切可能，改进保护国家管辖外海域的海洋多样性的方法，包括通过研究制定一个“实施《联合国海洋法公约》的协定”。
- 努力使关于公海海洋保护区的国际谈判达到成功的结果。
- 与挪威和冰岛讨论如何将“海洋战略框架方针”与“欧洲经济区域协

定”相融合，由此适用到北冰洋的一部分。

- 将北极事务纳入未来关于海洋事务的高级别对话。
- 在海洋事务的主体网站上，提供一个所有与欧盟相关的有关北极活动的概览，促进与利益相关方在这些活动方面的对话。
- 与北欧国家一起探索建立欧盟北极地区信息中心的可能性。
- 与北极地区的教育网络建立密切的联系。

格陵兰

作为丹麦的一部分，格陵兰是共同体所联系的一个海外领土。通过年度计划，共同体为格陵兰提供了重要的财政资助。

行动设想

- 加强与格陵兰之间有关北极的合作。应计划付出更多的努力，在格陵兰管理其脆弱的环境和面对其人口的挑战方面，欧盟应成为其更加重要的伙伴。

（五）结语

在报告的最后部分，说明了北极地区政策中所提出的建议是为一个更加详尽的思考提供基础。本报告将有助于实施欧盟战略设想，包括综合的海洋政策。同时，“作为欧盟北极政策的第一层面，本报告应能引发出一个关于北极事务的整体结构和协作的思考，它将打开与北极国家新的合作视角，帮助我们去增进稳定，并在保护北极地区环境这个首要目标与资源的可持续利用的需求之间建立一个正确的平衡”。

三、对我国的启示

欧盟作为欧洲许多工业化国家的利益集团，在世界海洋秩序的建立（包括《联合国海洋法公约》的谈判过程）和应对全球气候变化的国际规则的制定方面发挥了重要作用。尽管目前欧盟成为北极理事会永久观察员的申请尚未获得批准，但可以预见的是，随着欧盟北极政策的出台，欧盟成员国及欧共体将进一步协调立场，加强合作，共同在北极事务中发挥积极作用，也将有助于逐步改变北极周边国家排挤非北极国家介入北极事务的局面。

欧盟北极政策高度概括了欧盟在北极地区的主要利益和政策目标，并提出了相应的行动建议，其中重点是开发利用北极地区油气和渔业资源的开放的、公平的权利，开辟新贸易通道的可能性，潜在的北极地区重叠的海洋主张之间的冲突对国际稳定和地缘战略的影响，以及气候变化对北极地区及其原住民生存的影响等方面。欧盟北极政策还明确提出了不支持另行建立新的北极地区管理框架，而是倡议为北极地区“建立一个以《联合国海洋法公约》为基础的、合作的多边管理体系”。

作为非北极地区沿岸国，无论从地理位置还是战略利益角度看，在北极事务方面，欧盟与中国之间存在着许多共同的关切和共同利益。欧盟北极政策为其成员国和共同体所确定的北极利益及相关建议对于厘清我国在北极地区的利益，勾画我国的北极战略和政策框架，拟定相应的行动计划，均具有重要的参考意义。

同时，从欧盟海洋政策的制定及配套实施情况看，欧盟很可能也将为其北极政策继续推出配套的行动计划和相应的实施项目。在学术研究层面，有必要对此保持密切的跟踪研究。

（2011 年 1 月）

部分国家海洋综合协调机制设立情况及启示

付　玉

为加强我国海洋事务的统筹规划和综合协调，国务院在2013年的机构改革中决定设立高层次议事协调机构——国家海洋委员会，负责研究制定国家海洋发展战略，统筹协调重大海洋事项。国家海洋委员会的具体工作由国家海洋局承担。

海洋问题具有高度的综合性和复杂性，需要进行综合管理，这是从沿海国到联合国的普遍共识。《联合国海洋法公约》开宗明义指出，各海洋区域的种种问题都是彼此密切相关的，有必要作为一个整体来加以考虑。由于海洋问题涉及政治、经济、外交、军事、科技、安全、环境、生物和航运等多个领域，往往涉及多个管理部门。为解决不同海洋用途的目标冲突，以及各涉海部门在海洋管理领域的综合协调问题，多个重要海洋国家设立了最高规格的海洋综合协调机制。本报告重点关注了美国、日本、俄罗斯、巴西和菲律宾等国所建立的海洋综合协调机制，包括其组织构成和职责等。

一、美国

美国沿海地区是世界上人口密度最高的地区之一，75%以上的人口居住在邻近大西洋、太平洋墨西哥湾和大湖区的沿海地带。① 美国作为海洋大国，将海洋作为繁荣国家经济、促进国家强盛的重要领域，十分重视海洋和海洋工作。

（一）美国加强海洋综合协调的历程

20世纪90年代，随着海洋资源开发利用的大规模开展，美国当时的

① 建华，邓彪：《美国霸权衰落还是延续》，载《太平洋学报》，2010年第1期，第26－35页。

海洋管理体制逐渐显露出弊端和不足，美国国家海洋与大气管理局(NOAA)的许多海洋研究活动与其他涉海部门严重重复。由于缺少适当的管理机制，诸如外海养殖和海洋生物技术等新的海洋开发利用领域发展缓慢；海洋和沿海地区受到的发展和环境压力继续加大。为此，20 世纪 90 年代后期，美国朝野中的一些有识之士呼吁联邦政府改革分散的海洋管理体制，强化国家海洋综合管理职能，提高国家海洋管理工作效率。对此，联邦政府做出了积极反应，下决心改革海洋管理体制。在克林顿执政期间，美国对其海洋管理存在的问题开展了一系列的研究和评估工作，为目前的海洋管理奠定了重要基础。

美国国家研究委员会在 1997 年撰写的题为《争取平衡，改善海洋地区的管理》报告中提出，美国现有的国内海洋管理系统的法规以及联邦、州和郡县地方政府的具体措施已不适应美国海洋事业的发展，各类机构的行动依据往往相互冲突，也没有一个建立统一认识和目标的机制。为改变这种状况，该报告建议创建一个全国海洋委员会来确定国家目标以及改善联邦机构、州机构和其他私营企业等有关部门之间的协调。① 2000 年 8 月美国国会通过海洋法案，决定成立国家海洋政策委员会，制定 21 世纪海洋综合议程。美国政府在 2004 年出台的《21 世纪海洋蓝图》中提出了加强海洋工作的领导和协调。②

2004 年 12 月，小布什总统签署第 13366 号命令，决定在环境质量委员会设立(内阁)海洋政策委员会，以协调美国各部门的海洋活动，全面负责美国海洋政策的实施。

2010 年 7 月 19 日，美国总统奥巴马发布《关于海洋、我们的海岸与大湖区管理的行政令》，将美国对海洋、海岸与大湖区的管理工作，提高到直接关系到环境的可持续性、国民的健康与福祉、国家的繁荣和在应对气候变化及其他环境变化方面的能力、社会公正、国际外交以及国土与国家安全等诸多问题的层次。为使美国有一个地位明确、职责清晰的海洋、海岸与大湖区管理机构，对海洋工作进行方向与政策指导，该行政令决定成

---

① National Research Council. *Striking A Balance*, *Improving Stewardship of Marine Areas*. National Academy Press, Washington, D. C., 1997.

② 李双建，等：《美国海洋管理战略及对我国的借鉴》，载《国土资源情报》，2012 年第 8 期，第 20 - 24 页。

立国家海洋委员会(National Ocean Council)，同时撤销2004年成立的海洋政策委员会。①

(二)海洋事务综合协调机构——国家海洋委员会

1. 美国国家海洋委员会人员组成

美国国家海洋委员会由联合主席2名和多名委员组成。

(1)联合主席由环境质量委员会主席和科技政策办公室主任共同担任。

(2)国务卿、国防部长、内政部长、农业部长、医疗与社会服务部长、商务部长、劳工部长、运输部长、能源部长、国土安全部长、司法部长、环境保护署长、管理与预算办公室主任、负责海洋与大气事务的商务部副部长(国家海洋与大气管理局局长)、国家航空与航天局局长、国家情报局局长、国家科学基金会主任和参谋长联席会议主席。

(3)国家安全顾问和负责国土安全与反恐、国内政策、能源与气候变化和经济政策的总统助理。

(4)由副总统任命的一位联邦政府雇员。

(5)担任该委员会副主席的联邦政府其他官员或雇员(不定期任命)。

2. 美国国家海洋委员会经费及行政安排

科技政策办公室和环境质量委员会根据适用法律，为国家海洋委员会提供经费。环境质量委员会为国家海洋委员会提供行政支持。国家海洋委员会主任和副主任主持委员会日常工作。主任和副主任负责指导一名全职人员协助两位联合主席开展其职能。

3. 美国国家海洋委员会的职能

海洋政策委员会负责向总统和政府部门提供海洋事务相关政策的制定和执行方面的咨询和建议，制定国家解决海洋问题的战略原则，协调联邦各涉海部门的海洋活动。委员会应为政府有关各部、局或办公室提供适当的指导，以确保各机构做出的涉及海洋、海岸与大湖区的决策和采取的行动符合美国的海洋管理原则和国家优先目标。委员会做决定时，须经全体委员一致同意。如果在某些问题上无法达成一致意见，国家安全顾问将与

① The White House. Executive Order: Stewardship of the Ocean, Our Coasts, and the Great Lakes, July 19, 2010.

委员会联合主席进行协调，并在适当的情况下，由负责能源和气候变化和负责经济政策的总统助理和由副总统指派的美国雇员，将有争议的问题呈报总统决定。

二、日本

日本是一个岛国，约50%的人口居住在沿海地区，国民摄取的动物蛋白40%来自海洋水产品，进出口货物的99%依赖海上运输①。随着全球范围内对海洋资源、环境与安全的广泛关注，为了加强海洋资源开发，拓展海上战略空间，日本建立了比较完整的国家海洋政策法规体系，确立了“海洋立国”的国家战略。

(一)健全海洋法律法规体系

日本不断完善海洋法律法规体系，不失时机地制定、修订有关大陆架开发以及海洋渔业开发等管理法规。据统计，日本与海洋开发与管理有关的法律达100多项，为海洋政策的落实和实施提供了法律保障②。海洋管理在日本涉及海事、船舶制造、渔业、能源和环境等多个部门，2007年《海洋基本法》在这些部门中发挥了重要的协调作用，对其海洋综合协调体制的建立发挥了关键的作用。《海洋基本法》确立了一个明确的基本框架和机制，从根本上改变了之前日本分散的海洋管理状况。

除《海洋基本法》之外，日本涉海法律法规还包括《领海法》《专属经济区法》《渔业法》《海洋水产资源开发促进法》《关于规制外国人渔业的法律》《海洋资源保存及管理法》《海上保安厅法》和《海洋建筑物安全地带设置法》等。②

(二)日本海洋事务综合协调机构——综合海洋政策本部

进入21世纪后，随着全球范围内对海洋资源、环境与安全的广泛关注以及日本与周边国家在岛屿争端、油气开发以及海域划界等方面问题的不

---

① 国家海洋局海洋发展战略研究所课题组：《中国海洋发展报告(2011)》，北京：海洋出版社，2011年，第40页。

② 李双建，等：《世界主要海洋国家海洋综合管理及对我国的借鉴》，载《海洋开发与管理》，2012年第5期，第7页。

断出现，日本各界意识到原来的分散型海洋管理体制已经不能适应日益激烈的海洋权益争夺战。根据2007年《海洋基本法》，日本于同年4月成立内阁海洋事务综合协调机构——“综合海洋政策本部”，力求维护日本海洋权益，在国际海洋事务及国际海洋纠纷中占据主动。

1. 日本综合海洋政策本部的构成

综合海洋政策本部由本部长1人、副本部长2人及多名本部员组成。本部长由内阁总理大臣兼任。本部长统筹管理该部事务，领导并监督该部工作。副本部长由内阁官房长官和海洋政策担当大臣兼任，其他全部国务大臣兼任本部员。

2. 日本综合海洋政策本部职责及权限

(1)推进与海洋基本计划的制订及实施有关的工作。

(2)综合协调有关行政机构基于海洋基本计划而实施的政策。

(3)综合处理上述两项任务之外的与海洋政策有关的重要规划和立项工作。

(4)为履行其职责，可要求相关行政机构、地方公共团体、独立行政法人、地方独立行政法人以及特殊法人的代表给予必要的协助，例如提供资料、发表意见、对有关问题进行说明等。

3. 日本综合海洋政策本部运行机制

本部相关事务由内阁官房处理，内阁官房副长官负责日常工作。

三、俄罗斯

俄罗斯是一个海洋大国，面向三大洋，濒临12个海。① 俄罗斯海洋产业发展较快，海洋水产资源极为丰富。历史上，海洋扩张是俄苏领土扩张中非常重要的一个环节。进入21世纪后，俄罗斯更加重视海洋的战略地位，制定实施了《俄罗斯联邦至2020年海洋政策》，作为俄罗斯国家海洋事务的纲领性文件。该政策建立了一整套综合协调和决策咨询机制，从根本上把部门所属和条块分割的海洋管理机构统一起来。

① 付雪芹:《俄罗斯海上执法主体设置模式》，载《行政管理改革》，2012年第7期，第72页。

(一)建立健全法律与政策体系

俄罗斯不断制定并修改完善海洋管理法规，极大地强化了对海洋和海岸带资源的管理，使其在新的国际海洋秩序下，海洋开发有章可循，有法可依。俄罗斯主要涉海法规包括《俄罗斯联邦内水、领海及毗连区法》《俄罗斯联邦专属经济区法》《俄罗斯联邦大陆架法》《关于调整开发和加强水资源保护的措施》《关于禁止船舶对海洋污染的措施》和《关于在大陆架上开展工作的程序和保护大陆架自然资源》第564号决议等，以及各涉海部门的行政法律规范。

2001年7月，《俄罗斯联邦至2020年海洋政策》经总统批准后公开发布。该政策是指导俄联邦海上活动的基本政策，是国家和社会为了实现俄联邦在海岸、各管辖水域、大陆架和公海的国家利益，所确定的目标、任务、方向和措施。这也是多年来俄罗斯制定的首部全面确定国家海洋政策的纲领性文件。①

(二)设立高级别海洋协调机构——俄罗斯联邦政府海洋委员会

2001年俄罗斯国家海洋政策的公布，为俄罗斯海洋的发展明确了具体的目标和方向。为充分协调各部门对海洋资源、海洋战略、海洋军事、海洋国防、海洋外交和海洋交通等领域的有效管理，从而最大范围地确保俄罗斯的国家利益，俄罗斯于2004年6月11日成立了联邦政府海洋委员会，作为海洋行政管理的高层决策协调机构。②

1. 俄罗斯联邦政府海洋委员会的构成

俄罗斯联邦政府海洋委员会由主席1人，副主席3人，29位委员组成。主席由联邦副总理出任，联邦运输部部长、工业贸易部部长、海军舰队总司令分别出任副主席。委员会委员主要由联邦各涉海部门的高层官员、沿海地区州长、相关科研机构及俄罗斯船主协会主席组成。③

---

① 付雪芹:《俄罗斯海上执法主体设置模式》，载《行政管理改革》，2012年第7期，第72页。

② 李双建，等:《世界主要海洋国家海洋综合管理及对我国的借鉴》，载《海洋开发与管理》，2012年第5期，第7页。

③ 《联邦政府海洋委员会的主要职责和人员组成》，俄罗斯联邦海洋委员会网站，http://www.morskayakollegiya.ru/os/sostav-morskoj-k/。

2. 俄罗斯联邦政府海洋委员会的职责

俄罗斯联邦政府海洋委员会是常设行动协调机构，以俄罗斯国家政策为基础，确定国家海洋工作的优先方向，确定和修改国家海洋政策的目标和任务，制定国家海洋工作发展计划。委员会对联邦政府各部门、地方各级政府部门和海洋领域内各单位的工作进行协调，主要目标是保障俄海洋规划和任务的实现，例行审查国家海洋政策问题，并拟定解决这些问题的方案建议。海洋委员会的文件对有关涉海事务具有行政约束力。

3. 俄罗斯联邦政府海洋委员会的权限

委员会权限包括：在本部门的会议上听取联邦政府各部门、地方各级政府部门及相关机构领导人的汇报；向联邦政府各部门、地方各级政府部门及相关单位查询委员会权限范围内的信息；吸收联邦政府各部门、地方各级政府部门、科研单位的代表、海洋工作方面的学者及专家参加工作；成立和管理若干工作组。还包括就海洋领域工作问题编制材料和计划；就海洋工作问题向联邦政府各部门、地方各级政府部门提出建议，其中包括按规定程序建立跨部门委员会，以便研究或完成跨部门任务问题。

根据《俄罗斯联邦海洋委员会条例》，海洋委员会还有权就以下事项提出意见或建议：确定联邦海洋活动经费范围；执行国际条约，开展海洋领域国际合作；海洋开发与管理；制定海洋活动法律法规；处理海洋开发利用过程中产生的综合问题；与联邦海洋活动、国家建设纲领、现代化的船舶修理以及民用海洋技术领域有关的国家采购等。

委员会按其主席批准的年度计划进行工作。在必要情况下召开委员会会议，但不少于每半年一次。①

四、巴西

巴西十分重视海洋工作，1988 年颁布的新宪法将国家管辖海域内的资源和海岸带定位为“国家财富”。巴西的海洋石油工业和海洋运输业在国家经济中占有重要地位，且 90% 的贸易通过海运完成。

① 林曦，米桂雄：《俄罗斯海洋政策和战略》，载《世界科技研究及发展》，2009 年第 1 期，第 199 页。

(一)建立健全法律与政策体系

巴西对海洋资源和空间管理的重视始于20世纪70年代。在经济发展对海洋环境的负面影响压力下，巴西政府要求对各州的相关计划开展环境评估。

联邦宪法是巴西的最高法典，也是巴西海洋管理的最高法律依据。巴西新宪法制定于1988年，提出了海洋空间的概念，建立了巴西领海制度，并将巴西专属经济区和大陆架资源及海岸带列为“国家财富”。1994年，巴西颁布国家海洋政策，以指导国家海洋管理，协调各类涉海活动，确保国家的社会、经济、环境与安全利益。宪法和国家海洋政策构成巴西海洋管理的法律与政策依据。

(二)设立高级别海洋协调机构——部际间海洋资源委员会

在国家层面，巴西实行综合协调与事权分散管理的海洋管理体制，同样采用高层协调和部门分工相结合的模式。巴西很早就建立了海洋协调机构——部际间海洋资源委员会(The Inter－ministerial Commission for the Resources of the Sea；CIRM)，负责调整与协调国家海岸带与海洋政策和事务。① 具体涉海工作由具有海洋管理职能的部门和机构承担，包括海军、外交部、农业部、运输部等。

部际间海洋资源委员会制定了国家海洋资源政策、海洋资源领域的部门和行业计划、海岸带管理计划、海岸带管理行动计划和一系列相关法规。

1. 巴西部际间海洋资源委员会的构成

根据2009年巴西发布的条令，巴西部际间海洋资源委员会的构成为：

协调机构：海军司令部。

成员单位包括：总统府办公厅；国防部；外交部；运输部；农业、畜牧与食品供应部；教育部；卫生部；发展、工业与外贸部；矿产与能源部；规划、预算与管理部；科学技术部；环境部；旅游部；国土一体化部；总统府港口事务特别秘书处；国防部海军司令部。

---

① 部际间海洋资源委员会网站：https：//www. mar. mil. br/secirm/i－cirm－org. htm，2013－04－06。

秘书处：下设秘书长、副秘书长、分秘书处、部、顾问。秘书处及其技术和行政支撑机构的职能由海军司令部确定。

巴西部际间海洋资源委员会还设有若干分委员会、执行委员会和工作组等。

2. 巴西部际间海洋资源委员会的职能

巴西部际间海洋资源委员会的主要职能是协助总统推进巴西海洋资源政策，负责提出涉及海洋资源政策的法规建议，督促检查海洋资源政策的执行情况，并根据需要提出修改意见，促进各涉海部门、各州政府和私营部门间的合作与协调，促进相关计划和项目的实施。

具体职责为：①通过国防部长，围绕实施巴西海洋资源政策问题向总统提出指导性建议；②评估海洋资源规划，向总统提出海洋资源计划与项目的优先领域建议；③协调国家和部门与行业的海洋资源跨年度和年度计划；④就涉海事务和南极事务的经费分配工作提出建议；⑤根据国家海洋资源计划的实施情况，提出进一步实施建议；⑥针对巴西南极计划实施进展，提出实施建议；⑦根据总统指示，就海洋资源事务提出技术性建议与意见。

五、菲律宾

菲律宾是一个群岛国家，海洋在菲律宾的发展中发挥重要作用。菲律宾海洋产业年产值达数千亿比索，其中海洋石油与天然气勘探开采地位十分突出。菲律宾是东南亚第三大渔业国。

菲律宾十分重视海洋事业发展。在1982年《联合国海洋法公约》(以下简称《公约》)实施前的1981年，菲律宾就成立了“内阁海洋法公约委员会”，研究与《公约》实施有关的各类问题，并负责在《公约》生效后全面实施。该委员会后来扩展为菲律宾的海洋综合协调机构——内阁海洋事务委员会。

(一)菲律宾海洋政策

1994年，菲律宾为实施《公约》制定了一套全面的行动方案，后发展成为菲律宾的国家海洋政策。该政策在推进菲律宾海洋事业发展方面发挥了重要作用。由于负责海洋政策的牵头机构是菲律宾外交部，在实施过程中也暴露出诸多问题。菲律宾有关部门和人士已提出改进建议，其中有些菲律宾议员建议设立主管海洋事务的政府部门——海洋事务部，以全面推进菲律宾海洋政策。

菲律宾海洋政策是菲律宾资源利用与管理工作的基本指针，其目标是促进实现菲律宾国家发展政策的根本转变，把海洋与海洋产业放在国家发展议程的优先地位，从以陆地为依托的经济发展模式向群岛国发展模式转变。该政策突出了海洋资源开发利用在满足国家发展需要方面的重要作用。菲律宾海洋政策确定的战略重点为：不断完善国家海洋政策与法规，加强海洋事务决策与协调机制建设。

(二)设立高级别海洋协调机构——菲律宾内阁海洋事务委员会

为了落实海洋政策，推进各项海洋工作，菲律宾采取了相应的机制保障措施，设立了专门海洋高层协调机构——内阁海洋事务委员会(The Cabinet Committee on Maritime and Ocean Affairs)，负责制定与推进菲律宾海洋政策并协调海洋管理事务。

1. 菲律宾内阁海洋事务委员会构成

菲律宾内阁海洋事务委员会由菲外交部牵头，由17个涉海部门的负责人担任成员。

(1)主席：外交部长。

(2)成员：内阁秘书长；国家安全委员会主席；国防部长；环境与自然资源部长；农业部长；社会与经济规划部部长；科学技术部部长；交通运输部部长；能源部长；贸易与工业部部长；司法部部长；财政部部长；预算与管理部部长；内政与地方政府部部长；劳动与就业部部长；旅游部部长。

2. 菲律宾内阁海洋事务委员会的职责

(1)组织编制和修订国家海洋政策，并向总统提出有关建议。

(2)协调国家政策的实施工作，组织定期检查评估。

(3)为执行国际海洋协议和其他国际海洋文件制定相关国内政策。

(4)为维护国家利益和履行菲律宾在海洋可持续利用和海洋环境保护方面做出的国际承诺编制政策、计划和项目。

(5)为促进菲律宾的海洋综合管理工作和维护国家海洋利益，编制有关计划和项目，并提出建议，特别是在以下方面：捍卫国家领土，加强国家保护海洋资源的能力；通过对海上活动的正确管理，养护和保全海洋环境及其资源；发展和促进菲律宾在造船、海运、捕捞、开发矿产与能源资源及其他海洋经济方面的利益；提高国家的群岛意识。

六、结语

海洋经济发展水平决定了海洋管理体制的设置模式，海洋管理体制应符合海洋经济和事业的发展需要。同时，海洋在国家战略中的地位变迁亦影响涉海管理机构的设置。海洋管理需要适时调整，以适应海洋开发利用水平的不断提高，以及海洋意识和海洋价值观的不断变化。

海洋工作具有高度的综合性和关联性，而各项海洋用途间往往存在着目标方面的矛盾。美国、日本、俄罗斯、巴西、菲律宾、葡萄牙、马来西亚等海洋国家均意识到需要加强对各涉海部门工作的协调，纷纷加强或计划完善政府管理体制，建立统一的高层综合协调机制，提高海洋工作的整体效益。在这些国家中，美国、日本、俄罗斯、巴西和菲律宾已建立专职涉海高层协调机构。葡萄牙将建立“部际间海洋事务委员会”的协调机制列为其国家海洋政策的优先行动之一。马来西亚有关人士呼吁建立国家海洋委员会。①

尽管以上各国海洋自然状况千差万别，国家政治和管理体制也不尽相同，但无论处于何种管理阶段，美国等重要海洋国家的管理实践表明，建立海洋综合管理工作机构和高层次的海洋工作协调机制，是保证国家海洋战略与国家大战略的协调一致，提高国家海洋战略的全局性和针对性，加强海洋综合管理的有效途径。

以上各国海洋综合协调机制的设立实践对我国完善海洋综合协调机制具有重要的启发意义。海洋综合协调机构充分发挥作用需要从管理依据、职责权限和组织构成等多个方面予以保障。在管理依据方面，各国通过海洋基本法律、国家最高级别的行政命令或国家海洋政策确立协调机构的高层级别和强大职责。我国设立国家海洋委员会的决定体现在《国务院机构改革和职能转变方案》中。在职责设定方面，各国普遍赋予海洋协调机构

① Navy chief: Malaysia needs a maritime council. The star on – line: http: //thestar. com. my/news/story. asp? file = /2013/3/29/nation/12897738&sec = nation, 2013 – 04 – 01.

以充分的权限，主要包括制定和实施国家海洋政策，编制海洋开发利用规划，协调各有关部门的涉海活动。鉴于我国涉海管理职责分散在多个部门，加强涉海活动的统筹规划和协调应为国家海洋委员会的最重要职责之一。在组织构成方面，有效的协调机构大多由国家领导人担任协调机构的负责人，并吸收所有涉海管理部门参与。

（2013 年 4 月）

欧盟海洋政策动态*

——海洋空间规划

李　军

【**编者按**】海洋空间规划是欧盟一体化海洋政策的重要组成部分。海洋空间规划对欧盟海洋政策的实施和促进海洋的可持续利用具有重要的意义。由于篇幅所限，本文仅对欧盟及部分成员国的海洋空间规划进行了系统的阐述，以供相关研究人员参考。有关欧盟海洋空间规划的特点及借鉴将在有关文章中予以深入分析。

狭义的海洋空间规划(Maritime Spatial Planning①)只关注对国家管辖海域的利用行动进行规划和管理，而不包括对沿海陆域地区的管理或陆海交界处的空间规划。②海洋空间规划有助于管理机构和利益相关者协调行动，以期实现海洋空间的最优化利用，促进经济发展和海洋环境保护，③有助于提高海洋空间和可再生能源的有效利用，有助于平衡部门间的利益和达到海洋资源的可持续利用，以期实现欧盟可持续发展的战略。

一、欧盟海洋空间规划的法律和政策依据

欧盟的海洋空间规划主要依据以《联合国海洋法公约》(以下简称《公约》)为代表的国际法以及欧盟相关法律。

---

* 本文依据宋英承担的战略所委托项目“欧盟关于欧洲联盟及其成员国海洋战略与政策的研究”成果整理而成。

① 欧盟有关文件对海洋空间规划的英文表述是 Maritime Spatial Planning，与 Marine Spatial Planning 相比，前者更倾向于强调整个规划过程跨部门的特点。

② Definition and Scope of Maritime Spatial Planning, European Commission, available at: http://ec.europa.eu/maritimeaffairs/policy/maritime_spatial_planning/index_en.htm, last visited on March 4, 2012.

③ COM (2008) 791 final, Roadmap for Maritime Spatial Planning: Achieving Common Principles in the EU.

(一)国际法

沿海国的海洋空间规划，无论是一国还是区域性的，都必须与其在国际法上的权利和义务相符。《公约》为缔约方的海洋开发和利用提供了国际法律依据。《公约》所确立的无害通过、航行自由、捕鱼和铺设海底电缆及管道的自由等对于海洋安全和海洋环境保护的规则和标准都有影响。依据《公约》，沿海国对七种海域享有海洋空间规划的管辖权：内水、群岛水域、领海、毗连区、专属经济区、大陆架和渔区。此外，还有一系列国际性或区域性的公约和文件对《公约》所确立的框架进行补充。例如，国际海事组织(IMO)制定了一系列国际普遍认可和接受的海上运输规则及标准，尤其是分道通航制；1972 年《关于禁止倾倒废物及其他物质污染海洋公约》及其《1996 议定书》(2006 年生效)要求在海上处理废物材料遵循谨慎原则(Precautionary Principle)等。这些都构成约束欧盟及其成员国海洋空间规划的国际法规范。

(二)欧盟法

现有的欧盟法律并没有关于海洋空间规划明确的规定，但仍然对成员国的特定海洋利用活动有所规范，尤其是捕鱼、航行及环境保护等用海活动等。

1. 渔业

在欧盟层面，共同渔业政策(Common Fisheries Policy)属于欧盟与成员国共享权限(Shared Competence)。欧盟的共同渔业政策适用于成员国的专属经济区、领海及成员国所属船舶。欧盟委员会于 2002 年通过了《关于渔业资源养护和管理的条例》①。这一条例采用了可持续的生态系统的视角，允许成员国为养护渔业资源的目的设置禁渔区，这些都会对海洋空间规划产生影响。另外，对于海洋空间的一体化管理也将有利于欧盟水域渔业资源可持续管理目标的实现。②

---

① Council Regulation, (EC) No 2371/2002.

② 例如，根据丹麦政府在丹麦北海岸保护栖息地的要求，欧盟委员会根据《共同渔业政策的基本条例》第九条做出了对该海域空间进行跨部门一体化管理的决定。

2. 航行

在欧盟，专属经济区内的航行自由仅受到沿海国在专属经济区内的资源利用活动及行使管辖权的限制，这些行为包括建立人工岛和设施，以及在离岸设施周围设置安全区等。为了执行相关国际条约对船舶运输安全的要求及其自身加强船舶运输安全的目的，欧盟通过了一系列的指令，其中2002年《船舶交通管理指令》①特别要求成员国就船舶在码头或其他避难场所寻求避难的情况进行规划。

3. 海洋环境保护

在欧盟法中，部分对生态环境保护的法律可能影响到海洋空间规划。1979年《鸟类及栖息地指令》②要求可能对其实施产生显著影响的规划及工程必须进行环境影响评价。1996年《伦敦公约》的修正案将碳捕获封存纳入关于废物的“储备清单”，从而使得海床下方的碳捕获、封存受到相应标准的规范。2007年《东北大西洋海洋环境保护公约》③进行了类似的修正。2009年通过的《二氧化碳的地理封存指令》④试图建立一个关于碳捕获、封存的法律框架，包括其选址、开发利用以及相应的国家主管机关的确定等。《海洋战略框架指令》⑤(2008年)对于欧盟海洋政策和法律的制定具有指导性的作用。尽管该指令并不直接规范具体的海洋活动，但至少在两个方面对欧盟有关海洋空间规划的制度产生影响：一是要求维持“良好的环境状态”(Good Environmental Status)；二是要求成员国在共享海洋区域或共享的次级海洋区域的管理中进行合作。

二、欧盟海洋空间规划的主要政策

欧盟在海洋空间规划方面的贡献主要包括：政策和法律框架、信息管理、利益相关者的磋商、跨国界合作以及部门间冲突管理等。欧盟并没有设立专门的机构管理海洋空间规划事项，目前主要由欧盟委员会下设主管

① Council Directive, 2002/59/EC.

② Council Directive, 79/409/EEC.

③ The Convention for the Protection of the marine Environment of the North - East Atlantic, http://www.ospar.org/html_documents/ospar/html/OSPAR_Convention_e_updated_text_2007.pdf.

④ Council DIRECTIVE 2009/31/EC on the geological storage of carbon dioxide, http://eur-lex.europa.eu/LexUriServ/LexUriServ.do?uri=OJ:L:2009:140:0114:0135:EN:PDF.

⑤ Council Directive 2008/56/EC.

海洋事务的机构负责有关海洋空间规划的政策和原则制定，并由其他机构协助提供资金和项目支持。

（一）欧盟海洋空间规划的基本原则

欧盟委员会在2008年的关于《海洋空间规划路线图》(Marine Spatial Planning Roadmap)①的通报中确立了十项关于海洋空间规划的基本原则，其要点概括如下：①保证海洋区域及资源的可持续利用以及海洋生态环境的完整性；②对海洋空间规划的文件和程序实行透明化；③利益相关者参与；④逐步建立有法律拘束力的海洋空间规划及管理体系；⑤建立监督和评估机制；⑥保证陆上规划与海洋空间规划的协调和跨部门合作②；⑦强化数据和信息基础。

（二）欧盟区域海洋空间规划项目

欧洲在海洋空间规划方面的实践旨在发现和解决不同海域利用活动及利用主体之间的冲突，同时保证环境保护和资源养护的目标不受人类活动的损害，并且这一范围将逐渐扩展至其管辖范围内的所有水域。为达到这一目标，欧盟实施了相关规划项目。

1.“欧洲地区创新和环境保护整合解决方案之三——海岸带规划项目”③

该解决方案的“海岸带规划项目”是到目前为止欧盟实施的规模最大、范围最广的一体化海洋空间规划项目，其覆盖水域包括亚得里亚海、波罗的海和黑海海域，参与国包括阿尔巴尼亚、德国、意大利、波兰、保加利亚、罗马尼亚、斯洛文尼亚、乌克兰等，项目的开展时间为2006—2008年。与欧盟其他项目④略有不同的是，该解决方案的“海岸带规划项目”中各国参与机构均为相关官方机构，如，德国的交通部和建设部，波兰的海

---

① Roadmap for Maritime Spatial Planning: Achieving Common Principles in the EU. COM(2008) 791 final: http://eur-lex.europa.eu/LexUriServ/LexUriServ.do?uri=COM:2008:0791:FIN:EN:PDF。

② 例如，农业和城市发展等陆上活动都可能对海洋空间的利用产生影响，这就需要信息的公开和利益相关者的参与，以保证协调一致性。

③ 见网站：www.plancoast.eu。INTERREG Ⅲ Plan Coast (INNOVATION & ENVIRONMENT REGIONS OF EUROPE SHARING SOLUTIONS。

④ 欧盟大部分项目主要依赖各利益相关者、尤其是非政府机构之间的协调。

事办公室，意大利的地区环境保护部等。该项目旨在为日后沿海区和海域的一体化空间规划提供有效适用的范例和管理手段。该解决方案“INTERREG Ⅲ沿海规划项目”所强调的一体化海洋空间规划来自欧盟 2007 年公布的《海洋综合政策蓝皮书》，一体化海洋空间规划同时将海岸和离岸区域的活动纳入考虑并进行协调，并且将海洋空间规划当作实现海洋和沿海区可持续发展的重要工具以及公正地解决不同海洋利用活动和利益之间冲突的必然要求。

欧盟 2009 年编制的《综合海洋空间规划实施手册》(Handbook on Integrated Maritime Spatial Planning)①对“欧洲地区创新和环境保护整合解决方案之三——海岸带规划项目”执行的重要经验进行了总结，主要包括以下 11 个方面：

(1)对沿海及海洋利用活动进行定期审查，并对利用活动及其影响进行实时数据更新。

(2)对海洋空间利用绘制一体化和实时更新的地图，对利用活动进行监督和观察。

(3)在且仅在需要的情况下制定一体化海洋空间规划。

(4)充分利用各方参与机制，包括工作组和媒体等非正式工具。

(5)对制定一体化离岸开发国家战略必须考虑陆海交互影响、跨部门的协调、国际关系、区域战略等，定期的寻找问题并进行修正等。

(6)建立一体化海洋空间规划的法律框架，确立基本政策，通过指令使得现有法律和战略更具可操作性，并制定针对离岸区域的专门的海洋立法。

(7)通过对欧盟《建立空间信息基础设施的指令》②的执行提高海洋数据的质量、可比性和可及性；建立信息交换系统；根据需要收集资料。

(8)建立对领土的影响评估(Territory Impact Assessment)，作为项目环境影响评估的扩展应用。

(9)海洋空间规划应成为所有部门决策的依据。

(10)提升现有管理部门的有效性，明晰权责；在不同层面解决不同问

① HANDBOOK on Integrated Maritime Spatial Planning, http://www.plancoast.eu/files/handbook_web.pdf.

② Directive 2007/2/EC of the European Parliament and of the Council of 14 March 2007 establishing an Infrastructure for Spatial Information in the European Community (INSPIRE), http://eur-lex.europa.eu/JOHtml.do?uri=OJ:L:2007:108:SOM:EN:HTML.

题：在国际层面达成相同的规范/目标；在国家层面达成整体执行框架；在区域层面协调各部门的执行活动；在地区层面解决特定的问题和冲突。

(11)加强跨国协调机制，将现行的项目经验和建议整合进入国际政策。

此外，“欧洲地区创新和环境保护整合解决方案之三——海岸带规划项目”也促进了成员国层面海洋空间规划制度的构建和政策法律的执行。如，通过该“海岸带规划项目”在帕克湾的一个先行项目，波兰完成了对空间规划的试验和研究，继而将海洋空间规划纳入国内法的规范并适用于所有波兰管辖的水域，并通过海洋区域和海事管理法对海洋区域实行空间规划管理。

2. 北海海洋空间规划预备行动(“MASPNOSE 项目”①，Preparatory Action on Maritime Spatial Planning in the North Sea)

北海海洋空间规划预备行动是由欧盟出资并发起、由不同的利益相关方参与、以科学研究为基础、以政策咨询为目标的区域海洋空间规划项目，旨在促进北海南部沿岸国家，包括比利时、荷兰、德国和丹麦，在其管辖海域中有关海洋空间规划的跨界合作，并试图为该地区国家的合作制定共同议程。该计划的主要目标和内容包括：①为北海区域成员国之间及其与第三国在海洋空间规划问题上的跨界合作制定共同议程；②测试欧盟所提出的关于海洋空间规划的十个原则的可行性，并为试点区域起草海洋空间规划；③发现并针对成员国及跨界空间规划在执行中可能遇到的问题并提出解决方案。

跨界海洋空间规划的建立包括三个阶段：一是初始评估阶段，二是规划的制定阶段，三是规划的监督和评估阶段。在初始评估阶段，公开透明的标准、科学数据的收集以及对现有成员国空间规划过程的审查是关键。例如，荷兰和比利时在两国管辖海域交界处均制定了风能开发区域，而由于其对环境影响的不确定性以及管理活动可能存在的冲突。在制定规划阶段，需要在对成员国现有的海洋空间规划的实践以及科学数据分析的基础上，确立跨界海域空间规划的共同目标和提供不同的合作模式，并通过在选定区域的操作、策略和战略的层面发现和解决冲突问题。在监督和评估阶段，欧盟在路线图中所提出的十个原则将作为重要的评估参数。在监督

① http：//www. surfnet. nl/nl/Samenwerkingsomgeving/surfgroepen/Pages/surfgroepen. aspx.

和评估阶段发现的问题和提出的解决方案，将适用于日后空间规划的改进以及监督和评估机制本身的改进。

作为欧盟主持和管理的项目，“MASPNOSE 项目”的重要意义还包括：

(1)报告：向欧盟委员会报告项目的进程，就特定问题准备工作文件和信息以及提交最终项目报告。报告的档及内容既作为欧盟进行监督的基础，也为日后其他欧盟及成员国海洋空间规划项目提供了参考数据。

(2)信息交换：作为该项目的一部分，将建立有效的信息交换机制和促进利益相关方之间的联系和磋商。而事实上，执行该项目的主要手段，则是各利益相关方的积极参与和推动。

除此以外，欧盟还通过欧洲区域发展基金(European Regional Development Fund，ERDF)对空间发展项目进行支持，包括地图绘制、通行标准的制定以及跨国的海洋利用管理。欧盟还开展了专门的科学和资料收集活动，包括欧洲海洋观察和数据网络(EMODNET)，欧洲海洋地图集以及全球环境及安全监测等，以收集海洋、社会经济以及科学数据。

三、部分成员国海洋空间规划的实践

欧盟层面的海洋空间规划出台后，欧盟各沿海国家也开始了海洋空间规划的实践(表1)，对海洋利用活动进行管理。各国海洋空间规划具有相似性，一是都以科学研究为基础，二是生态系统管理为导向。

表1　欧盟成员国海洋空间规划现状①

成员国	立法	项目	协调	综合沿海区管理
比利时	无	有	不详	同等措施
丹麦	无	有	不详	部门工具
德国	有	有	有	全国性战略
爱尔兰	无	有	无	部门工具
意大利	无	无	无	战略(准备中)
葡萄牙	有	有	无	全国性战略
西班牙	无	无	无	战略(准备中)
瑞典	有	无	无	同等措施
英国	有	有	有	全国性战略

① http：//www. ocean – energy – systems. org/ocean_ energy/in_ depth_ articles/msp_ in_ the_ european_ union/.

(一)英国

英国启动海洋空间规划的主要动机来源于环境保护和自然养护的需要，以及开发离岸能源，尤其是离岸风能的需求。在制定海洋空间规划的国内立法前，英国首先开展了爱尔兰海试验项目(Irish Sea Pilot Project①)。该项目的目的主要有三点：一是为了海洋空间规划的目的收集有关英国海洋和沿海区域的相关数据和信息；二是为实现区域性的可持续发展，尝试将自然养护目标纳入关键部门的政策(例如包括渔业、能源、交通、旅游等)的方式和可行性；三是通过项目试验在英国开展和进行海洋空间规划的可行性，为日后的立法提供科学和实践依据。② 该项目通过对欧洲及世界各国海洋空间规划的相关经验的总结，确定该实验项目的原则包括：可持续的经济发展(例如谨慎原则)；自然资源养护(例如以生态系统视角作为部门经济视角的补充、利益相关方参与和分担责任)以及公平原则(包括污染者负担、成本收益分析、项目审计和监督透明化)等三个方面。爱尔兰海试验项目于2005年完成，其主要的项目成果及发现包括：①海洋空间规划应当以具有法律拘束力的形式加以执行；②海洋空间规划应当以区域性的规模开展；③海洋空间规划必须有公众参与；④海洋空间规划应当以长期规划的形式进行，规划期20年。

英国海洋空间规划试验项目最终报告的附件四和附件五还分别对多重利用区域(Multiple Use Reas)和利用活动的冲突解决进行了分析。

英国于2009年通过了《海洋及沿海区法》③(《Marine and Coastal Access Act 2009》)，计划建立一个适用于英国所有水域的海洋规划体系并将试验项目的成果进行扩大适用。苏格兰也于2010年就其管辖的海域的管理活动通过《海洋法》④[Marine (Scotland) Act 2010]。这两部法律所规定的内容主要包括两个方面：一是规定英国海洋空间规划的长期政策目标(可持续发展)；二是规定在获取更多具体信息的基础上在更地区化、更基础的层面

① http://jncc.defra.gov.uk/page-1541.

② Irish Sea Pilot Project Coastal and Marine Spatial Planning Framework, http://jncc.defra.gov.uk/pdf/Tyldesley%20Marine%20spatial%20planning.pdf.

③ http://www.legislation.gov.uk/ukpga/2009/23/pdfs/ukpga_20090023_en.pdf.

④ http://79.170.44.155/asfb.org.uk/wp-content/uploads/2011/06/Marine-Scotland-Act-2010.pdf.

制定海洋空间规划。这两部海洋法律都分别建立了专门的管理机构：海洋管理机构（Marine Management Organization），以简化颁发许可和执照的程序。该机构日常负责的事项和管辖范围包括：制定和执行统一的海洋规划，负责信息的统一收集和交换，负责试验性海洋空间规划项目的执行和监督等。

（二）德国

德国的海洋空间规划在两个层面展开。联邦政府在2004年通过对《联邦空间规划法》（Federal Spatial Planning Act, Raumordnungsgesetz, ROG）的修订，将联邦政府的权限从对陆上空间规划扩展至在专属经济区进行海洋空间规划，各州政府则有权在领海进行空间规划。2005年和2006年，联邦政府通过了与下萨克森州（Lower Saxony）及梅克伦堡－西滨海（Mecklenburg－Western Pomerania）相毗连的领海的空间规划。扩展联邦政府空间规划权限的主要动力来源于风能开发的需要。早在2000年，德国联邦政府就开始收到各种申请，要求进行大型离岸风场的开发，而这些开发计划在空间利用上引起了重叠和冲突，也为海洋环境保护带来了挑战。另外，对于海洋利用活动审批权的分散也使得利用活动产生冲突的情况日益恶化。2009年，德国联邦政府交通、建筑和城市事务部（Federal Ministry of Transport, Building and Urban Affairs）制定了《德国海洋政策一体化下的海洋发展规划》及"指南"①，作为对欧盟一体化海洋政策的实施，目的在于进一步指导德国海洋空间规划的实施，促进海洋和沿海区域不同的利用活动之间的协调。

在领海的空间规划中，政府试图对海洋新兴产业（离岸风能、旅游和自然保护）以及传统产业（船运、渔业）之间的冲突进行管理。其规划的目标和原则与陆上空间规划以及一体化沿海区管理类似。而联邦政府在专属经济区的空间规划尚处在初期阶段。新的海洋空间规划包括海洋空间规划的所有三个维度：水面、水体和海床，并为特定的海洋活动指定了区域。

德国联邦海洋和水文局（Maritime and Hydrographic Agency）于2008年

① Guidelines for a "Maritime Development Plan" within the context of an integrated German maritime policy, English translation is available at the official website of UNESCO.

年初公布了《北海空间规划》①。该规划及联署的环境报告旨在建立可持续的空间管理体系和评估其环境影响，主要内容包括：①建立重点区(Priority Areas)，只允许某种确定利用活动，其他与之相冲突的利用活动均被排除，例如自然养护、砂石开采等；②建立保留区(Reservation Areas)，其中确定的利用活动享有优先权，例如旅游、自然养护和砂石开采等；③建立适用区(Suitable Areas)，允许展开确定的利用活动，但这些活动不得在指定区域以外的其他区域展开，例如离岸风场的开发。

《北海空间规划》中，在不同的区域中相关利用活动分别被赋予优先权或受到限制。例如，在船运重点区中，其他可能影响船运活动的利用行为受到限制或禁止；在船运保留区中，船运活动被赋予优先权，在开展其他利用活动时必须考虑和评估其可能造成的环境后果以及对船运活动的影响；而船运活动必须遵守环境保护的规则，包括国际海事组织的规则以及《东北大西洋海洋环境保护公约》的规定，以促进海洋污染的防治。关于其他利用活动的规定也类似。另外，在特定利用活动的海洋空间分配当中，早在2005年，德国就在北海和波罗的海分别指定了一个和两个“优先区”(Preferred Areas)用于风能开发。

(三)荷兰

早在20世纪80年代，荷兰就因为修建离岸机场、工业设施以及废物处理厂等原因，对荷兰管辖的北海区域利用进行了尝试，并且引发争议。2005年，荷兰在其国家的《空间规划政策框架》中编写了“北海”专章，旨在统一空间规划政策，并赋予私人主体在北海开展利用活动的权利。此后，荷兰在规划海洋保护区域和离岸风能需要的推动下，制定了《北海2015一体化管理规划》②。该规划通过建立一体化评估框架以及空间规划政策框架，建立了许可证制度，要求所有的海洋利用活动获得相关许可和进行环境影响评价，旨在促进海洋空间的健康、安全及有效益地利用。这一管理规划所确定划分的海洋区域包括：船运区、军事利用

---

① Spatial Plan for the German Exclusive Economic Zone in the North Sea, http://www.bsh.de/en/Marine_uses/Spatial_Planning_in_the_German_EEZ/documents2/Spatial_Plan_North_Sea.pdf.

② Integrated Management Plan for the North Sea 2015, http://www.unesco-ioc-marinesp.be/uploads/documentenbank/4cf76ef0978d9e21b00ffa0460eb0221.pdf.

区、具有特殊生态意义的区域，包括根据《鸟类和栖息地指令》建立的两个自然养护区和根据其海洋空间规划政策文件所建立的五个特殊生态保护区等，同时还规定了砂石开采、风场、钻井平台等项目的活动区域。对于海洋空间规划的执行，分为自然养护、应急机制、技术管理、航运管理、沿海区养护等方面，分别由不同的政府部门进行管理。但荷兰政府也在文件中强调了对许可证制度进行统一调配和促进不同部门之间的沟通的必要性。

总体而言，荷兰的海洋空间规划的主要体系和手段包括：①通过地图展示在现行法律法规下允许开发的区域以及活动主体认为其将要开发的区域；②通过空间监督和许可证跟踪制度展示正在进行以及将要开展的利用活动的情况，以及许可证的有效性和申请情况；③通过对已颁发的许可证的一体化评估框架为空间的多重利用提供更具体的指导；④针对特定利用活动的考察研究，有利于对某一或某些活动的管理进行调整；⑤由政府通过合作机制，促进私人开发主体和市民社会对利用活动进行评价、讨论和协商。

此外，荷兰还正在开展针对荷兰管辖的北海区域的经济和环境评估项目，预计于2015年完成。这些研究将重点关注：①主要离岸活动的现有和未来经济价值及其对空间的要求，这些活动包括石油和天然气、渔业、船运、风场以及电缆和管道等；②这些利用活动所可能导致的空间规划的冲突以及解决方法。在荷兰政府2008年发布的《北海政策草案》①（"Pre - Policy Document on the North Sea"）中，对各部门之间不同的利用活动之间的问题和可能的协调方式提出了意见，包括离岸风场的开发与海事运输、旅游、砂石开采等可能存在的冲突。对不同部门利益和活动的调和主要遵循谨慎原则、成本效益原则、生态保护原则等进行。② 与其他国家海洋空间规划政策略有不同的是，荷兰政府倾向于只在有需要的时候对特殊利用区域进行定义（比如军事需要、船运路线等）。这样的安排可以留给私人开发主体更多的活动自由。

① http：//www. noordzeeloket. nl/noordzeebeleidNWP/Images/Pre-policy% 20Document% 20on% 20the% 20North%20Sea_tcm23 -4105. pdf.

② For more details, see Pre-policy Document on the North Sea, 22 december 2008.

(四)比利时

在比利时的海洋空间规划实践中，新的海洋活动及已有活动的扩张、自然养护的目标的实现以及将海洋及沿海生态系统的管理一体化所带来的冲突并不能仅仅依靠许可制度或环境影响评价制度而得以解决。比利时在其管辖的北海海域以及欧洲保护局域网络下的开发活动实践了一个全面的海洋空间规划战略。

自2004年开始，比利时便制定和执行《北海总体规划》①(“A Master Plan for the North Sea”)为特定海洋利用活动分配空间。这一规划的动力来源于砂石开采和离岸风能开发。该规划包括两个阶段：第一阶段主要为砂石开采和离岸风能工程区域的划界；第二阶段将在欧盟“自然2000”(“NATURA 2000”)网络下划定海洋保护区域的范围。根据该规划，某一特定的开发活动将依据许可证和执照在指定的区域内进行，并接受定期的监督和评估。虽然“总体规划”上不具有明确的法律拘束力，但依据该规划，各部门的现行和未来的发展目标都被纳入空间规划的考虑。该规划的内容包括离岸风场的开发，海洋保护区域的划分，砂石开采的政策规划，防治石油污染的资金支持，海洋栖息地的绘图，生物多样性的保护以及对影响海洋环境的陆源活动的管理等。

此外，比利时还开展了“GAUFRE项目”，对如何可持续地和平衡地利用海洋和海床进行了研究。该研究首先在比利时管辖的北海区域，就现有利用活动以及未来的两项利用活动(海洋保护区域和风场)对海洋空间的影响进行了分析，继而对不同利用活动之间的多种冲突类型进行了影响分析。该项目最具创新性的一点是其基于一系列基本价值，为未来一体化的海洋空间规划设计了多种情景。这些情景的变化是基于对不同价值所赋予的重要性的不同而变化的。近期，比利时管辖的北海区域还完成了一项生物学评估，其成果为一系列反映该区域内不同次级区域的内在生物学价值的地图。这些地图将作为执行可持续管理活动的科学依据。

---

① http：//www. unesco-ioc-marinesp. be/spatial_ management_ practice/belgium.

四、结语

欧盟海洋空间规划包括数据采集、利益相关者磋商和参与拟定规划、后续执行、实施、评估和修订等步骤，在对海洋进行空间规划的过程中十分强调综合管理手段的应用。欧盟的海洋空间规划注重建立系统的方法体系，从用海现状、环境影响分析、适宜性评估和海洋生态价值功能等各方面进行基础的研究和论证。由于欧盟各成员国的社会经济发展状况、用海现状以及海洋生态环境现状不尽相同，导致了欧盟各成员国在海洋空间规划的实践中具有不同的目的导向和相应的制度，从而保证了欧盟海洋空间规划的科学性与可操作性。但欧盟层面的行动也具有重要意义。首先，欧盟层面海洋空间规划上的协调增强了欧盟和成员国政策的有效性和统一性，有助于克服部门利益造成的政策矛盾。其次，欧盟层面的行动也迎合了海洋活动跨国界的特点。成员国可以以相同的政策目标指导其在同一海洋区域的海洋空间管理，可以更好地应对海洋活动所面临的挑战。而欧盟的义务则是促成成员国之间达成相同的海洋政策目标。再次，欧盟层面的行动为成员国提供了协商与合作的平台，有利于海洋生态环境保护目标的实现。

（2013 年 3 月）

从共同渔业政策的改革看欧盟海洋政策的趋势

裘婉飞

共同渔业政策(Common Fisheries Policy)是欧盟的渔业政策，其主要目的是确保欧盟的渔业能够实现环境、经济和社会意义上的可持续性，并为欧盟国家的人民提供健康安全的海产品。共同渔业政策包括四方面的内容：渔业管理、与非欧盟国家的渔业协议、渔业和养殖产品的市场控制和贸易以及欧盟海洋渔业基金(European Maritime and Fisheries Fund)的分配和管理。

欧盟通过共同渔业政策实现其对各成员国海洋渔业的统一管理。欧盟成员国的渔民在其他成员国的海域内进行捕捞作业有着悠久的历史，鉴于对这样的历史和现状的认识，各成员国12海里以外的渔业活动由欧盟委员会(European Commission，欧盟的行政机构)在共同渔业政策框架下统一管理。也就是说，欧盟成员国在12海里以外的管辖海域内，无权管理其他成员国的渔业活动，欧盟在管理这类活动上有绝对管辖权(Exclusive Competency)。

共同渔业政策颁布于1983年，为了能够满足欧盟渔业管理的需要，该政策每隔十年进行一次重大的修订，业内称之为共同渔业政策的改革(Reform of the Common Fisheries Policy)。最近一次改革从2011年开始，经过三年多的政治博弈，修订后的新政策于2013年5月通过，并在2014年年初生效。这次改革包括三个方面：基本法规，共同市场组织和欧洲渔业基金。本文主要介绍共同渔业政策最近一次改革的过程和内容，以此来分析欧盟海洋政策发展的趋势。

一、改革的背景

在欧盟的海洋政策领域，恐怕没有其他事务能够像共同渔业政策的改革那样，能够引起人们复杂的感情。一方面，作为一项对欧盟经济贡献并不高的产业，渔业和代表渔民利益的组织有着广泛的政治渗透力。在高度工业化的欧盟国家，渔业作为一项比较传统的产业，已经从鼎盛时期走向衰落，捕捞总量和从业人数都呈下降趋势①。然而对于很多民众来说，海上作业是一项传统而又神秘的职业，很多人对于世世代代向海洋讨生计、征服海洋的渔民们，充满了同情和赞赏。英国广播公司在2007—2010年期间，制作了20集电视纪录片“Trawlermen”，介绍了从事拖网作业的渔民和他们常常面临的海上作业的种种危险和困难。这成为同期最受欢迎的电视节目之一，英国的主流媒体《独立报》评价“如果你抱怨糟糕的天气或为金融危机而担忧，那么这一纪录片将帮你重新认识生活”②。出于对渔民和渔业这一传统产业的感情，改革和振兴欧盟渔业的呼声渐起。

另一方面，过度捕捞所带来的负面生态影响也在为人们所了解。2013年4月，在共同渔业政策改革进入白热化阶段之际，欧洲共有200多个社会团体、非政府组织联名给欧盟成员国的渔业部长发信，指出共同渔业政策实施30年以来已经导致了渔业种群的下降和生态破坏，保障渔业资源的可持续性是欧洲各国政府不可推卸的国际责任。③ 欧盟委员会在《公共渔业政策改革绿皮书》中指出，88%的欧盟渔业种群已经被过度捕捞，其中的30%面临着资源枯竭的危险。④

在欧盟的政策层面上，共同渔业政策和其他海洋政策、法律互相关联，联系紧密。近年来颁布的一些新的海洋政策和法律，如《综合海洋政策》⑤、《海洋空间规划指令》⑥、《海洋战略框架指令》⑦和《可再生能源指令》⑧等，

---

① European Commission. 2014. Facts and figures about the Common Fisheries Policy. Luxembourg: Publications Office of the European Union.

② Trawlermen. Wikeapedia, http://en.wikipedia.org/wiki/Trawlermen_(TV_series) (2014/12/10).

③ Joint NGO letter to EU fisheries ministers on fisheries reform and stock recovery. http://www.greenpeace.org/eu-unit/en/Publications/2013/NGO-letter-to-EU-fisheries-ministers/ (2014/12/12).

④ Commission of the European Communities. 2009. Green Paper: Reform of the Common Fisheries Policy. COM (2009) 163 final. http://eur-lex.europa.eu/LexUriServ/LexUriServ.do? uri = COM: 2009: 0163: FIN: EN: PDF(2014/12/12).

⑤ EC Communication COM(2007) 575.

⑥ EU Directive 2014/89/EU.

⑦ Council Directive 2008/56/EC.

⑧ EC Directive 2009/28/EC.

明确了欧盟各成员国在各自海域内，除了管理渔业活动之外还必须承担别的义务，比如保护海洋环境，开发可再生能源和促进海洋经济的蓝色增长等等。各成员国根据这些法律采取了一系列措施，如设立海洋保护区及保护区网络，规划大型的海洋可再生能源(风电、潮汐和波浪)开发区等，开始了新一轮的"占海运动"。在一些欧盟国家(比如德国)，海洋保护区和风电这两项规划用海的面积超过国家海域面积的1/3。① 这对于渔业活动造成了很大的限制，直接影响着欧盟渔民的生计。如何改善渔业管理使其向着健康、高效、可持续的方向发展，从而保障渔民的利益，保护海洋生态环境和促进海洋经济的"蓝色增长"，是欧盟海洋管理面临的重要挑战之一。

在这种情况下，改革共同渔业政策已成为社会各界的共识。《公共渔业政策改革绿皮书》指出，一直以来，欧洲渔业政策和管理都是以追求短期利益为出发点，而忽略了渔业的可持续性，这是改革所要解决的首要问题。绿皮书同时指出，在公共渔业政策执行的30多年里，渔业管理的失败根源在于一系列结构性的问题，其中包括根深蒂固的捕捞能力过剩的问题、政策目标的不明确、政治意愿的缺失而导致渔业法律不能有效执行等。绿皮书强调改革将集中在以下几个方面：

(1)在渔业管理中区分小型渔业和大型渔业，并对前者的利益加以保护；

(2)减少过度捕捞；

(3)更好地支持欧盟其他海洋政策法律，特别是《综合海洋政策》和《海洋战略框架指令》的执行；

(4)加强渔业政策的科学基础；

(5)有效地利用欧盟渔业基金，使其为实现共同渔业政策的政策目标服务。

二、改革的过程回顾

2011年7月，经过两年的准备和公众咨询，欧盟委员会公布了详细的公共渔业政策改革草案供欧盟的立法机构——欧盟理事会(Council of European Union)和欧盟议会(European Parliament)讨论。改革方案的要点集

① BfN. Federal Agency for Nature Conservation, Germany. http://www.bfn.de/0316_gebiete+M5054de7a952.html(2012/05/30).

中在：

(1)截止到2015年，实现欧盟所有的渔业种群产量达到可持续水平。这一目标和2002年世界可持续发展大会的建议一致；

(2)禁止弃渔。欧盟的渔民常将兼捕的鱼类或者海洋生物弃之入海，据估计丢弃的渔获物大约占总产量的28%。禁止弃渔将减少资源损耗与对生态系统的不良影响；

(3)加强各类海洋保护区渔业管理的力度，减少渔业对生态系统的破坏；

(4)更好地分配和利用渔业补贴，支持渔业的绿色发展、创新和科学研究；

(5)为小型捕捞业创建资金支持，扶植小型捕捞业在环境、科技和贸易方面的发展；

(6)加强欧盟的国际责任，包括加大打击IUU(违法、无报告及不受规范渔业)渔业的力度，及在和非欧盟国家签订渔业协议时，充分考虑资源的可持续性、人权和法治等要素。①

根据《里斯本条约》，欧盟的立法草案由欧盟委员会起草，而在包括公共渔业政策在内的大部分的政策领域，新的立法必须通过欧盟理事会和议会的同意才能被采纳。这一要求增加了立法的复杂性，因为代表各成员国政府的理事会和经公民选举产生的议会常常会就新的立法产生分歧。公共渔业政策改革草案经历了数次修改，欧盟委员会、理事会和议会就具体的目标设定、完成目标的时间点及所涉及的渔业种群进行了艰苦的磋商，最终于2013年5月30日就《公共渔业政策基本法规》达成一致协议。改革后的公共渔业政策在很多方面对以往的政策做了改动，其中包括如下内容。

(1)采取预防性的原则以及基于生态系统的方法来管理渔业及其对生态环境的影响。

(2)从2014年开始，除了个别指定的渔业，欧盟及其成员国设定的渔业捕捞配额不得超过种群的"最大可持续产量"(Maximum Sustainable Yield)；一些特定的渔业被准许采取逐步递减的方法，在2020年前实现"最大可持续产量"。

---

① European Commission. 2011. Reforming the Common Fisheries Policy. http：//ec. europa. eu/fisheries/publications/reform - leaflet_ en/#/2/(2014/12/12).

(3)从2015—2019年，根据指定的时间表，逐渐减少弃渔的行为。截止到2019年年底，欧盟的渔民必须将至少95%的渔获物带上岸，这一条也适用于在国际海域作业的欧盟渔船。

(4)用多年度管理方案来代替每年的配额设定，以加强渔业管理的长期规划，以及产业发展和市场的稳定性。

(5)在生物敏感区域(如鱼类的产卵场和育幼场)设立"渔业种质资源恢复区"，保护渔业资源。各成员国必须向欧盟委员会建议适合设立这类"渔业种质资源恢复区"的区域，欧盟委员会有权通过多年度管理方案来设立这类恢复区。

(6)在各成员国根据欧盟环境法律设立的海洋保护区内，如果成员国认为有必要采取一定的措施限制他成员国在该区域的渔业活动，成员国要将建议措施以及相关的科学证据递交欧盟委员会。欧盟委员会有权通过授权法案(Delegated Acts)的形式来保障这些措施得以实施。

(7)欧盟各成员国必须按照一定的标准来调整本国渔船的捕捞能力，以避免过度捕捞。如果成员国不能及时评估和削减过剩的捕捞能力，欧盟将暂停或取消渔业补贴的发放。

(8)部分渔业管理的决策权将由欧盟下放到区域性渔业指导委员会(Regional Advisory Councils)，后者将有权利决定一些具体的措施(比如渔具的网格大小)。区域渔业指导委员会的成员包括渔业代表和其他团体(如环境和消费者团体)的代表，后者的人数不得少于总人数的40%。

(9)对于不能有效地执行渔业法规的成员国，欧盟委员会将延迟、削减或取消发放渔业补贴。

(10)根据《联合国海洋法公约》第二十六条，欧盟渔船在非欧盟国家的海域内进行捕捞作业只能捕捞该国家剩余的不能利用的渔业资源。与非欧盟国家签订的《可持续渔业合作伙伴关系协议》必须包含保护人权的条款与排他性条款；渔民或从事渔业的企业在非欧盟国家海域内捕鱼必须得到欧盟的授权，不得绕过欧盟与非欧盟国家政府私自签订渔业协议。①

新的《公共渔业政策基本法规》颁布以来，社会各界对这一轮改革的成果褒贬不一。有学者认为虽然新的渔业政策设定了合理的目标，但有些政

① EU REGULATION (EU) No. 1380/2013.

策的设计并不利于执行。然而从总体来说，这次改革的历时之长、社会各界参与之广泛和改革的深度大大超过了以往几次公共渔业政策的改革，标志着欧盟在可持续渔业管理领域迈出了重要的一步。①

三、从共同渔业政策的改革看欧盟海洋政策的趋势

作为欧盟海洋政策的核心组成部分，2011—2013 年公共渔业政策改革的过程和成果揭示了欧盟海洋政策发展的一些趋势。

一是海洋立法和决策过程的透明度增加。在这一轮的改革中，欧盟议会第一次以共同立法者（Co－Legislator）的身份参与公共渔业政策相关的立法。作为推进欧盟决策民主进程的重要举措，《里斯本条约》授予欧盟议会和理事会同样的立法权参与大部分政策领域的立法。欧盟议会的议员由欧盟各成员国的公民选举产生，代表着非执政党、社会团体和其他公民组织的利益。欧盟议会的积极参与意味着欧盟成员国的海洋和渔业部长们不能再完全左右海洋政策，而其他利益团体（比如环保组织）可以通过欧盟议会表达其诉求，增加了决策的透明度。

二是生态保护主流化。随着欧盟民众环境意识的增加和环境法制的不断完善，生态保护主流化已成为欧盟海洋政策的一大趋势。特别是《海洋战略框架指令》的颁布以来，欧盟提出了要实现海洋的“良好的环境状态”，并以框架指令的形式，对渔业和其他海洋产业提出了环境保护的要求。新的《公共渔业政策基本法规》在减少过度捕捞的目标设定上以及生态保护的措施上都更为具体和深入。例如以往欧盟的海洋保护区面临的一大问题是欧盟各成员国有义务建立和管理各个类型的海洋保护区，但是却没有权力管理其他成员国的渔船在 12 海里以外的渔业活动。这一制约使得欧洲很多的海洋保护区形同虚设。② 而根据改革后的《公共渔业政策基本法规》，欧盟委员会可以直接以授权法案（Delegated Acts）的形式来管理海洋保护区内的渔业活动，在很大程度上简化了决策的流程，为海洋保护区的建设和管理提供了有力的支持。

---

① Salomon M, Markus T, Dross M. 2014. Masterstroke or paper tiger – The reform of the EUos Common Fisheries Policy. Marine Policy 47: 76－84.

② Qiu W and Jones PJS. 2013. The emerging policy landscape for marine spatial planning in Europe. Marine Policy 39: 182－190.

三是区域化的趋势加强。区域化是公共渔业政策和欧盟其他海洋政策(比如新的《海洋空间规划指令》)的另一大趋势。公共渔业政策的改革草案指出，区域化的目的有两重：避免在欧盟层面的微管理(Micro - Management)和促使管理措施更好地体现不同渔业和不同区域的特点。根据新的基本法规，欧盟负责制定基本的政策和管理条例，而在同一捕鱼区有共同利益的成员国可以联合起来，向欧盟委员会递交具体的技术性措施(Technical Measures)的建议，由欧盟委员会通过法案的形式来确保其实施。在递交欧盟委员会之前，成员国必须咨询相关的区域性渔业指导委员会的意见。这一条款实际上是鼓励各成员国以及区域性渔业指导委员会相互合作，在设计具体的技术性措施上发挥更大的作用。这与新的《海洋空间规划指令》鼓励欧盟成员国互相协作，开展跨界的海洋空间规划有异曲同工之处。

四是更注重执法的有效性。一直以来，欧盟的渔业和海洋执法面临着成本高、取证难、效率低、各成员国间信息不共享等多重困难。在过去的十年里，欧盟已经在海洋执法上作了一系列的改进，其中包括：①整合各成员国和欧盟的海上执法力量；②明确了欧盟和各成员国在执法方面的指责，即成员国负责在其海域内的渔业执法，包括该国渔船在非欧盟海域的执法；而欧盟委员会负责监督各成员国履行各自的义务；③欧盟委员会采用“共同渔业政策执行率评分表”(Common Fisheries Policy Compliance Scoreboard)的方式来评定各成员国执行的力度，并向社会公开其结果；④更加严格的监察制度。所有的欧盟渔船(包括在非欧盟国家和国际海域作业的渔船)必须在登岸前向渔业部门递交证据，以证明其渔业活动的合法性；⑤现代化技术的应用。长度大于12米的渔船必须装备有电子登记手册与卫星监控系统，前者记录捕捞的成分及买卖信息，后者实时记录渔船的位置和航行速度。[①] 新的《公共渔业政策基本法规》在多方面促进了渔业执法，比如将成员国执法的有效性和所得的渔业补贴联系起来。在新的公共渔业政策下，对于不能有效地执行渔业法规的成员国，欧盟委员会将延迟、削减或取消发放渔业补贴。同时，为了配合新的减少弃渔的规定，欧盟委员

---

① Council Regulation (EC) No 1224/2009。又见 http://www.europarl.europa.eu/aboutparliament/en/displayFtu.html? ftuId = FTU_5.3.3.html(2014/12/15).

会已经向议会递交了新的立法草案①，着重完善和弃渔相关的信息登记、渔获物的储藏以及监控措施（包括监察员制度等）。

四、对我国渔业和海洋管理的几点借鉴

我国和欧盟的渔业和渔业管理从很多特征上来说有根本性的不同。比如欧盟大部分海域位于温带和寒带，大多数渔业为单一物种的渔业，工业化水平高。欧盟传统渔业管理的基础是配额分配，是基于渔业产出的控制措施。而我国的渔业多为混合物种的渔业，渔业管理以控制渔业投入（如渔船数量等）为主。从法制上来说，我国也缺乏像欧盟那样系统化的渔业法律体系。但是公共渔业政策的改革还是为我国提供了一些可以借鉴的经验。

（1）设立明确的、可量化的政策目标。新的欧盟公共渔业政策明确了在2020年之前将产量控制在“最大可持续产量”，这也是《联合国海洋法公约》提出的目标。其他的一些措施（比如弃渔）也有具体的目标和执行时间点。而我国《渔业法》历经2次修订，但却没有提出具体的管理目标。② 合理、具体的管理目标是有效管理的基础，也是我国渔业制度上需要弥补的缺失。

（2）科学决策。公共渔业政策有着强大的科学基础。从每年渔业捕捞配额的设定到管理措施的制定都有大量科学家的参与，其中包括欧洲最大的科学组织“海洋探索国际委员会”（ICES）。ICES创建于1902年，由来自20多个国家的1600多名海洋科学家组成，长期致力于为公共渔业政策提供科学支撑，在历次政策改革中发挥了重要的作用。③ 我国也可借鉴欧洲的模式，组建稳定和多学科的科学指导委员会，鼓励科学家长期参与渔业政策的制定。

（3）加强不同海洋政策的相关性。改革后的公共渔业政策与欧盟其他海洋政策，特别是环境政策和法律的联系更加紧密。同时，通过设立渔业资源恢复区和鼓励渔业，特别是小型渔业的创新和绿色发展、明确相关职

① EC COM(2013) 0889.

② 苧梓：《中国渔业无明确法定管理目标　无法进行有效管理》，http：//news. china. com. cn/txt/2013－06/05/content_29033250. htm，2014/12/15。

③ EC. 2008. The Common Fisheries Policy：a user guide. http：//ec. europa. eu/fisheries/documentation/publications/pcp2008_en. pdf(2013/1/17).

权，有效地支持了欧盟海洋空间规划和蓝色经济的增长。我国各类海洋法律之间缺少协调，比如有关水域生态环境保护的条款分散在《中华人民共和国渔业法》《中华人民共和国海洋环境保护法》和《中华人民共和国污染防治法》等法律中，造成渔业管理部门和有关政府部门管理职责分工不清。① 公共渔业政策的改革为加强我国渔业法律和其他海洋法律的联系提供了可以借鉴的经验。

(4)鼓励公众参与渔业管理。欧盟历次的公共渔业政策改革都是困难重重，而这一轮改革之所以能够在深度和影响程度上超越前几次的改革，公众参与是很重要的因素。可以说欧盟委员会在这一轮改革中“借力”于环保组织和小型渔业的产业协会等社会组织来推行在生态保护、小型渔业管理等方面的改革。通过公众参与来推进渔业和海洋法制的改革和完善，欧盟的做法为我国提供了很好的经验。

(2014 年 12 月)

① 郑小琼：《我国渔业立法尚存不足一些重要制度缺失或不完善》，http：//www. legaldaily. com. cn/rdlf/content/2011 - 07/01/content_2779422. htm? node = 20948，2014/12/15。

美国海洋政策的最新发展及特点分析

李　军　张　丹

2009 年 9 月 10 日，由美国总统奥巴马任命的部际间海洋政策工作组起草的《部际间海洋政策工作组的报告草案》(以下简称《美国海洋政策报告草案》)①对外发布，对外公开征集各方意见。这是美国继 2004 年《21 世纪海洋蓝图》之后再次发布新的国家海洋政策。

一、美国制定综合性海洋政策的历史回顾

美国综合性海洋政策的研究和制定始于 20 世纪 60 年代。1966 年美国国会在国家科学基金会内部设立了国家海洋补助金学院计划，成为支持美国海洋学和与海洋相关的其他科学和法律研究的主要经费来源。这个时期，支持成立与国家航空航天局相类似的、独立的国家海洋机构以统筹海洋工作的呼声日益高涨。在这样的背景下，美国国会于 1966 年 6 月 17 日批准了约翰逊总统签署的《海洋资源与工程发展法》。依据该法的规定，美国政府成立了一个由 15 名委员组成的海洋科学、工程和资源委员会。在此后的两年中，该委员会的 15 名委员和 4 名国会顾问召开了一系列听证会，并在全国沿海各州召开会议。1969 年，该委员会发表了《美国与海洋》的报告(即著名的《斯特拉特顿报告》)，其中包含了 126 项建议②。这是美国历史上第一个综合海洋政策报告。该报告广泛研究了各种海洋问题，其中包括联邦政府的涉海组织、海洋在国家安全中的作用、海洋石油和天然气和其他海洋资源的潜在经济贡献、海岸带和海洋环境保护的重要意义以及美国渔业能力的提高等。③

---

① http://www.whitehouse.gov/assets/documents/09_17_09_Interim_Report_of_Task_Force_FINAL2.pdf.

② 焦永科:《21 世纪美国海洋政策产生的背景》，载《中国海洋报》，2005 年 6 月 3 日。

③ 周秋麟，牛文生，等译:《规划美国事业的航程》，北京：海洋出版社，2005 年。

经过近 30 年的发展，美国的海洋形势发生了巨大的变化。美国有 1.41 亿人口生活在沿海岸 50 英里(约 80 千米)宽的范围内，其中近 30 多年来新增加了 3700 万人口、1900 万个家庭以及无数的行业。海洋运输和滨海旅游娱乐业已经成为美国国民经济发展的两大驱动力。2000 年，美国海洋产业对美国经济的直接贡献为 1170 亿美元，创造的就业机会有 200 多万个。美国沿海地区每年经济总产值超过 1 万亿美元，占国内生产总值的 1/10。如果再把沿海流域各县考虑进去的话，沿海地区每年对国家的贡献达到 4.5 万亿美元，占全国国内生产总值的 1/2，提供了大约 6000 万份工作。① 随着海洋经济和沿海地区蓬勃发展，人类活动给美国海洋和沿岸生态环境等造成的负面影响也越来越严重，海洋和沿岸污染加剧、水质下降、湿地减少、鱼类资源遭到过度捕捞。这使得美国政府不得不重新考虑制定新的国家海洋政策。

1998 年联合国举办了“98’国际海洋年”活动，以引起世界各国对保护海洋和海洋环境以及可持续利用和开发海洋资源的重视。美国总统克林顿专门为海洋年发表总统宣言。在宣言中，他呼吁各国共同努力，维护海洋的健康，保护海洋环境，确保对海洋资源的可持续管理。在“98’国际海洋年”和国际海洋形势的推动下，美国于 1998 年和 2000 年两次召开全国海洋工作会议。2000 年，美国国会通过《2000 海洋法令》。根据《2000 海洋法令》，美国总统布什任命了由 16 个来自不同学科背景的专家组成海洋政策委员会，重新审议和制定美国的海洋政策。

该委员会从 2001 年 9 月开始工作，在两年多的时间里对美国海洋政策和法规的实施情况进行了全面和深入细致的调研，先后召开了 9 次地区性的会议，总共召集了 16 次听证会，参会人员包括国内一流的海洋科学家、研究人员、环境组织和产业企业、普通公民和政府官员等 445 位代表，征集了大量的书面证词，沿美国海岸线和五大湖周围地区进行了 18 次实地考察，掌握了大量关于美国利用和管理海洋方面最紧迫的问题的第一手材料。在此基础上，海洋政策委员会于 2004 年 4 月 20 日提交了一份初步报告，并提请各州州长、行政区首长、部落首领以及其他利益相关者进行审议和提出反馈意见。在对相关意见进行处理之后，委员会于 2004 年 9 月

① 焦永科：《21 世纪美国海洋政策产生的背景》，载《中国海洋报》，2005 年 6 月 3 日。

20日向美国总统和国会提交了最后报告《21世纪海洋蓝图》。2004年12月17日，美国总统布什发布行政命令，公布了《美国海洋行动计划》，对落实美国《21世纪海洋蓝图》提出了具体的措施。

二、美国“海洋政策报告草案”的出台过程

2009年6月12日，美国白宫新闻办公室发布了美国总统奥巴马“关于将2009年6月定为‘国家海洋月’的宣言”①。在宣言中，奥巴马总统指出：美国的经济高度依赖海洋，海洋在支撑生命方面发挥着重要作用，海洋对人类的生存有着不可替代的作用。在勘探和保护海洋资源方面，美国一直发挥着先锋作用，美国掌握了关于海洋生态系统的新知识并开展了海洋创造性的保护工作，包括国家海洋生态保护区，减少过度捕捞规模，采取恢复濒危物种和受损生境的措施，在减少近海污染方面取得了巨大成就。本届政府将在以往的基础上，采取更加全面和综合的方法来制定国家海洋政策，海洋政策将突出基于生态系统的科学与管理，并强调各利益相关方在海洋开发与保护方面的责任。

当天，美国新闻办公室发布美国总统奥巴马“关于制定海洋综合政策的备忘录”②。该备忘录指出：为了成功保护海洋、海岸带和五大湖区，美国需要在统一的框架和明确的国家政策指导下采取行动，包括利用全面、综合和基于生态系统的方法，从长远的角度保护和利用这些资源。因此，总统办公室决定成立部际间海洋政策工作组，工作组主席由环境质量委员会主席担任，工作组成员由2004年12月17日总统行政令建立的海洋政策委员会中政策领域的资深官员担任。其任务包括：在备忘录公布之日起90天内，拟定国家海洋政策，以保护、养护和恢复美国海洋、海岸带和五大湖区生态系统与资源的健康，提高海洋经济的可持续性，保护美国的海洋遗产，加深美国对气候变化的认识和提高气候变化的应对能力；提出一个协调框架，以便更好地管理美国的海洋、海岸带和五大湖区；提出一个政策实施战略，包括列出为完成国家海洋政策规定而应实现的目标，并明确优先领域。

在总统备忘录发布后，部际间海洋政策工作组（以下简称“工作组”）宣

① http://www.whitehouse.gov/sites/default/files/page/files/2009oceans_prc_rel.pdf.

② http://www.whitehouse.gov/sites/default/files/page/files/2009ocean_mem_rel.pdf.

告成立，成员由24名来自联邦政府部门政策领域资深官员担任。工作组成立了由联邦政府执行部门的高级官员组成的工作委员会，来执行工作组的具体指示。2009年9月10日，工作组的报告草案在美国白宫网站正式对外发布，公开征集意见。

三、美国“海洋政策报告草案”的主要内容

美国“海洋政策报告草案”总共38页，由四部分组成：执行摘要；美国海洋、海岸带和五大湖区政策建议；海洋政策协调框架建议；实施战略。

（一）执行摘要

执行摘要由四个部分内容组成。第一部分主要介绍了美国总统关于制定美国海洋政策的备忘录，重申和强调了备忘录中关于政策制定的指导意见、所要达到的具体目标和政策实施的总体框架。第二部分详细介绍了工作组的组织结构和运行过程。工作组成立后组建由联邦政府执行部门高级官员组成的工作委员会，其职责是贯彻落实工作组的指示。工作委员会下设四个小组：政策小组、协调框架小组、实施战略小组和公众参与小组。报告还指出，报告草案与国家安全部门和外交部门协调交换了意见，并尽可能的平衡各利益相关方。第三部分介绍了报告制定过程中公众的参与方式和效果。指出该报告借鉴并吸收了之前美国的海洋政策委员会和皮尤海洋委员会(Pew Oceans Commission)①的相关成果，采取了在因特网建立交互网页、圆桌会议、和在阿拉斯加、加利福尼亚、罗德岛、俄亥俄、路易斯安那和夏威夷地区举行了6次区域公众会议等方式让公众广泛参与到政策制定中来。第四部分主要介绍了本报告的主要内容：关于海洋、海岸带和五大湖区的政策建议、协调框架、实施战略和结论。

（二）海洋、海岸带和五大湖区的政策建议

政策建议由四部分内容组成。第一部分内容为愿景，指出美国和美国人民必须保证海洋、海岸带和五大湖区的健康、富于恢复力和富有生产

① http://www.pewtrusts.org/our_work_detail.aspx? id=130.

力，以此来保证美国现在和未来子孙后代的福祉、繁荣和安全。第二部分为国家海洋政策内容，主要阐述了海洋、海岸带和五大湖区的价值，面临的挑战，海洋政策协调框架的现状和海洋政策行动时机。第三部分美国海洋政策，指出海洋、海岸带和大湖区的海洋管理，必须与环境可持续、人类的健康和福祉、国家的繁荣、应对气候变化、社会公平、外交政策和国家安全紧密联系起来。因此、国家海洋政策应包括：

(1)保证海洋、海岸带和五大湖区健康和恢复力政策；

(2)保证海洋、海岸带和五大湖区安全和富有生产力政策；

(3)深刻认识和珍惜海洋、海岸带和五大湖区政策。

第四部分为海洋管理的理念。阐述了为达到海洋政策目标，海洋管理中必须履行的9个方面的管理原则和理念，指出在执行上述原则和理念的过程中需要资源和资金，联邦部门和机构应该尽快认识实施海洋政策所需的财政、管理、制度和立法所需的财政支持。

(三)海洋政策协调框架建议

本部分介绍了在对现有海洋政策委员会结构进行修改、合并后的新的政策协调框架，这个框架具有更强的授权和方向性，新的政策协调框架包含七个机构(如图1所示)。文中还详细阐述了七个机构的组织结构和职能：

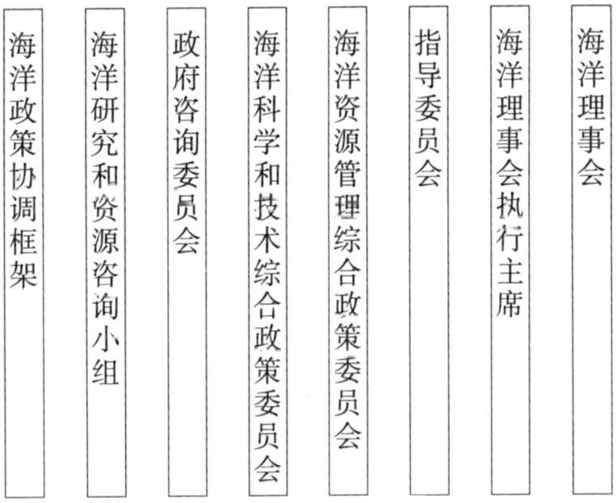

图1　海洋政策协调框架示意图

最后，第八部分指出，如果采用该协调框架，在框架运行12个月后，海洋政策理事会将组织一次对协调框架运行效率的评估，并在评估结果的基础上对框架进行改进。

(四)实施战略

实施战略由两部分内容组成：国家海洋政策的主要目标和重点领域。国家海洋政策的主要目标包括以下四个方面内容：

(1)基于生态系统的管理：把基于生态系统的管理作为海洋、海岸带和五大湖区的主要管理原则。

(2)海岸带和海洋空间规划：在海洋和海岸带实施广泛的、综合的和基于生态系统的管理方式和空间规划。

(3)决策告知和提高认识：提高认识，以便不间断提高管理水平、政策决策水平和应对变化和挑战的能力，并告知公众。通过正式和非正式的方式更好地开展关于海洋、海岸带和五大湖区的公众教育。

(4)协调与支持：更好的协调和支持联邦、州、部落、地方和区域管理好海洋、海岸带和五大湖区。在联邦一级加强协调统一，依据情况，适当的参与国际社会活动。

海洋政策实施的重点领域为：

(1)海洋的恢复力与适应气候变化和海洋酸化：加强沿海社会群体、海洋和五大湖区海洋环境的恢复力，并增强他们应对气候变化影响和海洋酸化的能力。

(2)区域生态系统保护和恢复：以科学为基础、保护和恢复相结合，在联邦、州、部落、地方和区域各级建立和实施综合生态系统保护和恢复战略。

(3)水质和陆地的可持续实践：通过提升和实施陆地上的可持续实践来提高海洋和沿岸区域和五大湖区的水质。

(4)改变北极地区的环境：在北极地区及其周围海域，实施必要的环境管理来应对气候引起的和其他环境所导致的变化。

(5)海岸带和五大湖区观测系统和基础设施：加强和整合联邦和非联邦的海洋观测系统、探测系统和数据收集平台，将其纳入国家观测系统并融入国际观测体系。

四、美国“海洋政策报告草案”的特点

美国海洋政策报告草案是继2004年《21世纪海洋蓝图》之后美国再次

发布新的国家海洋政策，从其报告内容可以看出以下特点。

(一) 最大限度地让公众参与海洋综合政策的制定与实施

从“海洋政策报告草案”编写的组织形式及其制定过程和实施框架中可以看出，美国海洋政策的制定过程中最大限度的让各利益相关方参与进来。部际间海洋政策工作组的24名委员分别来自联邦政府各部门政策领域的资深官员。在“海洋政策报告草案”制定过程中，通过在因特网建立交互式网页来接受公众对国家海洋政策的认识和看法，并举办了六次区域性会议来接受公众的参与。草案拟定后，在网上公开征集公众的评论以此来完善政策报告。在报告草案第四部分政策的实施战略中，强调对公众的教育以及公众的参与程度。这些方式，都可以使公众最大限度的参与到国家海洋政策的制定与实施过程中，很好地平衡了各方面的利益，有利于海洋综合政策的最终实施。

(二) 重视对海洋的保护与恢复，保证海洋的可持续发展

美国总统奥巴马在“关于制定美国海洋综合政策的备忘录”中指出，“为了当代和子孙后代的利益，我们有责任保护海洋、海岸带与五大湖区的健康，使它们具有抵御外来不利因素的能力，实现海洋的可持续发展”，其海洋政策的内容、主要目标和重点领域对这段话做了很好的诠释。在报告草案的第二部分政策内容中一再强调保证海洋、海岸带和五大湖区的健康和富于恢复力以及实现可持续发展，并加强对公众的教育，使公众深刻认识和珍惜海洋、海岸带和五大湖区。在报告的第四部分实施战略中，其海洋政策的主要目标和实施的重点领域也围绕着海洋环境的保护与恢复，为保证海洋的可持续发展，提出了基于生态系统的管理原则、区域生态系统保护和恢复、保持海洋的恢复力来适应气候保护和海洋酸化等措施。

回顾美国海洋开发和海洋政策的历程，经历了近30年的海洋开发之后，其海洋形势发生了巨大的变化，在这种形势下，美国海洋政策从2000年一改过去重视开发海洋和海岸带的政策，提出海洋环境的保护与恢复，保证海洋的可持续发展成为历史的必然选择。

(三) 建立国家级别政策执行协调框架，保证海洋政策战略的实施

全面的、综合的海洋政策的实施具有复杂性。美国目前的涉海法规有

140 多部，涉海管理部门 20 多个，每个部门都有各自不同的职能，其中有些相互交叉或者冲突。为解决这些问题，政策报告草案为海洋政策的实施建立了协调框架，该框架包含国家层面的七个机构，并对这些机构的组织结构和职责作出了详细的规定，以此来保证海洋综合政策的顺利实施。

五、结语

美国是世界海洋强国，其海洋政策报告草案的制定在一定程度上反映出今后海洋事业发展的方向和趋势。不难看出，加强海洋保护，保证海洋的健康，实现海洋的可持续发展已经成为其海洋政策核心。美国新海洋政策的制定及其内容、原则和实施框架等对于制定我国海洋政策有重要的借鉴意义。

我国目前正处于建设小康社会的关键时期，党中央、国务院在 2008 和 2009 年作出了一系列关于沿海地区经济发展的战略部署，如《广西北部湾经济区发展规划》《珠江三角洲地区改革发展规划纲要》和《辽宁沿海经济带发展规划》等。我国在研究制定海洋政策时，如何保证在发展沿海经济的同时，做到经济建设与海洋保护相协调，保证海洋的健康，实现我国海洋的可持续发展是值得我们深思的重大问题。

（2009 年 8 月）

对河海划界问题的思考

王　芳

河口处于海洋与陆地交会处，是海岸带的一部分，是陆－海－气相互作用最频繁的区域，来自陆地上的淡水同海水在这里混合，具有典型的过渡性生态系统特征。我国拥有漫长的海岸线和众多的入海河流，外流河河长大于100千米的约70多条，其中主要河流近20条。由于河口海岸区域自然地理的特殊性和生态环境的复杂性，河口区物产丰富，人口密集，社会经济繁荣。《中华人民共和国国民经济和社会发展第十二个五年规划纲要》明确要求，加强重要河口综合治理。2013年7月，习总书记在中央政治局第八次集体学习时的讲话，明确指出“要尽快制定海岸线保护利用规划”，河海界线的划分和确定是开展海洋管理的重要基础性工作，与此同时又是海域管理特别是海岸线管理和治理中不可缺少和无法避免的焦点问题。明确划定相对固定的河海分界线，有助于区域经济发展规划和生产计划的制定，有效提高对区域的资源开发和环境保护的管理效率。

一、河海划界的特点及管理实践

（一）自然科学层面的河海界线与管理实践

客观地讲，河海之间并没有一个清晰、确定的分界面，而存在的是一个河水和海水理化性质逐渐变化的过渡地带；对于不同河流来说，这个地带的宽度又不尽相同。所以，在划定河、海边界时，需要对具体情况作具体分析，根据其动力和形态特征进行综合考虑。广义上将此分界线定在河流口外海滨段的外缘急坡处；而狭义上则认为，它是河流河口段（狭义河口区）的外界，亦即河流洪水期潮流下界或河口拦门沙附近。①

① 萨莫依诺夫：《河口演变过程的理论及其研究方法》，谢金赞等译，北京：科学出版社，1958年，第1－50页。

各学科在学术上的划分原则也不完全相同。有的学科以咸淡水的界线作为河口海陆分界线；有的学科则以海陆生物的生长界线作为河口的海陆分界线，因此科学分析和研究沿海各类河口的形态和成因，制定出相应的划分原则，科学、合理地划出沿海河口海陆分界线也是一个重要问题。

河口区域生态环境的复杂性和特殊性，在该区域的管理和法律的适用性等方面具有存在着海洋、国土、水利等各行政主管部门之间的职权划分不清等诸多问题，河口岸线的确定较为困难。在沿海各地的管理实践中，以有利于生产和便于管理为原则，均根据具体情况来确定。例如，天津市河口岸线的确定主要按以下原则进行确定：如果河口建闸，则海岸线上溯至防潮闸，比如海河口、独流减河口等均属于这种类型；如果河口没有建闸，则结合海水向河道内的上溯程度以及临近河口的跨海大桥的位置来对海岸线进行研判，比如未建防潮闸时的永定新河口岸线确定就属于这种类型。河北省所确定的划分标准与天津类似。依据908专项岸线修测专题成果，河北省对河口岸线进行了划定，具体划定标准为：河流入海口附近有桥梁、防潮闸或防潮坝的，将桥梁、防潮闸或防潮坝的位置作为岸线；或以河口突然展宽处作为海岸线。岸线以下的河口水域纳入海域管理范畴。广西以入海河流所邻海岸线标记物为界，靠陆一侧区域由水利部门进行管理，靠海一侧区域由海洋行政管理部门根据《中华人民共和国海域使用管理法》和《中华人民共和国海洋环境保护法》进行管理。

(二)河海界线划分的特点及分析

河口岸线是整个大陆海岸线的重要组成部分。由于河口本身的特点千差万别，河口的定义都不是那么明确，要确定河海的分界也就更加困难。因而，各个国家对河海界线的划分和立法也就采取了根据河流或河口的具体特点“具体情况具体分析”的办法，或干脆为某一项法律进行规定，即通常的“为本法的目的”而规定某些具体的河海分界界限。譬如有的按照地形地物标志，有的按照地质地貌，有的按照盐度的变化，有的按照植被分布的特点，有的干脆用经纬度来确定河海的分界线。这就出现了不仅各国之间没有一个统一的河海分界线，就是一个国家内也没有统一的河海分界线。这是河海划界的一个突出特点。

“河海划界”是多年来相关学术界的热门话题之一，但河海区域作为一个特殊的自然生态环境系统，其所蕴涵的多种学术内涵远非“河海划界”的单一议题所能覆盖。从几十年的实践看，人们试图从河口区域的地形、地物、化学、生物、水文等特征，甚至从人工标志、行政界线、部门及地方习用界及历史沿用界等方面试图进行“河海划界”，但始终未能达成共识。在“河口海域”中相对有效地解决“河海划界”的问题，本质上就是解决该区域的陆海分界问题。

按照《联合国海洋法公约》的规定，“如果河流直接流入海洋，基线应是一条在两岸低潮线上两点之间横越河口的直线”。但《联合国海洋法公约》中使用低潮线主要是有利于沿海国最大限度地主张管辖海域的面积，而现实的河口海岸管理属于一国的内部事务，河海界线的划定以及由此产生的法律关系必须符合国内法律法规的有关规定。同时，如果以低潮线为标准确定河口的海陆分界线，该线将与相邻的海岸线之间产生无法衔接的问题。例如，《中华人民共和国海域使用管理法》(2002 年 1 月 1 日起施行)第二条指出，“本法所称海域，是指中华人民共和国内水、领海的水面、水体、海床和底土。本法所称内水，是指中华人民共和国领海基线向陆地一侧至海岸线的海域。”这里所指海岸线，是指“平均大潮高潮线”，这样，河口岸线将与相邻海岸线之间产生错位。

(三)海岸线标准较为合理可行

我们认为，选择海岸线作为标准较为恰当。这是因为海岸线的概念和定义是明确的，目前测定海岸线的方法和手段也是可靠的，海岸线的位置、类型和长度等属于重要地理空间信息数据，是国家重要地理信息数据，其标准定义为“平均大潮高潮线”，它既是强制性国家标准，还是军民合用的标准。作为国家重要地理信息数据的海岸线数据还受《中华人民共和国测绘法》(2002 年 12 月 1 日起施行)、《中华人民共和国测绘成果管理条例》(2006 年 9 月 1 日起施行)的调整。国家对包括海岸线在内的重要信息数据历来实行统一审核与公布制度。确定河口区域海岸线的封口问题，这在我国也是明确的，同样要适用其标准定义，因为河口海岸线本是海岸线的一部分，而不能选用不同标准或方法先确定所谓的“河海界线”并依此来“截断”标准海岸线。根据继承性原则，在其后的时期内对海岸线进行修测也只能依其为对象，判定修测成果正确与否的标准也只能是将其是否符合基本定义作为唯一尺度。

从自然科学角度来看，就入海河口而言，它是一个半封闭的海岸水体，与海洋自由沟通，海水在其中被陆域来水所冲淡。入海河口的许多特性影响着近海水域，且由于水体运动的连续性，测验方法和分析技术上的相似，往往把河口和其邻近海岸水体综合起来研究，因此它是海岸带的组成部分。另一方面，国务院有关涉海部门也依据法律法规和各自的职责，将大潮高潮线以下海域作为海域进行管理。长期以来，我国的海域使用管理、海底电缆管道管理、海洋环境保护、海洋监测预报、海洋执法监察等各项管理工作，都至少包括了平均高潮线以下的海域。因此，在河口区域的河海分界也应延续这条界线划分原则。同时，在行政管理范围问题上，本着统筹兼顾、突出重点的原则，可以将河口地区分为河道区、口门区及备用流路区，实行分类分区管理。

二、国外河口区域管理模式和经验

河海划界和河口海域管理工作，还可以借鉴国外的一些成功经验。自20世纪70年代以来，在全球环境变化受到重视的同时，海岸带的管理特别是河口地区的管理和研究也成了沿海各国普遍关注的问题。一些发达国家，例如美国、英国、法国、澳大利亚、加拿大等，认识到河口存在的问题和进行河口管理的重要性，在海岸带和河口管理、研究方面都走在了前面，取得了一定的效果和经验。

第一，采取河口区域综合管理模式。由于河口是海岸带的一部分，因而许多国家对河口的管理，都是按照海岸带的管理模式进行的，唯一不同的是海岸带管理是整个沿岸地区的管理，而河口管理是海岸带的局部地区的管理。同海岸带管理一样，他们发现传统的单一、分散和零碎的管理不能从根本上解决河口的管理问题，必须采取一种综合的管理战略，不断、反复加强河口管理措施。虽然河海的界线并无明确的标明和界定，但并没有影响这些国家对河口区域的综合管理模式。

第二，制定河口管理的战略和计划。在许多国家，河口管理除遵循海岸带管理战略以外，还专门制定了河口管理的战略计划，所提出的目标明确，措施清楚、可行，包括战略目标、战略管理计划、要解决的主要问题、行动计划、具体措施等。有的国家还提出了战略口号，作为河口管理的目标。如韩国将几条主要河流分为几类，提出了“创造多样性的、富饶的、多产的河口”的口号，在流域治理的基础上，制定具体的管理战略。

第三，实行流域治理和多级管理。由于河口水域不仅受到河口本身活动的影响，还受到岸上乃至该河流域活动的影响。因此，所有制定河口管理计划的国家，都引进了“流域”的概念，在治理河口时，不仅把目光集中在河口本身的水域，还要考虑到河口区域其他河流及其流域，即对河口实行流域治理。河口管理一般是多级管理。例如，美国的河口管理从上至下依次为联邦、州、县、部落(如果涉及)，直到社区等地方部门。

第四，设立河口管理部门和机构。如前所述，河口的管理是一项复杂的综合管理，涉及的部门很多。往往是由一个部门牵头，多个部门参加。综合管理的主管部门和涉及的部门，根据各个河口的自然环境和社会经济的情况、河口管理的目标、河口保护、开发和利用等的具体情况而定。例如，澳大利亚成立河口管理委员会，专门负责河口管理事务，国家部门和州级部门提供政策支持和指导，并在财政上予以资助和扶持。

第五，依法实施河口管理。从几个国家的河口区域管理情况看，各国在河口管理中，从中央政府、省(州)，到地方政府，都是按有关法律法规实施河口管理的。不论是河口管理计划本身，还是具体的行动计划，都是通过一定的法律程序批准的，因而，它们也都具有一定的法律效力。如美国，除在《海岸带管理法》《环境保护法》《清洁水法》等中涉及河口管理外，在2000年专门制定了《河口恢复法案》。

国际上河口区域管理及河海划界的成功经验，可以作为我国河海划界及区域管理的有益借鉴和参考。

三、对河海划界工作的思考和建议

从自然科学角度来讲，由于河口地貌的形态和成因各异，很难确定一个简单、统一的办法解决沿海所有河口海陆分界线的划分问题。在为河、海划定分界线时，需要对具体情况作具体分析，根据其动力和形态特征进行综合考虑。另一方面，在现实管理上，由于河口区域社会经济的繁荣发达，各部门管理历史沿革已久，虽然其依据法律法规行使的管理职责时有冲突，但多已形成一种事实惯性，而河海界线的划定势必会造成一些权责的重新调整和分配。因此，开展河海分界线的划定工作存在着相当的难度。应加强划界前期的调查和研究力度，以自然科学为基础，以法律法规为依据，以管理中的问题和矛盾为切入点，深入分析河海划界的必要性和迫切性，并制定出相应的划分原则和意见，提出科学、合理的划界方法，为正式开展河海划界工作提供坚实的基础。

通过对现有资料的总结分析和研究，我们对河海划界的原则、影响因素、划界依据及开展本工作的技术程序、组织结构等提出如下建议：

(一) 划界原则的设定

河海划界应当坚持有利于入海河口区域社会稳定和安定团结，有利于资源开发利用和生态环境保护，有利于区域经济的可持续发展，有利于入海河口区域行政管理的指导思想，须从国家整体利益出发，以实事求是的科学态度，坚持公平、公正、公开、科学、合理的基本原则，做到兼顾各方利益，合理划定河海的分界线。

1. 综合性原则

河海划界工作涉及的部门多，情况复杂，入海河口的类型、地质地貌、地理资源、水域水质、生态环境等自然因素和入海河口区域社会经济发展的需要、各部门管理范围、职责的合理划分等社会因素要综合考虑。

2. 因地制宜原则

由于不同河口区的具体情况不同，因此河海划界不可能采取完全一致的标准和方法，应该尊重各河口区域的自然、社会、经济发展的历史和现状，因地制宜，确定合理的划界方案。例如，对独流入海的河口，可以各取入海口两岸两侧有代表性的一点连线划分；对于河汊众多的入海河口处，如入海河口多、河口面积大的，可以考虑沿河口扇形区域外，按等深线或根据实际情况选固定点进行划分；对于河口建有海挡的，可以海挡为划界主要依据。

3. 管理学原则

河海划界是一项基础性管理工作，其最主要目的之一是为了方便管理。因此，划界方案的确定应该符合管理学的科学原则。管理学具有层次和优先性，次要功能必须服从主导功能，确定河口的主导功能或者时空覆盖面较长较广的功能，是划界依据确定的前提。

4. 社会学和经济学原则

要符合社会学和经济学原则。河海划界不仅不能削弱而且要有利于增强河口防灾减灾的功能，同时要有利于社会的安定和社会经济可持续发展。

5. 生态学原则

河口生态系统是生产力水平较高的生态系统之一，也是生态系统最为复杂、最为脆弱的地方。河海划界中，应该力求不打破自然生态系统的完整性，保证生态平衡不被打破，并有利于生态循环向良性方向发展。

6. 界线标志点易于分辨的原则

为了便于各部门行政管理，在界线划分时选择界线的参照物应易于分辨，如将桥梁、泄洪闸、防洪堤或者两岸固定物等作为分界线的标志点。

（二）河海划界影响因素的选取

河口区域自然、社会和经济发展问题相互交织的现实情况，决定了影响河海划界的因素是多方面的，河海划界应该对各种因素进行综合权衡。

1. 自然要素

地形地物特征。地形地物特征是河口界线划定的主要影响因素之一。如河口段与口外段的分界处两侧或一侧有特征地貌或天然转折点，或河口两侧突出的沙嘴、岬角或孤立的山咀或山丘等。另外，由于海堤和河堤是不同的，堤坝可以用做划界的影响因素。

水物理化学性质。由于河口是河流和海洋两种水体相互融合的地段，水流的盐度、矿物质含量及水文、水动力在此地段存在着此消彼长的相互作用，因而根据这些方面特征的变化划分河海界限是比较科学的，但是会有一定难度。例如，以盐度、河床水深梯度突出的地段为界，但同时也指出由于两者均是一个随洪涸水、季度、年度变化不定的地带，具体界限难于划定，只能作为参考；潮流段与感潮河段之间的界限也可以作为河海的界限。

生物因素。生物因素可以作为划分河海界线的另一重要因素。如，红树林和滩涂鱼适宜在有盐度的滩涂生长和生活，滩涂属于海域的一部分，因此以生物因素作为海陆标志对河海划界是比较有利的。

2. 社会经济要素

人工标志。以河口两侧或一侧明显的人工标志连线为界，如人工围塘转折点、闸门、灯标等；以跨河、跨海湾的建筑或工程设施为界。如河口段的桥梁、闸门、输电或电话线路、渡口等。按照国际惯例，海运码头和航标灯的设计是不同的，也可以作为划界的重要因素。

习惯边界。一些地方及部门习惯分界也必须加以考虑和尊重，如果涉界双方无异议，即可沿用其作为河海的分界线。

行政界线。县乡政界往往是山脊、河流走向，一般如果接近河口、湾口，应尽可能的与其取得一致。

《海洋功能区划》。各地政府批准实施的《海洋功能区划》，在功能区域里已明确各市海域范围，可以在河海划界中参考。

海洋经济状况及统计学依据。也有地方认为，地方政府部门的协调意见很重要，河海划界时，可充分考虑和尊重河口区域争议时对有关河海的协调处理意见。地方发展海洋经济时对海洋产业的统计范围界定也可以作为划界影响要素之一。

3. 法律法规依据

河海划界的法律依据在我国没有先例，但在世界许多先进国家却有明确的规定。澳大利亚的《海岸保护与管理法》(1995 年)、英国的《英国海岸保护法》(1949 年)、法国的《关于海滨的保护、开发和治理》以及《农村法典》、加拿大的《加拿大海洋法》、美国的《海岸带管理法》(1972 年)以及新加坡的《新加坡防止海洋污染法令》(1971 年 1 月 25 日)中，都对海域管理范围做了明确规定。其中，尤以英国的规定最为全面，已经对全国的 111 条河流划分了河海的管理范围。在开展河海划界时，一定要充分考虑到有关的法律法规对河海的相关条款及论述。

(三)对开展河海划界工作的建议

1. 加强河口区域调查和研究工作

首先，要加强河口区社会经济分析。收集社会经济资料和历史资料，确定河口区的统计学特征、主导社会经济功能，评价河海划界对社会经济可持续发展的影响。

其次，针对我国的河口区域特点开展专题研究，主要包括：①河流系统研究：研究河流受潮汐的影响，径流的时空分布，径流大小对河口地区的影响等。②边界系统和岸线系统研究：通过现场调查研究，结合卫星资料，研究河口水体的特点及其变异，分析淡水、泥沙入海后的运动及其影响范围；对河口划界在地理、地质和水文科学上给出比较明确的定义；对海岸的侵蚀、岸线进退、海平面上升做出计算。③生态系统研究：对河口生物区系、生态系统结构、生态划界等进行调查，尤其是海相和河相生物的分布范围。④气候特点和水资源研究：对河口地区的风、浪、潮的特点和自然灾害、水资源和水利资源分布进行综合研究。

2. 建立综合协调机构

河口涉及很多部门，问题比较复杂，为了加强对河海划界的领导和协调，建议成立划界领导小组，加强对河口区域划界工作的领导。领导小组可由国务院办公厅或综合部门牵头，海洋、水利、交通、民政、国土等部门参加。

3. 协调和理顺与有关部门的关系，建立工作制度

河海划界领导小组及相应工作部门，同有关部门、尤其是与水利部门和海洋部门进行沟通和协调。在此基础上，组织多部门多领域的专家共同商讨制定划界的技术规程、划界政策及管理办法等，包括划界的原则、依据、实施方案和其他标准等。

4. 搞好试点

河海划界是一项涉及面广、范围大、影响深远、技术性强、情况复杂的工作。为避免或者减少走弯路，应先着手调查，摸清情况，抓好试点，在取得经验后再全面展开。

（2013 年 10 月）

沿海滩涂管理问题研究

赵 骞

沿海滩涂是一种重要的空间资源，我国沿海滩涂面积广大。当前，我国沿海滩涂的开发利用(尤其是滩涂围垦)强度不断增加，开发管理秩序存在一定程度的混乱，不利于滩涂资源的合理利用。依据我国现行法律，还很难确定沿海滩涂应当属于土地还是海域，亟待明确滩涂的法律性质及其具体范围，以便适用或建立相应的法律制度。

一、我国沿海滩涂管理现状

沿海滩涂是海岸带的重要组成部分，也是当前及今后沿海开发的重点区域。但实践中，我国沿海滩涂管理至少涉及六个部门，职能存在交叉，权责不清。

表1　沿海滩涂管理的国务院相关职能部门一览①

管理部门	具体执行机构	机构性质	涉及滩涂管理的职能
水利管理部门	水利部	国务院组成部门	沿海滩涂的治理与开发
林业管理部门	林业局	国务院直属机构	沿海滩涂湿地管理及综合协调
土地管理部门	国土资源部	国务院组成部门	沿海滩涂的土地规划、矿产资源管理
环境管理部门	环境保护部	国务院组成部门	沿海滩涂的生态环境保护
农业(渔业)管理部门	农业部	国务院组成部门	宜农滩涂开发利用及渔业资源管理
海洋管理部门	国家海洋局	国务院部属局	沿海滩涂潮间带、潮下带的海域管理、环境保护

上述管理体制从中央职能管理的角度对沿海滩涂管理的梳理。以中央和地方关系角度分析，我国沿海滩涂的使用和收益权分散于地方各级政府，而不是集中在中央。海洋管理部门、土地管理部门、水利管理部门等

① 依据有关部门的"三定"方案整理。

国务院组成部门，与地方职能部门之间，是一种业务指导与被指导的关系，而地方政府中海洋管理部门、土地管理部门、水利管理部门与各级地方政府之间是一种领导与被领导的关系。因此，当中央职能部门与地方政府之间存在政策的偏离时，地方职能部门更倾向于听取地方政府的政策，代表地方的利益。

我国的现行管理体制也明确地将滩涂经济开发职能授予地方政府。沿海 11 个省级地方政府中(包括 8 个省政府，1 个自治区政府和 2 个直辖市政府)，不少地方政府中设置了专门的滩涂管理机构，以负责滩涂的开发与管理。概括而言，我国省级地方政府的滩涂管理可以分为三类(见表 2)，一是水利管理部门系统的滩涂管理，滩涂管理机构被纳入水利厅(水务局)的管理之下。大部分的沿海地方政府都采取了这种管理体制；二是农业管理部门系统的滩涂管理。例如，江苏省的滩涂机构；三是海洋管理部门与水利管理部门双重负责的滩涂管理体制。上海市将水利管理与海洋管理整合，成立水务局，亦称海洋局。

表 2　我国沿海 11 省、(市)区的滩涂管理机构一览①

沿海地区	具体管理机构	隶属管理部门	主要职能
辽宁	建设与管理处	水利厅	负责指导全省大江、大河及河口、海岸滩涂的治理和开发
河北	建设与管理处	水利厅	指导主要河道、海岸滩涂的治理和开发
天津	工程管理处*	水务局	组织指导河湖及河口、海岸滩涂的治理和开发
山东	建设处**	水利厅	指导河流、湖泊、河口、海岸滩涂的治理开发及防潮堤建设
江苏	滩涂资源管理处	农业资源开发局	拟订全省滩涂农业围垦开发项目的中长期规划和年度计划；拟订全省滩涂农业围垦开发项目的管理、保护与合理利用的政策措施；拟订滩涂农业围垦开发项目管理办法；承办审核、审批滩涂农业围垦

① 根据各省政务网站整理。

续表

沿海地区	具体管理机构	隶属管理部门	主要职能
上海	滩涂海塘处	水务局 海洋局	管理滩涂资源，组织编制滩涂开发利用和保护的规划、年度计划并监督实施
浙江	围垦局	水利厅	负责组织对全省滩涂、低丘红壤等后备资源的调查评价，负责对滩涂资源的监督、保护和管理；组织编制全省滩涂、低丘红壤等发展战略、中长期规划和年度计划；组织实施有关围垦的地方性法规、规章；指导、监督滩涂、低丘红壤的治理和开发利用工作；负责围垦项目立项、审核、审批并监督实施
福建	建设与管理处	水利厅	指导主要江河、河口和沿海滩涂的治理和开发
广东	建设与管理处	水利厅	组织开展大江、大河、河口和滩涂的治理和开发
广西	水利工程管理局	水利厅	负责全区河道、水库、湖泊、海堤等水域、岸线. 河口、滩涂以及水利水电工程的管理和保护
海南	建设与管理处	水务局	监督指导城镇防洪工程建设、江河综合治理及开发利用

注：* 为加挂水库移民管理处的牌子。** 为加挂省水利安全监督办公室牌子。

在滩涂管理上，中央和地方均存在职能交叉，权责不清，滩涂的综合开发管理和可持续高效利用存在困境。造成这些问题的一个重要原因是，我国现行法律没有明确滩涂的法律性质及其具体的地理范围，在适用法律上存在冲突。

二、滩涂管理适用法律的冲突及其影响

我国现行法律法规对滩涂开发管理的相关规定不一致，导致滩涂法律性质不明，这尤其表现为滩涂应属于土地还是海域的争论中。

(一)认为滩涂应归属于土地的主要理由

一种意见认为滩涂应当属于土地，应适用我国土地管理的相关法律法规。该观点认为，《中华人民共和国海域使用管理法》第三条的规定，海域属于国家所有，但我国宪法和其他法律规定滩涂还可以归集体所有。《中

华人民共和国宪法》第九条明确规定，矿藏、水流、森林、山岭、草原、荒地、滩涂等自然资源都属国家所有即全民所有；由法律规定属于集体所有的森林和山岭、草原、荒地、滩涂除外。国家保护自然资源的合理利用，保护珍贵的动物和植物。禁止任何组织或个人用任何手段侵占或破坏自然资源。《中华人民共和国民法通则》第七十四条规定，劳动群众集体组织的财产包括法律规定为集体所有的土地和森林、山岭、草原、荒地、滩涂等。《中华人民共和国物权法》第四十八条规定，森林、山岭、草原、荒地、滩涂等自然资源，属于国家所有，但法律规定属于集体所有的除外。《土地管理法实施条例》第二条第四项规定，依法不属于集体所有的林地、草地、滩涂及其他土地，属于全民所有即国家所有。该观点认为，从上述规定看，在我国宪法、民法以及土地管理法，已经把滩涂作为土地的一种形态，滩涂存在国家和集体所有两种形式。

（二）认为沿海滩涂应当属于海域的主要理由

另一种意见认为，海岸线应为平均大潮高潮线，潮上带滩涂、湖滩、河滩可按照有关规定，纳入有关部门的管理，但潮间带滩涂，亦即高潮线以下的滩涂应纳入海域统一管理。在传统民法上，潮间带滩涂属于海洋的一部分而不属于土地。罗马法的著名法典《法学总论》的第二卷第一篇“物的分类”上写明：“海岸延伸到冬季最高潮所达到的极限”，而且“依据自然法而为公众所共有的物，有空气、水流、海洋，因而也包括海岸。”这种传统民法对海洋与土地的划分标准，延续到当代亦无多少变化。事实上，以平均大潮高潮线作为海岸线的国家大多将潮间带滩涂归属于海域。

坚持沿海滩涂应属于海域的观点还提出了一项依据：我国有关法律法规将“滩涂”与“土地”并列，滩涂并未被包含在土地范围之内；相反滩涂和土地是两种各自独立的资源类型。如，《中华人民共和国军事设施保护法》第十二条规定，军事禁区、军事管理区范围的划定或者扩大，需要征用土地、林地、草原、水面、滩涂的，依照有关法律、法规的规定办理。《中华人民共和国公路法》第二十八条规定，公路建设需要使用国有荒山、荒地或者需要在国有荒山、荒地、河滩、滩涂上挖砂、采石、取土的，依照有关法律、行政法规的规定办理后，任何单位和个人不得阻挠或者非法收取费用。《盐业管理条例》第十二条规定，制盐企业的下列财产和设施受国家法律保护，任何单位和个人不得破坏、侵占、盗窃、哄抢制盐企业依法使用的土地、滩涂和盐矿资源。《中华人民共和国归侨侨眷权益保护法实施办法》第九条规定，安置归侨的农场、林场等企业合法使用的国有土地、山林、滩涂、水面及其他自然资源，企业依法享有使用权，其合法权益及其拥有的生产资料、经营的作物、生产的产品受法律保护，任何组织或者个人不得侵占、损害。很显然，这些法律法规都将滩涂和土地并列了。《中华人民共和国土地管理法》也已将确认林地、草原、滩涂养殖海域的使用权和管理权排除在管辖范围之外。1998 年修订的《中华人民共和国土地管理法》第十一条规定，确认林地、草原的所有权或者使用权，确认水面、滩涂的养殖使用权，分别依照《中华人民共和国森林法》《中华人民共和国草原法》和《中华人民共和国渔业法》的有关规定办理。

(三)沿海滩涂属于土地或海域的不同法律效果

这两种意见有着各自的主张，根源在于没有一个确定的法律依据。国务院法制办公室对《关于请明确“海岸线”、“滩涂”等概念法律含义的函》的复函(国法函〔2002〕142 号)认为，依照现行法律规定，“滩涂”属于土地；“滩涂”与“海域”的划分，关键在于“海岸线”的划定，属于法律执行中的具体问题。鉴于海洋局是国土资源部管理的国家局，建议国土资源部会同国家海洋局进行充分论证后拿出划定方案，必要时报国务院批准后实施。因此，国务院法制办的复函仍然没有解决实质性的问题。

滩涂归属于海域还是土地，会产生不同的法律效果。从法律效果的角度来考察滩涂的定性，能够让人一目了然地看清不同定性带来的差异。有学者认为如果滩涂属于海域会产生如下效果，①滩涂所有权属于国家；②利用滩涂的单位或个人可拥有的权利，限于对滩涂的使用权；③滩涂使用权的设立、移转、消灭等，须在海洋行政主管部门作产权登记；④滩涂按海洋管理区划予以管制；⑤对滩涂使用的行政管理等，由海洋行政管理部门负责。如果滩涂属于土地则有如下效果，①滩涂所有权既可以属于国家，也可以属于农民集体；②滩涂利用者可拥有的权利，即可以是所有权也可以是使用权；③滩涂所有权和使用权的归属，以及滩涂使用权的设立、移转、消灭等，均需在土地管理部门做不动产登记；④滩涂按农用地、建设用地和未利用地的划分实行用途管制；⑤对滩涂使用的行政管理等，应由土地管理部门负责。①

三、沿海滩涂应定性为海域

客观分析，我国在对滩涂的性质的立法上是矛盾的。但该项争议并不能根据后法优于前法，特别法优于普通法的原理来解决的。我国滩涂管理的实践中，也存在着管理部门多，职能交叉问题。因而，综合开发利用滩涂资源应从我国的实际需要和整体利益来解决问题。从这一角度看，我们认为沿海滩涂定性为海域更有利于自然资源的开发利用和管理，更有利于海洋生态环境保护，并与我国的部分管理实践是相符合的。

（一）在自然属性上沿海滩涂与海洋密不可分

滩涂为最高高潮线至最低低潮线的地带。滩涂的范围应包括潮上带、潮间带和潮下带。就滩涂的地理位置而言，处于海洋与陆地的相互作用的过渡地带，既有陆地向海洋的扩张，也有海洋对陆地的侵蚀。因此，滩涂所处的地理位置，实际上和海岸带的地理位置有重叠。海岸带包括海水运动对于海岸作用的最上限及其邻近的陆地，以及海水对于潮下带岸坡剖面冲淤变化所影响的范围。由三个基本单元组成：①海岸。平均高潮线上的沿岸陆地部分，通常称潮上带；②潮间带：介于平均高潮线与平均低潮线之间；③水下坡岸。平均低潮线下的浅水部分，一般称潮下带。此外，海岸带还包括河口和港湾。1980 年中国在进行首次海岸带调查时，规定调查范围为：由海岸线向陆方向延伸 10 千米左右，向海至水深 10～15 米等深线；在河口地区，向陆延伸至潮区界，向海方向延至浑水线或淡水舌。

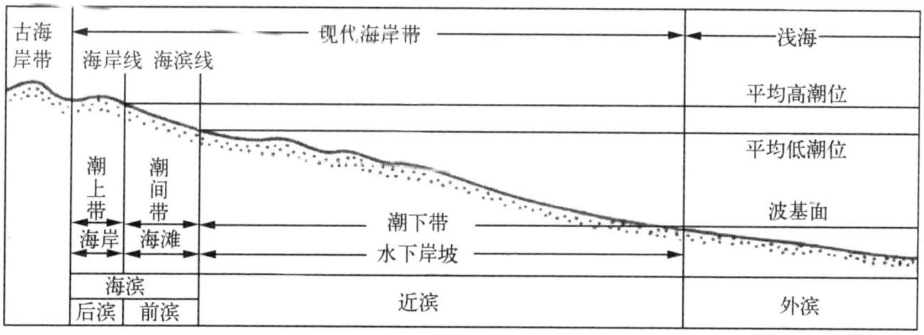

图 1　海岸带及其组成部分

① 陈甦，丁慧：《试论滩涂在法律上的性质》，载《辽宁师范大学学报》（社会科学版），2000 年第 5 期，第 21－22 页。

(二)依据国家标准和行业标准，沿海滩涂应属于海域

关于海岸线规定的国家标准、行业标准一致认为海岸线是平均大潮高潮时水陆分界的痕迹线(表3)，潮间带和潮下带的滩涂应归属于海域。

我国对滩涂的性质上立法是矛盾的，法制办复函表示依照现行法律规定，“滩涂”属于土地；“滩涂”与“海域”的划分，关键在于“海岸线”的划定，属于法律执行中的具体问题。现行的行业标准均认为海岸线为平均大潮高潮线，海岸线(平均大潮高潮线)向海一侧的沿海滩涂被视为海域。

表3　关于海岸线的国家标准、行业标准一览

标准	内容
国家标准《1∶500、1∶1000、1∶2000地形图图式》(GB/T 7929—1995)	本准适用于国民经济建设各部门测制和编绘1∶500、1∶1000、1∶2000地形图，也是各部门利用地形图进行规划、设计、施工、管理、科研和教学等的基本依据之一”“海岸线指以平均大潮高潮的痕迹所形成的水陆分界线”“干出滩又称海滩，是海岸线与干出线之间的潮浸地带。高潮时淹没，低潮时露出”
国家标准(1∶5000、1∶10000地形图图式))(GB/T 5791—93)	海岸线是指平均大潮高潮时水陆分界的痕迹线
国家标准《中国海图图式》(GB 12319—1998)	海岸线是指平均大潮高潮时水陆分界的痕迹线
国家标准《海洋学术语海洋地质学》(GB/T 18190—2000)	海岸线是海陆分界线，在我国系指多年大潮平均高潮位时海陆分界线
国家标准(GB/T 17108—1997)《海洋功能区划技术导则》	本导则适用于中华人民共和国的内海、领海、海岛和专属经济区以及相邻的依托陆域。依托陆域是指从海岸线向陆延伸的与海洋开发密切相关的陆域，一般不大于10千米，各地也可视具体情况确定其范围
测绘行业标准《地籍图图示》(CH 5003—94)	“海岸线以平均大潮高潮的痕迹所形成的水陆分界线为准”“干出线是最低低潮线”“干出线与海岸线之间的潮侵地带为干出滩，又称海滩或滩涂”
水利行业标准《水道观测规范》(SL 257—2000)	海岸线应根据平均大潮高潮时所形成的实际痕迹进行测绘

（三）沿海滩涂纳入海域管理有利于资源环境保护

滩涂归属的实际判断是从现实的国家需要，从国家利益最大化进行考量。海洋主管部门承担规范管辖海域使用秩序的责任，监督陆源污染物排海、海洋生物多样性和海洋生态环境保护，是滩涂开发与治理的主体。海洋主管部门积极推动地方滩涂试点，着手调查摸清滩涂自然和使用情况。波浪、潮汐和海流是作用于滩涂最主要的动力因素，海洋主管部门设有监测站，便于获取海洋，潮汐和波浪的详细资料信息，为滩涂的开发治理和政策的制定提供量化指标。

在海域围填海指标的限制以及国家对农用地转非农用地的严格限制下，建设用地的需求与供给之间顿时出现了很大的缺口，各地政府不约而同地把弥补缺口的希望寄托在滩涂围垦上。对滩涂围垦有时甚至无所顾忌。滩涂历来被认为是土地的后备储蓄资源，滩涂所处的地带往往是经济发达区域，经济开发需要大量的建设用地。对滩涂进行围垦成为滩涂最重要的开发方式，也成为了获取大面积的建设用地最有效最直接的方式。将滩涂划归海域，有利于国家滩涂资源的保护，避免地方政府以经济利益为驱动盲目围垦滩涂。

海岸带的形态性质对于开发海洋资源和海涂资源有着极其重要的关系。滩涂实际上包容于海岸带中，这两个部分在其发展过程中是相互联系不可分割的整体。欧美等国家在滩涂的规划和管理上具有国际领先水平，其中海岸带综合管理是比较成熟和先进的管理理念。美国在联邦级别设立国家海洋与大气研究局统管海岸带事务，开展海岸带的综合开发管理，其海洋职能是通过基于生态系统的管理，保护、恢复和管理沿海的海洋资源。

基于国内滩涂使用与支配事实的历史成因，沿海各省主管滩涂开发的部门应逐步过渡到由海洋部门开发管理，实现滩涂资源的保护和滩涂开发管理的持续性。关于滩涂使用许可权，建议采用多项许可证制度，既避免主管部门滥用行政权力，损害其他部门的利益，同时也使开发利用项目得到周密的审查，避免其对海洋生态、海洋环境产生不利影响。

（2013 年 4 月）

海洋经济与科技

中国沿海地区海洋经济综合竞争力评价

刘　明

经过21世纪前15年的发展，中国海洋经济发展所处的内外环境都发生了深刻变化。当前在国家宏观经济“新常态”背景下，中国海洋经济总体保持平稳运行，海洋产业结构进一步优化，海洋经济发展正逐步从规模速度型向质量效益型转变。新形势下海洋经济面临着如何进一步提高发展质量，进一步提升综合竞争力的问题。因此，构建一套融合可持续发展理念，符合海洋经济发展规律、鼓励良性规范竞争，用于科学评价各沿海地区海洋经济竞争力状况的综合指标体系，对于指导海洋经济持续快速发展，有着重要的理论和现实意义。

一、海洋经济综合竞争力的影响因素分析及指标体系构建

海洋经济综合竞争力是指一国或一地区在对海洋进行开发、利用和保护的各类产业活动以及与之相关联活动中表现出的，相对于其他国家或地区的竞争优势和发展潜力。竞争力是一个比较的概念，表征的是综合能力，其影响因素是多方面的。

（一）海洋经济综合竞争力的主要影响因素分析

海洋经济具有资源依赖型、资金技术密集型、高风险以及国家主导型等特征。依据这些特征，可从海洋资源禀赋、海洋经济发展能力、海洋经

济发展的宏观环境、海洋环境保护能力四个方面归纳影响海洋经济综合竞争力的主要因素。

(1)海洋资源禀赋。海洋经济对海洋资源具有高度依赖性。中国主要海洋资源包括海洋空间资源、海洋渔业资源、海洋矿产资源、海洋可再生能源资源、滨海旅游资源、港址资源等。

(2)海洋经济发展能力。海洋经济存量和已取得的成就对海洋经济综合竞争力起到重要作用，是未来海洋经济发展的基础。海洋经济发展能力应包括海洋经济规模、海洋产业生产能力以及海域使用管理水平。

(3)海洋经济发展的地区宏观环境。沿海地区宏观环境直接影响其海洋经济综合竞争力的发挥。雄厚的经济实力、完备的基础设施、强大的海洋科技实力、优惠的海洋经济发展政策都是海洋经济发展的支撑。

(4)海洋环境保护能力。海洋环境质量优劣影响着海洋产业的发展。沿海地区政府及社会各界所拥有的海洋环境治理能力关系到海洋经济可持续发展能力，是海洋经济发展潜力的重要影响因素。沿海地区海洋环境保护能力包括废弃物处理能力、海洋保护区建设、沿海湿地和红树林保护状况、海洋灾害影响以及沿海海洋环境观测能力等。

(二)海洋经济综合竞争力的指标体系构建

根据对海洋经济综合竞争力主要影响因素的深入分析，可构建中国海洋经济综合竞争力指标体系，指标体系包括4个二级指标、13个三级指标、85个四级指标(表1)。表中第五列是根据层次分析法、等权重法、熵值法[①]确定的四级指标权重；第六列是根据四级指标权重计算得到的三级指标权重；第七列是根据三级指标权重计算得到的二级指标权重。

---

① 刘明:《区域海洋经济可持续发展的能力评价》，载《中国统计》，2008年第3期。

二、中国沿海地区海洋经济综合竞争力评价

本文收集评价指标体系所有指标2001—2013年数据共计10 000多个，数据来源主要包括2002—2014年的《中国海洋统计年鉴》《中国统计年鉴》《中国海洋渔业统计年鉴》《中国环境统计年鉴》。根据海洋经济综合竞争力评价方法，对2001—2013年中国沿海地区的相关指标数据进行统计分析，获得各指标的得分。根据得分可获得研究期间各沿海地区海洋经济综合竞争力排位。表2至表6显示了评价期内中国沿海11个省(自治区、直辖市)海洋经济综合竞争力排位及其下属4个二级指标、16个三级指标的评价排位结果。

表1　海洋经济综合竞争力评价指标体系

一级指标	二级指标	三级指标	四级指标	四级指标权重	三级指标权重	二级指标权重
海洋经济综合竞争力	海洋资源禀赋	海洋空间资源	海域面积(平方千米)	0.016 53	0.078 61	0.199 24
			岛屿面积(平方千米)	0.013 76		
			大陆海岸线长度(千米)	0.011 03		
			岛屿岸线长度(千米)	0.013 08		
			滩涂面积(平方千米)	0.010 92		
			浅海面积(平方千米)	0.013 28		
		海洋可再生能源	近海潮汐能蕴藏量(兆瓦)	0.014 92	0.055 72	
			近海波浪能蕴藏量(兆瓦)	0.011 27		
			近海潮流能蕴藏量(兆瓦)	0.014 21		
			近海盐差能蕴藏量(10^4千瓦)	0.015 33		
		港址资源	深水岸线长度(千米)	0.013 98	0.027 79	
			大于10平方千米的海湾数量(个)	0.013 81		
		滨海旅游资源	沿海地区5A级旅游景点数量(个)	0.012 80	0.037 11	
			沿海地区4A级旅游景点数量(个)	0.011 90		
			沿海地区潜在滨海旅游区个数(个)	0.012 41		

续表

一级指标	二级指标	三级指标	四级指标	四级指标权重	三级指标权重	二级指标权重
海洋经济综合竞争力	海洋经济发展能力	海洋经济规模	沿海地区海洋生产总值(亿元)	0.009 04	0.211 53	0.444 82
			海洋生产总值占地区生产总值比重(%)	0.009 06		
			海洋生产总值增长率(%)	0.008 81		
			沿海地区涉海就业人数(万人)	0.009 80		
			沿海地区近海捕捞产量(吨)	0.009 35		
			沿海地区海水养殖产量(吨)	0.009 96		
			远洋捕捞产量(吨)	0.010 90		
			沿海地区海洋原油产量(10^4吨)	0.015 07		
			沿海地区海洋天然气产量(10^4立方米)	0.015 12		
			沿海地区海洋矿业产量(吨)	0.013 80		
			沿海地区海盐产量(10^4吨)	0.015 40		
			沿海地区海洋化工产品产量(吨)	0.012 71		
			沿海地区修船完工量(艘)	0.010 97		
			沿海地区海洋造船完工量(万综合吨)	0.011 04		
			沿海港口货物吞吐量(10^4吨)	0.008 77		
			沿海港口旅客吞吐量(万人次)	0.010 83		
			沿海港口国际标准集装箱吞吐量(10^4吨)	0.009 91		
			沿海地区国内旅游人数(万人次)	0.009 00		
			沿海地区接待入境旅游者人数(人次)	0.011 99		
		海洋产业生产能力	沿海地区渔港数量(个)	0.008 29	0.184 49	
			近海海洋捕捞机动渔船拥有量(千瓦)	0.009 07		
			海水养殖渔船拥有量(千瓦)	0.010 14		
			远洋渔船拥有量(千瓦)	0.010 67		
			沿海地区海水养殖面积(公顷)	0.011 05		
			海洋油田生产井数量(口)	0.013 33		
			海洋石油勘探地震测线(千米)	0.015 59		
			海洋石油勘探钻井预探井数量(口)	0.012 72		
			海洋石油勘探钻井评价井数量(口)	0.012 53		
			沿海地区年末海盐生产能力(10^4吨)	0.015 05		
			沿海地区风能发电能力(万千瓦)	0.010 28		
			沿海地区潮汐电站装机容量(千瓦)	0.020 19		
			沿海规模以上港口生产用码头长度(米)	0.008 98		
			沿海规模以上港口生产用泊位数量(个)	0.009 80		
			沿海地区星级饭店客房数(间)	0.008 15		
			沿海地区旅行社总数(家)	0.008 64		
		海域使用管理水平	发放海域使用权证书(本)	0.015 39	0.048 79	
			确权海域面积(公顷)	0.019 12		
			海域使用金(万元)	0.014 27		

续表

一级指标	二级指标	三级指标	四级指标	四级指标权重	三级指标权重	二级指标权重
海洋经济综合竞争力	海洋经济发展的地区宏观环境	直接腹地经济实力和优惠政策	直接腹地地区生产总值(亿元)	0.014 10	0.102 85	0.240 31
			人均地区生产总值(元/人)	0.014 19		
			直接腹地面积(平方千米)	0.014 23		
			直接腹地沿海地区人均水资源量(米^3/人)	0.016 51		
			全社会固定资产投资额(亿元)	0.014 14		
			城镇化水平(%)	0.014 25		
			是否为海洋经济示范区	0.015 42		
		海洋科技实力	海洋科技机构数量(个)	0.007 83	0.137 47	
			海洋科研机构从业人员(人)	0.008 35		
			海洋科研机构科技活动人员(人)	0.008 29		
			海洋科研机构高级职称人数(人)	0.008 18		
			海洋科研机构经费收入总额(万元)	0.008 94		
			海洋科研机构基础研究课题数(项)	0.012 40		
			海洋科研机构应用研究课题数(项)	0.009 82		
			海洋科研机构试验发展课题数(项)	0.009 45		
			海洋科研机构成果应用课题数(项)	0.009 57		
			海洋科研机构科技服务课题数(项)	0.009 07		
			海洋科研机构发表科技论文数(篇)	0.009 01		
			海洋科研机构出版科技著作(种)	0.008 55		
			海洋科研机构拥有发明专利总数(件)	0.010 97		
			海洋专业博士点数(个)	0.008 70		
			海洋专业硕士点数(个)	0.008 36		
	海洋环境保护能力	废弃物治理能力	工业废水直接入海量占排放总量的比重(%)	0.016 05	0.016 05	0.101 32
		海洋类型自然保护区建设情况	沿海地区海洋类型自然保护区数量(个)	0.012 96	0.039 98	
			沿海地区国家级海洋类型自然保护区数量(个)	0.011 93		
			沿海地区海洋类型自然保护区面积(平方千米)	0.015 10		
		沿海地区湿地和红树林	沿海地区近岸及海岸湿地面积(10^3公顷)	0.012 78	0.028 98	
			红树林各地类总面积(公顷)	0.01620		
		沿海地区风暴潮灾害情况	受灾人口(万人)	0.008 22	0.016 31	
			直接经济损失(亿元)	0.008 09		
		沿海地区海滨观测台站分布	台站个数(个)	0.010 24	0.010 24	

(一)沿海地区海洋经济综合竞争力评价结果

根据海洋经济综合竞争力评价得分，分为3类①：广东、山东、浙江最强；福建、辽宁、上海、江苏居中；天津、海南、河北、广西较弱。

沿海地区海洋经济综合竞争力排位(表2)显示，2001—2013年中国沿海11个省(自治区、直辖市)海洋经济综合竞争力排位较为稳定。其中，广东、山东、浙江、天津海洋经济综合竞争力的排位始终没有变化，分别处于第1、第2、第3和第8位。辽宁和福建交替处于第4位和第5位，福建总体处于第4位，辽宁总体处于第5位。上海和江苏交替处于第6位和第7位，上海总体处于第6位，江苏总体处于第7位。海南总体处于第9位，河北处于第10位，广西处于第11位。

表2　2001—2013年中国沿海地区海洋经济综合竞争力评价排位

年份	天津	河北	辽宁	上海	江苏	浙江	福建	山东	广东	广西	海南
2001	8	11	5	7	6	3	4	2	1	10	9
2002	8	11	5	7	6	3	4	2	1	10	9
2003	8	11	5	7	6	3	4	2	1	9	10
2004	8	11	5	7	6	3	4	2	1	10	9
2005	8	9	4	6	7	3	5	2	1	11	10
2006	8	9	4	6	7	3	5	2	1	11	10
2007	8	9	5	7	6	3	4	2	1	11	10
2008	8	10	5	6	7	3	4	2	1	11	9
2009	8	10	4	6	7	3	5	2	1	11	9
2010	8	10	4	6	7	3	5	2	1	11	9
2011	8	9	4	6	7	3	5	2	1	11	10
2012	8	10	4	6	7	3	5	2	1	11	9
2013	8	10	4	6	7	3	5	2	1	11	9

(二)海洋资源禀赋竞争力评价分析

二级指标中的海洋资源禀赋指标包含海洋空间资源、海洋可再生能源、港址资源和滨海旅游资源。

根据评价得分结果，沿海地区的海洋资源禀赋竞争力由强到弱依次为

① 采用聚类分析法。文中其他处分类采用的都是聚类分析法。

浙江、福建、广东、山东、海南、辽宁、上海、广西、江苏、河北、天津（表3）。

浙江省海洋资源禀赋的4个下属指标都处于首位。海洋空间资源具有优势的省市是广东、海南、福建。海洋可再生能源具有优势的省市是福建、广东、上海。山东、辽宁、福建的港址资源具有优势，广东、福建、辽宁的滨海旅游资源具有优势。

表3　中国沿海地区海洋资源禀赋竞争力及下属指标评价排位

地区	海洋资源禀赋	海洋空间资源	海洋可再生能源	港址资源	滨海旅游资源
天津	11	11	11	11	8
河北	10	10	10	10	11
辽宁	6	7	6	3	4
上海	7	8	4	8	7
江苏	9	6	8	9	9
浙江	1	1	1	1	1
福建	2	4	2	4	3
山东	4	5	5	2	6
广东	3	2	3	5	2
广西	8	9	9	7	10
海南	5	3	7	6	5

（三）海洋经济发展能力评价分析

二级指标海洋经济发展能力包含海洋经济规模、海洋产业生产能力和海域使用管理情况。

根据评价得分及所获得的沿海地区海洋经济发展能力排位（表4），沿海地区海洋经济发展能力分为3类：广东、山东、浙江3地最强；辽宁、福建2地居中；天津、上海、江苏、河北、海南、广西6地较弱。

表4　2001—2013年中国沿海地区海洋经济发展能力指标评价排位

年份	天津	河北	辽宁	上海	江苏	浙江	福建	山东	广东	广西	海南
2001	6	9	5	7	8	3	4	2	1	10	11
2002	6	9	4	8	7	3	5	2	1	11	10
2003	6	9	5	7	8	3	4	2	1	11	10
2004	6	9	4	7	8	2	5	3	1	10	11

续表

年份	天津	河北	辽宁	上海	江苏	浙江	福建	山东	广东	广西	海南
2005	6	9	4	7	8	3	5	2	1	10	11
2006	8	6	4	7	9	3	5	1	2	11	10
2007	6	8	4	9	7	3	5	2	1	11	10
2008	6	9	4	7	8	3	5	2	1	11	10
2009	6	9	5	7	8	3	4	2	1	11	10
2010	6	9	4	7	8	3	5	2	1	11	10
2011	6	7	4	9	8	3	5	1	2	10	11
2012	6	9	4	8	7	3	5	1	2	10	11
2013	6	9	4	8	7	3	5	1	2	11	10

根据评分及所获得的沿海地区海洋经济规模竞争力排位(表5)，沿海地区的海洋经济规模竞争力可分为3类：广东、山东、浙江3地最强；福建、上海、辽宁、天津4地居中；江苏、海南、河北、广西4地较弱。

表5　2001—2013年中国沿海地区海洋经济规模竞争力评价排位

年份	天津	河北	辽宁	上海	江苏	浙江	福建	山东	广东	广西	海南
2001	6	8	7	5	9	4	1	3	2	11	10
2002	7	9	6	5	8	3	4	2	1	11	10
2003	6	10	7	5	9	3	4	2	1	11	8
2004	6	9	5	4	8	2	7	3	1	11	10
2005	5	9	6	4	8	2	7	3	1	11	10
2006	7	9	5	4	9	3	6	2	1	10	8
2007	7	10	6	4	8	3	5	2	1	11	9
2008	7	10	6	5	8	3	4	2	1	11	9
2009	7	10	5	6	8	3	4	2	1	11	9
2010	6	10	7	5	8	3	4	2	1	11	9
2011	7	9	5	6	8	3	4	2	1	11	10
2012	7	10	5	6	8	3	4	2	1	11	9
2013	6	11	5	7	8	3	4	1	2	10	9

根据评分及所获得的沿海地区的海洋产业生产能力竞争力排位(表6)，沿海地区的海洋产业生产能力分成3类：广东、山东、浙江3地最强；辽

宁、天津、福建、河北4地居中；江苏、上海、广西、海南4地较弱。

表6　2001—2013年中国沿海地区海洋产业生产能力评价排位

年份	天津	河北	辽宁	上海	江苏	浙江	福建	山东	广东	广西	海南
2001	5	8	4	9	7	3	6	2	1	10	11
2002	5	8	4	9	7	3	6	2	1	11	10
2003	6	8	4	9	7	2	5	3	1	10	11
2004	5	7	4	9	8	2	6	3	1	11	10
2005	5	7	4	9	8	2	6	3	1	10	11
2006	6	5	4	8	9	3	7	2	1	10	11
2007	7	5	4	9	8	3	6	1	2	10	11
2008	5	7	4	9	8	3	6	2	1	10	11
2009	6	7	4	9	8	3	5	2	1	10	11
2010	5	7	4	8	9	3	6	2	1	10	11
2011	5	6	4	9	8	3	7	1	2	10	11
2012	5	7	4	9	8	3	6	1	2	10	11
2013	7	6	4	9	8	3	5	2	1	10	11

根据评分及所获得11个沿海地区各年的海域管理水平评价排位(表7)，沿海地区的海域使用管理水平可分为3类：辽宁、山东最强；福建、江苏、浙江、广东4地居中；河北、广西、天津、海南、上海5地较弱。

表7　2001—2013年中国沿海地区海域使用管理水平评价排位

年份	天津	河北	辽宁	上海	江苏	浙江	福建	山东	广东	广西	海南
2001	10	8	2	11	4	3	5	1	7	6	9
2002	10	8	2	11	4	3	5	1	7	6	9
2003	9	8	2	11	4	6	1	3	5	7	10
2004	10	8	1	11	5	3	4	2	6	7	9
2005	10	8	2	11	4	7	3	1	6	5	9
2006	10	4	1	11	3	6	5	2	8	7	9
2007	9	6	1	11	4	7	5	2	3	8	10
2008	6	7	1	11	5	8	3	2	4	10	9
2009	5	10	2	11	8	7	1	3	4	9	6
2010	3	9	1	11	4	7	6	2	5	8	10
2011	6	2	1	11	3	4	9	5	8	7	10
2012	7	8	1	11	4	5	9	2	3	6	10
2013	9	10	2	11	4	3	7	1	6	5	8

(四)海洋经济发展的地方宏观环境评价

二级指标海洋经济发展的地方宏观环境包含直接腹地经济实力和优惠政策、海洋科技实力。

根据评分及所获得沿海地区各年的地方宏观环境评价排位(表8)，沿海地区的地方宏观环境状况可分成3类：山东、广东、上海、江苏4地最强；浙江、福建、天津、辽宁4地居中；河北、海南、广西3地较弱。

表8　2001—2013年中国沿海地区海洋经济发展的地方宏观环境评价排位

年份	天津	河北	辽宁	上海	江苏	浙江	福建	山东	广东	广西	海南
2001	7	10	8	4	3	5	6	1	2	9	11
2002	7	10	8	2	4	5	6	1	3	9	11
2003	6	11	9	5	4	2	7	1	3	8	10
2004	7	9	8	4	3	5	6	1	2	11	10
2005	6	10	8	4	3	5	7	1	2	11	9
2006	6	9	8	3	4	5	7	1	2	10	11
2007	6	9	8	3	4	5	7	2	1	10	11
2008	6	9	8	3	4	5	7	2	1	10	11
2009	8	9	6	3	4	5	7	1	2	10	11
2010	8	11	6	3	4	7	5	2	1	10	9
2011	8	9	6	3	4	5	7	2	1	11	10
2012	8	9	7	3	4	5	6	2	1	10	11
2013	6	9	7	3	4	5	8	1	2	10	11

根据评分及所获得沿海地区各年的海洋科技实力评价排位(表9)，沿海地区的海洋科技实力可分为3类：山东、广东、上海、江苏4地最强；天津、浙江、福建、辽宁4地居中；河北、广西、海南3地最弱。

表9　2001—2013年中国沿海地区的海洋科技实力排位

年份	天津	河北	辽宁	上海	江苏	浙江	福建	山东	广东	广西	海南
2001	5	10	8	3	2	6	7	1	4	9	11
2002	5	10	8	3	2	6	7	1	4	9	11
2003	5	10	8	4	2	6	7	1	3	9	11
2004	5	10	8	3	2	6	7	1	4	9	11

续表

年份	天津	河北	辽宁	上海	江苏	浙江	福建	山东	广东	广西	海南
2005	5	9	8	4	2	6	7	1	3	10	11
2006	5	9	8	3	4	6	7	1	2	10	11
2007	5	9	8	3	4	6	7	1	2	11	10
2008	5	8	9	3	4	6	7	1	2	11	10
2009	5	9	6	3	4	7	8	1	2	10	11
2010	5	9	6	3	4	8	7	1	2	10	11
2011	5	9	6	3	4	7	8	1	2	10	11
2012	5	9	6	3	4	7	8	2	1	10	11
2013	5	9	6	3	4	7	8	1	2	10	11

根据评分及所获得沿海地区各年的地方经济实力和优惠政策评价排位（表 10），沿海地区的经济实力和优惠政策可分为 3 类：广东最强；浙江、上海、山东、江苏、福建 5 地居中；辽宁、广西、河北、天津、海南 5 地较弱。

表 10　2001—2013 年中国沿海地区的经济实力和优惠政策排位

年份	天津	河北	辽宁	上海	江苏	浙江	福建	山东	广东	广西	海南
2001	10	9	6	4	5	2	7	3	1	8	11
2002	9	10	6	2	5	3	7	4	1	8	10
2003	9	10	8	1	5	2	6	4	3	7	11
2004	11	8	7	4	5	2	6	3	1	10	9
2005	10	9	7	5	4	2	6	3	1	11	8
2006	10	9	8	5	4	3	6	2	1	7	11
2007	10	9	7	5	4	3	6	2	1	8	11
2008	10	9	7	5	3	4	8	2	1	6	11
2009	8	10	7	2	5	6	4	3	1	9	11
2010	9	11	7	3	4	6	2	5	1	10	8
2011	9	11	7	4	5	3	6	2	1	10	8
2012	10	11	7	6	5	2	4	3	1	8	9
2013	7	11	8	6	5	3	4	2	1	10	9

(五)海洋环境保护能力评价

二级指标海洋环境保护能力包含海洋环境保护能力、废弃物治理能力、海洋类型自然保护区建设情况、沿海地区湿地和红树林、沿海地区风暴潮灾害情况、沿海地区海滨观测台站分布5个指标。

根据评分及所获得沿海地区各年的海洋环境保护能力排位(表11),沿海地区的海洋环境保护能力可分为3类:广东最强;山东、江苏、海南、辽宁、广西、浙江居中;福建、河北、天津较弱。

表11　2001—2013年中国沿海地区的海洋环境保护能力排位

年份	天津	河北	辽宁	上海	江苏	浙江	福建	山东	广东	广西	海南
2001	10	9	2	8	3	7	11	6	1	5	4
2002	11	5	10	9	3	6	7	2	1	4	8
2003	11	9	8	10	3	5	6	2	1	4	7
2004	9	8	11	10	2	5	7	3	1	4	6
2005	8	7	5	10	6	4	9	2	1	3	11
2006	10	8	3	9	5	7	11	4	1	6	2
2007	11	10	2	9	3	8	6	4	1	7	5
2008	11	9	7	8	4	5	6	2	1	10	3
2009	11	10	2	8	3	6	9	4	1	7	5
2010	10	9	6	8	5	4	11	3	1	7	2
2011	10	9	4	11	5	3	8	2	1	6	7
2012	11	10	4	9	5	8	6	3	1	7	2
2013	11	9	4	8	5	7	6	3	2	10	1

根据评分及所获得沿海地区各年的废弃物治理能力排位(表12),沿海地区的废弃物治理能力可分为3类:江苏、广东、河北、浙江、天津5地最强;山东、海南、广西、上海4地居中;辽宁、福建2地较弱。

表12　2001—2013年中国沿海地区的废弃物治理能力排位

年份	天津	河北	辽宁	上海	江苏	浙江	福建	山东	广东	广西	海南
2001	7	4	8	6	1	3	10	11	2	5	9
2002	6	5	10	8	1	4	11	7	3	2	9
2003	9	5	6	10	3	4	11	7	1	2	8

续表

年份	天津	河北	辽宁	上海	江苏	浙江	福建	山东	广东	广西	海南
2004	6	5	11	8	2	3	10	7	1	4	9
2005	7	5	9	8	1	4	10	6	3	2	11
2006	5	1	11	9	3	6	10	8	4	7	2
2007	4	2	11	9	3	6	10	7	5	8	1
2008	5	2	10	9	1	6	8	7	4	11	3
2009	4	5	10	6	2	7	11	8	3	9	1
2010	5	3	10	6	1	7	11	9	4	8	2
2011	1	6	10	7	3	5	11	4	2	8	9
2012	3	1	11	9	5	7	10	6	4	8	2
2013	2	3	11	8	5	6	10	7	4	9	1

根据评分及所获得沿海地区各年的海洋类型自然保护区建设排位(表13)，沿海地区的海洋类型自然保护区建设情况可分为3类：广东最强；辽宁、海南、山东3地居中；福建、江苏、广西、浙江、上海、河北、天津7地较弱。

表13　2001—2013年中国沿海地区的海洋类型自然保护区建设排位

年份	天津	河北	辽宁	上海	江苏	浙江	福建	山东	广东	广西	海南
2001	11	9	3	10	4	8	7	5	1	6	2
2002	10	8	11	9	4	6	3	2	1	5	7
2003	10	8	11	9	4	6	3	2	1	5	7
2004	8	9	11	10	1	6	3	4	2	5	7
2005	8	9	2	10	11	7	3	6	1	5	4
2006	10	11	1	8	6	9	5	4	2	7	3
2007	9	11	1	8	4	10	6	3	2	7	5
2008	11	10	6	9	4	5	7	1	2	8	3
2009	11	10	1	8	5	9	6	3	2	7	4
2010	11	10	3	6	8	9	5	4	2	7	1
2011	11	10	2	7	9	8	5	4	1	6	3
2012	11	9	3	7	10	8	5	4	1	6	2
2013	11	10	3	6	9	7	5	4	2	8	1

根据评分及所获得11个沿海地区各年的湿地和红树林排位(表14)，沿海地区湿地和红树林情况可分为3类：广东最强；广西、山东、福建、江苏、浙江、海南、辽宁7地居中；河北、天津2地较弱。

表14　2001—2013年中国沿海地区湿地和红树林排位

年份	天津	河北	辽宁	上海	江苏	浙江	福建	山东	广东	广西	海南
2001	11	10	8	9	5	6	4	2	1	3	7
2002	11	10	8	9	5	6	4	2	1	3	7
2003	11	10	8	9	5	6	4	2	1	3	7
2004	11	10	8	9	5	6	4	2	1	3	7
2005	11	10	8	9	5	6	4	2	1	3	7
2006	11	10	8	9	5	6	4	2	1	3	7
2007	11	10	8	9	5	6	4	2	1	3	7
2008	11	10	8	9	7	6	4	3	1	2	5
2009	11	9	6	8	4	5	3	10	1	2	7
2010	11	10	8	9	5	6	4	2	1	3	7
2011	11	10	8	9	5	6	4	2	1	3	7
2012	11	10	8	9	5	6	4	2	1	3	7
2013	11	10	8	9	3	5	2	7	1	4	6

根据评分及所获得11个沿海地区各年的风暴潮灾害情况排位(表15)，沿海地区受风暴潮灾害影响分为3类：江苏、河北、辽宁、天津、上海、广西、山东7地受风暴潮灾害影响较轻；海南、浙江2地居中；福建、广东2地受风暴潮灾害影响最重。

表15　2001—2013年中国沿海地区风暴潮灾害情况排位

年份	天津	河北	辽宁	上海	江苏	浙江	福建	山东	广东	广西	海南
2001	2	7	5	3	6	1	11	4	10	9	8
2002	1	6	4	2	5	11	10	3	8	7	9
2003	7	6	3	2	4	1	5	8	11	10	9
2004	1	4	3	8	9	10	11	2	7	6	5
2005	4	2	9	6	1	7	11	3	8	5	10
2006	1	6	4	2	5	9	10	3	11	8	7
2007	1	4	8	2	5	7	3	9	11	6	10

续表

年份	天津	河北	辽宁	上海	江苏	浙江	福建	山东	广东	广西	海南
2008	1	6	4	2	5	7	9	3	11	10	8
2009	10	5	2	1	3	4	8	6	11	7	9
2010	2	6	4	3	5	1	10	8	11	9	7
2011	2	5	1	10	3	6	8	7	11	4	9
2012	1	8	3	2	6	10	5	11	9	7	4
2013	1	5	3	2	4	10	9	7	11	8	6

根据评分及所获得11个沿海地区各年的海滨观测台站排位（表16），沿海地区海滨观测台站数量可分成3类：广东的观测台站最多；福建、浙江、上海、山东、江苏、辽宁6地居中；海南、河北、广西、天津4地较少。

表16　2001—2013年中国沿海地区海滨观测台站排位

年份	天津	河北	辽宁	上海	江苏	浙江	福建	山东	广东	广西	海南
2001	10	8	6	3	7	2	4	5	1	11	9
2002	10	8	7	4	6	2	3	5	1	11	9
2003	10	9	7	2	3	4	6	5	1	11	8
2004	10	9	7	5	4	2	3	6	1	11	8
2005	10	9	7	4	6	3	2	5	1	11	8
2006	8	10	7	3	6	4	2	5	1	11	9
2007	10	9	7	2	6	4	3	5	1	11	8
2008	10	9	7	2	6	3	5	4	1	11	8
2009	11	9	6	4	7	2	5	3	1	10	8
2010	11	9	6	5	8	3	4	2	1	10	7
2011	11	9	7	5	6	4	2	3	1	10	8
2012	11	10	7	5	6	3	4	2	1	8	9
2013	11	10	5	6	8	4	2	3	1	9	7

三、结论

海洋经济综合竞争力评价体系综合反映了一个沿海地区在海洋资源、海洋产业、海洋科技、海洋环境、海洋管理等各方面的发展能力及在全国的竞争地位，各方面的发展相互促进、相互制约，共同影响沿海地区海洋经济综合竞争力的排位和变化趋势，也表现出如下一定的规律和特征。

第一，沿海地区海洋经济综合竞争力排位整体比较稳定。通过对中国沿海地区海洋经济综合竞争力排位变化的分析，可以看出整体上各省份海洋经济综合竞争力排位相对比较稳定。在研究期内，只是局部有所调整。就海洋经济综合竞争力来看，广东、山东、浙江3地最强，福建第4，辽宁第5，上海第6，江苏第7，天津第8，海南第9，河北第10，广西第11。

第二，沿海地区海洋经济综合竞争力需要长期培育发展。沿海地区海洋经济综合竞争力的稳定性说明一个沿海省份的竞争优势或竞争劣势是长期积累的结果，也是通过众多客观指标综合反映的结果，从而形成了其综合竞争优势或劣势。提升沿海地区海洋经济综合竞争力排位需要长期不懈努力，需要各个方面综合发展、协调提升。

第三，二级指标中海洋经济发展能力是海洋经济综合竞争力提升的最重要因素。沿海地区海洋经济综合竞争力是多种因素综合作用的结果，既是海洋经济总量的竞争，也是资源基础、海洋经济增长速度、海洋科技、海洋环境保护能力的综合竞争，是显性优势和潜在优势的综合反映。

但同时应看到，各个因素对沿海地区海洋经济综合竞争力的作用又各不相同。根据海洋经济综合竞争力评价指标体系权重确定结果，二级指标中海洋资源禀赋权重为19.92%，海洋经济发展能力的权重为44.48%，地区宏观环境的权重为24.03%，海洋环境保护能力的权重为10.13%。可见，海洋经济发展能力是提升海洋经济综合竞争力的最重要因素。

第四，三级指标中海洋经济规模、海洋产业生产能力和海洋科技实力是提升海洋经济综合竞争力的主要因素。三级指标中海洋空间资源的权重为7.86%，海洋可再生能源资源的权重为5.57%，港址资源的权重为2.78%，滨海旅游资源的权重为3.71%，海洋经济规模的权重为21.15%，海洋产业生产能力的权重为18.45%，海域使用管理水平的权重为4.88%，直接腹地经济实力和优惠政策的权重为10.29%，海洋科技实力的权重为13.75%，废弃物治理能力的权重为1.61%，海洋类型自然保护区建设情况的权重为3.40%，沿海地区湿地和红树林的权重为2.90%，沿海地区风暴潮灾害情况的权重为1.63%，沿海地区海滨观测台站分布的权重为1.02%。可见，海洋经济规模、海洋产业生产能力、海洋科技实力是提升海洋经济综合竞争力的主要因素。

（2015年12月）

海洋经济可持续发展能力评价指标体系构建

刘　明

构建海洋经济可持续发展能力评价指标体系，是海洋经济可持续发展研究的重要组成部分和基础工作，对于科学评价海洋经济可持续发展状态具有重要的理论和方法学意义。

本文从可持续发展的思想和战略需求出发，以系统理论为指导，基于对影响海洋经济可持续发展的因素的全面分析，研究构建海洋经济可持续发展能力的评价指标体系，并选用科学方法，对我国沿海区域海洋经济可持续发展能力进行定量分析，目的是为国家和地方制定海洋经济政策，贯彻实施《全国海洋经济发展规划纲要》，评价和调控区域海洋经济发展态势，以及动态评估区域海洋经济可持续发展能力提供支撑和辅助决策。

一、海洋经济可持续发展能力的内涵

可持续发展能力是实施可持续发展战略、评价可持续发展状态的重要概念。区域可持续发展能力是指区域内人地系统各要素通过自身发展及相互间反馈作用所拥有的支撑区域可持续发展的整体能力。就海洋经济而言，其可持续发展能力可表述为：在一定技术条件下，海洋内部各要素通过自身的发展和相互间的互动反馈，获得的支撑海洋经济可持续发展的整体能力；就沿海地区而言，它是区域可持续发展能力的重要组成部分。

借鉴中国科学院可持续发展研究组编写的《2003 年中国可持续发展战略报告》对区域可持续发展能力的阐述，海洋经济可持续发展能力应包括以下几方面内容。

(一) 海洋资源供给能力

是指某一沿海区域范围内海洋资源的数量和质量，其对沿海区域海洋经济的发展起基础性支撑作用。

(二)海洋产业的经济功能

指沿海地区利用海洋资源、人力、技术以及资本等经济发展要素，通过合理的海洋经济结构和产业配置，可以转化为产品和服务的总体能力。海洋产业的发展对沿海地区社会经济发展具有重大的推动作用，海洋产业产值占地区生产总值的比重及增长速度反映了人类对海洋的开发程度和海洋产业的经济贡献。

(三)海洋环境治理及保护能力

指沿海地区各级政府及社会有关各界拥有的治理海洋环境污染及使海洋环境恢复到一定目标的能力。

(四)海洋科技发展水平

海洋科技始终影响着海洋经济发展的历史进程，并渗透到海洋经济可持续发展系统中的各个要素，从而对海洋经济可持续发展能力产生巨大的推动作用，如海洋科技可提高海洋资源的利用效率、提高海洋环境保护能力，因此，海洋科技发展水平直接体现海洋经济可持续发展的能力和潜力。

二、海洋经济可持续发展评价指标体系设计原则

作为结构复杂的巨系统，海洋经济可持续发展能力系统具有变量庞杂、不确定指标显著等特点。单独选出几个指标难以反映海洋经济可持续发展能力的总体特征，选出全部指标则会由于指标过多、过细而增加资料获取和构建模型的难度。因此，设置海洋经济可持续发展指标体系应从“突出能力指标、综合全面评判”的基本思路出发，并遵循系统性、科学性、可操作性的核心原则。

(一)系统性原则

海洋经济可持续发展能力系统是一个开放的系统，它是一个涉及若干要素的复杂的结构系统，具有很强的系统整体性。因此，在设置评价指标

体系中应充分体现其系统整体性，即应将海洋经济可持续发展能力作为一个大系统，围绕实现可持续发展这一标准，多层次地综合分析各种影响因素。同时，应考虑到海洋经济可持续发展能力系统并非指标的简单堆积，为了便于评价，应将指标逐层分解到各个子系统中去，建立层次明晰的分析评价体系。

（二）科学性原则

指标体系的科学性是确保评估结果准确合理的基础。海洋经济可持续发展能力指标体系是一个将海洋资源、海洋环境、海洋科技和海洋产业、涉海各类经济活动等有关方面融为一体的多层次、多功能、全方位的统计网络系统。指标体系设计应客观、科学地反映海洋经济系统内各要素的特征以及它们之间的相互联系，并要符合我国目前现行的海洋统计工作的标准。科学性原则可具体从以下三个方面体现。

一是全面性。评价指标体系必须全面反映海洋经济可持续发展能力的综合水平以及各方面发展的因素指标。

二是独立性。指标体系中各指标之间不应有很强的相关性，不应出现过多信息内容的相互涵盖而使指标内涵重叠。指标的选择应力求具备典型性、导向性、完备性、广泛涵盖性和高度概括性。

三是可比性。统计指标的选择应满足概念正确、涵义清晰、口径一致；各项指标的含义、统计口径和适用范围必须适用于不同的区域。

（三）可操作性原则

海洋经济可持续发展能力评价应保证有翔实、可靠的统计数据支持，可实际操作运行。因此，在设计指标体系时，应从实际出发，尽可能选择可以量化、现有海洋统计体系能够提供基础性数据的指标。指标的选择应强调少而精，注重规范性、通用性和公开性。

三、海洋经济可持续发展能力评价指标体系设计框架

海洋经济可持续发展能力指标体系可分为海洋产业发展能力指标、海洋资源供给能力指标、海洋环境治理及保护能力指标以及海洋科技综合能

力指标。

(一)海洋产业发展能力指标

主要包括海洋产业总产值增长率(%)、海洋产业增加值占地区生产总值比重(%)、海洋第三产业比重(%)、港口货物吞吐量(万吨)、滨海旅游业收入(亿元)。

(二)海洋资源供给能力指标

主要包括海域面积(平方千米)、岸线系数(岸线长度/陆域面积)、海水养殖面积(公顷)、盐田总面积(公顷)、宜建港口的港湾数量(个)、海洋石油资源地质储量(亿吨)、海洋天然气资源地质储量(亿立方米)。

(三)海洋环境治理及保护能力指标

主要包括工业废水处理率(%)和工业固体废弃物处理率(%)、清洁海域面积占海域总面积的比率(%)、海洋自然保护区总面积(万公顷)。

(四)海洋科技综合能力指标

主要包括海洋调查投入(万元/年)、海洋科研投入(万元/年)、海洋科研机构数量(个)、海洋科研从业人员数量(人)、海洋专业技术人员数量(人)、海洋发明专利数量(个/年)、海洋科技论文发表数量(篇/年)。

四、海洋经济可持续发展能力评价的方法

对海洋经济可持续发展能力评价可采用层次分析法、多元统计方法和灰色模糊综合评判法等。

(一)层次分析法

层次分析法(AHP法)的基本思想是把一个复杂的问题分解为各个组成因素，并将这些因素按支配关系分组，从而形成一个有序的递阶层次结构。通过两两比较的方式确定层次中诸因素的相对重要性，然后综合人的判断以确定决策诸因素相对重要性的总排序。

（二）多元统计方法

多元统计分析方法主要包括聚类分析法、主成分分析法、因子分析法等。

聚类分析法是研究分类问题的有效工具，其基本思想是认为所研究的指标（变量）之间存在着程度不同的相似性。根据多个观测指标，将相似度较大的指标聚合在一起，关系密切的判别分析法是根据影响研究对象的多种指标，依据一定的判别原则，对研究对象的归属做出判断。

主成分分析法是利用降维的思想，把多指标转化为少数几个综合指标的多元统计方法。

因子分析法是把一些具有错综复杂关系的变量归结为少数几个综合因子的一种多元统计分析方法。其基本思想是根据研究对象指标相关性大小把变量分组，使得同组内的指标之间相关性较高，不同组之间相关性较低。组代表基本结构，这个基本结构称为公共因子。掌握这些主要因子就能够对复杂的经济问题进行分析和解释。

（三）灰色模糊综合评价法

在已知信息不充分的前提下，评判具有模糊因素的事物或现象。其中，“灰色”指信息量少、不充分，属于“量”的概念；“模糊”指评判信息中具有概念不明确的因素。

（四）各种方法的作用及评价

层次分析法是运用指标体系评价系统状态的基本方法之一，也是本文用于评价区域海洋经济可持续发展能力的主要方法。在指标权重中采用了灰色模糊综合评判的思想以及改进的三标度层次分析法，在对评价对象分组时则选用了多元统计法中的聚类分析法。

这些方法各具特点，具有不同的适用范围，但同时自身又存在局限性。采用层次分析法与模糊数学评判法进行多目标决策方案的评价，可以解决评价中的非精确性问题，对主观的概念进行量化，方便了问题的数学处理，减小了主观判断带来的差异，使结果更为准确，更为符合实际情况，能够得出较正确的评价结果。

层次分析法是对一些较为复杂、模糊的问题作出决策的简易方法，特别适用于那些难于完全定量分析的问题，其应用涉及广泛的科学和实际应用领域。该方法对人们的思维过程进行了加工整理，提出了一套系统分析问题的方法，为科学管理和决策提供了较有说服力的依据。虽然该方法在很大程度上依赖于人们的经验，受主观因素的影响较大，但对于精度要求不太高的决策问题却能取得很好的效果。

由于灰色模糊综合评判以灰色模糊数学理论为基础，可以处理同时具有灰色性和模糊性的综合评判问题，因此有着更广泛的适用范围，比其他的评判方法更接近客观实际，使评判结果更加客观可信。灰色模糊综合评判方法实质包含了专家评价法。

尽管层次分析法、灰色模糊综合评价法对解决多指标评价问题能够得出较为有效的结果，但这些方法都有一个共同的缺陷：即各评价要素权数的确定比较困难，主观性较大，使得综合评价结果不具有唯一性和客观性。而聚类分析法、判别分析法、主成分分析法、因子分析法等，各综合因子的权数是根据综合因子的方差贡献率大小来确定的，方差越大的变量越重要，从而具有较大的权数，这样就避免了人为确定权数的随意性，使得综合评价结果唯一。但聚类分析法、判别分析法、主成分分析法、因子分析法对指标的数据质量要求较高，因此在实际应用时往往不如层次分析法和灰色模糊综合评价法灵活实用。

五、区域海洋经济可持续发展能力初步评价

以下运用构建的区域海洋经济可持续发展能力评价指标体系对我国沿海 11 个省(自治区、直辖市)的海洋经济可持续发展能力进行定量评价的实证研究。

(一)海洋经济可持续发展指标体系中指标权重的确定

指标体系是对区域海洋经济可持续发展系统的抽象和模拟，但各个指标对系统的贡献不同，这可以用一组归一化的权重来体现。传统的权重分配常用专家咨询法和层次分析法，其中层次分析法不仅对咨询专家要求高，而且多轮咨询的工作量大。层次分析法一般采用九标度刻划比较判断结果，因此操作困难，计算复杂，还需要进行一致性检验。在保证科学性

的前提下，为了计算方便，本文采用改进的三标度层次分析法 。参考刘波的研究，社会、海洋经济、海洋资源与环境、智力支持权数分别为0.137、0.256、0.478、0.128，因此，指标层中四类指标的重要性排序依次为海洋资源供给能力指标、海洋产业发展能力指标、海洋环境治理及保护能力指标、海洋科技综合能力指标。根据三标度层次法，对海洋产业发展能力、海洋资源供给能力、海洋环境治理及保护能力和海洋科技综合能力四类指标的权重进行计算，得权重依次为0.276 5、0.398 8、0.191 7和0.132 9。同理，可得到因子层指标的权重（表1）。因子层指标权重更多地显示的是因子之间相对重要性，而非绝对大小。

表1　海洋经济可持续发展能力评价指标体系指标层、因子层权重

目标层	指标层(B)		因子层(C)	
(A)	名称	指标层权重(%)	名称	因子层权重(%)
海洋经济可持续发展能力	海洋产业发展能力	27.65	海洋产业总产值增长率	25.19
			海洋产业增加值占地区生产总值的比重	25.19
			海洋第三产业比重	19.14
			港口货物吞吐量	15.94
			滨海旅游业收入	14.54
	海洋资源供给能力	39.88	海域面积	20.46
			岸线系数	20.46
			海水养殖面积	11.81
			盐田总面积	11.81
			宜建港口港湾数量	11.81
			海洋石油资源地质储量	11.81
			海洋天然气资源地质储量	11.81
	海洋环境治理及保护能力	19.17	工业废水处理率	32.22
			工业固体废弃物处理率	26.83
			清洁海域面积占海域总面积的比率	18.60
			海洋自然保护区总面积	22.34
	海洋科技综合能力	13.29	海洋科研机构数量	25.41
			海洋科研从业人员数量	21.16
			海洋专业技术人员数量	21.16
			拥有海洋发明专利总数	17.62
			发表海洋科技论文数量	14.67

(二)沿海地区海洋经济可持续发展能力评价结果

运用已建立的海洋经济可持续发展能力评价指标体系以及所赋权重，对我国沿海 11 个省(自治区、直辖市)海洋经济可持续发展能力进行评价。指标数据采用 2006 年国家海洋局、国家统计局的《中国海洋统计年鉴》《中国海洋年鉴》部分行业统计年鉴，以及各省(自治区、直辖市)的统计年鉴、资料，对沿海 11 个省(自治区、直辖市)有关海洋经济可持续发展的海洋产业发展能力、海洋资源供给能力、海洋科技综合能力以及海洋环境治理及保护能力加权综合，得到各省(自治区、直辖市)海洋经济可持续发展能力综合评价得分，见表 2。

表 2　2005 年沿海地区海洋经济可持续发展能力评价

地区	指标					海洋经济可持续发展能力排名
	海洋产业发展能力	海洋资源供给能力	海洋环境治理及保护能力	海洋科技综合能力	综合评价得分	
天津	0.457 2	0.099 4	0.338 3	0.609 7	0.311 9	8
河北	0.198 1	0.130 9	0.476 5	0.464 1	0.260 0	10
辽宁	0.260 6	0.351 9	0.516 6	0.622 1	0.394 1	6
上海	0.578 0	0.123 5	0.357 4	0.546 3	0.350 2	7
江苏	0.145 8	0.155 6	0.588 4	0.423 4	0.271 4	9
浙江	0.429 1	0.233 2	0.605 3	0.612 5	0.409 1	5
福建	0.537 0	0.252 5	0.490 1	0.574 2	0.419 4	4
山东	0.246 2	0.404 7	0.684 2	0.910 1	0.481 6	2
广东	0.488 0	0.257 5	0.540 2	0.736 3	0.439 0	3
广西	0.267 0	0.075 4	0.455 5	0.457 3	0.252 0	11
海南	0.452 9	0.675 9	0.314 5	0.440 4	0.513 6	1

(三)结果分析

分析表 2 计算结果，我国沿海地区的海洋经济可持续发展能力排名依次为海南、山东、广东、福建、浙江、辽宁、上海、天津、江苏、河北和广西。在表 2 计算结果基础上，运用聚类分析法将我国沿海地区海洋经济可持续发展能力划分为四组——极高组、高组、中组、低组。

1. 极高组

包括海南、山东两省。山东省在海洋科技综合能力、海洋环境治理及保护能力两方面居沿海地区首位。山东省的青岛市是我国著名的海洋科研基地，青岛的海洋科研和教学单位约占全国总数的1/3，素有中国的“海洋科学城”之称。全国110多个海洋科研与教学机构，在青岛就有24个，其中国家级、省级各类海洋科研机构10多所，教学机构5所。青岛的海洋高科技人才占全国同类人员的50%以上。山东省的废水治理的处理能力在全国居于首位，这也很大程度上得益于其科技水平。

海南省在海洋资源供给能力方面居全国第一位，其中海域面积、岸线系数、海洋石油天然气储量在全国居于绝对优势地位。

2. 高组

包括广东、福建、浙江、辽宁四省。广东的海洋科技综合能力仅次于山东，在海洋产业发展能力等其他三个方面也居于前列。福建在海洋产业发展能力方面处于全国前列，而在其他三方面均居于中游。浙江在海洋环境治理及保护能力方面仅次于山东，而在其他方面均居于中游。辽宁在海洋科技综合能力和海洋资源供给能力方面居于全国第三位，其他两方面则较为落后。

3. 中组

包括上海和天津两直辖市。上海和天津的海洋产业发展能力在全国处于领先地位，但它们的海洋资源供给能力较差，同属海洋资源短缺的地区，这与其区域经济发展特点相吻合。在海洋环境治理及保护能力方面，上海和天津居于全国后列，这主要是由于区域经济高速发展造成海域环境污染所致。在海洋科技综合能力方面这两个城市处于中游。

4. 低组

包括江苏、河北、广西三省区。江苏和河北在海洋产业发展能力方面都较为落后，在海洋资源供给能力方面也处于后列。江苏在海洋环境治理和保护能力方面仅次于山东和浙江。广西在海洋资源供给能力、海洋科技综合能力方面都处于全国后列，但在海洋产业发展能力、海洋环境治理及保护能力方面居于中游。

六、主要结论和开展进一步研究的建议

(1)本文根据当前海洋经济研究和决策的需要，构建了一套新的海洋经济可持续发展能力评价指标体系，分别从海洋产业发展能力、海洋资源供给能力、海洋环境治理和保护能力、海洋科技综合能力四个方面评价我国沿海地区的海洋经济可持续发展能力状况，较为全面地反映了我国沿海地区海洋经济可持续发展能力现状。

(2)任何评价指标体系都不可能完全地描述所要研究的问题，因此在具体使用指标体系时，决策者可以根据评价对象的实际情况，对已构建的指标体系进行进一步的修正和补充。本文所构建的评价指标体系是对区域海洋经济可持续发展系统的抽象和模拟，仍有一些影响海洋经济可持续发展能力的因素无法包括到评价指标体系中。例如，在本文评价结果中，海南省处于极高组中，其重要的因素在于海南省拥有200万平方千米海域以及丰富的海洋石油天然气资源，但由于南海地区海洋权益问题的存在，使得海洋开发受到阻碍。

(3)由于国家宏观经济政策以及区域发展政策处于不断调整过程中，因此，本文所构建的海洋经济可持续发展能力评价指标中的权重在不同的政策环境下，也应做适时的调整和修正。此外，海洋经济可持续发展能力评价指标体系中的各指标之间的动力机制也是需要考虑的方面，对其正确的把握也有助于确定合理的权重。

(4)海洋经济可持续发展能力是一个内涵丰富、包含多因素并且因素之间相互作用的复杂的开放系统，对其进行定量评价不仅需要指标体系不断完善，而且指标的数据也需要不断地丰富和规范，因此需要不断加强海洋经济的统计工作。

(2008年4月)

促进我国海洋能产业发展的思考与建议

刘容子

2007年9月，国家发展与改革委员会出台《可再生能源中长期规划》，2009年12月26日，国家主席令正式颁布《可再生能源法》，2010年10月10日，国务院出台《关于加快培育和发展战略性新兴产业的决定》，将新能源列为七大战略性新兴产业之一，并确定，到2020年新能源成为国民经济的先导产业之一。

2010年，国家有关部门正式启动《中国新能源产业"十二五"发展规划》编制工作。规划确定，"十二五"期间，我国可再生能源产业发展要加快可再生能源大规模开发利用，构建具有知识产权的技术支撑的完善的可再生能源产业体系，增强可再生能源市场竞争力和我国可再生能源产业的国际竞争力。对海洋能开发利用的初步规划是：在岸线资源允许和规划协调的前提下，适当建设潮汐能发电站，建设商业波浪能示范电站项目；在上海、江苏、山东、河北沿海建设海上风电场，到2015年，全国海上风电装机达到500万千瓦，2020年不低于3000万千瓦。

上述一系列密集出台的法规、政策性文件等，都对我国海洋能开发利用及其产业化推进提出了任务要求。加快海洋能资源的开发利用，将在缓解我国能源压力、调整能源结构、服务沿海和岛屿经济社会发展等诸多方面具有重大作用和意义。应切实将开发利用海洋能资源、培育发展海洋能产业作为国家能源发展战略的重要组成部分。大力发展各类海洋能研发技术、装备制造、电站建设等，完善相关政策和标准，推进我国海洋能开发利用及其产业化进程。

一、我国开发利用海洋能资源、培育发展海洋能产业的重要性

海洋能亦称海洋可再生能源。狭义海洋能范畴包括潮汐能、波浪能、

潮流能(海流能)、温差能和盐差能；广义范畴还包括海上风能、海洋生物质能和海上太阳能等。

我国海洋能资源十分丰富。据908专项最新调查与评价结果，我国沿岸及近海区域海洋能的理论装机容量超过18亿千瓦(包括潮汐能、波浪能、海/潮流能、海洋温差能、盐差能和近海风能，不包括海洋生物质能)。目前，海洋可再生能源在我国能源消费中的比重还很低，技术发展相对缓慢，尚未形成产业。我国沿海岛屿(有居民岛)电力保障程度非常低，边远海岛、甚至一些近岸海岛，仍然是靠柴油发电，大多数海岛处于无电力供应状态。沿海城镇和乡村主要依靠水电和火电，电力供应不足成为这些地区经济社会发展的制约瓶颈。

(一)国外大力促进海洋可再生能源的开发利用

随着世界煤炭和油气等化石能源供需矛盾的加剧和温室气体过量排放引起的全球变暖，发展清洁能源，减少碳排放，已经成为全球发达和发展中国家的基本国策。欧洲各国、美国、加拿大、澳大利亚、日本、韩国等国家政府相继出台了一系列法规和政策，主要包括：为能源开发装备的研发和制造提供经费补助，实施电力激励机制，研发海洋能基础设施，颁布标准，签订协议，进行区域区划和资源分配，实施新能源配额制度，落实新能源发电金额保障性收购制度，简化审批许可程序等。发达国家在海洋能新技术、海洋新能源装备制造产业等领域发展迅速，促进了其能源结构的调整，可再生能源比重越来越大，推进了海洋可再生能源开发利用及其产业化的迅猛发展。

(二)我国能源电力结构调整需要绿色海洋能源

为调整能源结构、保护环境和应对气候变化，我国提出了2020年非化石能源占能源消费15%、单位GDP二氧化碳排放量比2005年降低40%~45%的目标。

相对于核电、气电资源的有限性，我国的海洋能和海上风能资源十分丰富且分布广。发展海洋能(包括海上风能)，一方面有利于我国电源结构的调整，另一方面又有利于减少污染气体的排放，从而缓解全球变暖的威胁。同时，又有利于减少能源进口方面的压力，对提高我国能源供应的多样性和安全性将做出积极的贡献。另外，由于风能、太阳能都具有不稳定性，对电网供电有一定的影响，例如，太阳能的主要发电时间是在晴朗的白天，风能需要达到一定的启动风速。相对而言，海洋中的潮汐、海浪能规律性较强。沿海地区大力发展风、光、潮汐、波浪能一体的综合可再生能源发电体系，有利于稳定电网的输出功率，合理调整能源结构。

发展海洋可再生能源产业也是低碳、清洁、绿色发展的需要。20世纪人类文明的发展在相当程度上依赖于煤炭、石油、天然气等化石能源的开发利用。但是，利用化石能源也给地球环境造成了严重危害，使人类生存空间受到了极大的威胁。化石能源对环境的污染主要表现在温室效应、酸雨、破坏臭氧层、大气颗粒物污染以及开采、运输、加工过程所造成的生态环境破坏。随着现代工业的发展，环境问题日趋严重。为了减轻污染对环境和公众健康的危害，《中华人民共和国清洁生产促进法》已于2003年1月1日正式施行，它指明了生产领域特别是工业生产的发展方向。在能源利用中，节能降耗和开发新能源必然成为其核心问题。发展洁净绿色能源和可再生能源已成为解决危机的有效方法和世界发展的主要潮流。海洋能行业相较于传统能源行业包括核电来讲，具有不可多得的环境和能源优势，是公认的一类清洁、可再生的能源，资源丰富，产业化开发时代已经到来。据评估，全球可再生海洋能资源理论上总量为76.6太瓦，发展前景异常可观。尤其是在远离大陆的岛屿上，海洋能是所有能源中获取较为方便和成本相对低廉的能源。大力发展海洋能，可以大大降低开发其他海上资源的成本，促进岛屿的开发利用。

（三）国内经济旺盛发展为海洋能提供广阔市场空间

近年我国GDP以年均10%的速度快速增长，人民的生活水平也随之快速提高，这两方面共同拉动全国的电力需求。以工业大省浙江为例，“八五”期间，全省用电量年均增长率为13.8%。“九五”期间，全省用电量年均增长率为10.6%。“十五”期间，全省最高用电负荷年均增长率为14.3%，用电量年均增长率为14.1%。到2005年全省最高负荷将达2260万千瓦，全省用电量达1404亿千瓦·时。预计到2010年全省最高负荷将达3560万千瓦，全省用电量将达2160亿千瓦·时。原有的电力建设已难以适应经济的迅猛发展，电力供应已成为经济发展新的瓶颈。

沿海地区“电荒”已经凸显电力对区域经济发展的强力制约。可以预见，在不远的将来，中国有相当一部分能源需求不能由现在常规的能源供应来满足，也必须寻求新的办法来解决能源长期的需求短缺问题。海洋能作为一种新型的可再生能源，全球的可开发量远远超过目前的发电功率，大规模地开发海洋能可以缓解能源紧缺，是解决中国能源问题的一条有效途径。

中国沿海地区的经济发展水平在国内位居前列，但又是化石能源资源相对匮乏的地区，随着能源取得成本的日益上升，例如，浙江省90 %以上的化石能源要从外省输入，平均运输距离在1500 千米以上，价格也由此而上升了1 倍。因而，能源问题已经成为制约该地区经济发展的瓶颈。然而，国内沿海地区有着较为丰富的海洋能资源，如果能因地制宜，有效地开展海洋能的开发利用，将对这一类沿海地区的经济发展起到很好的推动作用。随着技术的不断成熟，海洋能发电的成本也不断下降，有望在经济建设中发挥更大作用。

二、我国海洋能开发及其产业化发展存在的问题

新兴产业的发展需要整体产业链、配套设施、基础设施的协调发展。我国海洋能产业化进程起步晚，宏观环境条件不足，主要问题如下。

(一)海洋能开发缺乏科学的资源调查、测量与评估

到目前为止，我国尚未进行过专项的海上风资源普查。2011 年5 月11 日，国家能源局重新修订了陆上、海上风资源评估结果，其中，较普查前，海上风资源由7.5 亿千瓦锐减到2.5 亿千瓦。同时，针对各类海洋可再生能源种类的实地调查、长期测量以及综合评估等，都需要开展系统的专项行动，获得科学结论，支持相应的技术研发和产业化开发。

(二)现行管理区划规划跟不上海洋能开发步伐

目前，国内海洋能开发特别是海上风电开发进展迅猛，已经大有“跑马圈地”之势。一些企业忽视对其他海上经济活动及环境交通的影响，盲目进军海洋能产业。在有关部门出台《海上风电开发建设管理暂行办法实施细则》之前，国内几大电力公司已经基本圈定了各自的海域“势力”范围。

例如：江苏省海上风电工程规划中的多块风场涉及江苏省围垦综合开发区；多块规划中的风电场水深条件较好，适合作为预留航道；有专家曾建议将上述多块风场取消，但据知并未能在规划中修订改正。中国风能协会会长贺德馨曾经表示，海上风电是风能发展的一个方向，但在缺乏风场规划、资源普查和核心技术的现实条件下，目前国内风电企业出现的大规模圈海和跃进是“盲目和不科学的”。

新一轮海洋功能区划修订正在进行中，海洋可再生能源区将主要包括浙江江厦、三门湾、福建八尺门等近海重点潮汐能区，福建、广东、海南和山东沿海的波浪能区，舟山群岛(龟山水道)、辽宁大三山岛、福建嵛山岛和海坛岛海域的潮流能区，西沙群岛附近海域的温差能区，以及风能分布区。上述原则性区划并不能对海洋可再生能源开发做出具体指导。沿海省级海洋功能区划大多已经完成评审，进入上报国务院程序。但就已上报的区划来看，也未能就海洋能开发做出有实际指导意义的规定。因此，急需安排启动我国海洋能专项规划工作。

(三)海洋能上网电价机制影响企业积极性

到目前为止，国家对海洋新能源领域还没有统一的上网电价政策与规定。在现行能源价格体系下，海洋能发电企业势必会在很长时间内面临亏损难题。国外新能源企业的盈利空间都是基于国家给予的政策性补贴。按照国家新能源发展战略和战略性新兴产业推进政策，新能源发电企业应在设备采购、上网电价补贴等方面获得政府补贴。必须出台专门针对海洋新能源的电力补贴政策，加大其在电力市场中的地位，大力培育发展海洋新能源产业。

(四)海洋能的标准认证体系亟待加强

我国沿用的风电标准大部分根据国际电工委员会 IEC 标准转化而来，而德国劳埃德 GL 标准、丹麦 RISOE 的 DNV 标准也主要是依据这些国家的开发建设条件和经验制定的，并不完全适合我国的气候特征和地理环境。我国需要及早制定有关潮汐能和波浪能的国家标准和行业标准，同时，加强我国在世界新能源标准中的话语权。

（五）海洋能设备生产企业自主创新不足

目前，国内参与海洋能设备生产的企业大多趋向于引进国外技术，借鸡生蛋，自主创新严重不足，在海上风电领域表现尤为突出。如：很多企业直接进口风电设备；有些企业购买国外图纸或者技术认可证等，然后再购买一些零部件对其进行加工组装。在风电领域，关键零部组件、轴承与主控系统都依赖进口。长此以往，我国海上风电产业势必难以打破西方的技术专利壁垒，很难进军国际风电市场。

海洋能设备生产厂家缩短应有的设计实验周期，急于求成，忽视了海上复杂条件对设备的要求。以海上风电为例，按照科学的研制程序，一般的海上风电机组样机需要先在陆上试运行，然后再到海上，而且从样机运行到投入生产至少需要一年的时间。国外超过 5 兆瓦的海上风机一般需要在岸上运行监测 3 年以上，并进行海上恶劣环境下的风机各参数非标准排量模拟仿真试验后才逐渐确定批量生产。而国内第一家海上风机厂家 4 年前才开始涉足海上风机领域。据此，外国咨询公司预言，目前运营的国产风机质量问题可能在未来两到三年后集中爆发。更令人担心的是，没有抗台风设计的海上风机将遭遇台风的威胁。“桑美”台风 2006 年登陆浙江，最大风速 78 米/秒，导致浙江苍南风电场 28 台风机倒了 20 台，整个风场几乎报废。

（六）开发海洋能现代服务业尚未能形成

一是配套金融保险业滞后，风险和不可预测性较高。海洋能设备价格较为昂贵，以海上风电设备为例，单台价格就达几千万元。因此，每个海洋能项目都对资本提出了很大的挑战。目前，银行对风电项目缺乏信心，贷款条件苛刻，这大大延缓了海洋能开发的速度。虽然风能设备的性能较为稳定，欧洲主流的海上风电装备的使用寿命都在 20 年以上，能够在接近 11 级风力的情况下正常工作。然而，台风和飓风可能在瞬时给风能设备造成一定破坏，并且海上环境比陆上更为复杂，虽然在应对空气腐蚀和海水侵蚀方面，技术上现在都有很好的解决方案，但是海上风能公司还是需要同保险公司合作，降低风险。然而，目前国内对于海洋能开发项目的融资保险业基本处于空白阶段。欧洲每个新建海上风电场项目的启动会都是金融业的盛会，吸引了世界众多的保险银行巨头。国内融资保险业对海洋能开发业务方面的漠视，很大程度上阻碍了海洋能开发的进程。因此，需要扩大宣传，加强行业间沟通，政府主导，市场运作，建立海洋能专项配套金融保险机制。

二是开发海洋能的港口和配套仓储等规模不足、水平尚低。由于海洋能设备及海上风电设备体积及重量较大，往往要在港口完成组装并由吊装船只直接运送至安装现场，因此对港口物流条件有较高的要求。各类海洋能设备需要就近的维修检测基地，港口也可同时作为海洋能开发的重要后勤基地，需要配套相关维修船以及直升机等维修必要工具。而国内企业往往生产安装都可以达到要求，而在随后的港口维修设施设备往往达不到海洋能设备的配套要求。

三、思考与建议

自 2010 年始，国家财政部设立了海洋能专项资金，截至目前，国家海洋局已经连续两年具体组织实施了专项资金项目。为加速海洋清洁能源的开发，支持海岛和沿海经济社会发展，还应进一步强化海洋可再生能源开发利用的相关政策和配套措施。

(一) 提高对开发海洋能重要性的认识

海洋能作为可再生资源具有持续开发价值，是解决我国目前能源危机的重要资源，更是未来国家绿色能源的重要组成部分。开发海洋能可以缓解石化能源的不足，对于促进沿海经济的发展和优化能源结构，保证能源可持续利用，以及开发海岛、巩固国防和保护生态环境，保障我国能源安全，缓解我国能源环境压力，实现建设资源节约型和环境友好型社会的目标，有十分深远的意义。

(二) 从战略高度培育发展海洋能新兴产业

一是要明确海洋能发展方向。海洋能等新兴产业的兴起将会对包括传统产业及其基础设施、管制制度等一系列经济要素和制度要素产生巨大冲击。针对海洋能等新能源产业体系建设滞后、瓶颈约束比较严重的现象，而更应该加速配套产品、基础设施、准入接入的制度和技术、管制制度等的完善与配套，防止过分注重创新本身而忽略了基础设施、配套技术、标准等带来的制约。

二是应以培育新兴产业为主线，加快自主创新，培育海洋能新兴产业。必须最大限度地利用好中国的市场优势、资源优势和现实条件；要符合经济技术的经济原则；要在充分利用好国际科技资源的同时，大力提高我国企业的自主创新能力。中国的海洋能分布范围广、种类多种多样，为发展各具特色的海洋新能源创新基地提供了巨大机会。有关部门应该出台相关政策，更加有力地支持适合我国资源优势的海洋新能源特色技术与装备的研发，如永磁直驱技术和抗台风、防腐蚀、海上吊装技术等。

(三)开展我国近海海洋能普查

海洋能资源评估是合理制定我国海洋能规划的基础，也是国家管理部门出台上网补贴电价的科学依据。例如某一区域海上风资源经过至少一年的普查之后，才能根据风能资源情况确定发电量，进行工程成本核算。德国在发展海上风电之前，由国家投资了 3 座测风平台，为北海和波罗的海的海上风电开发积累了大量的资料数据。建议有关部门，尽快设计启动我国近海海洋能(重点是风能及潮流波浪能)资源的测量普查与评估工作。

(四)建立完整的海洋能产业政策体系和配套规章制度

要在正确把握海洋能产业成长规律的基础上，制定完整和系统的海洋能产业政策、法规。现阶段，价格机制是保证新能源可持续发展的根本，目前国内还没有严格执行具体的可再生能源技术的价格制度，大多是项目层面的逐个推进，使各地政策不一，随机性较大。因此，应在国家层面尽快建立完整的海洋能产业政策体系，制定相应的配套规章制度。

要在海洋功能区划体系下，开展海洋能专项功能区划工作。海洋能功能区划是海洋管理部门具体实施海洋能发展规划的有力手段。科学的功能区划分可以避免盲目发展，无序竞争，保证海洋能源作为新兴产业的发展潜力。以德国为例，在 2005 年就制定了海上风能未来 30 年的发展政策，科学规划了北海和波罗的海，为海上风电产业预留了足够的发展空间，同时兼顾了渔业、交通、养殖等其他海上活动的安全及便利性。该国为了保护近海脆弱的生态系统，规定了只有在 40 米水深以外才能得到国家全额资助的补贴政策，彰显该国富有远见的深水海上风电战略。

健全海洋能标准认证体系。完善科学的海洋能标准认证体系是我国海洋能产业提高产业化程度，走出国门的必要条件。一流的企业卖标准，二流的企业卖品牌，三流的企业卖产品。一个产品的设计、工艺和标准是衡量企业甚或国家在该产业发展水平的主要衡量指标。西方海洋能生产企业在研发生产检验过程中，海洋能标准都为其提供技术支持。例如，德国 Voith 海洋能设备研发生产过程伴随德国劳氏船级社 GL 海流能标准认证；葡萄牙 Pelamis 海蛇海浪转换装置全程接受挪威船级社 DNV 海浪能标准认证。我国应尽早制定海洋能行业规范标准，健全海洋能技术标准认证体系，从而为海洋能产业的健康有序发展奠定基础。

（五）积极引导金融保险业介入海洋能开发

国外海洋能的蓬勃发展，跟西方银行保险业的积极参与是密不可分的。欧洲现在在建的海上风电场有十几个，大都是资本运作的典范。欧洲各国政府基于推行新能源政策，履行气候保护承诺及对本国高科技产业发展的高度关注，都对规划中和建成的海上风能项目给予了资金贷款、税收减免等方面的优惠条件，并且规定了海上风电的保护价格。这些都使海上风能项目对于金融银行业来说极具吸引力——回报稳定，风险较低。对于承担海上风能项目的公司来说，由于海上风能项目投资巨大，必须通过金融和银行业进行融资，获取前期投入的巨量资金。因此，海上风能项目也为金融业开辟了新的领域，同时也将给金融和银行带来了新的机遇和挑战。海上风能公司还是需要同保险公司合作，降低风险。正是由于海洋能项目投资巨大，这也给保险业带来了数额较大的订单，可以促进保险行业的发展。

（2011 年 12 月）

关于提高海南省海洋经济竞争力的思考

刘　明

海南省是我国海洋面积最大的省份，发展海洋经济得天独厚。“十二五”期间，海南省海洋生产总值平均增速达到13%，远高于省地区生产总值增速。2015年海洋生产总值达到1050亿元，在全省地区生产总值中占28%，海洋经济已成为全省国民经济的主要组成部分和重要经济增长点。同时，应当看到海南省海洋经济仍面临着一系列问题，如海洋总体实力较弱、科技力量薄弱等。总体上看，海南省海洋经济总体发展水平和竞争力，和其他沿海省份的海洋经济相比仍存在差距。

海洋经济竞争力是指一国或一地区在对海洋进行开发、利用和保护的各类产业活动以及与之相关联活动中表现出的，相对于其他国家或地区的竞争优势和发展潜力。海洋经济竞争力是综合能力，其影响因素包括海洋资源禀赋、海洋经济发展能力、海洋经济发展的地区宏观环境、海洋环境保护能力等方面。通过构建包括85个指标的评价指标体系，运用2001—2014年我国沿海地区海洋经济的数据进行分析，得到我国沿海省(自治区、直辖市)海洋经济竞争力强弱依次为：广东、山东、浙江最强；福建、辽宁、上海、江苏居中；天津、海南、河北、广西较弱。本文从海南省海洋经济竞争力角度，对海南省海洋经济的优势、差距、面临的机遇进行分析，并提出提升海南省海洋经济竞争力的对策建议。

一、海南省海洋经济发展的优势

(一)区位条件优越，海洋资源丰富

海南省位于中国最南端，内靠华南经济圈外缘，外临东南亚，处于中国 - 东盟自由贸易区的中心位置；向东北穿过台湾海峡直达西太平洋环形

经济区北部，向东经巴士海峡等与太平洋沟通，东南经苏禄海等可达大洋洲，西南经过马六甲海峡与印度洋相通，海上交通十分便利。

海南省是中国海洋面积最大的省份，海域总面积约 200 万平方千米，占我国海域面积的 2/3。全省海岸线总长 1928 千米，海岸线系数为 0.054 53，位居全国第二。大于 10 平方千米的海湾共有 13 处，居全国第三位。有风景名胜资源 241 处，发展热带滨海和海岛休闲度假旅游潜力巨大。海域油气资源总储量 200 多亿吨，居全国各海区之首，南海中北部海区蕴藏着天然气水合物资源。近海渔业资源有 600 多种，西、南、中沙海域有鱼类 1000 多种。滨海砂矿资源 80 多种，其中钛铁矿、锆英石储量分别为 761.7 万吨和 129.6 万吨，占全国同类矿产储量的 1/4 和 1/3 以上。

(二)海洋经济增长迅速，海洋支柱产业快速发展

经过多年发展，海南海洋经济取得了较快发展，呈现持续上升的发展势头，已经成为支撑地方经济发展的重要增长点。2001—2015 年，海南省海洋生产总值从 72 亿元增长到 1050 亿元，增长了 978 亿元，年均增长率 19.56%，高于国民经济增长率和海南省地区经济增长率。2015 年，海南省海洋生产总值占海南省地区生产总值的 28.36%，在全国名列前茅。

“十二五”期间，海南省海洋支柱产业加快发展。海南省海洋渔业实现了平稳发展，深水网箱养殖基地亚洲最大，热带海洋牧场初具规模，海水鱼苗产量位居全国第一，罗非鱼苗产量位居全国第二。全省已初步形成以中心渔港为中心、一级渔港为骨干、二三级渔港为补充的渔港体系。海洋旅游业产业规模持续增大。海洋交通运输业快速发展，“四方五港”已形成，建成深水泊位 46 个、游艇泊位上千个。推进了沿海公路、铁路、机场的对接，构建了海陆空衔接良好的立体交通网络，提升了港口枢纽的纵深辐射功能。依靠丰富的近海油气资源，原油、成品油商业储备基地有序建设，国家战略石油储备基地扎实推进。

(三)海洋生态环境优越，实现了较为有效的保护

海南省处于热带亚热带气候带，拥有珊瑚礁、红树林、海草床等典型生态系统，生态价值巨大。全省现有珊瑚礁面积占全国珊瑚礁总面积的 98% 以上，现有红树植物 16 科 32 种，占我国红树种类的 90% 以上。到

2013 年年底，海南省共建立海洋类型自然保护区 20 个，其中国家级海洋类型自然保护区 4 个，在全国沿海省(自治区、直辖市)中处于第二位。海洋类型自然保护区面积 24 997 平方千米，在全国沿海省(自治区、直辖市)中处于第一位。目前已建立了全省海洋生态监视监测和海洋环境观测预报网，加强了海洋功能区环境监测及重大海洋污损事件应急监测预报工作。建立了省、县(市)两级海域使用动态监视监测管理系统，为海域使用管理提供了切实有力的技术支撑。

二、海南海洋经济发展的劣势

尽管海南省海洋经济呈较快的增长态势，但从总体上看，海洋开发利用水平与建设海南海洋强省的目标尚有差距。

(一)海洋经济总体实力较弱，海洋产业结构不尽合理

海南省是全国海域面积最大的省，但整体海洋经济规模长期处于沿海省(自治区、直辖市)末位。2015 年，海南省海洋生产总值占全国海洋生产总值比重仅为 1.62%。环渤海地区、长江三角洲地区和珠江三角洲地区分别占全国海洋生产总值的比重分别为 36.2%、28.5%和 21.3%。海南省管辖海域面积分别是广东省、山东省的 5 倍和 15 倍，但海洋生产总值规模不足广东省的 8%，不足山东省的 1/10。这样就形成了典型的“大海洋，小产业”的局面。

海南省海洋产业结构不尽合理，“十二五”期间海南省海洋产业结构基本保持稳定，2010 年第一、第二、第三产业结构比为 23.2∶20.8∶56，2014 年为 23.4∶19.0∶57.6。海洋产业结构不合理主要表现在海洋第一产业比重过高，对自然资源的依赖程度高，对海洋资源的利用深度严重不足，即加工程度低，技术附加值低。海洋第二产业发展滞后、比重过低。在海洋产业结构中，海洋传统产业技术装备不足，产品科技含量低。海洋新兴和技术密集型产业较少，产值比重低。总体看来，海南省海洋产业结构仍体现出初级化、单一化、技术层次低、经济规模小的特点。

(二)海洋科技力量较为薄弱，海洋新兴产业发展仍有难度

海南省海洋科技总体水平较低，对经济的贡献率不高。海洋科技力量仍

难以满足海洋经济发展的需求，海洋科技总体水平在全国沿海省(自治区、直辖市)中居于末位。海南省海洋科研机构数量少，规模小，较为分散，海洋科研和专业技术人才较少。海洋科技力量薄弱导致了海洋科技创新能力不足，科技成果转化率较低，产业化进程较慢。海洋科技总体水平较低，导致目前海南省海洋资源的开发仍较为粗放，高技术产业尚未得到很好的发展。

(三)保障海洋经济的优惠政策不够完善，成为其发展的瓶颈之一

海南省发展海洋经济的优惠政策和措施仍不足。2013 年海南省颁布实施了《关于金融支持海洋经济发展的指导意见》，对推进海南海洋经济发展、三沙市经济建设及南海开发都起到了积极的促进作用，但其优惠政策的领域仍不全面。海南省海洋经济的实体产业发展需要更全面的优惠政策与措施，如设立专项基金、税收优惠、行政干预等，这些都是海南省海洋经济发展中的短板。

三、海南海洋经济发展面临的机遇

(一)对接国家“海上丝绸之路”倡议

建设丝绸之路经济带和“21 世纪海上丝绸之路”的构想，已经成为我国的国策和国家战略。海南省是往来“两洲”(亚洲、大洋洲)和“两洋”(太平洋、印度洋)的必经之地，也是通往“两亚”(东南亚、东北亚)的“十字路口”。作为亚太地区与世界最主要的海上运输通道之一，每年经过南海海域的船舶多达 10 万艘，中国 3/4 的外贸出口货物、全球 1/3 的国际贸易，都要通过南海航线。这决定了海南作为“海上丝绸之路”的关键节点，是中国面向东盟地区的“桥头堡”，也是“环南海经济圈”的核心地区。海南省应充分发挥自身优势，对接国家战略，立足服务“一带一路”建设，围绕着南海资源开发服务保障基地和海上救援基地两大定位，积极将自身打造成“21 世纪海上丝绸之路”的重要战略支点，以建设“南海服务合作基地”为目标，以推进“岛屿 - 海洋经济体”为路径，统筹海陆发展，做强海洋经济，推动海南海洋强省建设。

(二)建设海南国际旅游岛上升为国家战略

2010 年 1 月，国务院正式出台《关于推进海南国际旅游岛建设发展的

若干意见》(国发〔2009〕44 号)。该意见是统领海南省 2010—2020 年经济社会全面发展的总体规划。其中对海南省的六个战略定位都涉及发展海洋经济。培育壮大海洋产业，加快发展海洋经济，成为推进海南国际旅游岛建设的重要抓手。

(三)国家高度重视南海海洋权益维护

国家历来高度重视南海海洋权益的维护。2012 年，国家批准设立三沙市进一步将南海管辖权真正落到实处。三沙市的设立将进一步增强海南省对西沙群岛、南沙群岛、中沙群岛及其海域的管辖权，必将有助于加快海南海洋经济发展，推动海南由岛屿型经济向岛屿海洋型经济的转变和跨越，为海南省从海洋大省向海洋强省迈进创造了重大战略机遇。

四、对策建议

(一)积极参与“21 世纪海上丝绸之路”南洋航线东南亚段的建设

海南省参与“21 世纪海上丝绸之路”南洋航线东南亚段的建设具有独特的区位、侨乡以及与东南亚国家有着良好的贸易基础等突出优势。从参与“海上丝绸之路”建设角度促进海南省海洋经济发展应着重从以下几方面入手。

加快互联互通建设，构建高效安全的现代综合运输体系，增强东南亚航段的活力。为此，海南省应加快海陆巷道交通设施的建设与对接、资源平台和海上公共服务平台的建设，形成资源互通、信息共享的有效合作机制。应加快建设高效的港口及陆地集疏运体系。同时，海南省应积极争取与东南亚国家实现海上能源管道的联通。

促进海洋经济可持续发展是南海沿岸国家共同的发展目标。应积极发展与东南亚国家在诸如的海洋环保、海洋科研、海上搜救以及渔业等方面广泛的海洋合作。通过落实海洋经济、开发海洋资源的合作，共同安排海洋争端解决机制，努力将海南打造成为海上丝绸之路与陆地丝绸之路对接的“桥头堡”。

(二)制定海南省中长期海洋经济综合协调发展的规划

自 2010 年年初海南国际旅游岛建设上升为国家战略，经过多年发展，海南旅游业取得长足进展，但同时应注意重视海洋产业的综合协调发展。当前，应编制海南省中长期海洋经济发展规划，并在规划中确定海南省5～15年海洋经济发展的目标和重点任务安排，以在中长期时间范围内统筹协调海南省海洋经济的发展。规划中应强调加大对海洋科技的投入，加强与广东省等邻近省份在海洋经济和海洋科技领域的合作；加大对海南省海洋经济发展的财政和金融支持力度，多渠道筹集海洋经济发展的资金。

(三)抓住国家重视维护南海海洋权益的机遇，大力发展海洋经济

海南省应继续通过三沙市这一国家重视维护南海海洋权益的抓手，积极争取国家为海南省实施海洋强省战略提供更为充分的支持，以提升海南省海洋经济发展的规模。继续积极争取加大中央财政资金支持三沙市的建设，成立海洋产业发展基金，组建南海海洋开发集团，促进南海海洋开发有序进行。

通过中央和省内的支持，促进海南省海洋产业发展。一是对海洋支柱产业进一步扶持，如鼓励渔民造大船，闯深海，开展远洋捕捞。二是积极创建国家级、省级的海洋产业发展园区，大力发展海洋生物医药、海水直接利用、海水淡化、海洋能开发等海洋新兴产业，以形成海洋特色产业集群。三是创建和不断完善热带海洋科研机构，为南海海洋开发提供智力和技术支持。

(四)建立“区域旅游业合作联盟”，积极开发南海旅游资源

充分依托南海旅游资源优势，海南省牵头建立“区域旅游业合作联盟”，构建区域旅游业互惠共赢发展的格局。“区域旅游合作联盟”可联合广东、广西等邻近省区以及东南亚国家共同组成。

广东、广西等邻近省区具有丰富的海洋旅游资源。东南亚国家与海南省地理位置相近。海南省应充分认识到东南亚各国的旅游资源优势，共同发展旅游业是易于为各方接受的发展模式。

通过构建“区域旅游合作联盟”，可促进海南省旅游业转型升级。通过开通海上旅游航线，如三亚到西沙永兴岛航线、三亚到永暑礁航线等，开发海洋潜水、海洋探险等海洋旅游精品，突出海洋文化、热带文化、民族文化的特色。通过开发设计新的旅游产品，将传统的单一岛屿旅游转变为

组合旅游，将山地旅游、红色旅游、节庆旅游、民俗旅游与海洋旅游融合为一体。与东南亚各国密切合作，构建“无障碍旅游区”，将各方旅游业紧密联系，共同发展。

（2016 年 3 月）

江苏沿海地区海洋开发建设动向*

方克定 张 平

为了解江苏沿海地区海洋开发建设进展，国土资源部及国家海洋局有关人员于2012年6月10日至14日赴江苏调研。在江苏省海洋与渔业局的安排下，调研组先后与江苏省海洋与渔业局、南京大学海岸与海岛开发教育部重点实验室、盐城市海洋与渔业局、江苏沿海开发研究院进行座谈，并在大丰、东台两地实地考察海港、人工岛建设方案和条子泥围垦一期工程。通过走访、考察与交流，对江苏沿海地区海陆开发现状、潜力及存在问题有些新的认识，形成如下初步报告。

一、江苏发展的陆海空间格局与时空关系

当代江苏经济发展的重心在地域空间上形成“一线、两带”（或“三带”）格局。一线指“陇海线”（或“东陇海经济带”），两带分别指“沿江经济带”和“沿海经济带”。

（一）空间格局

苏北陇海铁路经济带。陇海线是第二亚欧大陆桥东段的重要组成部分，东陇海线串起徐州和连云港，是苏北重要的经济发展轴。经济带全长224千米，人口804万，年地区生产总值约3000亿元，人均地区生产总值40 643元，是江苏北部的航运和机械制造业基地。①

苏南沿江经济带。濒临长江，长425千米，由8个沿江城市，包括南京、扬州、镇江、泰州、常州、无锡、苏州、南通组成。人口合计

* 南京大学地理和海洋科学学院殷勇老师就本文提出诸多宝贵建议，在此表示感谢。

① 数据来源：《江苏省统计年鉴2011》。

4094万，年地区生产总值约33 000亿元，占全省地区生产总值的79.5%①。其社会经济发展水平在江苏乃至全国领先，是中国最大工业基地——沪宁杭工业基地的重要组成部分。全国百强县中的八成集聚于江苏。苏南地区以高技术产业为龙头，已形成“一带二谷三基地”②的高新技术产业布局。2012年沿江高技术产业产值占全省的2/3，在全国也有重要影响。

苏东沿海经济带。濒临南黄海，长954千米，陆域面积3.25万平方千米，由连云港、盐城、南通三市组成。2010年年末总人口2076万，地区生产总值6991亿元。随着海洋意识的提高和江苏沿海开发战略的推进，苏东地区的港口和临港产业、海洋工程装备、海洋新能源、滨海旅游业等新兴产业不断壮大，初步形成了较完善的现代海洋产业体系，但高新技术产业相对薄弱。2010年，沿海三市海洋生产总值3550亿元，占地区经济总量的1/2强。从目前看，“海上苏东”建设有新的创意和起势。

(二)时空关系

江苏沿海经济带，北与沿陇海线、南与沿长江经济带有局部重合。“一线、两带”(或“三带”)向南北、中西延伸后，与全国城市群布局的“两横三纵”契合。“两横”向东下海，东缘的“一纵”沿海，都汇聚到江苏沿海地区，即“Π字形”。江苏全省城市化率超过60%(仅低于广东、辽宁)，又是唯一的“两横一纵”兼容省，在全国城市化格局中居于重要地位。

从时间上看，当代中国的“两横”与古代的两河有源流关系。按照苏秉琦先生首倡的“中国两河文明论”，中国古代文明起源于黄河、长江两大江河文明。两河文明在分流进化中也有局部交会融合。“两河文明省”指当代和文明史上跨黄河、长江流域的七省，自西向东分别是：青海、四川、甘肃、陕西、河南、安徽、江苏。其中，江苏是唯一曾居两河干流下游和两河入海口的两河文明省，兼有黄河文明与长江文明之长。南黄海近岸辐射沙脊群就是两河口和南黄海近岸共同作用的产物，其潜在

---

① 数据来源：《江苏省统计年鉴2011》。

② 分别指苏锡常火炬带“一带”，扬州生物医药、南京医药研发“二谷”，重点发展南京、苏州、无锡“三基地”。它们集聚在苏南8个沿长江城市中的5个(主要在江南)。

价值堪比两河三角洲。黄河北上山东后，长江在江苏的主导地位凸显，现代沿江经济与海洋经济连锁互动。全省亿吨级港口数量、万吨以上泊位数量居全国前列，其中沿江港占 2/3 以上。基于长江下游深水航道直通海洋，江苏“十二五”海洋经济发展规划统筹、整合省内沿海和沿江两大经济带，构筑以沿海为纵轴、沿江为横轴的“L 形”（实为半个倒转的“T 形”）特色海洋经济带，围绕“一带三区多节点”布局海洋产业，把“江出海”和“海进江”对接起来。从中可以看出下游省江河文明与海洋文明的交融发展态势。

“两河文明省”同时又是我国的南北分界省。青海①、四川②、甘肃③、陕西④、河南⑤、安徽⑥、江苏⑦，从西向东、从江河源到出海口都处于中纬度的南北过渡带。其中江苏是唯一兼具陆、海分水岭功能的南北分界省。公元 1128—1855 年间旧黄河夺淮，累计携 7000 亿～8000 亿吨泥沙入南黄海，在苏北造成几万亩陆地，使海岸线东移 90 千米，并以全国最长的粉砂淤泥质海岸分隔南北众多的基岩港湾海岸。旧黄河这次向南改道既使两河下游再次靠拢，也增强了南北分界地带的过渡性。

二、对江苏沿海开发的基本认识

以淤长型滩涂为主的江苏沿海，靠海不见海，航运自然条件欠佳。受限于过去较为落后的海洋认识和技术水平，苏东地区海洋优势未能发挥，发展未得益于海。反因土地盐渍化严重影响了农业的发展，形成了较长时期的贫穷落后局面。

江苏沿海之所以形成淤长型滩涂和粉砂淤泥质海岸，与射阳河口至长江口北岸近岸浅水区的辐射沙脊群密不可分⑧。该沙脊群为古长江、古黄河泥沙在南黄海近岸的巨型堆积体，是世界上规模最大、最个性化的辐射

① 北纬 33°至北纬 35°巴颜喀拉山分水岭。

② 北纬 34°巴颜喀拉山局段。

③ 北纬 34°西秦岭。

④ 北纬 34°秦岭主脉。

⑤ 北纬 34°东秦岭、北纬 32°至北纬 33°淮河源及淮河上游。

⑥ 北纬 33°淮河干流。

⑦ 北纬 33°淮河下游、东台市弶港作为东海前进波、黄海旋转波两大海洋潮波分水岭，也是南黄海辐射沙脊群中侵蚀型沙脊与堆积型沙脊的分水岭，兼为东海、北黄海潮流沙脊的分水岭。

⑧ 任美锷：《江苏省海岸带与海涂资源调查报告》，北京：海洋出版社，1986 年。

沙脊沉积体系①(图1)，地貌形态独特，国内外罕见。

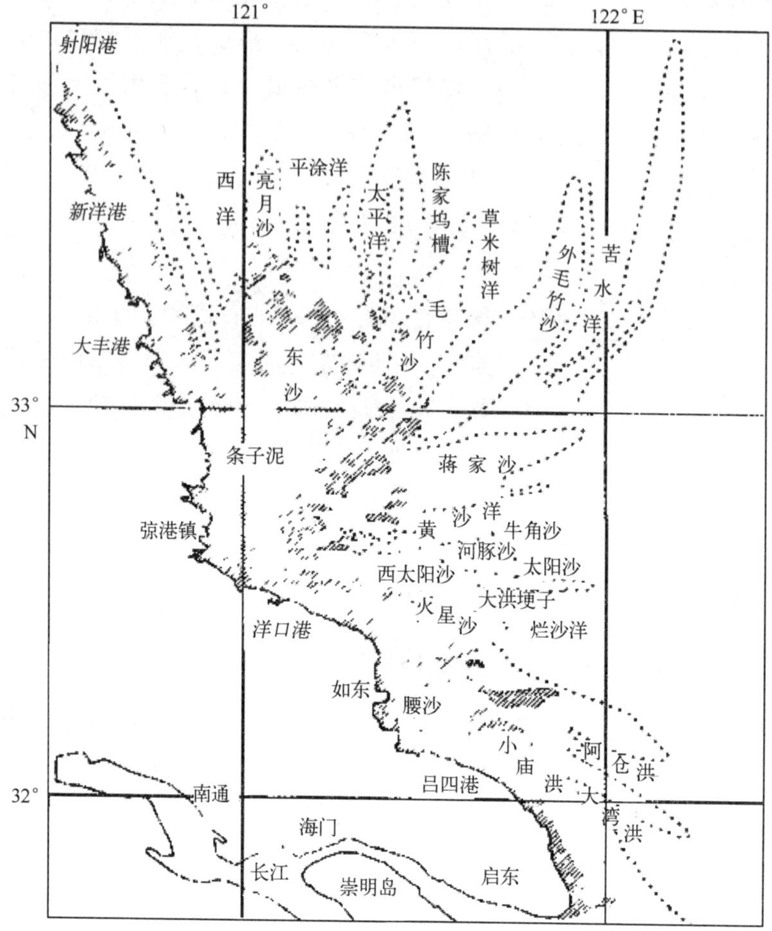

图1　江苏沿海辐射沙脊群示意

辐射沙脊群的基本形态是海水低潮时出露、高潮时淹没的大小不等、沿岸线分布多达上千平方千米的沙洲。目前学术界对在历史上长久制约江苏沿海地区海洋经济发展的辐射沙脊群形成以下基本认识②。

（1）辐射状潮流沙脊群以弶港为顶点呈150°扇面辐射状向海展布，北

① 沈永明：《江苏辐射沙洲开发利用方向探讨》，载《南京晓庄学院学报》，2001年第17卷第4期：第66－69页。

② 李孟国：《辐射沙洲研究开发的进展》，载《水道港口》，2011年第32卷第4期，第236页。

大南小，共70多个大小沙脊和潮流通道组成，总面积22 470平方千米，其中0米线以上面积为3782平方千米；

(2) 丰富的泥沙和长期稳定的辐聚辐散潮流场是辐射状沙脊群形成和发育的充分和必要条件，苏北淤长型海岸的发育得益于辐射状沙脊群的掩护阻挡波浪；

(3) 苏北岸外现代潮流沙脊群在西部覆盖于旧黄河、淮河古三角洲之上，东部覆盖于古长江三角洲之上；①

(4) 辐射沙脊群远岸进入物源贫乏区，沙脊群整体处在维持动态平衡的调整阶段，相对稳定；

(5) 靠岸的4条潮汐通道②多年来保持了水面宽阔的深槽(槽宽不等，大多顺直，水深超过16~20米)，其潮流动力强，风浪小、槽谷稳定，不淤不冻，有条件建成10万~20万以至30万吨级航道；

(6)对辐射沙脊群进行科学开发，可形成潜在土地后备资源，用以发展农业(盐土农业、花卉农业)、港口和临港工业、风电场产业、滨海旅游业。

目前，省内有关科研单位对辐射沙脊的研究还在不断深入，特别是南京大学2010年启动海洋公益性行业科研专项“南黄海辐射沙脊群空间开发利用及环境生态评价技术”，专门针对强潮环境下以潮流脊为依托建设人工岛技术开展研究。该项目由八个单位联合攻关，目前进展顺利。随着人们对辐射沙脊群认识的不断加深，未来南黄海辐射沙脊群将为江苏沿海开发作出实质性贡献：部分滨海滩涂湿地和低产盐田将是江苏乃至中国得天独厚的土地后备资源；淤泥质海岸不能建港的教条已被打破，近岸的辐射沙脊群滩广槽深，通过科学改造能建设深水大港；沿海滩涂宽阔，地势平坦，风力资源丰富，海洋风电发展潜力巨大，海岸带上还有风、光、渔互补的综合性新能源产业。

三、江苏辐射沙脊群开发现状

始于世纪之交，对江苏沿海辐射沙脊群进行探索性开发。其中经过科

---

① 杨子赓，等:《冰消期海侵进程中南黄海潮流沙脊的演化模式》，载《海洋地质与第四纪地质》，2001年第21卷3期。

② 西洋、黄沙洋、烂沙洋、小庙洪。

学论证、评价，已开展的建设项目有：

(一)港口建设

苏东大陆海岸线长888.9千米，其中826.7千米属于粉砂淤泥质平原海岸，坡缓水浅，波浪动力衰减，缺少供大船停泊的天然良港。① 众多学者就辐射沙脊群潮汐通道建港的可行性进行了大量研究，② 部分学者力排众议，提出了可利用潮流通道建航道的设想。现已利用西洋水道建成大丰港(1998年)，利用烂沙洋、黄沙洋水道建成洋口港(2002年)，东台港的选址工作正在进行。实践证明，辐射沙脊群潮流通道是不可多得的航道资源，开发建设是可行的，但对粉砂质海岸港口的深水外航道防、减骤淤仍须重视。

(二)小型人工岛建设

起步比曹妃甸晚三年的如东县西太阳沙人工岛一期工程，竣工面积1.44平方千米，③ 其建设规模、功能、效益与曹妃甸新区不在同一数量级上，却是我国建在远海沙洲上的第一个离岸式人工岛，具有标志性意义，将为江苏沿海大型人工岛建设提供借鉴。

(三)围垦工程

条子泥围垦工程项目位于东台市沿海弶港镇东部(图2)，计划框围面积约40万亩(15亩=1公顷)，总投资约44.84亿元，是江苏建设“百万亩滩涂框围综合开发试验区”的启动工程。④

工程施工分区、分阶段向海推进。条子泥框围后近期主要用于海、淡水无公害生态养殖，以建设绿色城镇综合开发区为长远发展方向。可为江

---

① 王颖：《充分利用天然潮流通道建设江苏洋口深水港临海工业基地》，载《水资源保护》，2003年第6期，第1页。

② 西洋、黄沙洋、烂沙洋、小庙洪。

③ 如东县有关公报表述为3平方千米。

④ 条子泥匡围工程分三期实施，计划2015年完成。一期匡围10.12万亩，计划2013年8月竣工，其中2012年上半年计划匡围3.3万亩；二期匡围近13万亩，2013年年内竣工；三期工程计划2013年下半年实施，2015年竣工。国务院常务会议确定新围垦滩涂按照高效农业用地、生态用地、建设用地6:2:2的比例进行开发，优先用于发展现代农业、耕地占补平衡和生态保护与建设，适度用于产业发展。

图 2　条子泥围垦项目示意

苏沿海滩涂围垦工程提供现场试验、技术研究和试点示范；对后续围垦项目的组织和管理工作、工程实施和协调保护利益相关者等方面，都将提供重要的技术储备和经验积累。从目前工作的进程上看，受工程技术水平、环保标准等因素的制约，慢于工程计划。

（四）超大型人工岛建设。

江苏规划在盐城岸外 30 千米浅滩上的东沙、高泥建设两大人工岛（面积合计 1000 平方千米）。

江苏近海辐射沙脊群开发利用的核心问题，是适宜围填区域定位及其规模问题，而适宜的围填海规模能够最大限度地协调岸滩围填和海洋资源环境保护的关系。部分学者考虑围填海对动力泥沙环境、海洋生态环境、资源综合开发和社会经济的影响，建立了围填海适宜规模评价指标体系，构建适宜围填规模评价决策模型。在这些理论方法的支持下，可得出针对不同目标岸段的围填规模和方案。初步认为，凭借现有经济技术手段开发利用部分沙洲的部分岸段，有促进海洋经济发展和沿海地区社会经济繁荣的正面效应，但应审慎、限规模地推进。

四、我国港口建设的陆、海基并进格局

综上所述，以港口建设为代表的中国河海文明正进入“陆基”型、“海基”型的综合发展和双向互补阶段。“陆基”型海港又分河口式和凸堤式(以至半岛式)，前者如南通港(长江口)、杭州港(钱塘江口)；后者如大丰港、天津港。“海基”型海港又分海湾式和海岛式，前者如连云港港(外湾)、青岛港(内湾)；后者又分天然岛式和人工岛式，天然岛式前者如洋山港、舟山港，人工岛式如曹妃甸港(龙岛)、洋口港(阳光岛)。

基于海岸带与大江河相交会的“T”字形构架，以长江口和长江三角洲为代表，原是中国宏观经济布局的“陆基”最优空间。本世纪以来，“岛基”型海港以其水深、对环境影响小等优势渐呈发展势头，在包括江苏在内的长三角地区尤为明显。上海港自2006年以来保持货物吞吐量世界第一，2010年以来保持货物与集装箱吞吐量双第一，内与长江货运量自2005年以来保持世界内河第一，外与洋山港分三期建成运营都分不开。2005年年末小洋山港开港，“T”字形交会点南移，从长江口跨入杭州湾外的岱衢洋。长三角作为中国经济最密集区，航运条件优越：中有长江口，南有杭州湾和舟山群岛，北有苏北辐射沙脊群。舟山群岛水深－15米的深水岸线占全国的1/4，水深－20米的超深岸线占比更大，正加快建设国际物流枢纽岛的“舟山新区”，按其“一主三副”发展轴规划，未来陆、海相携的上海－洋山－衢山－舟山－宁波港口链优势明显，也将成为江海联运的海上枢纽。南通以“北上海”崛起有助于强化长三角北翼，以洋口港为标志从河口港转变为江海组合港，但在体量上仍逊于南翼。长三角真正的南北平衡要看南黄海辐射沙脊群的总体开发前景(包括东沙、高泥人工岛的综合功能呈现)，方见眉目。

从陆海关系看，日本作为海岛国家以人工海岛为海上前沿，20世纪60年代以来(与国际集装箱船的发展大体同步)，其太平洋沿岸的“三湾一海”区域的众多离岸式人工岛成为港口密集区，也是港口建设的高级形态；中国作为传统大陆国家以天然海岛为海上前沿，迄今开发利用程度仍低。本世纪一批陆基型河口港转向岛基型的海港，既有天然岛、也有人工岛。前

者如温州港从瓯江口转向洞头岛(状元岙深水港)等；后者如洋口港的阳光岛。与此同时，我国开始在“多湾一海”修建离岸式人工岛，如渤海唐山湾的曹妃甸岛、渤海龙口湾包括10万~15万吨深水港的龙口人工岛群、泉州湾的秀涂岛、厦门湾以游艇经济为特色的漳州双鱼岛、海口湾的25万吨邮轮母港“南海明珠”岛等，是用海方式的一大转折，仍属仿效日本“三湾一海”模式。值得注意的是，海湾和内海作为陆缘、亲陆海域应予以更大程度的保护，在湾内和内海建人工岛不宜过多，不如建在外海(如通州湾外的阳光岛)，以尽力保持最优海域的陆海平衡。

另一方面，中国拥有大江大河，其现代三角洲经济发达，具有大开发前景，南黄海压覆古复式三角洲的现代潮流沙脊群作为“陆核”的功能以及大河口冲积物的造陆功能也颇为瞩目，这是小的河川所不能比拟的。在船舶大型化、集装箱船加速更新换代要求-20米及以深水泊位的背景下，长三角北翼出现超大型组团式人工岛，长江口出现串珠式人工岛群或称“亚长三角”都在意料中，将成为河海文明的重大工程创新。从海岸带“T”字形(陆基型)向长江口人工岛“T”字形(海基型)延伸，也是中国海上的新创意。

五、待进一步研究深化的问题

以海岸带综合调查和多学科研究为先导，苏北岸外浅海区巨型辐射沙脊群逐步开发利用，沉睡几千年的近岸海洋国土得以激活，使人振奋。同时，也有一些问题需要继续深入研究：一是苏东沿海地区因北部的泥沙来源减少以致辐射沙脊群的基底稳定性和可持续性问题；二是对超大型人工岛建成深水港功能和布局的前瞻性预想问题；三是在相应条件下以连云港为龙头的江苏沿海发展战略的统筹落实问题等，都值得重视并未雨绸缪。

(2013年7月)

关于合理利用并提高渤海资源环境承载力的思考

刘容子

环渤海区域是我国重要的经济区之一。近年来，随着环渤海地区的人口聚集城市化、港口及临港产业滨海化、新工业区建设大规模化以及加速发展的对外贸易等，在渤海地区资源环境面临巨大压力的同时，也对渤海海域的资源和生态环境承载力提出了新要求。国家"十一五"规划把环渤海地区的主体功能定位于优化开发区域，意味着本区域的海陆国土开发密度已经较高、资源环境承载能力开始减弱。如何按照党的十七大精神要求，以科学发展观统领解决渤海海洋资源环境的供需矛盾，合理利用并提高渤海海洋资源环境承载力，已经成为当前和今后一段时期内实现区域经济社会又好又快发展的关键。

一、区域海洋资源环境面临紧迫问题

(一)临海产业布局重点趋同，海洋资源开发过度与不足并存

近年来，环渤海地区海洋经济发展迅速，海洋对地区经济的贡献和作用逐年上升；与此同时，区域内临海产业布局雷同的现象、海洋资源开发利用过度与不足的矛盾等也日益突显。

2006年，周边三省一市海洋生产总值6906亿元，占全国海洋生产总值的33.0%，按现价计算，比上年增长15.8%，约相当于同期地区生产总值(GRP)的14.6%。目前，环渤海地区海岸线经济密度(GRP)接近8.4亿元/千米，其中岸线海洋经济密度1.22亿元/千米。由此可见，海洋对区域经济贡献比重大，区域经济海味浓。

渤海的渔业、岸线和港口、浅海和滩涂、石油和矿物、海盐、滨海景观等海洋资源比较丰富，经济价值很大。以保守估算，环渤海地区主要海

洋资源价值约相当于环渤海周边三省一市 GRP 的 20%（2004 年数据）。目前，各地区海洋资源开发重点均为渔业、港口和滨海景观，趋同现象十分严重，行业间竞争激烈，用户间矛盾增多，区域海洋经济协调发展问题凸显。

据三省一市规划，“十一五”期间，各地区生产总值增长速度目标均超过 10%，产业结构调整目标均为逐步缩小农业比重、加大工业尤其是重工业比重，区域经济布局的战略都是向海岸地区推进，重点发展港口、化工、石油开发和加工、钢铁、造船等产业。由此，势必加剧渤海海洋资源环境的承载压力，越发造成主要海洋资源过度开发的态势。

（二）海域生态系统处于亚健康和不健康状态，海域污染使有限的海洋环境容量难以承受

近年来，由于河流拦截、断流等造成入海水量减少，使海域生态用水量急剧减少，海水盐度升高；由于过度捕捞、大规模围填海、污水不达标排放及超量排放等，使得海域严重污染，河口生境和滨海湿地生境严重改变、破坏、甚至丧失，多数产卵场退化或消失，海洋生物资源低值化现象严重并趋于枯竭。总的来说，渤海生态系统的健康状态令人担忧。

根据国家海洋局《2006 年中国海洋环境质量公报》显示，2006 年，渤海生态监控区均处于亚健康和不健康状态，其中：双台子河口生态监控区、滦河口 - 北戴河生态监控区、渤海湾生态监控区、黄河口生态监控区处于亚健康状态；锦州湾生态监控区、莱州湾生态监控区处于不健康状态①。2007 年②，渤海海域污染依然严重。未达到清洁海域水质标准的面积约 2.4 万平方千米，约占渤海总面积的 31%，比 2006 年增加约 0.4 万平方千米。严重污染、中度污染、轻度污染和较清洁海域面积分别约为 0.6 万、0.5 万、0.6 万和 0.7 万平方千米，严重污染和中度污染海域面积比 2006 年各增加约 0.3 万平方千米。严重污染海域主要集中在辽东湾近岸、渤海湾、黄河口和莱州湾，主要污染物为无机氮、活性磷酸盐和石油类。基于上述事实，有理由认为，渤海海洋生态环境已经

① 国家海洋局：《2006 年中国海洋环境质量公报》。
② 国家海洋局：《2007 年中国海洋环境质量公报》。

到了濒危状态。

科学界一致认为，海洋生态系统为人类的生存和发展提供产品和服务，是人类生存的基本条件。据笔者的初步估算，渤海海域海洋生态系统服务功能价值至少在万亿元水平。渤海海洋生态系统的健康状况应该引起有关各方面的高度重视。

近年来，大量陆源污染物排入渤海，污染物长期集聚在近岸海域，渤海内的辽东湾、渤海湾、黄河口、莱州湾均属严重污染海域。据不完全统计，通过主要入海排污口排入渤海的各种污水量高达 30 亿吨/年，各类污染物质 70 多万吨。“十五”以来，渤海受污染海域面积持续增加，从 2001 年受污染面积 3380 平方千米，扩展到 2006 年 11 895 平方千米，年均增长 28. 6%①。污染加剧海域的富营养化，造成赤潮事件频发。1990—2006 年渤海海域共发现赤潮 100 多起，累计面积达 4 万多平方千米，经济损失巨大。

渤海属于半封闭型内海，水交换能力差，更新周期长。以未来 5 ~ 10 年环渤海地区经济继续保持沿海化布局的强劲态势，陆源污染物排放量增长趋势难以遏制。

对渤海海洋环境容量的评估与预测，经初步的保守测算，结果不乐观。

情景一：若污染物排放以每年 5% 的速度增长，则分别在 7 年、4 年和 17 年后整个渤海的石油类、活性磷酸盐、无机氮三大类指标将达不到一类水质标准，而 50 年、19 年、37 年后这三大类指标将趋近四类水质标准下环境容量的极限值。

情景二：若污染物排放以每年 10% 的速度增长，则经 29 年、13 年和 22 年上述三大类污染物指标将达到四类水质下其环境容量的极限值②。

实际上，仅以 2007 年上半年全国监测平均结果看，约 77. 1% 的排污口超标排放污染物比 2006 年同期增加 18. 2%。由此可见，渤海海洋环境容量是极其有限的，急需拯救渤海于“荒漠化”“死海化”的边缘，环渤海各地的区域经济发展规划必须以渤海的资源环境承载力为前提进行适当修编和调整。

---

① 国家海洋局：《2001 年中国海洋环境质量公报》《2006 年中国海洋环境质量公报》。

② 乔璐璐，刘容子，等：《经济增长下的渤海环境容量预测》，载《中国人口、资源与环境》，2008 年第 2 期，第 76 – 81 页。

二、对策建议

（一）加快渤海区域立法，建立环渤海地区开发与保护新秩序

针对环渤海地区当前面临的资源环境承载力下降与经济社会强势发展的现实，亟待进行渤海区域立法，为解决现实问题和实现国家对环渤海区域经济发展的目标提供法律保障。

在充分考虑渤海区域特性基础上，以立法形式建立一体化的区域环境保护规划制度和区域国土开发整治规划制度。在区域一体化的管理和协调机制下，处理环境纠纷，实行严格的污染物排放标准，建立并尽早实施区域污染排放总量控制制度，推进海洋生态补偿机制的建立，制定区域循环经济支持政策，建立区域资源养护制度等。以区域立法形式，规范环渤海各地区、相关管理部门的经济与环保行为，特别是规范海岸地区开发秩序，建立环渤海地区和渤海综合协调的开发与保护新秩序。

（二）制定海陆统筹的渤海区域开发保护总体规划

针对环渤海地区海洋资源开发重点和方式雷同、不同资源开发利用矛盾冲突日益严重、地区之间海域承载能力差异较大等问题，急需制定并实施海陆一体化的渤海区域开发与保护总体规划。2008 年 10 月，国务院向全国印发了《全国土地利用总体规划纲要（2006—2020 年）》，对环渤海地区土地利用方向、特别是滩涂资源作出了明确规定：保护和合理利用沿海滩涂资源，防止非农建设盲目侵占滩涂资源。

渤海海陆统筹区域开发与保护总体规划，应以海岸利用、海洋主体功能区划分、海洋生态环境保护等为核心内容；以保护海洋生态环境、有效利用和提高区域海洋资源环境承载力为目的；创新区域海陆综合管理体制，以生态系统管理方法整合部门行政管理和地区行政管理，构建区域开发与保护协调管理机制。

环渤海海岸利用规划应突出三方面内容：一是按照海岸主导功能原则进行环渤海地区岸段划分；二是明确规划期限内各岸段资源开发利用和保护目标；三是安排规划期内海洋资源开发利用内容和时序，以及环境整治、保护与修复的举措。其中，对整个渤海区域主体功能区规划应按照国

家的总体部署，详细划分重点开发区、优化开发区、限制开发区和禁止开发区。按照主体功能定位，调整区域政策、开发秩序和结构，加强薄弱环节，促进共享均等化的基础公共服务。

(三)建立全国人大体系下的区域协调机制

面对渤海现状问题，需要创新管理机制和管理方法。建议在全国人大环资委下建立“渤海特别小组”，以统筹协调国家和地方政府、相关管理部门、行业、企业、甚至社区公众之间的利益关系。重点对陆源污染物治理、海上污染防治、海洋生态区建立及保护、海洋环境监测与评价、突发污染事件应急方案、周边地区产业布局、海洋执法、区域发展规划和政策等方面进行高端协调与监督，逐步改善并恢复渤海资源环境不良状态，建立起区域性管理和协调运行机制。

(四)建立统一平台上的水环境(流域+海域)资源环境监测与评价体系

环渤海地区资源环境现状分析多依赖于全国大规模调查，有关研究地区的更详细、连续性、现时性的基础调查资料欠缺、不完整，难以支撑对整个区域资源、环境和生态现状与存在问题进行科学的评价分析。鉴于半闭海区域海陆相互影响强度大的实际情况，建议建立环渤海区域水环境资源环境监测与评价体系，在国家海洋局“渤海环境监测、监视、预警、应急体系建设”的基础上，整合相关职能，形成“流域+海域”的监测与评价共享平台。建议常规化开展渤海海洋资源环境调查与评价，必须定期、定点、定位，及时掌握渤海的环境、资源和生态动态变化状况及演变趋势，为协调开发与保护的关系、调整区域经济结构和布局、及时响应污染灾害、生态灾害和自然灾害、促进环渤海地区和海洋经济的又好又快发展提供基础性资料和决策支持。

(五)加强海域资源环境承载力科学研究

渤海近岸海域正面临着沿海地区经济发展加速化、工业结构重化工化、产业布局沿海化、城市发展集群化、人口趋海密集城镇化、岸线人工化(“六化”)所带来的资源、环境和生态的巨大压力。例如：辽宁沿海“五点一线”建设走廊、天津滨海新区建设、河北沧州滨海区重化工建设、山东东营石油化工城建设、潍坊和烟台西部龙口工业化建设等。渤海是半封闭型内湾海域，湾口小、水交换差、生态脆弱、生物资源种群相对弱小，而且人类开发利用活动维持在持久性的高强度水平。在新一轮滨海地区和海洋开发热潮下，整个渤海海域势必要承受空前的生态压力。渤海内有些海域已经面临“荒漠化”的危机，有趋向“死海”的危险。对沿海地区经济来说，海域的“荒漠化”、甚至“死海”趋势，将直接危及其经济基础、社会安定。这是关系到渤海区域可持续发展的大问题。必须以新的科学理念，探讨解决途径和方法。可首先在渤海研究探讨海域承载力的概念，审视、评价海洋对沿海地区经济社会的支撑保障能力和承受能力。开展海洋资源、生态、环境对区域国民经济、人口、社会环境（居住环境）等的承载力研究，为探讨解决环渤海地区经济社会发展与资源环境矛盾、资源消耗与人口日益增长矛盾等提出科学评价，并为制定相应政策提供理论基础。

（六）建立渤海区域信息交流平台

建议在国家信息网的平台上，统筹部门、地区、行业等，建立渤海区域资源、环境、经济、社会等综合信息系统，服务于区域管理的同时，共享于社会公众。

（2008 年 11 月）

21世纪海上丝绸之路建设中的海洋领域对外投资分析与建议

朱 璇 李明杰

2015年3月中国政府颁布《推动共同建设丝绸之路经济带与21世纪海上丝绸之路的愿景与行动》(以下简称《愿景与行动》)，标志着“一带一路”建设进入实施阶段。《愿景与行动》提出投资贸易合作是“一带一路”建设的重点内容，要积极推进我国与相关国家海洋领域合作，推进海水养殖、远洋渔业、水产品加工、海水淡化、海洋生物制药、海洋工程技术、环保产业和海上旅游等领域合作。本文分析了中国在海上丝绸之路沿线国家(以下简称“沿线国家”)海洋领域对外投资情况，从投资地域分布、投资领域和发展趋势等几个方面总结海洋领域对外投资的特点，以期为加强海洋合作伙伴关系建设、推进海上丝绸之路建设提供参考。

一、中国对外直接投资概述

改革开放以来，中国实施走出去战略，对外投资合作不断取得进展，投资规模扩大，投资领域和地区不断拓宽。2002年以来，中国对外直接投资流量已实现十余年连续增长，2002—2013年的年均增长速度达到39.8%，对外直接投资流量增长近40倍，投资存量从299亿美元上升到6604亿美元。近几年投资强势增长，2010—2013年新增对外投资占对外投资存量的51%，2012年以来连续三年成为世界第三大对外投资国。2013年投资流量和存量分别占全球的7.6%和2.5%，成为资本输出大国。

截至2014年年底，中国境内投资者在国(境)外共设立对外直接投资企业2.83万家，分布在全球188个国家(地区)，遍布亚洲、欧洲、非洲、北美洲、拉丁美洲和大洋洲。我国对外直接投资产业门类广泛，涉及租赁和商务服务业、采矿业、批发和零售业、建筑业、制造业、房地产业、交通运输、仓储和邮政业等15个大类。其中，租赁和商务服务业、采矿业、批发零售业、金融业是对外投资的主要领域。

随着中国对外直接投资规模不断扩大，对外投资的形式和构成也在发展中呈现出新的特点。投资主体向多元化和均衡化发展，从以国有贸易企业为主转变为大型贸易企业、生产型企业、金融保险企业和中小型企业齐头并进，国企、私企、股份制企业和有限责任公司共同发展的局面，反映出中国各类型企业主体积极拓展海外业务，助力“走出去”战略。对外投资形式多样化，对外投资向跨国并购、参股、境外上市等多种方式扩展。2013 年中国企业通过海外并购实现直接投资 337.9 亿美元，占当年对外直接投资总额的 31.3%。投资地区以亚洲为主，对拉丁美洲、大洋洲、非洲的投资增长迅速。亚洲一直是我国对外投资的重点区域，2013 年中国对亚洲直接投资流量占全部流量的 70.1%，流向拉丁美洲、大洋洲、非洲的投资实现了 132.7%、51.6% 和 33.9% 的高速增长，基本形成了“亚洲为主，发展非洲，拓展拉美、欧美和南太”的对外投资格局。①~④

二、中国在海上丝绸之路沿线的投资现状与特点

21 世纪海上丝绸之路重点方向为从中国沿海港口过南海到印度洋至欧洲和从中国沿海港口过南海到南太平洋。中国对沿线国家海洋领域投资发展趋势与对外投资总体趋势一致，在中国对外投资强劲增长的势头中，涉海对外投资也迅速扩大，海洋产业逐步走出国门，实现“引进来—走出去”双向发展。

与沿线国家开展了较广泛的投资合作，投资领域覆盖渔业、水产品加工、船舶、海上运输、海洋石油开发、海洋工程设计、港口航道建设、涉海贸易等多个方面，具有如下特点。

一是投资规模迅速扩大。从境外注册企业数量来看，中国对沿线国家海洋领域投资快速增长。如图 1 所示，2004 年及之前，涉海境外注册企业数量屈指可数；2005 年之后，对外投资力度明显提升，每年新增注册企业 3~8 个，到 2008 年年底累计注册企业 24 个；自 2009 开始，对外投资进

① 梁达：《我国对外投资将保持高速增长》，载《宏观经济管理》，2015 年第 4 期。

② 曹中红：《我国对外投资现状分析》，载《特区经济》，2007 年第 4 期。

③ 张小溪：《我国对外投资的特点和发展方向》，载《中国商贸》，2014 年第 32 期。

④ 张菲：《中国迈入对外投资大国面临的挑战及对策》，载《国家关系学院学报》，2011 年第 4 期。

入飞速增长阶段，2009—2014 年新增注册企业 169 个。截至 2014 年，中国在沿线 29 个国家有涉海投资项目，到 2014 年年底累计注册企业达 193 个。

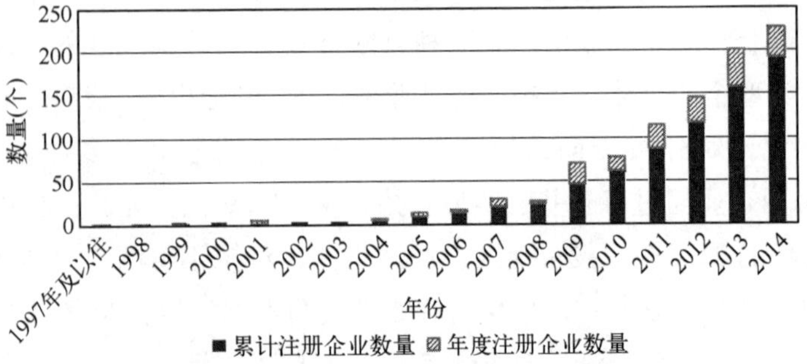

图 1　中国在沿线国家注册企业数量(按注册年份)

二是投资目的地以亚洲国家尤其是东南亚国家为主。中国在沿线 29 个国家有涉海对外投资，分布在东南亚、南亚、中东及北非、大洋洲和欧洲，如表 1 所示。从境外注册涉海企业数量来看，东南亚最多，大洋洲、中东及北非其次，南亚和欧洲也有少数，如图 2 所示。

表 1　对海上丝绸之路沿线国家投资地区分布

地区	投资目的国
东南亚	越南、柬埔寨、泰国、缅甸、马来西亚、新加坡、印度尼西亚、文莱、菲律宾
南亚	印度、巴基斯坦、孟加拉、斯里兰卡、马尔代夫
欧洲	希腊
中东及北非	阿拉伯联合酋长国、伊朗、伊拉克、卡塔尔、也门、埃及
澳大利亚及太平洋岛国	澳大利亚、新西兰、巴布亚新几内亚、萨摩亚、斐济、库克群岛、汤加、密克罗尼西亚联邦

中国对海上丝绸之路沿线国家对外投资的地区分布展现了我国海洋产业“走出去”的主要方向。目前，东盟已经成为中国第三大外资来源地，中国也成为东盟的第四大外资来源地。在中国前十位海洋领域对外投资沿线国家中，东盟国家占五位，新加坡、印度尼西亚、阿拉伯联合酋长国、马来西亚、越南位列前五，如图 3 所示。中国—东南亚—太平洋是建设海上

丝绸之路的自然延伸方向。我国在太平洋岛国海洋领域投资项目累计十余个，以渔业捕捞为主。中东是我国最大的原油进口地，也是保障我国原油供应安全的关键。目前中国同中东国家海洋投资合作集中于海洋石油工程服务及海上物理勘探，也涉及港航工程建设、航运等领域，阿拉伯联合酋长国是我海洋领域对外投资规模第三的沿线国家。

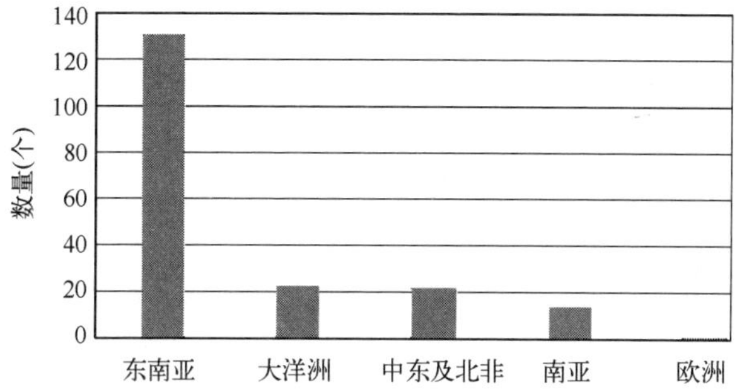

图2　中国在沿线国家注册企业数量(按投资目的国所属地区)

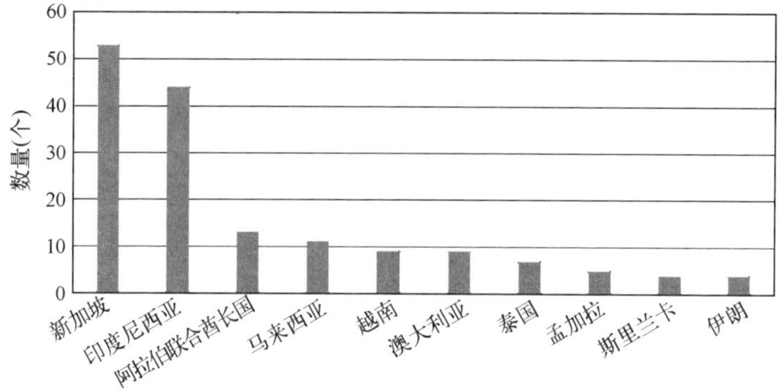

图3　前十位沿线投资国(按照注册企业数量)

三是海洋投资主要集中在渔业、航运、海洋工程和海洋油气开发领域。中国在沿线国家193个注册涉海企业中，养殖、捕捞及水产品加工企业75个，占全部企业数量的38.8%；业务领域涉及航运及船舶制造、租赁的企业56个，占29.0%；从事海洋工程及港航建设的28个，从事海洋石油勘探开发及技术服务的24个，其他业务领域企业10个(图4)。从国别来看，从事捕捞、养殖的境外中资企业主要分布在印度尼西亚、泰国和太平洋岛国；从事远洋航运和货物代理的企业以新加坡最多；海洋工程建造企业多分布在澳大利亚、马来西亚、新加坡等国，涉及海上建筑工程、海上吹填工程、海底管道的设计和建造等；海洋石油勘探开发企业分布在阿拉伯联合酋长国、伊朗、伊拉克等中东国家和新加坡、印度尼西亚等东南亚国家，业务领域涉及海上勘探、油气田开发、油气设施制造及运营维修等，中石油、中石化、中海油及其下属公司是主要的境内投资主体。

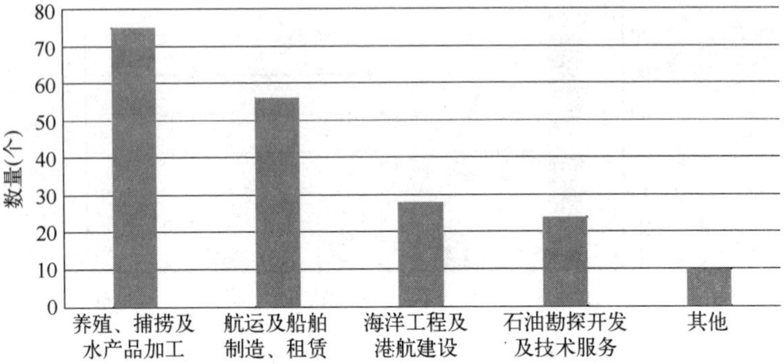

图4　中国在沿线国家注册企业数量(按主营业务领域)

四是除央企外，北部、东部、南部海洋经济圈投资主体发展均衡。从中国对沿线国家海洋领域投资来看，地方企业尤其是沿海省市是投资主导力量。沿海省市对沿线国家海洋领域注册企业数量占全国的65.3%，中央企业对沿线国注册企业数量占30.5%，非沿海省市占4.2%。作为中国对外直接投资的第一和第二大省，山东、广东也是中国对沿线国家海洋领域投资的大省，如图5所示。山东省对外投资企业以海洋捕捞、水产养殖及加工为主，广东省以海洋捕捞、船舶运输为主。福建、浙江、江苏三省对

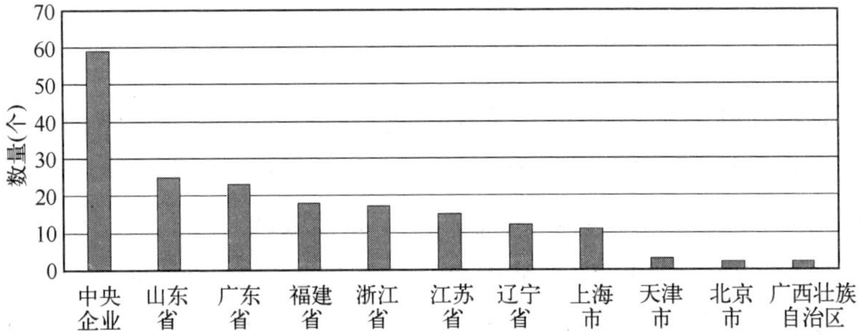

图5　中国在沿线国家注册企业数量(按境内投资主体注册地所属省份)

沿线国家海洋领域投资规模居第三、第四、第五位，福建省对外投资企业以海洋捕捞、水产养殖及加工为主，浙江省企业涉及海洋捕捞、海洋石油开发、船舶运输等领域，江苏省企业以船舶、海洋工程设备、港口及码头建设为主。辽宁省、上海市也有一定规模的海洋领域对外投资，涉及海洋捕捞、船舶运输、海洋工程等领域。从海洋经济圈来看，如图6所示，北部海洋经济圈、东部海洋经济圈和南部海洋经济圈在沿线国家投资企业数量基本持平，各海洋经济圈对外投资均衡发展。

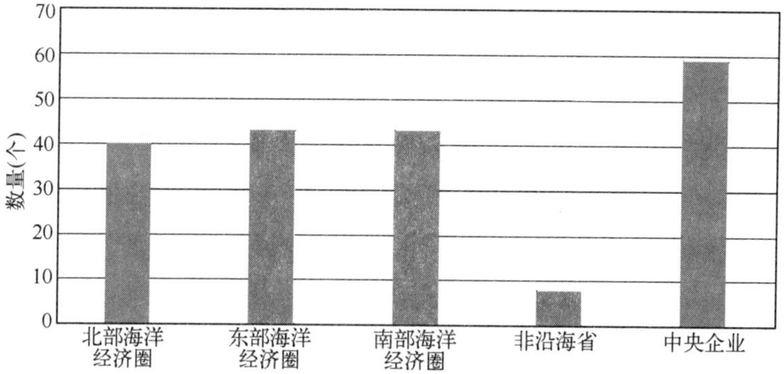

图6　中国在沿线国家注册企业数量(按境内投资主体注册地所属海洋经济圈)

三、未来中国在海上丝绸之路沿线的投资重点方向分析

未来，中国应紧密围绕《愿景与行动》提出的框架思路、基本原则和合作重点，努力推进和深化与沿线国家的海洋产业合作。

(一)在南海周边与东盟地区的投资重点

南海周边和东盟地区是海上丝绸之路的核心区，也是未来中国经济发展的重要推动力和海洋外交、海上合作的重点区域。中国在该区域海洋领域投资重点如表2所示。

近年来，随着中国加工制造企业逐步走出国门，中国同越南、印度尼西亚、马来西亚和泰国等东盟国家成功开展了经贸合作区建设，通过合作建设园区的形式降低中资企业的经营风险、创造更好的基础设施和财税优惠政策，如中国－越南铃中出口加工区、越南龙江工业园、中国－印度尼西亚经贸合作区、中国－马来西亚马中关丹产业园、泰中罗勇工业园、泰国

表 2　中国在南海周边及东盟地区投资重点

沿线国家	中方投资重点	中资企业投资存量	鼓励投资行业	经贸合作区	涉海投资潜力行业
越南	加工制造、基础设施建设和建筑行业	截至 2014 年上半年，78.5 亿美元	高新技术产业	铃中出口加工区，主要产业包括轻工、食品、制衣、电子产品。越南龙江工业园，主要产业包括纺织轻工、机械电子、建材化工等。越南 - 中国（深圳 - 海防）经贸合作区，主要产业包括纺织轻工、机械电子，医药生物等	水产品加工
印度尼西亚	基础设施建设、电力、石油	截至 2013 年年末，46.57 亿美元	原装或拆散属机器和工厂工具的资本物资，禽畜鱼饲料或制造饲料的原材料，农产品，农业、林业、畜牧业和渔业种苗，通过水管疏导的饮用水，电力	中国 - 印度尼西亚经贸合作区主要产业为家用电器、精细化工、生物制药、农产品精深加工、机械制造及新材料相关产业	海洋渔业、港口建设、油气
马来西亚	橡胶种植、钢铁、水电	截至 2013 年年末，16.68 亿美元	出口导向型和高科技领域，包括农业、农产品加工、橡胶制品、石油化工、医药、木材、纸浆制品、纺织、钢铁、有色金属、机械设备、电子电器、医疗器械、可再生能源、酒店旅游等	中马钦州产业园区与马中关丹产业园是双边经贸合作姊妹园。马中关丹产业园主要产业为塑料及金属行业设备、汽车零部件、纤维水泥板、不锈钢产品、食品加工、碳纤维、电子电器、信息通信、消费类商品以及可再生能源	船舶、海洋工程、海运

续表

沿线国家	中方投资重点	中资企业投资存量	鼓励投资行业	经贸合作区	涉海投资潜力行业
泰国	电力、轨道交通、太阳能电站、能源管道	截至2013年年末，24.72亿美元	农业及农产品加工业，矿业、陶瓷及基础金属工业，轻工业，金属产品，机械设备和运输设备制造业，电子与电器工业，化工产品，造纸及塑胶，服务业及公用事业	泰中罗勇工业园，位于泰国安美德城市工业园内，目前已有40多家中资企业入驻。泰国湖南工业园，位于泰国甲民武里工业园内	—
缅甸	油气开发、油气管道、水电资源开发、矿业资源开发、加工制造	截至2013年年末，35.70亿美元	缅甸政府鼓励外商企业投资能够促进当地就业、增加出口、无污染的加工制造型企业。	—	油气勘探、油气管道、皎漂港建设
菲律宾	矿业、制造业和电力	截至2013年年末，6.92亿美元	制造业、商务、农业和渔业、服务业、医院、节能、公共基础设施和物流、公私合作项目	—	海洋渔业

湖南工业园等。这些工业园区以加工制造业为主导产业，由双方牵头企业共同作为开发主体，共同从事土地开发和基础设施建设以及后期招商工作，为中资企业的入驻提供了极大的便利条件。经贸合作区有效实现了促进中国企业走出去、促进国内产业梯度转移、促进国内出口、带动驻在国就业、提升驻在国经济发展、带动驻在国区域综合发展等多方面功能。

在涉海项目上，海洋油气、港口建设是中国－东盟合作的潜力领域。从石油战略角度来考虑，为寻求进口来源的多元化，中国与东盟在油气方面的合作前景很广阔。目前，中国同缅甸、印度尼西亚等油气资源丰富的国家有良好的合作开发基础。2013 年 5 月，中缅油气管道全线贯通。中缅油气管道是继中亚油气管道、中俄原油管道、海上通道之后的我国第四大能源进口通道，为中国油气进口在西南方向开辟了一条重要的陆上通道。2002 年 1 月，中国海洋石油总公司斥资 5.58 亿美元购买了西班牙瑞普索公司(Repsol－YPF)在印度尼西亚的 5 个海上油田的部分石油资产。印度尼西亚限于石油炼化技术的不足，成品油产量难以满足国内市场需求。中国在石油炼化技术方面具有优势，中国与印度尼西亚的油气化工产业存在很大合作空间。

随着亚洲的经济和贸易在全球地位的不断提升，20 世纪末以来亚洲地区沿海港口的建设进入了快车道。依托成熟技术和充沛资金，中国的港口建设能力在东南亚具有明显优势，有实力支持相关国家港口建设，缓解港口吞吐能力不足、管理落后等问题。

(二)在印度洋/波斯湾－非洲地区的投资重点

印度洋/波斯湾－非洲沿岸为海上丝绸之路建设的重点区，这些国家本身拥有丰富的能源资源和战略矿产资源，石油及金属矿产等储量在世界上均占有很大比重，是重要的资源产地和供应地。中国在该区域海洋领域投资重点如表 3 所示。

海洋油气、港口建设、海水淡化是中国在印度洋周边国家涉海项目投资的重点。中国在该地区成功开展了一系列重大油气合作项目，如中石化在沙特投资建立红海炼化厂、中石化收购美国阿帕奇公司埃及石油资产等，与沙特、巴基斯坦、埃及等在油气方面的合作前景十分开阔。埃及是中国在北非地区重要的经贸合作伙伴。埃及庞大的人口、特殊的地理位置，决定了埃及将是中国在西亚北非重要的市场，也为中国拓展欧洲市场提供

表 3　中国在印度洋/波斯湾—非洲地区的投资重点

沿线国家	中方投资重点	中资企业投资存量	鼓励投资行业	经贸合作区	涉海投资潜力行业
巴基斯坦	通信、能源、电器制造	截至 2013 年年末，23.43 亿美元	电子工业、信息技术、成衣和针织品、工程机械、制药、海产品加工、皮革制品、水果和农产品加工、地毯、家具和木制品、手工艺品、珠宝、成套设备和机械、体育用品、填充玩具、医疗器械	海尔 - 鲁巴经济区，重点发展产业为小家电及发电设备、汽车摩托车及配件、化工及包装印刷业等	海运、油气
印度	电信、电力设备、家用电器、钢铁、机械设备、工程机械	截至 2013 年年末，24.47 亿美元	金融和非金融服务业、制药业、电信业、冶金工业、电力行业	—	—
斯里兰卡	港口建设、度假村、酒店建造、旅游、农产品加工、渔业	截至 2013 年年末，2.93 亿	农业、制造业、服务业（旅游业、酒店、新能源、工业园区、商业住宅及城市开发等）、纤维、制药、奶粉、水泥	—	港口建设（扩建科伦坡港、新建汉班托塔港）、港口服务业
沙特阿拉伯	石油、基础设施建设、电力	截至 2012 年年末，12.06 亿美元	以能源为基础的行业（原油炼化、石化、化肥、淡化海水鱼、发电、冶金开矿）、运输物流、信息通信、医疗卫生、生命科学、教育	—	油气（天然气勘探、原油炼化）、海水淡化
吉布提	基础设施援助建设	截至 2013 年年末，3055 万美元	供水、电力、通信、港口	—	—

续表

沿线国家	中方投资重点	中资企业投资存量	鼓励投资行业	经贸合作区	涉海投资潜力行业
埃及	电信、石油勘探	截至2013年年末，5.11亿美元	沙漠整治、畜牧业、渔业、工业、矿业，酒店、旅游、冷冻货物运输、农产品、工业产品、食品保鲜、船坞、谷物仓库、空中运输、海洋运输、开采、勘探工程的石油项目服务、运送天然气、供排水、电、公路、通信等基础设施	中埃苏伊士经贸合作区是由中国商务部指导、天津市政府推动的国家级境外经贸合作区，区内主要企业有巨石玻璃纤维公司、西电－Egemac高压设备公司、中纺机无纺布公司、宏华钻机等龙头企业	油气、港口建设、海运

支撑。埃及石油和天然气探明储量分别居非洲国家第五位和第四位，油气勘探在埃及具有较好发展前景。

印度洋沿岸是中国海外港口建设的重要区域。目前中国参与了斯里兰卡科伦坡港口城项目、汉班托塔港项目的工程建设。基于现有合作基础，继续扩展和延续中国在斯的港口建设和港口服务业投资，将是巩固中斯合作、建设海上丝绸之路支点的重要内容。近年来，埃及港口建设不断发展，促进物流和交通领域的建设是埃及政府的重要任务之一。目前，中国港湾公司承建埃及阿达比亚干散货码头项目，参与埃因苏赫纳港、打米埃塔港的建设，港口建设是中国在埃及投资的重要领域之一。

海水淡化是沙特鼓励性投资产业之一。为满足人口增长带来的供水需求，沙特政府计划在十年内在拉比格建设世界上最大的淡化水厂。中国海水淡化技术成熟，海水淡化建造和运营经验丰富，成立了中冶海水淡化投资有限公司等一批国际化海水淡化企业，为我国海水淡化企业进入中东市场积累了实力。

（三）在南太平洋地区投资重点

南太平洋地区幅员辽阔，海域面积占地球总面积的1/6。除澳大利亚和新西兰外，共有22个国家和地区，分属美拉尼西亚、密克罗尼西亚、波利西尼亚三大群岛区，目前共有14个独立的国家。南太平洋是21海上丝绸之路的自然延伸。加强对太平洋岛国的支援和经贸合作，有利于扩大中国在南太地区的影响力。旅游、基础设施和渔业是目前我国在太平洋岛国的主要投资领域，如表4所示。

表4　中国在南太平洋地区投资重点

沿线国家	中方投资重点	中资企业投资存量	鼓励投资行业	涉海投资潜力行业
澳大利亚	矿产资源业开发、运输、贸易、农业、制造业、服务业	截至2013年年末，174.50亿美元	—	—
新西兰	目前有中远、中国五矿、中国国际航空等公司在新西兰投资	截至2013年年末，5.42亿美元	—	旅游

续表

沿线国家	中方投资重点	中资企业投资存量	鼓励投资行业	涉海投资潜力行业
斐济	矿产资源开发、酒店开发、制造、工程承包、渔业、通信	截至2013年年末，2.08亿美元	农业、林业、渔业、乡村制造业、信息技术行业等	金枪鱼捕捞、旅游
密克罗尼西亚	渔业	截至2013年年末，823万美元	渔业、海水养殖、鱼品加工、农业、服装业、家畜、商业林开发、建材生产等	金枪鱼捕捞、旅游
巴布亚新几内亚	矿产资源开发、油气	截至2013年年末，4.22亿美元	农业、制造业、旅游业、矿产油气开发	金枪鱼捕捞、油气、旅游

旅游业是多数太平洋岛国的支柱产业。中国作为亚洲第一大出境客源国，一直是南太平洋岛国高度重视的客源市场。中国的旅游业发展较为成熟，而南太平洋岛国发展水平总体落后，在景区规划、旅行社经营，人才培训等方面合作潜力巨大。

大部分太平洋小岛屿国家属于世界上较不发达的国家，有的甚至被联合国列为最不发达国家之列。近几年，中国企业在斐济、巴布亚新几内亚等岛国承包了道路、水电站、度假村等基础设施建设项目。亚洲开发银行2014年2月宣称将在未来3年内投资4.38亿美元，用于改善太平洋岛国道路、船舶运输和航海等交通基础设施。亚洲开发银行支持南太平洋岛国的基础设施建设，为中国与南太平洋岛国基础设施建设合作带来了新的机遇。

南太岛国渔业资源丰富，盛产金枪鱼。中国远洋渔业企业在斐济、汤加、巴布亚新几内亚、库克群岛、西萨摩亚、密克罗尼西亚联邦都设有分公司，具有良好的合作基础。

四、加强涉海领域对外投资的建议

中国所倡导的“一带一路”是一种新型的区域合作经济机制。它体现了中国新一轮全方位对外开放的诉求，并为实施经济外交、周边战略提供了一个新的依托和平台①。“21世纪海上丝绸之路”倡议将目光聚焦到东南亚及太平洋、印度洋大区域，以投资、贸易、基础设施建设合作为依托，建立与区域内国家的紧密合作关系。这一倡议为开展海洋外交，加强与沿线国家的海洋合作，促进中国海洋产业“走出去”提供了机遇和平台。为加强涉海领域对外投资，助力21世纪海上丝绸之路建设，有必要加强对沿线国家的基础设施建设投资、巩固传统型海洋产业合作、拓展技术型海洋产业合作、深化海洋能源资源勘探开发合作。

（一）推动基础设施建设

推动区域内港口、铁路、公路等交通基础设施建设，构建国际大通道，支持亚洲公路网、上海合作组织、东盟区域合作以及中俄地区合作规划等涉及的口岸建设。进一步提升国际航运合作水平，积极参与重要海上运输通道的合作，完善国际海运航线网络，保障能源等战略物资运输安全。支持大型港口及航运企业实施国际化发展战略，增强能源、原材料运输保障能力。推进澜沧江－湄公河国际航运便利化，推进东北亚地区陆海联运发展。加强国际标准化工作，组织推介国家标准，支持中国标准“走出去”，提高中国交通企业和科研机构参与国际竞争的能力。鼓励和规范具备一定规模和条件的机床、造船、钢铁等企业在国外建立生产基地、营销中心、研发机构。

（二）巩固传统型海洋产业合作

鼓励大型船舶配套企业通过对外合资、合作、租赁等手段，依托国外供应商的成熟网络提升营销服务能力。鼓励船舶企业、科研院所与国外相关机构开展联合设计和技术交流，建立产业技术创新联盟。鼓励渔业企业开展境外合作，出口先进养殖设施和海水养殖技术，在海外建立远洋渔业基地和水产品加工基地，联合制定海产品安全标准。重点围绕海水养殖业、海水利用业、海洋化工业和海洋盐业等领域，探索构筑沿海地区循环产业体系，积极推广循环经济等传统海洋产业发展新模式。

---

① 李向阳：《“一带一路”：定位、内涵及需要优先处理的关系》，北京：社会科学文献出版社，2015年。

(三)拓展技术型海洋产业合作

鼓励中国企业积极承建海外风电项目，开展潮流能、波浪能等领域的科研技术合作与交流。支持国内企业并购或参股国外高端装备制造企业和研发机构，支持国内企业培育国际化品牌，开展国际化经营，多层次参与国际合作。研究制定海洋工程装备制造标准体系。鼓励企业和科研院所到国外承揽海水淡化与综合利用工程，通过合作建厂、设备出口、工程设计、技术服务等多种方式开展合作。研究制定海水淡化标准体系。大力推动我国现代中药出口，联合开展海洋药源生物筛选和育种工作，建立海洋药物资源库。

(四)深化海洋能源资源勘探开发

深化矿产资源勘查开发领域的国际合作，提高矿业利用外资质量和水平，引进国外矿业先进技术和管理经验。以石油、天然气、铁、镍、铬、锰、铝、铜和钾盐等矿产为重点，探索与东南亚及非洲国家在海滨砂矿的勘查、勘探开采、开采加工等方面开展合作，推进中国企业积极参与矿业投资国际合作，实现矿业共赢发展。

(2015 年 5 月)

国外岛群开发经验对我国的启示

刘　明

海岛是沿海第二经济带，也是海洋经济和沿海地区经济社会发展的重要依托。当前，全国海岛开发利用已掀起了新的热潮，经济开发活动频繁。2012 年 12 月，国家海洋局出台《关于对区域用岛实施规划管理的若干意见》(国海岛字〔2012〕841 号)，该意见要求“沿海市、县级人民政府对一个或多个可利用无居民海岛及其周边海域进行整体规划……为单位或个人开发利用和保护海岛及岛群，提供必要的基础条件”。今后，岛群开发将成为区域用岛的一个重要模式，合理、有效地促进岛群开发成为未来海岛管理的一项重要任务。本文通过对国外典型岛群经济开发活动的案例研究，归纳总结其成功模式和管理经验，提出我国岛群经济发展的可借鉴模式及管理对策建议。

一、岛群、岛群经济的概念及内涵

对于岛群概念，国内学术界的研究较少，仅在少数文献中零星可见。岛群是彼此距离很近的许多岛屿的合称，一般指集合的岛屿群体。[①] 无居民海岛岛群系指在一定海域范围内，由地理空间毗邻、自然属性相近、功能用途趋同的若干个无居民海岛组成的岛屿群落。[②] 笔者认为，岛群是一个区域概念，指在一定海域范围内，由地理空间毗邻、自然属性相近、功能用途趋同的若干海岛组成的岛屿群落。岛群具有陆海双重属性，是一类重要的地理单元。

对于岛群经济的概念，目前鲜见文献定义。笔者以为，岛群经济是一

① 赵雪胜，杨维芳，闫浩文，等：《岛群在自动综合中边界和岛屿数量的确定方法》，载《淮阴工学院学报》，2010 年 2 月。

② 宋维尔：《基于“岛群”单元的无居民海岛规划方法初探——以浙江省实践为例》，见《2010 年海岛可持续发展论坛论文集》，2010 年。

定范围地理单元内，由两个以上(包括两个)的自然属性密切相关、经济活动紧密关联的海岛组成的一个相对独立的空间经济系统。

二、国外典型岛群经济发展的成功经验与案例

依据资源禀赋、区位优势，世界各主要海洋国家及地区的岛群经济主要是发展海水养殖业、旅游业、工业以及港口运输业等。

(一)旅游用岛群——单一产业开发的岛群经济模式

世界上著名的海岛旅游胜地主要分布在热带、亚热带的四个区域上，包括：地中海沿岸，如西班牙巴利阿里群岛、马耳他岛等；加勒比海沿岸，如墨西哥坎昆、巴哈马群岛等；大洋洲区岛屿，如美国夏威夷群岛、澳大利亚大堡礁等；东南亚岛屿，如新加坡、泰国普吉岛等。

1. 马耳他

马耳他是地中海中部的岛国，由5个岛屿组成，其中马耳他岛最大，面积246平方千米；戈佐岛第二大，面积67平方千米；包括科米诺在内的其余三岛无常住居民。马耳他人均国内生产总值(以下简称GDP)为1.6万美元，旅游是其最大的支柱产业，旅游收入约占GDP的25%，每年吸引国外游客达100万以上。马耳他旅游业成功因素主要有以下几点：

(1)政府制定并实施科学合理的规划。20世纪80年代马耳他的旅游业曾陷入能力不足，客流减少的困境。为此，马耳他政府加强了旅游业的规划控制、政策指导和行业管理。1989年马耳他政府邀请联合国开发计划署和世界旅游组织制定了《马耳他诸岛旅游规划方案》，对各岛旅游功能进行合理的分工定位并严格按规划实施。如马耳他本岛为综合性旅游开发、戈佐岛以自然风光见长、科米诺岛则保持原生态特色等。

(2)政府采取措施开拓旅游市场。马耳他群岛旅游业早期曾出现2个突出问题，即过分依赖英国市场、旅游季节性明显。针对这两个问题，马耳他政府制定了欧洲客源市场多元化政策，促进英国游客的旅游率，将德国游客作为发展多元化的主要源泉，努力吸引意大利、法国和荷兰等欧洲国家的游客。为进一步发挥马耳他的自然和社会优势，马耳他确定了奖励和会议旅游、潜水和语言学习3个细分市场作为开发重点，从而使得仅此3个特定市场每年就达到近20万游客。马耳他政府非常重视宣传，充分利

用各种媒体广告、会展等手段推动旅游业的发展。

(3)注重基础设施建设和服务水平的提高。20世纪80—90年代，马耳他政府开始重视基础设施建设，提高服务水平以吸引高消费旅游者。此后，马耳他政府开展了一系列基础设施建设，如修建新飞机场，在戈佐建直升机场，在瓦莱塔建游轮码头等。目前，马耳他在欧洲和北非各主要城市都有直达航班。在316平方千米的国土上，有1500千米公路。海上交通四通八达，十分便利。受高质量旅游需求的驱动，马耳他政府不断修复历史建筑、建设游憩场所和公共花园。马耳他政府规定新建的宾馆必须在四星级到五星级，以提供专业人员的培训等方式使宾馆整体服务水平不断提高。近年来，尽管每年入境游客达本国人口的2.5倍，但在通航、通信、供水、供电以及污染物处理等方面仍然能够提供稳定高效的保障。

(4)重视环境保护和海岛生态旅游建设。马耳他政府长期坚持向大众介绍环保法规，并且制定和实施土地使用计划以促进旅游业的发展。此外，为保护生态环境政府实施了限制打猎等措施以使沿海地区更具旅游吸引力。同时马耳他在一些环境脆弱的地区开展生态旅游，有效地加强了环境保护。

2. 马尔代夫

马尔代夫是印度洋的群岛国家，由26组自然环礁、1190个珊瑚礁组成，其中199个岛屿有人居住，991个荒岛。马尔代夫以海岛旅游闻名于世，旅游业是其三大经济支柱之一。马尔代夫海岛旅游业的成功经验，很多方面值得借鉴。

(1)严格有效的海岛旅游开发规划。马尔代夫十分重视海岛开发的计划性、切实加强海岛开发的规划管理。马尔代夫的海岛开发规划充分考虑单一岛屿的整体性及与其他海岛的关联性，以规划指导开发，分步设施。规划出台后，所有开发活动严格按照规划执行。政府确定海岛开发的功能定位后，运用市场机制面向国内外投资商和著名酒店集团公开竞标，并负责审定投资商根据海岛功能定位提交的具体开发方案。

(2)各具特色的开发模式。马尔代夫海岛旅游发展主要依据旅游资源禀赋，注重发挥每一个海岛的自身特色。在开发中，始终坚持“四个一”原则，即：一座海岛及周边海域只允许一个投资开发公司租赁使用；一座海岛只建设一个酒店(或度假村)；一座海岛要突出一种建筑风格和文化内涵；一座海岛配套一系列功能齐备的休闲娱乐及后勤服务等设施，致力于营造悠闲的度假区以吸引海外游客。

(3)强烈的生态环境保护意识。马尔代夫政府在具体决定某个海岛是否开发时都充分考虑生态环境的要求。对经营者来说，海洋生态环境保护是其经营的一项重要内容。海岛开发规划都要服从于生态环境保护的需要。海岛上所有建筑都必须经旅游部门批准才能建设，并明确规定海岛上总建筑面积不能超过海岛总面积的20%，海岛上建筑不得超过两层，以保持海岛的原有特色。虽然海岛地下水丰富，但淡水来自海水淡化以防止陆地下沉和出现生态问题。海岛上的食物储藏、垃圾处理等也都要符合环境保护的要求。生活垃圾废水从不直接排向大海。马尔代夫严禁出口任何种类的珊瑚。

(4)健全的政府监督和管理机制。马尔代夫建立了健全的旅游管理体制和严格的审查批准制度。马尔代夫国家旅游部权限很大，既可代表国家对外出租海岛，负责组织审查海岛开发规划和各海岛的建设布局，制定滨海旅游业的法规，也可以对不达标的度假区进行罚款或关闭，以及对现有和新建的度假村的开发和运营实施严格的监控。

(5)优质的政府服务。马尔代夫政府在海岛开发中提供了优质的服务，实施了诸多的优惠政策。马尔代夫对外国投资一律实行国民待遇，经营期限为25年。外资投资旅游业只收取租金和旅游税。游客进出境实行落地签证或免签证。马尔代夫实行免费教育，各环礁都设有一个教育中心，主要向成年人提供旅游职业的教育，还建有专门的旅游学院以培训旅游从业人员。马尔代夫政府十分重视对海岛旅游的宣传，从1978年开始就通过国际媒介广泛推介海岛旅游，定期或不定期地在柏林、米兰、伦敦等地举行推介会，以及在挪威、瑞典、丹麦、日本以及中国香港等地进行宣传。

(二)工业用岛群——专业化开发的岛群经济模式

世界上工业用岛群的成功案例很多，如新加坡的裕廊岛、日本的鹿岛、印度尼西亚的巴淡岛等。

1. 新加坡裕廊化工岛

新加坡裕廊化工岛是新加坡政府将本岛南部的7个小岛，用填海的方式连接而成的人工岛，总面积32平方千米。裕廊岛的产业以炼油、乙烯及下游石化产品为主。截至2010年，已有95家化工公司进驻，其中包括荷兰皇家壳牌、美国埃克森美孚、日本住友等。裕廊岛化工业产值占新加坡制造业总产值的1/3，是全球第三大石油炼制中心和全球十大乙烯生产中心之一。裕廊岛成功因素主要有以下几点：

(1)科学合理的开发规划。七个岛组成的裕廊岛在被定位为石化岛时就开始统一规划，按规划实施开发，其填海进程、石化岛建设进程与总体规划基本一致。在靠近市区的东北部划为新兴工业和无污染工业区，重点发展电子、电器及技术密集型产业；沿海的西南部划为港口和重工业区，安排发展钢铁、造船等大型骨干企业；炼油业则安排在沿海的几个小岛上，中部地区为轻工业和一般工业区；沿裕廊河两岸则规划了住宅区和各种社会生活设施。在初建时就有计划地保留10%的土地用作建设公园和风景区。

(2)先行完备的基础设施和后勤服务。裕廊化工岛曾经过四期长达10年的填海造地，总面积由最初的9.91平方千米发展到32平方千米。裕廊岛拥有10个万吨级深水泊位，以及年吞吐量达700万吨的裕廊港码头。裕廊岛北端通过跨海大桥与新加坡北部陆域相连，在岛内通过裕廊大道衔接跨海大桥并构成了岛内交通运输的主通道。裕廊岛上的裕廊电厂发电量占全国一半以上，水库和自来水厂供水能力覆盖整个西南部，岛上有300多幢标准厂房。新加坡政府在重视裕廊岛工业基础设施建设的同时，各种社会服务设施也同步发展，先后兴建了住宅小区、学校、商场、公园等。裕廊镇管理局建立了一体化的后勤系统。投资商不需在此建电厂、油槽、码头、仓库或办公室，一切设施向新加坡政府租用即可，减少了其初期投资成本并降低了其投资风险。政府还建设“输送管道服务走廊”，承租厂商可利用管道输送原料、成品及各类用品，可降低运送成本，从而大幅度提高厂商的竞争力。

(3)一体化的生产模式。裕廊岛内采取垂直一体化的工业结构，岛内聚集众多石化企业形成产业集群，从而在内部创造了产品的规模生产和大量的市场需求，同时节约了成本。企业之间相互合作，实现了多样化的生产。新加坡政府在岛上建立了全岛信息技术网络和内部网，通过网络为岛上企业提供产品和服务。化学处理科技中心(Chemical and Process Technology Centre)和化学与工程科学学院(Institute of Chemicals and Engineering Sciences)为裕廊岛内企业提供所需要的人才。

(4)严格的环保措施。新加坡政府高度重视环保，采取的措施包括：在裕廊岛产业发展战略规划制定时就开展环评工作，确立环保目标，对所立项目都要求作环境影响评价；高度重视环境保护基础设施建设；岛上除生产、办公功能外，不安排居住等其他功能；企业之间有隔离带，污染物集中处理；倡导清洁生产，生活污水经净化后供工业用水。

(5)优惠的税收政策。新加坡近年来不断降低公司所得税，税率已由原来的24.5%降至18%。裕廊岛化学品没有进口关税。政府批准外资企业对本地工厂拥有100%的所有权，并完全返还利润。

2. 印度尼西亚的巴淡工业园

印度尼西亚的巴淡工业园总面积715平方千米，包括巴淡岛(面积415平方千米)、瑞邦岛(面积165.83平方千米)、加兰岛(面积80平方千米)，以及附近的屯屯岛、尼帕尔、斯托括、新加兰岛，7个岛由6座桥连接。20世纪90年代，巴淡工业园的经济实现了腾飞，并实现了持续性的发展，外来投资、出口贸易等经济指数都稳步上升，即使金融危机的爆发也未使这一进程完全中断。巴淡工业区成功因素主要有以下几点：

(1)参与了“成长三角”计划。20世纪80、90年代之交，由于国际经济政治环境的变化，各国纷纷将经济建设作为重心。印度尼西亚对比较落后的廖内省(巴淡岛所在省)的开发日益紧迫。正值此时，新加坡提出了一个包括新加坡、马来西亚的柔佛州、印度尼西亚的廖内群岛在内的“成长三角”经济合作计划，其中一个重要内容就是新加坡和印度尼西亚联合开发巴淡岛的计划。通过“成长三角”计划的实施，可以使巴淡岛从新加坡获得开发所需要的资金、技术和先进的管理经验。因此，印度尼西亚很快就此做出积极反应，并采取了一系列措施，为巴淡岛的经济在20世纪90年代飞跃发展创造了政策条件。

(2)完备的基础设施。巴淡工业园的7个岛由6座桥相连接。巴淡岛上有1000多千米公路，即使在高峰时段也不出现交通堵塞。岛上有多个货运码头和客运码头，每天有100多航次航班来往于新加坡及马来西亚。位于卡比尔的最大码头达到15万吨级。罕纳迪姆国际机场每天近10个航班到雅加达，每周有50个航班到印度尼西亚各主要城市。岛上工业基础设施完备，投资者可以搬入已建好的厂房或购买的地块按需建厂。在2000平方米的地块上建一处1000平方米厂房仅需20万美元(含地价)。巴淡岛上的电信设施及服务均采用最新标准和最新技术，电力供应由印度尼西亚国营公司PLN负责。私营电厂也可供应一部分电力。岛上有六座水库，淡水供应充足。

(3)完善的服务。巴淡工业园内随时有接受过专门培训的服务人员来满足投资者的营运需求，而且印度尼西亚的员工成本比新加坡更低廉。巴淡工业园的运营者还通过与印度尼西亚一个雇佣中介机构Tunas Karya合作，为投资者从国内外寻找合适的劳工。园区还向投资者提供货运物流、海关结算等全方位、一站式服务。同时，投资者还可享受到新加坡提供的多元化的金融服务。岛上可对投资者提供一站式服务，包括办理营业许可和执照(过程不超过20天)，录用工人，乃至为工人提供宿舍等。

(4)多种优惠措施。巴淡工业园内为免税区，所有货物进出口关税全部豁免，免征奢侈品税，出口加工业免增值税。已与28个国家完成普惠制(GSP)安排，并享有东盟优惠税率。与51个国家达成避免双征税协定。部分行业减免所得税。外资企业在投资的前十年中，如将80%的产品外销，即可拥有100%的股权。投资的企业可以在进驻园区的时候再支付租金而无须在签约时支付。外商对其投资的基础设施拥有50年的建筑权，期满后可继续申请，一旦获得土地的使用权，即可开发或以此申请贷款。最低投资额降至25万美元，仅为过去的1/4；巴淡工业园的投资者及租户，还享有25%的总出口量出售到印度尼西亚国内市场的优惠。

(三)港口用岛群——港口经济向海岛延伸的岛群经济模式

港口发展受多种因素的影响，如港址的选择、国家对港口的政策、腹地经济拉动等。世界上依海岛发展港口经济的案例较多，如新加坡港、日本神户港等。这两个国家港口的开发、管理和运营的主要特点如下。

1. 港口的建设和管理

在港口的建设发展中，政府发挥着主导作用，主要包括制定港口规划、填海造地扩充空间、增加岸线、创造基础环境，承担重要港区的直接投资等。

日本政府在港口投资中，以社会性或公益性基础设施投资为主，如航道、码头、防波堤等；政府可以帮助企业筹资，可以支持港口发行公债。

围填海规划由政府制定、企业实施、严格管理。如神户港中的人工岛码头建设是由政府批准，企业来设施。

新加坡港口实行一级管理，政企分开、责任明确。从1996年开始，新加坡开始改革港口管理体制，把港口的管理和经营职能分开。设立新加坡海事和港口局(MPA)负责港口管理，设立新加坡港务集团(PSA)负责港口生产和经营。

2. 港口的运营组织

日本和新加坡的港口运营主要通过有政府背景的国有企业来进行运作。

新加坡进行港口股份制改革后，从原港务局中分立出新加坡港务集团成为一个商业机构，承担港口的投资、经营职能。通过股份制改革，实现港口投资的多元化，而股东是政府。新加坡港按照全球供应链管理模式，进行口岸作业流程再造，积极推动现代物流业的发展。此外，通过港口体制改革强化新加坡港务集团的作用，突出港口经营，赋予其域外投资经营权，并配合国家区域发展战略，在中国、印度、俄罗斯、巴西建设异国“飞地”工业园区，在全球范围内抢占集装箱运输市场。

三、我国发展岛群经济模式的管理对策建议

通过研究国外典型岛群产业发展的经验及成功案例，可以确认，岛群开发是海岛开发的重要模式；岛群经济发展需要政府制定完善的整体规划等。为此，在借鉴国外经验、结合国情海情，对我国促进海岛经济发展提出以下几点管理建议。

（一）开展区域用岛区块选划和规划编制

依据区域海岛的自然属性、社会发展状况、历史文化等方面因素，研究区域用岛区块选划的方法，对所辖区域的海岛实施划区块集群开发。针对不同的用岛区块，确定其主要开发方向和定位。在此基础上，按用岛区块编制区域用岛中长期发展战略规划。规划应科学合理地处理海岛开发建设与生态环境保护的关系，处理好旅游业、水产养殖业、港口建设等之间的关系，应注意用岛区块内各岛屿的优势特色互补和周边岛屿间的协调发展，促进区域内产业一体化发展形成规模经济优势。重视基础设施建设，

出台明确可行的海岛开发优惠政策等。

（二）编制区域用岛区块基础设施建设规划

开发海岛首先需要推进海岛基础设施建设，从根本上改变海岛的投资环境。在区域用岛区块选划的基础上，编制用岛区块的基础设施建设规划。规划应重点加强促进区块整体开发的基础设施的建设，如围填海、交通网络、能源、水利等建设。

（三）加强区域用岛建设项目的监督管理

加强对区域用岛基础设施建设项目和重大工程建设项目的评价、监督和管理。每年度对全国海岛基础设施和重大工程建设项目的整体情况进行跟踪、整理、评价、监督，并对项目的建设情况向全社会公报。

（四）加强对国外海岛规划政策以及海岛开发活动的跟踪研究

近年来，世界各沿海国家和地区日益重视和加强海岛管理。沿海国家从海岛立法、海岛开发规划、海岛许可制度、海洋环境保护以及海岛管理体制等方面对海岛及岛群的开发与保护制定了大量的管理政策。海岛开发活动日新月异。建议对国外海岛管理的规划、体制、制度、相关举措、海岛产业发展的最新动态进行长期跟踪，并定期派人员考察，及时提出我国海岛开发与保护方面的管理对策建议，为我国海岛管理提供参考和借鉴。

（2014 年 4 月）

我国海水淡化产业化发展阶段及特点研究

付　玉

全球淡水资源形势严峻。随着人口增长、生活水平提高、气候不断变化，需求在不断增加。联合国在2009年3月12日发布的最新版《联合国世界水资源开发报告》中指出，当今世界对水资源的需求达到历史最大，而一些国家却已达到水资源的极限。联合国于1999年就指出，水在21世纪将成为全世界最紧缺的自然资源。①

我国是一个淡水资源贫乏的国家，水资源的短缺正制约着国民经济的快速发展，尤其是沿海地区，淡水资源的供需矛盾十分突出，已成为当地社会、经济可持续发展的瓶颈。水资源是重要的战略资源之一。在严峻的水资源形势压力下，发展海水淡化等海水利用产业，推动建设多元化的水资源体系，成为促进我国经济社会可持续发展的重大战略措施。

本文将尝试客观分析我国海水淡化产业化的基础及发展现状，以助于把握我国海水淡化产业的发展阶段及特点，促进海水淡化产业的发展。

一、我国海水淡化技术及产业化发展现状

作为水资源的开源增量技术，海水淡化已经成为解决全球水资源危机的重要途径。随着淡化水成本降低，海水淡化的优势凸显，在世界许多严重干旱缺水的地区，如中东地区和许多海岛，淡化水成为重要水源。② 许多国家为了解决日益紧缺的淡水资源危机问题和促进海水淡化产业发展，在加大资金投入的同时，制定了鼓励发展海水淡化的政策措施。

---

① 联合国教科文组织：《新报告强调水资源在发展中的关键作用》，新闻稿（编号2009－21）2009年3月12日。

② 《西班牙新技术——海水淡化》，西班牙新技术网：www. technologyreview. com/microsites/spain。

(一)海水淡化技术发展现状

海水淡化技术日益成熟。海水淡化技术工艺有20多种，但大规模工程常用的只有膜法(反渗透)和热法(蒸馏法)两种。由于生产同等质量的淡水，膜法消耗的能源仅为热法的40%～60%，因此，在全球能源普遍紧缺的形势下，除能源丰富的海湾国家外，包括我国在内的多数国家采用的是膜法海水淡化。① 技术的进步和成熟推动海水淡化成本不断下降。

(二)海水淡化产业发展状况

我国的海水淡化产业作为解决我国沿海缺水地区和近海大中城市的战略性和公益性产业，在技术成熟后，已获得国家的支持和重视，海水淡化产业获得了快速发展。

经历了改革开放后的迅速发展，在国家政策的推动下，我国海水淡化产业从萌芽到成长，如今已初具规模，进入大规模产业化的成长期。一批装备制造企业建立，淡化规模迅速扩大，产业增加值快速增加。

目前，我国已形成了以青岛华欧海水淡化有限责任公司、天津宝成机械集团有限公司、众和海水淡化工程有限公司和天津膜天膜工程技术公司等数十家海水利用产品装备生产制造企业。从淡化规模看，沿海省市正纷纷投入大量资金和科研力量组织海水淡化工程建设。沿海各地相继出台建设日处理10万～20万吨的大型海水淡化项目规划，全国在建、待建的海水淡化工程规模已达到每天195.8万吨。据2007年年初步统计，全国已建海水淡化工程43套，每日淡化海水15.08万吨；其中，日处理海水1000吨以上的海水淡化工程24套，每日淡化水总量14.66万吨，占全部淡化水量的97.2%。② 据本文不完全统计，截至2009年7月，我国已建成海水淡化装置产水能力增加到35万吨/日(表1)。

自2005年起，包括海水淡化在内的海水利用业被作为主要海洋产业列入国家海洋局发布的《中国海洋经济统计公报》。该公报显示，沿海地区按照《海水利用专项规划》确定的目标，不断扩大海水淡化和综合利用的生产规模，海水淡化技术产业格局已基本形成。海水利用业呈现良好的发展态

① 陈火其，邬晓薇：《水危机成就海水淡化产业》，载《市场报》，2008年3月28日。
② 《海水淡化“破茧成蝶”——从无到有，从小到大，从弱到强》，载《中国海洋报》，2008年6月6日。

势和前景，海水利用产业化进展迅速。

2008 年，我国海水利用业增加值为 8 亿元，比上年增长 22.7%，占全国主要海洋产业增加值的 0.07%。①

表 1　我国部分海水淡化工程

序号	项目名称	淡化方法	规模（$米^3$/天）	完成时间
1	西沙永兴岛海水淡化站	电渗析	200	1982 年
2	浙江舟山嵊山镇海水淡化装置	反渗透	500	1997 年
3	马迹山海水淡化装置	反渗透	350	1998 年
4	山东长岛县海水淡化装置	反渗透	1 000	2000 年
5	浙江嵊泗县海水淡化装置	反渗透	1 000	2000 年
6	大连长海县獐子岛海水淡化装置②	反渗透	1 200	2000 年
7	河北沧化集团亚海水淡化装置	反渗透	18 000	2001 年
8	威海华能电厂海水淡化装置	反渗透	2 000	2001 年
9	大连华能电厂海水淡化装置	反渗透	2 000	2001 年
10	大连长海县大长山岛海水淡化装置	反渗透	2 000	2001 年
11	小钦岛海水淡化装置	反渗透	75	2001 年
12	南隍城岛海水淡化装置	反渗透	75	2002 年
13	大连棉花岛海水淡化装置	反渗透	100	2002 年
14	大连石油化工公司海水淡化装置②	反渗透 + 蒸馏法	5 500 + 500	2003 年
15	山东荣成市石岛海水淡化工程③	反渗透	2 × 5 000	2003 年（第一期）
16	天津大有海水资源技术开发公司 1 000吨反渗透海水淡化示范工程	反渗透	1 000	2003 年
17	青岛华欧海水淡化公司海水淡化示范工程	低温多效蒸馏 反渗透	3 000 3 000	2004 年
18	山东黄岛电厂海水淡化示范工程	低温多效蒸馏	3 000	2004 年
19	大连港矿石码头海水淡化装置		1 200	2004 年
20	浙江嵊泗县海水淡化装置(三期)	反渗透	1 000	2004 年
21	浙江虾峙岛④	反渗透	300	2004 年

① 《中国海洋经济统计公报》，2008 年。

② 《利用丰富海水资源 做活海水淡化文章——三市加快推进海水利用产业化发展的调查》，载《经济日报》，2006 年 11 月 23 日。

③ 《我国最大海水淡化项目在荣成投入适用》，载《中国环境报》，2003 年 12 月 5 日。

④ 《我国海水利用产业化研究(研究报告)》，2005 年度国家社科基金项目，2007 年 11 月。

续表

序号	项目名称	淡化方法	规模（米^3/天）	完成时间
22	鲁北化工海水淡化装置	反渗透	20 000	2005 年
23	中国华能集团玉环电厂海水淡化装置(浙江)	“双膜法”反渗透	35 000	2006 年
24	河北国华沧东发电有限责任公司海水淡化设备①	低温多效蒸馏	20 000	2006 年(第一期)
25	天津经济技术开发区万吨级海水淡化示范工程	低温多效蒸馏	10 000 ×2	2006 年(第一期)
26	岱山县海水淡化装置	反渗透	5 000	2006 年
27	山东黄岛电厂海水淡化工程	反渗透	3 000	2006 年
28	青岛华欧海水淡化公司海水淡化示范工程	低温多效蒸馏 反渗透	10 000 10 000	已建成 已建成
29	山东黄岛电厂海水淡化工程	反渗透	10 000	2007 年
30	衢山镇海水淡化装置	反渗透	5 000	2007 年
31	浙江台州玉环县鸡山岛海水淡化工程②	反渗透	300	2007 年
32	大连港集团公司矿石码头工程配套海水淡化项目③		2 000	已建成
33	阿科凌(唐山曹妃甸)海水淡化项目	反渗透	20 000(一期)；总设计能力 100 000	2007 年 12 月开工，计划于 2008 年年底竣工
34	华电青岛发电有限公司海水淡化项目	反渗透	2 880	已建成
35	青岛百发海水淡化项目	反渗透	100 000	计划于 2011 年竣工
36	首钢京唐海水淡化项目	热法和膜法相结合	12 500 ×4	2009 年 2 月投产(一期)
37	天津北疆电厂海水淡化工程④	低温多效蒸馏	200 000 ×2	2009 年下半年建成(一期)
38	大津大港新泉海水淡化项目有限公司	“双膜法”反渗透	100 000	2009 年 7 月

注：参考《中国海洋报》2008 年 6 月 6 日、天津水利信息网、《天津日报》2007 年 8 月 28 日、《北方经济时报》2008 年 12 月 15 日、《经济日报》2006 年 11 月 23 日、《中国环境报》2003 年 12 月 5 日、《浙江日报》《首钢日报》《河北日报》等资料。

---

① 新华网河北频道，《河北国华仓东发电有限责任公司》，2008 年 12 月 18 日。

② 《浙江台州玉环县鸡山岛海水淡化工程》，载《浙江日报》，2007 年 12 月。

③ 《利用丰富海水资源 做活海水淡化文章——三市加快推进海水利用产业化发展的调查》，载《经济日报》，2006 年 11 月 23 日。

④ 根据《2008 年天津市国民经济和社会发展统计公报》，北疆电厂电水盐联产工程是国家第一批循环经济示范项目，设备已经进入安装阶段。

(三)海水淡化产业化存在的主要问题

海水淡化供水在时间和空间上都具有很强的稳定性，此为优势；而其劣势仍为成本偏高，但是随着科技的不断进步，成本有望继续降低。

同时，与世界海水淡化业发达国家相比，我国目前海水淡化工程数量仍偏少、规模偏小。截至2009年7月，我国海水淡化总装机容量仅占世界份额的0.55%。[①] 靠海不吃“海”，根本原因还在于对我国水资源方面的危机意识不够，对海水淡化的重要性和可行性认识不足，并缺乏国家刚性扶持政策，阻碍了海水淡化产业的发展。制约海水淡化产业发展的主要因素：

一是对海水淡化认识不足。这是阻碍海水淡化产业化的最主要因素。我国长期以来重陆轻海，对海洋开发重视不够，更没有将海水视为水资源的一部分。由于对海水淡化缺乏宣传，以至于公众对海水淡化水心存疑虑，普遍接受淡化水尚需时日。社会上普遍认为海水淡化投资巨大，运营成本高，造成沿海地区和海岛长期以来未将海水作为水资源看待。例如，仅2003年、2004年两年，浙江省海岛六县(区)用船运淡水耗资约3.5亿元，可以建造年产优质淡水2500万立方米的海水淡化工程。[②]

二是国家政策扶持不到位。由于对海水淡化的战略地位认识长期不足，在国家层面尚未形成扶持海水淡化产业的可操作的政策体系。为保持水价低廉，我国政府对城市供水提供大量补贴。尽管我国在过去20年已将水的平均价格提高了10倍多，但仍然远低于世界市场价格。对于淡化水，我国在国家层面尚无水价补贴的具体刚性政策。在《海水利用专项规划》中规定，“经检测合格能够进入城市供水系统的海水淡化水价格，由各地根据《城市供水价格管理办法》(计价格〔1998〕1810号)的有关规定制定”。

三是体制机制不合理。在我国严重缺水的沿海地区，海水淡化水未形成对自来水有效替代的原因在于，完全靠市场运作的淡化水价格仍高于享受国家补贴的福利性和公益性自来水。自来水厂一直沿袭计划体制下靠国家补贴的投资运营方式，公益性水利工程修建水库、输水管道建设没有列入自来水成本，所需经费基本上由各级财政承担，导致水的价格与价值背

---

① 王玲：《海水利用产业有着广阔发展空间》，载《经济日报》，2009年10月21日。

② 叶宏明：《关于大力发展我国海水淡化产业的提案》，中国环保网，2007年3月3日。

离。以浙江省为例，如果把土地、移民、投资、运行、净化、管理等费用及蒸发、渗漏、截流、污染等损耗全部计算在内，舟山大陆饮水工程制成自来水的综合吨水成本为5.31元。海水淡化水为市场水。淡化水完全按市场经济将取水、设备、生产、运行、管理等全部环节计入成本，综合成本每吨5.02元。国际上饮水距离超过40千米就优先考虑采用海水淡化工程。①

二、我国促进海水淡化产业化的相关政策

一个产业的产生、发展、壮大，离不开政策的引导和扶持。海水淡化产业在我国获得国家宏观政策层面的支持和重视，一些沿海地方政府也加大了支持力度。继2005年我国第一部《海水利用专项规划》出台后，国家对于海水淡化的重视不断体现在《国民经济和社会发展第十一个五年规划纲要》《国家中长期科学和技术发展规划纲要（2006—2020）》等多部重要政策、规划性文件中。

（一）《海水利用专项规划》

2005年，国家发改委、国家海洋局、财政部联合发布了《海水利用专项规划》。该规划确定了国家在“十一五”期间乃至2020年海水利用的发展重点、区域布局和重点工程，提出了加快发展海水利用产业的政策和保障措施等。《海水利用专项规划》根据我国海水利用现状和面临的形势，明确提出，要“坚持有效替代的方针，以大幅度提高海水利用规模和水平为目标……提高海水在解决沿海地区淡水资源短缺问题的贡献度”。

《海水利用专项规划》是我国有关海水利用的第一个国家政策，是沿海地区缓解缺水问题的指导性文件。规划大大提高了沿海地区政府及企业参与海水淡化产业的积极性，促进了海水淡化在这些地区的科学规划和迅速发展。

（二）《国民经济和社会发展第十一个五年规划纲要》

作为落实节约资源和保护环境基本国策的举措之一，“十一五”规划要

① 叶宏明：《关于大力发展我国海水淡化产业的提案》，中国环保网，2007年3月3日。

求节约淡水资源，积极开展海水淡化。

(三)《国家中长期科学和技术发展规划纲要(2006—2020)》

《国家中长期科学和技术发展规划纲要(2006—2020)》把发展能源、水资源和环境保护技术放在优先位置，下决心解决制约经济社会发展的重大瓶颈问题。要求加快发展海洋技术，将海水淡化作为重点领域中的优先主题提出，并将海水淡化等水资源开发技术的研究作为重点。

(四)《高技术产业发展“十一五”规划》

《高技术产业发展“十一五”规划》将海洋产业作为重点发展产业，提出积极推进海水综合利用。发展海水直接利用和海水淡化技术，重点开发海水预处理技术、浓盐水综合利用技术、可规模化应用的海水淡化装备，支持热法、膜法低成本淡化技术及关键材料开发与产业化，建设海水综合利用示范基地，扩大海水利用产业规模。

(五)《高技术产业化“十一五”规划》

《高技术产业化“十一五”规划》将海洋领域作为“十一五”时期高技术产业化的发展重点。围绕加快发展海洋产业，形成国民经济新的增长点的目标，重点支持对海洋经济有重大带动作用的海水利用等高技术产业化，把发展海水利用作为战略性的接续产业加以培植，为发展新兴海洋产业提供有力支撑。

(六)《国家“十一五”海洋科学和技术发展规划纲要》

为提高海水资源利用水平，《国家“十一五”海洋科学和技术发展规划纲要》将海水淡化关键技术和重大装备作为发展重点之一。

海水淡化与综合利用技术作为此规划的重点领域，主要涵盖海水淡化技术、海水化学资源提取关键技术及海水淡化与综合利用新技术三个方面。

海水淡化技术方面，重点开展大型海水淡化技术与产业化示范研究，开发可规模化应用的海水淡化装备和膜法低成本淡化技术及关键材料，包括日产5万吨低温多效海水淡化技术、日产10万吨级核能淡化技术和日产

10 000～15 000 吨反渗透海水淡化关键装备技术与示范等。

海水淡化与综合利用新技术方面，研制海水淡化新材料与装备，开发环境友好海水循环冷却技术和海水预处理新技术，并开展区域综合示范研究。到 2020 年，形成海水淡化与综合利用产业链。

（七）国家科技支撑计划“十一五”发展纲要

该纲要明确将“突破海水利用关键技术，形成单机 5 万米^3/天海水淡化和 10 万米^3/小时海水循环冷却成套技术及装备的自主设计制造能力”确定为发展目标之一。并将海水淡化及综合利用技术装备研究与示范列为重大项目之一，重点为“自主开发单机 5 万米^3/天低温多效蒸馏海水淡化、单套 1 万米^3/天反渗透海水淡化成套技术与装备以及热膜耦合海水淡化系统技术，形成 10 万米^3/天核能海水淡化示范工程设计”。

（八）《海水利用标准发展计划》

2006 年，为进一步推动我国海水淡化和利用工作，加速海洋标准化工作的进程，国家标准化管理委员会、国家发改委、科技部、国家海洋局组织专家编制了《海水利用标准发展计划》。

（九）其他国家层面的支持性政策

国家从税收政策方面也开始积极支持海水淡化产业发展。根据 2008 年 1 月 1 日正式实施的新《企业所得税法》，企业从事海水淡化项目的所得，自项目取得第一笔生产经营收入所属纳税年度起，给予“三免三减半”的优惠，即前三年免税，后三年税收减半。

目前国家发改委已会同国家海洋局等有关部门，正加紧研究制定《关于加快海水利用产业化的指导意见》，争取尽快出台若干具体激励政策，以保障实现《海水利用专项规划》目标，使海水成为解决我国沿海地区淡水紧缺的重要水源。为支持海水淡化产业的发展，海水淡化已经被列入《当前国家重点鼓励发展的产业、产品和技术目录》。

（十）地方政府积极制定海水利用规划

根据《海水利用专项规划》的要求，为解决淡水资源短缺问题，浙江、青岛、天津、河北等海水淡化产业基础较好的地区率先制定或探索有利于海水利用的水资源发展战略。广东省也将海水淡化列入该省《海洋经济发展“十一五”规划》，并已启动《广东省海水利用专项规划》的编制工作。①

这些都表明，随着国家和地方各项相关政策的出台、完善，海水淡化已具备了有利的政策环境，呈现良好的产业前景。

三、我国海水淡化产业化发展阶段分析

自1958年我国组织海水淡化技术研发以来，在半个多世纪的历程中，海水淡化事业走的是一条稳健而有组织的发展道路。根据各个阶段的不同任务，海水淡化产业化进程可分为4个主要阶段，即技术研发阶段、示范阶段、推广阶段和技术升级阶段(表2)。

表2　我国海水淡化产业化各阶段时间跨度

阶段	基础技术研发	示范	推广	技术升级
时间跨度	1958年至今	1981年至今	2005年至今	长期任务
状态	已完成	进行中	进行中	进行中

(一)技术研发阶段

我国自1958年开始海水资源开发利用技术研究。半个世纪以来，在国家科技攻关计划的支持下，我国海水淡化技术已日趋成熟。在海水资源开发利用方面，我国解决了许多关键技术问题，取得了一批自主研发技术，培养造就了一支高素质的海水资源开发利用技术队伍，技术和装置水平也有了较大提高，为海水淡化产业化提供了技术条件和基础。我国已经完成了产业化所需的基础技术积累阶段，目前正在由示范的初级阶段向高级阶段迈进。

(二)示范阶段

在形成一定的技术基础、技术研发取得一定的成果后，即进入第二个主要阶段——技术测试或示范阶段。主要任务为测试技术的稳定性并积累

① 万鹏：《广东启动海水利用专项规划编制工作》，载《中国海洋报》，2009年9月11日02版。

管理、运行等方面的经验。在技术调试和示范的同时，即进入小规模投产阶段。

我国于1982年进入海水淡化示范阶段后，示范工程的规模不断扩大、技术不断升级。1982年，我国第一套海水淡化装置——“西沙200 米^3/天电渗析海水淡化站”建成，使我国海水淡化技术应用迈出实质性的第一步。1997年，浙江省重大科技攻关项目“500米^3/天反渗透海水淡化示范工程”在浙江省嵊泗县嵊山岛建成投产；2000年，在国家科技部重点科技攻关项目“日产千吨级反渗透海水淡化系统及工程技术开发”的支持下，先后在山东长岛、浙江嵊泗建成了“1000米^3/天反渗透海水淡化示范工程”；2003年，国家发改委高技术产业化项目“山东荣成日产10 000吨级反渗透海水淡化示范工程”一期5000米^3/天机组在荣成市石岛建成投产。2004年，“十五”国家重大科技攻关“水安全保障技术研究”项目“低温多效海水淡化技术示范工程”课题组承担的“山东黄岛电厂3000米^3/天低温多效海水淡化示范工程”建成并投入运行。该示范工程是国内首台具有完全自主知识产权、自主设计、自主加工制造蒸馏淡化装置，这是我国海水淡化技术发展史上一个重要里程碑。① 国家高技术产业发展项目——山东省荣成万吨级反渗透海水淡化产业示范工程第一期，单机规模5000米^3/天海水淡化系统建成投产，使我国反渗透海水淡化工程规模和技术水平都跨上了一个新的台阶。

经过“九五”“十五”的持续科技攻关，“十一五”期间我国海水淡化的目标为万吨级规模项目建设，与国际接轨。目前我国处于海水淡化关键技术和大型工程示范的关键阶段。“十一五”国家科技支撑计划“海水淡化与综合利用成套技术研究和示范”于2007年正式启动，项目实施周期为4年。项目已创建海水利用产业链为主线，将建立大型海水淡化示范工程。②

(三)大规模推广阶段

在具备了技术基础并积累了管理、运行经验后，我国海水淡化业进入了推广阶段，生产能力大幅度提高，产业化形成。根据本文初步统计，我

① 《海水淡化“破茧成蝶”——从无到有，从小到大，从弱到强》，载《中国海洋报》，2008年6月6日。

② 雷汉发：《我国海水淡化自主技术进入应用阶段》，载《经济日报》，2005年12月29日。

国海水淡化产水能力达到约35万米^3/天。包括海水淡化在内的海水利用产业在2008年实现增加值8亿元，比上年增长22.7%。《海水利用专项规划》的实施，促进了我国海水淡化产业的发展，沿海各省市积极落实规划，一批大型海水淡化项目正在建设中。以2005年规划实施为标志，我国海水淡化产业已进入推广阶段。此阶段的主要特点为产业发展迅速，启动工程较多，需要大量投资，需要国家有关部门在政策法规、资金等方面继续予以扶持和引导。

(四)产业技术升级阶段

在海水淡化进入产业化阶段后，面临的一项长期任务是技术升级。主要任务为提高核心技术水平、提高核心装置的国产化率，并进一步提高淡化效率，降低淡化综合成本。

结合世界及我国的海水淡化技术发展水平，对于实现以上目标至关重要的，既是研发力量需要重点投入的领域，也是下一阶段技术升级重点，主要包括以下五个领域：①膜技术；②非传统技术；③热工艺，即依赖使水沸腾或结冰去除杂质，获得纯净水的技术；④浓盐水处理技术；⑤重复利用/循环技术，通常针对膜或者非传统技术，由于其废弃后对环境的影响，这些技术在设计时就必须可以处理越来越大量的污染物。以上这五个领域也是美国所确定的在2020年前重点研发的领域。虽然我国的海水淡化技术总体仍落后于世界先进水平，但由于全球化形势下技术的扩散作用，这五个重点技术研发领域同样适用于我国。

由于海水淡化技术研发的高投入、高风险性质，政府支持必不可少。建议国家有关主管部门继续加强海水淡化技术平台的建设，并培养一支海水淡化人才队伍。对以上诸领域的技术研发以国家立项为主、研究机构和企业积极参与为辅的方式组织开展。

四、结语

我国海水淡化产业化按照重点任务和主要特点可分为四个主要阶段，即基础技术研发阶段、示范阶段、推广阶段及技术升级阶段。在产业化实现后，技术升级是一项长期任务。由于海水淡化的战略性和公益性特点，在产业化的整个过程中，均体现了政府不同程度的参与和支持。在基础技术研发和示范阶段，以政府组织为主、企业参与为辅；在推广阶段，过渡到以企业参与为主、政府扶持为辅；在技术升级阶段，政府和企业参与并重，政府支持的领域集中在重点技术领域。目前，根据我国海水淡化产业化的情况和态势，认为我国的海水淡化产业化已发展到推广阶段，技术升级阶段的任务即将展开。

鉴于海水淡化产业的战略性和公益性性质，建议国家有关部门在战略上重视，政策上扶持，投资上支持，以促进海水淡化产业化在我国快速发展，为解决淡水危机提高贡献率，并带动其他相关产业，形成新的经济增长点。

（2009 年 7 月）

促进海水淡化产业发展的保障措施研究*

付　玉

海水淡化产业作为解决我国沿海缺水地区和近海大中城市的战略性和公益性产业，获得国家的支持和重视。经过多年的技术攻关和不断发展，我国海水淡化生产能力大规模提高，产业化初步形成。同时，作为高投入的新兴产业，海水淡化产业的发展在现阶段仍面临一定的风险，需要国家和地方有关部门采取多重保障措施予以扶持。

一、海水淡化产业化风险研究

作为高投入的新兴高科技产业，海水淡化产业发展仍存在一些不确定因素，面临多方面的风险。客观、全面地分析这些不确定因素，将有助于正确判断形势，有效应对在市场需求、技术研发、环境影响、政策和法规影响、国际竞争等方面可能出现的风险。

(一)市场需求风险

淡水在我国一直被视为公益性服务的一部分，因此，为保持水价低廉，我国政府为淡水供应提供大量补贴。目前城市生活用水平均2元/吨的价格只是淡水成本的一部分，为保障市政服务正常运转，另外一部分成本由政府负担。与淡水供应相比，海水淡化成本则完全由海水淡化企业自行承担，反映的是真实的成本，造成淡化水价格与淡水价格(成本的一部分)相比显得“较贵”的假象。

另一方面，随着国家水价改革的深化，淡水尤其是工业用水价格体系

* 本文为国家海洋局科学技术司“中国海洋高新技术产业化战略问题研究”和“开展促进海水利用发展产业政策研究”项目研究成果。

将逐步完善，水价趋势必定是逐步提高。《国务院批转发展改革委关于2010年深化经济体制改革重点工作意见的通知》(国发〔2010〕15号)明确要求，深化资源性产品价格，稳步推进水价改革，在有条件的地方实行居民用水阶梯价格制度。同时，由于技术的提高、规模的扩大和产业化的发展，海水淡化水的成本在不断降低，二者之间的差距在逐步缩小。据预测，居民和工业用水自来水价格至2010年均将超过海水淡化水综合成本(表1)。海水淡化对缺水地区的企业和政府将具备更强的吸引力和优势，市场需求风险降低。例如，在天津市，经过连续9年的改革，目前天津市的水价已经按用途拉开了档次。该市城区居民生活用水3.9元/吨；非居民生活用水为6.7元/吨；特种行业水价为21.1元/吨。①

表1　海水淡化综合成本与沿海主要城市自来水价格比较(元/吨)

项　目	2005年	2010年(预测)
居民自来水价	2.0～3.7	2.5～6.0
工业自来水价	2.7～5.0	4.3～8.0
海水淡化综合成本	4.5～5.5	3.6～4.5

注：来源为谭永文，谭斌，王琪：《中国海水淡化工程进展》，载《水处理技术》，2007年第33卷第1期。

(二)技术研发风险

我国海水淡化技术发展至今已经相当成熟，具备产业化发展的条件。经过近半个世纪的科技攻关和工程示范，我国在反渗透法、蒸馏法等主流海水淡化关键技术方面均取得重大突破。海水淡化技术工艺有20多种，但大规模工程常用的只有膜法(反渗透)和热法(蒸馏法)两种。膜法由于能源消耗低，在全球能源普遍紧缺的形势下，除能源丰富的海湾国家外，为各国广泛采用。经过近半个世纪的不懈努力，反渗透技术已经取得了令人瞩目的进展。目前反渗透膜与组件的生产已经相当成熟，膜的脱盐率高于99.7%，透水通量增加，抗污染和抗氧化能力不断提高，销售价格稍有下降；反渗透的给水预处理工艺经过多年的摸索基本可保证膜组件的安全运行；高压泵和能量回收装置的效率也不断提高。以上措施使得反渗透海水

① 尚前名：《城市第二水源波折》，载《瞭望》，2009年第25期，第42－43页。

淡化的投资费用不断降低，淡化水的成本明显下降。

为进一步降低淡化成本，降低能耗率，提高设备工作效率，进而增强企业竞争力，世界各大专门从事海水淡化企业十分注重新技术研发。为提高海水淡化对解决我国淡水资源短缺问题的贡献率，促进海水淡化产业化，海水淡化相关技术研发也得到我国有关部门和企业的重视。国家《海水利用专项规划》明确提出，要依靠科技进步，加快海水利用技术研发、示范和完善化的步伐，构筑海水利用技术装备支撑体系。国家将重点支持“5 万吨/日级”和“10 万吨/日级”技术的研发与示范；开展海水淡化重点技术攻关，加快反渗透法海水淡化中的反渗透膜、能量回收和高压泵的开发和国产化。

经过国家有关部门、企业多年的不懈努力和投入，我国海水淡化工程从百吨级到千吨级乃至万吨级规模逐级递升；技术从最初全部依赖国外到如今具备了自主知识产权的海水淡化成套技术和装备。在世界淡化技术已经相当成熟的大背景下，以及国家对海水淡化技术研发的大力支持和高度重视，海水淡化产业化技术研发风险大大降低。

(三)环境影响风险

海水淡化产业对环境造成的影响既有正面的，也有负面的。一方面，建设淡化厂会对当地的陆地、海洋和大气条件产生不同程度的影响。主要的环境影响与海水抽取、浓盐水排放有关；化学处理过程中排放的残渣也会产生环境影响。不过，恰当的设计、建设方式以及严格管理可以降低影响程度。另一方面，用淡化水置换出宝贵的淡水资源，有利于减少沿海地区因过度开采地下水而造成的地下漏斗扩大、严重地面沉降等问题，从而总体上有利于沿海地区保护和改善生态环境，有利于沿海地区经济社会的可持续发展。

为有效防止海水淡化对环境造成不利影响，《海水利用专项规划》确立的原则之一即“坚持海水利用与保护海洋生态环境相协调的原则”，要求预防为主，依法开展环境影响评价，确保海水利用产业与海洋生态环境保护协调、持续发展，最大限度地降低对环境造成的不利影响。

在国家政策的引导和规范下，我国的海水淡化产业在起步之初就处于保护环境、降低环境负面影响的高起点上，海水淡化产业发展的环境影响风险较低。

（四）政策和法规影响风险

海水淡化业为高投入、高风险的产业，海水淡化厂的建设、运行成本相对较高。需要国家和地方政府的倾斜性政策在规划、审批、融资、用地、用电、淡化水入城市管网及税收等诸多方面予以支持。

由于我国的水资源短缺形势及海水淡化的利国利民性质，海水淡化已经获得国家和一些沿海地方政府的关注和支持。在国家层面，海水淡化已进入“十一五”规划，将海水淡化作为落实节约资源和保护环境基本国策的举措之一，要求节约淡水资源，积极开展海水淡化。《国家中长期科学和技术发展规划纲要(2006—2020)》《高技术产业发展“十一五”规划》《高技术产业化“十一五”规划》等均提出将包括海水淡化在内的海水利用作为重点产业加以培育和扶持。

2005 年，国家发改委、财政部和国家海洋局联合制定我国海水利用第一部《海水利用专项规划》，是我国海水淡化产业发展的里程碑。规划明确将海水利用定位为解决我国水资源危机的重要举措之一，认为大力发展海水利用是保障沿海地区经济社会可持续发展的重大举措，具有重大的现实和战略意义。

根据《海水利用专项规划》的要求，浙江、青岛、天津、河北、辽宁等海水淡化产业基础较好的地区率先制定或探索有利于海水利用的水资源发展战略。广东省也将海水淡化列入该省《海洋经济发展“十一五”规划》。

浙江省将海水淡化视为沿海及海岛地区淡水资源的重要补充，制定了《浙江省海水淡化工程“十一五”水利规划》，并高度重视海水淡化关键技术的发展。在青岛，根据市发展改革委公布的《青岛市海水淡化产业规划》，该市将在未来几年内，改革现行水价体制，允许海水淡化以合理的利润进入市政管网，并运用行政手段要求在海水综合利用规划范围内的用户优先使用淡化水。河北和辽宁制定了省级《海水利用专项规划》，采取多项措施和优惠政策，促进海水淡化水的生产和使用。天津市也积极探索海水淡化产业市场化运作方式和发展模式，除专项资金外，通过拓宽融资渠道，鼓励自主资金、社会资金和境外资金投入，建立多元化、多渠道、多层次、稳定可靠的海水淡化投入保障体系，促进海水淡化及其产业的健康发展。

尽管我国目前已认识到海水淡化的战略意义，但是鼓励海水利用的激励政策和法规规定体系尚未建立，问题主要体现在几方面：一是缺乏类似自来水、公益性水利工程等具体扶持、鼓励政策措施，而海水淡化完全按成本核算，影响了地方和企业的积极性；二是缺少对沿海用水大户使用海水的刚性定额或法定要求等，使得一开始就靠市场行为发展的海水利用受到很大影响，从而制约了产业发展；三是海水利用标准体系尚未建立；四是可操作的鼓励海水利用财税政策方案尚未出台；五是我国水资源开发利用市场机制不完善，导致水的价格与价值背离，使人们认为海水淡化水价格过高。这在一定程度上使海水淡化得不到社会各界的重视，也使海水淡化水缺乏市场竞争力。

在鼓励海水利用的国家层面激励政策和法规规定体系建立之前，我国的海水淡化产业化发展将面临一定程度的风险。

(五)国际竞争风险

海水淡化产业化虽然发展较晚，但国际市场的垄断趋势已经形成。目前全球海水淡化的市场年成交额已达到数十亿美元，且每年以 20% 的速度递增。① 海水淡化装置的国际市场容量主要由美国、日本等强国瓜分，美国、日本分别占据了市场 30% 的份额。具有战略视野的国外企业认识到我国的海水淡化市场潜力，纷纷进入中国。

阿科凌控股有限公司(Aqualyng)是挪威最具创新能力的企业之一，由其研发的海水淡化产业的核心专利技术——能量回收装置 Recuperator，在国际海水淡化领域处于领先地位，在西欧、北非、中东和我国台湾等地海水淡化产业中广泛应用。该公司不仅拥有、生产海水淡化核心装置，还是从投资建设到运营的系统方案提供商。阿科凌公司与挪威阿科克瓦纳公司建立了战略合作关系，双方协议共同开发中国海水淡化市场。阿科凌正式在上海成立办事机构，并成立阿科凌(中国)公司。该公司在唐山曹妃甸投资建设了阿科凌海水淡化项目。项目总投资 2 亿美元，主要从事海水淡化生产及海水淡化装备制造。计划日产淡化产品水 10 万吨，可满足曹妃甸工业区近期 2/3 的用水需求。在海水淡化装备制造方面，阿科凌公司计划在

① 《利用丰富海水资源 做活海水淡化文章——三市加快推进海水利用产业化发展的调查》，载《经济日报》，2006 年 11 月 23 日。

曹妃甸建设全球海水淡化装备制造基地。此外，新加坡凯发集团在天津大港区投资9000万美元建设天津大港新泉海水淡化项目、西班牙的百菲萨(Befesa)公司在青岛合资建设总投资1.08亿欧元的百发海水淡化项目。

目前，我国的海水淡化装置以膜法(反渗透法)为主，膜技术是其关键技术。我国大陆使用的反渗透膜大部分需要进口，国产品牌市场占有率不足2%。当时业内专家曾预测，到2015年我国的膜市场需求将突破200亿元，届时将占世界膜市场需求量的10%~15%。如此大的“蛋糕”必将吸引来自垄断世界膜市场的美国、日本、欧洲等国家和区域的激烈竞争。继美国和日本之后，韩国在2010年成为掌握16英寸(约40.64厘米)膜生产技术的第三个国家。

通过以上的分析认为，在我国海水淡化产业化所面临的主要风险中，市场需求和环境影响风险低，政策和法规影响风险较低，技术研发风险处于中等水平，国际竞争风险较高。以上五个方面的综合平均风险指数为中等偏下，风险较低(表2)。

表2　我国海水淡化产业化风险指数

项目	市场需求风险	技术研发风险	环境影响风险	政策和法规影响风险	国际竞争风险	综合风险指数
风险指数	★☆☆☆☆	★★☆☆☆	★☆☆☆☆	★★☆☆☆	★★★★☆	★★☆☆☆

注：★的数量代表风险指数高低。0代表无风险；1颗星代表风险指数低；2颗星代表风险指数较低；3颗星代表风险指数中等；4颗星代表风险指数较高；5颗星代表风险指数高。

二、海水淡化产业化保障措施

任何事务的产生、成长和发展都是特定环境的产物，由于其高投入、公益性及战略性的特点，海水淡化产业化的实现和发展更大程度上取决于其特定的环境。海水淡化产业化进入推广阶段后，虽然企业成为海水淡化的主角，但政府采取多种措施营造有利于其成长的环境，对于新兴的海水淡化产业降低风险和健康成长仍至关重要。良好的成长环境应该包括如下几个方面。

(一)营造海水是水资源的社会氛围

良好的社会文化是包括海水淡化在内的高新技术产业化的土壤。对于多数高新技术产业而言，树立科技意识和提高教育水平，培养创业文化氛围即构成良好的社会文化环境。① 除以上共性要求外，由于我国重陆轻海传统文化的影响，树立海水资源意识，将海水视为水资源的一部分，对于发展海水淡化产业尤其重要。在全社会范围内形成重视利用海水资源的文化氛围，成为海水淡化产业化的软环境。为推动海水淡化产业化的发展，建议相关部门加大宣传，提高思想认识。

应充分利用“全国海洋宣传日”“中国海洋文化节”等活动，加大各类媒体对海水淡化的宣传力度，大力发展海洋文化产业，使政府部门和社会各界认识到：①海水淡化可以置换出大量宝贵的淡水资源，是解决我国沿海地区水资源短缺问题的战略性选择；②大力发展海水淡化，有利于解决沿海地区因过度开采地下水而造成的地下漏斗扩大、地面沉降等问题；③还可通过海水淡化发展新型制盐业，置换盐田用于发展工业等；④海水淡化水水质完全可达到国家饮用水标准，消除公众疑虑。

(二)培育海水淡化产业化的市场要素

产业化离不开市场。与其他产业类似，海水淡化产业化的市场要素主要包括人才、技术、资本和产业环境。

1. 人力资源

人力或智力资源在高新技术产业的发展中发挥重要作用。美国等发达国家的高新技术企业迅猛发展的主要原因之一，是有一大批高新技术人才。经过近半个世纪的发展和积累，我国在海水资源利用领域培养造就了一支专门技术人才队伍。初步形成了以国家海洋局海水淡化与综合利用研究所和杭州水处理技术中心为核心的南北两大技术中心，主导多效蒸馏和反渗透两大技术和装备的研发。但是，我国从事海洋技术研发的科技人员数量仍偏少，尚存在很大差距。2005 年，我国主要的 125 个海洋科研机构中，海洋专业技术人员总数仅为 13 987 人，全国平均每百万人口中仅有 10.7 人，② 低于 2004 年全国百万人中 15 名 R&D 人员的平均数。而且，智

---

① 张贵：《高新技术产业成长——不确定性分析框架》，北京：中国经济出版社，2007 年，第 82 -96 页。

② 国家海洋局：《2005 年中国海洋科技年报》，国家海洋局网站，http：www. soa. gov. cn. 2007 年 7 月 19 日。

力资源要在合理的体制机制下才能发挥最大效益。国外的高技术企业越来越多的采取正规的现代公司形式，激励高技术人才和管理人才的创业精神。

为培养、造就海水淡化产业化发展所必需的人才体系，建议国家海洋主管部门等相关政府机构继续重视海水淡化技术人才的培养。

(1)提高现有海洋领域科研院所的人才培养能力，使已有的科研机构成为培养、储备、利用人才的基地；

(2)加大与高校合作的力度，加强海洋相关学科的建设；

(3)创新机制体制，实行激励政策，鼓励高技术人才和管理人才创业。

2. 技术要素

科技创新和技术支撑是高新技术企业快速成长的基础。对于大多数的高新技术产业，国内外的实践表明，科研院所、大专院校等是高新技术产业的主要技术来源。海水淡化产业的竞争力在于进一步降低成本，开发新技术是其内在要求。在产业进入推广期或成熟期后，企业成为技术创新的主角，但是，由于整个海水产业的公益性、战略性和其高投入特点，政府在技术升级中的作用不可替代。

提出如下政策措施建议：

(1)国家有关部门继续对下一阶段技术升级重点领域予以扶持；

(2)对于企业自主创新项目，国家从立项、审批、融资、财税等多方面予以支持；

(3)大力支持科技型中小企业将其海水淡化研究成果和研究人员用于商业领域，从而在创新源头和需求终端之间建立不断互动的创新体系和完善的知识流动体系。

3. 资本要素

高新技术产业由技术研究阶段进入开发阶段以后，对物质资本的需求会大幅增长。有研究表明，技术的研发、中试和市场推广对技术的需求比例大致是1:10:100。海水淡化项目建设和运营投入成本高，需要国家建立科学、合理的投融资机制，为企业营造良好的发展环境。海水淡化项目应该作为国家高新技术产业享受企业所得税减免、国债安排、技改扶持、世界银行无息贷款等政策优惠，并可以考虑利用外国政府的低息贷款，同时制定措施鼓励风险投资进入。

4. 产业环境

产业环境突出表现为产业集群，即相关产业在一个地区的集中、以多种方式联系在一起。同类产品以及相关产品的生产越集中在某个区域，就越有利于区域中的企业获得“外部经济”带来的好处。众多相关企业一旦形成产业集群，产业就会结成相互支援的战斗体，上、下游企业之间频繁的接触使信息四处扩散，同时也会刺激技术创新。

产业集群对海水淡化产业的发展非常重要。海水淡化产业与相关产业节能组合可降低成本，如电力工业、核能工业、纯净水生产等。循环利用淡化余液可提高综合效益，如利用淡化余液建设新型盐化工、建设人工死海或进行高盐水养殖等。培育海水淡化高技术产业簇群，如膜、重要机械设备、淡化装置生产等产业，提高效益。

建议国家有关部门大力培育海水淡化产业集群，支持、鼓励海水淡化产业在时间和空间上相对集中发展。可建立三个层次的产业集群，从低到高分别为：高新技术园区、海水淡化产业示范城市和产业基地。

(三)大力发展和规范海水淡化科技中介服务

“科技中介”是科技与经济之间的中介，是科技和经济结合的纽带。凡是为科技与经济的结合提供必要的中介服务的非政府行为，均可视为科技中介服务，至少是具有同样的性质。社会化科技中介服务是高新技术企业成长的社会资本，完善的此类服务可降低高新技术企业发展的不确定性。

建议国家有关部门充分重视科技中介服务的重要性，建立健全科技中介服务体系，注重发挥中介服务的作用，完善中介服务组织的政策环境。

三、结语

“水安全”已成全球重要课题。中国作为快速发展的人口大国面临水资源危机，淡水资源不足和水质恶化问题同时存在。海水淡化是向大海要资源的战略性和公益性产业，在我国经过多年的发展和推动已进入产业化阶段。

作为高投入的新兴高科技产业，海水淡化产业发展在市场需求、技术研发、环境影响、政策和法规影响、国际竞争等方面仍面临一定的风险。为保障海水淡化产业的健康发展，仍需国家和地方有关部门采取多种措施营造有利于其成长的环境。其中，重视海水资源的社会氛围是海水淡化产业发展的重要软环境。此外，细化措施需关注主要包括人才、技术、资本和产业环境等在内的海水淡化产业化的市场要素及科技中介服务的发展。

（2010 年 9 月）

我国滨海旅游客源市场分析及培育*

刘 明

对旅游市场的客源分析，是编制旅游规划的重要内容之一。滨海旅游客源市场的分析对于新型潜在滨海旅游区选划起参考作用。有效培育滨海旅游客源市场是促进滨海旅游业发展的重要课题。在对我国滨海旅游客源市场分析基础上，提出培育我国滨海旅游客源市场的思路和对策。研究分析我国滨海旅游客源市场以滨海城市为基本单元，分析评价的主要要素包括入境滨海旅游客源市场结构、滨海旅游国内客源市场以及滨海旅游潜在客源市场等。

一、我国滨海旅游入境客源市场分析

沿海城市入境旅游者在我国入境旅游者中占有主体地位。2008 年，我国沿海城市接待的入境旅游者人数占全国入境旅游者人数的 32.14%。在分析滨海国际旅游者特征由于部分数据难以获得，因此近似地使用全国的旅游统计数据。

(一)年龄分布

我国沿海城市入境旅游者 90% 以上集中在 15 ~ 64 岁。其中 25 ~ 44 岁所占比重最大(占 51%)，究其原因是这一年龄段的旅游者收入较高，身体健康状况较好，更适合出游；其次为 45 ~ 64 岁(占 45%)，再次为 15 ~ 24 岁(占 9%)。

(二)地域分布

我国沿海城市入境旅游者主要包括外国人、华侨以及过关旅游的港澳

* 本文为“新型潜在滨海旅游区评价与选划研究”(908 - ZC - I - 19)部分研究成果。

台同胞，其中香港同胞是主要客源。在外国入境旅游者中亚洲人占绝大多数(日本、韩国和马来西亚占主体地位)，其次为欧洲人，再次为美洲人，最后是大洋洲和非洲人。外国入境旅游者中亚洲人占大多数，符合入境旅游客源地分布距离衰减规律(表1)。

表1　2008 年我国各个年龄段的入境旅游者地区构成

年龄	地区				
	亚洲人	美洲人	欧洲人	大洋洲	非洲人
15～24 岁	52.35%	8.63%	35.8%	0.23%	0.98%
25～44 岁	62.42%	8.03%	24.95%	2.39%	2.2%
45～64 岁	59.09%	12.66%	23.95%	3.17%	1.13%

注：数据来自中华人民共和国国家旅游局：《中国旅游统计年鉴 2009》，北京：中国旅游出版社，2009 年。

(三)性别分布

我国沿海城市入境旅游者以男性为主。2008 年，我国沿海城市入境旅游者中男性所占比例为 64.17%，女性所占比例为 35.83%。我国沿海城市入境旅游者之所以多为男性，是由于男性在一般国家中收入较高，并且身体状况更适合进行远距离出游(表2)。

(四)旅游方式

我国沿海城市入境旅游者主要入境方式依次为：徒步、汽车、飞机、船舶和火车。外国游客主要入境方式依次为：飞机、徒步、汽车、船舶、火车。2008 年，入境旅游者(包括外国人、华侨及过关旅游的港澳台同胞)采用徒步入境方式的占 56.48%，乘汽车入境的占 25.13%，乘飞机入境的占 12.93%，乘船入境的占 4.21%，乘火车入境的占 1.24%。外国游客乘飞机入境的占 55.20%，徒步入境的占 15.11%，乘汽车入境的占 15.09%，乘船入境的占 11.30%，乘火车入境的占 3.29%。

(五)旅游动机

我国沿海城市入境游客的旅游动机由大到小依次为：观光休闲、会议和商务、务工、探亲访友等。2008 年，我国沿海城市入境外国游客以观光休闲为目的的占沿海城市入境外国游客总数的49.5%，以会议和商务为目的的占沿海城市入境外国游客总数的23.34%，以务工为目的的占沿海城市入境外国游客总数的10%，以探亲访友为目的的占入境外国游客总数的0.28%(表2)。

表2　2008年我国沿海城市入境游客情况

构成划分	项目	游客数(人次)	占比重(%)
按年龄分	14岁以下	98.52	4.1
	15~24岁	206.13	8.5
	25~44岁	1 129.10	46.4
	45~65岁	871.70	35.8
	65岁以上	127.09	5.2
按性别分	男	1 560.90	64.2
	女	871.64	35.8
按旅游目的分	会议/商务	567.77	23.3
	观光休闲	1 203.96	49.5
	探亲访友	6.79	0.3
	服务员工	243.19	10.0
	其他	410.82	16.9
总　计		2 432.53	100.0

注：数据来自中华人民共和国国家旅游局：《中国旅游统计年鉴2009年》，北京：中国旅游出版社，2009年。

(六)结构分析

我国目前的滨海旅游市场可分为内陆客源市场和境外客源市场两大部分。境外客源构成为外国人(含外籍华人)、海外华侨以及过关旅游的港澳台同胞，其中海外华侨所占比重仅为2%，可忽略不计。

2008年，我国沿海地区接待入境旅游者4 178.57万人，[①] 占我国接待入境旅游者总数的32.14%，市场份额较大，滨海地区旅游市场已处于开发状态。亚洲是我国滨海旅游的一级市场，以日本、韩国和东南亚各国为主。传统的英国、法国、德国入境旅游人数稳步上升。美国始终保持重要

① 《中国海洋统计年鉴2009》，北京：海洋出版社，2009年12月。

客源国的地位，俄罗斯成为沿海各省旅游人数迅速增长的客源国之一。由于地缘关系，港澳台居民出游主要在广东、福建以及海南。香港是外国旅行者进入我国的重要中转，为其他沿海地区的沿海滨海旅游和内陆的旅游区输送了大量的旅游者。韩国、日本、俄罗斯、美国、马来西亚、蒙古、澳大利亚、泰国、英国、德国、印度、法国、印度尼西亚、哈萨克斯坦、意大利和荷兰等国家，以及我国的香港、澳门与台湾都是我国滨海旅游的重要客源地(表3)。

表3　2008年我国沿海地区入境旅游者比例比较

国家/地区	沿海地区入境旅游者占总旅游者比例(%)	排序	国家/地区	沿海地区入境旅游者占总旅游者比例(%)	排序
* 香港同胞	60.26	1	澳大利亚	0.44	12
* 澳门同胞	17.66	2	泰国	0.43	13
* 台湾同胞	3.37	3	英国	0.42	14
韩国	3.05	4	加拿大	0.41	15
日本	2.65	5	德国	0.41	16
俄罗斯	2.40	6	印度	0.34	17
美国	1.37	7	法国	0.33	18
马来西亚	0.80	8	印度尼西亚	0.33	19
新加坡	0.67	9	哈萨克斯坦	0.23	20
菲律宾	0.61	10	意大利	0.15	21
蒙古	0.54	11	荷兰	0.14	22

注：数据根据2008年《中华人民共和国旅游局旅游统计》按比例估算，带*处因行业统计所需，将港澳台地区游客计入本表排序。

港澳台过关旅游的游客客源占主导地位。港澳台过关旅游的游客市场占入境旅游人数的80%以上(表3)，创汇在旅游外汇收入中超过一半。香港市场自回归以来，经济保持着良好的增长势头，居民对未来持乐观态度，增加了旅游消费。同时，双方采取了一系列简化入出境手续的措施行之有效，方便了香港居民的进出，通关的便利吸引了更多的香港客人，到广东省一些城市作短期度假的客人增多。台湾市场以探亲观光和商务考察为主。扩大开放和经贸往来的增加，台湾民众赴大陆城市投资的机会增多，又因为同是炎黄子孙、血脉相通，探亲人数有增无减。澳门的回归使澳门与内地的感情更加接近，经贸往来与技术交流也在逐年增加。

日本客源是来华入境旅游外国人主要来源之一①。1998 年由于经济滑坡，出游人数稍有回落，但 1999 年和 2000 年均有较大幅度的复苏。最近，日本政府对节日的调休方法进行了改革，使得国民有更多的假期出游，加上日本与中国在文化上有着密不可分的关系，再加上我国驻日使馆自 1999 年 8 月简化了签证手续和降低签证费用等举措，这些均为日本人出游创造了条件。

韩国是我国第一大海外客源国。20 世纪 90 年代以来，韩国来华旅游市场崛起，且处于新兴和高速增长状态。② 1992 年中韩建交以来，中韩经贸关系往来增加，韩国来华旅游市场出现旅游市场出现新的势头。1997 年，韩国遭受亚洲金融危机的打击，来华旅游出现滑坡。1999 年，经济开始复苏，韩国的海外旅游回升较快。2000 年 1—9 月韩国来华入境旅游人数已达 103.09 万人，增幅居我国 15 个主要客源地之首，成为继日本之后第二个年送客量超过百万的国家。2008 年，韩国来华入境旅游人数已达到 396 万人，成为我国第一大海外客源国。

东盟客源进入前十位。东盟客源主要来自新加坡、泰国、马来西亚、菲律宾、文莱、越南等，其中马来西亚、新加坡、菲律宾等入境我国旅游的人次数居前。

西欧客源以德国、英国、法国为主。英国人有悠久的旅游传统，自 20 世纪 80 年代中期以来，英国一直是我国海洋旅游的第四大客源国。目前，德国在出境旅游人数和国际旅游支出方面均列世界第一位，而且来我国旅游的人数也在迅速增长。法国也是我国滨海旅游的一个重要客源国。

二、我国滨海旅游国内客源市场分析

(一)沿海地区中浙江旅游市场最繁荣活跃

我国滨海旅游区国内市场呈快速增长趋势。2005—2008 年，接待国内旅游者从 50 717 万人次增长到 65 875 万人次，年均增长率为 13.97%。

① 董玉明：《中国海洋旅游的产生与发展研究》，载《海洋科学》，2003 年第 1 期，第 26－29 页。

② 柴寿升，吕华：《中国海洋旅游市场开发的现状分析》，载《海岸工程》，2002 年第 1 期，第 75－79 页。

2008 年，浙江居滨海旅游区接待人数居首位，海南居末位(图 1)。

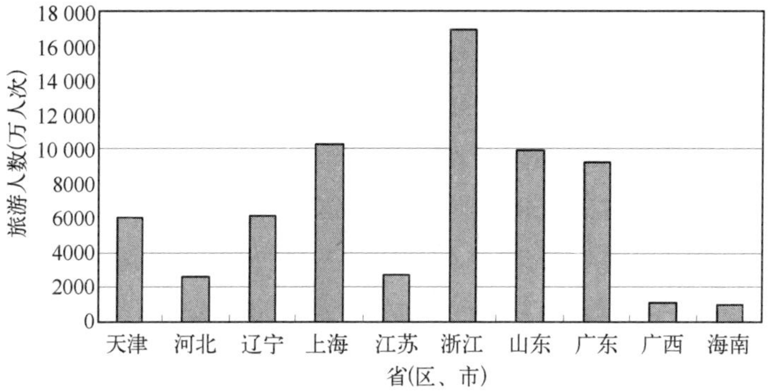

图 1　2008 年我国滨海地区国内旅游人数

(二)滨海旅游市场仍以本地区和近距离客源为主体

当前，我国滨海旅游客源市场情况符合距离衰减原则。对于沿海地区旅游市场而言，本地区(省、市、自治区)及较近的周边省份是国内客源市场的一级市场(即主体市场)，稍远地区为二级市场。以山东和天津为例，①山东本省、京津、长三角地区是国内客源市场的一级市场(即主体市场)，中原地区、东北地区和珠三角地区是二级市场，国内其他地区是三级市场(即机会市场)；②天津滨海旅游客源市场基本以京津等周边地区为主。市区及郊县是天津滨海旅游的基础客源市场。这部分客源市场具有人口多，经济发达、交通便利、旅游费用低的特点，人均消费、出游率的速度增长快。北京市场一直是天津滨海旅游区较大的旅游客源地，这一市场具有较大辐射范围、吸引力较强，市场大、人均消费高、重游率高、人均消费、出游率的速度增长快。天津周边地区如河北、山西、内蒙古等是天津滨海旅游区的潜在客源市场，这一市场所占份额不大，但呈现逐年增长的趋势、该客源市场有广泛的客源基础，极具开发潜力。

(三)旅游方式仍以团队、观光旅游占主导地位

在旅游方式上，我国沿海地区国内旅游客源仍以海滨观光旅游为主体，休闲度假旅游正逐步兴起，商务会议和考察旅游近年来发展迅速。团队旅游仍占主导地位。

三、我国滨海旅游潜在客源市场分析

我国滨海旅游的客源市场总体上符合距离衰减原则，即距离旅游目的地越近，客源市场越大，距离越远，则客源市场越小。

（一）入境旅游客源市场分析

日本、韩国、东南亚地区以及我国港澳台是我国入境滨海旅游的一级市场，即主体市场。俄罗斯、美国、澳大利亚、英国等是我国入境滨海旅游的传统远程客源市场。其余国家和地区及其他进行专项考察的游客是我国入境滨海旅游的三级市场。

（二）国内客源市场分析

对于沿海地区（省、市、自治区）而言，本地区（省、市、自治区）及较近的周边省份是国内客源市场的一级市场（即主体市场）。该市场群体主要包括城市居民节假日和周末休闲度假旅游群体、政府和企业的公务与商务旅游群体、自驾车旅游群体、专项旅游群体等，对于这部分主体市场需要不断的巩固和大力拓展。稍远地区是二级市场（需要重点拓展的市场），该市场群体主要包括都市居民节假日和周末休闲度假旅游群体等。国内其他地区，是三级市场。以山东和广西两地为例，本省、京津、长三角地区是山东省国内客源市场的主体市场，而中原地区、东北地区和珠三角地区是重点拓展的市场；广西则是以本区及珠三角地区为主体市场，西南地区（云南、贵州、四川及重庆等省市）则是重点开拓的市场。

观光旅游将一直是最重要的旅游市场。观光旅游一直以来是我国滨海旅游最重要的一类旅游市场，观光旅游主要包括海滨观光、文化观光、城市观光、生态观光和民俗观光等。

尽管观光旅游一直是滨海旅游区的主体市场，然而休闲度假正逐步兴起，沿海城市应重视开拓休闲度假旅游市场。休闲度假旅游主要包括海滨休闲度假、近郊休闲游憩、消夏避暑、乡村休闲度假、渔家乐等。

商务会议旅游市场也是近年来发展迅速的旅游产品。

专项旅游一直是吸引目标市场的主要产品类型，今后也仍然是争取海外市场、发展国内市场的主导产品。对于专项旅游市场，重要的是要突出体验性、趣味性、娱乐性和参与性，专项旅游主要包括探险旅游、宗教旅游、美食旅游、油轮旅游、民俗旅游、生态旅游、高尔夫旅游等。

中低收入者仍将是主要国内客源。未来我国滨海旅游的国内客源仍主要是中低收入者，包括公司职员、教师、公务员、学生等，高收入人群包括企业白领、私企老板等应是积极争取的目标市场。此外，由于近年来农民旅游市场的崛起，农民阶层也将是一个不可忽视的旅游客源市场。

25～44岁的旅游者仍将是主要游客群体。25～44岁的旅游者仍将是我国滨海旅游区的主要游客群体，这部分游客收入较高、出游能力较强，而且有部分带薪出游、公务旅游等，这部分旅游人群是今后滨海旅游区的主要旅游目标人群之一。15～24岁的青少年思维活跃，暑期出游率高，对新生事物有强烈的好奇心，是值得挖掘的一大潜在市场。64岁以上的人群随着社会发展也有一定的出游能力，应注重这一市场的发展。

四、培育我国滨海旅游客源市场的思路和对策

通过对我国滨海旅游客源市场现状分析，未来我国滨海旅游客源市场培育的定位应是：巩固和发展本地区及较近的周边省份等主体市场；积极开拓稍远地区的二级市场，并逐步辐射全国；努力开拓以港澳台、日韩、东南亚为中心的海外旅游市场。

（一）由近及远，有重点、分层次培育入境旅游客源市场

指导思路。以港澳台为主体，以东南亚和日本、韩国为重点，努力开拓欧洲、北美市场，兼顾其他地区，形成多元入境客源市场结构。①

营销策略。应实行政府主导与公共营销相结合的积极营销策略，强化滨海旅游城市和旅游品牌宣传，建立全方位、多层次、灵活多样的营销机制，进行全方位、多层次、针对性强的宣传促销，形成多元化的市场格局。

营销措施。扩大对日本、韩国、港澳台和东南亚市场的历史文化专题营销，积极开拓欧洲、美洲和俄罗斯客源市场。针对不同客源，宣传推介滨海旅游区的特色文化、度假旅游、生态旅游等特色专项旅游产品和旅游

---

① 周国忠，张春丽：《我国海洋旅游发展回顾与展望》，载《经济地理》，2005年第9期，第724－727页。

线路。加强滨海旅游的区域合作，积极与国际旅游机构、国内重点旅游地区建立友好合作关系，调动旅游景点、旅行社和大企业参与开发国际旅游市场的积极性，充分利用互联网和媒体加大远程市场的开发力度。

（二）积极开发特色产品，培育国内滨海旅游客源市场

指导思路。积极发展区域协作，巩固传统客源市场，重点扩大在经济发达地区的高端客源市场份额，积极开发度假市场和潜在市场。大力推介特色旅游产品，培植和开拓散客市场、自驾车市场、节假日出游市场和周末度假旅游市场，使国内旅游由单纯接待人数增长逐步转变为消费水平和综合经济效益的增长。

营销策略。加强滨海旅游区的品牌形象建设，大力培育和宣传促销特色度假旅游产品。促进滨海旅游区城市密切合作，积极推动滨海文化与中国传统文化的联合营销，吸引中西部游客到滨海旅游区观光度假；以滨海旅游区的二级客源市场为高端客源市场和营销重点，推介滨海地区的特色城市风貌和滨海度假旅游产品。

营销措施。大力开发各类滨海旅游产品，丰富滨海旅游产品结构体系。突出产品特色，挖掘本地区自然、人文特色，确立特色主题，增强区域旅游产业的总体竞争优势。充分挖掘滨海旅游资源的文化要素，丰富滨海旅游产品的内涵。优化滨海旅游产品结构，以市场为导向，充分发挥滨海旅游资源，开发各类度假旅游产品、观光旅游产品、专项旅游产品、生态旅游产品、文化旅游产品、养生旅游等，走有区域特色的品牌发展道路。

（2010 年 12 月）

国内外人工岛式海上新城建设的启示

张 平

人类始终有着“邻水而居”“临海而居”的向往，随着对生活环境要求的不断提高和建筑工程、水利工程、海洋工程、环境工程等科技手段的发展，世界各国在湖、海之中建设人工岛，拓展其生活区、生产区成为一种城市发展规律。本文对国内外多个人工岛建设案例进行梳理，重点分析各人工岛产生的背景、承担功能与定位、设计方案等，并对滨海、滨湖人工岛建设进行归类，以期得到有利于人工岛建设方面的启示。

一、研究背景和相关概念

（一）人工岛相关概念

岛是江海或湖泊里四面被水围着的陆地，按岛屿的成因可分为大陆岛、火山岛、珊瑚岛、冲积岛、人工岛等。

世界上较大的岛基本上都是大陆岛，它是因地壳上升、陆地下沉或海面上升、海水侵入，使部分陆地与大陆分离而形成的；火山岛是因海底火山持久喷发，岩浆堆积形成的；珊瑚岛是由热带、亚热带海洋中的珊瑚虫残骸及其他壳体动物的残骸堆积而成；冲积岛是由河流泥沙或海流作用堆积而成。

与上述四种自然形成岛屿不同，人工岛是通过工程技术手段，人为或间接人为在江海或湖泊中形成的陆地。人工岛是人工建造而非自然形成的岛屿，是填海造地的一种。人工岛还有广义和狭义之分，狭义的人工岛即由于人为原因而使水面之中生成的陆地，而且这一陆域在江河湖海的平均最大高潮线以上；广义的人工岛还包括在小岛和暗礁基础上建造的陆地，这一陆域在江河湖海的平均最大高潮线以上。

(二)人工岛研究概述

学界目前对人工岛研究还主要集中于公路与水路运输、石油天然气工业、海洋学、建筑科学与水利工程等工程技术领域，对于宏观经济和规划领域人工岛建设的研究，如生态规划、空间规划、平面形态等相对较少。现有研究中，谢世楞(1995)梳理人工岛设计的进展，杨春(2011)、李贝利(2013)等开展了城市填海区域或人工岛的平面形态研究；张伟(2013)则针对已填人工岛的有效管理进行讨论。总体而言，人工岛平面设计、规划管理领域的研究相对稀缺。本文在吸收前人研究成果的基础上，①从不同角度归纳现有人工岛的类型、人工岛作用；②挑选整理具有代表性的人工岛设计、建设、发展情况；③凝练不同类型人工岛的功能类型及相对应的设计方案；④提出人工岛式海上新城设计规划的启示和一般论断。

(三)人工岛的类型和作用

人工岛建设的本质是填海造地，是一种改变海域自然属性的人为活动，必然会给海洋生态和环境产生影响，但这种建设方式具有特殊性。相较于平推式填海，人工岛式填海没有减少大陆岸线长度，但增加填海区的价值。新填出来的陆地有更多的临海空间界面，土地的附加值大大提升，使滨海空间价值有了很大的提升，单位价值相当于其他空间价值的2～3倍。[①] 其次，人工岛式填海所得陆地深入海洋内部，拥有相对独立环境，海洋资源质量高。人工岛式填海可完全满足旅游度假区、居住社区等功能区对环境私密性的要求。[②] 国家海洋局于2008年在文件《关于改进围填海造地工程平面设计的若干意见》中就曾明确提出：围填海造地工程平面设计，今后要由海岸向海延伸式围填海逐步转变为人工岛式和多突堤式围填海，由大面积整体式围填海逐步转变为多区块组团式围填海。平面设计要体现离岸、多区块和曲线的设计思路。

近年来，国外人工岛式填海日益增多且初具规模，国内人工岛建设热潮也初步形成，已建和计划建设的人工岛不断涌现。在此背景下，急需对

---

① 王新风：《耦合水体循环系统的围填海区域规划研究》，载《天津大学学报》(社会科学版)，2009年第5期，第415－419页。

② 李贝利：《生活型人工岛式填海区城市空间规划设计研究》，天津大学硕士论文，2012年，第2页。

人工岛建设案例进行研究，特别针对人工岛功能类型、发展定位、设计方案、交通特点以及上述要点间的关联性，总结出一般性规律。

人工岛种类繁多，可根据不同角度予以归纳，如根据人工岛建设水域的水文特征，特别是水深情况将人工岛划分为浅海(水)人工岛、深海(水)人工岛；根据人工岛功能特征，特别是服务于人们的生产、生活功能，将人工岛划分为城区型人工岛、工业型人工岛、旅游人工岛、住宅型房地产人工岛、军事人工岛等；根据数量特征，可将人工岛划分为单岛和多岛；根据远离陆地的距离划分为近岸人工岛和远海人工岛。本文从功能特征的角度对世界各国代表性人工岛进行分类研究。

二、国内外不同类型人工岛概况

(一)单功能旅游观光岛

三亚凤凰岛。凤凰岛位于三亚市三亚湾内，东南临三亚河口，北与三亚湾沙滩隔海相望(图1)。该岛呈南北向长圆弧形岛上布局着超星级酒店、国际养生度假中心、海上风情商业街、商务会所、奥运主题广场、国际游艇会、国际邮轮母港等。目前，凤凰岛二期正在建另一座47.4万平方米人工岛，2016年

图1　凤凰岛卫星图

完工。凤凰岛一期一经建成即成为三亚地标性工程设施，继而带动周边发展。凤凰岛与陆地距离较近，对三亚湾地区的向海视角产生阻遮，人工岛建设对三亚湾的水动力条件改变，以及对三亚湾沙滩的影响还有待观察。

海口南海明珠岛。南海明珠人工岛位于海南省海口市新国宾馆前东北侧海域，面积约265公顷，以开发建设25万总吨级邮轮母港及配套设施、国际游艇会及配套设施、免税商业区、海洋主题公园、水上运动基地(含公众娱乐区)、涉外娱乐服务区等高端产业(图2)。海航人工岛建后同样成为海口市地标工程，临近陆地区域也成为较为热门的地区。目前该岛刚完成造陆工程，岛屿离陆地的卫星影像计算距离为0.25千米。2015年9月14日，南海明珠人工岛一期8宗土地进行拍卖，最终由海航集团旗下的海南海岛投资有限公司等7家企业以总价16亿元拍得，约合每亩①285.05万元，使用权40~45年。

图2　南海明珠岛卫星图

(二)单功能居住人工岛

迈阿密人工岛群。世界上最为密集且著名的居住型人工岛群分布在迈

① 1亩约为666.7平方米。

阿密海滩以西的比斯坎湾内。这里分布着大大小小以居住为主的人工岛群数十个，包括港湾岛(harbor Island)、北湾岛(North bay Island)、珍宝岛(Treasure Island)、日落岛(Sunset Island)、园景岛(Park view Island)、比斯坎岛(Biscayne Island)、圣马可岛(San Marco Island)、圣马力诺岛(San Marino Island)、迪丽都岛(Di Lido Island)、奥拓岛(Rivo AltoIsland)等。人工岛群间通过跨海大桥串联，并与市区和迈阿密海滩相连，人工岛面积不大且多为近圆形或椭圆形。岛上外围住宅均临海，且有独立的游艇码头(图3)。

图3　迈阿密人工岛群

(三)单功能工业岛

新加坡裕廊岛。目前最为典型且发展成功的单功能工业岛是新加坡裕廊工业区。该岛位于新加坡岛的西南部，创立于1961年10月，是新加坡最大的工业区。裕廊岛(图4)总面积超过30平方千米，通过填海把七个小岛合并成一个大岛。裕廊工业区的工厂数和工人数，几乎占了全国工业区的近一半，从而显示其在新加坡工业方面的地位。它是在新加坡推行工业化计划的历史进程中建立和发展起来的。

图4　裕廊岛卫星图

（四）多功能凸显工业和生活的新式城区

神户港人工岛。“港岛”于20世纪80年代初步建成，它南北宽21千米，东西长3千米，环岛周长14千米（图5、图6）。海港人工岛通过跨海大桥与陆地相连，岛与南部的神户海上机场相连。在日本工业化和后工业化时期，神户港岛的建设满足了城市发展的土地供应问题，促进了港口贸易的发展和城市化进程。

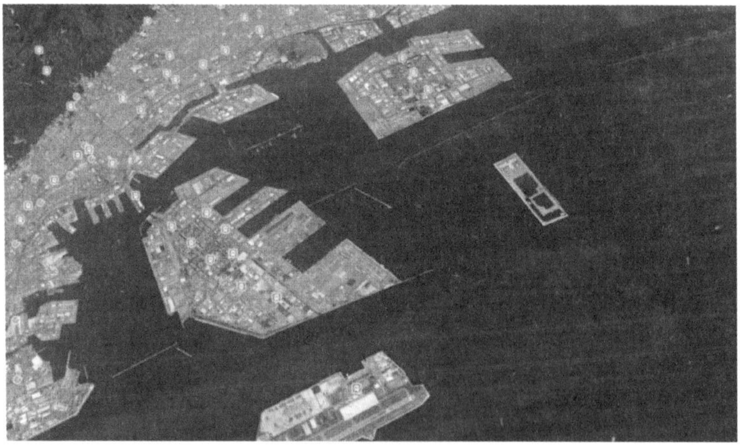

图5　神户港人工岛群卫星图

图6　神户港人工岛卫星图

神户六甲人工岛。六甲人工岛位于神户市区东侧海岸的外海上，总面积约580公顷(图7)。岛的中央是商业办公区，密布着诸多商务写字楼、商场、公共服务设施等，中央区域往外是多层及低层居住区、学校及公园，再往外是工业区及物流区。六甲人工岛与海岸最近距离约400米，通过两座跨海大桥与陆地连接。目前，六甲人工岛已经成为世界各国游客的热门旅行目的地。

图7　六甲人工岛卫星图

神户港人工岛和六甲人工岛只是日本人工岛建设的缩影，在东京湾、濑户内海还集聚着大量的单功能航空岛、多功能工业和生活新式城区岛。

(五)多功能凸显旅游和生活的新式城区

朱美拉棕榈岛。朱美拉棕榈岛位于阿拉伯联合酋长国迪拜的海岸线的中部，深入大海约 5 千米，通过长约 260 米的跨海大桥与陆地相连，是目前世界上已基本建成并投入使用的最大规模的人工岛之一，该岛由一个棕榈树形状的人工岛和月牙状的人工岛组成。月牙状的人工岛紧紧包围棕榈树形状的人工岛，具有外围护堤的作用。该岛总面积 560 公顷，建有大量别墅、公寓、酒店及购物中心，拥有 56 千米长的海岸线。该岛与陆地之间通过长 300 米的跨海大桥相连(图 8)。

图 8　迪拜棕榈岛群卫星图

巴林人造海上乐园。巴林人造海上乐园面积达 20 平方千米，内含 13 个人工岛屿，以新月形的岛屿为中心，5 个鱼形岛屿，依序环绕，最外层还有 6 个弧型岛屿(图 9)。岛内建有学校、清真寺、市政机构、购物商店、餐厅等等。硬件设施将足够供应 30 000 名居民在此生活，并服务每日 2000 名的观光客。①

① http://baike. baidu. com/link? url = MD02qdb6wTKZP - - VAJ_ R917hHaq_ 8nbGa0cEON 3142 IdRTEH5RyjSCL4aZvTsj5OXUu3qHw - DNm_ kDFHV9p2r_ .

图 9　巴林人工岛群卫星图

卡塔尔人工岛。珍珠岛坐落在卡塔尔首都多哈东部海滨，用地面积约400 公顷，位于原来的珍珠浅水基地上，通过长约 330 米的跨海大桥与陆地相连(图 10)。岛共有 3 个内湾，海岸线长度达 40 千米。岛上共有 4800 个住宅单元、437 座联排别墅、3 座酒店、100 万平方英尺(约 9.29 万平方米)零售和商业、6378 个车位以及 750 个游艇泊位。①

图 10　卡塔尔人工岛群卫星图

① 李贝利：《生活型人工岛式填海区城市空间规划设计研究》，天津大学硕士论文，2012 年，第 2 页。

三、启示和结论

沿海城市的滨海地带往往拥有城市最好的自然环境和区位条件。在滨海城镇规划中应考虑各方诉求，充分发掘滨海地带的亲水属性并减小填海工程对海洋环境影响。

一是明确新式城区的功能定位。正如本研究之分析，人工岛式海上新城就其功能定位分为综合新式城区、单功能旅游观光岛、单功能居住区、单功能工业岛、多功能工业和生活城区。在海上新城建设之初必须先确定其类型，这为之后的海上新城布局和具体规划起到基础定调。

二是多功能型人工岛规划建设应注重海岸带的科学划分，保证不同用海主体的亲海性体验。人工岛规划设计时，应根据人工岛的总体功能定位，确定岛屿数量和岸线分配，以及多岛体系下的各岛定位和岸线分配，保证不同用海主体的亲海需求。

三是遵循人工岛形状一般设计规律。参考不同的人工岛类型和功能设计的一般规律，进行人工岛平面设计。具体如表1至表4所示。

表1　单居住岛

名称	形状	大小	抽象形状	特点及目的
威尼斯	长椭圆	单岛10公顷左右	“非”字形	岛屿面积不大，一般低于10公顷，尽可能增加亲水性
大西洋	支条状	6.65公顷		
克里尔沃特	条状	单岛小于10公顷		

表2　单旅游岛/凸显旅游的多功能岛

名称	形状	抽象形状	特点及目的	注：
凤凰岛	长椭圆	不规则形状，生物象形	岛屿面积大，单岛30公顷以上，尽可能增加亲水性，形状设计感和象形	中国型——中国岛更加偏爱弧度型的偏圆形设计；成本也较低 中东型——象形、复合几何；成本高
南海明珠	圆形			
朱美拉	棕榈叶			
珍珠岛	不规则			
海上圣地	月牙环装组成的不规则			

表 3　单工业岛

名称	形状	大小	抽象形状	特点及目的
裕廊工业岛	多边	30 ~ 40 平方千米	多边形块状	岛屿面积大小不一，为工业生产提供用地，偏向四边形，填海成本低

表 4　多功能凸显工业和生活的新式城区

名称	形状	大小	抽象形状	特点及目的
神户海港	多边几何	40 平方千米	四边形的符合体	岛屿面积大，数十平方千米，填海成本低
神户六甲	多边几何	6 平方千米		

四是通过控制海岸建筑后退线，保留观海视野。海岸建筑后退线就是毗邻海岸的陆地建筑物向海岸线后退距离的限定线，在建筑后退线向海一侧为不可建设区。通过限制线的设计控制，实现岛内观海视野的优化。

五是通过控制建筑梯度线，保留观岛视野。人工岛往往成为一个城市的标志性建筑工程，从陆观岛、从陆观海以及岛海之间形成和谐，是人工岛建设的美学目标之一。根据岛上建筑与后退线之间的距离，确定的建筑梯度线。梯度线的设置可减少岛上标志性建筑的不必要遮挡，实现观岛总体视野的先行设计，提高预设景致的实现精度，避免公众产生规划设计与实际建设后景致不一致的心里落差。

六是突出人工岛特色和识别性。人工岛式填海区作为全新城市空间，应体现本区域的海洋特色、地方文化特色，增强该岛的可识别性。

七是实现跨海桥梁的便捷化和成本可控。通过对比发现，所有案例中人工岛与陆地相连的跨海桥梁——小于 1 千米的占 80%，大于 1 千米的占 20%；每平方千米人工岛对应桥的数量——小于 10 平方千米的人工岛一般修建 1 座跨海桥梁，10 ~ 40 平方千米的人工岛一般修建 2 座跨海桥梁。

（2015 年 12 月）

欧盟“蓝色经济”创新计划及对我国的启示

刘 堃

2014年5月8日，欧盟委员会推出《“蓝色经济”创新计划》(以下简称《计划》)。《计划》是继2012年欧盟委员会提出“蓝色增长”的战略构想之后，从联盟层面推动蓝色经济领域科技发展的重要文件。《计划》的颁布除了秉承“蓝色增长”战略提出的促进海洋资源可持续开发利用，推动经济增长和扩大就业的目的，其积极意义还表现在带动欧洲沿海地区以及内陆经济成长的同时，提高欧盟相关技术及人才输出的数量与质量，扩大全球市场并维持欧盟在相关海洋产业的全球领先地位。基于上述背景，本文拟在归纳《计划》要点基础上，结合我国的国情、海情，提炼可资海洋科技工作借鉴的一些经验与启示。

一、欧盟的“蓝色经济”

欧盟现由28个成员国组成，其中23个国家临海。沿海地区承载了欧盟近一半的人口，创造了欧盟约50%的GDP。以海洋为依托的经济活动为欧盟提供了大约540万个就业岗位，每年创造的增加值近5000亿欧元。欧盟对外贸易的75%、对内贸易的37%，通过海运来完成。海洋及关联产业在欧盟经济发展中发挥着重要作用。

“蓝色经济”一词在2012年正式出现在欧盟官方文件中。2012年9月27日，欧盟委员会以通讯(communication)的形式发布了题为《蓝色增长：海洋及关联领域可持续增长的机遇》的报告，提出了“蓝色增长”的战略构想①。其中，把蓝色经济定义为与蓝色增长相关联的经济活动，但不包括军事活动。按照欧盟经济活动统计分类体系，蓝色经济分成六大

① EC，COM(2012)494，Blue Growth – opportunities for marine and maritime sustainable growth，Brussels.

行业①。

(1)海洋运输与造船。包括远海航运、近海航运、客运码头服务、内陆水陆运输。

(2)食品、营养、健康和生态系统服务。包括食用捕捞渔业、动物饲料捕捞渔业、海洋水产养殖、蓝色生物技术、盐碱土水产养殖。

(3)能源和原材料。包括海上油气、海上风能、海洋可再生能源、碳捕获和储藏、淡水供应保障(海水淡化)。

(4)休闲、工作和生活。包括滨海旅游、游艇及其码头、邮轮旅游、工作、生活。

(5)海岸带防护。包括洪涝和侵蚀防护、防止卤水入侵、生境保护。

(6)海洋监测与监视。包括良好供应链的可追踪和保障、预防和防止人员与物品的非法运动、环境监测。

“蓝色经济”已成为欧盟科研投资的重点领域之一。2007—2013 年，欧盟委员会每年提供约 3. 5 亿欧元，用于相关领域的技术研发②。2013 年 12 月，欧盟正式启动第八个科研框架计划，即“地平线 2020”科研规划③。仅 2014—2015 年，“地平线 2020”科研规划用于发展“蓝色经济”的预算达 1. 45 亿欧元，而且后续还会不断增加投资。

二、“蓝色经济”创新计划的要点

2014 年 5 月 8 日，欧盟委员会推出《计划》。5 月 19—20 日，欧盟海洋日的主题也围绕“蓝色经济”创新展开。这充分显示了欧盟对海洋科技创新的重视，希望通过海洋科技与经济的进一步融合发展，在海洋领域获取更大的利益。在“蓝色增长”战略的指导下，欧盟将重点从三个方面着手推进《计划》的实施。

---

① ECORYS(2012), Blue Growth – Scenarios and drivers for sustainable growth from the oceans, seas and coasts, Rotterdam/Brussels.

② EC, COM (2014) 254 final/2. Innovation in the Blue Economy: realising the potential of our seas and oceans for jobs and growth, Brussels.

③ “地平线 2020”科研规划几乎囊括了欧盟所有科研项目，分基础研究、应用技术和应对人类面临的共同挑战三大部分，主要目的是整合欧盟各国的科研资源，提高科研效率，促进科技创新，推动经济增长和增加就业。

(一)加强海洋数据整合，绘制欧洲海底地图

据《计划》显示，欧洲海底水文、地质和生物等方面的观测与调查明显落后于实际应用需求(图 1)。高达 50% 的欧洲海底缺乏高分辨率测深调查，超过 50% 的海底缺乏生境和群落映射。虽然最近的几十年里，欧盟对海洋观测系统进行了大量投资，获取了大量海洋数据，但这些数据散落在不同组织和部门中，整合这些数据不仅需要花费大量资金，也相当的费时费力。

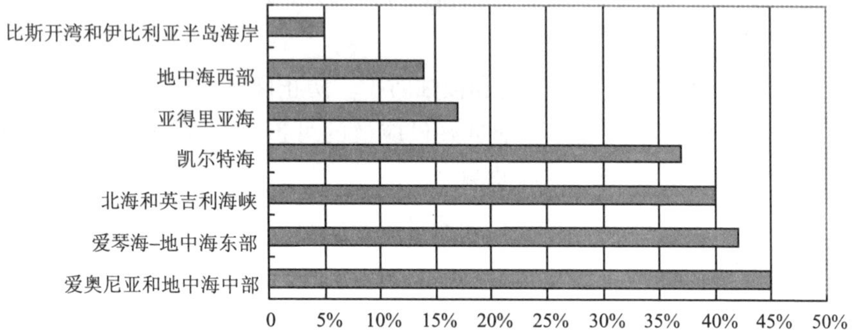

图 1　部分欧洲海盆地未被调查的比例

鉴于此，欧盟委员会决定 2020 年前绘制出多分辨率的包括海底和覆盖水域的欧洲海洋地图，同时积极推进数据的整合，确保数据便于访问、可互相操作和自由使用。具体行动包括如下内容：

(1)完善欧洲海洋观测数据网络(EMODnet)；

(2)整合渔业数据采集框架等数据系统；

(3)促使从海洋观测数据网络获取由私人企业收集的非涉密数据更加便利；

(4)鼓励支持欧盟研究项目的财团批准开放部分海洋数据；

(5)利用欧洲海洋与渔业基金的资助，建立用于观测系统、抽样计划与海洋盆地调查的战略协调机制。

据《计划》预计，通过采取上述行动，不仅每年可增加超过 10 亿欧元的经济效益，也有助于《欧盟海洋战略框架指令》①的执行，同时将大幅降

① 2008 年，欧洲议会和欧洲理事会制定了旨在海洋环境保护方面采取共同行动的文件——《欧盟海洋战略框架指令》。

低涉海公共和私营部门的管理风险和不确定性，例如，降低恶劣天气、重大交通事故、海洋污染造成的经济损失。

（二）增强国际合作，促进科技成果转化

蓝色经济发展面临着一系列的挑战，如海洋酸化是沿海国家共同面临的问题，只有加强国家之间的合作才能有效解决。此外，一些基础研究也离不开国际合作。在“地平线2020”的支持下，伴随着加拿大－欧盟－美国大西洋海洋研究联盟①的成立，欧盟海洋科技领域国际合作的广度和深度将不断加强。

为了使新的研究机会广泛普及，增强国家资助的研究活动与“地平线2020”之间的协同，欧盟委员会还将建立和完善现有的信息系统。在此基础上，建立一个信息共享平台，为“地平线2020”科研资助项目以及成员国资助的海洋研究项目提供信息，方便分享研究成果。

据《计划》显示，欧盟正不断搭建创新成果从实验室走向市场的桥梁，努力促进成果向市场转化。欧盟委员会于2015年“海洋日”在希腊比雷埃夫斯举办“蓝色经济和科技论坛”，吸引工业部门、科研人员以及非政府组织（NGO）等参加，交流看法并分享研究成果，更有效地将欧盟各成员国之间的科研成果与潜在投资者联系在一起，共同谋划欧盟蓝色经济发展。

（三）加强技能培训，提高从业人员技术水平

缺少科学家、工程师和能够熟练应用海洋新技术的工人是目前影响欧盟蓝色经济增长的瓶颈因素之一。2012年，海上风电约占欧盟10%的年风电装机容量，直接和间接带动就业约58 000人。预计到2020年，海上风电约占欧盟30%的年风电装机容量，将拉动就业约191 000人。值得注意的是，具有维修和制造技能的工人缺口也将从7000人增长到14 000人。

“玛丽·居里行动计划”（MSCA）作为欧盟第五研发框架计划（FP5）特殊的国际合作组成部分启动，旨在通过激励人们从事研究事业、鼓励欧洲科研人员留在欧洲工作、吸引全世界的科研人员到欧洲工作，从数量上和质量上加强在欧洲的科研人员的力量，将欧洲建设成最能吸引顶尖人才的

---

① Galway Statement on Atlantic Ocean Cooperation Launching a Canada – European Union – United States of America Research Alliance (Galway, 24th of May 2013).

地方。根据《计划》，欧盟拟在以往“玛丽·居里行动计划”成功经验的基础上，鼓励海洋相关行业从业者积极开展研究，并通过教育培训、设立创新工程以及企业孵化器等多种方式加强研究成果的转化。本轮行动计划适合于涉海的公立、私营机构所有科研人员(尤其是年轻人)，具体内容包括初期研究培训到终身学习和职业发展，旨在提高科研人员的就业能力，最大限度地满足劳动力市场需求。

欧盟委员会还鼓励相关人员申请加入知识联盟和海洋行业技能联盟(SSA)。其中，知识联盟是从高等教育和商业中遴选有关人员构建起的伙伴关系，以此刺激“蓝色经济”领域的科技创新；行业技能联盟旨在为学习者设计和提供劳动力市场所需技能的联合课程和方法，以此有效弥补教育、培训和劳动力市场实际需求的差距。

三、《计划》对我国海洋科技发展的启示

回顾中国海洋经济由小到大、由弱变强的发展历程，不难发现，科技创新无疑是支撑引领海洋经济整体发展的核心动力。党的十八大作出了实施创新驱动发展战略的重大部署，强调科技创新是提高社会生产力和综合国力的战略支撑。2014 年年初，全国海洋工作会议对下一步海洋科技工作作出明确要求，即着力推动海洋科技向创新引领型转变。新形势下，欧盟委员会推出的《计划》可为我国做好海洋科技创新的顶层设计，特别是《海洋科技创新总体规划》的编制提供了一些有益的参考。

(一)确定优先推进领域，制定时间表和实施路线图

为提高《计划》的执行效果，报告专门在结论中明确了重点行动实施时间表(表 1)。例如，发布欧洲整个海底的多分辨率地图要在 2020 年 1 月前，建立一个信息共享平台要在 2015 年 12 月 31 日前。我们在编制《海洋科技创新总体规划》也要在做好形势研判、需求分析的基础上，在具有战略性、前瞻性的海洋关键科学技术领域，确定重点任务、实施时间及路线图，使得规划执行的“抓手”更加贴合实际、易于操作与便于实现，从而真正能为当前和今后一段时间我国海洋科技的发展起到指导和引领作用。

深水、绿色、安全的海洋高技术是海洋强国竞争的制高点。当前，我国在深海开发、海洋经济的绿色发展以及海上安全保障等方面的科技创新

能力还严重不足。未来将有针对性地围绕以上三方面开展海洋高技术研究，特别是对优先分配研究与开发资源的几大海洋战略性新兴产业领域要制定产业技术路线图，对遴选的重点工程要拟定明确的推进时间表，以此提高《海洋科技创新总体规划》的实施成效。

表 1　欧盟“蓝色经济”创新计划重点行动时间表

重点行动	时间点
发布欧洲整个海底的多分辨率地图	2020 年 1 月前
为“地平线 2020”以及欧盟成员国资助的海洋研究项目建立一个信息共享平台	2015 年 12 月 31 日前
举办“蓝色经济和科技论坛”	2015 年欧盟海洋日举办第一次会议
鼓励海洋领域行业技能联盟的发展	2014—2016 年

（二）建立国家海洋数据共享平台，加强国际海洋科技交流与合作

欧盟委员会将进行海洋数据的整合，建立一个信息共享平台，为“地平线 2020”科研资助项目以及成员国资助的海洋研究项目提供信息，方便分享研究成果。同时，通过成立加拿大 - 欧盟 - 美国大西洋海洋研究联盟、举办“蓝色经济和科技论坛”等多种方式，扩大欧盟海洋科技国际合作的范围。

结合我国实际来看，随着“科技兴海”战略的深入实施，海洋信息共享工作在数据内容、标准规范和技术路线上不断扩展、改进，取得了显著成效。但是，已建立的海洋信息共享平台分散在各地区或不同业务部门，数据表达存在较大差异，彼此间关联程度低，难以发挥信息资源的整体效益①。为此，有必要借鉴欧盟的创新举措，把分散的海洋科学数据整合在统一平台内，形成国家海洋数据共享平台。该做法不仅避免了重复调查研究，节省了平台建设和运维资金，也有利于更加便捷地获取信息数据，充分发挥信息资源的作用与效能。

此外，我国的海洋科技发展应以建设“21 世纪海上丝绸之路”为契机，在坚持自主创新基础上，进一步拓展国际海洋科技交流与合作的领域和范

① 宋转玲，刘海行，李新放，等：《国内外海洋科学数据共享平台建设现状》，载《科技资讯》，2013 年第 36 期，第 20 - 23 页。

围。借鉴欧盟的先进经验，积极探索同发达国家在深水、绿色、安全的海洋高技术领域合作的新方式，拓展新的交流领域，充分利用国际国内两种科技资源，不断增强我国海洋科技的国际竞争力。

（三）大力发展职业教育，提升海洋科技创新的支撑能力

根据《计划》，欧盟拟在以往“玛丽·居里行动计划”成功经验的基础上，通过鼓励相关人员加入知识联盟和海洋行业技能联盟等多种形式，大力发展职业教育，提高相关人员的就业能力，最大限度地满足劳动力市场对高级技工人才的需求。

目前，我国的海洋领域同样面临着高级技工人才短缺的问题。以海洋工程装备制造业为例。海工装备的设备众多，技术复杂，调试难度大，对相关人员的要求很高。例如，深水钻井平台的主要结构和大型设备安装需要使用大型起重机，推进器的安装必须在码头的深水中进行，许多电缆、管线的布置工作要在狭小的空间里完成，压载系统的设计、安装、调试，以及钻井系统、锚泊及动力定位系统调试程序复杂。在整个深水平台投入使用时必须实现各个设备协同配合，需要大量的连接和调试工作，而相关专业人才严重短缺。目前，一座第六代平台的日租金为55万~60万美元，如果调试时间过长，就会导致平台的交付期推后，这对于船企和船东来说都是一笔不小的支出。

鉴于此，有必要借鉴欧盟的经验，建设一批涉海示范化职业学校、高水平实训基地以及职教集团，同时鼓励国内有关涉海企业特别是海洋高技术企业结合行业发展要求及人才需求特点，选择一些重点涉海院校开展合作，采取“订单式”培养等多种产学联合模式，着力培养海洋战略性新兴产业发展所需的工程技术、科技服务和产业化人才队伍。

（2010年4月）

我国海洋高技术产业发展形势分析

刘容子　张　平

海洋高技术产业是指以开发利用海洋资源为目的，以高新技术为手段，多层次、多部门、多产品的开拓性产业群类。目前，从发展阶段角度，海洋高技术产业可以分为两大类：一类是正处于产业化进程中的，主要包括：海洋生物育种与健康养殖、海洋药物和生物制品、海水利用、海洋能利用、仪器设备与产品材料制造、深海海洋勘探开发及设备平台建设等；另一类为以海洋高技术为基本特征、已形成产业化的，如：远洋捕捞、海洋油气、高端船舶与海洋工程装备制造、海洋精细化工。作为未来海洋经济乃至国民经济新的增长点，发展海洋高技术产业具有战略意义。应立足长远，根据产业成熟度对部分具备条件的领域加快推进，对具有发展潜力的领域，提前部署。

一、发展现状

海洋高技术产业市场广阔，发展潜力巨大。在2008—2009年世界金融危机情形下，海洋高技术产业仍然取得了令人瞩目的成绩。主要表现为：技术水平大幅提高，产业规模继续扩大，在海洋经济中的比重持续提升。可以说，我国海洋高技术产业发展已经步入快车道。

(一)总体发展态势保持良好

在全球金融危机的不利影响下，依靠海洋高新技术在海洋经济增长中的强势带动，海洋高技术产业总体实现平稳较快发展。初步测算，2009年海洋高技术产业增加值接近3000亿元①，约占全国海洋生产总值的9%、

① 统计范围包括海洋生物育种与健康养殖业；远洋捕捞业；海洋生物医药业，包括海洋药物和生物制品业；海洋油气业；海洋精细化工业；海洋电力业，包括海洋能发电和海洋风电产业；海水利用业；高端船舶与海洋工程装备制造业，其中包含深海勘探开发技术及设备平台；海洋仪器设备制造业，其中包含海洋产品材料制造业。

国内生产总值(GDP)的0.9%，较2008年增速约20%，远高于同期海洋经济(约11%)以及全国GDP(8.7%)的增长速度。截至2008年年末，海洋高技术产业从业人员约94万人①，人均创造增加值约46 000美元②，高于电子信息产业，属于典型的知识密集型产业。

(二)海洋科技成果不断涌现

随着国家对海洋的重视和国民海洋意识的不断增强，越来越多的科研院所、企业加大了对海洋特别是具有广阔市场价值的海洋领域的研究和投入，取得了丰硕的成果。继2007年“海水循环冷却技术研究与工程示范”项目获得国家科学技术进步奖二等奖后，在2009年度国家科学技术奖励大会上，“海洋特征寡糖的设备技术与应用开发”项目获得国家技术发明奖一等奖，“深海极端环境监测与采样装备技术”项目获得国家技术发明奖二等奖，“菲律宾蛤仔现代养殖产业技术体系构建与应用”项目获得国家科学技术进步奖二等奖。目前，我国获得国家各类科技奖的项目主要集中在海洋医药、海洋油气、海水养殖和海水利用等高技术产业领域。初步估计，2009年全年，中国海洋高技术产业领域申请专利数量至少维持在700项左右，拥有发明专利数250项左右，分别占全国发明专利申请数、拥有数的0.9%和0.36%。

(三)若干海洋高技术产业取得突破

我国海洋高技术产业已经在若干领域取得突破。例如：2009年，中国造船业订单总量首次超过韩国，将世界44.4%的世界订单收入囊中；在海洋工程船方面，我国已具备生产“30万吨浮式生产储油轮”“3050米深水钻井平台”“400英尺(约120米)自升悬臂式钻井平台”“圆筒式海洋钻井平台”的能力；海水淡化与综合利用技术更趋成熟，海水淡化成本接近国际先进国家水平，一批具有自主知识产权的海水淡化设备已经出口到印度尼西亚等国家；2009年我国首个海上风电场——东海大桥海上风电场正式并网发电，该海上风电项目共安装风机50台，设计规模为100兆瓦级，单机

---

① 统计产业包括远洋渔业、海洋石油和天然气业、海洋化工业、生物医药业、海洋电力和海水利用、船舶制造业。

② 海洋高技术产业增加值/就业人数，汇率按1美元兑换6.8元人民币计。

容量不低于 2000 千瓦。

(四)海洋高技术产业集聚区逐渐形成

海洋高技术产业已经在我国沿海地区形成了具有特色的集聚区。如：已经形成以天津为中心的海洋油气企业集聚区、海水淡化和综合应用集聚地；以舟山和威海为主的远洋捕捞产业基地；以上海、青岛、厦门、广州为核心的海洋生物医药研发中心；以上海、大连为核心的海洋装备制造企业集聚地等。这些产业集聚区基本形成了技术、人才、资金和区位优势，产业规模不断扩大，产业集聚与打造海洋经济创新系统紧密相关，特色海洋产业集聚区的发展模式正在探索与发展之中。

(五)海洋高技术产业发展的政策环境越来越好

自党的十七大做出"发展海洋产业"战略部署以来，党中央、国务院高度重视海洋。胡锦涛总书记指出"要加快发展空天和海洋科技，和平利用太空和海洋资源"，在 2009 年视察山东期间又提出了建设半岛蓝色经济区的战略构想。温家宝总理也多次强调要"大胆探索空间、海洋和地球深部，切实加强海岸带可持续发展研究，促进海洋资源合理开发和海洋产业发展"。近些年，科技部、国家海洋局等单位陆续出台了《国家中长期科学与技术发展规划纲要(2006—2020)》《国家"十一五"海洋科学与技术发展规划纲要》和《全国科技兴海规划纲要(2008—2015)》。这些规划的出台和逐步实施，促进了我国海洋高技术产业自主创新能力的形成和发展，提升了我国海洋高技术产业的整体科技水平。目前，在国家发展改革委组织编写的《关于加快培育战略性新兴产业有关意见的报告》中，海洋高技术产业也被列入"十二五"国家战略性新兴产业之中。

二、存在的问题

(一)高水平人才队伍匮乏，利用效率较低

经过多年努力，我国已经形成一支具有较高研究开发能力的海洋人才队伍。然而，目前的人才储备远远无法满足我国海洋高技术产业发展的要求。每年全国海洋专业硕士及硕士研究生学历以上毕业人数仅为 2000 余

人，在校人数也不足1万，与我国庞大的海洋经济规模极不相称。此外，我国海洋高技术人员利用效率较低，人才流失严重，严重制约了我国海洋高技术产业的提升与发展。

（二）研发经费获取渠道单一，总体投入不足

经费投入是海洋高技术产业发展的重要保证和物质基础，直接影响我国海洋科技水平和产业化进程。由于长期对海洋科技投入不足，使海洋科技研究总体水平与发达国家有一定差距，特别是海洋科技成果转化滞后严重。与美国、日本等海洋强国相比，我国海洋高技术产业投入的经费无论在量上、还是来源渠道的多元化上均有很大差距。导致科研装备相对落后、人才流失、科研成果转化困难等，不少问题尚待解决。

（三）技术装备国产化率低，关键技术尚待突破

目前，从国家利益到地方发展，对海洋油气资源开发、海洋预报和信息服务、深海矿产资源勘探和远洋捕捞等技术装备需求较大。随着海洋经济的不断发展，这一需求还将上升。目前，我国的海洋装备主要从国外进口，关键设备和仪器无法自给自足，同时，某些关键技术设备进口还受到国外封锁。整体而言，我国海洋产业的技术水平跟国外相比还有很大差距，技术仍是制约海洋产业发展的主要短板。

（四）产业政策和机制尚有缺位，发展环境亟待优化

一是知识产权保护滞后。我国海洋高技术企业的创新成果远未得到完善有效的知识产权保护。由于知识产权不够明晰，知识产权保护力度不够，势必挫伤科研人员、企业参与科技创新的积极性，阻碍我国海洋高技术产业发展进程。

二是产学研联系较弱，缺乏成果转化的机制和服务平台。通过扶持，一些技术和仪器装备完成了实验和样机生产，解决了“从无到有”的问题，但从实验室到产业应用还有很长的路要走。当前，我国缺乏在科技与经济活动中可以发挥服务、沟通、协调的海洋科技中介机构，无法实现科研单位、企业、政府间的及时互动，造成海洋高技术产业产、学、研链条脆弱或割裂，技术成果转化率低。

三是缺乏分产业领域规划和政策法规引导。海洋高技术产业是以海洋高新技术为基础的开拓性产业群，许多海洋高技术产业由于起步晚、规模小，国家尚未给予充分重视。目前，在海洋高技术领域，我国还未制定分领域的较为详尽、系统的产业规划，大部分海洋高技术产业没有专门的宏观指导规划和相应的政策法规给予引导，使得整体发展受阻。

三、发展趋势

虽然中国的海洋高技术产业存在诸多问题，技术与国外发达国家相比还有相当差距，但也应该看到，我国海洋高技术产业具备一定的发展基础和条件，增长潜力巨大。

（一）海洋高技术产业总体将步入高速增长期

随着国家对海洋高技术产业越发重视、各级政府和市场资金的不断投入，未来海洋高技术产业将迎来高速增长期。预期“十二五”期间，海洋高技术产业的年均增速将不低于15%，2015年产业增加值将实现翻一番。①

（二）海洋高技术将催生一系列新兴海洋产业形成

随着“十一五”海洋“863”等国家计划的陆续完成，一系列海洋高技术成果将进入产业化阶段。预计未来五年，海洋高技术领域年申请和受理专利数量将以10%的速度增长。海洋生物育种与健康养殖、海洋药物和生物制品、海水利用、离岸海上风电和其他海洋可再生能源、仪器设备与产品材料制造、深海资源勘探开发技术及设备平台等海洋新兴产业领域将实现规模化生产；有望形成一批龙头企业，特别是中小企业将得到较大发展；远洋捕捞业、海洋油气业、高端船舶与海洋工程装备制造业、海洋精细化工业在技术、管理、盈利方面达到国际先进水平；海洋高技术领域装备设备国产化率有较大提高。

---

① 主要测算依据：以2009年为测算基数，在“十五”到“十一五”年均增速不低于20%～25%的前提下，保守性确定“十二五”期间的年增长率将不低于15%，因此，到2015年“十二五”期末，我国海洋高技术产业增加值至少会在2009年水平上翻一番。

（三）若干海洋高技术产业集聚区形成并引领地区经济发展

在一系列沿海地区发展规划上升为国家战略的利好前提下，市场将产生巨大的反应力，国内外大型企业和资金将瞄准沿海地区，特别是以高新技术为核心的海洋新兴产业领域。加之国家高技术产业基地建设向海洋领域的进一步推进，沿海将发展壮大多个海洋高技术产业园区，形成新的产业集聚区。预期，以北京、天津、青岛、上海、广州等多个大中城市为核心的海洋高技术产业基地将引领沿海地区新一轮发展。

四、政策建议

（一）制定实施海洋科技创新战略规划

海洋高技术产业必须依靠海洋高技术的不断创新和开拓。制定和实施海洋科技创新战略是发展海洋高技术产业的重要步骤。海洋科技创新战略实施的目标应是在海洋生物、海洋资源探查与开发、海洋装备制造等领域形成一批具有自主知识产权的创新性的高技术成果。加强政府对海洋高技术产业发展规划协调和规划指导，根据产业发展的需求和基础，进行分类指导。在政策法规、体制机制等方面营造有利于产业发展的良好环境。统筹规划建设海洋高技术产业基地和海洋技术开发重大支撑设施，促进优势资源集聚和产业合理布局，提升技术支撑水平和基础设施利用水平，减少重复建设。制定海洋高技术产业专项规划。制定包括海洋生物制药业、海洋风电业、海洋装备制造业等海洋高技术产业领域的专项规划，统筹海洋高技术产业发展。专项规划应包括产业发展目标、指导原则、发展重点、投资需求、区域布局、重点工程、政策扶持等内容。沿海地区应根据国家级海洋高技术产业发展专项规划制定本地区的海洋高技术产业发展规划。

（二）加强海洋高技术研发和经营管理人才队伍建设

建设一支不断发展壮大的海洋人才队伍是促进海洋高技术产业发展、提高海洋经济可持续发展能力的中心任务。海洋高技术产业的发展不仅依靠科技人才，还需要大量高水平的企业经营管理人才。前者推动技术创新，后者加速科技转化，他们共同承担着海洋高技术产业的发展重任。应坚持把中央、国务院关于人才队伍建设的方针政策作为制定和实施的依据，加强海洋高技术产业化人才和团队培养，加速海洋科技成果转化和产业化人才队伍建设，逐步深化和完善海洋专业技术职称和职业资格制度，形成符合海洋高技术人才、创业人才、管理人才特点的分配激励机制。采用多种方式，支持企业培养和吸引创新人才。营造宽松环境，鼓励人才流动。鼓励科技人才采取技术入股等方式与企业进行长期合作。建立有利于激励海洋科技成果转化及产业化的人才评价体系。采取特殊政策加速培养多层次海洋高技术人才，缓解当前海洋技术人才短缺的突出矛盾。进一步加大引进海洋技术人才的规模和范围。同时，进一步增强全民的海洋意识，强化海洋文化建设，营建有利于海洋高技术产业发展的社会环境。

（三）综合使用财政税收和产业投融资政策

针对不同产业门类、发展状况、战略地位，有选择地使用财政税收、投融资政策，帮助海洋高新技术企业发展壮大。国家和各级地方政府可设立“海洋高技术产业化专项资金”，通过政府投资引导支持创新要素向海洋高技术企业集聚，促进龙头企业加速成长。对关系国计民生、国家战略和经济安全的海洋高技术产业进行税收优惠、财政补贴，并加大国家投资力度；对那些市场潜力大、经济带动强的海洋新兴产业实施优惠贷款政策，同时鼓励和引导各级政府、企业和社会加大投入力度，实现政府资金和市场资金的互补。此外，还可设立“海洋创业风险投资”，引导基金对海洋科技型中小企业重点扶持，鼓励和引导企业自主创新、做大做强。

（四）优化海洋高技术产业发展环境

加大保护知识产权力度，鼓励创新。创造良好的科研氛围，通过多种手段鼓励科研人员积极探索，勇于创新。加大针对科技成果的保护力度，明晰成果产权，成果转化收益适度向科研人员倾斜。

大力发展海洋服务业。一方面，积极发展海洋信息服务业，提供海上通信、海上定位服务、海洋资料及情报管理服务等，积极培育大型信息服务企业，促进海洋信息服务向集团化、网络化、品牌化发展，拓展海洋信息服务领域；另一方面，加强海洋中介服务业的市场机制建设，利用好国内外劳力、资本等市场要素，建设以海洋相关技术的评价、论证、中介、推广为主要职责的专门中介服务机构，背靠科研院所，面向企业和市场，建立以科技成果转化、技术咨询、技术交易、人才和信息交流等为主要内容的多层次服务网络，创建区域性海洋技术推广中心，着力营造一种有利于海洋服务业的技术创新和产业化发展环境，促进海洋服务领域的高新技术转移与成果转化，实现海洋科技成果与海洋经济保障之间的对接和转移。

针对海洋高技术研究开发特点，国家统一投资建设覆盖海洋高技术研究、试验的重点实验室、工程研究中心、产业化重点实验室和海洋科学信息、情报资料的网络共享平台，支持海洋高技术研究、试验和相关标准的测试验证。

（五）进一步加强国际合作交流

针对我国海洋高技术及其产业发展的阶段性特征，有计划的组织开展国际合作，积极开展国际合作和技术交流，形成内外结合、相互促进的发展机制。鼓励积极引进国外先进技术，吸收消化再创新。鼓励海洋企业积极开拓海外市场，参加国际海洋开发活动，开拓海外市场。

（2014 年 8 月）

海洋高技术产业布局要素分析

郑淑英

海洋高技术是国家战略高技术的重要领域，是解决未来资源、能源、环境、安全等重大问题的支撑。实现海洋高技术产业化，是实现创新型国家建设目标的战略措施，是服务于国家经济发展、社会进步和维护海洋安全的历史选择。《国家"十一五"高技术产业规划》第一次将海洋高技术产业化列入国家高技术产业化领域进行部署。

合理进行产业化布局是海洋高技术产业化健康、快速发展的重要前提。本文仅就海洋高技术产业布局规划中需要考虑的问题进行分析，并提出建议，希望对"十二五"海洋高技术产业发展规划研究提供参考。①

一、海洋高技术产业布局的类别

海洋高技术产业布局既包括单一产业的纵向布设，也包括多个产业群的横向布设。布局的范围，大到整个沿海地带、沿海经济区，小到沿海市、再到海洋高新技术区等不同单元，都可在不同层次，不同级别进行合理的布局。不同层次间的产业类别，相互关联，形成有序、合理的产业集群网络。

列入国家"十一五"高技术产业发展规划的海洋高技术产业领域，主要包括：为解决国家21世纪水资源、生物资源、可再生能源等战略资源获取途径；维护国家海洋安全，发挥海洋环境立体监测体系作用；以及利用海洋空间，提供海上平台设施技术，为深海资源利用提供支撑等。依据海洋高技术产业发展水平，结合国家对海洋高技术化的发展需求，可将其分为已实现产业化的领域、优先发展领域和超前部署领域。

---

① 因海洋高技术产业尚未纳入国家高技术产业统计领域，本文仅从涉及的高技术领域相关产业进行分类，以《中国海洋统计年鉴》等统计数据为依据。

(一)已产业化的领域

海洋油气开发技术应用形成的海洋油气产业是我国较为成熟的海洋高技术产业。2007 年，海洋原油产量 3. 18 亿吨，海洋天然气产量 82. 3 亿立方米，分别占当年全国原油及天然气总产量的 17. 06% 和 11. 9%；海洋油气业增加值占当年主要全国海洋产业年增加值总量的 6. 61%。

海水养殖技术的应用形成的海水养殖业是规模较大、发展速度较快的海洋高技术产业类别。2008 年，我国海水养殖产量 1 340. 3 万吨，占当年海洋水产品总量的 47. 7%。

(二)优先发展的领域

21 世纪，全球性人口、资源、环境矛盾会更加突出，我国也将面临更为严峻的资源、能源紧缺问题。为解决这些问题，《国家“十一五”科技发展规划》将发展能源、资源及环境保护技术列为优先发展的技术领域，《国家“十一五”高技术产业发展规划》也将海洋生物利用技术、海水淡化及海水利用技术产业化提高到国家高技术产业规划层次。由此，我们可将对解决水、生物、可再生能源、环境安全等有重大贡献的产业领域视为优先发展领域，主要包括海洋生物技术产业、海水淡化和综合利用产业及海洋环境监测产业等。

(三)超前部署的领域

超前部署领域，主要指深海资源技术及深海工程技术产业。目前，我国的深海工程及深海资源产业仅处于技术储备阶段，尚不具备产业化条件，基于未来深海资源开发的战略需求，我们可将其列入超前部署的海洋高技术产业领域。

二、海洋高技术产业布局需要考虑的基本要素

海洋高技术产业布局除需考虑一般高技术产业布局的条件外，还要考虑海洋高技术产业发展的特殊需求。本文提出的主要考虑要素包括：科技实力、资源基础、产业条件、产业关联和地区发展需求等。

(一)科技实力

产业发展的最根本动力是科技力量。海洋科技力量是海洋高技术产业发展的基础，是产业布局需要考虑的第一要素，主要包括海洋高技术人才、海洋高技术机构、海洋高技术设备等的集中程度。目前，我国海洋科技力量较为集中的地区也是经济社会发展较快的地区，即环渤海、长三角、珠三角三大海洋经济区。在这三大海洋经济区中，海洋科技力量大部分集聚在大连、天津、青岛、上海、广州、深圳、厦门、宁波等重点沿海城市。北京，作为全国政治、文化中心，也集中了相当部分与海洋高技术产业相关的科技力量。在这里仅将承担“九五”和“十五”海洋生物、海洋矿产及海洋环境监测研究项目(“863”项目)科研机构分布，作为科技实力比对的参数之一。

从图1可以看出，国家海洋科技重点实验室与承担“863”项目承担单位的区域分布相吻合，主要集中在青岛、上海、天津、广州、厦门、杭州、深圳等沿海城市。

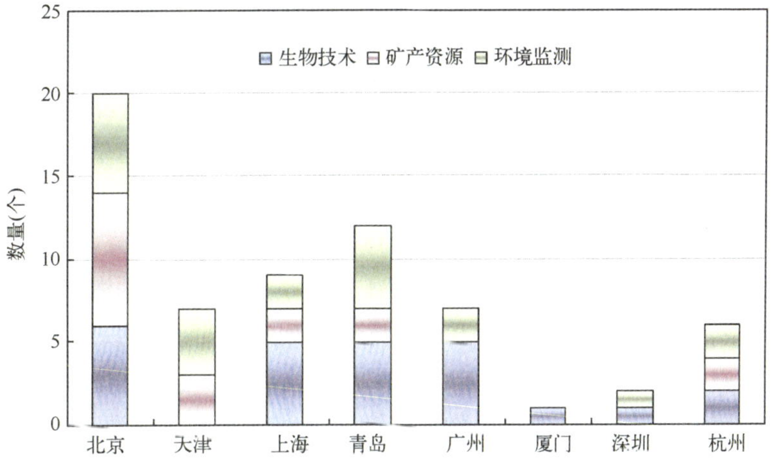

图1　承担“十五”海洋高技术“863”项目科研机构及重点实验室分布

具体到每一个城市，纵向比较而言，在海洋生物、海洋矿产、海洋环境监测三个领域海洋科技机构的叠加，以及不同城市间的相应机构比较(图2)，也可以明显看出除北京外，青岛、上海、天津、广州、杭州、深圳、厦门、大连等重点沿海城市是集中承担国家重大基础研究项目单位的核心城市。

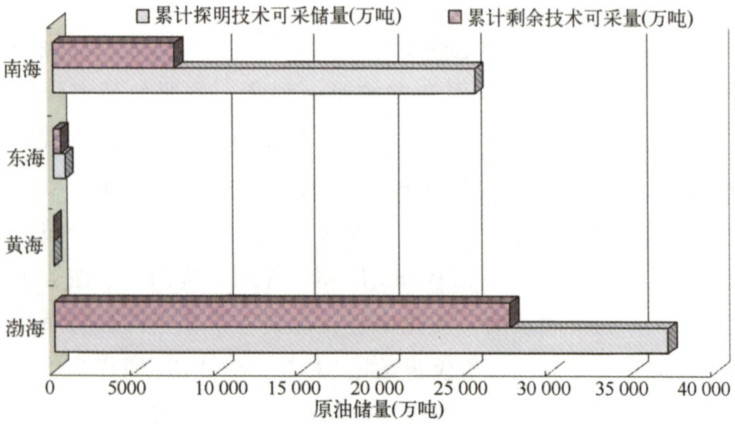

图2　2007年海区海洋原油储量

注：资料来自《中国海洋统计年鉴2008》。

(二)资源基础

海洋高技术产业的发展依赖于对海洋资源的有效利用。海洋自然资源是海洋高技术产业发展的物质基础，因其赋存于海洋水体、海床及其底土，又因海况、气候、自然地理条件等不同，有着不同的分布特点。在考虑海洋高技术产业布局时，需要考虑原材料获取的途径、运输等条件，因而在产业布局中，海洋自然资源的分布特征是海洋高技术产业布局考虑的另一个基本要素。

从我国近海资源分布情况看，南海、东海、黄海海区的海洋生物资源最为丰富，海洋生物资源丰度值以南海、东海为最大。渤海、南海、东海海区的海洋石油、天然气蕴藏丰富。深水岸线资源，主要集中在沿我国大陆海岸线的东南沿岸。海洋生物、海洋油气和深水岸线资源是海洋渔业、海洋油气业、海洋工程及相关产业布局的优选地区。

(三)产业条件

1. 以产业年增加值体现产业现状

我国海洋高技术产业规模差距较大，有些尚处于产业发展初创期。未来，在进行海洋高技术产业布局时，应考虑海洋产业的现状基础(表1)。

表 1　2001—2007 年海洋高技术产业增加值

单位：亿元

产业	2001 年	2002 年	2003 年	2004 年	2005 年	2006 年	2007 年
海水养殖①	483	545.6	572.5	635.6	753.8	854.05	978.9
海洋油气	176.8	261.2	257	345.1	528.2	668.9	691.6
海洋工程建筑	109.2	145.4	192.6	231.8	257.2	305.5	392.5
海洋生物医药	5.7	13.2	16.5	19	28.6	28.2	43.7
海洋电力	1.8	2.2	2.8	3.1	3.5	4.4	5.1
海水利用	1.1	1.3	1.7	2.4	3	3.4	4.2

注：资料来自各年《中国海洋统计年鉴》。

2. 以相关产业产量反映地区海洋高技术产业分布情况

我国海洋高技术产业的地区分布差距较大。目前，海洋油气业主要分布在广东、天津等地；海洋造船业主要分布在江苏、上海、浙江等地；海洋风能电力主要分布在广东、山东、辽宁等地。未来，在进行海洋高技术产业布局时，既要考虑区域特点，也要顾及地区均衡(表 2)。

表 2　2007 年沿海地区海洋高技术相关产业能力

地区	原油产量（万吨）	天然气产量（万立方米）	港口货物吞吐量（万吨）	造船完工量（万综合吨）	风能发电（万千瓦）
辽宁	23.17	8 231	41 492	389	9.85
天津	1 484.53	160 686	30 946	21	
河北	164.32	3 678	39 984	10.34	
山东	226.09	15 563	57 547	53.41	11.82
江苏			9 135	540.02	10.8
上海	21.54	75 395	49 227	529.55	2.44
浙江			57 439	434.98	3.3
福建			23 603	53.87	8.88
广东	1 258.7	559 902	80 282	93.51	21.11
广西			7 192		
海南			7 331	0.93	0.87
总计	3 178.35	823 455	404 178	2 126.61	69.07

注：资料来自《中国海洋统计年鉴 2007》。

① 因各年海水养殖增加值没有统计数据，本文表 1 各年海水养殖产业增加值是依当年海水养殖产量占海洋水产总产量的比例乘以当年海洋水产增加值总量得出的近似值。

(四)产业关联

相关产业间的关联性是产业布局的要素之一。现代高技术产业布局应是一种由市场和政府共同推动的事业，具有前瞻性，要给需要发展的产业预留空间，也要在相关产业间搭建桥梁，为形成高技术产业群奠定基础。

海洋高技术产业与陆域相关产业有着紧密联系，如海洋生物医药与医药行业、海洋化工与化工行业在技术、设备、市场等各要素之间都有着密不可分的直接关联；海洋油气生产的上、下游产品与石油工业的产业基础相关；海洋工程建筑业与化工技术、深海技术、海洋监测、海洋油气勘探开采等也有着基础支撑作用。因此，在可能的情况下，将相关产业集聚在一个地区，形成产业聚集。未来，在进行海洋高技术产业规划时，需要在产业布局时考虑产业内容和空间的关联。

(五)地区发展需求

2010 年是“十一五”的最后一年，国家及地区的“十二五”规划即将启动，依据区域协调可持续发展的国家战略，东部地区要在发展方式转型、结构调整升级方面有所突破，根据出口与内向以及出口多元化市场结合，摆脱“低端锁定”，推进产业升级、突出自主创新能力建设和自主品牌；核心区着力发展高端服务业与高端制造业，按产业空间优势变异。海洋高技术产业化布局要顺应这一全国的总体发展方向，结合沿海各地区的发展需求，利用地区优势，抢占海洋高技术产业制高点，优先布局。

着力解决稀缺性资源能源供应是地方发展的首要需求，特别是北方沿海地区，以及淡水资源短缺的海洋岛屿，水资源、能源短缺是长期以来限制这类地区发展的瓶颈。大力发展海水淡化和综合利用产业是解决沿海地区水资源问题的必由之路，应在新一轮国家和地区的产业布局中优先考虑。东南沿海地区油气资源相对紧缺，应在发展海洋油气业的同时，考虑其中下游产业的发展，形成产业链。海洋能源产业、深海工程等产业对沿海各地的发展均具有特殊支撑作用，应统筹规划安排。

三、结语

世界经济一体化和国际性经济危机时期，恰好是海洋高技术产业的发展的战略机遇期。“十二五”期间，我国的海洋高技术产业必将在整体上进入较快发展期。大力发展海洋高技术产业将为满足陆域资源不足引起的战略性资源能源紧缺开辟新径。合理布局不同层次、不同规模的相关产业，创造海洋高技术产业健康发展的优良外部条件，必须综合考虑产业自身的、与之相联的多种因素，包括技术基础、自然资源、产业条件、产业关联及地方发展需求等要素，并合理配置和布局。

（2009 年 12 月）

海洋环境与资源

关于建立系统完整的海洋生态文明制度体系的思考

郑苗壮　刘　岩

建设生态文明，关系人民福祉，关乎民族未来。党的十七大首次提出建设生态文明的要求，党的十八大把生态文明建设纳入中国特色社会主义事业"五位一体"总体布局，并强调要把生态文明建设放在突出地位。党的十八届三中全会确立了生态文明制度体系，要把制度建设摆在突出位置，坚持以实践基础上的理论创新推动制度创新，坚持和完善现有制度，及时制定新制度，构建系统完备、科学规范、运行有效的制度体系。生态文明的制度体系建设是从政治、经济、法律、教育等方面规范和约束人们的行为，协调和解决生态保护中人与人的关系，创造性地回答经济发展与资源环境关系问题所取得的最新理论成果，为统筹人与自然和谐发展指明方向。

根据十八届三中全会《关于全面深化改革若干重大问题的决定》，按照"源头严防、过程严管、后果严惩"的总体思路，以推进海洋生态文明、建设美丽海洋为根本指向，牢固树立保护海洋生态环境就是保护生产力、改善海洋生态环境就是发展生产力的理念，加快推进海洋生态文明体制改革，有步骤、分阶段建立健全海洋生态文明制度体系。海洋生态文明体系建设应该从以下几方面入手。

一、建立"源头严防"的制度体系

源头严防，是建设海洋生态文明、建设美丽海洋的治本之策。"源头严防"要从6个方面加强制度建设。

（一）健全海洋资源资产产权制度

海洋资源资产产权制度是海洋生态文明制度体系中的基础性制度。产权是所有制的核心和主要内容，我国《宪法》中规定，除法律规定的属于集体所有的滩涂外，其他的海洋资源归国家所有。《中华人民共和国海域使用管理法》明确指出，海域属于国家所有。海洋资源的所有权似乎是清晰的，但是长期以来，国家所有权缺乏人格化的代表，在实际的经济运行中是虚化模糊的，表现在其所有权和使用权的泛化和管理的淡化上。在产权不具有排他性的情况下，对海洋资源的开发利用和保护的权、责、利关系就无法确定。应加强对滩涂、海域等海洋资源的确权登记，建立归属清晰、权责明确、保护严格、流转顺畅的现代海洋资源资产产权制度。

（二）建立海洋资源资产管理体制

我国长期以来未对海洋资源进行有效的资产化管理，致使海洋资源开发现状与海洋资源的可持续利用出现了尖锐的矛盾。对海洋资源的无偿使用，使经济效益评价失真。随着海岸线、滩涂等海洋资源的短缺和对海洋生态环境的破坏，海洋资源的资产属性越来越明显，市场价值不断攀升。海洋资源和海洋生态空间的未来价值，对国家生存发展的意义越来越重大。建立国家海洋资源资产管理体制，就要做到所有者和管理者分离，以综合管理代替分行业、分部门的传统管理模式。要建立以制度为保障、资产为纽带、经济效益和社会效益相统一的海洋资源资产管理机制，对海洋资源资产的数量、范围和用途统一管理，实现权利、责任、义务相统一，确保海洋资源的可持续利用和海洋经济的可持续发展。

（三）完善海洋主体功能区规划制度

海洋主体功能区规划是科学开发海洋国土空间的行动纲领和远景蓝图，是海洋国土空间开发的战略性、基础性和约束性规划，是建设美丽海洋的一项基础性制度。要根据陆地国土空间与海洋国土空间的统一性，以及海洋系统的相对独立性进行规划，促进陆地国土空间与海洋国土空间协调开发。目前，我国海洋开发布局不尽合理，局部开发过度与总体开发不足的矛盾仍将长期存在，海洋产业结构性矛盾突出，沿海地区间产业趋同性严重。海洋区域开发缺乏统筹安排和宏观调控，海洋开发规划与布局缺乏战略性决策。要在充分考虑维护我国海洋权益、海洋资源环境承载能力、海洋开发内容及开发现状，并与陆地国土空间的主体功能区相协调的基础上，加快完善我国海洋主体功能区规划制度。

（四）落实海域用途管制

我国已建立严格的耕地用途管制，但对海域、滨海滩涂等生态空间还没有完全建立用途管制。海域用途管制最有效、最直接的手段是实施海域使用规划，所有海域都必须按照海域使用规划开发利用。这一点是不以海域权利人的意愿为转移，应由全社会利益来确定，是由政府代表全社会实行的一项强制性的制度。在我国近年的海域使用管理过程中，由于海域使用管理机制的计划性太强而机动性不足，加之国家迟迟未推出海域使用规划，导致部分海域使用不合理。按照海洋与中华民族是命运共同体的基本原则，应建立覆盖全部管辖海域的海域使用规划，严格执行海域用途管制制度。

（五）建立健全海洋保护区网络体系

海洋保护区作为一种预防性的海洋综合管理工具，是应对海洋环境污染、生物多样性丧失、资源衰退及生境恶化等海洋生态系统压力的重要手段。我国海洋保护区的建设已取得明显成效，初步建立了以海洋自然保护区、海洋特别保护区和海洋公园为主体的海洋保护区网络体系。红树林、珊瑚礁、滨海湿地、海草床、海岛、海湾、入海河口、上升流区域等典型生态系统和珍稀濒危物种得到有效保护，对减缓和控制海洋生态恶化起到了重要的作用。但是，目前我国海洋保护区网络体系有待进一步健全，海洋生物多样性养护能力不足，保护区面积小，布局有待优化，基础设施薄弱，部分典型生态系统和珍稀濒危海洋物种及栖息地仍受到威胁。应进一步建立健全海洋保护区网络体系，强化海洋保护区的监督管理和提高海洋保护区管理水平，建立海洋保护区管理绩效评估体系，制止保护区内不合理的开发利用。

（六）加快海洋生态文明示范区建设

海洋生态文明示范区建设对于促进海洋经济发展方式转变，提高海洋资源开发、环境保护和综合管理的管控能力和应对气候变化的适应能力，推动我国沿海地区经济社会和谐、持续、健康发展具有重要的战略意义。

按照“统筹兼顾、科学引领、以人为本、公众参与、先行先试”原则要求，山东、浙江、福建和广东省的 12 个市、县(区)成为我国首批国家级海洋生态文明示范区。但是，当前我国海洋生态文明示范区建设尚处于起步阶段，存在海洋生态文明示范区建设推进机制和保障机制尚未有效建立、地区间海洋生态文明建设水平和质量差异较大等突出问题。要加快海洋生态文明示范区建设，发挥示范区的创新示范效应，提高海洋生态文明建设水平，实现海洋生态环境与经济社会的和谐发展。

二、建立“过程严管”的制度体系

过程严管，是建设海洋生态文明、建设美丽海洋的关键。“过程严管”的制度体系要加强 4 个方面的制度建设。

(一)健全海洋资源有偿使用制度

我国海洋资源及其产品的价格总体上偏低，没有体现海洋资源稀缺性特点和开发活动造成的海洋生态环境损害成本。必须加快海洋资源及其产品价格改革，全面反映市场供求、资源稀缺程度、生态环境损害成本和修复效益。要将“海洋资源消耗”“海洋环境损害”和“生态效益”纳入经济社会发展评价体系，引导正确的行为选择和价值取向。要建立有效调节海洋资源的比价调节机制，提高海洋资源使用价格，从源头上缓解海洋资源开发压力。深化海洋资源性产品税及配套税费改革，建立公平合理、调节有效的海洋资源税费体系。同时，要建立健全海洋资源开发利用的绿色市场准入制度，抑制不合理的海洋资源开发需求。健全海洋资源有偿使用制度，引导海洋资源利用产业健康发展，促进海洋资源利用走向科学、合理、永续发展的道路。

(二)建立海洋生态补偿制度

建立海洋生态补偿制度是完善海洋生态环境保护的法律体系，落实科学发展观、建立生态文明、构建和谐社会的重要举措。国家高度重视海洋生态建设和保护工作，制定和采取了一系列政策措施，大大地改善了我国海洋生态环境。但是，海洋生态环境保护的形势依然不容乐观。为防止海洋生态环境的进一步恶化，鼓励海洋生态环境的保护与建设，建立完善的海洋生态补偿制度已成为我国海洋生态环境保护工作亟待解决的任务之一。采取生态补偿来进行干预、调整海洋资源开发中的各利益相关者的关系，使海洋生态破坏者和海洋生态保护的受益者支付相应的成本和代价，对海洋生态保护者和海洋生态破坏的受害者进行经济补偿，从而激励海洋生态保护行为、抑制海洋生态破坏行为，保持海洋生态保护与海洋经济发展的动态平衡，最终实现海洋可持续发展的战略目标。

（三）完善海洋生态保护红线制度

海洋生态红线是指为维护海洋生态健康与生态安全，将重要海洋生态功能区、生态敏感区和生态脆弱区划定为重点管控区域，实施严格分类管控的制度安排。渤海海洋生态环境遭受严重破坏，海洋生态已不堪重负。为加强渤海海洋保护区、重要滨海湿地、重要河口、重要旅游区和重要渔业海域等区域的保护，2012 年海洋生态红线制度在渤海海域率先实施。渤海海洋生态红线制度的建立是加强我国海洋生态环境保护和管理的重要举措和创新，对维护渤海海洋生态安全、推动环渤海经济社会长远持续发展具有重要的作用。要继续完善海洋生态保护红线制度，充分发挥渤海生态保护红线示范区的带动作用，在全海域实施海洋生态保护红线制度，提高海洋生态认识水平，自觉树立自然生态伦理观念，竭尽全力扼守海洋生态红线，确保海洋生态安全和人民生活幸福。

（四）落实入海污染物排放许可证制度和总量控制制度

排污许可证制度作为一项基本的环境管理制度，在各国环境保护中被广泛采用，是一种切实减少污染物排放控制的措施，美国、日本、德国等国家都已对入海污染物排放实行许可证管理制度。我国自 20 世纪 80 年代末就提出建立入海污染物排放许可制，但目前只设定海洋倾废许可制，对入海污染物排放还未设定许可，导致陆源污染物排放失控。入海污染物排放许可制的核心是排污者必须持证排污、按证排污，实行这一制度，有利于将国家海洋环境保护的法律法规、总量减排责任、环保技术规范等落到实处，有利于海洋环保执法部门依法监管，有利于整合现在过于复杂的海洋环保制度。要加快立法进程，尽快建立统一公平、覆盖主要陆源污染物的排污许可制。

总量控制制度是环境保护领域的一项基本制度，也是各国普遍实施的一项制度。虽然近年来我国的入海污染物总量控制制度实施取得了一定成效，积累了一些经验，但总的来说，入海污染物总量控制制度还有待进一步完善。当前实施的入海污染物总量控制主要是通过行政计划的方式分解指标进行，总量控制类型单一、水平不高、指标分配方式缺乏效率，总量指标的约束力不强，与现有其他环境保护制度存在不协调。落实入海污染物总量控制制度是抓好海洋环境污染防控工作的根本，要坚持陆海统筹，建立各有关部门联合监管陆源污染物排海的工作机制。要实施主要的陆源污染物排海总量控制，优化排污口布局，加强海上倾废排污管理，实现逐步改善海洋环境质量、建设美丽海洋的目标。

三、建立“后果严惩”的制度体系

后果严惩，是建设海洋生态文明、建设美丽海洋必不可少的重要措施。要重点从两个方面推进“后果严惩”的制度建设。

（一）建立海洋生态环境损害责任终身追究制

“扔下烂摊子走人，新官不理旧政”是当下我国海洋环境问题难以解决的主要原因。特别是海洋生态损害问题，正是因为没有设立终身问责制，沿海地方政府的海洋环境保护职责往往落实不到位。因此，要把海洋生态文明建设状况的指标纳入经济社会发展考核评价体系，着力推动海洋经济向质量效益型转变、着力推动海洋开发方式向循环利用型转变。要对违背科学发展的行为实行责任追究，对拍脑袋决策、拍胸脯蛮干，造成海洋资源严重浪费和海洋生态严重破坏的，要从严追究责任；对造成重大责任事故的，要追究刑事责任。建立海洋生态环境损害终身问责制，探索编制海洋自然资源资产负债表，对领导干部实行自然资源资产离任审计。不以国内生产总值论英雄，引导地方官员牢固树立“功成不必在我”的发展观念，做出经得起实践和历史检验的政绩。

（二）健全海洋环境损害赔偿制度

当前，我国正面临海洋资源约束趋紧、海洋环境污染严重、海洋生态系统退化的严峻形势，海洋环境保护工作面临前所未有的压力与挑战。我国有关法律法规中对造成海洋生态环境损害的行为，处罚金额太小，远远无法弥补海洋生态环境损害程度和治理成本，更难以弥补对人民群众健康造成的长期危害。要对造成生态环境损害的责任者严格实行赔偿制度，让违法者掏出足额的真金白银，有利于强化企业的环境责任心，增强环境风险意识，扭转“违法成本低，守法成本高”的不正常现象。健全海洋环境损害赔偿制度，确保海洋环境保护法律责任、行政责任和经济责任的“三重落实”，是保障保护海洋环境，维护公众环境权益的必然要求，同时也是制裁环境违法行为的现实需求。

四、对策建议

海洋生态文明建设是一场涉及生产方式、生活方式、思维方式和价值观念的革命性变革，要坚持以实践基础上的海洋生态文明理论创新推动制度创新，加快构建系统完备、科学规范、运行有效的海洋生态文明制度体系，形成适应海洋生态文明理念要求的“硬约束”，以刚性的制度约束人的行为，实现对海洋生态文明建设的制度保障。落实十八届三中全会确立的生态文明制度体系，要做好以下几方面的工作。

（一）加强海洋生态文明的顶层设计和战略规划

海洋生态文明建设要把海洋生态文明理念融入国家经济、政治、文化和社会建设的全过程，建立与海洋生态文明相适应的增长方式、产业结构、消费模式和制度体系，需要建立海洋生态文明建设的高层协调机制，统筹规划，统一部署，全面推进海洋生态文明建设。要搞好海洋生态文明建设的顶层设计、顶层推进和顶层监督。

一是在中央全面深化改革领导小组内设海洋生态文明体制改革专项小组。负责海洋生态文明体制改革总体设计、整体推进、督促落实，专门研究海洋生态文明建设的重大问题，综合协调各方力量，统筹国家发展与海洋环境保护的关系、缓解海洋环境形势严峻局面，明确海洋生态文明体制改革的时间表和路线图。二是加快实施以生态系统为基础的大部制海洋综合管理，建立基于海洋生态系统的海洋生态文明制度。按照海洋生态文明建设的系统性和完整性，将现有的海洋生态环境保护管理职能统一，树立海洋生态系统管理和海洋生态系统服务功能的科学理念，减少人为“条块分割”管理和各涉海部门之间的利益纠葛的影响，提高海洋环境保护的力度和效率。三是尽快制定国家海洋生态文明建设规划。从全局出发，从长远考虑，以生态文明建设“四个融入”的战略布局为指导，以海洋资源环境为基础，做好海洋生态文明建设的中长期规划和重大专项规划，着力推进国家及沿海地区绿色发展、循环发展、低碳发展，构建海洋资源集约节约和海洋环境保护的空间格局、产业结构、生产方式和生活方式，从源头扭转海洋生态环境恶化趋势，保障海洋生态文明建设的顺利实施。

（二）完善海洋生态文明制度的法律体系

海洋生态文明建设是一项巨大而复杂的系统性工程，需要全面、系统、完整的法律体系提供支撑。制度是纲，纲举目张。要建立完善的海洋生态文明制度的法律体系，保护和改善生活环境和生态环境，促进经济社会全面、协调、可持续发展，全方位、多角度、立体化推进海洋生态文明建设。

加快制定海洋基本法，把党的海洋生态文明政策和国家战略法律化，作为母法对其他海洋生态文明建设的相关及其配套立法进行统领和指导，逐步完善和发展现有的海洋资源环境的法律制度和立法。充分发挥市场在资源配置中所起的决定性作用，加快海洋资源及其产品价格改革，全面反映市场供求、海洋资源稀缺程度、海洋生态环境损害成本和修复效益。实行海洋生态补偿制度，健全海洋环境损害赔偿制度，逐步将资源税扩展到各种海洋生态空间。建立海洋生态文明制度体系建设的有效执行和高效管理制度、科学决策和责任制度、内化道德和自律制度。

（三）加快推进海洋生态文明体制改革试点

走向海洋生态文明的新时代、建设美丽海洋，是实现“两个百年”目标的重要保障。然而，现行海洋生态文明制度难以对海洋生态文明建设进行科学合理的整体部署和设计，难以形成海洋生态文明的建设合力，迫切需要进行海洋生态文明体制改革试点，带动和引领海洋生态文明建设。

在海洋生态文明示范区建设的基础上，围绕“美丽海洋”稳步开展海洋生态文明体制改革试点。综合海洋生态文明示范区建设经验、模式，评估建设成效，拓展海洋生态文明体制改革的思路。加强海洋生态文明的理论创新、制度创新，引导沿海地区正确处理经济发展与海洋生态环境保护的关系，推动各示范区充分发挥本地区海洋资源、环境和区位特点，突出地方特色，探索经济、社会、文化和生态全面、协调、可持续的发展模式，促进国家和沿海地区经济发展方式加速转型，实现人与海洋、经济社会和谐共生。

（2014 年 8 月）

国际海洋环境保护制度发展态势分析

付　玉

由于人类社会对海洋开发和利用强度的不断加大，海洋环境污染控制和生物资源养护利用引起各国政府、国际组织、非政府组织和民众的广泛持续关注。海洋环境不断发展变化，并且海洋环境保护工作高度依赖的科学技术水平不断提高，国际海洋环境制度也处于不断的变革中。国际海洋法法庭于2011年发表的《关于担保自然人和实体从事国际海底区域有关活动的责任和义务的咨询意见》(简称《咨询意见》)，是国际海洋环境制度领域的最新进展之一。通过分析《咨询意见》中关于环境保护的观点，国际海洋环境保护制度发展趋势可见一斑。

一、国际海洋环境制度概述

国际海洋环境制度是进行国际海洋环境治理、解决全球海洋环境问题的一种综合性安排，包括相应法律法规、管理机构、管理程序与机制等。多数学者认为，国际海洋环境制度是从20世纪50年代正式形成的，之后即获得迅速发展，逐渐成为国际制度的一个重要新兴分支。

(一)国际海洋环境法律体系

国际海洋环境法律体系在内容上包括海洋环境污染控制和海洋生物资源保护两大类，由国际条约、习惯法、一般法律原则和确定法律规则的辅助方法，如司法判例、各国际组织的涉海环境管理政策和规定等组成。其中，区域性和全球性的多边条约是国际海洋环境立法的主要渊源。此外，国际环境保护的指导原则、宣言与决议虽然不具有法律约束力，但因获得大多数会员国投票赞成，也具备一定的约束力，被一些学者称为“软法”，也成为国际海洋环境制度的组成部分，[①] 如1992年《里约宣言》和《21世纪议程》等。尤其是《里约宣言》，是迄今为止意义最重大的、受到最普遍支持的文件，对当代环境领域国际法的编纂和逐渐发展已经并将继续做出重要贡献。[②]

现代国际海洋环境制度的建立始于“二战”后，以1948年国际海事组织的成立以及1954年《国际防止海上油污公约》的签署为标志。[③][④] 1958年第一次联合国海洋法会议签署的《公海渔业及生物资源保护公约》，1969年国际海事组织布鲁塞尔会议签署的《国际油污损害民事责任公约》和《国际干预公海油污事故公约》是之后的重要发展。随着全球环境问题受到普遍重视，联合国世界环境大会于1972年在斯德哥尔摩隆重召开。会议发表了主题宣言，确认了“地球上的自然资源，其中包括空气、水、土地、植物和动物，特别是自然生态类中具有代表性的标本，必须通过周密计划或适当管理加以保护”的理念[⑤]。斯德哥尔摩会议之后，国际海洋环境法也获得快速发展，如1972年的《防止倾倒废弃物及其他物质污染海洋的公约》及1973年《国际防止船舶造成污染公约》等。1994年生效的《联合国海洋法公约》(以下简称《公约》)是迄今为止最广泛、最全面、最具影响力的管理和规范海洋活动的国际公约，已经并将继续对国际政治、经济和社会产生重大影响，也是国际海洋环境保护法的基本准则和依据。

(二)《联合国海洋法公约》关于海洋环境保护的规定

《公约》是第一部对海洋环境保护和保全做出全面规定的国际公约，旨

① 卓英仁：《论国际环境法发展趋向及对中国环境法影响》，中国政法大学博士论文，2005年4月，第26页。王铁崖先生在其主编的《国际法》中认为，“软法”是指在严格意义上不具有法律拘束力、但又具有一定法律效果的国际文件。王铁崖：《国际法》，北京：法律出版社，1995年，第456页。

② [英]Patricia Birnie, Alan Boyle：《国际法与环境》，那力等译，北京：高等教育出版社，2007年，第79－80页。

③ 刘中民，王海滨：《中国与国际海洋环境制度互动关系初探》，载《中国海洋大学学报》(社会科学版)，2007年第1期，第6页。

④ 1954年《国际防止海上油污公约》已被1973年《国际防止船舶造成污染公约》所取代。

⑤ 详见《联合国人类环境会议宣言》(Declaration of the United Nations Conference on the Human Environment)，1969年6月。

在建立“合乎时代需要的、适于国际交流的国际海洋法律秩序”,① 以促进对海洋资源的平等、高效利用，海洋生物资源的保护，海洋环境的研究、保护和保全。考虑到全球海洋的流动性和整体性，《公约》对于环境保护的规定涉及国家管辖海域和国家管辖范围以外海域。《公约》力图在全球及区域范围内推动海洋环境保护领域的合作，促进环保科学技术的推广，促进环境影响评价的开展，以及促进控制船源、陆源污染物、海床作业、海上倾废等方面的国内立法，建立一套基本的环境保护原则与规范。②《公约》第十二部分专门为海洋环境保护而订立，开宗明义地指出，保护和保全海洋环境是各国的一般性义务。③《公约》规定，各国应采取措施防止、减少和控制海洋环境污染，并应进行全球性和区域性合作。考虑到发展中国家的发展阶段和能力水平，《公约》规定发达国家要向发展中国家进行科学和技术援助，并在有关款项和技术援助的分配和对各国际组织专门服务的利用方面给予发展中国家以优惠待遇。④ 为有效防止、减少和控制海洋污染，《公约》规定各国应进行相应的国内立法。

国际海底区域(以下简称“区域”)处于国家管辖范围以外，《公约》明确其地位为人类共同继承财产。《公约》赋予国际海底管理局独立的国际法人地位，以及为执行其职务和实现其宗旨所必要的法律行为能力。⑤ 管理局具有制定“区域”规则、规章和程序的权利和义务，以确保切实保护海洋环境。同时，《公约》同样重视参与“区域”资源勘探开发和相关活动的缔约国在环保方面的作用。《公约》规定，各国应制定法律和规章，以防止、减少和控制由悬挂其旗帜或在其国内登记或在其权力下经营的船只、设施、结构和其他装置所进行的“区域”内活动造成对海洋环境的污染。这种法律和规章的效力不应低于相关国际规则、规章和程序。⑥ 对于来自“区域”内活动的污染，按照相关国际规则、规章和程序执行。⑦

---

① [英]Patricia Birnie, Alan Boyle:《国际法与环境》，那力等译，北京：高等教育出版社，2007年，第336页。

② 卓英仁:《论国际环境法发展趋向及对中国环境法影响》，中国政法大学博士论文，2005年4月，第124页。

③ 详见《联合国海洋法公约》第一九二条。

④ 详见《联合国海洋法公约》第二〇二、第二〇三条。

⑤ 详见《联合国海洋法公约》第一七六条。

⑥ 详见《联合国海洋法公约》第二〇九条第2款。

⑦ 详见《联合国海洋法公约》第二一五条。

(三)国际海洋环境管理主要方式

国际环境组织通常采用禁止、数量或总量控制方式、许可、损害赔偿及制裁等方式达到执行相关法律法规和条约的目的。禁止方式被认为是现有管理方式中较严格的方式，但因目前的国际组织并没有强制的执行力，并且缺乏监测监控能力和信息，主要保障方式为各条约、公约缔约国主动遵守以及联合其他国家进行经济制裁等。在国际环境法执行中出现的一种趋势是，授权条约缔约方代表国际公共区域的利益采取监督等行动，如1982年《南极海洋生物资源保护公约》和1987年《保护臭氧层维也纳公约蒙特利尔议定书》中都有类似条款。

在国际海底区域管理制度中，除代表全人类对“区域”资源开发利用进行管理的国际海底管理局之外，主要依靠缔约国对“区域”内矿产资源开发利用活动进行担保来确保各国的企业和法人遵守“区域”海洋环境保护的相关规定。根据《公约》，位于国家管辖海域之外的“区域”及其蕴藏的丰富资源，是全人类共同继承的财产，这一区域内资源的勘探和开发由国际海底管理局代表全人类进行管理和协调。① 除《公约》缔约国及其国有企业以外，缔约国的自然人或法人也具有勘探和开发“区域”内资源的资格，但需缔约国提供担保。② 此项规定的考量在于，根据国际法，一般国际公约或协定只对缔约国具有约束力，缔约国的担保可确保通过缔约国对开发者以国内法规进行约束和管理，从而履行《公约》所规定的相关法律责任和义务。《咨询意见》明确，《公约》缔约国没有义务为其自然人或企业进行担保，但是，如果缔约国进行担保，则必须承担相应的责任和义务。

二、缔约国担保“区域”采矿活动需承担的环境保护责任

国家管辖范围以外的国际海底管理区域蕴藏着丰富的金属矿产资源，包括锰、钴、镍、铜、锑、铁等战略性金属矿产。③ 缔约国在根据《公约》规定，为其自然人或法人开发“区域”内资源进行担保时需承担相关法律责

① 详见《联合国海洋法公约》第一三六条、第一三七条第2款。
② 详见《联合国海洋法公约》第一五三条。
③ 国家海洋局海洋发展战略研究所：《中国海洋发展报告(2011)》，北京：海洋出版社，2011年，第9－10页。

任和义务。由于《公约》对此的规定不够明确和具体，2010 年 5 月 6 日，国际海底管理局理事会决定，按照小岛屿国家瑙鲁提出的建议，请国际海洋法法庭海底争端分庭就此方面的 3 个问题发表咨询意见。海底争端分庭于 2011 年年初就此发表咨询意见。《咨询意见》本身虽不具备法律约束力，但是代表《公约》缔约国在对其自然人或法人开发“区域”内资源进行担保时需承担的责任和义务的权威观点，是国际海底管理局管理和协调“区域”事务的重要依据和参考。《咨询意见》反映了在国际海底区域活动严格的环境要求，体现了国际海洋环境保护管理制度的发展趋势。我国作为参与国际海底区域资源开发利用的国家，应当予以关注。

（一）关于发展中国家环境义务的观点

瑙鲁最初做出为其公司开发“区域”内资源进行担保的决定时，认为小岛国的发展阶段可为其减轻担保行为所面临的潜在责任和代价。此项假设相当重要。担保所产生的责任和义务可能会远远超出瑙鲁和许多发展中国家的财力承受范围。与陆地采矿不同，为“区域”采矿活动担保时，担保国所失去的可能远远超出其拥有的。瑙鲁认为，如果一个发展中国家担保国面临严重的潜在风险，则会被排除在“区域”开发活动之外。①

瑙鲁所持观点的一个重要出发点是国际环境法领域的“共同但有区别的责任”原则。该原则是国际环境法的基础原则之一。早在 1972 年斯德哥尔摩联合国人类环境会议上所通过的《联合国人类环境会议宣言》（又称《斯德哥尔摩宣言》，以下简称《宣言》）中，此项原则就已现雏形。《宣言》第 11 条原则对于发展中国家的发展水平和能力给予了关注，要求所有国家的环境政策应该提高发展中国家现有或将来的发展潜力，而不应损害这种潜力，也不应该妨碍所有人生活条件的改善。②《宣言》是国际环境保护制度

① Seabed Disputes Chamber of The International Tribunal for the Law of the Sea, Advisory Opinion On Responsibilities and Obligations of States Sponsoring Persons and Entities with Respect to Activities in the Area, p. 7 – 8.

② Principle 11 of Declaration of the United Nations Conference on the Human Environment: The environmental policies of all States should enhance and not adversely affect the present or future development potential of developing countries, nor should they hamper the attainment of better living conditions for all, and appropriate steps should be taken by States and international organizations with a view to reaching agreement on meeting the possible national and international economic consequences resulting from the application of environmental measures.

发展的重要里程碑，正式将人类保护生态环境的责任提升到国际规范中。①

“共同但有区别的责任”是1992年里约热内卢联合国环境与发展大会所通过的《里约宣言》中一项重要的原则。该原则的核心内容是关于各国在处理全球环境问题时的责任分担问题，实质是处理全球环境问题是所有国家的共同责任，但是各国对造成环境问题的责任和处理问题的能力不同，因此发达国家和发展中国家在处理环境问题上的责任又是有所区别的。该原则为众多国际条约所确认，如《蒙特利尔议定书》《联合国气候变化框架公约》《生物多样性公约》和《防治荒漠化公约》等均对该原则进行了规定。②

《公约》虽没有明确采纳“共同但有区别的责任”原则，但是却体现了对发展中国家所处发展阶段的考虑和关切。《公约》在序言第5段中指出，要照顾到发展中国家的特殊利益和需要，“考虑到达成这些目标将有助于实现公正公平的国际经济秩序，这种秩序将照顾到全人类的利益和需要，特别是发展中国家的特殊利益和需要，不论其为沿海国或内陆国”。《公约》第140条“全人类的利益”第1款再次强调：“‘区域’内活动应依本部分的明确规定为全人类的利益而进行……并特别考虑到发展中国家……人民的利益和需要。”③

1992年《里约宣言》第15项原则，在申明各国应采用风险预防性方法保护环境的同时强调“根据各自能力”，从而引入了在采用预防性方法时根据各国不同能力水平而有所区别的可能性。但是，国际海洋法法庭以国际海底管理局《多金属硫化物勘探规章》中关于“最佳环保做法”的义务否定了这种区别，不认同发展中国家在此领域应得到适当照顾。

《咨询意见》认为在为“区域”内活动进行担保时，发展中国家和发达国家负有同样的环境保护责任和义务。法庭的依据为，《公约》具体规定的、对于发展中国家予以特别考虑的领域仅限于海洋科学研究、技术转让、人员培训、平等分享区域活动收益，并不包括发展中国家在担保“区域”活动

---

① 卓英仁：《论国际环境法发展趋向及对中国环境法影响》，中国政法大学博士论文，2005年4月，第11页。

② 段洁龙：《中国国际法实践与案例》，北京：法律出版社，2011年，第323页。

③ 《公约》第一四〇条规定，“区域”内活动应依本部分的明确规定为全人类的利益而进行，不论各国的地理位置如何，也不论是沿海国或内陆国，并特别考虑到发展中国家和尚未取得完全独立或联合国按照其大会第1514(XV)号决议和其他有关大会决议所承认的其他自治地位的人民的利益和需要。

时所应承担的责任和义务。从实际角度出发，“咨询意见”认为平等的义务可防止发达国家的公司为规避责任转到发展中国家进行开发，而使这些发展中国家成为“方便担保国”。这种“方便担保国”会损害环境保护最高标准的统一实施，对环境保护造成威胁，影响“区域”内活动的安全开展和对全人类继承财产的保护。英国和俄罗斯在为“咨询意见”出具的书面意见中均持此种观点①。一些发达国家国际法学者同样认为，国家对于国际环境保护责任的差别性可能会导致更高的执行成本，并且会削弱全球环境机制的正当性和可信度②。

(二)风险预防性方法

《咨询意见》要求担保国在环境保护方面采取风险预防性方法(precautionary approach)。法庭的主要法律依据包括：国际海底管理局《锰结核勘探规章》(第31条第2段)、《多金属硫化物勘探规章》(第33条第2段)、1992年《里约宣言》③，以及国际海洋法法庭1999年8月关于南方蓝鳍金枪鱼案的判决等。

《锰结核勘探规章》和《多金属硫化物勘探规章》均规定，“为确保有效保护海洋环境，防止区域内的活动损害环境”，缔约国和国际海底管理局均“应采取《里约宣言》第15项原则所表明的风险预防性方法”。《里约宣言》并不具有法律约束力，但是《锰结核勘探规章》和《多金属硫化物勘探规章》通过采纳宣言中的这项原则而将其转化为具有法律约束力的规定。④《里约宣言》对于风险预防性方法的解释在世界范围内得到广泛认可。

《咨询意见》认为在环境保护方面采取风险预防性方法是担保国的义务，且是担保国“尽责”义务的有机组成部分，其适用范围超过国际海底管

---

① 详见Written Statement of UK, Written Statement of Russia, http://www.itlos.org/index.php?id=109。

② [英]Patricia Birnie, Alan Boyle:《国际法与环境》，那力等译，北京：高等教育出版社，2007年，第97页。

③ 《里约宣言》第15条原则阐明，为保护环境，各国应根据各自能力广泛采用风险预防性方法。当严重或不可逆转的破坏威胁存在时，不得以缺少足够的科学确定性为由延迟采取适当措施防止环境恶化。

④ Seabed Disputes Chamber of The International Tribunal for the Law of the Sea, Advisory Opinion On Responsibilities and Obligations of States Sponsoring Persons and Entities with Respect to Activities in the Area, para. 127.

理局的采矿规章。担保国“尽责”义务要求担保国采取所有适当的措施，防止它们所担保的合同方的活动损害环境。此项义务适用于有证据表明“区域”内活动存在潜在环境风险，但对于可能造成的损害的范围和影响科学证据不足的情况。如果一个担保国无视这些风险，则没有履行“尽责”义务。同时，与国际海底管理局签订的定式勘探开发合同要求合同方采取风险预防性方法，担保国在采取预防性方法方面的义务还包括能够确保合同方在勘探开发活动中采取风险预防性方法。

（三）环境影响评价

《咨询意见》明确担保国具有开展环境影响评价（environmental impact assessment）的义务。主要依据为，1994 年《关于执行〈联合国海洋法公约〉第 11 部分的执行协定》（第一部分第 7 款）明确规定了合同方进行环境影响评价的义务，担保国负有确保所担保的合同方履行此项义务的尽责义务。《锰结核勘探规章》和《多金属硫化物勘探规章》规定环境影响评价是担保国的一项直接义务。因此，担保国的此项义务包括两个方面：第一，与国际海底管理局合作建立和实施环境影响评价；第二，采取适当措施确保所担保的合同方履行其进行环境影响评价的义务。

三、国际海洋环境制度发展态势分析

随着海洋生态环境的恶化和全球气候变化加剧，以及人类开发利用海洋能力的提高，国际海洋环境管理制度出现了一些显著的发展趋势。国际海洋法法庭发表的《咨询意见》是海洋环境管理制度的最新发展，与我国和其他发展中国家参与“区域”资源开发利用关系密切。

（一）发展中国家有效参与国家管辖范围以外区域资源开发利用面临潜在“环境壁垒”

《咨询意见》充分体现了国际海洋法法庭对环境保护的高度重视。法庭认为，在为“区域”内的开发活动进行担保时，发展中国家不论国情如何都应与发达国家承担同样的环境保护责任和义务，而没有采纳“共同但有区别的责任”原则。此种做法有积极的一面，也有消极的一面。法庭的出发点为：平等的义务可防止发达国家的公司为规避责任转到发展中国家进行开发，防止“方便担保国”威胁环境保护。但是，这样做的实质是将海洋环境保护置于确保发展中国家有效参与“区域”事务之上，是一种潜在的“环境壁垒”，客观上必然对瑙鲁、汤加这样的小岛屿国家以及其他国力较弱、管理和技术水平较低的发展中国家参与“区域”资源开发带来阻碍。同样的“环境壁垒”也存在于对南极的资源利用和科学研究，严格的、没有区别的环境制度对科学技术水平和综合国力提出很高的要求①。随着国际社会对环境问题的重视程度不断提高，以及一些西方学者强调“共同但有区别的责任”损害国际环境法的一致性和有效性，在环保领域“共同但有区别的责任”原则不断受到挑战和削弱。

(二)环境损害的预防是国际环境法的首要关注事项

由于国际环境问题影响的严重性，而且许多环境问题所造成的损害是逐渐积累的，在较长时间之后才能显现出来，因此，环境损害的控制和预防成为国际环境法首要关注的事项，而不是对环境损害的赔偿。在环境保护中采取风险预防性方法是1982年《世界自然宪章》和1992年巴西里约热内卢世界环境与发展大会上通过的一项重要原则，被越来越多地纳入到国际协定和其他文件中，出现了成为习惯国际法的趋势。《锰结核勘探规章》和《多金属硫化物勘探规章》附件4第5.1部分所载勘探合同的“标准条款”，以及国际法院关于“乌拉圭河沿岸纸浆厂”的判例等②均规定了风险预防性方法。国际海洋法法庭的《咨询意见》关于预防性原则的意见进一步加强了此趋势。

(三)环境影响评价作为程序性义务已发展为习惯国际法

开展环境影响评价的国家实践始于20世纪60年代，美国、日本和欧洲国家最早不同程度地采用此种制度。联合国欧洲经济委员会通过的《越

① 可参见《关于环境保护的南极条约议定书》(Protocol on Environmental Protection to the Antarctic Treaty，简称《议定书》)及其6个附件。《议定书》是在南极条约框架下一项全面保护南极环境的法律文件，规定南极考察活动必须进行环境影响评价，具有较大环境影响的活动必须向南极条约协商会议环境委员会提出环境影响报告书，得到批准后才能开展相应的活动。《议定书》要求协商国制定或更改国内法规以兑现对南极活动管理的承诺。

② Seabed Disputes Chamber of The International Tribunal for the Law of the Sea, Advisory Opinion On Responsibilities and Obligations of States Sponsoring Persons and Entities with Respect to Activities in the Area, para. 135.

界情况的环境影响评价公约》(1991 年)，是第一部关于国际环境影响评价制度的区域性国际公约。开展环境影响评价也是 1992 年世界环境与发展大会上通过的一项原则，是国际环保制度中一项重要的程序性义务。经过半个多世纪的发展和实践，此项原则已发展成为习惯国际法。国际海洋法法庭强调，开展环境影响评价的义务是《公约》框架下的一项直接义务，也是习惯国际法的一项一般义务。《公约》第二〇六条要求缔约国对计划开展有可能影响海洋环境的活动进行环境影响评价。① 国际法院在关于“乌拉圭河沿岸纸浆厂”的判决中写道：当计划的工业活动在跨界情况下存在严重负面影响时，尤其是针对共同的资源，进行环境影响评价被视为一般国际法的一项要求，近年来各国对此越来越认同。

四、结语

国际海洋环境制度自“二战”后形成以来发展迅速，并仍处于不断的发展变化中。国际海洋法法庭针对“区域”内活动担保国责任和义务的《咨询意见》对于协助国际海底管理局的工作，对于《公约》所建立的国际海底管理制度的实施具有重要作用，也反映出在国际海洋环境保护制度领域愈加严格的环境要求和趋势。《咨询意见》强调，海洋环境保护是开发利用“区域”内矿产资源的强制性要求，对于环境保护的重视高于发达国家和发展中国家“共同但有区别的责任”原则。同时，采取风险预防性方法和环境影响评价成为习惯国际法的趋势进一步加强，采取最佳环保做法成为担保国的一项尽责义务。环保要求高于对发展中国家特殊利益和需要的顾及，有可能在事实上阻碍发展中国家有效参与“区域”活动。中国作为矿产资源需求大国和“区域”活动的积极参与者，对此应予关注和深入研究。

中国重视“区域”矿产资源的战略地位，是国际海底区域事务的积极参与者。自 20 世纪 90 年代之后，随着中国大洋矿产资源研究开发协会的成立和开展有效的工作，我国针对矿物资源紧缺的现实，着眼未来，成功申

① 《联合国海洋法公约》第二〇六条对各种活动的可能影响的评价规定：“各国如有合理根据认为在其管辖或控制下的计划中的活动可能对海洋环境造成重大污染或重大和有害的变化，应在实际可行范围内就这种活动对海洋环境的可能影响作出评价，并应依照第二〇五条规定的方式提送这些评价结果的报告。”在《公约》制定之前，联合国环境署于 1978 年起草了《指导国家在环境领域保护和统一利用两国或多国共享自然资源行为的原则》(1978 年联合国环境规划署原则草案)。草案共有 15 项原则，原则 4 要求各国在采取某些行动之前，进行环境评估。

请位于太平洋的锰结核和位于西南印度洋国际海底区域的多金属硫化物勘探矿区，明显增强了国家的国际地位，为我国经济可持续发展提供了宝贵的资源战略储备。但是，国际海底区域制度赋予各国的权益只是一种制度上的可能，而不是一项既得的现实利益。法律权益转化为现实利益，依赖于国家对“区域”资源勘查的深度和广度，依赖于相关研究和开发技术，以及符合国际海洋环境管理制度要求的有效的国内管理体制。从国际海洋法法庭关于“区域”活动担保国的责任和义务发表的“咨询意见”可以看到，环境保护规定和标准是开发利用“区域”资源必须遵守的，而且，对于海洋环境保护方面的要求越来越严格。要求所有担保国和开发利用者采用风险预防性方法、进行环境影响评价，并采用最佳环保做法。这些条件的满足无一不需要发达的科学技术作为支撑，并要求建立健全国内相应海洋环境保护和管理制度。

鉴此，提出如下政策建议：第一，尽快完善我国大洋和“区域”资源开发环境保护法律制度，制定专门针对大洋和“区域”资源开发的环境保护法律条例，作为我国现有海洋环境保护体系的重要补充。第二，重视海洋环境保护和保全的科学研究和技术研发，提高我国海洋环保的总体水平，增强我国参与国际海底区域和南极等资源开发利用活动的能力。第三，重视海洋领域国际环境法的研究，及时掌握国际环境法最新发展趋势，提升我国在此领域法律制定和实践的国际参与程度。

（2012 年 3 月）

关于建立海洋生态补偿机制的建议

郑苗壮　刘　岩

近年来，我国和沿海地方政府高度重视海洋生态建设和保护工作，制定和采取了一系列政策措施，大大地改善了我国海洋生态环境。但是海洋生态环境保护的形势依然不容乐观，为防止海洋生态环境的进一步恶化，鼓励海洋生态环境的保护与建设，建立完善的海洋生态补偿机制已成为我国海洋生态环境保护工作亟待解决的任务之一。党的十八大将生态文明建设放在突出地位，纳入中国特色社会主义事业“五位一体”总体布局。海洋生态文明作为我国生态文明建设的重要组成部分，建立海洋生态补偿机制是建设海洋生态文明的重要制度保障。十八届三中全会首次确立了生态文明制度体系，再次作出了实行生态补偿制度的战略部署，要求建立海洋生态补偿机制，以刚性的制度约束人的行为，实现对海洋生态文明建设的制度保障。

一、海洋生态补偿的相关法律法规

1982 年，我国将环境保护纳入基本国策，并陆续制定了十几部与海洋环境保护相关的法律法规。《中华人民共和国海洋环境保护法》(以下简称《海洋环境保护法》)是我国海洋环境保护的基本法律，对于防治陆源污染物排放、海岸工程建设、海上石油勘探与开发等损害海洋环境质量、破坏海洋生态平衡的行为进行了法律规定。此外，我国还颁布了一系列单行法律法规，对海洋资源开发行为进行了规定，如《中华人民共和国渔业法》《中华人民共和国农业法》和《中华人民共和国水污染防治法》。我国已把研究制定生态补偿条例列入立法计划，并将建立生态补偿机制纳入国家“十二五”规划。

沿海省市也积极开展海洋生态补偿赔偿的探索。厦门颁布实施了《厦门市海洋环境保护若干规定》，要求该市海洋行政主管部门对涉海工程建设项目的环境影响报告进行审核或者核准时，应当组织对海洋环境和生态影响程度进行评估论证，根据评估论证提出相应的海洋生态补偿意见，并监督实施。山东省颁布的《山东省海洋生态损害赔偿费和损失补偿费管理暂行办法》，对海洋生态损害补偿与赔偿制度的实施，及海洋生态补偿与赔偿费的征收管理进行了规范，成为第一个以政府规章的形式实施海洋生态损害补偿和赔偿的省份。同时颁布的《山东省海洋生态损害赔偿和损失补偿评估方法》为海洋生态损害补偿与赔偿标准的估算提供了技术指南。沿海地方政府对海洋资源特别是渔业资源损害的补偿与赔偿作出了规范。江苏省出台的《江苏省国有渔业水域占用补偿暂行办法》第二十三条规定，占用国有渔业水域对渔业生态环境造成影响的，占用人应当按照环境影响评价报告确定的金额进行赔偿，赔偿金上缴原发证人民政府；广东省出台的《海洋与渔业资源环境损失赔偿款收缴使用管理暂行办法》对该省海洋与渔业资源环境损失赔偿款的收缴、使用管理进行了规范。

表1　我国海洋生态补偿相关的法律法规

法规名称	相关内容
《中华人民共和国环境保护法》	第二十八条　排放污染物超过国家或地方规定的污染物排放标准的企事业单位，依照国家规定缴纳超标排污费，并负责治理。
《中华人民共和国海洋环境保护法》	第十一条　直接向海洋排放污染物的单位和个人，必须按照国家规定缴纳排污费。向海洋倾倒废弃物，必须按照国家规定缴纳倾倒费。根据本法规定征收的排污费、倾倒费必须用于海洋环境污染整治，不得挪作他用。 第六十六条　国家完善并实施船舶油污损害民事责任制度；按照船舶油污损害赔偿责任由船东和货主共同承担风险的原则，建立船舶油污保险、油污损害赔偿基金制度。 第九十条第二款　对破坏海洋生态、海洋水产资源、海洋保护区，给国家造成重大损失的，由依照本法规定行使海洋环境监督管理权的部门代表国家对责任者提出损害赔偿要求。
《中华人民共和国农业法》	第六十三条　国家引导、支持从事捕捞业的农(渔)民和农(渔)业生产经营组织从事水产养殖业或者其他职业，对根据当地人民政府统一规划转产转业的农(渔)民，应当按照国家规定予以补助。
《中华人民共和国渔业法》	第二十八条　县级以上人民政府渔业行政主管部门应当对其管理的渔业水域统一规划，采取措施，增殖渔业资源。县级以上人民政府渔业行政主管部门可以向受益的单位和个人征收渔业资源增殖保护费，专门用于增殖和保护渔业资源。

续表

法规名称	相关内容
《中华人民共和国水污染防治法》	第二十四条　直接向水体排放污染物的企业事业单位和个体工商户，应当按照排放水污染物的种类、数量和排污费征收标准缴纳排污费。排污费应当用于污染的防治，不得挪作他用。
《中华人民共和国对外合作开采海洋石油资源条例》	第十条　参与合作开采海洋石油资源的中国企业、外国企业，都应当依法纳税，缴纳矿区使用费。
《中华人民共和国海洋石油勘探开发环境保护管理条例》	第二十六条　主管部门对违反《海洋环境保护法》和本条例的企业、事业单位、作业者，可以责令其限期治理，支付消除污染费用，赔偿国家损失；超过标准排放污染物的，可以责令其缴纳排污费。
《中华人民共和国防治陆源污染物污染损害海洋环境管理条例》	第七条　任何单位和个人向海域排放陆源污染物，超过国家和地方污染物排放标准的，必须缴纳超标准排污费，并负责治理。
《渔业资源增殖保护费征收使用办法》	第五条　海洋渔业资源费年征收金额，由沿海省级人民政府渔业行政主管部门或海区渔政监督管理机构，在其批准发放捕捞许可证的渔船前三年采捕水产品的平均总产值1% ~3%的幅度内确定。
《山东省海洋生态损害赔偿费和损失补偿费管理暂行办法》	全文
《厦门市海洋环境保护若干规定》	第九条　对污染损害海洋环境或者破坏海洋生态、海洋生物资源、海洋保护区，给国家造成重大损失的，由海洋行政主管部门或者其他行使海洋环境监督管理权的部门及其委托的依法成立的公益环保组织对责任者提出损害赔偿要求。 第十八条　市海洋行政主管部门对涉海工程建设项目的环境影响报告进行审核或者核准时，应当组织对海洋环境和生态影响程度进行评估论证，根据评估论证结果提出相应的海洋生态补偿意见，并监督实施。市海洋行政主管部门组织制定海洋生态补偿的实施细则。

二、海洋生态补偿的主要手段

(一)财政转移支付

我国自1994年实施分税制以来，财政转移支付成为中央平衡地方发展和补偿的重要途径，虽然海洋生态补偿并不是财政转移支付的重点，但是财政转移支付还是当前我国最主要的海洋生态补偿途径。自2010年起，我国相继开展了海域海岸整治修复工程和海岛的整治修复工程，有效保护海洋资源环境，提升资源环境承载能力。财政转移支付为生态补偿提供了资金保障，通过依靠财政转移支付政策，从制度上制定与保护海洋生态环境相关的生态补偿支出项目，用于保护和利用海洋资源。

(二)专项基金

专项基金是我国开展海洋生态补偿的重要形式，由国家或地方财政专设资金，对有利于海洋生态保护和建设的行为进行资金补贴和技术扶助。如：中央海岛保护专项资金用于海岛的保护、生态修复。海洋捕捞渔民转产转业专项资金用于吸纳和帮助转产渔民就业、带动渔区经济发展、改善海洋渔业生态环境的项目补助。

(三)重点工程

海洋自然保护区、海洋特殊保护区、海洋公园以及海洋生态文明示范区建设，不但实现了海洋生态建设与生态修复的目标，而且对项目区内的居民提供了资金、实物和技术上的补偿，对于引导当地居民转变生产生活方式、减轻生态环境压力具有重要的积极意义。

(四)资源税及资源费

我国所有的资源类法律中，都强调了资源有偿使用的原则，如矿产资源费、水资源费、耕地占用费等。2011年修订的《中华人民共和国对外合作开采海洋石油资源条例》规定开采海洋石油资源征收资源税。《中华人民共和国渔业法》和《中华人民共和国渔业资源增殖保护费征收使用办法》对渔业资源增殖征收保护费作出了相关规定。

（五）排污收费制度

为减少陆源污染物入海，我国建立了“排污收费制度”。2000年新修订的《海洋环境保护法》明确规定直接向海洋排放污染物的单位和个人，必须按照国家规定缴纳排污费，以法律的形式建立海洋排污收费制度。为了规范海洋石油勘探、开发中的排污行为，保护海洋环境，颁布了《海洋工程排污费征收标准实施办法》，确定了我国海洋工程排污收费的制度和标准。

（六）倾倒收费制度

依据1982年《海洋环境保护法》，我国建立了海洋倾废许可证制度。海洋倾倒收费制度在激励海洋开发工程建设减少污水排放，促进排污企业加强污染治理，节约和综合利用资源，促进海洋环境保护事业的发展过程中发挥了重要作用。

三、海洋生态补偿存在的问题

（一）法律制度有待完善

我国涉及海洋生态补偿的法律法规很多，但是没有海洋生态补偿的专门立法，涉及海洋生态补偿的法律规定分散在多部法律之中，缺乏系统性和可操作性，也无法为我国海洋生态补偿实践提供指导和依据。现存的法律只是对负外部性的内部化，以收费为主，没有考虑对生态保护的正外部性进行补偿，未能发挥经济手段在补偿中的作用。海洋生态补偿法律体系存在结构性缺陷，各项单行法不统一，其权威性和约束力不足。海洋生态补偿还缺少下位法的具体规定，缺乏生态补偿的主客体、对象、范围、标准、资金来源的相关规定，在实施海洋生态补偿的实际工作中缺乏法律依据，既妨碍了海洋生态补偿制度的推动，也不利于规范我国海洋生态补偿实践的开展。

（二）产权制度缺失

明确海洋生态补偿的利益相关方必须以界定产权为前提，产权不够明晰制约生态补偿机制的建立。当前，我国虽然在海域使用权方面已通过立法形成了制度，但是全面的海洋资源产权制度体系还未建立。产权制度缺陷导致海洋资源使用权的获得者缺乏追求使用效率的激励和约束，海洋资源的配置无法达到最优状态。产权制度缺陷引起利益相关方及其相应的权利和责任不明确，使得海洋生态破坏者无需承担破坏生态的责任和成本、海洋生态保护的受益者无需支付费用，而海洋生态保护者得不到应有的经济激励、海洋生态破坏的受害者得不到应有的经济赔偿。环境利益及经济利益关系的严重扭曲，导致权责不能落实到位。

（三）补偿方式单一

我国海洋生态补偿主要是政府主导，以行政手段的强制性及宏观性解决海洋生态补偿问题。补偿方式主要是财政转移支付和专项基金等政府手段。企事业单位投入、优惠贷款、社会捐赠等其他渠道明显缺失。单一的投融资渠道很难保障海洋生态补偿制度的进一步推进。海洋生态补偿的市场化手段缺乏，严重制约了我国海洋生态补偿工作的实施。一对一交易、排污权交易和生态标签等市场交易体系尚处于探索阶段，并未形成正式的制度安排。

（四）技术支撑不到位

海洋生态补偿标准体系、海洋生态服务价值评估核算体系、海洋生态环境监测评估体系等建设滞后，有关方面对海洋生态系统服务价值测算、海洋生态补偿标准等问题尚未取得共识，缺乏统一、权威的指标体系和测算方法。

四、相关对策建议

（一）健全海洋生态补偿法律体系

通过完善立法，健全海洋生态补偿长效机制。修订《中华人民共和国海域使用管理法》对海域使用权制度及征收海域使用金的规定。海域使用金是国家作为海域的所有者出让海域空间使用权应当获得的收益，不应包括对海洋自然生态资源的占用及损害的赔偿。修订《海洋环境保护法》对海洋生态补偿的规定。按照“谁开发谁保护，谁收益谁补偿”的原则，实施海洋生态建设和生态修复，对失去发展机会的社会机构、法人、自然人应进行补偿，对为保护海洋生态而转产转业的法人、自然人给予补助。加快研究起草生态补偿条例，明确海洋生态补偿的基本原则、主要领域、补偿范围、补偿对象、资金来源、补偿标准、相关利益主体的权利义务、考核评估办法、责任追究等。

（二）建立海洋生态损害赔偿责任制度

建立海洋生态环境保护责任追究和环境损害赔偿制度，确保海洋生态环境保护法律责任、行政责任、经济责任的“三重落实”，是保障保护海洋生态环境，维护公众环境权益的必然要求，同时也是制裁环境违法行为的要求。要科学确定海洋生态环境保护责任追究和环境损害赔偿的原则以及追溯时效，明确规范环境损害赔偿的范围和操作程序。同时，加紧建立第三方鉴定评估机构和专业队伍，健全工作机制，尽快形成实际工作能力。

（三）深化海洋资源产权制度

建立和完善海洋资源产权的所有权代理的制衡和激励机制，避免出现“政府代理失效”，应通过建立权力制衡机制来规制代理者，还要通过绿色政绩考核体系的建设来形成对海洋资源国家所有权各级代理者的激励机制。对海洋资源的产权进行明确和清晰的界定，明确界定各种行为权利的归属，通过海洋资源产权制度的法律安排来规定其使用的责、权、利关系。

（四）开展多元化补偿方式探索和试点工作

充分应用经济手段和法律手段，探索多元化生态补偿方式。增加资源税等一般性财政收入向海洋生态补偿的倾斜力度，完善国家支持扶持政策，引导和鼓励沿海地方政府通过税收优惠、绿色信贷等方式推进海洋生态补偿工作。积极运用私人交易、排污权交易、生态标签等补偿方式，探索市场化补偿模式，拓宽资金渠道。开展海洋生态补偿示范区建设，设立海洋生态补偿基金，在山东、福建、广东等省海洋自然保护区、海洋公园和海洋生态文明示范区等开展海洋生态补偿试点。

(五)完善海洋生态补偿技术体系

完善海洋生态系统服务功能分类、量化和价值计算指标体系，建立海洋生态补偿量的核算指标体系，用制度强化的方法明确海洋生态补偿量时应核算的指标及核算的方法。加强海洋生态环境监测，完善海洋生态损害评估体系，建立海洋生态补偿标准。建立海洋生态补偿价值评估资质审查制度，管理并监督海洋生态补偿价值核算业务。

(六)提升全社会海洋生态补偿意识

在不断强化公众的海洋生态文明理念的基础上，国家和各级政府要推动社会各阶层积极参与海洋生态补偿，使海洋生态补偿的意识深入人心。加强海洋生态补偿宣传教育力度，确立生态优先的发展理念，使海洋生态保护者和生态受益者以履行义务为荣、以逃避责任为耻，自觉抵制不良行为。引导全社会树立生态产品有价、保护生态人人有责的意识，营造珍惜环境、保护生态的氛围。维护公众的环境清洁权、环境安静权、环境知情权、环境监督权和环境索赔权等生态环境权益，推动公众参与海洋生态补偿实施进程。

五、结语

建立健全海洋生态补偿制度及机制，不仅是完善海洋生态环境保护的法律体系的安排，还是落实科学发展观、建立生态文明、构建和谐社会的重要举措。应调整区域生态环境保护相关主体间的环境及经济利益分配关系，协调经济与环境、发展与保护、公平与效率之间的关系，促进沿海地区持续、快速、健康发展。要切实解决重要的海洋生态功能区、海洋开发领域的环保问题，建立完善海洋生态补偿技术方法体系和标准，改善海洋环境质量，为实现保护海洋生态环境的总体战略目标、建设美丽海洋和全面建成小康社会的宏伟目标服务。

(2013 年 12 月)

海洋保护区的发展趋势分析

裘婉飞

在全球海洋生态环境退化和海洋资源减少的背景下，海洋保护区在海洋管理中的重要性日益凸显。在国际社会的倡导下，近5年来，海洋保护区的建设在在全球范围内迅速推进。目前全球共有12 000多处海洋保护区，总面积达到1200万平方千米，占全球海洋总面积的3.4%、国家管辖海域的8.5%，其中2010—2015年建立的海洋保护区面积超过总面积的一半。随着海洋保护区数量的增多，海洋保护区的发展正从“量变”向“质变”突破，科学性、有效性、包容性和公平性已经成为海洋保护区建设的重要目标，建立良好的治理体系也成为其中的核心任务。

一、海洋保护区的概念和演变

在特定的海域内对海洋资源进行管理和保护的实践有着悠久的历史。在大洋洲的岛国，出于资源管理和宗教祭祀的需要而设定禁渔区的做法可以追溯到多个世纪以前。世界上第一个现代意义的、为自然保护而建立的海洋保护区被认为是位于美国佛罗里达州的杰斐逊堡国家公园，建立于1935年，覆盖近1.9万公顷的海洋面积。1962年，世界国家公园大会(World Conference of National Parks)首次提出了海洋保护区的概念。1988年，世界自然保护联盟(IUCN)第十七届全会决议案根据当时保护区的定义，从全球层面上提出了对应的海洋保护区的定义是“任何通过法律程序或其他有效方式建立的，对其中部分或全部环境进行划区保护的潮间带或潮下带陆架区域，包括其上覆水体及相关的动植物群落、历史及文化属性”①。

① 原文为Any area of intertidal or subtidal terrain, together with its overlying water and associated flora, fauna, historical and cultural features, which has been reserved by law or other effective means to protect part or all of the enclosed environment。Kelleher J, 1999. Guidelines for Marine Protected Areas. Cardiff: IUCN - WCPA.

2008年，世界自然保护联盟对其保护区的定义做了调整，将保护区定义为“任何通过法律程序或其他有效方式进行认可、服务并且管理，以实现对于自然以及相关的生态系统服务和文化价值进行长期保护的特定的地理空间”①。这一定义的调整在一定程度上反映了对于保护区的目标、作用和功能的认识上的转变。在其80年的历史中，由于在科学认识、法律制度、管理机制等方面的创新，全球海洋保护区体系在目标设定、划分方法、治理方式等很多方面都呈现出多样化的趋势。下文对于全球海洋保护区发展的趋势做一归纳。

第一，建立多用途的海洋保护区已经成为一种趋势。海洋保护区能够实现自然科学、经济和文化等不同的目标。在各国实践中，海洋保护区的目标和功能往往超越科学研究和自然保护的需要，而学界也并没有形成关于海洋保护区目标的统一的共识。根据保护区的主要目标和作用，IUCN将其分成六个不同的类型。从类型Ⅰ到类型Ⅵ，保护的目标由生物多样性保护逐渐过渡到可持续的资源管理，保护的严格程度也逐渐降低。从全球范围来说，属于类型Ⅰ的管理最严格的保护区在面积上来说只是少数，而以可持续的资源管理为主要目的的类型Ⅵ的保护区面积最大，增长最快，占目前统计保护区总面积的40%。② 面积较大的海洋保护区往往根据保护目标和实际需要进行分区，如澳大利亚的大堡礁海洋公园根据管理目标，分成8类区域并对不同区域的活动进行不同程度的限制，其中保护管理比较严格的Ⅰ类和Ⅱ类区域约占总面积的1/3。③

第二，建立超大型的海洋保护区已经成为一种趋势。海洋保护区在全球范围内的分布极其不均，海洋保护区总面积的迅速增长很大程度上来源于英国、澳大利亚、美国、法国等少数国家在近5年来建立的超大型的海洋保护区，这些超大型保护区多位于英、法等国海外领地的管辖区域。如2014年，法国政府将其海外领地新喀里多尼亚的经济专属区都划入海洋保

① 原文为 A clearly defined geographical space, recognised, dedicated and managed, through legal or other effective means, to achieve the long - term conservation of nature with associated ecosystem services and cultural values. Dudley N, 2008. Guidelines for Applying Protected Area Management Categories. Gland, Switzerland: IUCN.

② Juffe - Bignili et al. Protected Planet 2014. Cambridge: UNEP - WCMC.

③ Day and Dobbs. 2013. Effective governance of a large and complex cross - jurisdictional marine protected area: Australia's Great Barrier Reef. Marine Policy, 41: 14 - 24.

护区，总面积超过130万平方千米，成为世界上最大的海洋保护区。英、澳、法三国建立的大型保护区面积约占全球海洋保护区面积的一半。[②]

第三，海洋保护区设立的热点区域正从海岸带和国家管辖海域向远海和国家管辖范围以外海域推进。公海占全球海洋面积的64%，而保护区仅占公海面积的0.25%。要到达《生物多样性公约》保护10%的海洋生态系统的“爱知”目标，还需要保护超过2100万平方千米的公海。[①] 2015年6月，第69届联合国大会的第292号决议决定将在《联合国海洋法公约》框架下，制定新的国际协议来解决包括海洋保护区在内的国家管辖范围以外海洋生物多样性保护和可持续利用的“一揽子”问题。虽然新协议还要经过多轮国际谈判，其制定必将推进公海保护区的建设。

第四，随着海洋保护区的目标和形式的演变，其治理方式也日渐多元化。IUCN将保护区的治理方式分为四大类——国家管理、政府和其他主体共同管理、由土著和社区机构和代表管理，以及由私营机构(包括非政府组织)管理。由国家管理的海洋保护区仍占大多数，其他治理方式已经趋向成熟。在其他国家，共同管理、由土著和社区管理，以及私营机构管理的海洋保护区的数量在迅速增加。[①]这些非传统的治理模式的合法性、合理性和有效性已经得到广泛认可。

第五，随着大型海洋保护区的建设和海洋保护区网络的发展，海洋保护区和大规模的海洋空间规划的关系更为紧密。一些大型海洋保护区，如大堡礁国家公园，其分区规划和管理涉及多种海洋活动和产业，本身就是以保护海洋生态系统为目的的海洋空间规划。在欧盟国家，科学、合理地安排新建海洋保护区，以及平衡各类活动的用海需求，是海洋空间规划的重要目标。[②] 通过海洋空间规划，海洋保护区内外的海域利用能够互相协调，实现生态系统尺度上的可持续的海域规划和利用，填补了海洋保护区功能上的缺陷。[③]

---

① Juffe - Bignili et al. Protected Planet 2014. Cambridge: UNEP - WCMC.

② Qiu W, Jones PJS. 2013. The emerging policy landscape for marine spatial planning in Europe. Marine Policy, 39: 182 - 190.

③ Agardy T. 2012. Mind the gap: Addressing the shortcomings of marine protected areas through large scale marine spatial planning. Marine Policy 35(2): 226 - 232.

二、海洋保护区的治理：模式和手段

“治理”一词源自希腊语“kubernan”，古意为掌舵或者掌握方向，曾被古希腊哲学家柏拉图用来形容设计规则体系来引导社会发展的方向。因此，“治理”一词的传统含义是指国家和政府使用合法的权力来管理社会事务。然而，随着时代的变化，越来越多的私营机构和社区组织参与公共事务的管理，“治理”一词的内涵也发生了变化。全球治理委员会将“治理”定义为“或公或私的个人和机构经营管理相同事务的诸多方式的总和，是相互冲突或不同的利益得以调和并且采取联合行动的持续的过程”①。治理的特征可以归纳为：①治理强调参与管理公共事务的不同组织和机构之间的互动、协调和联合行动的机制和过程；②治理涉及公、私部门，参与治理的机构和组织自发形成互相依赖的网络；③参与治理的组织和机构遵循一定的规则来行使权力或履行职责，这些规则得到广泛的尊重和认可；④治理并不一定通过政府的管制与权威来实现，政府可以通过新的治理工具和技巧来指导和把握社会发展的方向。②

在全球环境、自然资源和保护区治理的研究领域，总体的趋势是越来越强调当地社区的权益和市场的作用。学术界关于治理方式的讨论大致可以分为三类。

(一)从上而下的治理

在20世纪70年代以前，主流的自然保护政策强调以政府主导、通过法律的制定和执行来管理自然保护区。这种方式被形象地称为“围栏与罚款”(fences and fines)或者“堡垒式的自然保护”(fortress conservation)。这种强制性的、从上而下的治理被认为是克服自然资源使用者的自私贪婪的本性、彻底解决“公地悲剧”的最有效的治理方式。这种治理方式往往将当地社区的自然资源使用者视为保护区的最大威胁，采用强制性的方式剥夺当地自然资源适用者的权利，甚至将当地社区清除出保护区。早期的保

① The Commission on Global Governance. 1995. Our Global Neighbourhood. Oxford: Oxford University Press.

② Stoker G. Governance as theory: five propositions [J]. International Social Science Journal, 1998, 50 (155): 17-28.

护区，如非洲的狩猎保护区(game reserves)、美国的黄石公园等，都是统治者通过保护区对土著社区进行清理的历史见证。现代的保护区从一开始，就是全球政治权力不平等的体现。然而在早期，这种不平等性常常被学界认为是必要的、可以接受的，因为“不公正的结果优于资源的全部毁灭”①。

(二)从下而上的治理

从20世纪70年代起，和自然保护相关的主流思想发生了根本性的改变，主要反映在保护区的目标，以及保护区和当地社区的关系上。当地社区和自然资源使用者的合理权利、责任和作用，以及平衡保护与发展之间的需求的重要性得到了广泛的认识。以社区主导、或者政府和社区共同管理的治理形式得到了认可和鼓励。这一转变的历史背景是：第一，由于政府缺乏管理资源、地方反对等问题，“从上而下”的治理模式在保护生态环境上效率较低；第二，人权、民主、参与和经济自由化逐渐成为核心价值；第三，从20世纪60年代起，可持续发展逐渐替代了纯粹的自然保护，成为保护区治理的主要指导原则。

从下而上的保护区治理模式在全球范围内有着广泛的实践，其特征可以概括为以下几点：

- 积极地推动当地社区在自然资源管理和生物多样性保护中的参与；
- 依靠地方机构和各方的共同努力来实现自然保护的目标；
- 在不同程度上将权力下放至社区；
- 将社会经济发展和自然保护相调和的决心和行动；
- 保护当地和土著社区的自然资源的拥有权和使用权，将其获取自然资源的权利合法化；
- 对于传统文化和价值的信仰，包括传统和地方知识在现代自然保护中的应用。

虽然从下而上的治理被认为是比较公平的，但是也会陷入“地方主义”的危险，即短期的地方社区的利益和自然保护的长远、战略性目标之

① Hardin G. 1968. The tragedy of the commons. Science (162): 1243 - 1248.

间有着不可调和的矛盾。① 以地方社区为中心的、小范围的保护区管理，也无法达到保护大型生态系统的目标。

(三)市场的作用

用市场和经济措施来实现保护区管理并不是新的现象。Brockington（2008）认为保护区的私有化是自然保护和“新自由主义”（neo - liberalism）在全球范围内结合的产物②。通过资本对大型非政府组织的控制、建立多用途的保护区、自然资源所有权的下放、保护区管理权的私有化、对自然产品的市场认证、保护区产生的生态服务价值的货币化等多种途径，市场在保护区治理中的作用越来越重要。与传统的政府主导的保护区治理模式比较，市场在促进当地社区的发展、合理配置资源方面有着一定的优势，但也有着明显的缺点和不足。市场会有选择地保护交易利润较高的自然资源和生态系统服务，如渔业资源等，对于一些濒危海洋物种和没有明显经济价值的生态系统服务，市场无法有效地发挥作用。市场和自然资源价格的波动也会对保护区的治理产生无法预期的影响。同时，市场的介入也有可能对传统、小型的资源使用者产生冲击，改变原有的经济结构和收入分配方式。

三、海洋保护区的治理手段

从上文的讨论可以看出，海洋保护区的不同治理模式有各自的理论依据和优点、缺点，没有一种治理方式可以完美地解决所有的问题。Kelleher（1995 年）认为成功的海洋保护区治理应该很好地融合不同的治理方式③。Jones、Qiu 和 De Santo（2013 年）④通过对全球海洋保护区的典型案例研究，将海洋保护区的治理手段分成以下五大类：法律和政策、市场和经济、参与和共同决策、科学和技术、教育和宣传(见表1)。Jones 等(2013 年)提出

① Jones PJS, Burgess J. Building partnership capacity for the collaborative management of marine protected areas in the UK: a preliminary analysis. Journal of Environmental Management, 77(3): 227 - 243.

② Brockington D, Duffy R, Igoe J. 2008. Nature unbound: the past, present and future of protected areas. London: Earthscan.

③ Kelleher G, Bleakley C, Wells S. 1995. A Global Representative System of Marine Protected Areas. Washington DC: Great Barrier Reef Marine Park Authority, the World Bank, and IUCN.

④ Jones P J S, Qiu W, De Santo E. 2013. Governing marine protected areas: socio - ecological resilience through institutional diversity. Marine Policy, 41: 5 - 13.

不同类型的治理手段互相关联、互为影响，形成海洋保护区的治理网络，而这一网络抵御外来冲击和自我修复的能力来自于治理手段的多样化，以及不同治理手段之间的有机联系。

表 1　海洋保护区的治理手段

市场和经济手段
通过设置禁捕区来提高周边渔业种群的可持续捕捞量
推动海洋保护区的生态旅游和海洋产品及产业的“绿色营销”
确保海洋保护区产生的经济利润能够和当地的社区公平地分享
对于海洋保护区产生的生态系统服务的直接、有偿支付
鼓励海洋保护区相关的社区发展替代生计
对因海洋保护区建设而承担直接经济损失的个人进行经济补偿
利用海洋保护区产生的利润来改善和提高当地社区的基础设施水平
赋予当地社区适当的海域和渔业资源的所有权和使用权
政府提供足够的资金来支持海洋保护区的建设和不同治理手段的应用
积极向私营机构和非政府组织寻求资源来支持海洋保护区的建设
教育和宣传手段
利用媒体、公众偶像和其他渠道来获取民众对海洋保护区的支持
推动民众对于海洋保护区的经济效益的认识
增进民众对于海洋保护区的法律和法规的了解
科学和技术手段
采取措施来减少科学不确定性对海洋保护区治理的负面影响，包括制定预防性原则的应用条件和规则、适应性管理等
通过独立专家和公正公平的辩论来减少科学不确定性和互相矛盾、冲突的信息对于海洋保护区决策的影响
促进资源使用者和科学家之间的相互学习和尊重
最大限度地发挥科学在指导海洋保护区决策和监测中的作用
法律和政策手段
从国际、国内、地方等各个层面为海洋保护区的建设提供坚实的法律基础
从法律制度上，对如何处理自然保护和经济发展之间的根本矛盾，做出明确但是合乎情理的安排
确保有足够的能力、财政资源、政治意向和监测技术投入到海洋保护区的治理中
从法律制度上，对于自然保护区的目标、管理规则、各方的职责和权利进行清晰的定义，并确保不同法律、法规之间的协调一致

续表

法律和政策手段
制定详细的标准、条件和规则来促进保护区目标的实现、规范资源使用权的使用
对海洋保护区的管辖和司法权限做出清晰的规定
设立能够广为接受的争端解决机制
确保法律制度具有一定的灵活性，使适应性管理能过得以实施，地方政府和社区能够因地制宜采取合理的管理手段
建立有效的司法体系，对于违反海洋保护区法律和法规的行为能够做出迅速、合理的裁决
从法律、行政和其他层面，建立各级政府和各管理和执法部门之间的协调机制
从法律制度上确保公众参与海洋保护区决策的权利和机制
参与和共同决策
建立公众参与海洋保护区决策的机制和机构
合理下放权力，确保在决策和管理中利益相关者、地方和国家利益的平衡
对不同利益相关者参与的程序、程度和方式做出清晰的规定，做到不偏向任何团体和机构
通过增加透明度和交流等方式，增进不同团体、机构和个人之间的信任和合作
有针对性地建立和加强管理者和利益相关者之间的信任和合作
透明、清晰的决策过程，包括公布利益相关者和公众的意见如何被采纳，以及决策的潜在影响的信息
鼓励当地社区代表和机构参与海洋保护区的执法和监督
在有外来竞争者的情况下，保护本地资源使用者的利益
提供地方和社区参与影响更高层政策和机制的机会
通过相对独立的协调人员来协调共同决策的过程
由受到广泛尊重的人士来处理争端和提供建议

四、海洋保护区治理的核心问题

随着国际社会对于自然保护的重视和相关立法的推进，建立以保护生态系统为目的的远海和公海保护区正在成为海洋保护区发展的新趋势。尽管海洋保护区治理的方式和手段呈现多样化的趋势，在远海和公海地区，当地社区和土著居民的利益已基本不复存在，因此海洋保护区的治理方式将更加偏重于从上而下的治理，而治理手段也将偏重于法律和政策、科学和技术手段。这类保护区的治理将面临两个关键的问题。

第一是治理的有效性，即海洋保护区能否有效地实现其目标。海洋相对于陆地来说，是相对开放的系统，要控制和管理进入海洋保护区的人员和活动，所需要的成本、技术和对管理能力的要求更高。在全球范围来看，拥有充足的资源条件，能对各类活动进行有效管理的海洋保护区只是少数①。而随着远海和公海保护区的建立，海洋保护区管理和执法的成本将提高。这类面积较大、离岸较远的海洋保护区很可能要借助卫星、飞机等高技术手段来进行管理和执法，如何提高有效性将是其面临的重要的问题。

第二是治理的公平性。大部分对海洋保护区治理的公平性的研究聚焦近岸的保护区，以及渔业、旅游等活动的收入分配的公平性。远海和公海保护区治理的公平性问题将是一个全新的领域。作为“人类最后的公共资源”，远海、公海和深海能够产生何种利益，以及分享的方式和渠道都尚未有定论。掌握远海、公海和海底相关科学知识和技术的少数国家和机构，将在公海保护区的建立、管理和监测中发挥重要作用。即使决策过程是完全开放和透明的，大部分“地球公民”也将受知识和技术能力的限制，无法很好地参与其中。远海和公海保护区对于地区、国家和代际间公平性的影响将是值得深入探讨的问题。

五、对中国的启示

海洋保护区体系的演变说明在海洋保护区的治理上，没有一种方式或手段是具有绝对优势的。海洋保护区治理方式和手段的变化之快也许印证了科学家 Redford 的观点：“自然保护的历史是对于新的观点和方法的信仰，相信其能够彻底解决人类对自然长期的不尊重，但是往往以几年后的失败和失望结束。”成功的海洋保护区治理往往要经过几十年的探索和实践，正是国外科学理论的发展和丰富的经验，为完善我国海洋保护区的治理体系提供了很好的参考。中国的海洋保护区建设从 20 世纪 80 年代开始，经历了中国沿海地区的经济转型和社会体制的重大变革，在很多方面具有一定的特殊性。要完善中国海洋保护区的治理体系，还需要在理论的基础上，结合实践，探索符合中国政策、环境保护和社会发展需求的治理原则和方式。

① Juffe - Bignili et al. Protected Planet 2014. Cambridge: UNEP - WCMC.

第一，从海洋保护区的目标和功能上来说，目前海洋保护区的管理目标以保护海洋物种和栖息地、促进海洋旅游等为主，在适当的海域和条件下，可以考虑建立以自然保护和促进渔业和传统产业的可持续发展为目的的海洋保护区。中国经济的快速发展导致用海需求大，同时与周边国家存在海洋争端，建立大型的、严格保护的海洋保护区的条件尚不成熟。其次，中国沿海的快速工业化和城镇化对于传统渔村的冲击极大，渔业资源急剧下降，海域资源在市场的配置下，有向大型企业集中的趋势。渔业资源的可持续性和沿海渔村的经济发展和社会稳定有着密切的联系。在这样的背景下，海洋保护区的另一项重要功能可以是促进海洋传统资源的可持续性，在市场竞争的冲击下，为渔业、养殖等传统产业和传统渔村未来的发展预留一片空间。传统产业相对大规模的开发来说，环境影响小，是更加可持续和包容的经济发展方式，更能够达到环境保护和经济发展之间的平衡。

第二，在海洋保护区的治理方法上，从增加海洋保护区治理的可持续性和多元化的角度，应鼓励多种不同类型的治理手段的运用。地方政府在中国的海洋保护区管理和建设中往往具有举足轻重的作用，海洋保护区内海域使用审批权的下放更是加强了这一趋势。在地方政府的积极推动下，市场和经济手段在海洋保护区管理中发挥了重要的作用，如通过旅游开发来促进保护区周边社区的经济发展、为当地社区提供替代生计、为保护区的管理提供经费等。这种“在保护中求发展”的管理方式容易导致自然资源的过度开发。其他类型的治理手段，如科学技术、参与和共同决策等，在我国海洋保护区治理中的作用相对薄弱。法律和政策手段在实际执行中也常常遇到阻碍。发挥多种治理手段的作用，对于提高海洋保护区的有效性和可持续性，以及生态保护和经济发展之间的平衡，具有重要的意义。

第三，从海洋保护区在国家海洋治理体系中的作用来看，海洋保护区是人类探索与自然和谐共存的重要尝试，是实现基于生态系统的海洋管理的主要工具，应该成为海洋生态文明建设的重要领域和试点。《生态文明体制改革总体方案》提出了多项促进海洋保护区体制建设的改革措施，如建立国家公园体制、严格实行生态环境损害赔偿制度、完善国家公园和海洋资源相关的法律法规等。海洋保护区具有良好的自然生态条件和一定的保护基础，海洋资源开发布局合理，是由点及面开展相关领域的制度改革、推进海洋生态文明的理想的试点。在实践的基础上，学术界应该重视和加强对于中国海洋保护区治理的研究，在这一领域开展系统、深入的理论和案例研究，探索适合中国的治理原则、方式和相应的理论体系。这既能满足丰富中国海洋生态文明体制、推进海洋治理能力现代化的需求，也能服务于中国积极参与全球保护区治理的需要。

（2015 年 12 月）

对美国扩建中太平洋大型海洋保护区计划的思考

丘 君

一、美国扩建大型海洋保护区计划概要

2014年6月17日，时任美国总统奥巴马通过视频向美国国务院主办的"我们的海洋"世界海洋大会致辞。奥巴马在致辞中提到：他将利用自己作为总统的特权，像保护山川、河流和森林等景观那样，保护珍贵的海洋景观。这里的总统特权是指《文物法(1906年)》赋予美国总统无需通过公共程序，可直接将公共区域设为国家纪念地(National Monument)的权利。国家纪念地是典型的保护区类型之一，兼有保护和展示自然或文化遗产的双重功能。

美国前任总统布什曾在2006年和2009年两次动用这一特权，在中西太平洋的岛礁及其附近海域设立了4个国家纪念地类型的海洋保护区(图1，表1)。根据《华盛顿邮报》的报道，奥巴马计划扩建其中的太平洋远洋群岛海洋保护区(Pacific Remote Islands Marine National Monument)，将其范围从目前的岛礁岸线向外大约60海里扩展至200海里(图1)，同时禁止或限制在保护区内的捕捞、能源开采等商业活动。奥巴马的扩建计划将使该保护区面积从目前的大约21万平方千米扩大至约202万平方千米，使其成为世界上面积最大的海洋保护区。

表1　美国在中西太平洋设立的海洋保护区

序号	名称	面积（平方千米）	设立时间	范围
1	帕帕哈瑙莫夸基亚海洋保护区(Papahanaumokuakea Marine National Monument)	362 075	2006年6月	西北夏威夷群岛及其附近水域

续表

序号	名称	面积（平方千米）	设立时间	范围
2	马里亚纳海沟海洋保护区（Marianas Trench Marine National Monument）	250 487	2009年1月	马里亚纳群岛附近水域，包括海沟、海底火山和热液喷口等
3	太平洋远洋群岛海洋保护区（Pacific Remote Islands Marine National Monument）	212 714	2009年1月	帕尔米拉环礁、维克岛、金曼礁、豪兰岛、贝克岛、贾维斯岛、约翰斯顿环礁等岛礁及其附近水域
4	罗斯环礁海洋保护区（Rose Atoll Marine National Monument）	34 800	2009年1月	罗斯岛及其附近水域

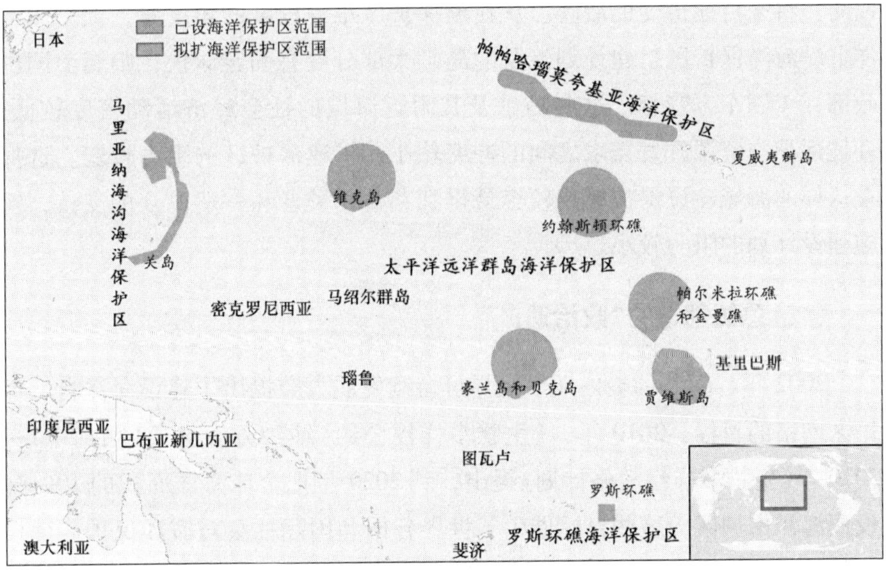

图1 美国在中西太平洋设立的海洋保护区位置及奥巴马拟扩保护区的范围

二、美国扩建海洋保护区的动因

（一）保护海洋生物多样性

海洋保护区被公认为是保护海洋环境和生物多样性的有效手段。太平洋中西部的偏远岛屿及其附近水域是地球上为数不多的“净土”。这些海域本身拥有很高的生物多样性，受人类活动破坏相对较轻，保护价值很高。太平洋远洋群岛海洋保护区所包括的帕尔米拉环礁、维克岛、金曼礁、豪兰岛、贝克岛、贾维斯岛、约翰斯顿环礁等岛礁及其附近水域生活着很多该区独有的珊瑚、鱼类、贝类、鸟类、海洋哺乳动物、昆虫和各种植物，该区域也是很多濒危物种，例如玳瑁、珍珠贝、礁鲨、椰子蟹、石斑鱼类、苏眉鱼、鹦嘴鱼、大砗磲等的重要栖息地。

从海洋生态系统保护和海洋资源可持续利用的角度，加强对这些海域的管理和保护是十分必要的，设立保护区是最可取的方式。从预防性原则的角度，有必要事先对尚未受到人类活动过度干扰的海域采取保护措施，以防止将来可能遭受的威胁。从建设保护区难易程度的角度看，太平洋远洋群岛海洋保护区扩建计划涉及的岛礁大部分没有固定居民，归属美国内政部或美国军方管辖。这些岛礁及其附近海域的社会经济活动密度较低，环境保护与资源开发需求之间的冲突较小，扩建保护区的阻力较弱。选择在这样的海域建设保护区比较容易得到利益相关者和一般民众的支持，实施建设计划的阻力较小。

（二）总统创造的“政治遗产”

2002 年，南非约翰内斯堡世界可持续发展大会提出了建设海洋自然保护区网络的目标。2010 年，《生物多样性公约》缔约方大会通过的 2011—2020 年《生物多样性战略计划》提出，到 2020 年把全球海洋面积的 10% 建设成海洋保护区。这些目标催生了世界各国和国际社会对海洋保护区建设的热情。建设海洋保护区已经成为判断沿海国是否重视海洋环境和生物多样性保护的重要评价标准之一。大型海洋保护区建设计划因其本身的轰动效应，一次又一次地成为海洋焦点问题。自 2004 年以来，多个国家先后设立了 10 个单体面积超过 10 万平方千米的大型海洋保护区，包括：澳大利亚2012年扩建后的珊瑚海自然保护区，面积达99万平方千米；英国于2010年设立的查戈斯群岛海洋保护区，面积达63万平方千米；基里巴斯2008年设立的凤凰岛海洋保护区，面积达41万平方千米。

大型海洋保护区一方面是海洋环境保护道路上的里程碑，另一方面也成为当权政治家留给后人的重要政治遗产。扩建太平洋远洋群岛海洋保护区也不例外，将成为奥巴马的政治遗产。特别是在一个有各国政要、著名科学家、重要国际组织代表以及著名社会活动家等参加的海洋大会上宣布该扩建计划，使其更具有轰动效应。该计划不仅有利于为奥巴马及其团队加分，也有利于帮助奥巴马团队说服世界各国在美国的领导下共同管理和保护海洋。此外，大型海洋保护区的设立也顺应了国内的环保呼声。奥巴马总统此前曾11次行使总统设立国家纪念地的特权，所设立的保护区均位于陆地。有科学家和环保人士由此批评奥巴马团队未对海洋环境和生物多样性的保护给予足够重视，并呼吁奥巴马团队出台新的海洋保护政策，包括设立更多的海洋保护区。扩建太平洋远洋群岛海洋保护区无疑是对这类批评意见的积极回应，有助于减弱相关批评的声音，树立和完善奥巴马团队重视环境保护的正面形象。

(三)为美国强化对相关海域的管控提供依据

建立海洋保护区是沿海国行使对专属经济区内海洋环境保护和保全的管辖权的合法方式，其他国家在行使其权利和履行其义务时，有义务顾及沿海国的此项权利，其中包括遵守沿海国制定的海洋保护区管理规定。沿海国把大面积的专属经济区划归为海洋保护区，并制定需要其他国家“顾及”和遵守的保护区管理规定，实际上是扩大了对专属经济区的管辖权，同时削弱了其他沿海国原本享有的权利。虽然《联合国海洋法公约》同时也规定“沿海国在专属经济区内根据本公约行使其权利和履行其义务时，应适当顾及其他国家的权利和义务”，但由于海洋保护区具有限制开发利用的活动特性，沿海国关于海洋保护区的管理规定实际上很难做到不妨害其他沿海国的权利。

海洋保护区的设立不可避免地减损其他国家原本享有的权利，实质上成为沿海国强化对相关海域的管控的合法依据。美国虽然不是《联合国海洋法公约》的缔约国，但专属经济区制度已经成为习惯国际法，美国可以享受相关权利并履行相应义务。换句话说，美国可以通过扩建海洋保护区把强化对专属经济区管控的行为合法化。

三、美国扩建中太平洋大型海洋保护区计划的影响

保护区扩建对于打击非法海洋捕捞、促进海洋科学研究、保护海洋环境和生物多样性无疑具有重要意义，也不可避免限制了金枪鱼捕捞等原本依赖于这些海域的海洋经济活动。此外，奥巴马的保护区扩建计划还将带来一些超越海洋保护区自身功能与属性的影响，这些影响也是该计划被广泛关注的重要原因。

（一）引领新一轮的大型海岛海洋保护区建设热潮

据统计，到2013年年底，全球已经设立各类海洋保护区近8000个，覆盖海域面积约1300万平方千米，约占全球海洋总面积的3.6%。这一现状距离《生物多样性公约》关于在2020年把全球10%的海域设为海洋保护区的目标还很遥远。为了实现这一目标，新建海洋保护区仍然是未来一段时间海洋环境保护事务的重要议题。这一背景下，奥巴马建设世界上面积最大海洋保护区的计划将显现强大的示范效应，带动其他国家仿效跟进。

小岛屿发展中国家的海洋保护区建设进展可能尤为突出。根据2012年的统计，小岛屿发展中国家海洋保护区总面积仅为其管辖海域的2.8%左右，而这些国家普遍设立了雄心勃勃的海洋保护目标，设定海洋保护区所占面积为25%或更高。为了实现这些目标，小岛屿发展中国家需要在未来几年内大幅度扩展其保护区面积。与此同时，由于小岛屿发展中国家自身海洋开发能力弱，海洋执法能力不足，设立海洋保护区可以成为限制其他国家在其管辖海域内活动、保护海洋环境和资源的有效手段。奥巴马的扩建计划将成为小岛屿发展中国家扩建大面积的海洋保护区的榜样。

（二）加强美国在中西太平洋地区的综合力量

海洋保护区不是停留在纸面上的一纸公告，而是一个系统工程。为了达到预定的保护目标，必须配套一系列的管理措施以及相应的海洋执法能力。海岸警卫队是美国海洋保护区执法的核心力量。在平时，海岸警卫队

主要执行救助、执法、污染控制等方面的任务；在战时，则是海军力量的组成部分。海洋保护区扩建后，海岸警卫队在相关海域的活动必将进一步加强。考虑到海岸警卫队的准军事性质，这必然强化美国准军事力量在相关海域的存在，彰显美国在广袤的中西太平洋海域的主导地位，从而加强美国在该区域的综合力量。

（三）巩固美国在中太平洋区域的战略支点

中西太平洋远洋群岛海洋保护区所在区域的战略地位非常重要。它们是美国霸权的见证，也是美国全球霸权的重要支撑，具有重要的军事和战略价值。

（1）威克岛是横渡太平洋航线的中间站，有太平洋的“踏脚石”之称。第二次世界大战期间，威克岛成为美国在北太平洋“最有用的地方之一”。1972年，该岛由美国国防部接管，1974年用作导弹试验基地。至今，威克岛仍然是军用和民用飞机的紧急降落备用机场，也是美军飞机从夏威夷到东京和关岛的加油站。

（2）约翰斯顿环礁在20世纪50年代至60年代曾为美国核武器试验区和飞机加油站。到2000年，这里转变为美国化学武器的储存及处理地。该岛目前由美国太平洋空军希卡姆空军基地和内政部鱼类和野生动物服务机构管理。岛上生活的绝大多数是美国军事人员。

（3）豪兰岛是“二战”时美日争夺的战略要地，现为夏威夷和澳大利亚之间的中途航空站。

（4）帕尔米拉环礁由美国内政部直接管辖，金曼礁由美国海军管理，两者均属于军事重地，不对公众开放。

保护区所包括的岛礁目前均被用作军事用途。将这些岛礁及其周边200海里的范围设立为海洋保护区，可限制大部分民用活动，有助于加强美国对保护区所在区域的控制，并以此支撑美国在西北太平洋地区的战略活动。

四、结语

建设大型海洋保护区一方面体现了各国对海洋环境和生物多样性保护的重视，另一方面也暗示着部分沿海国正通过海洋环境保护的手段加强对其管辖海域的管控。奥巴马扩建海洋保护区的计划将各国设立大型海洋保护区的竞赛引向新的阶段。这一计划一方面有利于打击该海域的非法活动，保护海洋环境和生物多样性，另一方面也有利于美国加强对中西太平洋海域的管控，巩固美国在西北太平洋地区的战略支点。正如美国《国家利益》杂志的评论所说："美国的海洋保护区也是这个国家在中西太平洋地区的强大地缘政治影响和领土存在的纪念碑。"

（2014 年 6 月）

岛群资源、生态环境承载力评估理论和方法框架初探

刘　明　李　军

海岛是我国沿海第二经济带，海岛资源与生态环境保护问题直接关系到沿海地区经济社会的可持续发展。承载力作为区域经济发展政策的重要工具，能够为海岛资源生态环境保护政策的制定提供较为有效的理论依据和参考。本文针对岛群这一重要地理单元，对其资源、生态环境承载力研究所涉及的概念、理论基础以及关键的技术方法进行初步探讨，初步提出提高岛群资源、生态环境承载力的政策建议框架。

一、岛群资源、生态环境承载力的概念

(一)岛群的概念

国内学术界对于岛群概念的研究较少，仅在少数文献中零星可见。赵雪胜等①提出岛群为群集的岛屿类型，一般指集合的岛屿群体，是彼此距离很近的许多岛屿的合称。所谓岛群，就是距离很近的岛屿所组成的集合。宋维尔提出了无居民海岛岛群的定义，无居民海岛岛群系指在一定海域范围内，由地理空间毗邻、自然属性相近、功能用途趋同的若干个无居民海岛组成的岛屿群落。②

本研究认为：岛群是一个区域概念，是一类重要的地理单元，是在一定海域范围内，由地理空间毗邻、自然属性相近、功能用途趋同的若干海岛组成的岛屿群落。岛群具有陆海双重属性。

---

① 赵雪胜，杨维芳，闫浩文，等：《岛群在自动综合中边界和岛屿数量的确定方法》，载《淮阴工学院学报》，2010 年 2 月。

② 宋维尔：《基于“岛群”单元的无居民海岛规划方法初探——以浙江省实践为例》，见《2010 年海岛可持续发展论坛论文集》，2010 年。

(二)承载力的概念

承载力的概念最早可追溯到18世纪末，1798年马尔萨斯(Malthus)提出了资源环境对人口增长的限制理论。随后，比利时统计学家Verhulst用逻辑斯蒂方程将马尔萨斯的基本理论以数学形式描述出来,① 成为承载力概念最原始的数学表达式。1921年，Park和Burgess在人类生态学领域首次使用承载力的概念。这个时期承载力是一个绝对数量的概念，没有机制探讨，研究对象范畴也极其有限。随着工业化国家经济的迅速发展，资源短缺与环境污染问题日渐明显，资源承载力、环境自净能力、环境容量、环境承载力等概念相继被提出，并受到了世界各国的普遍重视与广泛应用。20世纪90年代以来，国内学者开始以区域资源、生态环境等要素为研究对象进行区域承载力研究。目前，承载力概念广泛应用于环境、经济和社会等各个领域，尤其是区域的可持续发展决策与调控领域。

综合起来，国内外有关承载力概念的研究主要包括资源承载力、环境承载力、生态承载力和区域承载力。

资源承载力是指一个国家或地区资源的数量和质量，对该区域空间内人口的基本生存和发展的支撑能力。在资源承载力领域，研究主要集中在自然资源领域较多，包括水资源承载力、土地资源承载力等。美国的URS公司对佛罗里达州Keys流域的承载能力进行了研究，内容包括承载力的概念、研究方法和模型量化手段等方面②。美国的Brush③ 等人分别对非洲、热带雨林农业与轮作方式的土地资源承载力进行了研究。国内学者冯尚友、刘国全④、张鑫⑤、曹建廷⑥等对区域水资源承载力给出了内涵。

环境承载力自20世纪70年代起被广泛应用于环境管理和环境规划中。其概念的核心包括两个方面内容：①某区域内对各种污染物的容纳

① 何霞，王战伟：《灰色Verhulst模型的优化及其应用》，载《重庆科技学院学报》(自然科学版)2012年第3期。

② Committee to review the Florida Keys Carrying Capacity Study; National Research Coumcial Interim Review of the Florida Keys Carrying Capacity Study. 2001.

③ Brush, S B. 1975. The concept of carrying capacity for systems of shifting cultivation. American Anthropologist (new series) 77: pp. 799 – 811.

④ 冯尚友，刘国全：《水资源持续利用的框架》，载《水科学进展》，1997年。

⑤ 张鑫：《区域地下水资源承载力综合评价研究》，载《水土保持通报》，2001年6月。

⑥ 曹建廷，李原园，周智伟：载《水资源承载力的内涵与计算思路》，2006年9月。

能力大小；②某区域内人类在不破坏自然环境的前提下可进行的最大限度的开发活动。国外一些学者赋予了环境承载力的内涵。如 Bishop (1974) 在《环境管理的承载力》一书中认为，环境承载力是指在可以接受的生活水平条件下，一个区域所能永久地承载的人类活动的强度[①]；Schneider[②] 指出环境承载力是指在不发生显著的环境退化的情况下，自然环境或社会环境系统所能承受人类开发活动的能力，也指自然或人造环境系统对人口增长的容纳能力。国内首次提出环境承载力的概念始于国家重点科研项目《我国沿海新经济开发区的综合研究——福建省湄洲湾开发区环境规划综合研究报告》(1992)。该报告给出环境承载力的概念为“某一时期，某种环境状态下，某一区域环境对人类社会经济活动支持能力的阈值。”彭再德[③]、唐剑武[④]等也提出了某一特定区域的承载力内涵。

国外对生态承载力的研究大多从种群生态学角度出发。美国学者 Andrew T. Hudak 定义生态承载力是指在特定时期内，植被所能提供的最大种群数量。[⑤] 国内学者王中根、夏军[⑥]、王家骥[⑦]等给出了生态承载力的概念和内涵。

区域承载力是以区域资源、环境为对象，研究其与人类经济社会活动之间的相互关系。20 世纪 60 年代末，美国麻省理工学院的 D. 梅多斯等学者组成的“罗马俱乐部”，利用系统动力学模型对世界范围的资源、环境与人的关系进行评价，构建了著名的“世界模型”，预测了全球经济增长的极限，并提出了经济的“零增长”发展模式。毛汉英[⑧]采用空间状态法和系统

---

① Bishop A, Fullerton, Grawford A: Carring Capacity in Regional Environment Management [M]. Washington: Government Printing Office, 1974.

② Schneider D. 1978. The Carrying Capacity Concept as A PlanningTool. Chicago: American Planning Association. pp. 22 - 59.

③ 彭再德，杨凯，王云：《区域环境承载力研究方法初探》，载《中国环境科学》，1996 年第 2 期。

④ 唐剑武，郭怀成，叶文虎：《环境承载力及其在环境规划中的初步应用》，载《中国环境科学》，1997 年第 2 期。

⑤ 丁莉：《北方带、温带和热带生态系统森林破碎化分析》，载《AMBIO - 人类环境杂志》，2008 年第 Z1 期。

⑥ 王中根，夏军：《区域生态环境承载力的量化方法研究》，1999 年。

⑦ 王家骥，姚小红，李京荣，等：载《黑河流域生态承载力估测》，2000 年第 3 期。

⑧ 毛汉英，余丹林：《区域承载力定量研究方法探讨》，载《地球科学进展》，2001 年第 4 期：第 549 - 555 页。

动力学方法对环渤海区域承载力状态和趋势发展进行了研究。

伴随着海洋生态环境问题日益突出，从2000年开始，海洋领域的承载力研究也逐步增多。目前多数集中于海域方面，有少部分对于海岛承载力的研究。在海域承载力研究方面，韩增林和狄乾斌[①]提出了海域承载力的概念，并用状态空间法量化了特定海域的承载力。刘容子等[②]给出了海域承载力的概念，开展了环渤海地区海洋资源承载力研究。在海岛承载力领域，目前国内已有少量研究。如车越等、马永亮[③]运用系统动力学模型对崇明岛水资源进行了评价与预测。吴彤[④]、朱颖[⑤]对海岛土地资源承载力进行了评价研究。

总体看来，国内外有关承载力的概念研究主要在陆域，国内近年来有关海域承载力的研究逐渐增多。不同地理单元的承载力内涵具有不同的特点。在岛屿和岛群这个地理单元之上的承载力问题研究仍相当缺乏，有关岛群、岛屿的资源、环境、生态的承载力概念、承载机制、承载能力等研究仍不充分。

(三)岛群资源、生态环境承载力的内涵和特征

借鉴国内外有关海域承载力的概念表述，岛群资源、生态环境承载力的内涵可以表述为：在一定时期内，以岛群资源的可持续利用、岛群生态环境的不被破坏为原则，在符合现阶段社会文化准则的物质生活水平的条件下，通过岛群的自我调节、自我维持，岛群所能够支持人口、环境和社会经济协调发展的能力或限度。

岛群资源、生态环境承载力的概念，包括“承压”和“压力”两层基本含义：一是指岛群的自我维持与自我调节能力，以及资源与环境子系统的供给能力，此为岛群资源、生态环境承载力的承压部分；二是岛群人地系统内社会经济子系统的发展能力，此为岛群资源、生态环境承载力的压力部

---

① 狄乾斌，韩增林：《海域承载力研究的理论与展望》，见《中国地理学会2004年学术年会暨海峡两岸地理学术研讨会论文摘要集》，2004年。

② 刘容子，吴姗姗：《环渤海地区海洋资源对经济发展的承载力研究》，北京：科学出版社，2009年。

③ 马永亮，等：《基于系统动力学的崇明岛生态需水量预测》，载《生态学杂志》，2008年1月。

④ 吴彤：《基于GIS和遥感的崇明岛土地资源承载力研究》，华东师范大学硕士论文，2007年。

⑤ 朱颖：《崇明岛土地资源承载力综合评价指标体系研究》，华东师范大学硕士论文，2007年。

分。岛群的自我维持与自我调节是指岛群系统弹性力的大小。资源与环境子系统的发展能力则是指岛群所能维持的社会经济规模和具有一定生活水平的认可数量。而社会经济子系统的发展能力则是指岛群所能维持的社会经济规模和具有一定生活水平的人口数量。

岛群资源、生态环境承载力指的是岛群的资源、生态和环境三者组成系统的综合承载能力，而非三者简单相加。岛群资源、生态环境承载力研究就是要通过阐释岛群的承压和压力之间的关系，探索岛群开发的危机和问题，提出协调对策。岛群资源、生态环境承载力的内涵可以从以下几个方面来表述。

(1)岛群资源供给能力。岛群资源可持续利用是岛群人口、生态环境和经济协调发展的前提条件，因此其供给能力必然是衡量承载力的基本条件。岛群资源的供给能力包括岛群区域的陆地资源和海洋资源种类、数量、可供给量以及潜在价值量等。

(2)岛群生态系统支持能力。岛群生态系统支持能力包括岛群生物多样性、生态健康状态以及生态系统服务功能，其对人类活动和岛群开发的支持力度影响岛群承载力大小。

(3)岛群环境容量。环境容量是指在一定的环境目标下，陆地或海洋能够允许容纳的污染物最大数量，这个环境容量对岛群开发活动的支持能力同样影响岛群承载能力。岛群环境容量理论上应包括海域环境容量、水域环境容量、大气环境容量、土地环境容量。但实际上，由于岛群空气流通快，大气污染易于降低。我国海岛一般水资源和土地资源较为稀缺，通常不会作为污染物排放的载体。因此，岛群的环境容量可仅考虑岛群中的海域环境容量。

(4)岛群产业发展的经济功能。岛群区域既有岛屿的陆地资源，又有海域资源。岛群开发形成的海洋产业对沿海社会经济的发展有着巨大的推动作用。

二、岛群资源、生态环境承载力评估的理论基础

(一)可持续发展理论是指导思想

可持续发展理论是在20 世纪后期随着世界经济高度发展，人类所面临

的人口、资源、生态环境问题的日益严峻形势而提出来的。世界环境与发展委员会(WCED)在《我们共同的未来》报告中对可持续发展所作的阐释为：能满足当代的需要，同时不损及未来世代满足其需要之发展。可持续发展要以保护自然资源和生态环境为基础，与资源、环境的承载力相协调。可持续发展实质是要正确处理发展与环境和资源的关系，以保障当代人与后代人持续健康地生存与发展。岛群资源、生态环境承载力是以资源、生态环境作为约束条件，谋求人口、资源环境和社会经济发展协调关系。岛群资源、生态环境承载力理论是可持续发展理论在海岛管理领域的具体体现和应用。

(二)岛群资源、生态环境复合系统动力机制理论

岛群区域是具有层次结构和整体功能的复合系统，它由岛群生态系统、岛群环境系统、岛群资源系统组成，三个子系统相互关联、相互制约。岛群资源、生态环境承载力一方面取决于各子系统的承载力，另一方面则取决于各子系统之间的相互作用关系。

岛群资源包括岛群的海域资源和陆地资源，是岛群资源、生态环境承载力的基础条件。资源承载力的大小不仅与资源总量有关，而且与资源结构、质量、利用方式、技术条件密切相关。根据各种条件的不同，岛群资源承载力可分为最大资源承载力和适度资源承载力。岛群资源作为岛群生态系统的组成部分，受到生态系统的制约，人类的开发必须在不损害岛群生态系统的前提下达到资源与环境的双重效益。因此，岛群资源承载力指的是适度资源承载力。

岛群环境容量是海洋生态环境承载力的约束条件。岛群环境容量包括其海域环境容量、岛屿陆地环境容量以及岛屿水域环境容量。由于受到制度、规划等因素约束，岛屿陆地和水域一般不作为排污的场所，因此岛群环境容量仅需考虑其中的海域环境容量。

岛群生态支持能力是岛群资源、生态环境承载力的支持条件，其包括多种生态系统指标，如生态系统健康状况、生态系统服务功能价值等。岛群生态支持能力是决定岛群资源、生态环境承载力的基本因素。生态支持能力是人类生存与发展的支持条件，生态支持能力越大，则人类生存与发展的空间越大。

三、岛群资源、生态环境承载力评估的指标体系

指标体系的构建是承载力评估的重要环节，其构建应坚持系统性、科学性和可操作性的原则，在此基础上可初步筛选出指标。在具体进行岛群资源、生态环境承载力评估时，还需要进行实地调研、多重共线性分析，专家研讨遴选等过程，最后确定评估的指标体系。指标可分为压力类指标、支持类指标和区际交流指标。

（一）压力类指标

压力类指标主要反映自然干扰和人为干扰对岛群区域的压力。自然干扰指无人为活动介入的在自然环境下发生的干扰，主要指海洋灾害。人为干扰主要指经济活动对岛群系统产生的负面影响。根据以上因素，从岛群区域人口、社会经济、环境污染以及资源利用等几个方面来设计压力类指标。

人口指标包括人口总量指标，人口增长速度指标、人口受教育程度指标以及旅游人数指标等。

社会经济指标包括岛群区域经济产值指标，岛群区域经济增长率指标以及岛群区域经济密度指标等。

环境污染与资源利用指标包括岛群区域污染物类指标、岛群海域水质指标、岛群区域海洋灾害类指标、岛群区域资源利用率指标等。

（二）支持类指标

支持类指标主要指反映承载体状态、发展的指标。岛群对人类社会的支持主要体现在资源供给、环境纳污和人类支持（人类对承载体的反作用）三方面。资源供给能力指标主要考虑各类岛群区域资源对人类的供给水平。环境纳污能力指标，分别从岛群区域环境质量状况和海洋环境容量相关的指标反映。人类支持能力指标，从管理和建设水平、技术进步水平和社会经济进步等方面展开，侧重人类对资源利用、污染物排放、岛群区域管理的支持，反映人类在岛群管理方面的能力。这些能力的提高能降低污染物排放、提高资源利用率，也能提高相同环境纳污和资源供给状态下的人类活动规模。

岛群资源供给能力指标包括岛群空间资源类指标、渔业资源类指标、港址资源类指标、矿产资源类指标、海盐资源指标以及滨海景观类指标等。

岛群区域环境容量指标包括岛群海域环境容量、岛群水域环境容量、大气环境容量、土地环境容量等。

岛群生态系统支持能力指标包括岛群生物多样性指标、岛群生态系统健康状态指标以及生态系统服务功能指标。

人类社会支持力指标包括岛群可利用的高素质人才数量和比例、海洋保护区发展情况指标等。

(三)区际交流指标

岛群区域系统是一个开放系统，其与其他区域间的交流不仅包括海洋货物、客运方面，而且也包括光照、大气沉降、污染物输运以及海底沉积物的再悬浮等。因此，岛群区域区际交流指标设计包括岛群区域产品交换类指标、人口输运指标以及污染物输运指标。

四、岛群资源、生态环境承载力评估的方法

承载力评估方法的实质是评价基础上的预测，预测的目的是为科学地评价未来承载力变化的可能发展趋势，以便有针对性地调节当前的承载力指标，以期获得未来承载力的较理想状态。状态空间法是研究岛群资源、生态环境承载力的基本方法，在此基础上辅以熵值法和系统动力学模型等定量方法，进行岛群资源、生态环境承载力与承载状况的现状分析、动态模拟及趋势预测。

(一)状态空间法

状态空间法是定量描述系统状态的一种有效方法。利用状态空间法中的承载状态点，可表示一定时间尺度内区域的不同承载状况。可利用状态空间中原点同系统状态点所构成的矢量模数表示岛群资源、生态环境承载力的大小。岛群资源、生态环境承载力(Capacity of Islands Resources and Ecological Environmental，简称 CIREE)的数学表达式为：

$$\mathrm{CIRRE} = \sqrt{\sum_{i=1}^{n} W_i x_{ir}^2}$$

式中，CIREE 表示岛群区域资源、生态环境承载力的大小；x_{ir}为岛群区域人类活动与资源、生态环境处于理想状态时在状态空间中的坐标值($i=1,2,\cdots,n$)；W_i 为 x_{ir}^2的权重；n 为选取的指标数量。

实际的岛群资源、生态环境承载状况同状态空间中理想的承载力并不完全吻合，其偏差值可作为定量描述岛群承载状况的依据。通常承载状况有超载、满载与可载三种情况。岛群资源、生态环境承载状况可表述为：

$$\text{CIRRE}^* = \text{CIRRE}/\cos\theta$$

式中，CIRRE^*为现实的岛群资源、生态环境承载状况；CIRRE 为理想状态的岛群资源、生态环境承载力；$\cos\theta$ 表示承载率①。

根据承载率的大小，可以判断岛群资源、生态环境的承载状况，即：

当 $\cos\theta<1$ 时，岛群资源、生态环境处于过度承载状态；

当 $\cos\theta=1$，岛群资源、生态环境处于临界承载状态；

当 $\cos\theta>1$，岛群资源、生态环境处于适度承载状态。

（二）熵值法

岛群资源、生态环境承载力评价是一个多指标综合评价问题。在多指标综合评价中，确定指标权重的方法主要有主观赋权法和客观赋权法。主观赋权法主要包括层次分析法等。熵值法是客观评价法中的一种，其基本原理如下。

设有 m 个待评方案，n 项评价指标，形成原始指标数据矩阵 $X=(x_{ij})_{m\times n}$，对于某项指标 x_j，指标值 x_{ij}的差距越大，则该指标在综合评价中所起的作用越大；如果某项指标的指标值全部相等，则该指标在综合评价中不起作用。在信息论中，信息熵 $H(x)=-\sum_{i=1}^{n}p(x_i)\ln p(x_i)$ 是系统无序程度的度量，信息是系统有序程度的度量，二者绝对值相等，符号相反。某项指标的指标值变异程度越大，信息熵越小，该指标提供的信息量越大，该指标的权重也应越大；反之，某项指标的指标值变异程度越小，信息熵越大，该指标提供的信息量越小，该指标的权重也越小。所以，可以根据各项指标的值的变异程度，利用信息熵这个工具，计算出各指标的权重，为多指标综合评价提供依据。

---

① 王俭，孙铁珩，李培军，等：《环境承载力研究进展》，载《应用生态学报》，2005 年第 4 期。

(三)系统动力学方法

系统动力学(System Dynamics，SD)是20世纪50年代美国麻省理工学院的福雷斯特(J. W. Forrester)教授融控制论、系统论、信息论、计算机模拟技术、管理科学及决策论等学科的知识为一体而开发的系统分析方法，是一种用计算机对社会系统进行模拟，研究发展战略与决策的方法。该学科依靠系统理论分析系统的结构和层次，依靠自动控制论的反馈原理对系统进行调节，依靠信息论中信息传递原理来描述系统，并采用电子计算机对系统动态行为进行模拟，适合分析和研究动态复杂的社会经济系统，也同样适合分析在自然－人工二元模式作用下的岛群资源、生态环境承载力系统。系统动力学是岛群资源、生态环境承载力评估中的核心方法之一，它是在客观评价岛群各子系统要素之间关系的基础上，对未来各要素的发展趋势和状态进行预测，进而综合评价未来岛群系统的承载状况。

五、开展岛群资源、生态环境承载力评估研究的框架思路

海岛大多地域结构简单，生态系统构成较为单一，生物多样性较低、稳定性差，是一个相对独立、相对脆弱的地理区域，与外界的物质流、信息、人员联系渠道比较简易。因此，与陆地相比，海岛的生态系统较为脆弱，保护难度大。这些都是关系到海岛区域可持续发展的重大问题。因此，必须以新的科学理念，探讨解决途径和方法。可首先选择我国典型岛群研究探讨承载力的概念，审视、评价岛群资源、生态环境对区域社会经济发展的支撑保障能力和承受能力。开展岛群资源、生态、环境对区域经济、人口、社会环境(居住环境)发展等的承载力研究，为探讨解决海岛开发与资源生态环境矛盾等问题提出科学评价，并为制定相应政策提供理论基础。

(一)促进理论体系不断完善

目前，有关海岛承载力的研究已散见于文献中，其中提出了如海岛水资源、土地资源承载力的概念、研究对象和研究内容，但是能够将海岛区域资源、生态环境系统与社会经济活动的方向、规模相结合的承载力理论

体系的研究仍很少。随着我国海岛资源、生态环境与开发活动之间矛盾的日益突出，应引导各领域的更多学者，如自然科学领域、社会学领域以及经济领域的学者，投入海岛承载力研究，多学科交叉研究优势必将促进海岛承载力的理论体系更加完善。

(二)深入指标体系和量化方法的研究

建立科学合理的指标体系构建是承载力量化评价的基础。因此，以岛群资源、生态环境承载力理论研究为基础，应不断深入承载力指标体系的研究。同时在已有的研究方法基础上，加强现代信息处理技术进一步应用，使得岛群的承载力在定量化评价研究基础上向数字化、空间可视化方向发展。

(三)开展岛群资源、生态环境承载力的常规性监测工作

承载力是衡量岛群区域人类社会经济活动与资源、生态环境是否协调发展的重要指标，承载力的研究成果将直接用于指导人类社会经济活动。目前，虽然国内已有一些有关海岛的承载力方面的研究，但能够真正将承载力研究成果用于指导人类社会经济活动的实例仍很少，而只有建立在这一基础上的承载力研究才更有意义。因此，承载力研究应在理论研究的基础上与海岛区域的开发利用保护规划紧密结合，向可操作性、实用性发展，有必要定期开展岛群资源、生态环境承载力的常规性监测和评价工作。

（2013 年 1 月）

海洋外交视角下的海洋生态环境保护问题探析

丘　君

海洋外交是运筹和管理海洋领域国际关系的主要手段，担负着处理海洋争端、维护国家海洋权益、提升国家话语权等重要功能。随着海洋战略价值的提升和国际海洋法律制度的逐步完善，海洋外交的地位和作用也在上升。当前，海洋污染和海洋生物多样性退化等地区性或全球性海洋环境问题持续存在，海平面上升和海洋酸化等的威胁日趋凸显。应对全球海洋环境危机要求各国共同努力和协调行动，海洋生态环境保护逐渐成为海洋外交事务的重要内容。

一、海洋生态环境保护在海洋外交中的地位和作用

(一)开展国际合作的要务

海洋生态环境保护属于非敏感领域海洋事务。在竞争与合作共存的海洋外交中，各方比较容易在生态环境保护领域达成共识，从而为在其他领域的更广阔合作打好基础。中国参与的多边海洋合作中，有很大一部分是以海洋生态环境保护为重点内容的。亚太经合组织(APEC)从成立之初就把海洋环境保护作为海洋合作的主要领域。2014 年召开的 APEC 第四届海洋部长会议通过了《厦门宣言》，要求各成员国在四个领域开展协调行动。其中首个领域就是沿海和海洋生态环境保护与防灾减灾。南海是中国周边海洋外交工作的重点方向。为维护南海和平稳定，中国推出了《南海及其周边海洋国际合作框架计划(2011—2015)》，其内容包括海洋与气候变化、海洋环境保护、海洋生态系统与生物多样性、海洋防灾减灾、区域海洋学研究以及海洋政策与管理六个方面，全部是海洋生态环境保护及其相关领域。

海洋生态环境保护也是双边海洋外交场合的重要议题。2015 年第七轮中美战略与经济对话中专门设立了“保护海洋”特别会议，中美两国就海洋垃圾治理、海洋保护区、海洋气候观测及海洋酸化等海洋环保问题达成了合作意愿。在未来的海洋外交工作中，海洋生态环境保护将继续扮演重要角色，成为深化国际海洋合作的重要内容和拓展国际海洋合作的突破口。

（二）制作国际舆论的借口

保护海洋生态环境的主张占据着道德制高点，容易得到国际社会的支持。在传统外交手段乏力的情况下，可以通过抨击别国在海洋生态环境保护问题上的不足，制造有利于自身的外交舆论环境。当前的突出案例就是菲律宾和美国利用国际媒体、《联合国海洋法公约》缔约国大会等渠道大肆炒作中国在南海的岛礁建设活动破坏了岛礁周边的珊瑚礁生态系统和渔业资源，制造并渲染不利于中国形象的舆论，并进一步在南海问题上丑化和孤立中国。

（三）改变海洋秩序的抓手

全球的生态环境问题导致国家主权等传统权利受到约束，而国际社会的共同职责在加强，影响在扩大。在全球层面上，部分西方发达国家凭借其技术能力、研究水平和经济实力的优势，主导着许多国际条约和“软法”的制定和执行。生态环境保护领域的国际规制往往被设定了较高的技术标准，发展中国家因自身环保技术能力不足而实际上被迫放弃一些权益。

当前，依托环保之名改变海洋秩序的突出案例就是国家管辖外海域生物多样性养护和可持续利用问题。在欧盟等国的大力推动下，联合国大会决定就此问题拟定一份具有法律约束力的国际文书。新国际文书的实质是借海洋生物多样性保护之名，制定新的规章制度，改变相对自由的公海和国际海底区域秩序。

（四）强化海洋管控的手段

养护和保全海洋生态环境是各国应尽的国际义务。近年来，西方发达国家基于预防性原则保护海洋生态环境，主张大规模设立海洋保护区，包括公海保护区，以此提高海洋资源开发利用活动的进入门槛，强化其对海洋的管控。在南极地区，这点尤为突出。虽然南极资源开发尚未提上议事日程，但各国在南极开展的活动多围绕生态环境保护展开。在生态环境保护问题上占据了主导权则意味着在南极问题上具备发言权。美国、欧盟等西方国家力推在南极海域设立海洋保护区。美国和新西兰共同提出在罗斯海海域建立面积为132万平方千米的保护区，澳大利亚、法国等则提出在东南极海域建立面积为190万平方千米的保护区。这些保护区建设提议实质上具有海洋生态环境保护和划分南极海域势力范围的双重目的。为达成其目的，美国动用了大量外交资源，积极游说《南极海洋生物资源养护公约》缔约国支持其立场。

二、我国海洋环保支撑海洋外交方面存在的问题

(一)缺乏树立国际海洋环保形象的实力

我国高度重视海洋生态环境保护问题。在沿海地区经济高速发展、人口持续增长的大背景下，维持了海洋生态环境基本稳定，这一成绩来之不易。但从全局看，我国海洋环境保护工作只是达到了遏制海洋环境进一步恶化的效果，还没有从根本上扭转趋势，未能实现海洋生态环境向好发展。近岸海域污染严重，多数海洋生态系统健康状态令人担忧的总体状况不利于我国在国际上树立良好的环保形象。从局部看，我国还没有做出具有国际影响力的海洋环境保护和生态修复的典范工程，我国还缺乏树立良好环保形象的“谈资”。与此同时，关于中国渔船采用严重损害海洋环境的渔具和方式进行作业，中国渔民在他国管辖海域盗采珊瑚、滥捕珍稀海洋动物等负面报道不时出现，对我国家海洋环保形象造成负面影响。

(二)跨海洋外交和环保的复合型人才不足

在海洋环境保护领域支撑海洋外交工作，离不开既掌握专业知识，又熟悉国际法律和政策的复合型人才。我国从事海洋环境保护研究的人士中，能掌握海洋环保专业知识和技能的人才数量很多，但同时熟悉海洋环保领域的国际法律和政策的很少，其中具备胜任国际交流与合作的外语能力的更是凤毛麟角。人才储备不足严重制约我国海洋环境外交工作的开展。以参加海洋环保相关的政府间会议为例，我国参会代表团一般由政府

官员和海洋环保领域的专家组成。对于连续多届举办会议，历届参会代表往往不固定。由于不熟悉情况，缺乏外交谈判经验，参会专家在会议过程中尚不能发挥应有的作用。这不利于增强我国在国际海洋环保事务中的影响力。

（三）国内海洋外交和海洋环境保护工作之间配合不够

我国海洋管理体制是分散型的，海洋环境保护工作分散在海洋、环保、农业、林业、水利、军事等多个部门。作为国家总体外交的重要组成部分，海洋外交工作由外交部统领，各涉海部门参与各自领域的具体事务。外交部门和各海洋环境保护职能部门之间缺乏良好的沟通合作机制，对一些可能发生导致外交纠纷的海洋环境事件没有预判，更没有应对外交影响的切实可行的预案。一些原本可以避免的事件最终发生，并发展成为外交事件，造成外交压力。我国渔民在他国管辖海域盗采珊瑚被抓扣等都是这方面的案例。

（四）在国际海洋环保事务中作用有限

为应对全球生态环境危机，环境保护的国际会议越来越频繁，国际规制越来越严格，各国的国际义务也越来越多。我国加入了绝大多数海洋环保的国际条约，但在多数情况下，我国仅充当条约履行者的角色，没能在条约的制定和执行过程中发挥与大国地位相称的重要影响或建设性作用。以《生物多样性公约》为例，过去几年中，缔约国会议组织全球科学家召开了11次区域研讨会，逐区讨论了全球海洋生物多样性的分布格局，初步确定了具有重要生态或生物意义的海域。这些研讨会并非纯粹的学术会议，研讨的结果将是未来设立公海保护区的重要依据。我国的科学家没有参与其中任何一次会议，这不利于我国未来参与公海保护区事务，也不利于我国提升在国际海洋环保事务中的影响力。

三、提高我国海洋环境外交能力的建议

（一）大力提升海洋环保的实力

“打铁还需自身硬”，提升海洋环保对我国海洋外交支撑能力的首要途

径是提升我国海洋环境保护的自身能力。我国海洋环境保护和生态建设的能力还不能满足建设海洋生态文明的需要，这种状况也导致我国在海洋外交工作中缺乏掌握话语权的实力和底气。发展海洋环境外交能力应首先提升我国海洋环保的自身实力，工作重点方向包括：①提高海洋环境保护执法监管能力，确保已有法律制度得到有效落实；②提高受损海洋环境和生态系统修复的技术水平和综合能力，重点是受损珊瑚礁生态系统修复技术、海湾综合修复等；③提高海洋保护区管理水平，确保海洋保护区的有效性。

（二）积极宣传海洋环保的成就

我国积累了一些值得宣传和推广的海洋环境保护工作经验，比如我国建立了比较完善的海洋环境保护法律体系，对海洋环境保护和生态建设涉及的几乎所有方面都进行了规定；我国率先实施了海洋功能区划制度，通过科学地安排用海，把控住损害海洋环境的海上源头；我国每年都进行大规模的海洋生态环境状况监测，定时向公众发布海洋环境状况公报。我国应更加积极主动地向国际社会宣传这些经验和成就。与此同时，多树立海洋环境保护的示范工程，可选择2～3处具有国际知名度的海洋保护区，花大力气做好管理工作，树立海洋保护区有效管理的典型；选择1～2处污染较严重的海湾，开展综合整治和修复，重构“水碧、沙净、湾美、物丰”的海湾，树立海湾环境修复的国际典范。

（三）多向国际社会传递中国的声音

培养掌握海洋环保专业知识、熟悉国际海洋法律制度和胜任国际交往的复合型人才，打造能为海洋环境外交提供支撑服务的人才队伍。近期工作可包括：①扶持国内智库结合国家海洋外交工作需求，开展海洋环保方面的专题研究，通过发表学术论文或出版研究报告的形式，向国际社会传递中国声音。②专门就中国关心的环保议题举办国际研讨会，利用主办方的有利条件向与会人员宣传中国的关切。③针对重要政府间国际会议，专门成立为我国参会代表团提供咨询服务的工作组，提前研判形势，做好参会预案。④在中国政府海洋奖学金项目中设立海洋环保题目，邀请外国青年学者申请。

（四）推进海洋环保新领域的国际合作

要继续加大传统海洋环保领域的国际合作，同时积极推进海洋环保新领域的国际合作。在双边领域，要继续推进与周边国家在污染治理、生态环境监测与预报、渔业管理、海啸预警、应对气候变化等方面开展合作；与其他国家在海洋保护区管理、生态环境修复、海洋濒危物种研究等方面开展合作。在多边领域，积极参加联合国框架下的陆源污染物防治、全球海洋环境评价等国际项目，并且要努力发挥与中国大国地位相称的作用；积极参与由国际组织或海洋大国发起的全球性海洋计划，比如美国发起的全球海洋酸化网等。

四、小结

海洋外交是我国建设海洋强国进程中的重要工作。海洋生态环境保护在海洋外交工作中具有重要的地位和作用。在全球共同应对海洋环境危机的时代背景下，其地位和作用将进一步加大。我国海洋环境保护支撑海洋外交工作的能力比较弱。自身环境保护技术能力不够、复合型人才不足、工作机制不健全等多方面因素导致我国没有在国际上树立良好环保形象的实力，影响了在国际海洋事务中的话语权的提升。为此，应该通过提升海洋环保实力，积极对外宣传我国海洋环保成就，全方位推进海洋环境保护领域的国际合作等途径，大力发展我国海洋环境外交能力。

（2015 年 9 月）

关于海洋环境行政公益诉讼的思考

赵 骞 张 平

2016年11月7日，十二届全国人大常委会第二十四次会议表决通过了关于修改《中华人民共和国海洋环境保护法》(以下简称《海洋环境保护法》)的决定。《海洋环境保护法》于1982年出台、经过了1999年修订、2013年修正。本次新修订的《海洋环境保护法》(2016年版)，落实了党的十八大以来党中央、国务院对海洋生态环境保护的新要求，与新修订的《环境保护法》等法律相衔接，加大了处罚力度，体现了行政审批“放、管、服”改革。海洋生态环境保护需要形成预防、监管与救济三位一体的完整体系，而司法救济作为最后依托和保障，是其中不可或缺的一环。政府监管是否到位，关系到海洋环境保护和海洋生态文明建设的成效。海洋环境行政公益诉讼成为预防和惩治污染海洋环境、破坏海洋生态行为的有力法律武器，同时也是对海洋部门监管海洋环境保护的有力监督。

一、修订内容

本次《海洋环境保护法》(2016年版)修订的重点内容(具体内容详见附表)包括：①优化海洋开发格局，增加全国海洋主体功能区规划有关内容。②倡导生态保护优先，确立了海洋生态保护红线、海洋生态保护补偿制度和建设项目限批制度。③行政审批“放、管、服”，取消五项行政许可，政府与企业良性互动，推动企业转型升级。④加大处罚力度，对于违法排污行为，引入了限制生产、停产整治、按日计罚等措施；对于未批先建、海洋环境污染事故等按照一定比例罚款。

(一)海洋主体功能区划

2015年国务院批准实施的《全国海洋主体功能区规划》是《全国主体功能区规划》的重要组成部分，是推进形成海洋主体功能区布局的基本依据，是海洋空间开发的基础性和约束性规划，将我国管辖海域分为优化开发区、重点开发区、限制开发区和禁止开发区 4 类海洋主体功能区。

《海洋环境保护法》(2016 年版)规定，国家海洋行政主管部门会同国务院有关部门和沿海省、自治区、直辖市人民政府根据全国海洋主体功能区规划，拟定全国海洋功能区划，报国务院批准。本次修改首次以法律形式明确海洋主体功能区规划的地位和作用。

(二)海洋生态红线制度

2012 年，海洋部门在环渤海三省一市率先开展了海洋生态红线划定试点工作。2016 年 6 月，国家海洋局印发了《关于全面建立实施海洋生态红线制度的意见》以及《海洋生态红线划定技术指南》。

《海洋环境保护法》(2016 年版)明确国家在重点海洋生态功能区、生态环境敏感区和脆弱区等海域划定生态保护红线，实行严格保护。开发利用海洋资源，要严格遵守生态保护红线。《海洋环境保护法》(2016 年版)将生态保护红线制度确定为海洋生态环境保护的基本制度。

(三)海洋生态保护补偿制度

生态补偿是生态文明建设的重要组成部分，《中共中央国务院关于加快推进生态文明建设的意见》《生态文明体制改革总体方案》等中央文件均提出了建立健全生态补偿的有关要求。

《海洋环境保护法》(2016 年版)明确国家建立健全海洋生态保护补偿制度。为使海洋生态保护补偿落到实处，需要进一步完善海洋生态保护补偿标准，建立海洋生态保护补偿的指标体系及核算方法。

(四)海洋污染物排放总量控制和建设项目限批制度

《海洋环境保护法》(2016 年版)明确排污单位在执行国家和地方污染物排放标准的同时，应当遵守分解落实到本单位的主要污染物排海总量控制指标。对超过主要污染物排海总量控制指标的重点海域和未完成海洋环境保护目标、任务的海域，海洋部门暂停审批新增相应种类污染物排放总量的建设项目环境影响报告书。通过实施这两项制度，有望遏制海洋生态环境恶化的趋势。

(五)加大处罚力度，增加处罚措施

《海洋环境保护法》(2016 年版)在监管环节上加大处罚力度，对违法排污、超标排污等违法行为，可以采取责令停止违法行为、限期改正或者责令限制生产、停产整治等措施，并处以罚款。

对于未批先建等违法行为由海洋部门责令停止施工并按投资额的 1% 以上、5% 以下罚款，并可责令恢复原状；对于海洋环境污染事故的罚款按一定的比例计罚，造成一般或者较大海洋环境污染事故的，按照直接损失的 20% 计罚；造成重大或者特大海洋环境污染事故的，按照直接损失的 30% 计罚。

同时，对造成海洋环境污染的行为确立了双罚制。对违反本法规定，造成海洋环境污染事故的单位，除依法承担赔偿责任外，由依照本法规定行使海洋环境监督管理权的部门依照规定处以罚款；对直接负责的主管人员和其他直接责任人员可以处上一年度从本单位取得收入 50% 以下的罚款；直接负责的主管人员和其他直接责任人员属于国家工作人员的，依法给予处分。

二、海洋环境保护行政公益诉讼机制

公益诉讼是指对损害国家和社会公共利益的违法行为，由法律规定的国家机关或组织向人民法院提起诉讼的制度。2015 年 7 月 2 日最高人民检察院发布《检察机关提起公益诉讼的试点方案》(以下简称《试点方案》)。根据方案，检察机关在履行职责中发现生态环境和资源保护、国有资产保护、国有土地使用权出让等领域负有监督管理职责的行政机关违法行使职权或者不作为，造成国家和社会公共利益受到侵害，公民、法人和其他社会组织由于没有直接利害关系，没有也无法提起诉讼的，可以向人民法院提起行政公益诉讼。试点期间，检察机关重点是对生态环境和资源保护领域的案件提起行政公益诉讼。可见，试点期间海洋环境和资源保护领域属于重点受案范围。下文将重点介绍海洋环境行政公益诉讼。

(一)检察机关提起海洋环境行政公益诉讼的条件

检察机关直接提起海洋环境行政公益诉讼需要具备法定条件。综合

《全国人民代表大会常务委员会关于授权最高人民检察院在部分地区开展公益诉讼试点工作的决定》(以下简称《试点决定》)、《试点方案》和《人民检察院提起公益诉讼试点工作实施办法》(以下简称《实施办法》),以及《中华人民共和国行政诉讼法》(以下简称《行政诉讼法》)的相关规定,检察机关提起海洋环境行政公益诉讼需要具备以下实质要件和形式要件。

1. 检察机关提起海洋环境行政公益诉讼的实质要件①

①公民、法人和其他社会组织由于没有直接利害关系,没有也无法提起诉讼,检察机关作为相当于原告的海洋环境行政公益诉讼人;②被告是违法行使职权或者不作为的海洋部门,以及海洋法律、法规、规章授权的组织;③经过诉前程序,海洋部门拒不纠正违法行为或者不履行法定职责,海洋公共利益仍处于受侵害状态;④具有具体的诉讼请求、海洋公共利益受到损害的初步证据;⑤案件范围为海洋生态环境和资源保护且属于受诉法院的管辖。

2. 检察机关提起海洋环境行政公益诉讼的形式要件②

人民检察院决定立案的海洋环境行政公益诉讼案件,应制作《立案决定书》。检察机关提起海洋环境行政公益诉讼,应当制作海洋环境行政公益诉讼起诉书,并应在起诉书中记明当事人概况、具体的诉讼请求、诉讼事实、理由与依据,以及海洋公共利益受到侵害的初步证据等。

(二)海洋环境行政公益诉讼的程序

《试点决定》《试点方案》《实施办法》等为检察机关提起海洋环境行政公益诉讼提供了程序保障,主要表现在以下几个方面:

1. 诉前程序

根据《试点决定》,提起海洋环境行政公益诉讼前,人民检察院应当依法督促海洋部门纠正违法行政行为、履行法定职责,或者督促、支持法律规定的机关和有关组织提起海洋环境行政公益诉讼。按照《试点方案》,在提起海洋环境行政公益诉讼之前,检察机关应当先行向海洋部门提出检察建议,督促其纠正违法行政行为或者依法履行职责。海洋部门应当在收到

---

① 详见《试点决定》,《试点方案》二(二),《实施办法》第 28 条以及《行政诉讼法》第 2 条。

② 详见《试点方案》二(二)(4),《实施办法》第 32 条,第 44 条。

检察建议书后一个月内依法办理，并将办理情况及时书面回复检察机关。

《实施办法》第40、第42和第53条也规定了诉前程序及法律后果。海洋部门应在收到检察建议书一个月内依法办理，海洋部门拒不纠正违法行为或者不履行法定职责，海洋公共利益仍处于受侵害状态的，地方各级人民检察院层报最高人民检察院审查批准，得到批准后即可提起海洋环境行政公益诉讼。

2. 诉前准备

根据《试点方案》，检察机关提起海洋环境行政公益诉讼，应当有明确的被告、具体的诉讼请求、海洋公共利益受到侵害的初步证据，并应当制作海洋环境行政公益诉讼起诉书。

(1)诉讼请求。按照《试点方案》，检察机关提起海洋环境行政公益诉讼，可以向人民法院提出撤销或者部分撤销违法行政行为，或在一定期限内履行法定职责、确认行政行为违法或者无效等诉讼请求。

(2)搜集证据。根据《实施办法》第44条，检察机关提起海洋环境行政公益诉讼承担举证责任，应当提交海洋公共利益受到侵害的初步证明材料。《实施办法》第33条规定在调查核实过程中，检察院虽然不可以采取限制人身自由以及查封、扣押、冻结财产等强制性措施，但可以采取调阅卷宗，询问海洋部门相关人员、利害关系人和证人，咨询海洋领域专业技术机构、人员和协会等调查手段。

3. 管辖

按照《实施办法》第29条，对于海洋环境行政公益诉讼案件，一般由违法行使职权或者不作为的海洋部门所在地的基层人民检察院管辖。

4. 审判

《试点决定》和《试点方案》没有具体限定审判庭形式，由于诉讼涉及的是海洋公共利益，应采取合议制，即由审判员和陪审员共同组成合议庭或者由审判员组成合议庭。

检察机关提起的海洋环境行政公益诉讼适用一审普通行政诉讼程序。在一审程序中，根据《实施办法》第47条，由检察人员宣读海洋环境行政公益诉讼起诉书，出示证据，参加法庭调查、法庭辩论并发表出庭意见以及参加其他程序。在二审程序中，由上级检察机关派员出庭。

5. 举证

根据《实施办法》第 45 条，检察机关在海洋环境行政公益诉讼中，对下列事项承担举证责任：①证明起诉符合法定条件；②人民检察院履行诉前程序，提出检察建议且海洋部门拒不纠正违法行为或者不履行法定职责的事实；③其他应当由人民检察院承担举证责任的事项。

6. 上诉或抗诉

在检察机关提起的海洋行政公益诉讼中，对一审裁判不服，海洋部门具有上诉权。依据《行政诉讼法》第 85 条，海洋部门对一审判决不服，可以提起上诉。上诉期限为判决书送达之日起 15 日内（裁定书送达之日起 10 日内）。作为海洋行政公益诉讼人的检察机关对一审判决不服，应当依法抗诉。

7. 调解

海洋环境行政公益诉讼案件不适用调解。检察机关提起海洋环境行政公益诉讼是以海洋部门拒不纠正违法行为或者不履行法定职责，海洋公共利益仍处于受侵害状态为法定起诉条件的，诉讼启动后无调解的必要。

三、对策建议

（一）严格执行新修订的《海洋环境保护法》并进行效果评估

法律的生命力在于实施，法律的权威也在于实施。《海洋环境保护法》（2016 年版）新增“按日计罚”“查封扣押”“建设项目限批”和“限产停产”等处罚措施。只有在《海洋环境保护法》实施力度不断增强的高压态势下，企业才能自觉增强自律意识和守法意识，履行保护海洋环境的法律义务。

同时，《海洋环境保护法》（2016 年版）的实施也面临着严峻的挑战和问题。比如，海洋环境保护与国内生产总值增长的矛盾仍然很突出，“保护优先”和“预防为主”还没能成为处理经济发展与海洋环境保护关系的指导原则。政府对海洋环境质量负责，但无具体的追责程序规范，经济下行的压力可能会导致监管放松。

因此，海洋部门应严格实施《海洋环境保护法》（2016 年版），树立法律权威。建立海洋环境保护的“红黑榜”，严厉打击违反海洋环境保护的行为，抓取典型违法案例，严格惩处，起到警醒作用；对保护海洋环境的优秀企业应予以表彰，发挥正面示范效应。为保障法律实施，还要进一步完善配套制度。完善排污许可证制度和海洋环境监测法律法规，明确按日计罚制度适用范围、实施程序、处罚方式，制定生态补偿的标准等。此外，应加强海洋环境执法力量建设，执法必严、违法必究，确保海洋环境保护制度和措施得到遵守和执行，维护法律权威。

为保障《海洋环境保护法》(2016 年版)的实施，应提前部署法律实施周年评估，收集海洋环境保护法实施的相关数据，并对法律实施效果进行客观评价，及时发现法律实施中存在的问题，并进行配套法律制度建设，增强法律的可操作性。

(二)研究海洋环境行政公益诉讼制度

海洋部门在保护海洋环境中所起的作用居于首位，司法的作用主要在于监督海洋部门依法行政。海洋部门监察海洋环境保护行为，对违反海洋环境保护的行为进行处罚，维护海洋公共利益。检察机关对海洋部门监察海洋环境保护的行为有法律监督的权利。

以环境行政公益诉讼为例，2015 年 12 月 16 日，山东省德州市庆云县人民法院受理的庆云县人民检察院诉庆云县环境保护局环境行政公益诉讼案，是检察机关试点的第一起环境行政公益诉讼案件。诉讼期间，被告(环境保护局)自行撤销了三次被诉批复行为，在公益诉讼人(人民检察院)坚持要求确认被诉行政行为违法的情形下，人民法院判决确认被诉行政行为违法。山东省庆云县人民法院受理案件后，督促政府和环境保护主管部门加强对污染企业的整改力度，关停违法生产企业。检察机关试点受理的大部分案件的被诉行政机关在开庭前即纠正了违法行为，取得了良好的法律效果和社会效果。

上述案例对于海洋环境保护监察工作具有借鉴意义。海洋部门负有海洋环境保护的监管职责，在海洋部门不纠正违法行为和不依法履行职责的情况下，海洋公共利益持续受损，检察机关可以依法开展督促工作，向海洋部门发出检察建议书。在一个月内，海洋部门未回复或者未依法办理，检察机关可以向人民法院提起海洋环境行政公益诉讼。因此，海洋部门应进行海洋环境行政公益诉讼的前期研究，明确海洋环境行政公益诉讼的诉讼要件及有关程序，积极履行海洋环境监察职责，维护海洋公共利益。

附表 《海洋环境保护法》主要修改条款及相关内容

<table>
<tr><th>法律条款</th><th>修改内容</th><th>修改目的</th></tr>
<tr><td>第三条</td><td>国家在重点海洋生态功能区、生态环境敏感区和脆弱区等海域划定生态保护红线，实行严格保护。</td><td rowspan="2">强化海洋生态环境保护，建立健全生态保护红线和生态补偿制度。</td></tr>
<tr><td>第二十四条</td><td>国家建立健全海洋生态保护补偿制度。开发利用海洋资源，应当根据海洋功能区划合理布局，严格遵守生态保护红线。</td></tr>
<tr><td>第六条</td><td>国家海洋行政主管部门会同国务院有关部门和沿海省、自治区、直辖市政府根据全国海洋主体功能区规划，拟定全国海洋功能区划。</td><td>首次以法律形式明确全国海洋功能区划作为各类涉海规划、政策在空间开发和布局方面的基本依据。</td></tr>
<tr><td>第十条</td><td>排污单位在执行国家和地方水污染物排放标准的同时，应当遵守分解落实到本单位的主要污染物排海总量控制指标。
对超过主要污染物排海总量控制指标的重点海域和未完成海洋环境保护目标、任务的海域，省级以上人民政府环境保护行政主管部门、海洋行政主管部门，根据职责分工暂停审批新增相应种类污染物排放总量的建设项目环境影响报告书(表)。</td><td>建立健全污染物排海总量指标，确立了区域限批制度。同时，为了避免限批“一刀切”，将限批限定于“新增相应种类污染物”。</td></tr>
<tr><td>第八十九条</td><td>取消了海洋环境污染事故30万元的罚款上限，按照事故程度分两档处罚，对造成一般或者较大海洋环境污染事故的，按照直接损失的20%计算罚款；对造成重大或者特大海洋环境污染事故的，按照直接损失的30%计算罚款。</td><td>与《环境保护法》衔接，加大违法处罚力度</td></tr>
</table>

续表

法律条款	修改内容	修改目的
第八十二条	海洋工程建设项目未依法进行环境影响评价的，由海洋行政主管部门责令停止施工，处建设项目总投资额百分之一以上百分之五以下的罚款，并可责令恢复原状。 违反本法第四十八条的规定，海洋工程建设项目未建成环境保护设施、环境保护设施未达到规定要求即投入生产、使用的，由海洋行政主管部门责令其停止生产、使用，并处五万元以上二十万元以下的罚款。	对于未批先建行为实行零容忍。对未达标项目责令停产、停止使用并处罚款。
第七十九条	海岸工程建设项目未依法进行环境影响评价的，依照《环境影响评价法》规定处理。	
第九十条	对违反本法规定，造成海洋环境污染事故的单位，除依法承担赔偿责任外，由依照本法规定行使海洋环境监督管理权的部门依照本条第二款的规定处以罚款；对直接负责的主管人员和其他直接责任人员可以处上一年度从本单位取得收入百分之五十以下的罚款；直接负责的主管人员和其他直接责任人员属于国家工作人员的，依法给予处分。	企业承担赔偿责任，对直接负责的主管人员和其他直接责任人员处罚款，若其属国家工作人员，依法给予处分。
第七十三条	违反本法有关规定，有下列行为之一的，由依照本法规定行使海洋环境监督管理权的部门责令停止违法行为、限期改正或者责令采取限制生产、停产整治等措施，并处以罚款；拒不改正的，依法作出处罚决定的部门可以自责令改正之日的次日起，按照原罚款数额按日连续处罚；情节严重的，报经有批准权的人民政府批准，责令停业、关闭。(一)向海域排放本法禁止排放的污染物或者其他物质的；(二)不按照本法规定向海洋排放污染物，或者超过标准、总量控制指标排放污染物的；(三)未取得海洋倾倒许可证，向海洋倾倒废弃物的；(四)因发生事故或者其他突发性事件，造成海洋环境污染事故，不立即采取处理措施的。	原法律对违法排污、超总量排污、造成海洋环境污染事故的处罚是限期治理，但是限期治理已经不适应当前的环境保护要求，修订后的《环境保护法》已删除限期治理的规定，新修改的《海洋环境保护法》(2016年版)也删除了上述规定。

续表

<table>
<tr><th>法律条款</th><th>修改内容</th><th>修改目的</th></tr>
<tr><td>第四十三条</td><td>海岸工程建设项目单位，必须对海洋环境进行科学调查，根据自然条件和社会条件，合理选址，编制环境影响报告书(表)。在建设项目开工前，将环境影响报告书(表)报环境保护行政主管部门审查批准。</td><td rowspan="2">在落实国务院关于行政审批“放管服”改革要求方面，考虑到环境影响较小的海洋工程和海岸工程只需编制环境影响报告表，新修改的《海洋环境保护法》增加相关规定，减轻了企业负担。同时，优化环境影响评价程序，只要求建设项目开工前环境影响报告书(表)必须得到批准，进一步为企业松绑减负。</td></tr>
<tr><td>第四十七条</td><td>海洋工程建设项目必须符合全国海洋主体功能区规划、海洋功能区划、海洋环境保护规划和国家有关环境保护标准。海洋工程建设项目单位应当对海洋环境进行科学调查，编制海洋环境影响报告书(表)，并在建设项目开工前，报海洋行政主管部门审查批准。</td></tr>
<tr><td>第四十三条</td><td>环境保护行政主管部门在批准环境影响报告书(表)之前，必须征求海洋、海事、渔业行政主管部门和军队环境保护部门的意见。</td><td rowspan="3">根据国务院取消行政审批事项有关规定，由《海洋环境保护法》设立的5项行政许可被取消，分别涉及环境保护行政主管部门、海洋行政主管部门和海事行政主管部门。新修改的《海洋环境保护法》第四十三、第四十七、第七十条分别作了相应修改。</td></tr>
<tr><td>第四十七条</td><td>海洋行政主管部门在批准海洋环境影响报告书(表)之前，必须征求海事、渔业行政主管部门和军队环境保护部门的意见。</td></tr>
<tr><td>第七十条</td><td>船舶及有关作业活动应当遵守有关法律法规和标准，采取有效措施，防止造成海洋环境污染。海事行政主管部门等有关部门应当加强对船舶及有关作业活动的监督管理。
船舶进行散装液体污染危害性货物的过驳作业，应当事先按照有关规定报经海事行政主管部门批准。</td></tr>
</table>

（2016年11月）

《生物多样性公约》框架下描述具有重要生态或生物意义海洋区域国际进程的最新进展

郑苗壮

海洋生物多样性保护和可持续利用问题是《生物多样性公约》(the Convention on Biological Diversity, CBD)谈判中的焦点问题。2008年CBD缔约方第9次大会(COP-9)通过《确定公海和深海生境中需要加以保护的具有重要生态或生物意义海洋区域的科学准则》(《科学准则》),力求在全球、区域和国家层面推动查明符合具有重要生态或生物意义海洋区域(Ecologically or Biologically Significant Marine Areas, EBSAs)科学标准的区域。科学、技术和工艺咨询附属机构(Subsidiary Body on Scientific, Technical and Technological Advice, SBSTTA或科咨附属机构)是根据CBD第25条建立的,对所有缔约方开放,向缔约方会议、并酌情向它的其他附属机构及时提供有关执行CBD咨询意见的附属机构,其讨论结果对COP决定有直接影响。

2016年4月25日至30日,科咨附属机构第20次会议在加拿大蒙特利尔召开,审议了由CBD秘书处编制的EBSAs区域总结报告,深入讨论国家管辖外海域的法律框架、继续举办EBSAs区域讲习班、组建专家咨询小组以及修订《科学准则》等问题。描述符合EBSAs科学标准的国际进程是保护海洋生物多样性的重要举措,国际社会普遍将其科学成果作为设立海洋保护区的备选方案,在各国与相关国际组织中具有重要影响力。

一、本次会议的主要成果及其讨论分析

(一)关于EBSAs的会议成果

(1)审议EBSAs区域总结报告。会议审议通过了东北印度洋、西北印度洋和东亚海三个区域的EBSAs总结报告,并将其纳入EBSAs数据库,准

备提交2016年12月在墨西哥坎昆举行的COP－13审查。东北印度洋区域符合EBSAs科学标准的区域为10个，其中苏门答腊－爪哇沿岸上升流区域和孟加拉湾丽龟洄游走廊包含国家管辖外海域。西北印度洋区域符合EBSAs科学标准的区域为31个，其中阿拉伯海最低含氧区和阿拉伯海盆包含国家管辖外海域。东亚海区域符合EBSAs科学标准的区域为36个①，其中蓝鳍金枪鱼产卵区包含国家管辖外海域。

(2)继续组织EBSAs区域讲习班。考虑到在地理范围上要覆盖全球海洋，CBD秘书处将继续组织黑海和里海的EBSAs区域讲习班；敦促东北大西洋海洋环境保护委员会和东北大西洋渔业委员会，尽快与CBD秘书处协商举办东北大西洋EBSAs区域讲习班。在既往区域讲习班的基础上，CBD秘书处将组织更多的区域和次区域讲习班，推进描述符合EBSAs科学标准的国际进程，并为发展中国家、小岛屿国家以及经济转型国家提供能力培训和资金援助。

(3)国家管辖内海域描述EBSAs的国家进展情况。EBSAs科学标准作为一项科学和技术标准，其描述成果不影响沿海国的主权、主权权利和管辖权，或其他国家的权利。在国家管辖内海域描述EBSAs优先适用国内法，各缔约方自愿描述其国家管辖海域内符合EBSAs科学标准、或符合其他国内和国际商定的兼容和补充性的科学标准的情况。阿根廷、澳大利亚、巴西、加拿大、印度、日本、芬兰、墨西哥、葡萄牙和英国向会议提交了国家报告②，共享其描述EBSAs的科学和技术分析经验。

(4)国家管辖外海域描述符合EBSAs科学标准的区域。会议认为养护

---

① 中国提出符合EBSAs科学标准的区域包括海南东寨港红树林国家级自然保护区、广西山口红树林国家级自然保护区、南麂列岛国家海洋自然保护区、冷泉区和东亚浅海潮间带区域，主要是已建的海洋自然保护区。

② 其中，阿根廷运用EBSAs科学标准讨论或修改了6个区域，并新增2个区域(1个区域的范围超出阿根廷的专属经济区，但仅将位于其专属经济区部分视为潜在的海洋保护区)。澳大利亚制定了关键生态特征和具有重要生物意义区域的相关标准，作为EBSAs的国家替代标准，用于描述在其管辖海域的保护价值。加拿大运用EBSAs科学标准描述了太平洋的13个区域，还将重新审查符合EBSAs科学标准的33个区域，并审查成果作为指定国家海洋保护区网络的基础。印度运用部分EBSAs科学标准以及相关的国家标准，描述了106个具有海洋生物多样性的重要区域。墨西哥运用EBSAs科学标准，在Chapopote asphalt火山和瓜伊马斯盆地开展相关描述工作。英国、芬兰和葡萄牙运用欧盟及相关国家标准(包括EBSAs科学标准)，开展了相关描述工作。日本运用EBSAs科学标准和“代表性或典型性”的国家标准开展大量工作，相关成果用于东亚海区域讲习班。

国家管辖外海域生物多样性免受人类活动的威胁要积极采取行动和措施，重申联合国大会在解决养护和可持续利用国家管辖外海域生物多样性(Marine Biodiversity Beyond Areas of National Jurisdiction，BBNJ)问题上的核心地位，UNCLOS 是开展一切海上活动的法律框架。CBD 在 BBNJ 问题上起辅助和支持作用，描述 EBSAs 是一项科学和技术工作，为养护和可持续利用 BBNJ 提供一项备选科学工具。

(5)EBSAs 科学信息的应用。加强与联合国大会、联合国粮农组织、国际海事组织、国际海底管理局以及海洋学委员会等主管组织的沟通与协调，邀请相关主管国际组织在管理活动中运用 EBSAs 科学信息。目前，联合国大会、联合国粮农组织、国际海事组织、《保护迁徙野生动物物种公约》和政府间海洋学委员会海洋生态地理信息系统等全球进程注意到或已应用 EBSAs 的相关成果以及与 CBD 展开实质性的合作①。

(二)焦点问题讨论及分析

(1)关于组建 EBSAs 问题非正式专家咨询小组②。英国、日本、冰岛、菲律宾、贝宁、瑞典等国反对建立专家咨询小组；英国质疑建立专家咨询小组的必要性，强调相关工作应由秘书处执行；冰岛、菲律宾强调须充分利用现有的国家生物多样性信息交换所，不应增设专家咨询小组。俄罗斯、法国、加拿大、挪威、阿根廷等国支持建立专家咨询小组来做部分工作，阿根廷提出须明确专家咨询小组的工作职责和内容。日本提出重视现有方法和技术的使用，而不是一味考虑方法和技术的更新。专家咨询小组的任务是 COP 曾授权 CBD 秘书处开展的工作，有重复授权的嫌疑。全球海洋面积广阔，海洋生态系统复杂各异，修订《科学准则》是一项科学进程，咨询小组专家可能因其专业知识的限制，造成修订《科学准则》的局限性与不准确性。此外，专家咨询小组将会可能导致部分国家操控修订工作，

---

① 《阿比让公约》《内罗毕公约》及西北大西洋区域渔业组织、南太平洋常设委员会和联合国环境规划署地中海行动计划等区域进程，认为描述 EBSAs 的国际进程为下一步采取具体管理措施提供了科学基础。本格拉洋流委员会和西非沿海与海洋保护地区性合作组织要求成员国设立海洋保护区或开展海洋空间规划时，应充分考虑 EBSAs 科学信息，推动其从科学层面向管理层面转移。

② 专家咨询小组的任务是修订《科学准则》和为 CBD 秘书处举办的 EBSAs 区域和次区域讲习班提供咨询意见，由 30 名来自缔约方、其他政府组织和国际组织的科学和技术专家组成，专家成员的任期为两年，主要通过电子通信方式以及在财政允许时才举行会议，相关咨询报告经同行评议后提交科咨附属机构会议审议。

按照其主观意愿修订《科学准则》，而有违透明性和公平原则。咨询小组以电子通信的工作方式，也不能保证工作的及时性和有效性，会限制相关工作的顺利推进。

(2)关于修订《科学准则》。在非洲集团、太平洋小岛屿国家以及加拿大和墨西哥等国家的支持下，把传统知识纳入描述 EBSAs 的培训手册，并提出修订《科学准则》时要考虑传统知识，以促进土著人民和地方社区描述 EBSAs，以加强地方社区的海洋生物多样性的保护和可持续利用；进一步解释记录传统知识的方法，以及用来结合当代科学和传统知识构建新型“混合”知识体系。日本等国家主张限定传统知识的适用范围，要求仅适用与传统知识相关的科学和技术信息。《科学准则》是运用区域和生态系统方法对全球海洋生物地理分区，查明公海和深海生境需要保护的符合 EBSAs 科学标准的区域，用于协助评估海洋生物多样性和栖息地的现状和趋势。描述符合 EBSAs 标准是一项开放的科学与技术进程，如果涉及传统知识、社会、文化和其他领域的标准，以及沿海国各种人类活动对海洋的影响，也仅限于与之相关的科学和技术层面。

二、关于描述 EBSAs 国际进程的影响

CBD 秘书处已在全球组织涉及 12 个区域、超过 14 次 EBSAs 区域讲习班，全球有 90 多个国家和地区以及几乎所有涉海的全球和区域组织都投入到描述 EBSAs 的国际进程，关于 EBSAs 的议题已成为国际海洋事务的热点。截至目前，CBD 秘书处共召集了涉及西南印度洋、大加勒比海和中大西洋西部、南印度洋、东太平洋热带和温带海域、北太平洋、东南大西洋、北极、西北大西洋和地中海等 12 个区域的 EBSAs 讲习班，覆盖全球近 74% 海洋区域(不包括《南极海洋生物资源养护委员会》规定的海洋区域)，查明符合 EBSAs 科学标准的区域共有 284 处，其中国家管辖范围内海域有 232 处，涉及国家管辖外海域有 62 处(不包括地中海在领海以外的 17 处)。识别和描述 EBSAs 科学标准是养护和可持续利用海洋生物多样性的重要工具，描述符合 EBSAs 科学标准的区域也已成为海洋保护区选划和实施海洋空间管理的备选方案，已被国际社会看作是实现“爱知目标 11”的重要途径。①

① “爱知目标 11”，即“联合国 2030 可持续发展目标 14”，到 2020 年，全球 10% 的海洋和沿海地区得到保护。

EBSAs 区域讲习班已成为各国在全球海洋争夺科学话语权和环境话语权的重要阵地。描述 EBSAs 的地理范围包括国家管辖内和国家管辖外海域，涵盖全球生物地理分区的海洋生物多样性和具有重要生物意义的海洋区域，主要包括海山、热液喷口、冷水珊瑚礁以及其他生态系统脆弱区。区域讲习班采取协商一致的原则，经讨论决定符合 EBSAs 科学标准的区域，提交 SBSTTA 审议的已全部通过。目前，区域讲习班多为日本、英国和法国等发达国家资助，并投入大量海洋科学家参与该国际进程，在 EBSAs 议题上拥有重要的话语权和影响力。

描述符合 EBSAs 标准的国际进程是一项科学和技术活动，不涉及任何法律问题，不对任何国家或其当局的法律地位，或对于其海上划界表示任何意见；在任何情况下，各国或其他政府就管辖或控制范围内自愿开展描述符合 EBSAs 的工作，相关成果不得损害沿海国的主权和主权权利。但是，SBSTTA 以进一步修订《科学准则》为名，已把传统知识纳入描述 EBSAs 的培训手册，并建议在国家管辖内海域对符合 EBSAs 标准的区域进行分类、排名或评估、信息更新和差距分析。但随着描述 EBSAs 国际进程的不断深入，通过应用科学和技术手段，SBSTTA 将工作范围进一步向沿海国的人类活动类型和程度等方面拓展，EBSAs 的标准不断向社会、文化以及其他领域延伸。

SBSTTA 积极推动各国和其他政府运用 EBSAs 科学标准或国内确立的科学标准开展相关识别和描述工作，并建议各国在建立海洋保护区网络时，利用描述 EBSAs 标准的科学信息。SBSTTA 还以保证科学性和准确性为由，建议对 EBSAs 成果开展同行评议。鉴于描述 EBSAs 国际进程由发达国家主导，各国采用的科学标准不一，可能会被相关国家操纵或基于客观认识的制约，作出对发展中国家或其他国家不利或不客观的评议结果，损害沿海国的国际形象；还可能假借“养护海洋生物多样性”的名义，占据“国际道义制高点”，干涉他国内政插手海洋事务。

2016 年 3 月联合国大会已经正式开启 BBNJ 国际协定谈判，其中公海保护区是谈判的焦点。SBSTTA 确认在 BBNJ 问题上，联合国大会及其 BBNJ 预备委员会是主渠道作用，描述 EBSAs 的成果为区域管理或制定管理措施提供科学和技术支撑；力推全球进程、区域进程和次区域进程国家管辖外海域的管理活动使用或参考 EBSAs 科学信息，可能会在国家管辖外海域的敏感区、脆弱区和代表性区域，采取一系列管理措施限制海上航行、渔业捕捞和深海采矿等活动。CBD 从科学技术方面的积极推动，必将影响 UNCLOS 框架下联合国大会关于公海保护区问题的谈判进程，加速制定约束人类海洋活动的法律文书。

三、几点思考

随着描述 EBSAs 科学标准国际进程的不断深入，在缔约方、其他政府和相关国际组织的影响力不断扩大，是国际社会争夺科学话语权和环境话语权的重要平台。关于符合 EBSAs 标准的科学信息和成果，在国家管辖内海域已经作为沿海国设立海洋保护区的重要参考或选划方案。考虑到 CBD 在海洋生物多样性保护方面的权威性、缔约方的广泛性以及 EBSAs 的科学性，未来可能直接作为公海保护区选划的基础或备选方案。

我国作为快速发展的海洋大国，也是 UNCLOS 和 CBD 的缔约国，将来也可能成为 BBNJ 国际协定的缔约国。因此，应在修订《科学准则》、制定 BBNJ 国际规则的有利时机下，统筹规划所涉及的科学、环境和法律问题。发挥与我国综合国力相称的国际影响力，争取构建满足我国核心关切的国际制度。应采取如下措施：加大 BBNJ 问题的政策支持，重视人才队伍建设。BBNJ 问题是当前海洋领域最前沿的科学和法律问题，要重视海洋科学技术和政策支撑作用，加大投入和扶持力度。加强对海洋外交谈判、海洋资源与海洋生态领域专家长期培养，尤其是加强专门和通用型海洋人才的队伍建设，培养国际海洋领军人物。积极输送相关人才到联合国等政府间和非政府间国际组织工作，加强我国在国际舞台的影响力和话语权。

（2016 年 5 月）

美、英等国建立大型远岛海洋保护区的影响分析

刘　岩　郑苗壮　丘　君　李明杰

2014年6月17日，时任美国总统奥巴马在美国国务院主办的“我们的海洋”世界海洋大会致辞中提到：他将像他的前任克林顿和布什总统那样，利用作为总统的特权,① 保护美国最珍贵的海洋景观。对此，白宫新闻办公室宣布，美国政府将考虑立刻扩建布什政府设立的太平洋远岛海洋保护区(Pacific Remote Islands Marine National Monument)，使其成为世界上面积最大的海洋保护区。一石激起千层浪，奥巴马和美国政府的这一举动引起世界的广泛关注和猜测。建立大型远岛海洋保护区一方面是推动世界海洋生态保护的重要举措，另一方面也是当权政治家留给后人的重要政治遗产。正如美国《国家利益》杂志的评论所说，“美国的海洋保护区也是这个国家在中西太平洋地区的强大地缘政治影响和领土存在的纪念碑”。2014年9月25日，奥巴马签署了扩大太平洋远岛海洋保护区范围的备忘录。我国应高度关注美、英等世界海洋强国设立大型远岛海洋保护区可能带来一些超越海洋保护区自身功能与属性的影响，包括政治、经济和军事等影响。

一、世界海洋保护区设立的基本情况

海洋保护区制度被公认是保护海洋生物多样性的重要方法。2002年，南非约翰内斯堡世界可持续发展大会提出了建设海洋自然保护区网络的目标。2006年《生物多样性公约》第8次缔约方大会提出的目标之一，是世界重要生态区的10%得到有效保护；2010年第10次缔约方大会又提出，到2020年把全球海洋面积的10%建设成为海洋保护区。这些目标催生了世界各国和国际社会对于海洋保护区建设的热情。建设海洋保护区已经成为判

① 此“总统特权”是指《文物法(1906年)》赋予美国总统无需通过公共程序，可直接将公共区域设为国家纪念地(National Monument)的权利。

断沿海国是否重视海洋环境和生物多样性保护的重要评价标准之一。据统计，到2013年年底，全球已建立各类海洋保护区近8000个，覆盖海域面积约1300万平方千米，约占全球海洋总面积的3.6%。为实现2020年将全球海洋面积的10%建设为海洋保护区的目标，全球范围内趋向于以生态系统方法建立大型海洋保护区；珊瑚礁和远岛及其邻近海域生态系统得到特别关注。① 目前，全球已建立3万平方千米以上的大型海洋保护区29个（表1）。从表1中可以看出，自2002年以来大型海洋保护区建设速度加快，美国、英国、法国、澳大利亚和新西兰等多个国家先后设立了23个大型海洋保护区，总面积达到约800万平方千米，大多为远离其领土的远岛海洋保护区，单个保护区面积呈不断扩大之势。

表1　全世界大型国家级海洋自然保护区（3万平方千米以上）

序号	海洋保护区名称	国　家	时间（年）	面积（平方千米）
1	大堡礁海洋公园	澳大利亚	1971	343 480
2	东北格陵兰岛国家海洋公园	丹　麦	1988	96 598
3	法兰士约瑟夫地海洋保护区	俄罗斯	1994	123 877
4	加拉帕戈斯群岛海洋保护区	厄瓜多尔	1998	137 975
5	麦夸里岛联邦海洋保护区	澳大利亚	1999	161 895
6	布里斯托尔湾海洋保护区	美　国	1999	65 030
7	赫德岛和麦克唐纳群岛海洋保护区	澳大利亚	2002	64 267
8	海葵海洋保护区	哥伦比亚	2005	61 099
9	帕帕哈瑙莫夸基亚国家海洋保护区	美　国	2006	341 362
10	克马德克底栖生物海洋保护区	新西兰	2007	620 500
11	澳洲样带底栖生物海洋保护区	新西兰	2007	108 200
12	次南极海底深层海洋保护区	新西兰	2007	98 400
13	弗雷西联邦海洋保护区	澳大利亚	2007	57 942
14	希库朗伊深底栖生物海洋保护区	新西兰	2007	54 025
15	诺福克深底栖生物海洋保护区	新西兰	2007	44 231

① 珊瑚礁和远岛及其周围海域通常具有丰富的生态系统，其海洋生物多样性保护代表国际公共利益。自1995年以来，《生物多样性公约》缔约方大会已经连续讨论这个问题。2010年10月18—30日在日本名古屋举行《生物多样性公约》缔约方第10次会议（COP10），提出在2020年之前，至少要在17%的陆地和包括公海在内的10%的海域建立保护区。各缔约方表示，通过保护和恢复，政府将至少恢复退化地区的15%；各方将做出特别承诺，以减少珊瑚礁生态系统所面临的压力。

续表

序号	海洋保护区名称	国　家	时间(年)	面积(平方千米)
16	塔斯曼样带联邦海洋保护区	澳大利亚	2007	42 501
17	菲奥德兰底栖生物海洋保护区	新西兰	2007	40 600
18	挑战者索斯底栖生物海洋保护区	新西兰	2007	30 553
19	凤凰岛海洋保护区	基里巴斯	2008	408 250
20	马里亚纳国家海洋保护区	美　国	2009	246 608
21	太平洋远岛国家海洋保护区	美　国	2009/2014	212 714/1 269 591
22	罗斯环礁国家海洋保护区	美　国	2009	34 838
23	爱德华王子岛海洋保护区	南　非	2009	18 0633
24	南奥克尼群岛海洋保护区(南极区)	英　国	2009	93 787
25	查戈斯群岛海洋保护区	英　国	2010	544 000
26	复活节岛海洋保护区	智　利	2010	20 3374
27	珊瑚海联邦海洋保护区	澳大利亚	2012	989 842
28	南乔治亚和南桑威奇群岛保护区	英　国	2012	1 070 000
29	新喀里多尼亚海洋公园	法　国	2014	1 290 000

此外，国家管辖外海域(包括公海和海底区域)的生物多样性养护和可持续利用问题成为目前联合国海洋事务讨论的热点，公海保护区问题则为各利益集团争夺公共海域规制主导权的焦点之一。与此同时，欧美等对南极有领土主张的国家极力推动在《南极公约》区域内设立大型保护区，南极保护区建设问题也成为各方争夺南极利益的着力点。

二、美、英、法等国家设立的大型远岛海洋保护区

美、英、法等国家均是曾经称霸或依然称霸世界的海洋强国。在过去的历史长河中，它们依靠坚船利炮开路，在世界重要大洋中占有多处海外领土，成为其国家领土的重要组成组分。这些海外领土所在区域的战略地位非常重要。在和平、合作、发展成为时代主题，国际力量发生重大变化的大背景下，设立大型海洋保护区，“依法”有效地管控这些海外领土，是美、英、法等国家采取的重要手段。

(一)美国在中西太平洋设立的国家海洋保护区

根据美国当前领土分类，位于中西太平洋的夏威夷群岛、马里亚纳群

岛(关岛、塞班岛等)和中太平洋远岛(帕尔米拉环礁、维克岛、金曼礁、豪兰岛、贝克岛、贾维斯岛、约翰斯顿环礁)及罗斯海等处岛礁，是美国的海外领土，分属于美国的合并非建制领土、非合并建制领土和非合并非建制领土。中太平洋远洋群岛大部分由美国内政部和军方管辖，多为美国的海外军事基地，战略地位十分重要。

2000 年，克林顿政府动用总统特权第一次宣布建立"西北夏威夷珊瑚礁海洋生态系统保护区(Northwestern Hawaiian Islands Coral Reef Ecosystem Reserve)"，面积约 34 万平方千米，是当时世界最大的海洋保护区。

2006 年 6 月 15 日，时任美国总统布什宣布夏威夷群岛为国家海洋纪念地保护区(National Marine Monument)，面积达到 36.2 万平方千米。2009 年 1 月 6 日，在总统任期的最后两周，布什动用总统特权在中西太平洋的三个区域设立了 3 个国家纪念地类型的海洋保护区，被美国各界广泛认为是布什总统任期内留给世人的最后政治遗产(表 2)。

表 2　美国在中西太平洋设立的海洋保护区

序号	名称	面积(km^2)	设立时间	范围
1	帕帕哈瑙莫夸基亚国家海洋保护区(Papahanaumokuakea Marine National Monument)	362 075	2006 年 6 月	西北夏威夷群岛及其附近水域
2	马里亚纳国家海洋保护区(Marianas Trench Marine National Monument)	250 487	2009 年 1 月	马里亚纳群岛附近水域，包括海沟、海底火山和热液喷口等
3	太平洋远岛国家海洋保护区(Pacific Remote Islands Marine National Monument)	212 714	2009 年 1 月	帕尔米拉环礁、维克岛、金曼礁、豪兰岛、贝克岛、贾维斯岛、约翰斯顿环礁及其附近 50 海里水域
		1 269 591	2014 年 9 月	在 2009 年基础上，维克岛、贾维斯岛和约翰斯顿环礁保护区边界扩建到附近 200 海里水域
4	罗斯环礁国家海洋保护区(Rose Atoll Marine National Monument)	34 838	2009 年 1 月	罗斯岛及其附近水域

2014 年 6 月的世界海洋大会上，奥巴马政府提出扩建太平洋远岛海洋保护区。据当时《华盛顿邮报》报道，计划扩建的海洋保护区将其范围从目前的岛礁岸线向外大约 50 海里扩展至 200 海里，从目前的大约 21 万平方千米扩大至约 202 万平方千米。9 月 25 日，时任美国总统奥巴马签署了一份扩大美国保护区范围的备忘录，将布什任总统时期划定的太平洋远洋群岛海洋保护区的五个群岛中的维克岛、约翰斯顿环礁和贾维斯岛保护区边界从当时的 50 海里扩展到 200 海里。这次扩大后的太平洋远岛海洋国家保护区将覆盖约 127 平方千米(49 万平方英里)海域(图 1)。根据该备忘录，扩大的保护区包含原始的深海和具有独特性的开放生态系统的科学利益目标，也包括对水下 130 座海山的保护。按照此备忘录，美国将禁止在保护区附近的海域进行商业捕鱼和资源开采活动(如深水采矿等)。

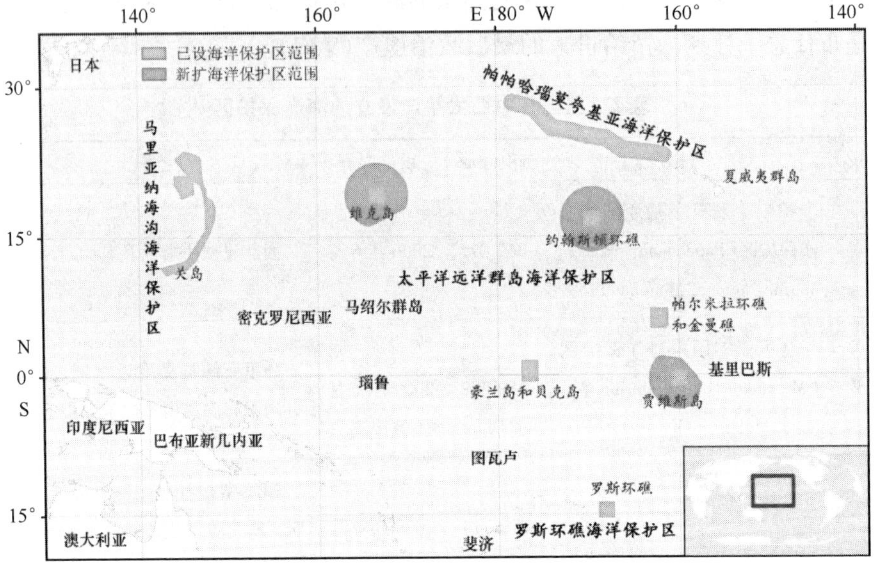

图 1　美国在中西太平洋设立的国家海洋保护区

(二)英、法等国在海外领地设立的海洋保护区

英国是老牌的世界海洋强国，除对南极有领土主张外，目前英国共有海外领地 13 个。

位于印度洋中部的查戈斯群岛(Chagos Archipelago Islands)是英属的印度洋领地，战略地位突出。查戈斯群岛包括 60 多个岛屿和 7 个环礁，群岛专属经济区水域 54.4 万平方千米。此处珊瑚礁生态系统保持完好，印度洋中 49% 生态条件好的珊瑚礁都位于查戈斯群岛附近水域，区内的迪戈加西亚岛已成为美军的重要军事基地。自 1965 年该群岛成为英属印度洋领地以来，毛里求斯政府从未放弃对其领土的主权要求。2010 年 4 月，英国政府将查戈斯群岛及其专属经济区的全部海域设立为禁止利用的海洋保护区，面积 54.4 万平方千米，是英国本土面积的两倍多。作为被全部禁止利用的海洋保护区，所有开采活动如商业捕鱼和深海采矿等都被禁止。虽有毛里求斯政府、查戈斯群岛的原住民和人权组织的反对和抗议，英国还是单方面宣布设立保护区，强调建设查戈斯群岛保护区对于海洋生物多样保护的重要性，并加强对查戈斯群岛及其附近海域的实际管控。英国在查戈斯群岛建立海洋保护区得到了国际环保组织和人士的支持。

位于南大西洋的南乔治亚和南桑威奇群岛(the South Georgia and South Sandwich Islands)，是英属的另一处海外领地，无常住人口，距马尔维纳斯群岛 1300 千米，但与该群岛在地缘上几乎融为一体。1985 年以前一直是马尔维纳斯群岛的一部分，与阿根廷存在主权争议。2000 年英国从南乔治岛撤出驻军，同时增加了科研力量。2012 年 2 月，南乔治亚和南桑威奇群岛政府将南纬 60 度以北的群岛及其专属经济区设为海洋保护区，面积达到 107 万平方千米，是目前世界上较大的保护区之一。保护区内禁止使用底托网捕鱼，禁止在海底床深度小于 700 米的水域进行底层捕捞，同时把 4 个群岛的 12 海里内包括海床及其上覆水域、面积为 20 431 平方千米区域，都设为禁止利用(no - take) 区。

法国是历史上仅次于英国的第二大殖民帝国，直到现在还保留有分布在北大西洋、加勒比海、印度洋、南太平洋及北太平洋中的上百个岛屿和群岛，以及法属南方和南极洲领地(其对南极洲领土的要求，国际社会不予认同)，总面积超过 12 万平方千米。

2014 年 4 月 23 日，法国海外属地之一的新喀里多尼亚政府通过法案，建立珊瑚海国家自然公园(Coral Sea Natural Park)。新喀里多尼亚处于南太平洋大洋洲，位于南回归线附近，距澳大利亚昆士兰东海岸 1500 千米处，该地区主要由新喀里多尼亚岛和洛亚蒂群岛组成，珊瑚礁生态系统完整，生物多样性丰富。这个珊瑚海国家自然公园包括由新喀里多尼亚政府管理的专属经济区和大陆架水域以及所有岛屿，面积 129.7 万平方千米，是法国大陆水域(mainland waters)的3倍，是目前世界上较大的保护区之一。此保护区的建立使得法国管辖水域的保护区面积从4%增加到16%，对加强法国海洋保护区网络建设做出了重大贡献。新喀里多尼亚政府主席表示，建立公园的目的是保护海洋生态环境以维持由各种生态系统所提供的人类需要的生态服务，实现海洋活动的可持续发展。

三、设立的动因与潜在的影响分析

(一)顺应国内和国际海洋环境保护大势，占据道义制高点，创造政治遗产

建立海洋保护区网络，保护海洋生物多样性，实现可持续发展是人类共同的目标和责任，也是人类的道义制高点。总体而言，目前由美、英、法等国家设立保护区的这些偏远岛屿及其附近水域是地球上为数不多的“净土”，生物多样性丰富，具有典型性、代表性和独特性，保护价值很高。此外，这些岛礁及其附近海域的社会经济活动密度较低，建立或扩建保护区的阻力较小。从海洋生态系统保护和海洋资源可持续利用的角度出发，设立保护区、加强对这些海域的管理和保护是十分必要的，对实现国际社会和相关公约提出的海洋保护区建设目标也是有益的。英国就认为其创建海外领地保护区是履行相关国际环境公约的重要举措，也是英国政府对实现国际社会设立的相关海洋环境保护目标的积极贡献。美国在世界海洋大会上宣布扩建太平洋远岛国家海洋保护区，实际上也是向世界表明其在实现国际社会设定的保护海洋生态环境保护目标上所做的努力和领导作用。

大型海洋保护区一方面是海洋环境保护道路上的里程碑，另一方面也是当权政治家作秀的舞台和留给后人的重要政治遗产。奥巴马就任美国总统期间，前11次行使总统设立国家纪念地的特权，所设立的保护区均位于陆地。有科学家和环保人士由此批评奥巴马团队未对海洋环境和生物多样性的保护给予足够重视，并呼吁奥巴马团队出台新的海洋保护政策，包括设立更多的海洋保护区。扩建太平洋远岛海洋保护区无疑是对这类批评意见的积极回应。奥巴马总统第12次行使特权建立陆地和海洋保护区后，保护区面积达到120万平方千米，超过了布什任美国总统期间设立的89.43

万平方千米，他也由此成为近50年来美国建立保护区面积最多的总统。扩建太平洋远岛海洋保护区无疑将成为奥巴马政府的重要政治遗产。2012年6月，英国政府发布海外领地安全白皮书，列举了英国对其14处海外领地未来的政策，以维持在南西大洋的防御力量，保护马尔维纳斯群岛和其他英国管辖岛屿不受侵犯。

（二）是在和平发展的大背景下，向海外投放力量，强化实际管控的重要手段

除了保护区域内的典型生态系统、生境和历史遗迹外，美、英、法等国家设立海外保护区的潜在目的可能是：通过海洋自然保护区这一国际公认的海洋生态环境保护法则和平台，保护其海外远岛海洋利益与权益。海外远岛保护区设立可能是和平时期世界海洋强国向远岛/海外投放国家力量、树立强大的地缘政治优势和领土的"纪念碑"，以实现全球海洋战略的一种新的方式和途径。①

毛里求斯政府指责英国，认为其设立查戈斯海洋保护区的真正目的并非保护海洋环境，而是通过建立海洋保护区永久霸占查戈斯群岛。美国此次扩建的中西太平洋保护区中的威克岛②和约翰斯顿环礁③，目前均被用作军事用途。将这些岛礁及其周边200海里的范围设立为海洋保护区，可限制大部分民用活动，有助于加强美国对保护区所在区域的控制，并以此支撑美国在西北太平洋地区的战略活动，使得美国中西太平洋保护区具有军事意义。

建立海洋保护区不是停留在纸面上的一纸公告，而是一个系统工程。

---

① 美国目前还没有加入《联合国海洋法公约》，12海里领海之外即公海。马里亚纳海沟距塞班岛和关岛已超过了美国12海里领海管辖区域，属于公海，应遵守公海自由原则，但美国却以保护海底生态资源为名，将该庞大海域视同美国领土般划归给自己管辖。马里亚纳海沟长2414千米，宽71千米，是地表最深海沟，最适合潜艇藏匿，对于美国部署在第二岛链之太平洋舰队而言，是令其头痛的国防漏洞。将该海域宣布为美国管辖范围而禁止商业捕鱼、开采作业等，有利于形成一道围堵中国迈向环太平洋区域的屏障。

② 威克岛是横渡太平洋航线的中间站，有太平洋的"踏脚石"之称。第二次世界大战期间，威克岛成为美国在北太平洋"最有用的地方之一"。1972年，该岛由美国国防部接管，1974年用作导弹试验基地。至今，威克岛仍然是军用和民用飞机的紧急降落备用机场，也是美军飞机从檀香山到东京和关岛的加油站。

③ 约翰斯顿环礁在20世纪50年代至60年代曾为美国核武器试验区和飞机加油站。到2000年，转变为美国化学武器的储存及处理地。该岛现由美国太平洋希卡姆空军基地和内政部鱼类和野生动物服务机构管理。岛上生活的绝大多数人都是美国军事人员。

为了达到预定的保护目标，必须配套一系列的管理措施以及相应的海洋执法能力。海岸警卫队是美国海洋保护区执法的核心力量。在平时，海岸警卫队主要执行救助、执法、污染控制等方面的任务；在战时，则是海军力量的组成部分。海洋保护区扩建后，海岸警卫队在相关海域的活动必将进一步加强。考虑到海岸警卫队的准军事性质，这必然强化美国准军事力量在相关海域的存在，彰显美国在广袤中西太平洋海域的主导地位，从而巩固美国在该区域的综合力量，巩固和强化其在太平洋的战略支点。

(三)将进一步引发大型海洋保护区建设热潮，变相扩大专属经济区管辖权

尽管近年来海洋保护区的建设速度较快，全球海洋保护区约占全球海洋总面积的3.6%，但距2020年把全球10%的海域设为海洋保护区的目标还很遥远。要实现这一目标，新建或扩建海洋保护区仍然是未来一段时间海洋环境保护事务的重要议题。这一背景下，美、英、法等国家相继在海外领地建设大型远岛海洋保护区的行动或计划将显示出强大的示范和带动效应。如《全球生物在线》杂志称，美国在2014年6月世界海洋大会上宣布扩建中西太平洋保护区之时，其他国家也正在酝酿推进自己的保护区建设。

一是小岛屿发展中国家可能会仿效跟进，这些国家普遍存在海洋开发能力和执法能力不足的问题。2012年，小岛屿发展中国家海洋保护区总面积仅为其管辖海域的2.8%左右。为了保护其海洋资源不被过度开发利用，这些国家普遍设立了较高(如占本国海域面积的25%)的海洋保护区目标。为了实现这些目标，小岛屿发展中国家将在未来几年内大幅度扩展其保护区面积。太平洋岛国基里巴斯总统也宣称在2014年年底前加大其海洋保护区建设和管理力度，禁止在大约40万平方千米的海域进行捕鱼活动。

二是英、法等拥有海外领土的国家将进一步在海外领地建立覆盖其专属经济区的大型群岛海洋保护区，或进一步强化现有保护区的管理措施。其中英国正考虑将皮特凯恩群岛(Pitcairn Islands)的专属经济区设为海洋保护区。① 英国所属南乔治亚岛和南桑威奇群岛海洋保护区已经制定新的管

① 皮特凯恩群岛是由4个岛屿组成的南太平洋岛屿群，位于太平洋中南部、波利尼西亚群岛东南部，其中只有第二大岛屿皮特凯恩岛有人居住，是英国在南太平洋所剩的最后一块领地。1992年宣布专属经济区面积为370万平方千米。

理计划，如进一步扩大保护区内禁渔区的面积等。

根据《联合国海洋法公约》，建立海洋保护区是沿海国行使对专属经济区内海洋环境保护和保全的管辖权的合法方式，其他国家在行使其权利和履行其义务时，有义务顾及沿海国的此项权利，其中包括遵守沿海国制定的海洋保护区管理规定。但沿海国把大面积的专属经济区划归为海洋保护区，并制定需要其他国家“顾及”和遵守的保护区管理规定，实际上是扩大了对专属经济区的管辖权，削弱了其他沿海国原本享有的权利。虽然《联合国海洋法公约》同时也规定“沿海国在专属经济区内根据本公约行使其权利和履行其义务时，应适当顾及其他国家的权利和义务”。由于海洋保护区具有限制开发利用活动特性，沿海国关于海洋保护区管理的规定实际上很难做到不妨害其他沿海国的权利。

海洋保护区的设立不可避免地减损其他国家原本享有的权利，并实质成为沿海国强化对相关海域的管控的合法依据。美国虽然不是《联合国海洋法公约》的缔约国，但考虑到关于专属经济区的上述规定已经成为习惯国际法，美国可以享受相关权利并履行相应义务。换句话说，美、英、法等国可以通过扩建海洋保护区把强化对其专属经济区管控的行为合法化。

四、结语

海洋是全球生态系统的重要组成部分，是人类可持续发展的宝贵财富。近年来，全球范围内海洋保护区建设浪潮不断高涨，保护区的位置不断向外扩展，从本土内国家管辖海域向海外领土的远洋群岛、从国家管辖海域向国家管辖外海域以及南极、北极区域不断扩展；保护区的面积不断扩大，从沿海向专属经济区外围拓展，从几万平方千米到百万余平方千米；海洋保护区的功能呈现多样化、综合性特征，集生态、经济、政治、军事于一体。

“绿色”是现代人类文明秉持的道义和战略制高点。以全球环境问题为议题的生态政治已然发展为西方社会一支重要的政治力量，基于各种环境话语的生态政治理念开始进入全球治理制度决策体系，海洋生物多样性养护成为在全球海洋治理体系内发挥政治影响力的重要途径，海洋环境问题正在成为影响国家秩序和发展的新问题。从美、英等国家的大型远岛海洋保护区实践中不难看出，海洋保护区既是保护海洋生物多样性的有效工具，同时也是一些强国借海洋生态环境保护之名，划定其新势力范围，提升话语权，维护和拓展其海洋权益的新措施。可以说，设立海外大型远岛海洋保护区，是美、英、法等国家在海洋生物多样性这面“绿色”大旗下，维护海洋霸权、获取全球海洋利益的重要途径和手段。尽管如此，美、英等国家巧妙运用海洋生态环境保护这一道义平台，强化对远离本土群岛及邻近海域的实际管控的一些做法也值得我们思考和借鉴。

（2014 年 12 月）

南极罗斯海保护区的发展历程与影响分析*

付　玉　吴竞超

历经五年的谈判后，南极海洋生物资源养护委员会（以下简称CCAMLR）于2016年10月，通过了建立南极罗斯海海洋保护区（以下简称“罗斯海保护区”）的提案。罗斯海保护区覆盖面积达155万平方千米，为目前世界最大的海洋保护区，将于2017年12月1日正式生效。罗斯海保护区建立的背景是公海保护区事务在世界范围内快速发展，保护区事务成为近年来南极海洋治理的重点。罗斯海保护区将主要通过禁止或限制渔业活动达到养护生物多样性的目标。该保护区的设立对CCAMLR框架下海洋保护区事务的发展具有示范和推动作用，并可能对公海保护区国际法律制度的发展产生外溢作用。

一、公海保护区的发展

罗斯海保护区建立的背景是公海保护区事务在世界范围内快速发展，联合国推动包括公海保护区在内的生物多样性养护与可持续利用国际文书制定的重要时期。

（一）公海保护区实践快速发展

罗斯海保护区是全球第四块公海保护区。根据世界自然联盟（IUCN）的定义，海洋保护区是指“任何通过法律程序或其他有效方式建立的，对其中部分或全部环境进行封闭保护的潮间带或潮下带陆架区域，包括其上覆水体及相关的动植物群落、历史及文化属性”①。此定义比较宽泛，泛指国

* 此文是国家海洋局国际合作司委托开展的公海保护区事务研究项目的部分研究成果。

① 范晓婷：《公海保护区的法律与实践》，北京：海洋出版社，2015年，第10页。

家管辖范围内和管辖范围外的海洋保护区。公海保护区与国内海洋保护区具有不同的法律性质。公海保护区位于或包括公海区域，应适用国际法规则。“公海保护区”是指，为了保护公海上某些特定区域的海洋生态系统以及海洋资源，在公海的水域内设立的若干由相关各国共同建设、规划和管理的具有特殊地理条件、生态系统、生物或非生物资源以及海洋开发利用的特殊需要和突出的自然与社会价值的区域。这些区域的设立应基于国际法规制以及国际环境合作理念。

“海洋保护区”作为一种渔业资源维护、生物多样性保全以及满足其他保护目的的管理工具，最早是在1962年世界国家公园大会上提出的，但直到20世纪末才在理论和实践上取得快速发展。① 海洋保护区应具有明确的保护目标。根据世界自然联盟第17届年会，海洋保护区的目标是通过对利用和影响海洋环境的人类活动进行管理，对海洋环境进行长期的保护和明智地利用。② 设立公海保护区的最主要目标是养护公海生物多样性。

1982年，第三届世界公园大会在决议中突出了“海洋和海岸保护区的建设”，并“呼吁各国合作，通过海洋公约，在公海建立大型禁渔区，以保护人类的共同遗产”，从而明确提出了公海保护区的动议。③ 近年来，公海保护区的建设取得突破，相继建立了地中海派拉格斯海洋保护区、南极南奥克尼南部大陆架海洋保护区和东北大西洋海洋保护区网络。这些公海保护区均由区域性环境组织或生物资源养护组织，根据区域性条约所建立和管理。地中海派拉格斯海洋保护区是根据《建立地中海海洋哺乳动物保护区的条约》(1999年签署、2002年生效)，由法国、意大利和摩纳哥共同建立的第一个公海保护区，面积约为8.75万平方千米，其中约53%位于周边国家管辖海域范围之外。④ 南奥克尼南部大陆架海洋保护区由CCAMLR于2009年建立。该保护区位于南极的北威德尔海，面积约9.4万平方千米，是座头鲸的重要栖息地。南奥克尼南部大陆架海洋保护区被认为是世界上第一个真正意义上的公海保护区。2010年，为了保护洋脊、海山所在海域的海洋生态系统，保护东北大西洋海洋环境保护委员会在北大

---

① 范晓婷：《公海保护区的法律与实践》，北京：海洋出版社，2015年，第13页。

② 同注①，第15页。

③ 同注①，第17页。

④ 除埃及、摩洛哥之外的地中海沿岸各国均未在地中海主张200海里专属经济区，各国12海里领海之外就是公海。

西洋水域设立了由6个区域组成的公海保护区，面积超过45万平方千米。该公海保护区既包括水体部分，也包括海床和底土。2012年，东北大西洋海洋环境保护委员会又指定了查理·吉布斯北部公海保护区，作为该网络的第七块海洋保护区。

(二)罗斯海保护区国际法律规制正在形成

在公海保护区事务发展初期，很多国家对是否需要建立公海保护区持怀疑态度，担心公海保护区的建立会冲击现有《联合国海洋法公约》(以下简称《海洋法公约》)下的各项制度。但随着公海环境的恶化，在欧洲国家和国际环保组织的大力推动下，各国对公海保护区在功能上的认识不断深入，公海保护区制度的建立已经提上国际社会的议程。公海保护区议题已经从“是否要建”发展到“怎么建”。

联合国可持续发展峰会在2002年设定了到2012年完成代表性网络的目标。《生物多样性公约》于2010年制定的《爱知目标》中的第11项，更加明确地设定了到2020年使全球10%的海洋面积受到保护的目标。2015年9月，联合国大会通过了2015年之后新的全球发展议程，题为“改变我们的世界：2030年可持续发展议程”，再次确认并强调了到2020年，全球海洋至少有10%的面积得到保护的目标。更加激进的目标是，国际环保组织正在推动到2030年对世界海洋面积的30%以海洋保护区方式进行严格保护①。

公海保护区在法律制度上需要解决与《海洋法公约》所规定的公海自由之间存在的冲突，现阶段主要体现在对公海捕鱼自由和科学研究自由不同程度的限制。公海捕鱼自由在受到区域渔业管理组织的约束后，又受到公海保护区的限制。公海保护区的首要保护目标是生物多样性，主要养护措施是禁止商业捕捞。而且，在公海保护区内开展的科研活动必须遵守比其他公海区域更为严格的生态环境保护准则。这相当于为进入公海区域设定了科学调查和研究的准入门槛，有可能会制约中国等发展中国家的科学调查、研究与资源的开发利用活动，对尚未开展相关研究的发展中国家

---

① 2016年9月，世界自然保护联盟(IUCN)在美国夏威夷召开以“处在十字路口的地球”为主题的第六届世界自然保护大会。会上提出了此项目标。参见《第六届世界自然保护大会在夏威夷开幕》，http://world.huanqiu.com/hot/2016-09/9402830.html，2016年12月7日。

不利。

公海保护区法律依据从区域性条约向全球性条约过渡，规范公海保护区的国际法律制度正在形成。2015 年，联合国大会第 69 届会议通过第 292 号决议，决定在《海洋法公约》下制定对国家管辖外海域生物多样性养护和可持续利用(BBNJ)具有拘束力的法律文书，公海保护区是该文书的重要内容之一。该文书有望促进这些法律冲突的协调，解决公海保护区国际法律依据不足的问题。根据联合国决议成立的筹备委员会已于 2016 年召开了两次预备会议，以便为该文书的正式谈判做好充分的准备。筹委会建立的目标就是在《海洋法公约》下增设一个附件，而《海洋法公约》是有争端解决机制保障的"硬法"，这会给公海保护区下的义务提供更多的法律制度保障。联合国大会决议中明确要制定具有拘束力的法律文书，说明国际社会在海洋环境领域逐渐接受更加严格的法律约束。但是，从"软法"向有拘束力的国际法律机制过渡会带来发展中国家履约能力的问题，这需要与保障发展中国家的能力建设和援助结合起来进行。

二、罗斯海保护区发展历程

南极海洋保护区系统建设成为南极事务中的一个国际焦点。南极海洋保护区相关事务主要在 CCAMLR 框架下开展。CCAMLR 在美国和澳大利亚等国家的推动下，自 2005 年起明显加快了海洋保护区网络的步伐。目前，在 CCAMLR 管辖范围内，除南极条约协商会议通过的南极特别保护区(ASPA)和南极特别管理区(ASMA)所含的部分海域外，由 CCAMLR 设立的海洋保护区有南奥克尼海洋保护区和今年刚通过的罗斯海保护区。正在 CCAMLR 框架下讨论的海洋保护区提案有两项，一是澳大利亚、法国和欧盟提出的东南极海洋保护区提案(2012 年 10 月正式提出)；二是德国牵头的威德尔海保护区提案(2016 年 10 月正式提出)。根据有关情况分析，未来几年内还会有更多的海洋保护区提案陆续提出。

(一)罗斯海保护区的谈判过程

罗斯海保护区提案自 2012 年正式提出后经历了五年的谈判历程。该提案最初由美国和新西兰分别提出。根据两国的解释，虽然两国分别提出的罗斯海提案基本基于相同的科学数据和科学方法，但是因在渔业政策上的分歧，两国在合作研究保护区规划期间，一直无法达成共识，无法在一开始即提出联合提案。在2012年10月CCAMLR第31届会议上，鉴于CCAMLR协商一致规则和其他成员国的压力，美国和新西兰经过与其他成员国数轮非正式协商之后，说服国内将两个提案合并成一个联合提案，成为罗斯海保护区的蓝本。

2012年，南极海洋保护区议题成为CCAMLR第31届会议的焦点。在2012年版的罗斯海保护区提案中，保护区覆盖面积达到227万平方千米，占据了罗斯海全部岸线，覆盖超过规划海域50%的面积。① 第31届会议围绕设立南极海洋保护区的程序问题、区域范围、风险分析、替代措施、有效性评估、设立时限和研究管理等基本问题，以及关于上述问题的具体提案展开了激烈的、高强度的讨论。美国、澳大利亚、法国、英国、欧盟及新西兰等海洋强国和对南极有领土主张的国家利用其强大的影响力操纵会议进程，极力推动海洋保护区的设立。俄罗斯、乌克兰、日本、挪威、中国等在南极有渔业利益的国家主张依据《南极海洋生物资源养护公约》的规定，合理利用南极海洋生物资源，反对激进的海洋保护区措施。

第31届CCAMLR会议决定在2013年7月召开CCAMLR及其科委会特别会议上，专门讨论南极海洋保护区的基本问题和罗斯海保护区与东南极海洋保护区系统两个提案。在上述特别会议、2013年10月召开的CCAMLR第32届和2014年10月召开的第33届会议上，由于我国和俄罗斯等国的反对，成员国未能取得协商一致，提案未获得通过。

在2015年10月举行的CCAMLR第34届会议上，罗斯海保护区和东南极海洋保护区代表性网络提案仍未获得通过，连续五次受挫。我国在罗斯海保护区提案修改之后，不再坚持反对立场。媒体评论称中国的支持使设立该保护区的有关行动"向前迈出了重要一步"，并分析认为这是中、美两国在最近关于海洋问题的一系列共识基础上取得的。② 俄罗斯是此次会议上唯一一个反对该提案的国家。2016年10月，俄罗斯与提案国在犬牙鱼捕捞和保护区时限等问题上达成妥协，最终同意该提案通过。

---

① CCAMLR, Report of The Thirty – First Meeting of the Commission, Hobart, Australia, 23 October – 1 November 2012, p. 31.

② Judith Garber, Protecting the Ocean's Last Great Frontier, available at Official Blog of the U. S. Department of State, http://blogs. state. gov/stories/2015/11/24/protecting – ocean – s – last – great – frontier#sthash. n7KD51Em. dpuf

(二)罗斯海保护区提案的主要修改

罗斯海保护区提案自2012年以来经历了多次修改，主要体现在面积缩减、保护区期限缩短、强调鼓励保护区内的科学研究等。

2015年，罗斯海保护区提案的主要修改体现在缩减了综合保护区域(general protection zone)在西北部分的面积，增加了特别研究区域的面积。① 在特别研究区内，将允许捕捞犬牙鱼的比例提高到13%。2015版提案在保护区具体目标方面更加明确具体。在会上，美国又提出在罗斯海西北部增加一个"磷虾研究区域"(Krill Research Zone，KRZ)，作为保护区的一部分，用于开展与磷虾有关的研究，并允许一定的捕捞量②。关于保护区期限，2015版提案规定50年后需要所有CCAMLR成员协商一致，才可使保护区继续生效③。

2016年，罗斯海保护区提案又作了进一步调整，以反映我国和俄罗斯的关切。①将综合保护区域的期限设定为35年，期满后需CCAMLR成员协商一致决定是否延期；②新提案将特别研究区内犬牙鱼的捕捞限额由13%提高到15%；③对科学研究活动的有关规定进行了澄清，强调在符合"研究和监测计划"的前提下，鼓励在保护区内开展科学研究活动。

三、罗斯海保护区的主要制度

CCAMLR在2016年的会议上通过了养护措施CM91－05，专门规定罗斯海保护区的目标和管理制度等，是罗斯海保护区设立和管理的最主要和最直接的依据。该文件包括保护区地理坐标、"管理计划""研究和监测的优先要素"等。

罗斯海保护区在一年的大部分时间内处于冰封状态，阿德利企鹅、帝企鹅、小须鲸和食蟹海豹在该区域的栖息地将受到保护。该区域还是犬牙

① Report of the Thirty－fourth Meeting of the Commission，Hobart，Australia，19 to 30 October 2015，p. 44.

② Report of the Thirty－fourth Meeting of the Commission，Hobart，Australia，19 to 30 October 2015，para. 107，p. 57.

③ Report of the Thirty－fourth Meeting of the Commission，Hobart，Australia，19 to 30 October 2015，para. 107，p. 58.

鱼的产卵场和索饵场。① 罗斯海保护区的主要目标为通过禁止或限制渔业捕捞活动，保护当地海洋哺乳动物、海鸟、鱼类和无脊椎海洋动物的栖息地，维护生态系统结构、动力和功能。罗斯海保护区72%的面积受到完全的保护，禁止渔业活动。罗斯海保护区包含三类区域：综合保护区域（General Protection Zone）、特别研究区域（Special Research Zone，SRZ）和磷虾研究区域（Krill Research Zone，KRZ）（见图5 罗斯海保护区）。

综合保护区域内实施全面的保护，完全禁止捕鱼活动。包括三块区域：区域 i 是保护区中最大的一个区块，包括罗斯海陆架和陆坡以及巴雷尼群岛；区域 ii 是提供特殊生境范例的代表性保护区域，包括一座水下海山；区域 iii 是斯科特海山。特别研究区用于科学研究和跟踪海水变暖对海洋栖息地的影响，区内允许对磷虾和犬牙鱼进行有限的捕捞活动。磷虾研究区允许对磷虾的科研捕捞，根据保护区的目标进行控制。

经过激烈的谈判，最终罗斯海保护区内的综合保护区域和磷虾研究区的期限设定为35年，期满后需CCAMLR成员协商一致以决定是否延期。特别研究区域的期限要短一些，为30年。期满后由科学委员会根据议定的科研和保护目标考虑是否需要采取其他措施。在特别研究区域内，南极犬牙鱼的捕捞限额为罗斯海总可捕量的15%。特别研究区域在30年到期后，该区域的捕捞限额不应超过罗斯海总捕捞量的20%。

在特别研究区域，自2020—2021年捕捞季开始，CCAMLR成员可根据养护措施CM41－09和CM91－05的详细规定，对南极犬牙鱼开展指导下的渔业捕捞。每季捕捞总量不超过罗斯海区域捕捞总量的15%。应对捕捞到的犬牙鱼以每吨不少于三条的比例作标记后放生，以加强对犬牙鱼的生物监测。在磷虾研究区域和特别研究区域，允许CCAMLR成员开展指导下的捕捞活动，但要符合养护措施CM51－04和保护区的具体养护目标。

四、罗斯海保护区的影响分析

不可否认，海洋保护区是一种较为有效的生物多样性养护工具，但并不是唯一的途径。公海保护区因位于国家管辖范围以外海域，与以《海洋法公约》为主要内容的现代海洋法体系存在一定程度的冲突。而且，设立

① 《南极洲拟建世界最大海洋保护区》，载《参考消息》，2013年7月17日07版。

公海保护区在科学依据方面主要采用最佳可得数据和预防性原则，这两项依据没有具体的执行标准，仍存在着争议。在公海保护区的国际法律规制尚未建立、科学依据和标准仍存争议的情况下，在短时间内推动建立大范围的公海保护区易引发一些负面影响。罗斯海保护区的设立，将进一步推动南极海洋保护区的设立进程，强化美国和西方国家在南极海洋事务中的主导权，并在更大的范围内影响国际法律规制的发展。

(一)罗斯海保护区对我国的影响

罗斯海保护区提案在推进过程中经历了多次修改，以反映各国的关切，减少或避免与 CCAMLR 成员国之间的直接利益冲突。在最终方案中，我国关注的科考和航行自由等问题已得到较好回应，俄罗斯也得到了犬牙鱼利用的实惠。而在更深的层次上，围绕罗斯海保护区设立议题所展开的是大国对南极海洋事务话语权和主导权的争夺。我国在 CCAMLR 海域现阶段的主要活动为科考和磷虾利用，短期内不会受到直接影响。关于科学考察，保护区制度主要限制针对生物资源的科学研究活动，对于常规科考活动，在 CCAMLR 养护措施 CM91 - 05 中没有明确提及。CM91 - 05“鼓励”生物资源科研船只在进入或通过保护区时将路线、船名、船旗国、吨位、无线电呼号和国际海事组织编号等信息通报给 CCAMLR 秘书处。

(二)促进南极海洋保护区设立进程

罗斯海保护区是南大洋海域设立的第二块公海保护区，被美国和欧盟等视为重要的阶段性胜利，对于 CCAMLR 推动南极海洋保护区进程具有示范和推动作用。罗斯海保护区覆盖面积从南奥克尼南部大陆架海洋保护区的 9.4 万平方千米，跃升至 155 万平方千米，增长了 15 倍多。而且，该保护区的设立还进一步巩固了最佳可得科学数据和预防性原则的地位。在罗斯海保护区成功设立之后，由澳大利亚、法国和欧盟于 2012 年提出的东南极海洋保护区提案将成为 CCAMLR 谈判重点，此外，由德国牵头、欧盟提出的威德尔海保护区提案在 CCAMLR2016 年会议上正式提出，进入谈判阶段。智利和阿根廷等国正在开展海洋保护区的科学调查和数据收集工作。可以预见，未来将有更多海洋保护区提案提出。罗斯海保护区的成功设立将进一步促进南极海洋保护区事务的快速发展。

（三）强化了美国等西方国家在南极海洋事务中的主导权

罗斯海保护区的成功设立，在政治和外交层面巩固并提升了美国等西方国家在南极治理中的主导权。我国于2006年正式成为CCAMLR的成员国之后，一定程度上改变了CCAMLR框架下南极海洋治理的格局和秩序，设立南极海洋保护区就成为美国等西方国家强化其在南极海洋事务中的主导权和话语权的重要方式之一。通过设立海洋保护区，可以加强对相关海域的管控；通过划设海洋保护区，借此占据南极海洋治理规划优势；加强区域活动管制，可提高他国参与门槛，限制别国的南极活动。

（四）影响国际法律规制的发展

对于美国大力主导在南极建立海洋保护区的深层次战略动因，不能排除的一项考虑是，美国对南极海洋保护区设立进程的推动，是对公海保护区法律制度建设的一种制度引领，将在公海保护区设立方面发挥巨大的示范作用，从而深刻影响正在进行的国际法律规制的谈判。这是美国在南极罗斯海保护区设立问题上的重要制度和政治利益，即发挥重要的外溢作用。纵观当代海洋法的发展历史，不难发现，美国的国家实践发挥着重要作用。结合现在联合国即将正式开始国家管辖范围以外生物多样性国际法律规制的谈判，可从战略高度看清美国投入大量外交和政治资源推动南极罗斯海保护区设立的战略动因。

（五）无法排除海洋保护区与南极主权和管辖权主张之间的紧密联系

南极条约对各国主权主张的“冻结”，无法阻止各国背后的利益角逐。在南极海洋保护区问题上，提案的区域与提案国的有关领土主权主张高度对应，自然会引起其他国家的疑虑。对此，也有辩解的观点认为，正因为提案国与自身领土主张之间天然的联系，提案国才有能力提供数据，作为设立海洋保护区的依据。① 无论如何辩解，南极海洋保护区提案与提案国领土主权主张之间的紧密联系引发挥之不去的疑虑。

① 例如，在国内注册的非政府环保组织“创绿中心”就持此种观点。详见《我们为什么要保护南大洋?》，创绿中心，第16－19页。

五、结语

在养护生物多样性和生态系统的大旗下，公海保护区已从“是否要建”发展到“怎么建”，发展势头强劲。在海洋生物资源衰退、生态环境退化的国际背景下，海洋保护区作为一项综合管理工具而备受推崇。在联合国和有关国际组织的推动下，包括公海保护区在内的海洋保护区建设具备了政治、国际舆论和科学技术等各方面的条件。随着罗斯海保护区的设立，公海保护区在南极海洋治理中取得重大突破，并将在今后一段时期成为CCAMLR 的工作重点。

南极海洋保护区的谈判和设立会在不同程度上触及我国的资源、科研、制度、政治和生态等多方面的利益。应把握南极海洋保护区事务发展方向，结合国内科研调查成果，最大限度维护我国在南大洋的各项利益，尽量减轻南极海洋保护区对我国的限制，并积极参与南极海洋保护区的各项事务。

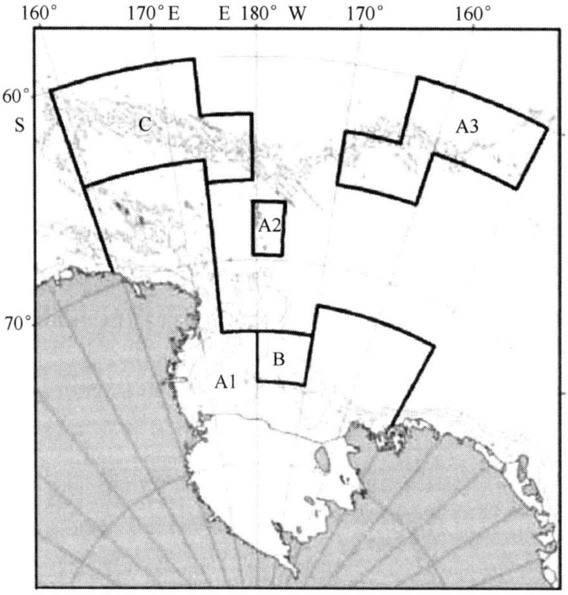

图 1　罗斯海保护区提案区域(2013 年 7 月)①

① 提交到 2013 年 7 月海洋保护区特别会议的提案。

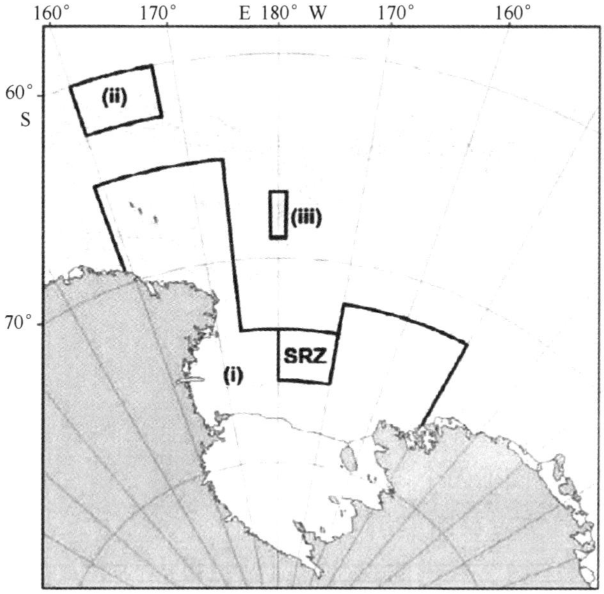

图 2　罗斯海保护区提案区域(2013 年 10 月)①

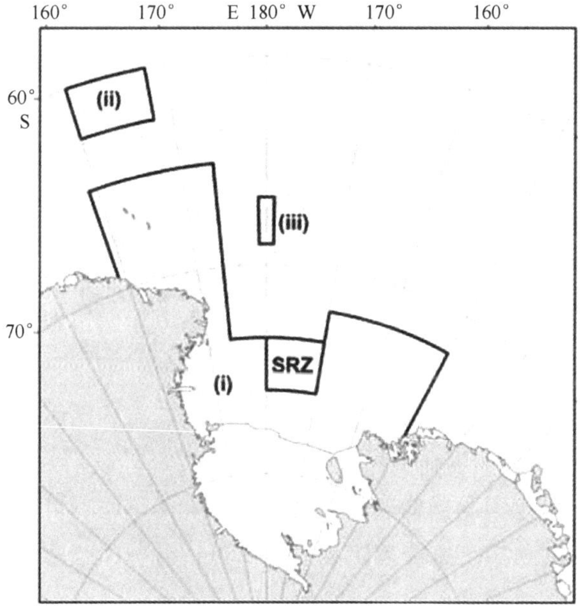

图 3　在 2014 年 10 月 CCAMLR 年会上提交的罗斯海保护区提案

① 提交到 2013 年 10 月 CCAMLR 第 32 届年会的提案。

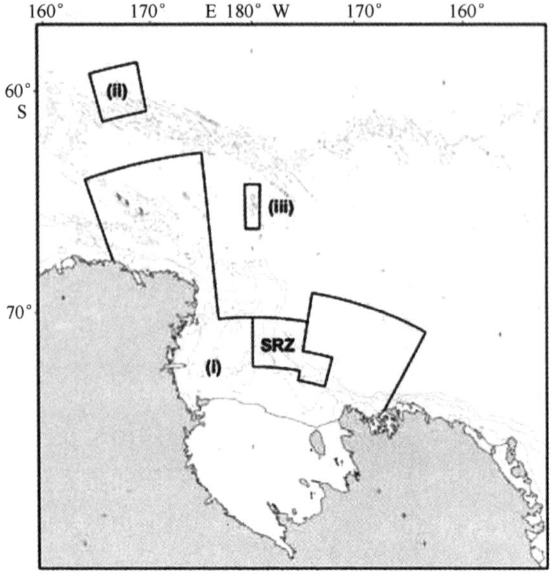

图4　在2015年10月CCAMLR年会上提交的罗斯海保护区提案

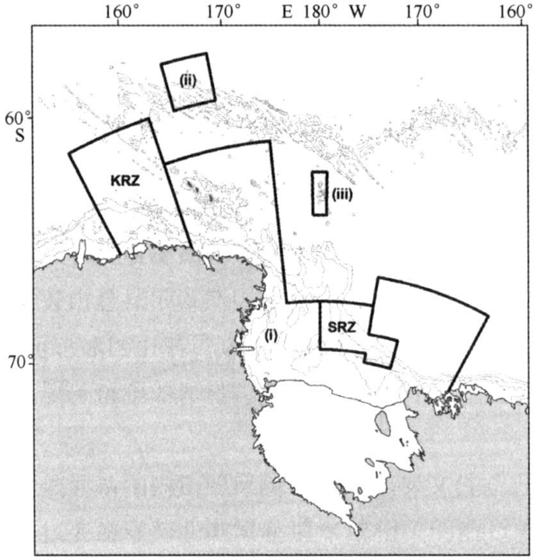

图5　罗斯海保护区(2016年)①

(2016年9月)

① 2016年获得通过的罗斯海保护区区域图。参见：CCAMLR，CONSERVATION MEASURE 91－05(2016)，Ross Sea region marine protected area，commencing 1 December 2017.

“克拉里昂-克利珀顿区”环境管理计划评析

——兼议特别环境利益区的法律性质

张 丹

2011年7月国际海底管理局（简称“管理局”）第17届会议期间，管理局法律和技术委员会（简称“法技委”）审议并通过了“克拉里昂-克利珀顿区”环境管理计划①（简称“环境管理计划”），其核心内容是在“克拉里昂-克利珀顿区”②（Clarion-Clipperton Zone）内划定9块特别环境利益区（The area of particular environmental interest），禁止勘探和开发。在管理局理事会上，中国、印度、巴西等国质疑该环境管理计划的科学依据不足，计划本身过于草率，要求进一步开展科学研究③。最后理事会通过决定，要求法技委进一步审查和修改环境管理计划，供管理局第18届会议通过；在环境管理计划通过前，任何请求核准在特别环境利益区进行勘探或开发的工作计划申请，均将由法技委及理事会审查，同时须考虑有关环境管理计划的审议情况。

“克拉里昂-克利珀顿区”是多金属结核资源最为富集的区域。截至目前，与管理局签订国际海底区域（简称“区域”）内多金属结核勘探合同的10个承包者④中，除印度政府的合同区位于印度洋中北部外，其他9个承

① 《克拉里昂-克利珀顿区环境管理计划》，ISBA/17/LTC/7。

② “克拉里昂-克利珀顿区”位于东中太平洋，在夏威夷群岛之南和东南。一般理解是，管理地区的地理界限约在北纬0—23°30′、西经115°—160°之间，包括在这个框格内的国家管辖范围以外的地区。“克拉里昂-克利珀顿区”的南北界限是ENE—WNW走向的克拉里昂-克利珀顿断裂带。面积约4.5×10^6平方千米。参见：《克拉里昂-克利珀顿区环境管理计划》，ISBA/17/LTC/7，第14段。

③ 中国常驻国际海底管理局代表处：《国际海底信息》，第43期，2011年8月第11页。

④ 南方生产协会（俄罗斯）、国际海洋金属联合组织（保加利亚、古巴、捷克共和国、波兰、俄罗斯联邦和斯洛伐克）、韩国政府、中国大洋矿产资源研究开发协会、深海资源开发有限公司（日本）、法国海洋开发研究所、印度政府、德国联邦地球科学及自然资源研究所、瑙鲁海洋资源公司以及汤加近海采矿有限公司。

包者的合同区都位于“克拉里昂－克利珀顿区”内。环境管理计划的出台、实施，尤其是特别环境利益区的建立，将对“区域”环境保护制度以及相关承包者的“区域”活动产生重要影响。

一、环境管理计划的由来

1998年，管理局在中国三亚举办了主题为“深海海底多金属勘探：制定环境准则”的国际科学研讨会。研讨会建议管理局制定一个环境研究模式，用以鼓励国家、各国科研机构和先驱投资者之间在环境调查和研究方面的合作。管理局随后在1999年和2002年分别召开国际研讨会，讨论国际海洋科研协作的前景。2002年研讨会成果之一是发起了卡普兰项目，其目的是评估深海海底结核矿带的生物多样性水平、物种分布和基因流动。卡普兰项目于2002年启动，在2007年结束。该项目研究结果显示，“克拉里昂－克利珀顿区”的生物多样性非常丰富，将来的多金属结核开发活动将对该区生物多样性产生影响，应当建立保护区，保护“克拉里昂－克利珀顿区”的生物多样性。

2007年10月23日至26日在美国夏威夷大学马诺分校举办了一个研讨会，研讨会的目的是设计一组有代表性的区域，以保护“克拉里昂－克利珀顿区”的生物多样性和生态系统功能。研讨会最后形成了一份题为“在克拉里昂－克利珀顿区建立结核采矿保全参比区：向管理局提出的理由和建议”的文件。① 该文件主要内容后被编入“关于在克拉里昂－克利珀顿区建立结核采矿保全参比区的理由和建议”这一报告，② 在2008年召开的管理局第十四届会议上由法技委进行了审议。自此，在“克拉里昂－克利珀顿区”建立环境保护区问题正式纳入管理局议事日程。

二、环境管理计划的主要内容

环境管理计划制定了五项战略目标：一是确保在“克拉里昂－克利珀顿区”内以保护环境的负责任方式进行海底采矿，以促使有效保护海洋环境，使其不受海底采矿有关活动的影响；二是运用国际公认的养护管理工

① Preservation Reference Areas for Nodule Mining in the Clarion－Clipperton Zone: Rationale and Recommendations to the International Seabed Authority, 5 February 2008.

② 《关于在克拉里昂－克利珀顿区建立结核采矿保全参比区的理由和建议》，ISBA/14/LTC/2。

具，维持整个“克拉里昂－克利珀顿区”的生物多样性和生态系统结构和功能；三是可持续地作为一个整体管理“克拉里昂－克利珀顿区”；四是维持整个“克拉里昂－克利珀顿区”的地域性生物多样性及生态系统结构和功能；五是保护和养护“区域”自然资源，并减少对海洋环境的生物群的影响。①

环境管理计划将“克拉里昂－克利珀顿区”的环境管理具体分为对整个“克拉里昂－克利珀顿区”的环境管理、对承包者勘探合同区的环境管理以及对特别环境利益区的环境管理三个层级，并分别制定了业务目标和管理目标②。

（一）对整个“克拉里昂－克利珀顿区”的环境管理

（1）业务目标

建立定期更新的地区环境基线数据；根据开发提案酌情开展累积环境影响评估；审议采矿技术的发展对“克拉里昂－克利珀顿区”造成的环境风险。

（2）管理目标

整理承包者提供的环境影响评估资料，并酌情以其他来源补充；审议采矿和其他人类活动的累积影响；就新技术和开发中的技术及其潜在环境影响交流信息。

（二）对承包者勘探合同区的环境管理

（1）业务目标

确保采用现有最佳环境做法和技术；汇集和传播承包者收集的环境数据以进行环境影响评估；制订建立影响参比区（impact reference zone）和保全参比区（preservation reference zone）的导则；拟订计划以确保负责任的环境管理，提高生境和动物群落的恢复能力。

（2）管理目标

承包者适用 ISO 14001③ 的原则制订各自的环境管理计划；承包者每年向管理局秘书处提供“克拉里昂－克利珀顿区”的环境数据；承包者在其环

---

① 《克拉里昂－克利珀顿区环境管理计划》，ISBA/17/LTC/7，第 36 段。
② 《克拉里昂－克利珀顿区环境管理计划》，ISBA/17/LTC/7，第 37－43 段。
③ ISO 14001 是由国际标准化组织制定的环境管理体系标准之一，即“环境管理体系——规范及使用指南”。

境管理计划中指定影响参比区和保全参比区；承包者须尽量减少对已建保全参比区的潜在影响；承包者与其他承包者和独立专家协作，确定统一适用的建立影响参比区和保全参比区的导则；承包者在其环境管理计划中制定具体措施，使受其在“克拉里昂－克利珀顿区”的活动影响的生物群尽可能有机会恢复。

(三)对特别环境利益区的环境管理

对特别环境利益区的管理是环境管理计划的核心内容，也是目前国际社会关注的重点。

(1)业务目标

建立一个禁止采矿活动的代表性海底地区系统，以保护生物多样性和生态系统结构和功能；使特别环境利益区包括多种见于“克拉里昂－克利珀顿区”的生境类型；建立一个特别环境利益区系统，避免与合同区和保留区发生重叠；划定禁止采矿活动地区的位置，向现有和潜在承包者提供一定的透明度。

(2)特别环境利益区的大小和位置

环境管理计划提出的特别环境利益区共9块，每块特别环境利益区由核心区和缓冲带两部分组成，核心区面积为200千米×200千米。法技委认为，该面积可以“使可能局限于克拉里昂－克利珀顿区某一分区域的物种能够维持最小可存活种群数，并包括某一分区域内所有各种生境变异性和生物多样性”①。缓冲带是在核心区周围划出的100千米宽的区域，目的是“确保核心区不受在特别环境利益区毗邻进行的活动所产生的采矿羽流影响”①。因此，每块特别环境利益区的总面积(包括200千米×200千米的核心区和周围100千米的缓冲带)为400千米×400千米。

在位置选择上，特别环境利益区应避免与承包者的合同区和提交给管理局的保留区相重叠。

(3)管理目标

由法技委对特别环境利益区进行持续审查，以确定这些区域是否适合或是否需要修正。在拟订有关实施特别环境利益区提案的建议时，法技委

① 《克拉里昂－克利珀顿区环境管理计划》，ISBA/17/LTC/7，第25段。

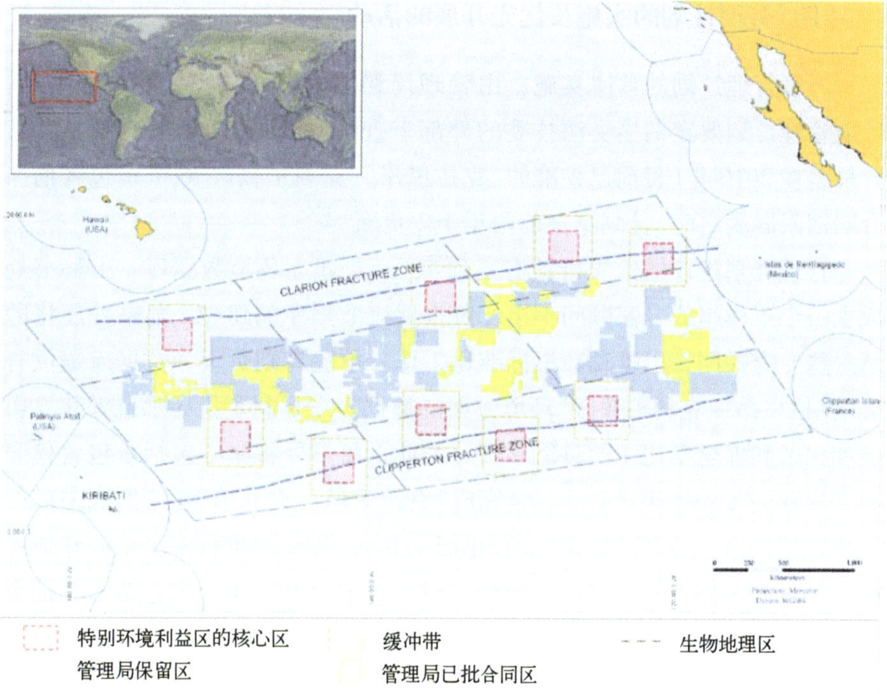

特别环境利益区位置

应考虑：

1）定期审查并在必要时修正特别环境利益区的位置、面积和特征的进程；

2）鼓励和酌情支持并发起科研项目和方案，以提高对特别环境利益区内的生态系统结构和功能的认识和了解；

3）鼓励在关于气候变化和海洋的科学研究方案中增加特别环境利益区作为参比区；

4）监测特别环境利益区养护目标效果的适当机制；

5）将管理局的特别环境利益区管理目标通知负责管理有关水体的主管机构；

6）鼓励主管政府间组织采取相适应的措施，管理可能影响特别环境利益区生物多样性或环境的其他活动；

7）审查承包者资料和其他相关资料的程序，以及可能影响特别环境利益区的设计的相关专家的意见。

(四)管理计划的实施及优先开展的活动

环境管理计划的具体实施，由管理局秘书处负责，法技委予以指导。环境管理计划要定期接受法技委的外部审查(视需要每两年至五年一次)，并最迟在2016年(目前已核准的“克拉里昂－克利珀顿区”6个承包者勘探合同期限届满之时)计划结束前两年予以更新。①

管理计划建议的优先行动有三项②：一是建立环境数据库。由秘书处成立一个工作组或专家顾问小组，负责促进数据库的建立。秘书处还将聘请一些专家顾问，以推动数据标准化工作。承包者则负责为数据库提供有关“克拉里昂－克利珀顿区”环境方面的数据。二是制定指导承包者建立影响参比区和保全参比区的具体导则。为此，秘书处将举办包括承包者代表和专家顾问参加的研讨会。三是完成“克拉里昂－克利珀顿区”海底采矿的累积影响评估。包括评价在“克拉里昂－克利珀顿区”进行多个采矿作业可能对海底和水体生态系统造成的影响以及可能对开采镍、铜、钴和其他金属的采矿作业造成的影响。

三、特别环境利益区的法律性质分析

(一)概念的产生

最早提议在“克拉里昂－克利珀顿区”建立的9块保护区是所谓的保全参比区，其概念沿用了《“区域”内多金属结核探矿和勘探规章》(简称《多金属结核规章》)所规定的保全参比区的概念。而设立9块保全参比区的目的是代替承包者在各自合同区内指定保全参比区的义务③。法技委早期文件④曾提到“建立一个区域保全参比区制度将免除各承包者设计各自保全参比区的负担，并将启动整个克拉里昂－克利珀顿区的养护管理”。

随着有关工作的深入，法技委后来认为在“克拉里昂－克利珀顿区”建

① 《克拉里昂－克利珀顿区环境管理计划》，ISBA/17/LTC/7，第44－46段。

② 《克拉里昂－克利珀顿区环境管理计划》，ISBA/17/LTC/7，第47－52段。

③ 根据《多金属结核规章》第31条第7款，如承包者申请开发权，承包者应提议专门拨作保全参比区的区域。

④ 《关于在克拉里昂－克利珀顿区建立结核采矿保全参比区的理由和建议》，ISBA/14/LTC/2，第20段。

立的9块保护区在性质上不应该是保全参比区，应该使用不同的术语来定义。理由主要有四：一是只有在多金属结核承包者申请开发权时，才有义务建立保全参比区；二是承包者将来建立的保全参比区不太可能是大面积的，无法满足提议的生态目标；三是承包者所选定的区域不一定具有代表性，可能是承包者因其缺乏资源潜力而自行选定的；四是在开发中的矿址内所选定的区域，承包者难以管理，而且有可能受到采矿活动偶发性事件影响，使其失去作用①。

2009年3月管理局秘书处编写的《关于在克拉里昂－克利珀顿断裂区指定某些地理区域的建议秘书处的说明》的文件中，首次提出了“特别环境利益区”②的概念，以此来定义在“克拉里昂－克利珀顿区”建立的9块保护区。至此，“特别环境利益区”的概念正式被提出。

（二）与保全参比区和影响参比区的区别

《联合国海洋法公约》（简称《公约》）和《关于执行1982年12月10日〈联合国海洋法公约〉第十一部分的协定》并未就影响参比区和保全参比区进行规定。这两个概念是在管理局制定的《多金属结核规章》中首次出现的，并为管理局后来制定的《“区域”内多金属硫化物探矿和勘探规章》（简称《硫化物规章》）和《“区域”内富钴铁锰结壳探矿和勘探规章（草案）》（简称《富钴结壳规章（草案）》）所继续采用。

根据上述规章，影响参比区是指反映“区域”环境特性，用作评估“区域”内活动对海洋环境的影响的区域。保全参比区是指不应进行采矿以确保海底的生物群具有代表性和保持稳定，以便评估海洋环境生物多样性的任何变化的区域。特别环境利益区与保全参比区和影响参比区的区别主要在于：

（1）建立的目的不同

特别环境利益区是管理局在“克拉里昂－克利珀顿区”进行生物多样性保护，执行区域一级环境保护计划的一部分。而保全参比区和影响参比区

---

① 《关于在克拉里昂－克利珀顿断裂区指定某些地理区域的建议秘书处的说明》，ISBA/15/LTC/4，第11段。

② 《关于在克拉里昂－克利珀顿断裂区指定某些地理区域的建议秘书处的说明》，ISBA/15/LTC/4，第19段(a)项。

则是承包者根据管理局规章有关规定，建立的专门用于测量开发活动对环境的影响的区域，主要目的是确保保全和促进监测受采矿活动影响的生物群落。特别环境利益区与保全参比区和影响参比区无论在措施的规模上还是在养护的目标上都不一样。

(2)建立的主体不同

特别环境利益区由管理局建立；保全参比区和影响参比区由承包者建立。

(3)建立的位置不同

特别环境利益区建立在合同区和保留区之外；保全参比区和影响参比区建立在合同区之内。保全参比区和影响参比区的位置也不尽相同，影响参比区应位于实际开采的海底矿区内，而保全参比区应远离潜在采矿影响。①

需要指出的是，根据《多金属结核规章》，承包者在申请开发权时，才有义务提出专门拨作影响参比区和保全参比区的区域。这意味着对于多金属结核开发而言，保全参比区和影响参比区应建立在承包者的开发合同区之内。而《多金属硫化物规章》和《富钴结壳规章(草案)》将留出参比区的义务提前到勘探的初始阶段履行，这类参比区将作为所有承包者都必须提交的监测方案的一部分，但只在"管理局提出要求时"方需提出。这意味着对于多金属硫化物和富钴结壳开发而言，保全参比区和影响参比区也可能建立在承包者的勘探合同区之内。

(三)临时性与灵活性

临时性是指特别环境利益区并非永久不得进行勘探和开发。根据《公约》和管理局有关规章，法技委和理事会不批准在某些区域进行勘探和开发需要有"重要证据证明海洋环境有受严重损害的危险"。而特别环境利益区的提出是基于"风险预防"(Precautionary principle)原则，而非基于勘探或开发对环境影响的科学认识。环境管理计划中也明确承认"深海采矿活动可造成的环境影响程度尚不清楚"。这说明在特别环境利益区禁止勘探和开发应是临时性质的，如无"重要证据"证明勘探和开发活动会对该区域

---

① 《克拉里昂-克利珀顿区环境管理计划》，ISBA/17/LTC/7，第41段(c)项。

内的海洋环境产生严重损害，则不能规定此类区域永久不得进行勘探和开发。对此，管理局文件亦有所反映，指出法技委“注意到拟议网络的设计是以现有的科研工作为基础，但是认为，现在如果提议管理局理事会动用《公约》赋予它的权力，永久性关闭有关区域，还为时过早”①。

关于特别环境利益区的位置，在讨论过程中，各方达成的共识是：提出的这些特别环境利益区不应与现在的合同区和保留区重叠，不应受实际开采活动的直接影响，也不应受羽流等采矿所致后果的间接影响。因此，特别环境利益区的位置应具有适当的灵活性。环境管理计划对此也明确规定，“特别环境利益区的设计，均允许根据采矿活动地点的精确信息、采矿作业实际影响的测量结果，以及进一步的生物数据，修改受关注区的位置和大小”②。《国际海底管理局理事会有关克拉里昂－克利珀顿区环境管理计划的决定》③中也提出“鼓励与所有利益攸关方进一步开展对话，以确保有特别环境利益的拟议区域的互补性，对这些拟议区域的确切位置可加以审查”。这些说明在特别环境利益区的位置选择上，如果有证据证明承包者活动有可能对特别环境利益区的环境造成影响，特别环境利益区的位置应进行相应的调整。

四、对策建议

当前，在国家管辖范围以外海域建立海洋保护区是国际社会关注的热点问题。发达国家以保护生物多样性为名，积极推动国家管辖范围以外海域海洋保护区的建立。相关涉海国际组织设立的各种保护区也渐有向国家管辖以外海域扩展的趋势。作为主管“区域”相关活动的国际组织，管理局制订环境管理计划，推动“区域”的环境管理和保护工作，顺应了国际海洋环境保护发展的大趋势。但是，管理局提出的环境管理计划尚不完善，特别环境利益区的提出更无充分的科学依据。管理局肩负着代表全人类行使对“区域”内资源的权利的重任，应妥善处理保护海底环境和开发利用海底资源之间的关系。

---

① 《克拉里昂－克利珀顿区环境管理计划草案秘书处的说明》，ISBA/17/LTC/2，第18段。

② 《克拉里昂－克利珀顿区环境管理计划》，ISBA/17/LTC/7，第30段。

③ 《国际海底管理局理事会有关克拉里昂－克利珀顿区环境管理计划的决定》，ISBA/17/C/19。

（一）进一步加强大洋环境工作

“区域”环境保护有逐渐加强趋势，对我国大洋资源勘探和开发工作提出更高的环保要求，大洋环境工作亟须加强。目前，管理局制定的环境管理计划仅针对太平洋的“克拉里昂－克利珀顿区”，但是可以预见，管理局实施环境管理计划的范围将不断扩展，将来甚至可能会覆盖到整个“区域”，这将对我国大洋多种资源的勘探和开发活动产生重要影响，对大洋环境工作提出更高要求，需提前准备，妥善应对。

（二）积极参与管理局有关环境管理规则的制定与审查

目前的环境管理计划，对特别环境利益区的性质、法律地位规定较为模糊，建议积极参与环境管理计划的修正与审查，突出特别环境利益区的临时性，明确特别环境利益区不应影响承包者的勘探权和开发权。此外，根据环境管理计划，管理局将启动指导承包者建立影响参比区和保全参比区的导则的制定工作，建议通过参加研讨会等方式，积极参与有关规则的制定。

（三）加强对风险预防原则的研究

特别环境利益区建立的理论基础是所谓的风险预防原则，其针对的是在科学上尚未获得确凿证据的环境风险，要求提前采取措施，避免任何可能造成环境损害的因素，即使这种因素与环境破坏的因果关系尚未得到明确的科学证明。目前，关于风险预防原则在国际法中的地位问题尚存在分歧。《公约》并未对风险预防原则进行规定，但管理局制定的《多金属结核规章》《多金属硫化物规章》和《富钴结壳规章(草案)》，都对风险预防原则予以了肯定。由于实施风险预防原则的前提条件具有很多的不确定性以及具有较强的主观性，具体实施的机制也无公认的标准，因此，应结合“区域”有关制度，加强研究，防止风险预防原则在“区域”环境保护方面被滥用，侵害承包者及潜在承包者的正当权利。

（2012 年 2 月）

强化沿海地区环境风险管理的对策建议

密晨曦

近年来沿海地区环境风险日益加大，对海洋环境造成严重威胁。究其原因，随着国家社会经济快速发展，能源对外依存度不断提高，涉化学品产业不断向沿海地区集中，生产工艺、储运条件、风险防控和安全管理水平发展不平衡，次生环境风险加大、隐患突出，环境风险压力持续增加。中国需要严格落实企业主体责任和地方政府监管责任，优化调整产业布局，加强部门联动协调，加大防控基础设施建设，使陆源环境风险做到总体可防可控。

一、新近典型案例的应急处置情况

（一）福建省漳州市腾龙芳烃（漳州）公司爆炸事故

2015 年 4 月 6 日 18 时 56 分，福建省漳州市古雷镇腾龙芳烃（漳州）有限公司（以下简称“腾龙公司”）的二甲苯装置加热炉发生爆炸事故，引发装置附近重石脑油和轻石脑油 4 个储罐爆裂燃烧，经过两次扑灭后复燃。最终于 4 月 9 日凌晨 3 时，全部储罐火源均被熄灭。事故发生后，漳州市、县（区）及时组织干部全力做好人员转移。至 4 月 8 日凌晨，因产生流淌火，担心引起连锁爆炸，指挥部要求疏散事发厂区周边 5 千米范围内 9 个村庄群众共计 17 000 余人。福建省环保厅组织环境应急监测，为政府决策提供依据。腾龙公司共设置了 2 个事故应急池，容积分别为 1.6 万立方米和 4.2 万立方米，通过管道相连。在环境保护部工作组的建议下，漳州市政府又启动了腾龙公司相邻的翔龙石化（漳州）有限公司的 2.2 万立方米应急池和腾龙公司应急池南侧的 4 个废弃养虾池(容量约 1 万立方米)。这样，通过抽水泵将 1.6 万立方米应急池的水抽到翔龙石化有限公司的应急池，把 4.2 万立方米应急池的消防水抽到废弃养虾池，有效扩大了应急池的容量；协调消防部门将应急池水作为消防冷却水，有效减少了消防水用量；消防水全部收纳于应急池内，无事故废水排入厂外环境。

(二)大连市金州新区中石油输油管道泄漏事件

2014 年 6 月 30 日 18 时 58 分，大连岳林建设工程有限公司在施工过程中，将中国石油天然气集团公司(以下简称"中石油")新大一线输油管道钻漏，泄漏的原油进入市政雨水管网和污水管网。污水管网的原油流入污水处理厂，雨水管网的原油流入寨子河雨水排水管出口处着火燃烧。为防止油污入海，引发次生环境灾害，大连市采取多种措施，对河道及污水管网中的油污进行拦截和封堵：一是要求金州新区污水处理二厂开闸接纳油污；二是及时组织中石油在寨子河沿线用围油栏设置拦污防线，有效拦截了河道内的油污；三是向河道内投放大量吸油毡和活性碳等吸油物资。四是调用吸油机吸取河道内的油污。经过近 10 天的大面积清污工作，7 月 8 日，现场应急状态解除，转入日常清污工作，实现了不让油污入海的既定目标。

事发后，中石油调集了沈阳、大连、丹东等地的 6 家专业清油队伍吸取污水处理厂备用生化池和河道内的含油污水。大连市环保局组织相关企业对进入河道、污水管网的含油污水进行抽取，对事故泄漏点和河床上的含油砂土及河道内的吸油毡等含油废物进行收集。油污废水送至大连西太平洋石油化工有限公司进行处理，其他含油废物全部送至有资质单位进行处置。此外，为保证油污得到妥善处置，大连市环保局协调中石油大连管道公司及时与大连东泰产业废弃物处理有限公司等处置企业签订了委托处置协议，避免了事后因处置费用无法落实而引发的纠纷。同时，大连市环保局派出监察人员到各处置企业对含油污染物的存放地及设施进行了检查，责成其制定处置方案，确保各类污染物得到安全处置。

(三)天津港“8·12”特别重大火灾爆炸事故

天津港瑞海公司危险品仓库“8·12”特别重大火灾爆炸事故发生后，引起党中央、国务院的高度重视。主管部门迅速启动国家突发环境事件应急预案，紧急从多地调集监测人员、技术专家和处置装备驰援现场，有效防止了次生环境污染。

事故发生后，国家海洋局组织专家进行了分析和研判，认为最可能影响海洋环境的是氢化物，并采取多项防范措施，防止氢化物入海污染海洋环境。天津市海监总队根据市海洋局指示，迅速制订《中国海监天津市总队执行天津港“8·12”特大火灾爆炸事故应急监测任务保障方案》，组织总队职能科室相关人员，对船用设备进行详细彻底的航前安全检查，保证2艘执法快艇及1艘执法船处于最优在航状态；成立应急专项指挥领导小组，负责本次任务的综合保障。① 针对事故产生的含氰污水，相关部门能力合作，采取了“前堵、后封、中间处理、不达标不排放”的原则，一是封堵爆炸事故附近的入海口、雨污排水管道、地表水沟渠等，把含氰化物废水封堵在沟渠及污水管网内；二是在核心区周围紧急构筑了围堰，防止事故核心区污水外溢。三是组织专家对封堵污水进行监测和评估，针对不同区域、不同浓度的含氰污水分别采取罐车外运处置和就地进行破氰处理的措施。并按照严于国家排放标准的要求进行控制，确保不对近岸海域水质造成影响。

二、沿海地区环境风险管理存在的问题

以上事件发生后，主管部门及相关部门行动迅速、密切配合、措施得当，确保污染物没有流入海洋。但上述事件也暴露出了沿海地区陆源环境风险管理中存在的一些问题。

第一，沿海涉化学品企业布局性风险突出，海洋环境污染潜在压力大。一是总体布局分散，数量偏多。石油勘探开采、炼制、储运和销售项目散布渤海、黄海、东海和南海沿岸，数量达13 045家。在分散式布

---

① 国家海洋局网站：天津市总队全力保障“8·12”爆炸事故应急监测，2015年8月21日，http://www.soa.gov.cn/xw/dfdwdt/dfjg/201508/t20150821_39603.html，2015年8月26日登录。

局下，生产运输过程中引发环境风险的威胁加大。二是局部地区聚集度过高。比如第一起事件中，腾龙公司的储罐区有重石脑油和轻石脑油4个储罐，数量大、种类多，已经超出安全生产和环境风险承载能力，一旦发生事故，极可能发生连锁反应，局面难以掌控。三是涉化学品企业逐渐被居民区“包围”。许多城市规划和发展前瞻性不够，如第二起事件中，大连市金州新区中石油输油管道初期远离中心城区，目前输油管线穿越范围内已居住着大量人口，事故风险严重威胁群众生命财产安全和社会稳定。

第二，环境风险防范意识淡薄，相关领域的安全生产管理存在漏洞。天津港“8·12”特别重大火灾爆炸事故暴露出一些问题，包括部分地方、部门和单位在危险化学品和易燃易爆物品领域的安全红线意识淡薄，港口危险货物进出口安全管理存在漏洞，危险货物作业人员违规违章操作，危险化学品事故应急处置不到位，有关地方政府及其职能部门监督管理不严格等突出问题。一些从事港口危险货物作业的单位安全生产主体责任有待落实、安全法规标准执行有待加强。

第三，环境风险管理职能分散，陆源污染防范缺乏统一协调机制。我国多数沿海涉化学品企业排放口直通海洋，如第一起事件中，腾龙公司处理后的废水就是进行深海排放，防范化学品风险主要靠厂区内“围”、厂界外“截”和入海后“清”三个关键环节，实施分段管理。目前，这些环节的责任主体和监管部门涉及企业、安全监管、公安消防、水利、交通运输、环保、海洋、国土资源、农业和建设等多个部门，在标准制定、风险防范设施建设、日常监管和突发事件处置上统筹协调难度较大。

第四，防范措施不到位，难以满足环境风险防范实际需要。一是大部分化工园区没有配套建设防范环境风险的截流、导流和收集工程等基础设施，多数中小型企业没有事故应急池，已建的部分事故应急池容量不能满足实际需要。例如第一个事件中，腾龙公司设置的2个事故应急池不能容纳事故产生的消防水，应急处置过程中又临时征用了腾龙公司相邻公司的应急池和4个废弃养虾池才满足处置需要。二是应急救援物资储备总量不足、分布不平衡，环渤海地区相对充足，东海、南海地区比较缺乏。三是应急救援力量不足，多数沿海省份缺少专业环境应急救援队伍。应急演练实战性不强、频次不够，救援人员业务知识、操作技能和处置经验难以适应工作需要。

第五，法规制度不健全，环境风险管理依据不足。《突发事件应对法》和《危险化学品安全管理条例》明确了风险管理基本原则，但缺乏配套实施细则。《中华人民共和国环境保护法》和《中华人民共和国海洋环境保护法》等现行法律法规，缺乏环境风险管理相关内容。化工园区和企业防范溢油污染截流、导流和收集工程等设施的建设标准规范尚未制定，环境应急救援物资没有统一的备置标准。大部分企业没有专门的环境风险防范预案，已有的预案缺乏针对性、操作性和实效性，与政府预案未能有效衔接。

三、强化沿海地区环境风险管理的对策建议

第一，加强规划引导，从源头上防范环境风险。重视陆海统筹，实现陆源污染和海洋污染防治的有机结合，建立陆海统筹的污染防治机制和重点海域污染物排海总量控制制度。完善突发环境事件应急机制，提高与环境风险程度、污染物种类等相匹配的突发环境事件应急处置能力。坚持政府在陆源污染防治中的主导作用，将近岸海域污染防治目标、任务和举措纳入沿海各级人民政府的工作计划。优化区域产业布局，确保经济的可持续发展，落实环境功能区域规划要求，严格环境准入，加快制定区域环境风险评估与管理制度，严格控制各类污染物排放，从源头上控制和减少污染。开展区域环境风险评估试点，严格控制高环境风险项目，划定区域环境风险红线，制订环境风险名录，并将区域环境风险评估结果和文明城市、环保模范城、生态建设示范区等评选活动相结合，纳为评选活动的重要依据。

第二，加强部门协调联动，形成环境风险管理合力。建立环境风险防范部门联席会议制度，进一步提高环境风险防范综合协调力度。进一步巩固环保部门与公安消防、危险化学品救援等综合性专业应急救援队伍联动机制，建立国家级区域环境应急救援队伍。拓展与海洋、水利、农业等部门的合作空间，发展与安全监管部门的协作，提高环境风险管理的综合能力和水平。发挥多部门联动执法的效能，继续针对重点行业、敏感地区环境开展定期检查活动，在巩固既有成果的同时，防范陆源污染事故于未然。

第三，加强基础能力建设，有效提高风险防控水平。围绕国家的环境保护规划，加强环境监督和执法队伍建设，开展业务培训，包括生产工艺、现场监测知识的培训，重视人才培养，进一步提高环境风险防控能力，特别是提高指挥调度、监测预警能力；组织开展防控设施和物资储备等基础能力建设。保障陆源污染防治的资金来源，改善陆源污染防治资金负担单一的现状。确立“陆源污染防治资金负担机制”①，在责任主体明晰的情况下，执行“污染者负担原则”。在陆源污染责任主体不明晰、发生区域性的污染转移时，明确区域主体的责任，严格执行入海污染物的总量控制，同时加强各类排污费、超标排污罚款的征收、使用和监管，完善资金运作与保障机制，确保陆源污染防治资金来源的广泛性并实现对资金的科学运作和管理。

第四，完善相关机制建设，调动公众参与陆源污染防治的积极性。海洋环境保护是一项长期、系统的工程，仅靠政府投入和治理，投资大、见效慢。要从长远上实现碧海蓝天，离不开公众的参与。鼓励公众参与既是维护公众自身环境权益诉求的需要，又可突破政府治理的瓶颈。调动公众参与环境保护和防治陆源污染的积极性，可从以下两个方面着手：一是提高公众的海洋环境保护意识，加大舆论宣传力度，使公众充分认识到海洋环境关乎每个公民的利益、生活和长远发展，促使公众自觉保护海洋、自发监督用海。二是完善公众监督机制，实现公众、企业和政府间的互动合作，完善公众参与海洋污染防治决策和管理的机制，激发企业开展污染防治的主动性，完善公众监督企业防治陆源污染的途径和程序。

第五，完善环境保护管理制度，严格实行生态环境损害赔偿制度。积极落实《生态文明体制改革总体方案》，建立和完善严格监管所有污染物排放的环境保护管理制度，有序整合不同领域、不同部门、不同层次的监管力量，建立权威、统一的环境执法体制，充实执法队伍，赋予环境执法强制执行的必要条件和手段。完善行政执法和环境司法的衔接机制。强化生产者环境保护法律责任，大幅度提高违法成本。健全环境损害赔偿方面的法律制度、评估方法和实施机制，对违反环保法律法规的，

---

① 戈华清，蒋晨羚：《论我国海洋陆源污染防治的资金机制》，载《海洋开发与管理》，2014 年第 4 期，第 66 – 67 页。

依法严惩重罚；对造成生态环境损害的，以损害程度等因素依法确定赔偿额度；对造成严重后果的，依法追究刑事责任。

第六，抓紧制定出台一系列行之有效的政策制度。结合各地提出的建议，当前较为迫切的是制定化工园区与企业内环境风险防范工程设施设计建设标准规范和污染应急救援物资备置标准，在企业排污申报登记制度中增加环境风险申报的内容，出台企业环境风险分级管理制度，研究制定环境污染强制保险管理办法。

（2015 年 6 月）

海洋灾害应急管理的国际经验及对我国的启示

刘　明

我国是世界上海洋灾害较为严重的少数国家之一，每年沿海地区由风暴潮、海浪、赤潮、海岸侵蚀、海冰、溢油等引发的海洋灾害频繁发生，造成巨大的经济损失。不断完善我国海洋灾害应急管理体系，对于防灾减灾，降低海洋灾害引发的经济损失具有重要意义。

一、我国海洋灾害应急管理现状

我国政府高度重视海洋灾害的应急管理体系的建设，近年来逐步完善海洋灾害应急管理的机构体系、法制、体制、机制以及预案体系，海洋灾害应急管理能力不断提升。

(一)初步形成海洋预报减灾工作机构体系

目前，我国国家和地方相结合的海洋预报减灾工作机构体系已经初步形成。

在国家层面，为有效预防和减轻海洋灾害损失，国家海洋局组建了海洋预报减灾司，完善了国家海洋环境预报中心的业务运行机制，成立了国家海洋局防灾减灾中心。国家海洋局北海分局、东海分局、南海分局也建立了专门的职能部门，加强了海洋预报减灾工作的组织管理。

在地方层面，截至“十一五”末，全国沿海各省、自治区和直辖市都成立了海洋预报机构，江苏、浙江、福建、广东、海南5省海洋部门成立了预报减灾处，辽宁、山东两省海洋部门在原环保处的基础上加挂了“预报减灾处”的牌子，其他省(自治区、市)海洋部门也通过多种方式加强了这项工作。

(二)初步具备海洋灾害应急管理的法律依据

2007年8月颁布实施的《中华人民共和国突发事件应对法》规定了应急管理的法律规则和法律程序，这也是我国海洋灾害应急管理的总的法律依据。

在海洋灾害应急管理方面，我国现行有关法律法规有《中华人民共和国海洋环境保护法》《中华人民共和国海上交通安全法》《中华人民共和国渔业法》《海洋石油勘探开发环境保护条例》《防治海岸工程建设项目污染损害海洋环境管理条例》《海洋倾废管理条例》《防止船舶污染海域管理条例》《防止拆船污染环境管理条例》《防治陆源污染物污染损害海洋环境管理条例》《防治海洋工程建设项目污染损害海洋环境管理条例》《海洋倾废管理条例实施办法》《海洋石油勘探开发环境保护管理条例实施办法》等10多部有关海洋灾害应急管理方面的法律法规。但是，目前我国尚没有针对海洋灾害应急管理的专门立法。

(三)制订了主要海洋灾害的应急预案

应急预案是针对可能的重大事故(件)或灾害，为保证迅速、有序、有效地开展应急与救援行动、降低事故损失而预先制订的有关计划或者方案。2005年1月，我国颁布实施了《国家突发公共事件总体应急预案》。

随后，我国发布了国家层面和地方层面的海洋灾害的应急预案。在国家层面，国家海洋局先后发布了《全国海洋石油勘探开发重大海上溢油应急计划》《赤潮灾害应急预案》以及《风暴潮、海浪、海啸和海冰灾害应急预案》等。在地方层面，天津、河北、山东、江苏等全国大部分沿海省市都编制了有关海啸、风暴潮、海浪、海冰以及应对海洋石油污染的应急预案。

(四)具备较为完善的海洋灾害应急管理的领导体制

我国海洋灾害应急预案中都详细地规定了应急管理的领导机制。《赤潮灾害应急预案》①规定："国家海洋局设立赤潮应急工作领导小

① 关于印发《赤潮灾害应急预案》的通知(国海环字〔2009〕443号)，2009年6月16日国家海洋局发布。

组，组长由国家海洋局分管赤潮灾害防灾减灾工作的局领导担任，成员包括国家海洋局环保司、办公室(新闻办)，中国海监总队，国家海洋环境监测中心及国家海洋环境预报中心分管领导。国家海洋局领导小组下设办公室和专家组。办公室设在国家海洋局环保司；专家组由赤潮监测监视、分析预测和防治领域专家组成，适当补充其他有关专家和科技人员。”

《风暴潮、海浪、海啸和海冰灾害应急预案》①规定：“国家海洋局设立风暴潮、海浪、海啸和海冰灾害应急工作领导小组，领导小组下设办公室和应急专家组。领导小组组长和副组长分别由国家海洋局主管业务领导和海洋环境保护司领导担任。成员包括中国海监总队、国家海洋局海洋环境保护司、国家海洋环境预报中心主管业务领导。办公室主任由国家海洋局海洋环境保护司领导担任，成员由国家海洋局海洋环境保护司监测预报处，国家海洋环境预报中心业务处，中国海监总队相关处室负责人组成。专家组由海洋环境预报领域及其他相关领域专家组成。”

(五)初步建立了海洋灾害应急管理的政府协调机制

《中华人民共和国突发事件应对法》规定了我国应急管理机制的预防与应急准备、监测与预警、应急处置与救援、事后恢复与重建等基本环节。海洋灾害是自然灾害突发事件中的一个类型，海洋灾害应急管理机制总体上被包含在自然灾害应急机制管理框架之内。海洋灾害监测和预报预警是海洋灾害应急管理机制的重要一环，而该应急管理机制具有与其他自然灾害应急管理机制不同的特点。

我国的海洋灾害立体业务监测系统由各海洋环境监测站、各海洋分局、国家海洋环境监测中心、国家海洋环境预报中心、国家卫星海洋应用中心等单位组成，通过海洋站、浮标、船舶、飞机、卫星等业务手段对我国的海域和海岛进行实时监测，并将监测信息传输到国家海洋环境预报中心。国家海洋环境预报中心除接收实时观测数据外，还实时接收世界气象组织全球通信网(GTS)和太平洋海啸警报中心发布的海洋、气象观测资料及海啸相关信息。此外，国家海洋环境预报中心还实时接收国家地震局有关沿岸、海区及太平洋海域的地震信息。

① 关于印发《风暴潮、海浪、海啸和海冰灾害应急预案》的通知(国海预字〔2009〕685号)，2009年11月4日国家海洋局发布。

《海洋环境预报与海洋灾害预报警报发布管理规定》①对我国海洋灾害的预报预警做了规定。该《管理规定》指出，国家对公开发布海洋灾害预报警报实行统一发布制度，由国家和地方各级海洋环境预报部门负责发布。公开发布的海洋灾害预报警报种类有预测、预报、消息、速报，内容有海温、盐度、潮汐、潮流、海流、海平面、水质等。公开发布海洋灾害预报警报的范围是我国沿海港口、海岸带、海岛、渤海、黄海、东海、南海及其邻近洋区。国家和地方各级海洋环境预报部门，按照各自分管的责任海区，公开发布海洋环境预报与海洋灾害预报警报。

（六）海洋灾害应急管理仍存在诸多问题

目前，我国海洋灾害应急管理能力已有明显提高，但海洋灾害应急管理体系尚不成熟，仍存在诸多问题。如海洋灾害应急预案仍不够健全，目前仅有赤潮、风暴潮、海浪、海啸和海冰方面的应急预案，对于众多其他种类的海洋灾害仍未有针对性地颁布预案。此外，现有的监测预警基础设施建设仍难以满足海洋应急管理需要。

二、海洋灾害应急管理的国际经验

世界大多数沿海国家都面临着海洋灾害的威胁，沿海国的海洋灾害应急管理体系是一个从无到有、不断完善的过程。目前，美国和日本的海洋灾害应急管理较为完善，在各个环节都积累了宝贵经验，值得我国借鉴。其海洋灾害应急管理体系具有以下特点。

（一）完善的海洋灾害应急法律体系

美、日两国在海洋灾害应急方面建立了较为完备的法律体系，规定了专门的应急管理机构，规定了紧急状态的启动程序。

美国的《全国紧急状态法》在海洋灾害应急处置中处于核心的立法地位。该法通过法律授权的形式规定了美国联邦紧急事务管理署是专门的危机管理机构，该部门负责整个应急行动，包括信息公开、紧急清理、隔离措施、救援工作的总指挥行动等。

---

① 关于颁发《海洋环境预报与海洋灾害预报警报发布管理规定》的通知（国海管发〔1993〕251 号），1993 年 9 月 8 日国家海洋局发布。

日本在《公害对策基本法》和《海洋污染和海上灾害防治法》中对海洋灾害应急处理的启动程序、权限、责任作出了详细规定。日本通过立法建立了应对海洋灾害的多部门合作机制。1961 年设置的“中央救灾委员会”，是全国灾害应急管理的综合协调机构，负责拟定救灾计划，安排救灾行动。此外，日本通过立法倡导应急行动的广泛参与机制。日本政府提倡“自救、共救、公救”的应急理念，建立了由居民、企业在内的社区、公益性的环保组织、非政府组织等共同组成的市民自主应急组织以及企业自身应急处置体系。日本政府还通过将公众参与权益制度化、法律化，从而将公众参与的程序纳入政府政策制定的过程中。

（二）完备的海洋灾害应急管理预警体系

美国海洋灾害预警管理体系为世界上的沿海国家树立了榜样，美国国家海洋与大气管理局（NOAA）为其核心，并与其他相关机构共同构成高效协作的管理体制①，其主要负责海啸、海冰、风暴潮、赤潮等海洋灾害的预报。

美国海啸预警由美国海啸预报中心管理。该中心由 NOAA 的西海岸－阿拉斯加海啸预报中心（WC－ATWC）和太平洋海啸预警报中心（PTWC）共同构成，其海啸预警系统由地震和海啸检测系统、海啸预警中心和信息发布系统共同构成。美国具有完备的风暴潮和海浪监测预报体系，不仅能够准确、及时地预报本国的风暴潮和海浪，还建立了国际网络，并能够为网络内的成员国提供监测预报信息。美国的风暴潮和海浪预报由 NOAA 的国际飓风中心（NHC）和 NOAA 的地方天气预报机构（WFO）共同管理，NHC 负责对风暴潮和巨浪实施预报，WFO 负责对 NHC 发布的风暴潮和海浪预报进行校准。美国的海冰警报由国家海冰中心（NIC）发布。美国的赤潮监测、预报及其管理系统在世界上最为先进。美国的赤潮预报由 NOAA 的国家海洋中心的海洋产品与服务操作系统（NOS）管理。

（三）不断完善的海洋环境监测信息系统

全球海洋环境监测信息系统在沿海发达国家的海洋灾害管理中得到广

---

① 姜国建：《对比研究中国和美国的海洋灾害预报机制和管理体制》，载《海洋开发与管理》，2006 年第 6 期。

泛应用，并在对赤潮、绿藻、海洋污染等环境灾害的监测中卓见成效。目前，美国等沿海发达国家已应用海洋观测卫星获取了海水水温、海流、海冰、海浪、叶绿素、海水污染等方面的大量信息。海洋环境观测与监测形成了以地理信息系统技术为平台、以海上浮标和海洋站为数据源的立体海洋环境监测网，并形成了世界范围的全球海洋观测系统（GOOS）。此系统的运用使得国际上的海洋环境监测步入了观测自动化、数据传输卫星化、数据处理自动化的新时期。

（四）政府主导的发达的巨灾保险体系

应对巨灾，各国的保险制度都有所不同。根据政府在巨灾保险体系中的地位和作用，国外巨灾保险可划分为两种模式：一是国家主导，将巨灾保险纳入强制性风险保障体系；二是保险市场非常发达，政府在巨灾保险中起重要作用，将巨灾保险纳入商业性保险范畴。

日本巨灾保险体系主要由政府主导，通过法律、财政、税收、金融等手段支持保险公司开展巨灾保险业务。根据日本地震保险法案，要求企业及国民对地震、海啸等自然风险投保，设定巨灾保险一次性赔付的最高限额，政府对家庭财产巨灾保险提供后备保证金和政府再保险的政策支持。

美国的保险市场非常发达，政府在巨灾保险中起重要作用。1956 年美国国会通过了《联邦洪水保险法》，创设了联邦洪水保险制度，建立了国家洪水保险基金，成立了联邦保险管理局（FIA），负责洪水保险的经营和管理。在美国的洪水保险体系中，国家认定的洪水风险社区必须参加《国家洪水保险计划》（NFIP）。200 多家私营保险公司参与实施国家洪水保险计划。美国还将巨灾保险与资本市场相结合，通过保险衍生产品，如巨灾债券、巨灾期货、巨灾互换等方式，将巨灾风险证券化，使保险风险向资本市场转移。

（五）形式多样，内容丰富的海洋灾害应急宣传教育

美、日等国非常注重海洋灾害应急宣传教育工作，采取多种形式加强对公众的海洋灾害应急宣传教育。通过精心策划将防灾减灾知识转化为生动的防灾演习、角色模拟，丰富了应急宣传教育工作的内容和形式。利用大众传媒以及展览馆、公园等公共场所对公众普及防灾减灾知识和技能。

此外，日本政府注重专业抗灾人员的培训，同时也重视中小学的抗灾意识的培养，为中小学编制操作性和针对性很强的应急教材。美、日等国的海洋灾害应急宣传教育提高了公众的防灾减灾意识，大大降低了海洋灾害造成的人员伤亡和经济损失。

三、海洋灾害应急管理国际经验对我国的启示

中国沿海地区经济社会发展面临海洋灾害的严峻挑战。海洋灾害是一种自然现象，应对海洋灾害要适应和减缓措施并举。适应和减缓是自然或人类系统在实际或预期的灾害刺激下做出的一种调整反应，减缓可以认为是一种更积极的适应。其措施包括三类，即制度性措施、工程性措施、技术性措施①。制度性措施是指通过政策、立法、行政、财政税收、监督管理等制度化建设，促进沿海地区增强适应海洋灾害的能力，如借助海洋生态补偿、灾害保险、社会保障、教育培训、科普宣传等政策激励措施，为增强适应能力提供制度保障。工程性措施是指通过大型工程建设，增加社会经济系统在物质资本方面的适应能力，包括修建海防堤坝、环境基础设施等。技术性措施是指通过科学研究、技术创新等手段，增强适应能力，例如开展海洋灾害风险评估研究，开发海洋生态系统适应技术，开发海洋灾害风险监测预警技术等。基于海洋灾害应急管理措施的分类，我国沿海海洋灾害应急管理体系应从以下方面进行完善。

(一)制度性措施

1. 健全海洋灾害应急管理法律制度

我国宪法中已规定了紧急状态宣布权，其中应纳入包括海洋灾害应急管理在内的紧急状态条款，将包括海洋灾害在内的突发事件的应急处理上升为宪法的一项基本内容。

在《中华人民共和国突发事件应对法》指导下制定海洋灾害应急管理实施细则，以便对海洋灾害事件的应急机构、应急职责和行政管理相对应的应急法律义务做出与其母法相协调的配套规定。

---

① 潘家华，郑艳：《适应气候变化的分析框架及政策涵义》，载《中国人口·资源与环境》，2010年第10期。

修订《中华人民共和国海洋环境保护法》，在其中设立“突发海洋灾害应急处理”专门章节，对突发海洋灾害应急处理做出专门性的、具体性的规定，同时要保证其关于突发海洋灾害应急处理的规定不与《中华人民共和国突发事件应对法》中关于突发事件应急的原则性规定、《中华人民共和国环境保护法》中关于海洋灾害事件的原则性规定相冲突。

全国人大及其常委会制定《中华人民共和国海洋灾害应对法》。

2. 完善我国海洋灾害应急预案体系

制定《国家海洋灾害总体应急预案》，用于指导涉及跨省级行政区划的，或超出事发地省级人民政府处置能力的特别重大海洋灾害应对工作。

3. 建立巨灾损失分担机制

建立国家财政支持的巨灾风险保险体系。制定《巨灾保险法》，设立专章对海洋灾害保险业务做出相应的规定。建立由政府支持、专业机构管理的国家巨灾保险基金，由该基金对所有国内巨灾保险业务进行处理。建立多层次的巨灾风险分散机制，重点发展再保险市场，扩大国内再保险规模，鼓励利用国际再保险市场在更大范围内分散巨灾风险。

（二）工程性措施

1. 加强海岸防护工程建设，提高防灾标准

海岸防护工程是抵御海洋灾害的重要保障。沿海地区将加强海堤建设纳入地方经济发展规划。对处于主要灾害危险区内的城市、工矿企业、海上工程、海岸工程都必须根据其重要程度，按不同的抗灾要求做好抗灾工程建设，加快沿海千里海堤修建和加固达标工作，建设“海上长城”。

2. 加强沿海生态环境保护

加强沿海防护林体系的建设，以增强沿海防御海洋灾害的能力。加强海洋环境及养殖业的管理，严格控制污染物质入海量，改善海洋环境，防止赤潮等人为自然灾害。在海洋捕捞业较为发达的地区建立避风港。加固保险闸和水库等设施建设。在海洋灾害多发的重点地区，健全地区性的救灾队伍，完善救灾装备的配备，一旦发生灾害，能有效地投入抢险救灾，以减轻损失。

(三)技术性措施

建立现代化的海洋灾害预警、预报发布机制和体系。重点开展重要海洋要素的预测预报技术，包括近岸风暴潮预报模式、中国海三维温盐场结构短期预报模式、高分辨海面风场预报模式、海冰中长期业务预报技术、远洋预报模式、厄尔尼诺监视预测技术、赤潮多发区的短期预报模式等。开展海洋环境预报业务客观化和自动化技术研究，包括海洋资料四维变分同化技术业务系统开发、海洋水文气象信息综合分析处理系统研制等。加强海洋灾害应急管理系统的研制，完善海洋灾害应急管理数据库建设，强化一体化网络数字信息技术在海洋灾害应急管理中的应用。开展海洋环境预报实时信息系统技术研究，包括实时信息传输技术、实时数据库系统、实时信息交换技术等。

(2013 年 8 月)

墨西哥湾溢油事故概况、影响及趋势分析*

刘家沂

一、墨西哥湾溢油事故及应急处理概述

2010年4月20日，美国中部时间上午9时45分，在靠近美国密西西比河三角洲(Mississippi River Delta)的墨西哥湾(Gulf of Mexico)，一台正在实施深海开采作业的石油钻井机发生爆炸，天然气、原油和混凝土从井筒里向上爆炸至石油平台之上，相继燃起大火。当时石油平台上载有126人，爆炸当场造成11人死亡和17人重伤。①

爆炸的名为“深水地平线”(Deepwater Horizon)的石油钻井机是由在墨西哥湾实施深海钻探作业的英国石油公司(BP Amoco)操作和使用，因此，英国石油公司成为此次溢油事故的主要当事人。

自4月20日爆炸发生后，由于没有可行性技术能够及时封堵井喷，每天约有53 000桶(约8400立方米)原油不断从泄露的井口溢出。②至2010年7月15日泄漏的井口被封盖为止，历经87天，此次墨西哥湾溢油事故约泄漏了490万桶(约78万立方米)原油。③石油漂移面积约为6500~18万

* 2009年度科技部国家软科学研究计划面上项目“海洋生态损害的国家求偿法律机制与国际实践研究”(编号2008GXS5B100)。

① Welch, William; Joyner, Chris (2010-05-25). “Memorial Services Honors 11 Dead Oil Rig Workers”. USA Today. http://www.usatoday.com/news/nation/2010-05-25-oil-spill-victims-memorial_N.htm. Retrieved 2010-05-26.

② Robertson, Campbell; Krauss, Clifford (2010-08-02). “Gulf Spill Is the Largest of Its Kind, Scientists Say”. The New York Times (The New York Times Company). http://www.nytimes.com/2010/08/03/us/03spill.html?_r=1&fta=y. Retrieved 2010-08-12.

③ 同②。

平方千米(2500~68 000平方英里)。① 约有196千米(122英里)的海岸线受到高危或中度的石油污染，其中美国路易斯安那州有172千米(107英里)、密西西比州有16千米(10英里)、阿拉巴马州有4.8千米(3英里)以及佛罗里达州有3.2千米(2英里)。797千米(495英里)长的海岸线受到轻度或微量的石油污染，其中美国路易斯安那州有370千米(230英里)、密西西比州有145千米(90英里)、阿拉巴马州有103千米(64英里)以及佛罗里达州有177千米(111英里)。②"深水地平线"石油钻井机爆炸泄漏的原油严重破坏了墨西哥湾及沿岸的海洋和野生动物栖息地以及该地区的渔业和旅游业，数百英里的海滩、湿地和河口都因原油漂移、扩散和漫延而受到影响。科学家们认为，还有大量的含油污染质在水下空间，而且这些污染质表面上不容易被觉察，具有长期的潜伏性。③ 该事故被认定为世界石油工业历史上最大的海上溢油事故。④

2010年4月30日，即"深水地平线"石油钻井机爆炸后10天，美国总统奥巴马授权成立美国国会溢油调查小组，要求查明导致这场环境灾难的真正原因。自事故发生以来，美国政府为封堵井喷和清理油污付出了不懈的努力。截至2010年9月2日，美国政府派出了约17 500名国民警卫队员(National Guards)前往海湾沿岸各州进行救援；采用了多架直升机、遥控车辆以及多个移动式近海钻井装置；还有包括回收船、拖船、驳船在内的约4050艘清污船只，在现场进行清理工作。为控制溢油，美国政府使用了大约52万米(172万英尺)的浮油抑制栅(containment boom)和284万米(932万英尺)的浮油吸附剂栅(sorbent boom)等专业清污用具。大约使用了696万升(184万加仑)的总分散剂，其中405万升(107万加仑)用于海

① Burdeau, Cain; Holbrook, Mohr (2010-07-27). "Expert: bp-gulf-oil-spill-68000-square-miles-of. html". SkyTruth. Associated Press. http://blog. skytruth. org/2010/07/bp-gulf-oil-spill-68000-square-miles-of. html. Retrieved 2010-05-13.

② The Joint Information Center. "The Ongoing Administration-Wide Response to the Deepwater BP Oil Spill". September 2, 2010 7:36:00 PM EDT. http://app. restorethegulf. gov/release/2010/09/02/ongoing-administration-wide-response-deepwater-bp-oil-spill

③ Gillis, Justin (2010-05-18). "Giant Plumes of Oil Forming Under the Gulf". The New York Times (The New York Times Company). http://www. nytimes. com/2010/05/16/us/16oil. html. Retrieved 2010-05-18.

④ "BP leak the world's worst accidental oil spill". London: Telegraph. 2010-08-03. http://www. telegraph. co. uk/finance/newsbysector/energy/oilandgas/7924009/BP-leak-the-worlds-worst-accidental-oil-spill. html. Retrieved 2010-08-15.

水表面，291 万升(77.1 万加仑)用于海底。先后进行了 411 次的控制燃烧，有效去除了海水中 4 万立方米(1114 万加仑)的原油。① 目前，已经有超过 13 万立方米(3470 万加仑)的油水混合物被回收。②

另外，美国政府得到众多国家与地区和国际组织的资助和救援，包括英国、墨西哥、加拿大、比利时、阿根廷、法国、德国、西班牙、瑞典、爱沙尼亚、希腊、爱尔兰、荷兰、挪威、突尼斯、中国(包括中国台湾地区)、日本、俄罗斯、肯尼亚、卡塔尔、阿拉伯联合酋长国，以及联合国国际海事组织、欧洲联盟监测和信息中心和欧洲海上安全机构。

二、墨西哥湾溢油事故的影响分析

2010 年“深水地平线”石油泄漏事件的影响深远，对墨西哥湾海洋生物多样性、沿墨西哥湾各州的经济、全球能源市场和相关政策、甚至是美英两国关系都产生了不同程度的影响。

(一)对墨西哥湾海洋生物多样性的影响

2009 年美国近海海湾物种全面调查的 15 700 个种类中，在墨西哥湾溢油污染区的有 8332 个物种，包括超过 1200 种鱼类、鸟类 200 种、软体动物 1400 种、甲壳类动物 1500 种、海龟 4 种和海洋哺乳动物 29 种。截至 2010 年 8 月 13 日，墨西哥海湾地区搜集到 4768 只动物尸体，其中包括 4080 只鸟类、525 只海龟、72 只海豚和 1 只爬行动物。此外，海豚因原油泄漏导致食物链断裂，处于危险境地。③

(二)对墨西哥湾沿岸渔业及旅游业的影响

2010 年 5 月 2 日，美国海洋和大气管理局关闭了位于密西西比河和彭萨科拉湾口之间的水域，以保护联邦商业和休闲渔业，最初关闭的区域涵

① The Joint Information Center. “The Ongoing Administration – Wide Response to the Deepwater BP Oil Spill”. September 2, 2010 7: 36: 00 PM EDT. http: //app. restorethegulf. gov/release/2010/09/02/ongoing – administration – wide – response – deepwater – bp – oil – spill.

② The Joint Information Center. “The Ongoing Administration – Wide Response to the Deepwater BP Oil Spill”. September 2, 2010 7: 36: 00 PM EDT. http: //app. restorethegulf. gov/release/2010/09/02/ongoing – administration – wide – response – deepwater – bp – oil – spill.

③ 《母亲琼斯》(Mother Jones)的记者在 Grand Isle 乘坐皮艇时，发现有大约 60 只海豚在游过有水面浮油的水域时，从它们的吹气孔吹出石油。

盖 17 650 平方千米(6814 平方英里)的面积。至 6 月 21 日，美国海洋和大气管理局又追加关闭了十几个渔场，累计面积超过 225 290 平方千米(86 985 平方英里)，等同于墨西哥湾约 36% 的海域。根据美国联邦政府于 5 月 24 日公布的阿拉巴马州、密西西比州和路易斯安那州渔业灾害数据显示，上述地区经初步估算的损失大约为 25 亿美元。

根据美国路易斯安那州、密西西比州和阿拉巴马州海岸的酒店报告，截至 2010 年 6 月，许多旅游者都取消了饭店预订。虽然酒店纷纷削减房价并提供优惠，但旅游者仍担心原油冲到海滩上而取消了假期。因此，该区域的旅游业收入水平平均低于往年，甚至低于 2008—2009 年初受金融危机影响的时期。墨西哥湾沿岸地区提供了约 40 万个旅游行业的工作机会以及大约每年 340 亿美元的收入。根据美国旅游协会的估算，墨西哥湾溢油事故在未来 3 年内对整个墨西哥湾沿岸旅游经济造成的损失可能超过约 230 亿美元。

(三)对墨西哥湾沿岸民众的健康影响

2010 年 7 月下旬，美国杜兰大学(Tulane University)实验室发现分散剂的使用已将泄漏的原油分化成微小的液滴，从而进入了食物链。事实上，这是化学品污染的连续效应，添加更多的化学物质来分解前一个化学品，从而造成二次污染。2010 年 6 月，美国墨西哥湾沿岸的居民开始有不同程度的健康问题呈现。从事故发生到 2010 年 6 月 21 日，已经有 143 例与原油污染有关的医疗案件，这些案件涉及 108 名清理泄漏石油的工人和 35 名沿岸居民。

(四)对美国能源政策的影响

目前，美国关于支持扩大离岸原油开采的政策①已经被搁置，并开始在很多层面讨论使用其他能源替代石油的问题。美国前副总统戈尔(Al Gore)，多年以来一直支持并致力于太阳能和风力发电等可再生能源计划(AERS)，该计划的目标是在未来的 10 年内实现美国的电力全部由可再生

① 出于对原油泄漏可能污染环境的担忧，除了墨西哥湾地区，美国多数离岸海区禁止石油钻探。奥巴马政府自执政以来一直在权衡离岸开采的利弊。2010 年 3 月，美国总统奥巴马表示将宣布一项计划，允许在弗吉尼亚海岸进行石油与天然气的离岸开采，旨在增加就业并降低美国对海外石油的依赖程度。

能源供给。墨西哥湾溢油事故促使该计划开始受到重视。短时期内，发展可再生能源将会成为美国政坛讨论的焦点。由于美国公众因墨西哥湾溢油事故而引发的环境忧虑，政府将采取何种能源政策成为公众普遍关注的问题，该问题或许会影响到下一届美国总统的选举。

（五）对全球保险和再保险市场的影响

在墨西哥湾“深水地平线”事故之前，石油钻井机爆炸风险不属于保险合同中的风险条款。并且，目前全世界也没有保险公司能够保证这种规模的风险。因此，“深水地平线”石油钻井机爆炸事故对保险业、再保险业和其他全球保险市场的影响目前还是一个未知数。该事故可能导致保险承销商将此类风险列入保险合同，并且提高钻井机每天 10 000 ~ 15 000 美元的保险费用。这个结果将导致全球钻井机公司提高对钻井平台的基本使用费。而原油开采成本的提高，将对世界石油价格产生冲击。

（六）对英国石油公司和英国在美投资业的影响

英国石油公司是目前英国最大的公司，而且在英国的投资业里，也是举足轻重的企业。英国养老基金的收入和投资“每 7 英镑就有 1 英镑”来自该公司。当墨西哥湾溢油事故发生后，英国石油公司的任何决定都受到了来自英国大众、媒体和政府的严重压力，况且其可能最终面临高达数百亿美元的赔偿金额。各种不利消息导致英国石油公司的股票价格不断下跌，相关从业者也因此而不安。更为不安的是，负责倡导海外投资进入美国的国际投资组织认为，围绕着墨西哥湾溢油事故的政治言论可能会对所有在美国的英国公司造成声誉上的损害，并引发美国地方保护主义，并限制英国公司投标美国的政府合同。

（七）对美国与英国政治关系的影响

从目前看，虽然墨西哥湾溢油事故不会演变成“外交事件”，但从美国公众舆论和各媒体的表现上看，两国关系还是被蒙上了一层阴影。美国总统奥巴马和英国首相卡梅伦受到相当大的政治压力，为试图平息这场灾难带来的跨大西洋的紧张关系，他们均就该事件发表了政治评论。卡梅伦称，“明智的对话是必要的，而且英国石油公司将承担必要的赔偿责任”；

奥巴马称，“对墨西哥溢油环境灾难的愤怒并非是针对英国的攻击，而且也没有意图损害英国石油公司的价值利益”。美国国务院发言人又进一步称，“美国与英国是最亲密的盟友，溢油事故将不会影响美国与英国之间的关系”。虽然如此，但事实上，在很长一段时间内，美国民众尤其是墨西哥湾沿岸居民对英国石油公司的反感将很难消除，这种不良情绪包括不再使用英国石油公司连锁加油站的汽油。

三、墨西哥湾溢油事故有关问题的趋势分析和启示

墨西哥湾溢油事故的影响、后果等问题，仍需要一个动态追踪的过程，尤其是对美国能源政策的变化、损害赔偿的救济途径、事故责任的承担和诉讼等问题，目前只能作出一般的趋势分析。

(一)新能源政策的发展趋势

墨西哥湾溢油事故发生后，美国内政部迅速颁布了一份关于6个月内暂停在深于152.4米(500英尺)的海底区域进行深水钻探的规定(以下简称“禁采令”)。“禁采令”的颁布引起了美国多家海上钻井公司的反对，其大多认为该“禁采令”有失公平。美国霍恩贝克离岸服务公司(Hornbeck Offshore Services LLC)就此向路易斯安那州东区的美国地区法院提起诉讼，要求法院禁止该“禁采令”。多家海上钻井公司附议，也加入了这起诉讼。

2010年6月22日，美国地区法院作出一审裁决，认为应当解除美国内政部颁布的“禁采令”。美国联邦政府对该判决不服，上诉到第五巡回上诉法院。2010年7月8日，上诉法院作出判决支持了一审法院的裁定①。裁定认为，美国内政部未能提出如果深水钻探作业不暂停将可能导致发生另外的重大事故及损害的证据，并且“禁采令”的执行或取消并没有影响美国联邦政府紧密监督深水钻探作业和相关安全要求②。按照该判决，奥巴马随即下令取消了“禁采令”③。该判决引起多数美国公众和环保团体联盟

① Kunzelman, Michael Judge blocks Gulf offshore drilling moratorium. Associated Press June 22, 2010.

② Mowbray, Rebecca (8 July 2010). “Appeals Court Rejects U. S. Request to Restore Drilling Moratorium”. The Times - Picayune. http://www.nola.com/news/gulf - oil - spill/index.ssf/2010/07/appeals_ court_ rejects_ us_ reque.html. Retrieved 20 July 2010.

③ Pelofsky, Jeremy, Doggett, Tom. Court refuses stay in deepwater drilling case. Reuters Canada. July 8, 2010.

的不满，同时，众多媒体也对奥巴马的朝令夕改进行了负面评价。事实上，美国总统奥巴马曾在墨西哥湾事故发生前不到 1 个月提出要支持扩大离岸原油开采的主张。

但经此一事，此“支持”已非彼“支持”。鉴于现代生活对于石油的依赖和需求，即便未来美国政府可能会支持离岸原油开采，但对离岸原油开采技术作业和安全检查的程序势必将更加严格。美国及各沿海国可能会在未来一段时间加速对太阳能等可再生能源的研究和利用，也会相继出台开发和利用可再生能源的政策和法律，及其配套规定。

墨西哥湾发生的原油泄漏事故给美国社会带来了巨大的震动。由于污染带来了高昂的环境代价，迫使美国要重新考虑一个综合性的能源新政策。面对严重的原油泄漏事故，不仅是美国的沿海石油开采需要整顿，整个畸形的能源市场更需要整顿。各沿海国及各个具备海上石油开采能力的公司将重新并且慎重考虑开采的安全性，而政府部门可能将更加注重对海洋环境影响评价的监督。推行可再生能源的措施或许还相当遥远，但从可持续发展的角度和长期发展来看，却必须彻底解决这个问题。

（二）设立溢油响应基金

2010 年 6 月 16 日，美国总统奥巴马同意英国石油公司设立一个 200 亿美元的溢油响应基金。英国石油公司表示，将在 2010 年第三季度支付 30 亿美元，第四季度支付 20 亿美元，以后每季度支付 12.5 亿美元，直到该基金达到 200 亿美元。在此支付期间，英国石油公司将把在美国价值 200 亿美元的资产作为债券抵押。但同时，美国政府表示，此 200 亿基金将不是对英国石油公司索赔的上限。溢油响应基金可用于自然资源损害的修复费用、美国各州和地方政府的溢油应急费用、个人的损害费用，但不能被用于各种行政罚款。基金于 2010 年 8 月 23 日开始接受申请，根据索赔规定，提起申请并在一年内领取一次性索赔款的，必须放弃诉讼权利。

墨西哥湾溢油事故的发生，必然导致沿海各国和石油进出口国积极讨论油污基金的设立或完善。鉴于海上油污损害的高额赔偿，建立油污损害赔偿基金制度成为国际趋势。《1969 年国际油污损害民事责任公约》及其议定书和《1971 年关于设立国际油污损害赔偿基金国际公约》及其议定书等国际条约，虽然都是针对船舶溢油制定的，但随着海上石油作业中各种事故引发的溢油问题越发严重，沿海各国必然会在国际条约的基础上思考适合本国特点的油污基金制度或者海洋环境责任强制保险制度。

我国虽然先后加入了《1969 年国际油污损害民事责任公约》《1976 年海事索赔责任限制公约》和《1969 年国际油污损害民事责任公约 1992 年议定书》，但是却没有加入与之配套的《1971 年关于设立国际油污损害赔偿基金国际公约》及其议定书①，也并没有建立起完善的油污损害赔偿基金制度和环境责任强制保险制度。根据有关动态显示，我国政府已经在计划设立船舶油污基金，但就海上石油开采作业产生的溢油是否会考虑在内，尚无定论。就补救措施而言，我国还可以考虑建立海洋环境责任强制保险制度，开展研究我国建立海洋环境责任强制保险制度的可行性。

(三)法律责任承担与诉讼的可能性预测

2010 年 9 月 8 日，英国石油公司发表一份 193 页的报告。这份报告认为："一系列的复杂人力和机械原因造成了美国历史上最严重的海上原油泄漏和爆炸。而造成事故的最终原因，即是否由于防喷器的性能问题，这些还需要美国政府的专门调查人员进行充分的故障分析。"报告还表示："英国石油公司愿意对墨西哥湾漏油事件的灾难承担部分责任。"该报告是英国石油公司在墨西哥湾溢油事故发生后首次承认该公司负有责任。但是，其同时也指出："其他合作伙伴也是造成钻井机爆炸事故的肇事者，如钻井机所属的越洋公司(Transocean CO.)以及水泥承包商哈利伯顿公司(Halliburton CO.)。"越洋公司认为："英国石油公司的报告是一个自私的行为，企图掩盖爆炸的真正原因，也就是该公司致命的油井设计缺陷。"哈利伯顿公司认为："报告中有许多的漏洞和错误信息，并有信心证明所完成的工作是完全按照英国石油公司要求的规格来完成的；承建商并不设计油井或作出相关测试的决定，爆炸责任应归属油井商。"

英国石油公司这份报告的主要结论表明，该公司只承认一半的过失，将责任归咎于其他合作公司。其可视为英国石油公司未来可能采取的应诉策略，即将法律责任分担给其他合作公司。

---

① 中国于 1999 年 1 月 5 日交存《1971 年关于设立国际油污损害赔偿基金国际公约 1992 年议定书》加入书，2000 年 1 月 5 日对中国生效，但仅适用于香港地区。2000 年的修正案对中国香港特别行政区具有约束力。

世界上著名的海上溢油事故有两例，一例是1989年的“埃克森·瓦尔迪茨”号油轮美国威廉王子海湾溢油事故，① 另一例是1999年的“埃瑞克”号油轮法国比斯开湾油轮溢油事故。② 前者引发的诉讼案件至今未能结案，后者引发的诉讼案件时隔8年由巴黎高等法院最终宣判。前者发生在英美法系国家，后者发生在大陆法系国家，但中国法学学者对前述两者的跟踪、研究甚少，相关的国内学术论文中均以新闻的数据作为论证的依据，因此根本无从谈起对我国处理同类案例的借鉴和启示，这一点在“塔斯曼海”号油轮中国海域溢油案件③的处理上得以证明。

可以预测，美国墨西哥湾溢油事故在未来几年内可能引发数百个诉讼，包括标的额高达数十亿美元的民事索赔和刑事指控，因环境污染造成

① 1989年3月24日，美国埃克森石油公司的“埃克森·瓦尔迪茨”号油轮在美国阿拉斯加湾的威廉姆王子海湾发生了举世瞩目的恶性溢油事故，直接造成了3.6万吨的原油泄漏，导致1609千米海岸、7770平方千米海域被污染。埃克森公司支付的清污费用就高达49.7亿美元。该案作为海洋环境污染损害赔偿诉讼1994年初审时，陪审团裁定石油公司赔偿50亿美元的惩罚性罚款；上诉后美国联邦法官于2004年再次裁定，埃克森石油公司应赔偿原告45亿美元的惩罚性罚款和22.5亿美元的利息。这是美国历史上最高额的惩罚性赔偿判决。事发后，埃克森石油公司与美国国家海洋与大气管理局和当地州政府达成和解协议，由埃克森石油公司支付9亿美元海洋生态损失费。(上述数据来自于各网站新闻)

② 1999年12月，马耳他籍油轮“埃瑞克”号在法国比斯开湾附近由于船体断裂造成19 800吨重燃油泄露，引发严重的海上溢油污染。自2000年开始，包括法国政府、环保组织、企业、个人在内的796名索赔人对船东、船东的保险商和“1992 Fund”提起了法律诉讼。经过8年多的司法程序和4个月的庭审辩论，法国巴黎高等法院最终于2008年1月16日宣判。判决中包括法国莫尔比昂省(Morbihan)提起的海洋生态损害之诉。判决书提到，“法庭认为，依照保护、管理领海的有关法律，被授予特殊权力的地方当局可以寻求对其领海的环境损害赔偿。”此案中，提起海洋生态环境损害赔偿之诉的法国当局获赔1 015 067欧元。另外，法国鸟类保护联盟(LPO)等公益性组织因提起海鸟大量死亡的自然资源损失之诉获赔300 000欧元。两项生态索赔合计为1 315 067欧元。

③ 2002年11月23日，马耳他籍油轮“塔斯曼海”轮与中国大连“顺凯一号”轮在天津大沽锚地东部海域23海里处发生碰撞，导致大量原油从破损处溢出。因此次油污事故受到严重污染的海水面积为359.6平方千米，受此次油污影响严重的沉积物面积为82 179平方千米，影响滩涂范围为290平方千米。天津市海洋局向天津海事法院提起海洋生态损害赔偿之诉，要求索赔金额约人民币1亿元。2004年12月25日，天津海事法院对该案作出了一审判决，判决被告承担赔偿损失共约人民币950万元。由于不满该判决，原告、被告双方即刻向天津市高级人民法院提出了上诉。原告要求索赔的“海洋环境容量损失、海洋生态服务功能损失、海洋沉积物恢复费用、潮滩生物环境恢复费用、浮游植物恢复费用、游泳动物恢复费用、生物治理研究费用和监测评估费用”中，天津海事法院的一审判决只认定了“海洋环境容量损失和调查、监测、评估费及生物修复研究经费”，“海洋生态服务功能损失，海洋生物物种、种群、群落、生境及生态食物链损失”等因缺乏认定依据而不予支持。虽然是国内法律实践中首次认可“生态损害”，或者称“纯生态损害”“纯环境损害”，但由此也带来了诸多新的法律思考。

的人身伤害和财产损失，以及海洋生态损害索赔也是诉讼中的重要内容。

我国的法学研究者、司法人员、律师等，甚至是海洋生态学学者、海洋环境监测人员及其相关人员都可以密切跟踪墨西哥湾溢油事故诉讼的动态，政府也可以设立相关基金予以支持。该案的论证(尤其是证据的采纳)将成为研究的重点，可能会影响各学科的发展，并且对我国国内的海洋生态、环境案件的处理具有借鉴意义。

(2010 年 10 月)

浅析"Erika"号油轮法国海域溢油事件及其影响分析*

刘家沂

引 言

2000年至2005年期间，单壳油轮①的船舶安全和污染事故风险问题引发国际组织、政府间的热烈讨论。由于单壳油轮的存留问题以及存留的时间问题将对世界油轮船队和油运市场以及造船业和拆船业产生重大影响，因此引起世界范围的关注。2000年10月，《1969年国际油污损害民事责任公约1992年议定书》②(CLC PORT 1992)和《1971年关于设立国际油污损害赔偿基金国际公约1992年议定书》③(FUND PROT 1992)的缔约国将单壳油轮的赔偿限额提高50%以上；2001年，法国政府颁布政令强迫法国的单壳油轮全面退役；2003年5月，国际海事组织④(IMO)大会针对单壳油轮通过了《1992年设立国际油污损害赔偿基金国际公约的2003年议定书》，并于2005年5月生效；2005年4月起，MEPC第50次会议(2003

* 本文系2009年度科技部国家软科学研究计划面上项目："海洋生态损害的国家求偿法律机制与国际实践研究"(编号2008GXS5B100)项目研究成果。

① 单壳油轮，指配置单壳货油舱的油轮。20世纪末以前制造的各种货轮(也包括客轮)，都是龙骨外有一层船壳钢板，钢板外是海水，钢板内就是货舱。这种船的整体强度稍差，对于油轮来说，如果有碰撞、触礁等事故，单层钢板破碎后，货油就会直接泄漏到大海中，引起油污事故。全球12宗油轮灾难事件中，有8宗与单壳油轮有关。

② Protocol of 1992 to amend the International Convention on Civil Liability for Oil Pollution Damage, 1969 (CLC PROT 1992).

③ Protocol of 1992 to amend the International Convention on the Establishment of an International Fund for Compensation for Oil Pollution Damage, 1971 (FUND PROT 1992).

④ International Maritime Organization——IMO，是联合国负责海上航行安全和防止船舶造成海洋污染的一个专门机构，总部设在伦敦。该组织最早成立于1959年1月6日，原名"政府间海事协商组织"。

年)通过的《MARPOL公约①修正案》正式生效，IMO宣布了单壳油轮的淘汰时间表②，至2010年起在全球范围内禁止使用单壳油轮运输原油、燃料油、重柴油或润滑油等重油。

回顾上述，单壳油轮问题成为世界海运事件中的焦点，国际组织积极行动，国际条约、政府政令作出相应调整或变化，尤其是法国政府摒除单壳油轮的态度坚决。究其原因，一是源于世界范围内海洋生态环境保护的意识逐步增强，另一个重要的因素则源于发生在法国海域的一起重大油污海难，即"Erika"号③单壳油轮法国海域溢油事件。

1999年12月13日，"Erika"号单壳油轮由于船体断裂导致19 800吨重燃油泄漏在法国海域，造成重大生态海难。自事故发生至法国高等刑事法院2008年1月16日宣判，"Erika"号油轮法国海域溢油案的审理历经8年。整个事件涉及诸多问题，包括溢油应急反应体系、刑事犯罪、经济损失和生态环境损害等；该事件对国际海事组织、欧盟尤其是法国当局触动极大，并且均有行动，这些在本文开篇部分已有阐述。

我国海上石油运输以及海洋和滩海油田开发已经多年，据有关专家预测，我国在2000—2010年间，石油需求年增长率将升至4.3%～5.4%。目前，我国海上石油运输量已经跃居世界第三位，仅次于美国和日本，海洋溢油的潜在威胁日益增强；且大量的老龄油轮、低标准油轮甚至国际航线或国外淘汰油轮充斥国内市场，船舶安全和污染事故风险日趋加剧。我国已在应急反应机制方面积累了一定的经验并建立了相应机制，配置了防治设备，且在国内第一例涉及海洋生态损害索赔的"塔斯曼海"轮溢油案一审判决中获得海洋环境容量损失等有关赔偿费750多万元人民币。但总体上，我国仍亟待进一步提高应急能力、防治能力和诉讼索赔能力。"Erika"号油轮法国海域溢油事件，对我国处理同类重大溢油事故具有借鉴意义，但囿于条件和资料所限，本文将简要介绍该事件的几个方面，并对案情进行客观分析，以作抛砖引玉之用。

---

① International Convention for the Prevention of Pollution from Ships, 1973, as modified by the Protocol of 1978 relating thereto (MARPOL 73/78).

② C1型油轮——对1982年4月5日或早些交付的船舶，淘汰期限为2005年4月5日，对1982年4月5日后交付的为2005年；C2和C3型油轮——对1977年4月5日或早些交付的船舶为2005年4月5日，对1977年4月5日后至1978年1月1日前交付的为2005年，对1978年和1979年交付的为2006年，对1980年和1981年交付的为2007年，对1982年交付的为2008年，对1983年交付的为2009年，对1984年或晚些交付的为2010年。

③ "Erika"号单壳油轮，船龄24年，是载重量为37 000吨的油品船。

一、"Erika"号油轮溢油事件

据有关资料统计，每年通过各种途径泄漏到海洋中的石油和石油产品约占世界石油总产量的0.5%，其中以油轮遇难造成的污染损害最为突出，海洋环境日益受到各种油类严重的破坏，导致海洋生态环境的根本性改变。

（一）事故陈述

1999年12月11日，马耳他籍油轮"Erika"号，满载着31 000吨重燃油，从法国的Dunkirk（敦刻尔克）驶向意大利的Livorno（利沃诺）。预计于1999年12月12日抵达法国北部港口城市。

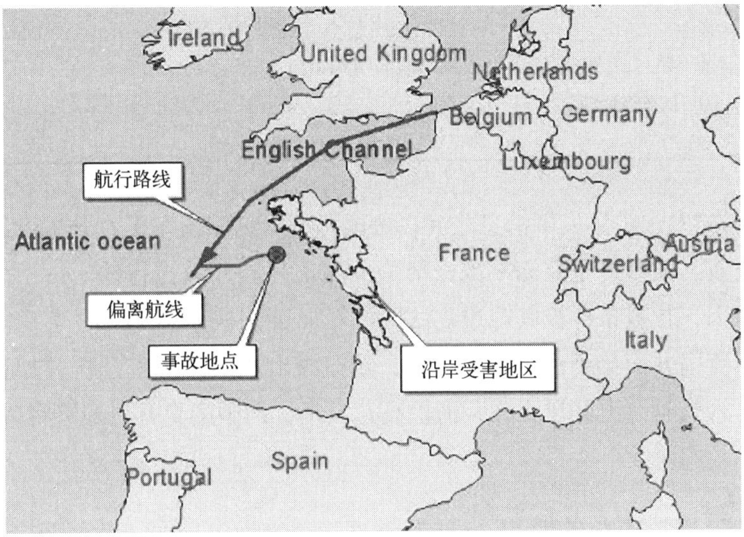

图1 "Erika"号油轮法国海域溢油事件位置

Brittany海岸巡逻队发现"Erika"号正行驶在法国海域的Bay of Biscay（比斯开湾）附近，距离Brittany以南约100千米，由于海上天气十分恶劣，船在风力8~9级且浪高6米的严峻海况之下，岌岌可危。法国海岸巡逻队要求"Erika"号应驶回港口，但船长声明该危险已得到控制，货物被转移至安全船舱，油轮可以继续低速航行。到12月12日6时05分，船长向法国当局发出了紧急求救，声称该船因存在严重的结构问题，正在断裂。12月13日晨8时15分左右，"Erika"号断裂成两部分，船上的26名船员全部落水。船首

6400吨、船尾4700吨重燃油相继泄漏；根据最后的统计数据表明，事故共造成19 800吨重燃油泄漏，引发了法国海域严重的溢油污染。

表1 事故概述简表

相关项	内容
船只	“Erika”号
出事日期	1999年12月12日
出事地点	法国海域
出事原因	单壳油轮船龄较大、船体老化
溢漏石油重量	大约19 800吨重燃油
受影响地区	法国西海岸
船只悬挂国旗	马耳他
总吨位(吨)	19 666吨
保赔保险商	汽船相互保险协会(百慕大)有限公司(Steamship Mutual)
CLC规定的上限	12 843 484欧元(1 020万英镑)
STOPIA/TOPIA是否适用	不适用
CLC +基金的上限	184 763 149欧元(1.463亿英镑)

得知“Erika”号失事消息之后，法国海军立刻派出海军直升机飞赴事故现场抢救。随即，皇家海军增援部队也加入并展开救援行动。由于海况等各种原因，救援条件极其艰难。法国海军向英国法尔茅斯海岸巡逻队请求增援，英国方面接到法国的请求后，随即派出两架海军直升机参加救援行动。尽管当时海上狂风大作，海浪高达6米，两国的直升机最终将26名船员成功救起。

(二)事故应急处理

“Erika”号油轮沉没后，泄漏了19 800吨重燃油，很快就产生了大量的含油废物。法国出动包括海军在内的清污力量进行围控和清除。同时，荷兰、德国、英国、西班牙等国组成的国际溢油应急船队进入法国Brittany附近海域进行围控和清污作业。据以往资料表明，溢油在海岸线上产生的含油废物，最多时可超过原始溢油量的30倍以上，这会对海岸线造成许多不良影响。因此，溢油事故应急反应机制必须充分考虑对含油废物的管理。法国政府的基本要求是，溢油事故一旦发生，必须立即作出正确的决策并实施应急机制，以确保成功地管理和处理含油废物，把费用降至最低。

法国溢油应急组织(The French oil spill response organization)，负责启动The Polmar Plans(简称“Polmar 计划”)①。Polmar 计划(Pollution Maritime - Maritime Pollution)②是法国制定的海上溢油应急计划，由法国总理领导，海上发生油污事故时实施。“Erika”事故发生前，该计划的最后一次修订是在1997年12月。Polmar 计划明确指出，本海域内海事最高官员负责处理其辖区发生的污染事故。根据 Polmar 计划程序设定，海事官员可以获得所有定期更新的与公共服务有关的资源，负责在公海和近海启动应急预案，包括通知陆地有关部门、媒体和广大公众。

“Erika”号溢油事件的事发地点在大西洋，因此由法国大西洋海军司令负责有关军事和民事的行动。在此事件的应对中，法国拥有一定的应急设备基础，当局在多数大型油码头和港口备有一些用于处理溢油的设备。如马赛港，拥有大型专用设备库存(并配备 FOST - 快速溢油应变小组)，包括近海岸和海岸线清污设备，可以用在港口区以外的地方。打捞公司也拥有某些清污设施，除了过驳设施外，它们还备有拖轮，长期为海事总督待命。此外，法国 polmar 应急预案具有应对 HNS(危险有毒物质)溢漏的专用设备(防护服、漏油桶储存罐等)，还有某些专业设备，用于监视 HNS 海上溢漏，配备有专业船只用于 HNS 应对。

除了应急设备，法国 polmar 计划的应急预案要求3个海区和26个沿海部门制定油气泄漏应对方案——适用于海运地区的“POLMAR - Mer”和适用于海岸线的“POLMAR - Terre”。来自防护团的30名训练有素的抢险小组成员被布置在 Nogent、Rochefort、Brignoles 和 Corte 长期待命，配有精良的应急处置设备。他们负责启动陆上清污作业，并培训当地人员如何使用设备。各地区的海事总督负责制定和执行海洋清污作业，并直接向总理汇报工作。

共计4000多人参与了海岸线清理行动，清污作业在大约400千米受污染的海岸线进行，收集了超过25万吨的含油废物。在回收现场对含油废物进行了相当成功的隔离，并把含油废物运往存储场，以进行最终处置。

① 2002年3月4日关于救援海洋环境污染的指令(POLMAR 国家文献)。

② Polmar 计划由两个部分组成，即 Polmar 沿岸计划(The Polmar Land Plan)和 Polmar 海上计划(The Polmar Sea Plan)。The Polmar Land Plan (marine pollution on coast)界定范畴即海洋污染对沿岸的影响，The Polmar Sea Plan(marine pollution at sea)界定范畴即海上污染。

然而，由于回收现场的溢油清理速度很快，所以存储场在建设完工之前就开始接收含油废物，因而未对含油废物按类隔离。随后花了 6 个月的时间对含油废物重新分类，对所有含油废物进行最终处置，共花了 4 年多的时间。

(三)各界反应

1. 法国政府的反应

法国作为该事故的主要受害者分别以外交部和运输部的名义向欧盟和国际海事组织(IMO)提交了《关于加强国际航运安全的备忘录》。法国政府提出，希望通过欧盟来采取一系列加强欧洲水域内海上安全和防止海洋污染的单边和区域性措施(并附有若干具体措施)；法国政府要求 IMO 应采取一系列行动加强船旗国履约方面的工作，并附有修正 MARPOL 73/78 附则 I 第 13G 条的提案。

2. 欧盟的反应

在法国政府的强烈提议下，欧盟的执行机构——欧洲委员会于 2000 年 3 月 31 日召开会议，通过决议采取以下强烈措施：

第一，加强对到达欧盟港口现有油轮的控制，严肃处理不符合欧洲《港口国管理巴黎备忘录》标准的油轮①。欧洲委员会将每 6 个月公布一次“黑名单”，对于老、旧船只，港口国必须进行系统检查，包括检查压载舱，并要求该类船舶在实际到港前要提交有关资料。

第二，对欧洲的船级社等船检机构进行严格控制，对于有过失行为、不认真履行其职责的船级社，欧洲委员会可以取消对其授权。

第三，欧洲委员会建议禁止所有单壳油轮进入欧洲水域。

3. 国际海事组织(IMO)的反应

IMO 作为联合国负责海上航行安全和防止船舶造成海洋污染的一个专门机构，多年来采取了许多有效措施来保障船舶安全、保护海洋环境，制定了一系列公约，如 SOLAS、MARPOL73/78 已适用于世界上 98% 的船队，IMO 发挥了其在国际上的牵头作用。IMO 对法国提交的《备忘录》非常重视，对欧洲委员会即将成立海上安全机构以及单独立法等更为重

---

① 船龄在 15 年以上的船舶在两年内被港口国滞留过两次的，将不允许进入欧洲港口。

视，因为这明显是对 IMO 信任度和地位的挑战。IMO 秘书长及有关委员会人士在各种场合都论及“Erika”号事件引发的问题，表明其观点。海运具有国际性、全球性的特点，采取单边或地区性的措施是不合适的，有关建议应提交 IMO 进行审议，制定法律性的约束文件，并采取适当措施。集中到一点，要达到“航行更安全，海洋更清洁”，要以国际为基础，IMO 将继续发挥牵头作用，实施更高的、切实可行的安全和防污染标准。

4. 亚太区域的反应

2000 年 3 月 21 日至 23 日，亚太地区海事机构首脑论坛第 4 次会议在新加坡召开，有 17 个国家和地区的海事机构代表参加。宗旨是通过定期的对话和努力，确保亚太地区航运安全和海洋清洁。会议议题包括“Erika”号事故引发的问题，油污应急反应问题，航运安全和人为因素问题等。会议认为“Erika”号油污事件警示：有必要采取适当措施，防止类似事故发生；这些措施与应急计划密切相关，需要制定统一的规则，应在 IMO 进行进一步的讨论，以便制定国际航运界共同遵守的新规则，会议公报将向 IMO 提交，并表明这一规则。

2000 年 3 月 24 日至 25 日，新加坡举办“航运质量研讨会”，出席会议的有欧洲委员会代表、IMO 秘书长、荷兰和加拿大的运输部长、多个国际组织以及许多国家、地区的代表，共 250 人。研讨会旨在加强欧洲与亚洲的对话，共同保证航运质量，防止在欧洲单方面采取措施后，所有老、旧船只、低标准船只等大量拥入亚太地区的港口。会议讨论激烈，各方观点鲜明，各持己见。

二、“Erika”号案件的判决

法国高等刑事法院共受理了与“Erika”号事件有关的 114 项诉讼，796 名索赔人对船东、船东的保险商和 1992 年国际油污损害赔偿基金组织（简称“1992 Fund”）提起的 420 项法律诉讼。案件涉及 15 名被告（“1992 Fund”不是与“Erika”号事件有关的刑事诉讼当事人），分别是船东、利比里亚公司（拥有涉事船只的马耳他 Tevere 船运公司的股东）股份的持有人、船只的技术经理、定期租赁该船只的不同公司的两名高级主管人员、意大利 RINA 船级社和它的一位官员、Total 集团的三家公司[Total SA、“Erika”号的航程租船方 Total Transport Corporation（TTC）和 TTC 的代理商 Total Petroleum Services LTD (TPS)]、Total 贸易/海运部的法律事务董事。所有被告都被指控犯有污染罪、危害他人罪或者共同牵连其中一项罪行，其中有 4 名政府官员因涉嫌对“Erika”号事件负有管理责任而被指控犯有故意拒绝采取行动防止事故发生罪。

2008 年 1 月 16 日，经过长达 8 年的调查、4 个月的审判程序，法国高等刑事法院宣布了 1999 年 12 月 12 日 “Erika”号油轮法国海域溢油损害赔偿案件长达 278 页的判决书。法庭判决本案中有 4 名被告犯有污染罪，并共同承担民事连带责任，应向民事当事人支付 192 123 400 欧元的损害赔偿金。其中，法国政府获赔 153 808 690 欧元，剩余的由 67 名民事当事人获赔。①

(一) 刑事判决

法庭指出，船只的整体腐蚀是发生本次事故的重要原因，因此在所有刑事指控中，只有污染罪可以被采纳。法庭最后判决，拥有“Erika”号油轮的 Tevere 船运公司所有人 Giuseppe Savarese 先生、船只的技术经理 Antonio Pollara 先生、RINA 船级社和 Total SA 公司对污染的发生负有刑事责任(污染罪)。

法庭首先解决了《法国污染法》是否与《1973 年国际防止船舶造成污染公约》及相关的“1978 年议定书”(MARPOL 73/78 公约)的规定一致的问题。法庭对“海上油污染罪”的定义②如下：“由于鲁莽、疏忽或不遵守法律法规，导致发生了‘对公海上发生油污事故进行干涉的国际公约’所定义的海上事故,③ 如果事故引起了领海、内水或可航水路的污染达到海上航行的极限，而船长因其行为或操作引起该事故或没有采取必要措施防止事故发生的人士应受到惩罚。”④

利比里亚公司(Tevere 船运公司的股东)股份的持有人 Savarese 先生和涉事船只的技术经理 Pollara 先生被认定对船只的整体腐蚀负有责任。他们出于成本的考虑，共同决定在船只检修期间压缩检修程序、偷工减料，直

---

① 国际油污赔偿基金 1992 执行委员会第 40 次会议(92FUND/EXC. 40/4/1)，2008 年 2 月 19 日。

② 1983 年 7 月 5 日“第 83 - 583 号法律”第 8 款。

③ 第 2 条将海上事故定义为：“碰撞、沉没、触礁或其他航行事故、或者船只甲板上或外部发生的其他事件、导致船只或其上的货物发生重大损害或将有重大损害威胁。”(布鲁塞尔 1969 年 11 月 29 日)

④ 该规定的惩罚适用于船东、操作人、他们的法定代表、事实上的董事或者除船长或船舶驾驶员之外依照法律或事实行使船只控制权或方向权，或管理操作平台的任何人士。

接危害了船只的安全，因此被判罪。RINA 船级社在商业约束的压力下，没有按照职业标准进行船壳厚度测量，在船只结构被怀疑存在严重腐蚀区域时，仍给予"Erika"号展期证书，因而犯有罪行。最后，法庭认定，Total SA 公司犯有轻率不慎罪，因为在检查油轮和验证安全审查环节，Total SA 公司确认"Erika"号可以作为航程租船。

(二)民事判决

法庭判决给民事当事人的赔偿是以法国国内法为依据，因为有被告反对法国高等刑事法院采纳民事损害赔偿诉讼，辩称刑事法庭不具有对犯罪受害人赔偿的普遍管辖权。法庭认为，CLC PORT 1992 没有剥夺民事当事人在刑事法庭获得损害赔偿的权利，CLC PORT 1992 第Ⅲ-4 款规定"不得对船东、租船人、管理人或他人的雇员或代理人提出索赔"在本案中不适用，所以法国高等刑事法院有权命令 4 名有罪人士支付民事赔偿金。① 因此，基于污染罪而提起的民事赔偿受到法国国内法普通法体系的管辖。法庭由此判令，拥有"Erika"号船只的 Tevere 船运公司所有人 Savarese 先生、船只的技术经理 Pollara 先生、RINA 船级社和 Total SA 公司这 4 名被判有污染罪的被告方共同承担民事连带责任，赔偿胜诉索赔人的经济损失、对几个地区和城市的形象损失、道德损失和环境损失。法庭判令最后他们承担最高数额的罚金，根据法庭的评估，合计支付损害赔偿金 192 123 400 欧元。

表 2　法庭对各当事人判决的赔偿金额

民事当事人(相关民事当事人的数量)	物质损害(欧元)	声誉和品牌形象损害(欧元)	精神损害(欧元)	环境损害赔偿(欧元)	合计(欧元)
法国	153 808 690				153 808 690
地区(3)	4 304 105	7 000 000			11 304 105
省(4)	4 519 018	4 000 000		1 015 067	9 534 084
市(40)	659 281	15 526 000			16 185 281
协会(11)	593 640		330 000	300 000	1 223 640
其他(11)	22 023		45 500		67 598
合计	163 906 833	26 526 000	375 000	1 315 067	192 123 400

① 判决书第 234 页。

(三)上诉的情况

被判污染罪的4名被告对判决和39项民事诉讼不服，因而提起上诉。39名民事当事人因对没有得到赔偿或所得金额不满意，也对判决不服而提起上诉，其中一些上诉也涉及对TTC和TPS两家公司及被指控为涉事船只定期出租人的两名被告的无罪宣判。法国当局因其受到的损害获得了完全的赔偿，所以没有提出上诉；案件中受到指控的4名政府官员被宣告无罪，也没有人提出上诉，所以对他们的判决成为终审判决。

三、对“Erika”号赔偿案判决的分析

法国高等刑事法院对“Erika”号油轮法国海域溢油损害赔偿案的民事判决可以归纳为三大项，即预防措施赔偿、财产损害与经济损失赔偿、生态(环境)损害修复赔偿。

(一)预防措施赔偿

为防止或降低油污损害而采取的各种预防措施的索赔，包括从构成严重污染威胁的失事油轮中移去残油(燃料等)而支付的费用，也包括采取海上、沿海及岸上清理措施而支付的费用。这些预防措施可能要使用专业设备及材料，以及使用非专业化的船只、车辆及人力。处置回收的溢油及油渣所需要的费用和由预防措施造成的进一步损失或损害也要算在其中。因采取预防措施而提出的索赔，其评估是有客观标准的。处理溢油事故所采取的措施或使用的设备，以决策时所做的专业技术评估为尺度，判断其是否已经成功地降低或防止了油污损害。但应急措施被证明无效或事后表明应急决策不正确，便不能成为索赔的理由。如果出于应付的考虑而故意采取明知无效的措施，索赔会被拒绝。

世界各地的溢油事故清理部门，经过多次溢油事故中的实际应用，都充分了解大多数溢油清理技术的局限性，即使进行了全面的技术评估之后，是否“合理”也并不总是非常清楚。而且，由于溢油的风化或其他情况的变化，在事故早期采用的某项合理的技术措施，在一段时间之后可能不再适用。因此，要由经验丰富的人员密切监控所有的清理措施，不断地评

估其有效性。

“Erika”号事故后，法国动用了包括海军在内的应急力量，荷兰、德国、英国、西班牙等国组成的国际溢油应急船队加入清理活动，共计有4000多人对长达400千米海岸进行油污清理回收。同时修建了重油废物存储场，并用了6个月对含油废物重新分类，共花费4年时间对所有含油废物进行最终的处置。法国政府和Brittany当地政府对此共提出150项诉讼，经评估有145项被接纳，其中有12项被驳回。

(二)财产损害与经济损失赔偿

财产索赔包括清理被污染的捕捞用具、水产养殖设施、游艇及工业取水口所造成的费用。某些捕捞用具和水产养殖设备遭受严重污染后，失去原有功能，对由此造成的费用也可以索赔(抵扣正常损耗)。

经济损失涉及溢油事故可能造成如阻碍捕捞活动、降低旅游业收入之类的损失。这类经济损失，可能是油污对索赔人财产造成的有形损害的直接后果(“纯粹经济损失”)，也可能是油污虽未给索赔人造成任何财产损害，但索赔人仍然要蒙受的损失(“间接损失”)。要具备索赔资格，在污染与索赔人蒙受的损失或损害之间要存在一定合理程度的地理及经济的联系，索赔人可避免损失的能力也在考虑之列。

索赔经过法庭严格的审理过程，索赔人并非都能获得支持，洛里昂商业法庭对间接损失索赔不予支持,① Saint Nazaire民事法庭(雷恩上诉法庭)认为对行销活动中受到损失的索赔，必须与用来防止或减少损失的措施有

① 一家针对餐厅销售冷冻和真空袋装食品的公司就其经济损失提交了136 339欧元(108 000英镑)的索赔申请，声称其损失是由于“Erika”号事件造成的。“1992 Fund”拒绝了该项索赔，理由是索赔人并没有直接与游客进行商业往来，而是直接和其他商人进行交易(也就是所谓的“二级索赔”)，索赔人不能证明其损失与“Erika”号事件所造成的污染存在充分密切的因果关系。法庭于2008年5月作出判决。法庭声明，它不应受本基金有关索赔采纳标准的约束，由法庭来解释“1992年公约”中“污染损害”的概念并适用于各个个案。法庭在其判决中强调，索赔人没有直接向游客提供服务，而是向旅游业的其他商业对象直接提供服务，而且索赔人自1998年，即“Erika”号事件没有发生之前就开始遭受损失了。法庭认为，索赔人受到的可能损失是间接性的，向餐厅出售食品的困难不能确定地认为是污染的直接后果，可能和其他原因有关。法庭断定，索赔人没有证明他遭受的损失是“Erika”号事件的直接后果，因此驳回了其索赔。

关、如有这种损失，必须按照“公约”规定进行赔偿。①

在“1992 Fund”拒绝赔偿、认为不可受理的大多数案件中，法庭与“1992 Fund”的立场是一致的。在一些案件中，法庭采纳了“1992 Fund”的受理标准；而在另一些案件中，法庭虽没有采纳其标准，但予以考虑。在某些案件中，法庭认为“1992 Fund”的标准没有约束力，应按照法国法律确定，但判结结果却和“1992 Fund”要求事件和损害之间具有因果关系而拒绝索赔请求的意见相同。法庭在两份判决书中声明，“1992 Fund”关于索赔受理的标准对国家法庭没有约束力，但对国家法官可以作为参考。

（三）生态损害修复赔偿

在发生溢油污染事件后有必要采取一些合理的恢复措施，以加快受损环境的自然恢复过程。采取这些措施所造成的费用若要具备索赔资格，必须满足一系列条件：这些措施在技术上是合理的，并且可能明显地加快受损环境的自然恢复过程；所造成的费用是合理的，费用与油污损害的程度、期限，以及措施与所能取得的收益不能不成比例。而且，只有这些合理措施已经实施或将要实施，并且索赔人的经济损失能以金钱计量，索赔人才能得到赔偿。所以，按照理论模式计算出的抽象损害索赔是不会被接受的。旨在惩罚污染损害者的惩罚性质索赔也不会被受理。

要确定油污对环境造成损害的性质和程度、确定恢复措施是否必要和可行，有时需要开展研究工作。如果研究工作能针对符合公约所定义的油污损害，并且以专业化方法及公正、严谨的科学态度进行，也有可能得到资助。损害评估包括海洋生态直接损失评估和恢复海洋生态措施评估。海

---

① 2007年5月，Guerande盐商联合体因“Erika”号事件遭受的商业损失、形象损失和额外花费提起诉讼，要求“1992 Fund”赔偿。雷恩上诉法庭于2008年6月作出判决，法庭认为联合体遭受的商业损失完全是由于它决定实行销售配额以便保持库存而造成的，当时的存货足以维持其至少两年的正常水平销售，其商业损失并非“Erika”号事件的直接后果。法庭认定，索赔人没有证明其商业损失和污染之间存在充分密切的因果关系，因而拒绝了其部分索赔。法庭还认为，既然联合体索赔的商业损失按照FUND PROT 1992没有资格获得赔偿，它进行行销活动以减少这些损失的费用就不可采纳。法庭进一步认为，索赔的行销费用构成正常行销预算的一部分。因此，法庭决定拒绝接受行销活动的费用索赔以及联合体索赔的其他额外费用。

洋生态直接损失用环境容量损失、海洋生态服务功能损失衡量。恢复海洋生态主要指两个方面：一是指恢复海洋生境，即采取何种办法使受损的海洋生境(海水质量、海洋底质环境、海岸、保护区、湿地、鸟类栖息地等)恢复到溢油前的功能；二是指物种的恢复。最后，还要对公众意愿进行评估，通过经济评估，将上述各项进行货币化，即得到环境与生态损害的总费用。

作为民事当事人尤其是地方当局，想把"Erika"号一案的审判打造成法国第一个对损害生态环境的行为进行赔偿的案件。法庭认为，依照他们保护、管理和保存领海的法律，所授予特殊权力的地方当局可以寻求对其领海环境的损害赔偿。在法国的地方当局中，法庭认定，只有个别省可以享受法律赋予的此等权力。不过，只有 Morbihan(莫尔比昂)省能够证明其所管理的 662 公顷敏感地区受到实际损害。

判决认可了经认证的环境保护协会请求赔偿的权利，这些权利不仅针对对集体利益造成的直接或间接的物质损害或精神损害，更是针对对生态环境的损害。在此方面，只有 LPO(法国鸟类保护联盟)因其所扮演的角色和在该领域的投资而有权得到赔偿。最终，生态环境损失以民事责任诉讼得到 80 万欧元赔偿。当 Total SA 公司决定提出上诉后，激怒了绿色和平组织、法国鸟类联盟等环保组织以及卢瓦尔河地区等地方当局，认为该公司的立场"可耻"，指责其寻求承租方的特权保护是以航运安全为代价，纷纷表示要索求更高的损害赔偿金。

四、"Erika"号事件的影响

(一)促进公约的调整

2000 年 10 月，在法国沿海发生"Erika"号油轮溢油事件之后，CLC PORT 1992 和 FUND PROT 1992 的缔约国都根据各自公约中包含的条款将适用的赔偿限额提高了 50.37%；提高后的赔偿限额于 2003 年 11 月 1 日在加入上述两个公约(或之一)的所有国家生效。更为重要的是，2003 年 5 月，在 IMO 大会上通过了设立"2003 年补充基金"的决议。这个新的"第三层"赔偿基金，基本是"1992 年基金"的"克隆"，旨在解决一些国家所担心的问题：即使 CLC PORT 1992 和 FUND PROT 1992 的缔约国提高了赔偿限额，仍不足以满足重大油轮溢油事件引起的有效索赔。签署加入"2003 年补充基金”议定书是自愿性的，FUND PROT 1992 的任何一个缔约国都可加入。为了在油轮船东与货主之间维持油污损害经济赔偿的公平分担，船东保赔协会国际集团代表大多数投保方起草了两个自愿赔偿协议：《小型油轮油污损害赔偿协议》(STOPIA) 和《油轮油污损害赔偿协议》(TOPIA) ①。

(二)开辟海洋生态损害赔偿的先河

该事件的判决受到了环保组织的广泛欢迎。法国绿色和平组织希望此次判决将成为全球法律依据，认为“应当修改国际法，将生态环境损害纳入其中；还应修正海事法，以剔除现有的鼓励租船人不负责任的体系”。许多法国媒体都表示，这一判决具有里程碑意义，是法国法院首次判定破坏海洋生态环境责任方给予受害方损害赔偿的案例②。

(三)启动野生动物油污应急计划

在法国发生的“Erika”号溢油事件的教训之一，是在相关政府机构、管理当局及野生动物保护与护理组织(非政府组织)之间缺乏协调。这引起了多种矛盾和问题，如不同组织统计的鸟类数量或者“丢失量”相差两倍或更多。由此，当局考虑到在制订应急计划时，要使所有参与方合作进行。因此，目前法国的所有 Polmar 计划中都加入了“野生动物油污应急计划”。起草这一计划的成员有：法国环境总局、法国地方及国家野生动物保护协会、国家狩猎与野生动物办公室、兽医服务部、法国海洋开发研究院、法国水上事故污染试验和研究资料中心、法国沿海地区环保协会和法国国家博物馆。

(2009 年 6 月)

① 《油污损害赔偿——国际油污损害责任和赔偿公约指南》。

② 《Erika 判决：国家法律博弈国际公约》。

国外滨海旅游业应对气候变化政策分析

朱 璇

随着应对气候变化，发展低碳经济等理念得到充分讨论和不断实践，低碳旅游逐渐成为旅游业发展的一种新导向。低碳旅游强调在旅游的各个要素、环节实施节能减排，从而实现旅游全过程的低碳化。相对于一般的内陆地区，滨海旅游业受气候变化的影响更为剧烈。受海平面上升、气温增高、海洋酸化等多种效应影响，滨海旅游业面临着建筑损耗、旅游季节缩短、珊瑚等珍贵生境退化的挑战。因此，滨海旅游业应对气候变化的政策不仅包括在旅游活动中减少温室气体排放，即低碳政策，还必须采取预防和防护措施以适应气候变化影响，即适应政策。

旅游业在欧美发达国家是典型的传统产业，在长期的发展过程中衍生出各种旅游模式——乡村旅游、文化遗产旅游、生态旅游等。进入21世纪以来，在气候变化的讨论和应对实践中，旅游业和气候变化之间的关系逐步受到关注。欧美、澳大利亚分别发布了旅游业应对气候变化相关政策，做出了发展低碳旅游的部署。本文将首先介绍典型国家和地区的旅游业应对气候变化政策，之后具体介绍当地政府、旅游业经营者应对气候变化的各项措施。

一、典型国家和地区旅游业应对气候变化政策

第二届气候变化与旅游业国际会议认为“气候是关键的旅游资源”，因此，对旅游业依赖度越高的国家对旅游业应对气候变化的问题也越重视。欧洲是传统的旅游目的地，考虑到对其他产业的联动作用，旅游业对欧盟国内生产总值的贡献达到11%。鉴于旅游业对欧洲经济的支撑作用，欧盟成立以来高度重视旅游业的健康发展。澳大利亚以生态旅游闻名于世，位于其东海岸的大堡礁——世界最大的珊瑚群礁吸引着全球游客的到访。保

护珍贵的旅游资源不受气候变化的破坏，对于澳大利亚旅游业来说至关重要。下面以欧盟和澳大利亚为例，介绍其发布和实施的气候变化与旅游业相关政策和倡议。

(一)欧盟

欧洲是世界最大的旅游目的地，2010 年接待了 4.7 亿名国际游客，占全球国际游客的 50.5%。然而，欧洲旅游业的碳排放份额却相对较低，2005 年欧洲住宿业的温室气体排放仅占全球住宿业的 21%。这部分地得益于欧洲实施的低碳旅游政策。

欧盟成立以来，以“通报(communication)”的形式发布了多项旅游业政策，包括《为欧洲旅游业的未来共同努力(2001)》《可持续欧盟旅游业的基本方向(2003)》《欧盟新旅游政策(2006)》《可持续的和有竞争力的欧盟旅游业发展议程(2007)》《欧洲旅游业新框架(2010)》和《促进海岸带和海上旅游经济增长和就业的欧洲战略(2010)》等，充分说明了欧盟高度重视并积极促进旅游业的发展。2005 年欧盟重启里斯本战略，把增长和就业确定为欧盟发展的优先目标。作为欧洲经济重要支柱产业之一，旅游业发展的纲领也与里斯本战略一致，注重开拓旅游市场，提高旅游业支持经济增长和促进就业的贡献。例如，2006 年发布的《欧盟新旅游政策》的目的是改善欧洲旅游业的竞争力，通过旅游业在欧洲和全球的可持续增长提供更多、更好的工作。直至近几年，欧洲旅游政策才把重点从经济效益扩展到经济、环境综合效益。

欧盟首次提及气候变化背景下的旅游业策略，是 2010 年发布的《欧洲旅游业新框架》(Europe，the World’s No. 1 Tourism Destinations – A new Political Framework for Tourism in Europe；以下简称“新框架政策”)政策通报。相比之前的政策，新框架政策更为注重降低旅游业的环境影响，也明确认识到气候变化对旅游业的影响。该政策认为，气候变化可能改变未来的旅游模式并对部分旅游目的地造成明显影响。例如，海平面上升将影响滨海旅游；气温升高将导致山区降雪范围的缩小，从而影响冬季旅游。为此，新框架政策呼吁：提高旅游业适应气候变化影响的能力，同时减缓旅游业导致的(气候)结构变化。该政策还倡导在欧盟和国家层面的政策中纳入气候变化对旅游业的影响，对抗气候变化导致的旅游业结构性失业；识别与气候变化相关的旅游业风险，避免错误投资；探索可替换(高消耗旅游)的旅游服务。应当说，欧洲旅游业新框架政策首次在欧盟政策的层面上认识到旅游业与气候变化之间的联系，鼓励和支持欧洲旅游业探索低碳发展途径。

滨海和海上旅游业是欧洲最大的海洋经济部门，占海洋经济增加值的1/3，创造了数量可观的工作岗位。欧盟2014年发布了首个专门的滨海旅游政策《促进海滨和海上旅游经济增长和就业的欧洲战略》(A European Strategy for More Growth And Jobs In Coastal And Maritime Tourism；以下简称“战略”)。该战略的主要目的是在市场持续低落的情况下，增强滨海旅游的竞争力，而减少旅游业环境压力，适应气候变化影响也是其重点领域之一。战略认为，气候变化影响将可能重塑旅游业的地理分布和季节需求，对滨海旅游业的发展提出挑战。为此，战略提出一系列倡议，包括：促进生态旅游，推行欧盟生态标签、欧洲生态管理和审计系统等管理工具；促进实施海岸带综合管理，推行海洋空间规划和绿色基础设施建设，保证海岸带地区的可持续发展；增强废物管理和海洋垃圾治理之间的协调性，提高滨海和海洋旅游活动的可持续性；倡导各成员国采取气候变化适应措施等。事实上，鉴于滨海旅游在旅游活动中的重要经济地位，也出于对近期欧盟“蓝色经济”政策的回应，欧盟委员会有意整合各领域行动，维护和保证滨海旅游业的健康发展，而应对环境压力和气候变化影响是其中一项重要任务。

欧盟是国际社会倡导绿色环保的领头羊，其优美的自然环境，历史悠久的人文环境也使其旅游业受益匪浅。作为国际旅游业的主要目的地和绿色环保先锋，欧盟已经开始重视旅游业与生态环境、气候变化之间的关系研究。虽然欧盟出台的旅游发展政策更注重旅游业应对气候变化的适应措施，但事实上，欧盟在低碳、交通、能源等其他领域出台的政策均提出了CO_2减排措施，在多个领域倡导实施气候变化减缓措施。

(二)澳大利亚

旅游业是澳大利亚经济的重要产业，每年产生约340亿美元的国内生产总值，直接雇佣超过50万人，是澳大利亚创造就业岗位最多的服务业。澳大利亚的旅游景观以独特的地貌景观和未经开发的原始生态闻名。正因为如此，澳大利亚的旅游业也更加依赖健康的生态系统。而政府间气候变化专门委员会(IPCC)第四次气候变化报告指出：气候变化将给澳大利亚的气候和生态系统带来重大的负面影响。到2020年，澳大利亚的水资源短缺问题将更为严重，而包括大堡礁、昆士兰热带雨林等著名景点在内的生态丰富地带将会出现明显的生物多样性丧失。

澳大利亚政府认识到气候变化导致的基础设施和自然环境变化很可能影响到旅游业，进而降低这一支柱产业对澳大利亚经济的贡献。为此，政府提出了一系列政策和措施。澳大利亚2008年发布的《旅游业与气候变化行动框架》(Tourism and climate change—A Framework for Action；以下简称“行动框架”)，是一项关于旅游业应对气候变化策略的专门政策。该政策分析了气候变化对旅游业的潜在影响，提出了应对影响的重要领域和一系列具体行动。

行动框架认为，除了自然环境改变导致的旅游资源分布变化外，不断增长的低碳趋势也将给旅游业造成持续的压力。研究显示，澳大利亚旅游业的碳足迹为3990万吨CO_2当量(基于2003—2004年数据)，相当于其全国温室气体排放的7.2%。澳大利亚政府承诺，到2050年，澳大利亚的碳排放水平将降低到2000年排放水平的40%。在这一减排目标下，涉及交通、住宿等多项耗能环节的旅游业，面临着碳减排的巨大压力。

为了促使旅游业克服气候变化导致的危机，并且适应碳约束背景下的市场环境和其他社会经济环境，行动框架提出了五个主要行动领域：第一，更好地理解气候变化对旅游业的物理和经济影响以及旅游业的脆弱性，培养旅游业的抵抗能力和适应能力，为未来的投资方向提供确定性指导意见；第二，倡导旅游业为未来实施碳约束政策做好准备，继续为澳大利亚的经济做出实质性贡献；第三，重新定位旅游市场策略，以应对气候变化带来的挑战和机遇；第四，开展持续的和有效的行业延伸服务和交流，为旅游业提供充分的信息；第五，在全国范围开展持续的、包容的和合作的实施途径。

应当说，澳大利亚政府为应对气候变化对旅游业的影响作出了充分的准备，不仅制定了低碳旅游专门政策，开展了相关研究项目以支持旅游业决策，并且通过网站等途径为旅游业经营者提供信息，从多个角度干预和调整旅游行业的发展。并且，不同于欧盟政策提出原则性指导的做法，澳大利亚的“旅游业与气候变化行动框架”提出了政府、企业等不同主体具体的对策措施，具有较强的可操作性。

二、减缓措施

作为全球气候变化背景下的旅游业新动向，低碳旅游不仅得到了各个国家和地区的政策支持，而且在地方政府、旅游组织、酒店、旅行社等主体的积极参与下得到了落实。一般来说，应对气候变化包括减缓措施和适应措施，前者是指采取科技或经济手段以减少碳排放，后者是指采取防护措施以降低气候变化对人类及其社会经济系统的不利影响。在旅游业中，交通、住宿和旅游产品设计等各个环节都可以采取相应的减缓或适应措施。本小节将集中介绍低碳旅游政策框架下的气候变化减缓措施，下一节将介绍气候变化适应措施。

据估计，旅游业 CO_2 排放大概占全球 CO_2 排放的5%。由于修建机场、高速公路等基础设施的碳排放并未包括在内，这一数字仍属保守估计。为减少旅游相关活动的碳排放水平，国外已经在低碳出行、低碳住宿、低碳旅游规划和旅游产品策划等方面开展了很多实践。

(一)低碳出行

旅游业碳排放的75%是由交通活动造成的，交通是低碳旅游的重点领域。以降低交通活动碳排放为目标的低碳出行可以有多种途径，即包括改进航空、铁路等交通系统使之更为节能，也包括鼓励消费者选择更低碳的出行方式。

不同出行方式造成的碳排放水平差距很大。飞机(以1000~1500千米航行距离计)的碳排放量约为0.12千克/千米，私家车(载3人计)约为0.09千克/千米，火车约为0.03千克/千米，长途汽车的碳排放略高于0.02千克/千米。飞机单位距离的碳排放可达到火车或长途汽车的4~6倍，因此在出行距离允许的情况下，乘坐火车远比乘坐飞机低碳。由于航空飞行大部分的能源消耗在起飞环节，因此长途飞行比短途飞行的单位距离能耗要低。这说明从低碳的角度考虑，短途出行应当尽量避免选择乘坐飞机。

作为一种清洁、节能、便捷的交通方式，铁路客运可以成为未来游客出行的优先选择。在国际上，一些铁路公司也以低碳、绿色为标签，突出其品牌竞争力。例如，瑞士联邦铁路公司(Swiss Federal Railways)几乎全部采用清洁能源(水电、风电等)作为列车运行动力，并且提出了到2020年减少1990年温室气体排放水平30%的目标。

尽管航空飞行是能耗最大的交通方式，航空公司也可以通过加快设备更新率，提高载客率，减少航线中转次数等途径降低碳排放。欧盟的大型航空研究计划——“同一片欧洲天空项目(Single European Sky ATM Research project)”提出降低航空业碳排放的目标，到2020年减少项目范围内航班航空飞行10%的航空燃油量。

(二)低碳住宿

根据全球范围的估算，酒店和旅店贡献了旅游业20%左右的碳排放。旅店可以通过节能和使用可再生能源两种途径减少碳排放。出于节约成本考虑，酒店和家庭旅馆的经营者都有自发的减排动力。有研究证明，酒店业增加6%的节能设计开支可以节约10%的能耗，而实施酒店整体环保策略能带来17% ~74%不等的经济回报。

由于技术和资金方面的优势，一些大型的连锁酒店走在低碳环保的前列。瑞典连锁酒店Scandic Hotels自1994年开始实施节能计划，在1996—2006年间减少了24%的能源消费。最近该酒店更宣布要在2025年达到碳中性，即通过进一步实施节能和碳补偿措施，达到CO_2的零排放。

对于中小型酒店而言，利用可再生能源是可行的减排途径，长期来看将带来可观的节能收益。一项对希腊小型酒店的研究证明，太阳能发热系统的投资回收期为10年；对澳大利亚酒店的研究证明，安装风能系统的投资回收期只有3 ~4年。

(三)低碳旅游产品

旅行社对旅游活动的碳排放有重要影响，因为旅行社提供的打包旅游产品——目的地、交通、住宿以及游览活动等在内的一体化行程，涵盖了旅游的各个环节，具有节能减排的潜在空间。例如，旅行社可以安排中短途旅行游客乘坐铁路出行，提高游客在单个目的地的停留时间，或者推荐有低碳标签的酒店和服务等。目前，国际上有不少旅行社都推出了低碳旅游产品，一些旅行社还会公开其推出的旅游产品的碳排放清单，对游客公开碳排放信息，从而鼓励游客选择低碳的旅游方式。

旅游目的地作为一个整体，有整合基础设施、酒店、观光活动的能力，在旅游业低碳发展方面具有突出的作用。一些国际旅游城市的城市设计都考虑到游客的需求。例如，在每年的5月至9月间，哥本哈根开展“免费自行车”计划，游客可以免费在内城使用自行车。英国有超过1000千米的步行和骑行路线，形成自行车交通网，鼓励人们开展健康的自行车游览。近年来，新西兰、挪威等一些著名的旅游目的地国家都决定成为碳中性国，这意味着其交通、建筑等各个领域都将实行严格的低碳管理，为低碳旅游业的开展提供了便利条件。

三、适应措施

政府间气候变化专门委员会认为，适应气候变化指的是：为应对实际发生的或预期中的气候变化因素或其效应，自然或人工系统做出的调整。在气候变化导致的海洋灾害增加和其他效应下，滨海旅游业面临巨大挑战，游客的生命财产安全受到威胁。2004年的印度洋海啸给马尔代夫的旅游业带来了致命的打击，造成多人丧生，19个旅游度假村关闭，以及1亿美元的总经济损失。为应对气候变化，滨海旅游业必须采取必要的适应措施，以保障景区的安全性和吸引力。

实际上，旅游业气候变化适应措施非常广泛，既包括增强基础设施建设，也包括在资源短缺加剧的背景下加强资源管理，还包括通过经济刺激手段影响消费者选择等。下面介绍几类典型的滨海旅游气候变化适应措施。

（一）提高建筑标准

极端气候事件可能带来海堤损坏和岸线侵蚀，进而破坏酒店、餐馆等建筑，从而重创旅游业。为应对海平面上升和风暴潮的影响，很多滨海建筑采用了新的建筑和建造标准。例如，斐济要求度假酒店至少建在距高潮位30米以外并且海拔高度距海平面2.6米以上的地带，建筑结构要能够抵御60千米/小时的风速。并且，度假村经营商还必须在飓风季节来临之前做好防护准备，包括建筑强度评估、食物和淡水储存、急救准备、树木加固，等等。通过这些手段，斐济的度假村有效地降低了风暴损失。

(二)实施节水措施

在加勒比海和南太平洋地区，不断加剧的干旱令小岛国的淡水供应非常紧张，给当地的酒店业和旅行社提出了难题。为此，位于南美洲多巴哥岛和南太平洋斐济岛上的度假酒店采取了一系列适应手段，包括增加海水淡化能力，建设雨水收集系统，利用海水充当卫生用水，采用节水设施，限制泳池用水，实施污水回收利用，等等。

(三)保护珊瑚礁等珍贵栖息地

珊瑚礁等珍稀生境一直是滨海旅游业的重要资源。然而，在气候变化背景下，海水温度上升已经危及珊瑚礁生态系统的健康，导致世界部分地区的珊瑚出现白化、退化现象。澳大利亚的大堡礁是世界闻名的旅游胜地，吸引了众多国际游客。为预防珊瑚白化，大堡礁海洋公园管理机构采取了一系列防护措施，包括在高温时段抽取深层海水降低海水表层温度，通过浮标设置伞状构筑以遮蔽珊瑚，等等。为充分了解珊瑚白化风险，公园管理机构还实施了珊瑚白化应急计划，承担监测、预警、评估多种功能。

(四)推行保险、折扣等经济手段

由于夏季高温频繁，飓风频率增加，很多滨海胜地面临夏季游客量的下降。为了规避季节性需求下降的影响，很多度假村采取了刺激市场的手段。例如加勒比海旅游组织(Caribbean Tourism Organization)的成员酒店推出夏季特别折扣，提高对预算有限的游客的吸引力；提供风暴期预定改期服务，假如游客的预定入住时间恰逢风暴，酒店将为其免费改订相同停留时间和价值的服务，从而降低游客受风暴影响的风险。而美国佛罗里达州则推出了天气保险计划，帮助酒店经营者规避风险，专门针对酒店在飓风天气遭受的预定改期损失，提供最高20万美元的保险额度。

四、几点启示

从发达国家的经验来看，旅游业应对气候变化政策是一项多主体参与的、整体性的政策，并且有赖于全社会的低碳意识的提高。笔者总结了发达国家经验对我国发展低碳旅游政策的启示，包括以下几点。

（一）发挥政府的引导作用

从各国实施低碳旅游政策的经验来看，政府、私营部门和行业协会之间的配合非常重要。低碳旅游是一项多主体参与的政策，需要发挥各个主体的作用。政府的作用侧重于引导和辅助，为私营部门提供充分的信息、适当的财政支持以及必要的基础性服务。作为公共服务的主要供给者，政府有责任提供与应对气候变化相关的基础设施建设，如修建海堤、加固公路等。而政府提供的相关信息服务如发布市场信息、发布气象预警报等对于旅游业应对气候变化也极为重要。

（二）激发私营部门的积极性

出于盈利和保持竞争力的目的，私营部门在实施低碳政策方面具有巨大动力。对于酒店和度假村来说，节能是降低经营成本的重要途径。同时，面临气候变化带来的威胁和风险，滨海旅游业的经营者也不得不采取适应措施以保障游客的安全。应当说，私营部门是实施低碳旅游政策的主要群体和主导力量，如何进行政策设计以满足私营部门的需求，引导其进一步实施节能减排是低碳旅游政策的重要命题。

（三）提倡旅游协会的参与

国际组织和旅游协会在倡导低碳旅游方面也发挥了重要作用。世界旅游组织是讨论和推进旅游业应对气候变化议题的重要力量。而区域性旅游协会具有较强的联络能力，能够把区域内的酒店、度假村等组织起来开展低碳活动，增强活动的规模效应和宣传效果。同时，旅游协会作为专业性组织，也承担制定标准、实施认证和评估的功能。例如，在欧盟生态标签、欧洲生态管理和审计系统的推行过程中，旅游协会起到了重要的作用。旅游协会也能够发挥一定的信息公开和监督作用，有助于形成健康的低碳旅游市场。

（四）采取整体性策略

旅游业具有很强的联动特征，旅游活动包括出行、住宿、观光等多个环节，因此旅游政策与交通、建筑、能源等多个领域交叉。低碳旅游目标的实现，有赖于以上领域低碳发展水平的整体提高。举例来说，只有在区域交通系统的整体水平较高，交通路线规划合理，交通设施完备的情况下，低碳出行的口号才得以实现。因此，低碳旅游政策必须在建设节能型社会的整体背景下，与低碳交通、低碳建筑政策齐头并进，才能真正发挥作用。

（五）宣传和培养低碳理念、低碳意识

低碳旅游是一种市场行为，游客的偏好对于低碳旅游市场的形成和成长至关重要。无论是低碳出行、低碳住宿还是低碳游览，游客的积极参与都是先决条件。因此，引导游客树立低碳、健康、环保的消费观念，也是低碳旅游政策不可或缺的基础工作。既可以通过城市标语、景点宣传册等多种形式向游客宣传低碳旅游理念，也可以在旅游活动中加入碳排放量计算环节，使游客重视其旅游活动的气候影响，提高游客的减碳积极性。

（2014 年 11 月）

我国海洋环境保护政策回顾与展望

王　芳

环境保护是中国的一项基本国策，海洋环境保护是其重要组成部分。海洋环境保护政策是国家为实现海洋环境保护的任务和目标而制定的行动准则，包括法令、措施、办法、条例等。海洋环境保护政策既是实施海洋环境管理的依据和准则，也是海洋环境管理的基本手段。海洋环境保护政策的制定和实施必然与社会经济发展和海洋事业历程紧密相关。①

一、我国海洋环境保护政策架构

我国的海洋环境政策较少出现单独编成的形态，大多被包含在国家相关政策框架中，如相关法律法规和管理制度、中央及国务院政府文件、相关专项规划等，国家领导人重要讲话中有关海洋环境保护的内容也可引领海洋环境保护政策方向。

（一）海洋环境保护法律法规

根据法律性质及构成来分类，我国的海洋环境法律可分为综合性管理法律、行政法规、海洋环境相关各部门规章及准则、地区性管理法、国际公约等。在经济建设过程中，国家加大了海洋环保的法制化进程，目前已经形成了以《宪法》有关海洋环境保护的规定为依据，以《中华人民共和国环境保护法》（以下简称《环境保护法》）为基础，以《中华人民共和国海洋环境保护法》（以下简称《海洋环境保护法》）为主体，以海洋环境保护行政法规、地方性法规、规章和标准以及《中华人民共和国海域使用管理法》（以下简称《海域使用管理法》）、《中华人民共和国海岛保护法》（以下简称《海岛保护法》）等相关法规为补充，与国际公约相协调的50余部海洋环境

① 本文在中国海洋石油总公司基金项目“中外海洋环境保护政策法规对比研究”阶段成果基础上更新编制而成。

保护法律法规，奠定了良好的海洋环境政策基础。

我国《宪法》规定了“国家保护和改善生活环境和生态环境，防治污染和其他公害”，确立了环境保护法的立法依据，也为制定海洋环境保护政策奠定了基础。在1979年中国的第一部综合性环境保护基本法“中华人民共和国环境保护法(试行)”中，海洋环境管理法律蕴含其中。该法虽未将海洋环境作为独立领域，但对海洋环境保护有明确规定。2014年，全国人大常委会修订了《环境保护法》第三十四条，更是明确对海洋环境保护工作提出要求，“国务院和沿海地方各级人民政府应当加强对海洋环境的保护。向海洋排放污染物、倾倒废弃物，进行海岸工程和海洋工程建设，应当符合法律法规规定和有关标准，防止和减少对海洋环境的污染损害”，该法是制定海洋环境保护政策的重要基础和依据。

《海洋环境保护法》是海洋生态环境保护领域的基础性、综合性法律，虽然其调整范围包容于《环境保护法》，但二者效力等级相同。2016年11月7日，全国人大常委会通过了关于修改《海洋环境保护法》的决定。这次修改共涉及14个条款，主要聚焦3个方面：一是与环保法相衔接，二是推进行政审批制度改革，三是加大违法处罚力度。《海洋环境保护法》(2016年版)落实了党的十八大以来党中央、国务院对海洋生态环境保护的新要求，把党中央、国务院对推进生态文明建设和生态文明体制改革的新部署固化到法律中。

(二)中共中央主要决定及国家五年规划

党的十八大做出“提高海洋资源开发能力，发展海洋经济，保护海洋生态环境，坚决维护国家海洋权益，建设海洋强国”的战略部署，这是中央决策报告中首次列入海洋生态环境保护的相关内容。十八届三中全会通过《关于全面深化改革若干重大问题的决定》，要求在生态文明建设中，建立并完善海洋生态环境保护制度。2015年9月，中共中央、国务院印发《生态文明体制改革总体方案》，在海洋生态文明建设方面提出具体要求，包括健全海洋资源开发保护制度，实施海洋主体功能区制度，建立自然岸线保有率控制制度，完善海洋渔业资源总量管理制度，健全海洋督察制度及建立陆海统筹的污染防治机制和重点海域污染物排海总量控制制度等。

国家“十一五”规划、“十二五”规划都把海洋作为一个独立章节来编订，也指出了海洋环境政策的发展方向。《中国国民经济和社会发展第十三个五年规划纲要》要求“加强海洋资源环境保护”，明确指出要深入实施以海洋生态系统为基础的综合管理，并对海洋生态环境保护提出具体要求。《“十三五”生态环境保护规划》第三、第四、第八章都有海洋生态环境保护的相关内容，明确提出要“改善河口和近岸海域生态环境质量……到2020年，全国自然岸线（不包括海岛岸线）保有率不低于35%，整治修复海岸线1000千米。建设一批海洋自然保护区、海洋特别保护区和水产种质资源保护区，实施生态岛礁工程，加强海洋珍稀物种保护”。

可以看出，国家五年规划越来越多地对海洋环境领域工作提出具体要求，引领海洋环境政策发展方向，把海洋环境保护工作推向新高度。

（三）重要海洋规划及政策性文件

改革开放后，海洋领域政策逐步完善，推动海洋事业不断发展。作为跨世纪的海洋可持续开发利用政策指南，1996年出台了《中国海洋21世纪议程》，它是《中国21世纪议程》在海洋领域的深化和具体体现，为我国的海洋资源可持续利用，促进海洋资源和环境保护指明了发展方向。1998年，国家又推出了海洋政策白皮书——《中国海洋事业的发展》，阐明了以海洋可持续利用发展战略为中心，合理开发利用海洋，保护海洋环境安全的政策。2003年《全国海洋经济发展纲要》指出了海洋资源及海洋环境保护的具体政策方向。

2008年1月，国务院通过了《国家海洋事业发展规划纲要》，指出要“加强海洋综合管理，规范海洋资源开发秩序，保护海洋生态环境”，并对海洋生态环境保护的目标与任务提出了明确要求。《国家海洋事业发展“十二五”规划》，指出坚持海陆统筹、河海兼顾，完善海洋环境保护协调合作机制，实施以海洋环境容量和近岸海域污染状况为基础的污染物排放总量控制制度，从源头上扭转海洋环境质量恶化的趋势。加大海洋生态保护和修复力度，建设海岸带蓝色生态屏障，恢复海洋生态功能，提高海洋生态承载力。

此外还有一些专项规划和行动计划，包括《全国海岛保护规划》《渤海碧海行动计划》《渤海环境保护总体规划》《渤海环境保护总体规划（2008—2020年）》《重点流域水污染防治规划（2011—2015年）》等，对于海洋环境保护和生态建设也起到了重要作用。

(四)主要管理制度

管理制度也是海洋环境保护政策的重要组成部分，在实施海洋环境保护管理方面起到重要作用。海洋环境保护管理制度是在《海洋环境保护法》以及多部配套法规基础上建立的，主要包括：重点海域排污总量控制制度、海洋污染事故应急制度、海洋倾废管理制度、陆源污染防治制度、海岸工程建设海洋污染防治制度、海洋工程建设海洋污染防治制度、船舶油污损害民事赔偿制度等。随着近年来海洋环境管理理念的变化，逐步形成了海洋生态红线制度、海洋工程区域限批制度、海洋资源环境承载力监测预警制度、海洋生态赔偿补偿制度以及陆海统筹的生态保护修复机制、陆海统筹的区域污染防治联动机制等。《海域使用管理法》也对海洋环境保护做出原则性要求，规定了海洋功能区划制度，明确指出要“按照保护和改善生态环境，保障海域可持续利用，促进海洋经济的发展原则编制”。

《海洋环境保护法》(2016 年版)在制度建设方面有很大的进步，首次以法律形式明确海洋主体功能区规划的地位和作用，强化了对主要污染物排海总量控制指标的分解落实，增加了环评限批的规定。该法在总则中明确了如何划定生态保护红线，第二十四条要求在开发利用海洋资源时，要严格遵守生态保护红线。并明确了国家建立健全海洋生态保护补偿制度。这两项制度成为强化海洋生态环境保护的有力抓手。

从上述海洋环境保护政策架构可以看出，我国的海洋环境保护政策呈现纵向指导和横向关联的特点，即以《宪法》及相关法律为基础，以中央决策和政府文件为指导、以管理制度和专业规划贯彻执行，虽鲜见独立编成形态的海洋环境政策，但并不影响对海洋生态环境的有效管理和保护。

二、海洋环境保护政策特点分析

海洋环境保护监督管理是海洋综合管理的重要组成部分，目前我国的海洋环境保护工作是有关部门各司其职、分工协作、紧密配合的监督管理体制。各涉海部门、各沿海地区都可以指定海洋环境保护政策，但不得与相关法律法规和国务院有关规定相冲突和抵触。通过对现行海洋环境保护政策的梳理和总结，可见如下特点。

（一）海洋环境政策形态多样，体系相对完整

从上述海洋环境保护政策架构来看，中国的海洋环境政策并没有以“海洋环境保护政策白皮书”形式单独编成并发布。在国家层面，海洋环境政策大多被包含在国家相关政策框架及相关法律法规和管理制度中，在中央及国务院政府文件、相关专项规划中也都会对海洋环境保护问题有所涉及，国家领导人重要讲话中有关海洋环境保护的内容也可引领海洋环境保护政策方向。

《宪法》关于环境保护的规定，确立了海洋环境保护法的基础和立法依据，《海洋环境保护法》确立了保护和改善海洋环境、保护海洋资源，防治污染损害，促进经济和社会的可持续发展的基本方针，相关的一些行政法规、地方性法规、海洋环境标准以及其他部门法加以有效补充。包括国务院制定的有关海洋环境资源行政法规、由国务院各部委制定的有关海洋环境资源行政规章和标准，还有由沿海各省、自治区、直辖市人民代表大会及其常务委员会制定的有关海洋环境资源地方法规。由沿海地方人民政府发布的有关海洋环境资源地方规章以及具有普遍约束力的决定、命令也都可以作为保护海洋环境的重要政策。另外，中国参加的海洋环境保护国际公约和签订的双边协定，加强了中国与世界的关系，促进了中国的海洋环境保护与世界的接轨，这些也都是开展海洋环境保护工作的重要依据。此外，管理制度也是环境保护政策的重要组成部分，多年的管理实践已形成了一整套管理制度并在不断完善之中，在保护海洋生态环境方面起到了重要作用。

（二）海洋环境保护立法主体多样化

根据我国《立法法》及相关规定，拥有海洋环境法律立法权的主体包括：全国人民代表大会及其常务委员会，可以制定法律；国务院，可以制定行政法规；省、自治区、直辖市人民代表大会及其常务委员会，可以制定地方性法规。

一是全国人民代表大会集中立法。海洋基本法律和专业领域法律的立法权在全国人大及其常务委员会。全国人民代表大会及其常务委员会拥有海洋环境立法权，具有对中国海洋立法的主导地位。全国人大常务委员会

负责对全国人大制定的法律进行补充和修订。

二是行政部门参与立法。国务院及各涉海相关行政部门有权制定海洋领域的行政法规。

三是中央和地方立法相结合。中国的海洋环境法立法以中央立法和地方立法相结合，地方根据实际情况建立具体实施规范以更有效地进行管理。但是，地方海洋法规、自治条例和单行条例及地方海洋规章的法律效力比行政法规低，其法律效力范围局限在地方所属范围内。

（三）兼顾环境保护与经济发展基本原则

中国是发展中国家，大部分政策围绕经济这个中心来制定，环境政策也不例外。基于环境保护与经济发展统筹兼顾原则来制定和实施环境政策，体现了推进环境保护与经济协调发展的国家意志。在海洋领域，兼顾海洋环境保护与海洋经济发展原则，把协调兼顾海洋保护和开发利用海洋为国家经济发展做贡献作为基本宗旨制定海洋环境政策。

首先，兼顾经济发展和海洋环境保护。坚持保持经济快速发展，尽量将经济高速发展造成的环境影响减少到最小，保持“经济发展和环境保护的协调”的状态。其次，兼顾预防和治理的政策。以“预防为主”管理、防治与治理结合、海洋生物保护、海上污染防治和治理、陆源污染防治和治理相结合的原则作为海洋环境保护政策的重点。第三，强调政策的科学性。在海洋环境管理和政策执行过程中强调科学性，将加强海洋环境管理相关科学技术开发研究作为的海洋环境政策发展方向。这体现在中国的各种政策性的文件中，例如 1994 年确立了“科技兴海”战略，内容涉及科学研究开发、生产、环境保护和管理等诸多领域。在海洋环境管理领域，也积极研发将海洋环境污染破坏最小化的科学技术，强调科学合理的海洋环境管理。

（四）紧密结合形势发展调整和完善海洋环境政策

我国海洋事业发展战略和政策是随着国际海洋发展大趋势及国内社会经济发展的总需求不断调整和完善的。各个不同时期的海洋环境政策必然也会随之进行调整，以适应各发展阶段对海洋资源开发利用和海洋生态环境保护的整体要求。

中华人民共和国成立初到1978年改革开放这一时期，中国的海洋观念和政策主要体现在重视海防方面。这一时期海洋环境保护问题不突出，只是针对沿岸海域的污染情况制定了《沿海水域污染暂行规定》(1974年)，这是把海洋领域作为单独立法的第一部法规，可以看作中国海洋环境法立法的出发点。

改革开放以后，随着政府工作重心向经济转移，海洋产业和涉海行业迅速发展，海洋观念和海洋政策有了很大的调整。为了保障海洋资源开发和海洋经济发展，国家先后组织起草并陆续推出了《环境保护法》《海洋环境保护法》《中华人民共和国水污染防治法》以及《防止海岸工程建设项目污染损害海洋环境管理条例》等一系列法律法规。1992《里约宣言》和1994年《联合国海洋法公约》相继颁布后，中国接受海洋的可持续开发利用和对生态系统管理的国际发展理念，展开了一系列的海洋环境相关立法活动，海洋环境保护法律法规进一步完善。

为促进海洋产业的迅速发展，这一时期还制定并发布了多项政策性文件。1998年，我国发布《中国海洋事业的发展》白皮书，系统全面阐述了中国在海洋事业的发展中遵循的基本政策和原则，明确提出“海洋资源开发和海洋环境保护同步规划、同步实施。制定海洋开发和海洋生态环境保护协调发展规划，按照预防为主、防治结合，谁污染谁治理的原则，加强海洋环境监测、监视和执法管理；重点加强陆源污染物管理，实行污染物总量控制制度，防止海洋环境退化”。该白皮书成为指导一个时期中国海洋环境保护的纲领性文件。

21世纪，人类开发利用海洋进入一个新的时代，保护海洋环境及其资源的可持续利用被列为海洋管理的重要议程之一。国家在海洋法制建设和战略规划方面开展了大量工作，先后颁布了《海域使用管理法》《海岛保护法》，修订了《海洋环境保护法》，批准了《全国海洋功能区划》《全国海洋经济发展规划纲要》《国家海洋事业发展规划纲要》《全国海洋主体功能区规划》等。这些法律法规及政策文件对于进一步优化海洋空间开发格局，推进生态文明建设、促进经济持续健康发展提供了基本保证。

三、海洋生态环境保护政策发展方向

21世纪，海洋环境问题成为影响国家秩序和发展的重大问题，海洋生态环境保护成为全世界共同的责任和义务，中国应在全球海洋事务中承担更多的责任和义务，发挥更大作用①。党的十八大指出要“保护海洋生态环境”，李克强总理在2016年的政府工作报告中提出“制定国家海洋战略，保护海洋生态环境，拓展蓝色经济空间，建设海洋强国”的明确要求。党中央、国务院已将保护海洋生态环境提升到国家战略高度。因此，未来的海洋环境政策也将随之不断调整和完善，服务于建成小康社会和建设海洋强国的总目标。

(一)将海洋环境保护纳入生态文明建设大框架

“建设生态文明”是党的十七大作为中国实现全面建设小康社会奋斗目标的新要求之一而提出的，党的十八届三中全会通过的《中共中央关于全面深化改革若干重大问题的决定》确立了“建立系统完整的生态文明制度体系，用制度保护生态环境”的生态文明建设指导思想，勾勒了生态文明制度框架。2015年9月，中共中央、国务院印发《生态文明体制改革总体方案》，进一步明确了生态文明体制改革的任务书、路线图。海洋生态文明是社会主义生态文明的重要组成部分，为推进海洋生态文明建设，保护海洋生态环境，国家海洋局印发了《国家海洋局海洋生态文明建设实施方案》(2015—2020年)，将海洋生态文明建设贯穿于海洋事业发展的全过程和各方面。未来将在《生态文明体制改革总体方案》整体框架下，围绕建设海洋生态文明总目标，推进海洋管理体制创新，构建海洋生态环境保护关键制度和政策，海洋生态环境管理制度建设将进一步深化和加强，制度体系更加健全、完善，管理体制机制更加综合、协调，并以海洋生态环境保护政策促进经济转型发展，以适应绿色、低碳、循环发展的世界发展新潮流。

(二)不断加强海洋环境保护法制建设

虽然中国的海洋环境保护法律体系基本形成，但是与具备完善海洋环境法律体系的其他国家相比，海洋环境相关法律的立法、新法律的颁布和对已有法律修订方面的力度还很不够，在立法数量上也不多，不能满足海洋环境管理的需求。习近平总书记指出：“要正确处理好经济发展同生态

① 国家海洋局海洋发展战略研究所课题组：《中国海洋发展报告(2015)》，北京：海洋出版社，2015年。

环境保护的关系，牢固树立保护生态环境就是保护生产力、改善生态环境就是发展生产力的理念。”①在这种理念的指引下，2016 年 11 月 7 日，十二届全国人大常委会第二十四次会议表决通过了关于修改《海洋环境保护法》的决定。此次《海洋环境保护法》修订工作，把党中央、国务院对推进生态文明建设和生态文明体制改革的新部署固化到法律中，也是不断加强海洋环境保护法制建设的具体体现，今后的海洋环境政策制定和调整必将依据新修订的《海洋环境保护法》(2016 年版)来展开。

(三)健全和完善海洋生态环境管理制度

《生态文明体制改革总体方案》对于健全和完善海洋生态环境管理制度提出了明确要求。根据该《方案》，继续建立和完善海洋生态环境保护相关制度成为海洋环境政策的发展方向，特别是海洋生态补偿制度、生态红线制度、海洋功能区划和主体功能区划制度等将得到更多的关注和加强。

海洋功能区划制度吻合了自然资源用途管制的基本要求，将开发利用和治理保护有机地结合起来，它是海洋工程规划建设和环境保护必须坚持的基本制度之一。《全国海洋主体功能区规划》是推进形成海洋主体功能区布局的基本依据，是海洋空间开发的基础性和约束性规划。修订后的《海洋环境保护法》(2016 年版)首次以法律形式明确海洋主体功能区规划的地位和作用，“两个区划”如何有效衔接也是海洋环境管理中应予重视的重要问题。

生态补偿是生态文明建设的重要组成部分，新修订的《海洋环境保护法》(2016 年版)第二十四条规定，国家建立健全海洋生态保护补偿制度。开发利用海洋资源，应当根据海洋功能区划合理布局，严格遵守生态保护红线。该制度通过经济手段调动各方积极性，是有效保护生态环境的重要手段。涉及海洋生态环境保护性补偿的配套政策和海洋生态补偿标准急需制定。

海洋生态红线是为维护海洋生态健康与生态安全而被提到国家层面的“生命线”。新修订的《海洋环境保护法》(2016 年版)在总则中明确，国家在重点海洋生态功能区、生态环境敏感区和脆弱区等海域划定生态

① 习近平，《在十八届中央政治局第六次集体学习时的讲话》，2013 年 5 月 24 日。中国共产党新闻网，http://cpc.people.com.cn/xuexi/n/2015/1112/c385474-27806893.html。

保护红线，实行严格保护。在该法第二十四条规定，开发利用海洋资源，要严格遵守生态保护红线。目前，辽宁、河北、山东、天津已基本建立了海洋生态红线制度，将渤海约37%的海域和31%的自然岸线划定为红线区域。今后将继续完善海洋生态保护红线制度，逐步在全海域实施海洋生态保护红线制度。

(四)强化海洋生态环境损害的责任追究

《中华人民共和国防治海岸工程建设项目污染损害海洋环境管理条例》第二十九条规定："环境保护主管部门工作人员滥用职权、玩忽职守、徇私舞弊的，由其所在单位或者上级主管机关给予行政处分；构成犯罪的，依法追究刑事责任。"对于海洋环境污染及生态损害方面的责任虽有追责规定，但并未对决策层及主管责任人有所约束。随着国家对生态环境问题的重视及法制化进程的深入，2016年8月，中共中央办公厅、国务院办公厅印发了《党政领导干部生态环境损害责任追究办法(试行)》。[①] 该《办法》突出了责任追究，即追究决策者、审批者的责任，这意味着生态环境损害的责任追究主体由原来的执行主体向决策主体转变。此制度强调党政同责，旨在推动党委、政府对生态文明建设共同担责，落实权责一致原则，实现追责对象的全覆盖。责任主体与具体追责情形一一对应，在实践中有利于追责的针对性、精确性和可操作性。针对以往损害生态环境行为责任追究启动难、实施难的问题，该《办法》还明确了责任追究的启动和实施程序，建立了协作联动机制，设置了对启动和实施主体的追责条款，并突出强化追责者的责任，确保对生态环境损害行为的"零容忍"。这种责任追究制度的出台和实施，必定会牵引海洋生态环境政策的进一步深化和完善。

(2016年12月)

---

① 《党政领导干部生态环境损害责任追究办法(试行)》印发，引自新华网，2015年8月20日，http：//www. qh. xinhuanet. com/zwpd/2015－08/20/c_ 1116317176. htm。